3ds max

三维制作实例教程

主编 邓 宁

副主编 张 霞 王鑫鑫

電子工業出版社

Publishing House of Electronics Industry

北京·BEIJING

内 容 简 介

本书包含全国计算机信息高新技术考试图形图像处理 3ds max 7.0 高级图像制作级的重点试题、试题解答和知识点讲解等内容，试题根据图形图像处理 3ds max 7.0 高级图像制作模块培训和考核标准及高级操作员级考试大纲编写，案例新颖、资料翔实、内容丰富、图文并茂，是参加图形图像处理 3ds max 7.0 高级图像制作考试的考生人手一册的必备技术资料。

本书可供高新技术考试的考评员和培训教师在职培训、操作练习等方面使用；也可作为各类大中专院校、技校、职高图形图像处理技能培训与测评的参考书。

图书在版编目（CIP）数据

3ds max 三维制作实例教程 / 邓宁主编. —北京：电子工业出版社，2016.9
ISBN 978-7-121-29819-6

Ⅰ. ①3… Ⅱ. ①邓… Ⅲ. ①三维动画软件—教材 Ⅳ. ①TP391.41

中国版本图书馆 CIP 数据核字（2016）第 207453 号

策划编辑：祁玉芹
责任编辑：张瑞喜
印　　刷：中国电影出版社印刷厂
装　　订：中国电影出版社印刷厂
出版发行：电子工业出版社
　　　　　北京市海淀区万寿路 173 信箱　邮编　100036
开　　本：787×1092　1/16　印张：22　字数：563 千字
版　　次：2016 年 9 月第 1 版
印　　次：2016 年 9 月第 1 次印刷
定　　价：48.00 元

凡所购买电子工业出版社图书有缺损问题，请向购买书店调换。若书店售缺，请与本社发行部联系，联系及邮购电话：（010）88254888。

质量投诉请发邮件至 zlts@phei.com.cn，盗版侵权举报请发邮件至 dbqq@phei.com.cn。

服务热线：（010）88258888。

前言

《3ds max 三维制作实例教程》是一本以实例为引导介绍 3ds max 三维制作应用的教程。全书共分 8 个单元，主要内容包括修改建模、材质贴图、灯光环境、面片曲面、粒子系统、动画角色、Reactor、Character Studio 等。

《3ds max 三维制作实例教程》是作者根据多年的 3ds max 教学经验，并参考大量的 3ds max 教学资料编写而成的。《3ds max 三维制作实例教程》内容翔实丰富，系统地介绍 3ds max 的各个功能模块，提供了大量具有针对性、讲解详尽的实例操作实训项目。

《3ds max 三维制作实例教程》根据 3ds max 高级图像制作员能力要求和高新技术考试——3ds max 平台高级图像制作员考试大纲编写，既可作为技工院校相关专业学习 3ds max 制作的教材，也可作为 3ds max 高级图像制作员鉴定考试培训教程，同时也可以作为三维制作爱好者和相关从业人员的参考用书。

本书的出版得到“北京市技工院校和民办职业技能培训机构教师六项培养计划一体化课程负责人和一体化教师团队”项目资助，同时本书在编写过程当中也得到了编者单位北京市应用高级技工学校的大力支持与帮助，在此，对为本书的编写提供帮助的领导、同事、朋友表示深深的谢意!

由于作者水平有限和时间仓促，难免有错误和不妥之处，请广大读者批评指正。

编者

2016 年 5 月

目 录

第 1 单元 建模修改 ······ 1

1.1 建模修改基础知识 ······ 1
一、3ds max 7.0 界面 ······ 1
二、3ds max 修改器 ······ 5
三、3ds max 建模简介 ······ 12
四、3ds max 修改器中英文对照 ······ 14
1.2 典型案例——椅子 ······ 16
一、制作椅子 ······ 16
二、解题步骤 ······ 17
三、注意事项 ······ 24
1.3 典型案例——三屉柜子 ······ 24
一、制作三屉柜子 ······ 24
二、解题步骤 ······ 24
三、注意事项 ······ 29
1.4 典型案例——圆台桌 ······ 29
一、制作圆台桌 ······ 29
二、解题步骤 ······ 29
三、注意事项 ······ 38
1.5 典型案例——洗手池 ······ 38
一、制作洗手池 ······ 38
二、解题步骤 ······ 39
三、注意事项 ······ 51
1.6 典型案例——计算机 ······ 51
一、制作计算机 ······ 51
二、解题步骤 ······ 52
三、注意事项 ······ 61

第 2 单元 材质贴图 ······ 62

2.1 材质贴图基础知识 ······ 62

一、材质编辑器 62
二、材质贴图 65
三、材质贴图中英文对照 68
2.2 典型案例——金属材质 69
一、制作金属材质 69
二、操作步骤 70
三、注意事项 74
2.3 典型案例——铝质材质 74
一、制作铝质材质 74
二、操作步骤 75
三、注意事项 81
2.4 典型案例——铁锈材质 81
一、制作铁锈材质 81
二、操作步骤 82
三、注意事项 85
2.5 典型案例——青铜材质 85
一、制作青铜材质 85
二、操作步骤 85
三、注意事项 87
2.6 典型案例——磨砂钢材质 87
一、制作铝质材质 87
二、操作步骤 88
三、注意事项 96
第3单元 灯光环境 97
3.1 灯光的基础知识 97
一、3ds max 五种光源 97
二、光度学灯光基础 100
三、材质贴图中英文对照 102
3.2 典型案例——目标聚光灯动画 103
一、制作 MAX 文字目标聚光灯动画 103
二、解题步骤 103
三、注意事项 110
3.3 典型案例——石头全局光动画 110
一、制作石头全局光动画 110
二、解题步骤 111
三、注意事项 115
3.4 典型案例——几何体全局光动画 115
一、制作几何体全局光动画 115

二、解题步骤 ······ 116
三、注意事项 ······ 124
3.5 典型案例——光线投射动画 ······ 124
一、制作光线投射动画 ······ 124
二、解题步骤 ······ 125
三、注意事项 ······ 129
3.6 典型案例——阳光投射房间动画 ······ 129
一、制作阳光投射房间动画 ······ 129
二、解题步骤 ······ 130
三、注意事项 ······ 134

第4单元 面片曲面 ······ 135

4.1 曲面建模基础知识 ······ 135
一、曲面修改器 ······ 136
二、横截面修改器 ······ 137
4.2 典型案例——眼球动画 ······ 139
一、制作眼球动画 ······ 139
二、操作步骤 ······ 140
三、注意事项 ······ 146
4.3 典型案例——眼睛动画 ······ 146
一、制作眼睛动画 ······ 146
二、操作步骤 ······ 147
三、注意事项 ······ 151
4.4 典型案例——鼻子动画 ······ 151
一、制作鼻子动画 ······ 151
二、操作步骤 ······ 152
三、注意事项 ······ 173
4.5 典型案例——嘴巴动画 ······ 173
一、制作嘴巴动画 ······ 173
二、操作步骤 ······ 174
三、注意事项 ······ 178
4.6 典型案例——牙齿动画 ······ 178
一、制作牙齿动画 ······ 178
二、操作步骤 ······ 179
三、注意事项 ······ 188

第5单元 粒子系统 ······ 189

5.1 粒子基础知识点 ······ 189
一、喷射 ······ 189

二、雪 ······ 191
三、超级喷射 ······ 194
四、“粒子类型”Particle Type ······ 197
五、“重力”空间扭曲 ······ 198
六、“力”组 ······ 199
5.2 典型案例——喷泉动画 ······ 200
一、制作喷泉动画 ······ 200
二、解题步骤 ······ 201
三、注意事项 ······ 206
5.3 典型案例——喷水动画 ······ 206
一、制作喷水动画 ······ 206
二、解题步骤 ······ 207
三、注意事项 ······ 214
5.4 典型案例——水流喷射动画 ······ 215
一、制作水流喷射动画 ······ 215
二、解题步骤 ······ 215
三、注意事项 ······ 219
5.5 典型案例——花式喷泉动画 ······ 219
一、制作花式喷泉动画 ······ 219
二、解题步骤 ······ 220
三、注意事项 ······ 226
5.6 典型案例——洗手池喷泉动画 ······ 226
一、制作洗手池喷泉动画 ······ 226
二、操作步骤 ······ 226
三、注意事项 ······ 232

第 6 单元 动画角色 ······ 233

6.1 动画基础知识 ······ 233
一、动画基本概念 ······ 233
二、自动关键点动画模式 ······ 235
三、设置关键点动画模式 ······ 235
四、时间配置 ······ 236
五、视频后期合成 ······ 239
6.2 典型案例——发光字被风吹散动画 ······ 240
一、制作发光字被风吹散动画 ······ 240
二、操作步骤 ······ 240
三、注意事项 ······ 243
6.3 典型案例——闪电发光动画 ······ 243
一、制作闪电发光动画 ······ 243

二、操作步骤 243
三、注意事项 252
6.4 典型案例——发光字体动画 252
一、制作发光字体动画 252
二、操作步骤 253
三、注意事项 262
6.5 典型案例——用刀切面包动画 262
一、制作用刀切面包动画 262
二、操作步骤 263
三、注意事项 267
6.6 典型案例——击打高尔夫球动画 267
一、制作击打高尔夫球动画 267
二、操作步骤 267
三、注意事项 270

第7单元 Reactor动力学 271

7.1 Reactor基础知识 271
一、Reactor动力学 271
二、Reactor使用注意事项 273
7.2 典型案例——布料下滑收缩动画 273
一、制作布料下滑收缩动画 273
二、解题步骤 274
三、注意事项 277
7.3 典型案例——布条下坠动画 277
一、制作布条下坠动画 277
二、解题步骤 278
三、注意事项 281
7.4 典型案例——布料覆盖球体动画 281
一、制作布料覆盖球体动画 281
二、解题步骤 282
三、注意事项 287
7.5 典型案例——桌布下垂动画 287
一、制作桌布下垂动画 287
二、操作步骤 287
三、注意事项 291
7.6 典型案例——桌布下落动画 291
一、制作桌布下落动画 291
二、解题步骤 292
三、注意事项 300

第 8 单元　Character Studio ······301
8.1　Character Studio 基础知识 ······301
一、Biped 两足动物 ······302
二、自由形式动画 ······304
三、Character Studio 相关中英文对照 ······306
8.2　典型案例——角色行走步态动画 ······306
一、制作角色行走步态动画 ······306
二、操作步骤 ······306
三、注意事项 ······308
8.3　典型案例——角色自由行走动画 ······309
一、制作角色自由行走动画 ······309
二、操作步骤 ······309
三、注意事项 ······310
8.4　典型案例——两足角色后空翻动画 ······310
一、制作两足角色后空翻动画 ······310
二、制作步骤 ······310
三、注意事项 ······314
8.5　典型案例——两足角色游泳动画 ······314
一、制作两足角色游泳动画 ······314
二、制作步骤 ······315
三、注意事项 ······329
8.6　典型案例——两足角色递传球体动画 ······329
一、制作两足角色递传球体动画 ······329
二、操作步骤 ······329
三、注意事项 ······335
附件 1　3ds max 高级图像制作员能力要求 ······336
一、3ds max 高级图像制作员能力要求 ······336
二、3ds max 高级图像制作员鉴定标准 ······336
附件 2　高新技术考试 3ds max 平台高级图像制作员考试大纲 ······339
附件 3　3ds max 常用快捷键 ······341

第1单元　建模修改

学习目标

（1） 建立场景：具备建立常用物体和布置基本场景的能力。

（2） 创建模型：准确掌握二维、三维建模的方法；精通各个工具和命令的使用方法。

（3） 修改模型：熟练使用各个编辑命令和相关操作；能够正确理解物体修改变形的内涵和组合操作；掌握建立复杂形状物体的技巧。

（4） 添加效果：能够制作常见物体的效果图。

1.1　建模修改基础知识

一、3ds max 7.0界面

3d studio max，常简称为3ds max，是Discreet公司开发的（后被Autodesk公司合并）基于PC系统的三维动画渲染和制作软件。现是当今世界上最流行的三维建模、动画制作及渲染软件之一，被广泛应用于制作角色动画、室内外效果图、游戏开发、虚拟现实等领域，深受广大用户欢迎。

3ds max 7.0启动后，其软件界面一般包括：标题栏、菜单栏、工具栏、命令面板、绘图区域、视图控制区、动画控制区。其界面如图1.1.1所示。

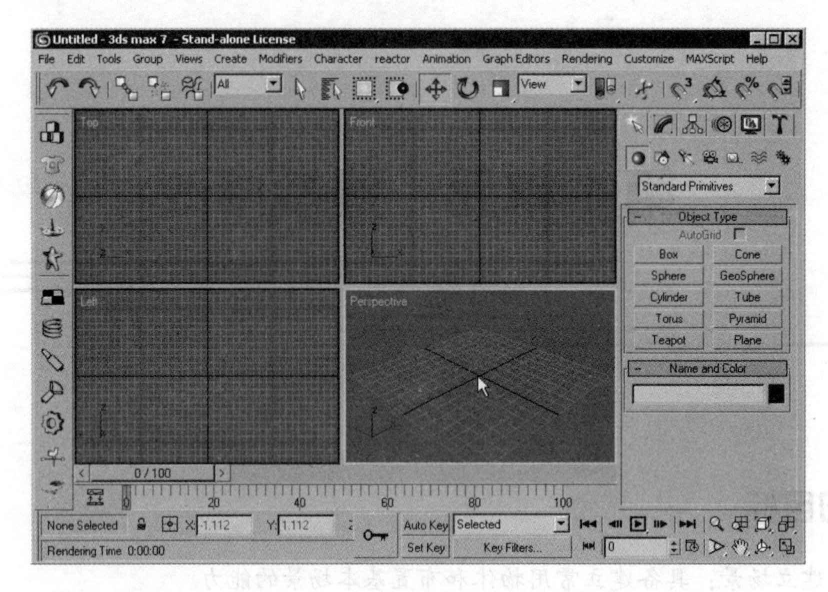

图 1.1.1

1. 工具栏

3ds max 7.0 的主工具栏默认位置在 3ds max 工作窗口的顶部，只有在 1280×1024 的分辨率下屏幕才能完整地显示出工具栏上的所有按钮，否则主工具栏上的一部分按钮将被隐藏，需要左右拖动工具栏才能将隐藏的按钮显示出来。如果工具按钮的右下角有一个小黑三角，那么按住略微拖动，就会弹出扩展按钮。主工具栏如图 1.1.2 所示。

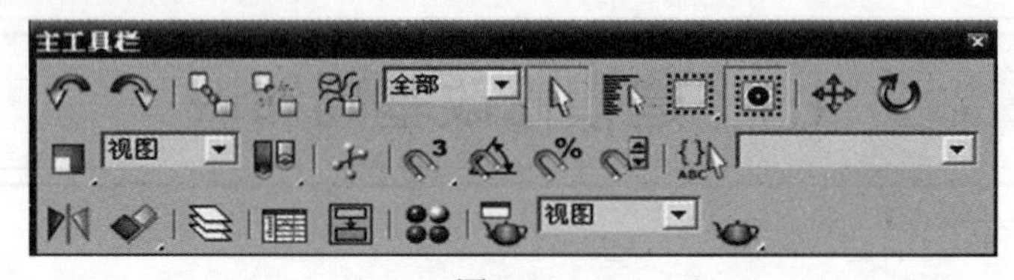

图 1.1.2

下面对部分常用的工具按钮予以介绍：

按钮，选择对象；
按钮，按对象的名称选择；
按钮，选择框只需部分框住了的对象被选择；
按钮，矩形框选；
按钮，选择并移动变换；
按钮，选择并旋转变换；
按钮，选择并等比缩放；
按钮，选择并不等比缩放；
按钮，选择并挤压；
按钮，三维捕捉开关；
按钮，二维捕捉开关；
按钮，镜像选定对象；
按钮，对齐按钮；
按钮，打开轨迹视窗；
按钮，显示关联物体的父子关系视图；
按钮，材质编辑器；
按钮，渲染场景；
按钮，草稿快速渲染；
按钮，快速渲染。

2. 命令面板

命令面板位于工作界面的右边，有6个标签对应不同的命令操作面板。从左向右依次为创建面板、修改面板、层级面板、运动面板、显示面板和公用面板。如图1.1.3所示。

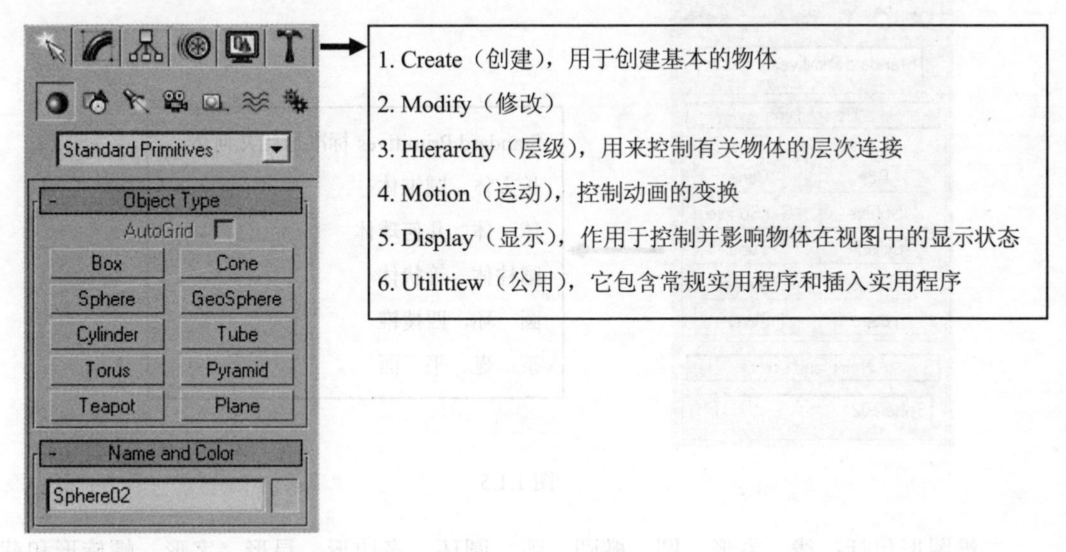

图 1.1.3

命令面板中最重要的是创建面板，在该面板下通过7个按钮，如图1.1.4所示。可以进入创建几何体、二维图形、灯光、摄像机、辅助对象、空间扭曲和系统对象等环境中，单击某个类型的按钮后，在“对象类型”卷展栏中直接给出了各种子类别对象。按下一个子类别对象按钮就可以在视图中创建对象。

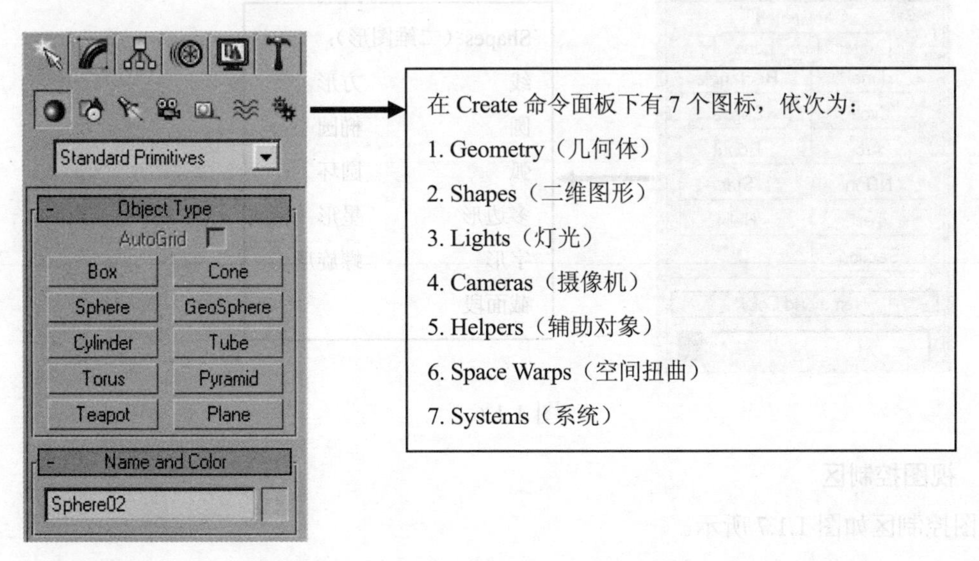

图 1.1.4

几何体包括：Standard Primitives（标准原始几何体），Extended Primitives（扩展原始几何体），标准原始几何体子类别对象如图 1.1.5 所示。

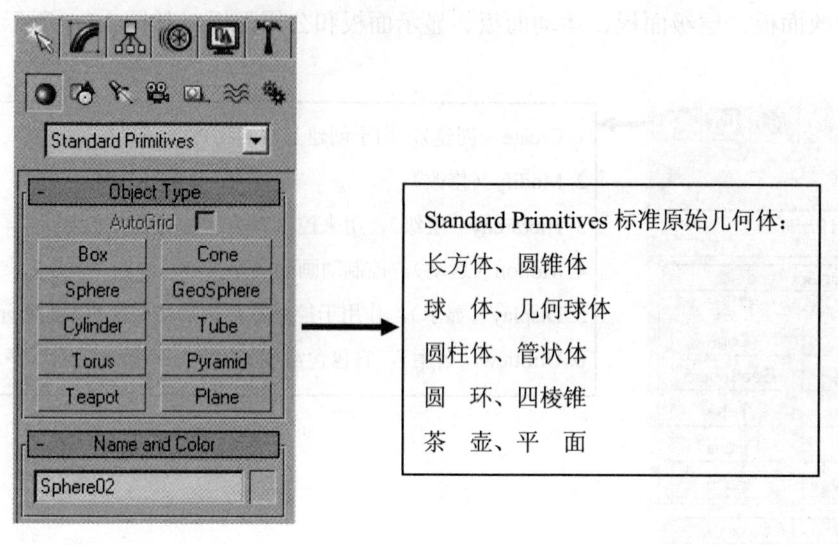

图 1.1.5

二维图形包括：线、方形、圆、椭圆、弧、圆环、多边形、星形、字形、螺旋形和截面段等子类对象，如图 1.1.6 所示。

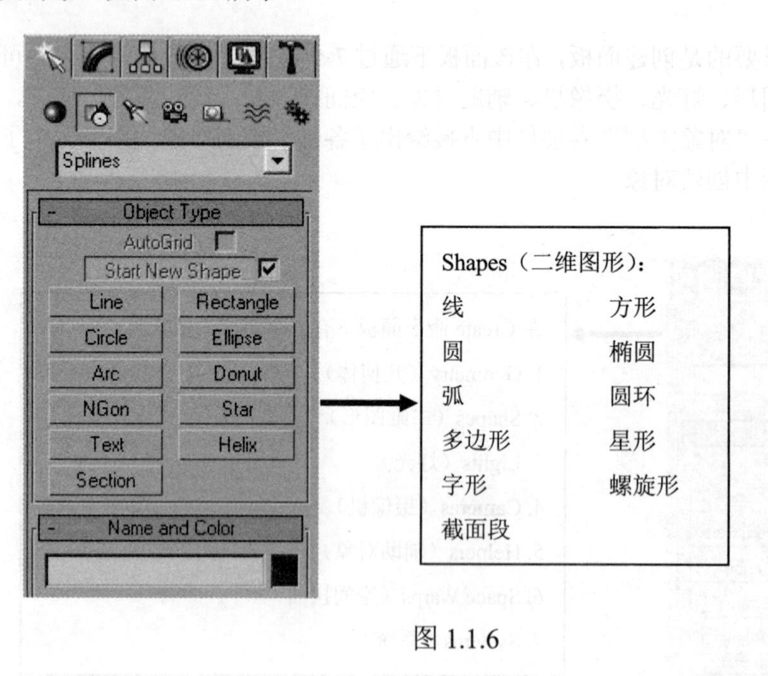

图 1.1.6

3. 视图控制区

视图控制区如图 1.1.7 所示。

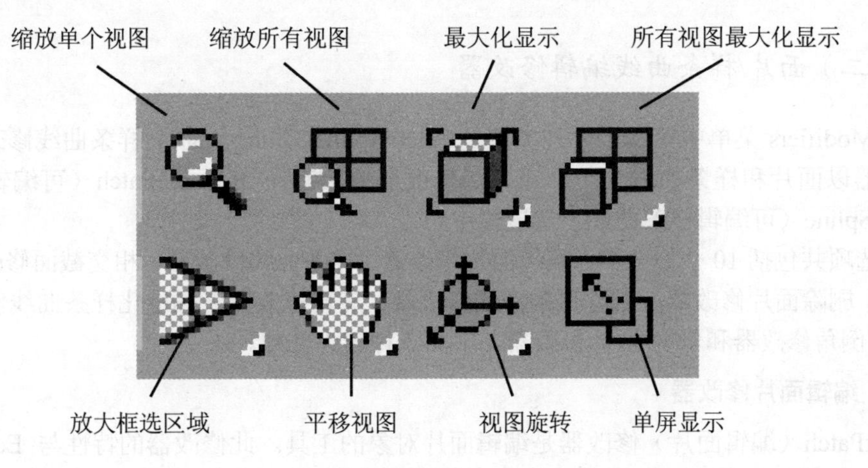

图 1.1.7

二、3ds max 修改器

3ds max 修改器的种类非常多，但是它们已经被组织到几个不同的修改器序列中。在修改器面板的 ModifierList（修改器列表）和修改器菜单里都可找到这些修改器序列。

（一）选择修改器

在 Modifier（修改器）菜单中第 1 个序列类型是 SelectModifier（选择修改器）。可以使用这些修改器对不同类型的子对象进行选择。然后再通过这些选择来应用其他类型的修改器。

此选项共包括 7 个修改器：网格选择修改器、多边形选择修改器、面片选择修改器、样条曲线选择修改器、体积选择修改器、自由变形选择修改器和 NURBS 曲面选择修改器。下面 3 种较为常用。

1. 网格选择修改器

MeshSelect（网格选择）修改器能修改子对象选择集，包含 EditableMesh（可编辑网格）特性的子集，有 MeshSelectParameters（网格选择参数）和 SoftSelection（软选择）卷展栏。

这些卷展栏可以使拾取的子对象通过堆栈传递到另外的修改器。例如，可以使用 MeshSelect 修改器在对象上选择顶点，再选择 Bend（弯曲）修改器，只弯曲选择的顶点。

2. 多边形选择修改器

可以使用 PolySelect（多边形选择）修改器选择多边形子对象应用到其他修改器。Poly（多边形）子对象包括 Vertex（顶点）、Edge（边）、Border（边界）、Polygon（多边形面）和 Element（元素）。

3. 面片选择修改器

可以使用 PatchSelect 修改器选择面片子对象应用到其他修改器。Patch 子对象包括 Vertex、Edge、Patch 和 Element。这个修改器包括标准的面片选择 Parameters 和 SoftSelection 卷展栏。

（二）面片/样条曲线编辑修改器

在 Modifiers 菜单中第 2 个序列类型是 Patch/SplineEditing（面片/样条曲线修改器）。这些修改器以面片和样条曲线为工作对象。修改器参数都在 EditablePatch（可编辑面片）和 EditableSpline（可编辑样条曲线）卷展栏中。

此选项共包括 10 个修改器：编辑面片修改器、样条曲线修改器、相交截面修改器、曲面修改器、删除面片修改器、删除样条曲线修改器、旋转修改器、标准化样条曲线修改器、圆角/斜角/倒角修改器和修剪/拉伸修改器。下面 3 种较为常用。

1. 编辑面片修改器

EditPatch（编辑面片）修改器是编辑面片对象的工具。此修改器的特性与 EditablePatch 对象一样。如果想要动画一个 EditablePatch，就可以使用 EditPatch 修改器。甚至可以将 EditPatch 修改器应用到 EditablePatch 中。编辑面片修改器的价值在于保持对象参数性质的同时还能编辑面片子对象。

2. 样条曲线编辑修改器

EditSpline（样条曲线编辑）修改器是编辑样条曲线对象的工具。与 EditPatch 修改器一样，此编辑修改器有与 EditableSpline（可编辑样条曲线）对象一样的特性。其价值在于保持对象参数性质的同时能编辑样条曲线子对象。

3. 旋转修改器

Lathe（旋转）修改器通过绕某一轴旋转样条曲线得到一个圆形对称的对象。Parameters（参数）卷展栏包括 Degrees（度），决定样条曲线旋转的角度；WeldCore（焊接核心）和 FlipNormals（反转法线）。也可以对齐旋转轴到对象的 Minimum（最小）、Center（中心）和 Max（最大）点。当选择样条曲线形体时，此修改器才会被激活。

（三）网格编辑修改器

在 Modifiers（修改器）菜单中第 3 个序列类型是 MeshEditing（网格编辑修改器）。这些修改器以网格为工作对象。网格编辑修改器对提高 EditableMesh（可编辑网格）对象的可编辑性有很大帮助。

此命令共包括 14 个修改器：填洞修改器、删除网格修改器、网格编辑修改器、可编辑法线修改器、拉伸修改器、面拉伸修改器、法线修改器、优化修改器、光滑修改器、STL 检验修改器、对称修改器、镶嵌修改器、绘制顶点颜色修改器和焊接顶点修改器。下面 4 种较为常用。

1. 填洞修改器

CapHoles（填洞）修改器能找到几何体对象破损的面片。当导入对象时，有时会丢失面。此修改器能检验并且沿着开口的边创建一个新面来消除破损。修复坏面参数包括 SmoothNewFaces（光滑新面）、SmoothwithOldFaces（与旧面光滑）和 AllNewEdgesVisible（显示所有新边）。SmoothwithOleFaces 使新面与相邻的面使用同样的光滑组。

2. 网格编辑修改器

所有的网格对象都是默认的 EditableMesh（可编辑网格）对象。在保持对象的基本创建参数的同时，此修改器能够修改 EditableMesh 的子对象。

注 意

在应用 EditMesh（编辑网格）修改器之后改变对象参数或修改对象的几何体拓扑会出现不正确的结果。

当一个对象被塌陷成 EditableMesh 时，它的参数性质被消除。然而，使用修改器，仍然可以保留对象类型和参数性质。例如，创建一个球体并且应用网格编辑修改器拉伸几个面仍然可以通过在修改器堆栈选择对象改变其半径值。

注 意

当应用了 EditMesh 修改器之后，如果在编辑堆栈中选择球体，会出现一个警告对话框：此修改器的存在取决于对象的拓扑和使用特性的类型。如果改变它的参数，继续操作会出现不好的效果，几何体上可能出现洞或坏面。

3. 面拉伸修改器

FaceExtrude（面拉伸）修改器沿对象发现拉伸所选择的面。FaceExtrude 参数包括 Amount（数量）、Scale（变比）和 ExtrudeFromCenter（从中心拉伸）。

4. 优化修改器

Optimize（优化）修改器通过减少面、边和顶点的数量来简化模型。首先通过 LevelofDetail（细节级别）值设置不同的 Renderer（渲染）和 Viewports（视图）级别。随后调整 FaceThresholds（面阈值）和 EdgeThresholds（边阈值）决定元素被优化的程度。至于优化的结果可以在卷展栏底部的 LastOptimizeStatusBefore/After（上次优化状态以前/以后）选项组中查看 Vertices（顶点）数和 Faces（面片）数。

注 意

应用优化修改器减少多边形的面数。但同时也降低了模型的细致程度。所以在应用时力求寻找两者的平衡点。

（四）动画修改器

在 Modifiers 菜单中第 4 个序列类型是 AnimationModifiers（动画修改器）。Animation（动画）修改器能单独改变每一帧的设置，并且它们的最终效果很特殊。

此选项共包括 8 个修改器：表皮修改器、演变修改器、柔体修改器、融化修改器、链接

Xform 修改器、面片变形修改器、路径变形修改器和曲面变形修改器。下面 4 种较为常用。

1. 演变修改器

Morpher（演变）修改器可以从一种形体变化到另外一种形体。此修改器只能应用在有同样顶点数的对象上。

Morpher 修改器在创建面部表情表达式及角色动画的唇形同步时非常有用。不仅如此，它还可以使用过渡材质、混合通道。也可以与 Morpher 材质一起使用 Morpher 修改器。

2. 柔体修改器

Flex（柔体）修改器可以使一个对象如弹簧一样来回弯曲活动。用于模仿车上的天线在汽车加速或减速时前后来回运动的效果。

Flex 修改器支持简单的软体、重力和更多的弹簧参数。此修改器的参数包括 Flex（柔体）、Strength（强度）和 Sway（摇摆），也有控制顶点重量的高级参数，如 Ripple（涟漪）、Wind（风）和 WaveSpace（空间扭曲）。

3. 熔化修改器

Melt（熔化）修改器通过下垂和展开边来模仿熔化对象。熔化参数包括 Amount（数量）和 Spread（传播）值，在 Solidity（固态）选项组中可以选择材质，如冰、玻璃、果冻或塑料以及 MeltAxis（熔化轴）。

4. 路径变形修改器

PathDeform（路径变形）修改器使用样条曲线路径变形对象，分为两种类型，PatchDeform（面片变形）和 SurfDeform（曲面变形）。在使用此修改器时，先利用 PickPath（拾取路径）按钮选择要变形用的样条曲线，再通过 Percent（百分比）确定对象沿路径移动的距离。此外，还可以通过 Parameters（参数）卷展栏中的 Stretch（拉伸）、Rotation（旋转）和 Twist（扭曲）来决定对象在路径上的运动方式。

（五）UV 坐标修改器

在 Modifiers（修改器）菜单中第 5 个序列类型是 UVCoordinates（UV 坐标修改器）。UV 坐标定义材质贴图坐标。可以同时使用几个修改器控制这些坐标。

此选项共包括 4 个修改器：UVW 贴图修改器、贴图坐标变形修改器、取消贴图坐标包裹修改器和相机贴图修改器。下面两种较为常用。

1. UVW 贴图修改器

UVWMap（UVW 贴图）修改器为对象指定贴图坐标。虽然 Primitives（图元）、LoftObjects（放样对象）、NURBS 能产生它们自己的贴图坐标，但是可编辑网格对象和可编辑网格面片需要使用此修改器。此修改器的卷展栏提供许多参数。Length（长度）、Width（宽度）和 Height（高度）值定义 UVW 贴图边框的尺寸。同时可以设置在各个方向的平铺量。

难点：Alignment（对齐）选项提供 8 个按钮控制对齐边框。这些选项完全不同于对象面的 Align 命令，它们只为贴图坐标服务。

Fit（拟合）按钮使坐标边框正好对齐对象的边。

Center（中心）按钮使坐标边框中心与对象中心对齐。

BitmapFit（位图适配）按钮打开 File（文件）对话框对齐坐标边框到选择的位图大小。

NormalAlign（法线对齐）按钮让你拖动鼠标到对象的曲面上，冰球当释放鼠标按钮时，坐标边框将与法线对齐。

ViewAlign（视图对齐）按钮对齐坐标边框匹配当前视图。

RegionFit（区域拟合）按钮让你在视图拖动一个区域匹配坐标边框。

Reset（重设定）按钮移动坐标边框回到原来的位置。

Acquire（查询）按钮与有同样坐标的其他对象对齐边框。

2. 取消贴图坐标包裹修改器

UnwrapUVW（取消贴图坐标包裹）修改器控制子对象贴图的应用。也能用来取消对象的贴图坐标。可以在需要时编辑这些坐标。也可以使用 UnwrapUVW（取消贴图坐标包裹）修改器在一个对象上应用多重的平面贴图。

（六）缓存工具修改器

在 Modifiers（修改器）菜单中第 6 个序列类型是 CacheTool（缓存工具）。CacheTool 修改器只有一个 PointCache（点缓存）修改器。PointCache 修改器把每个顶点的变化保存到文件中。文件使用.pts 扩展名。在 Parameters 卷展栏里可指定 Start 和 End 时间，单击 Record（录像）按钮打开要命名的 File 对话框，命名完成后即可保存为文件。

（七）细分曲面修改器

在 Modifiers 菜单中第 7 个序列类型是 SubdivisionSurfaces（细分曲面）。可以分为光滑修改器和细分曲面修改器。细分曲面增加对象的分辨率，可以细化建模。此命令共包括两个修改器：网格光滑修改器和 HSDS 修改器。

1. 网格光滑修改器

MeshSmooth（网格光滑）修改器通过同时把斜面功能用于对象的顶点和边来光滑全部曲面。此修改器，可以创建一个 NURMS 对象。NURMS 代表非均匀有理网格光滑。

Parameters 卷展栏包括 3 种网格光滑类型：Classic（典型的）、NURMS 和 QuadOutput（四边输出）。可以操作三角形面或多边形面。SmoothParameters（光滑参数）包括 Strength（强度）和 Relax（放松值）。也可以设置 Subdivision（细分量）的 Iterations（累接）和 Smoothness（平滑度）来运行与控制加权选择的控制点。

UpdateOptions（更新选项）设置包括 Always（总是）、WhenRendering（渲染时）和 Manually（手动）按钮。

在 LocalControl（局部控制）卷展栏内可以选择用 SubobjectLevel（子对象层级）中的 Vertex10.顶点）或 Edge（边）工作。Crease（折皱）值适用于子对象的边。选择一子对象边 Crease 值设为 1.0，当其余对象光滑后，将保留一个清晰的边。

2. HSDS 修改器

使用 HSDS（HierarchicalSubDivisionSurfaces 分层细分曲面）修改器增加局部区域的分辨率和光滑度。除了用于子对象局部区域工作而不是用于全部对象的曲面工作外，它的工作方式如同 Tessellate（细分）修改器。修改器能使用子对象的 Vertex（顶点）、Edge（边）、Polygon（多边形）和 Element（元素）。子对象区域被选择后，可以单击 Subdivide（细分）按钮来细分区域。

LevelofDetail（细节层级）微调控制器可以在不同的细分层级之间来回移动。当多边形子对象被选择时，也可以 Delete（删除）或 Hide（隐藏）它们。

AdaptiveSubdivision（自适应细分）按钮可以打开自适应细分对话框指定详细参数。此修改器也包括 SoftSelection（软选择）卷展栏和 Edge（边）卷展栏，在 Edge（边）卷展栏里可以指定 Crease（折皱）值来保持边的清晰。

（八）自由变形修改器

在 Modifiers 菜单中第 8 个序列类型 FreeFromDeformation（自由变形）。这种修改器能在一个对象附近产生点阵网格。这种点阵网格捆绑在对象上，通过移动点阵网格曲面来改变对象。修改器包括 FFD（FreeFromDeformation）和 FFD（Box 方体 / Cyl 柱体）。

1. FFD（自由变形）修改器

FreeFormDeformation 修改器在对象附近创建点阵网格控制点。通过移动控制点来改变对象的曲面。有 3 种不同解析度的 FFD：2X2、3X3 和 4X4。FFD 参数包括 Display（显示）栏中的 Lattice（结构网格）和 SourceVolume（源体积），Deform（变形）栏中的 OnlyinVolume（仅在体积中）以及 AllVertices（全部顶点）。ControlPoints（控制点）栏中的 Reset（重设定）按钮可以在操作错误时，重新回到原来的形状；AnimateAll（全部动画）按钮可以为每个顶点创建关键帧；ConformtoShape（符合形体）按钮设置控制 InsidePoints（内部点）、OutsidePoints（外部点）和 Offset（偏移量）。

2. （方体/柱体）修改器

FFD（Box/Cyl）方体/柱体修改器能创建方体或柱体的点阵控制点来变形对象。Dimensions（尺寸）栏中的 SetNumberofPoints（设定点数）按钮可以指定网格控制点数。Selection（选择）按钮可以沿着任何轴选择点。

（九）参数变形修改器

在（修改器）菜单中第 9 个序列类型是参数变形修改器。这些修改器通过牵引、推和拉伸来影响几何体。

此命令共包括 19 个修改器：弯曲修改器、锥化修改器、扭曲修改器、噪波修改器、伸展修改器、挤压修改器、推修改器、放松修改器、涟漪修改器、波浪修改器、斜推修改器、切片修改器、球化修改器、影响区域修改器、网格修改器、镜像修改器、置换修改器、变形修改器和保存修改器。下面 3 种较为常用。

1. 弯曲修改器

Bend 弯曲修改器可以沿着任何轴弯曲一个对象。Parameters 卷展栏里的 Bend（弯曲）可设置 Angle（角度）、Direction（方向），BendAxis（弯曲轴）和 Limits（限制）。Limits 选项又细分为 UpperLimits（上限）值和 LowerLimits（下限）值。

2. 锥化修改器

Taper（锥化）修改器只缩放对象的一端。Parameters（参数）卷展栏里包括 Taper 的 Amount（数量）和 Curve（曲线），它们决定锥化的幅度。而 TaperAxis（锥化轴）决定了锥化的方向。此外，锥化修改器同样包含 Limits（限制）选项。

3. 噪波修改器

Noise（噪波）修改器能随机变化顶点的位置。首先通过 Parameters（参数）卷展栏的 Scale（变化）值确定噪波的大小，随后通过 Fractal（分形）选项控制噪波的形状，最后通过 Strength（强度）来设定噪波的幅度。由于噪波具有随机的特性，常被用于动画中水的表面运动，噪波的 Animation（动画）设置包括 AnimateNoise（动画干扰）、Frequency（频率）和 Phase（相位）。

（十）曲面修改器

在 Modifiers（修改器）菜单中第 10 个序列类型是 Surface（曲面）修改器。

1. 材质修改器

Material（材质）修改器可以改变对象的材质 ID 号。此修改器的唯一参数是 MaterialID（材质号）。当选择对象的子对象并且使用此修改器时，材质号只用于选择的子对象。此修改器与 Multi/Sub-ObjectMaterial（多重/子对象材质）一起使用时可以为单个的对象创建多重材质。

2. 元素材质修改器

MaterialByElement（元素材质）修改器可以随机改变材质 ID 号。可以与若干元素一起应用此修改器。此修改器的参数能用 RandomDistribution（随机分配）命令分配材质 ID，或配合所需要的 Frequency（频率）。IDCount（ID 数）是使用材质 ID 号的最小数字。可以在 ListFrequency（频率表）选项组中指定每个 ID 百分比。

3. 近似置换修改器

DispApprox（近似置换）修改器（DispApprox 是 DisplacementApprox 的缩写），基于 Displacement（置换）贴图改变对象的曲面。此修改器能用任何被转换过的 EditableMesh（可编辑对象）工作。包括图元、NURBS 和 Patches（面片）。此修改器的参数包括 SubdivisionPreset（细分预置）设置 Low（低）、Medium（中等）和 High（高）。

（十一）NURBS 编辑修改器

Modifiers 菜单中第 11 个序列类型是 NURBSEditing 修改器。NURBSEditing（NURBS 编辑）修改器全部以 NURBS 为工作对象，包括 NURBSSurfaceSelect（选择 NURBS 曲面）、SurfDeform（曲面变形）DispApprox 修改器。这些修改器在前面单元里已经讲过了。

（十二）辐射修改器

在 Modifiers 菜单中第 12 个序列类型是 Radiositymodifiers 辐射修改器。此修改器里包含 *Subdivide 修改器和 Subdivide 修改器，这两个修改器除了适用坐标系不同外，其他的使用都一样。

三、3ds max 建模简介

3ds max 包含了如下 6 种建模方式：

（1） 参数化的基本物体和扩展物体。即 Geometry 下的 Standard Primitives 和 Extanded Primitives。

（2） 运用挤压（Extude）、旋转（Lathe）、放样（Loft）和布尔运算（Boolean）等修改器或工具创建物体。

（3） 基本网格面物体节点拉伸法创建物体，即编辑节点法。

（4） 面片建模方式，即 Patch。

（5） 运用表面工具，即 Surface Tools 的 CrossSection 和 Surface 修改器的建模方式。

（6） NURBS 建模方式。

其中，（1）～（3）这 3 种方法一般被认为是“基础建模方式”；（4）～（6）一般被认为“高级建模方式”。事实上，NURBS 是国际上标准的建模方式（或称之为规范）之一。

1. 挤压（Extude）建模

挤压建模是指将一轮廓面沿该平面的法线方向挤压（或拉伸）而形成特征的建模方式。这种方式适合于创建柱类立体，其示意图如图 1.1.8 所示。

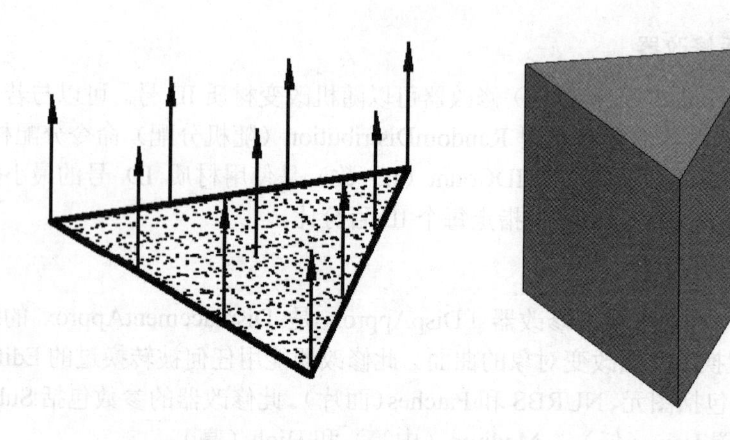

图 1.1.8

2. 旋转/车削（Lathe）建模

旋转建模是指将一轮廓面绕轴线旋转而形成特征的建模方式。这种方式适用于回转体的创建。旋转建模的基本步骤如下：

（1） 定义草图，定义一条旋转轴线及绕其旋转的轮廓截面；

（2） 定义旋转方向，确定轮廓截面绕旋转轴线沿顺时针或逆时针方向旋转；

（3） 定义旋转角度，确定要旋转的角度；

（4） 完成建模。

旋转（Lathe）建模示意图如图 1.1.9 所示。

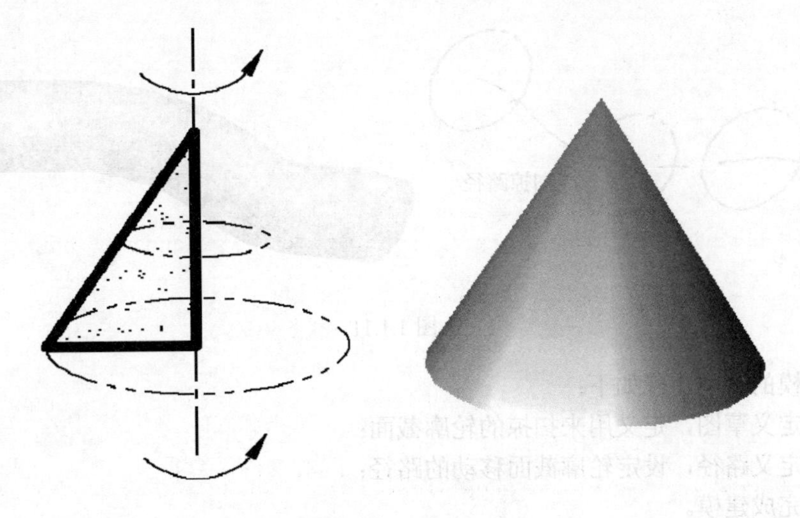

图 1.1.9

3. 放样（Loft）建模

放样建模是两个以上的轮廓截面按照一定的顺序，在截面之间进行过渡而形成三维立体的建模方式，常用于截面尺寸变化的立体建模。其示意图如图 1.1.10 所示。

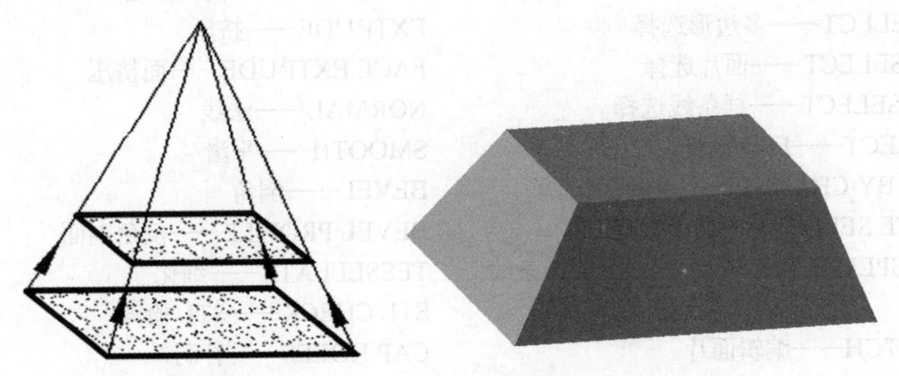

图 1.1.10

放样建模的基本步骤如下：

（1） 定义基本草图，定义用来放样的第一个轮廓截面；

（2） 定义其他草图，定义与第一个轮廓截面平行的若干个轮廓截面；

（3） 定义路径，确定各轮廓截面上的起始点，以形成放样路径；

（4） 完成建模。

4. 扫掠（Sweep）建模

扫掠建模是将一轮廓面沿着一条路径移动而形成三维立体的建模方式，适用于创建弯管类及较复杂的几何体，其示意图如图 1.1.11 所示。

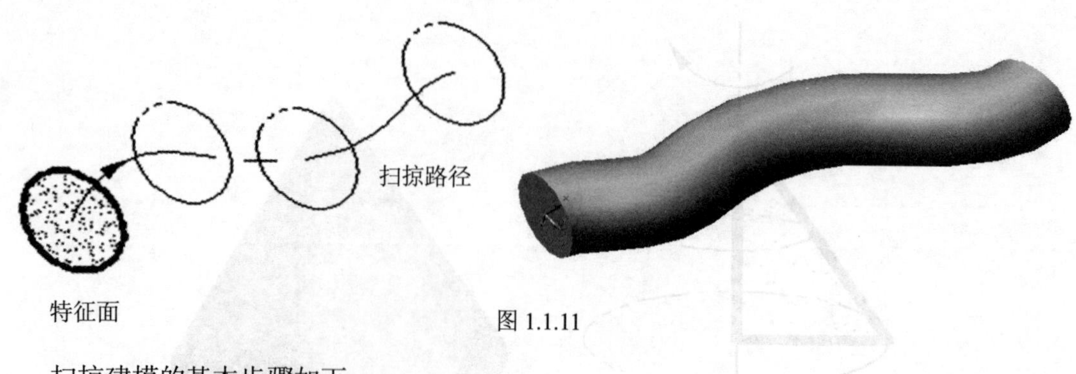

图 1.1.11

扫掠建模的基本步骤如下：

（1） 定义草图，定义用来扫掠的轮廓截面；

（2） 定义路径，设定轮廓截面移动的路径；

（3） 完成建模。

四、3ds max 修改器中英文对照

SELECTION MODIFIERS——选择修改器
MESH SELECT——网格选择
POLY SELECT——多边形选择
PATCH SELECT——面片选择
SPLINE SELECT——样条线选择
FFD SELECT——FFD 选择
SELECT BY CHANNEL——按通道选择
SURFACE SELECT——曲面选择
PATCH/SPLINE EDITING——面片/样条线编辑
EDIT PATCH——编辑面片
EDIT SPLINE——编辑样条线
CROSS SECTION——横截面
SURFACE——曲面
DELETE PATCH——删除面片
DELETE SPLINE——删除样条线
LATHE——车削
NORMALIZE SPLINE——规格化样条线
FILLET/CHAMFER——圆角/切角
TRIM/EXTEND——修剪/延伸
RENDERABLE SPLINE——可渲染样条线
SWEEP——扫描
MESH EDITING——网格编辑
DELETE MESH——删除网格
EDIT MESH——编辑网格
EDIT POLY——编辑多边形
EXTRUDE——挤压
FACE EXTRUDE——面挤压
NORMAL——法线
SMOOTH——平滑
BEVEL——倒角
BEVEL PROFILE——倒角剖面
TESSELLATE——细化
STL CHECK——STL 检查
CAP HOLES——补洞
VERTEXPAINT——顶点绘制
OPTIMIZE——优化
MULTIRES——多分辨率
VERTEX WELD——顶点焊接
SYMMETRY——对称
EDIT NORMALS——编辑法线
EDITABLE POLY——可编辑多边形
EDIT GEOMETRY——编辑几何体
SUBDIVISION SURFACE——细分曲面
SUBDIVISION DISPLACEMENT——细分置换
PAINT DEFORMATION——绘制变形
CONVERSION——转化

TURN TO POLY——转换为多边形
TURN TO PATCH——转换为面片
TURN TO MESH——转换为网格
ANIMATION MODIFIERS——动画
EDIT ENVELOPE——编辑封套
WEIGHT PROPERTIES——权重属性
MIRROR PARAMETERS——镜像参数
DISPLAY——显示
ADVANCED PARAMETERS——高级参数
MORPHER——变形器
CHANNEL COLOR LEGEND——通道颜色图例
GLOBAL PARAMETERS——全局参数
CHANNEL LIST——通道列表
CHANNEL PARAMETERS——通道参数
ADVANCED PARAMETERS——高级参数
FLEX——柔体
PARAMETERS——参数
SIMPLE SOFT BODIES——简章软体
WEIGHTS AND PAINTING——权重和绘制
FORCES AND DEFLECTORS——力和导向器
ADVANCED PARAMETERS——高级参数
ADVANCED SPRINGS——高级弹力线
MELT——熔化
LINKED XFORM——链接变换
PATCH DEFORM——面片变形
PATH DEFORM——路径变形
SURF DEFORM——曲面变形
PATCH DEFORM（WSM）——面片变形（WSM）
PATH DEFORM（WSM）——路径变形（WSM）
SURF DEFORM（WSM）——曲面变形（WSM）
SKIN MORPH——蒙皮变形
SKIN WRAP——蒙皮包裹
SKIN WRAP PATCH——蒙皮包裹面片
SPLINE IK CONTROL——样条线 IK 控制
ATTRIBUTE HOLDER——属性承载器
UV COORDINATES MODIFIERS——UV 坐标修改器
UVW MAP——UVW 贴图
UNWRAP UVW——展开 UVW
UVW XFORM——UVW 变换
MAPSCALER（WSM）——贴图缩放器
MAPSCALER（OSM）——贴图缩放器
CAMERA MAP——摄影机贴图
CAMERA MAP（WSM）——摄影机贴图
SURFACE MAPPER（WSM）——曲面贴图
PROJECTION——投影
UVW MAPPING ADD——UVW 贴图添加
UVW MAPPING CLEAR——UVW 贴图清除
CACHE TOOLS——缓存工具
POINT CACHE——点缓存
POINT CACHE（WSM）——点缓存
SUBDIVISION SURFACES——细分曲面
TURBOSMOOTH——蜗轮平滑
MESHSMOOTH——网格平滑
HSDS MODIFIER——HSDS 修改器
FREE FORM DEFORMATIONS——自由形式变形
FFD MODIFIERS——FFD 修改
FFD BOX/CYLINDER——FFD 长方形/圆柱体
PARAMETRIC MODIFIERS——参数化修改器
BEND——弯曲
TAPER——锥化
TWIST——扭曲
NOISE——噪波
STRETCH——拉伸
SQUEEZE——挤压
PUSH——推力
RELAX——松弛
RIPPLE——涟漪
WAVE——波浪
SKEW——倾斜
ALICE——切片

SPHERIFY——球形化
AFFECT REGION——影响区域
LATTICE——晶格
MIRROR——镜像
DISPLACE——置换
XFORM——变换
SUBSTITUTE——替换
PRESERVE——保留
SHELL——壳
SURFACE——曲面
MATERIAL——材质
MATERIAL BY ELEMENT——按元素分配材质
DISP APPROX——置换近似
DISPLACE MESH（WSM）——置换网格（WSM）
DISPLACE NURBS（WSM）——置换网格（WSM）
RADIOSITY MODIFIERS——沟通传递修改器
SUBDIVIDE（WSM）——细分（WSM）
SUBDIVIDE——细分

1.2 典型案例——椅子

一、制作椅子

制作椅子动画效果图如图 1.2.1 所示，具体要求如下。

图 1.2.1

（1） 建立场景：建立水泥围墙和砂质地面场景。
（2） 创建模型：创建椅子框架和靠背模型。

（3） 修改模型：制作坐垫，调整并组合成椅子。

（4） 添加效果：天机木质绿漆材质，坐垫粗麻材质，投影及背景 C：\A3dmax\Unitl\Y1-2.jpg（随书附素材库图片，请提前拷贝到本机 C 盘下）。

（5） 将最终结果以 X1-1.max 为文件名保存。

二、解题步骤

（1） 椅子腿是一个 Loft（放样）对象形成的，需要一个矩形作为放样的 Shape（形体）和一条 Line（线）作为放样的 Path（路径）。在前视图画一条曲 Line（线），顶视图用 Rectangle 画一个矩形，如图 1.2.2 所示。

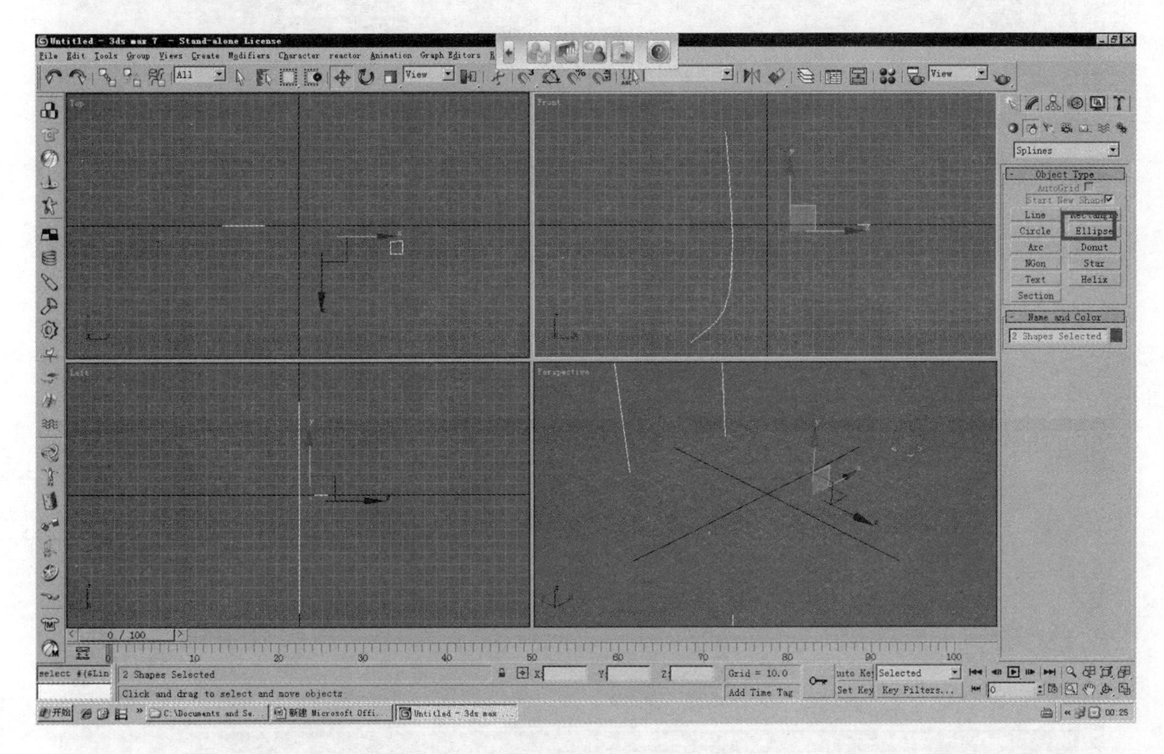

图 1.2.2

（2） 选中 Top 视图中的矩形，点击建模下拉菜单，选择 Compound Objects 中的 Loft（放样），点击 Get Path，再点击曲线，如图 1.2.3 所示。

（3） 选择放样后的图形复制一个 Loft（放样），用旋转工具调位置，接下来在 Extended Primitiv 中选择 ChamferBox（切角长方体），在透视图上拉一个切角长方体调整位置，在修改面板上选择 FFD3x3x3 子层级中的 Control Points，用移动工具选中中间点下拉，如图 1.2.4～图 1.2.6 所示。

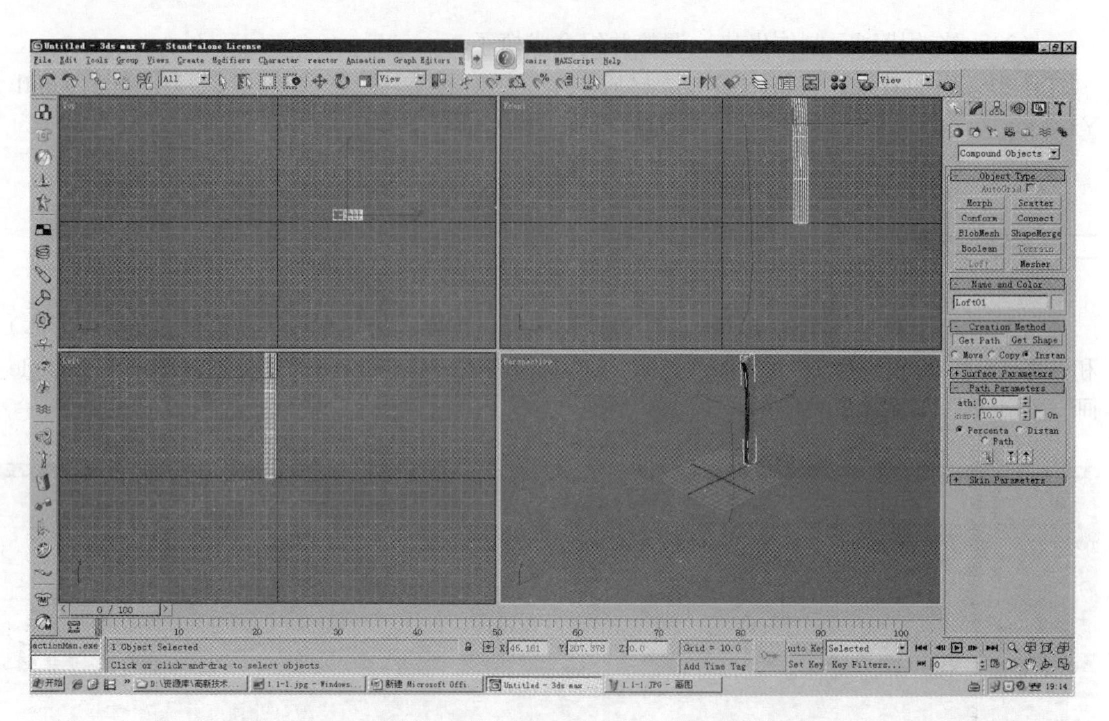
Untitled - 3ds max 7 - Stand-alone License
Compound Objects
Object Type
AutoGrid
Morph
Scatter
Conform
Connect
BlobMesh
ShapeMerge
Boolean
Terrain
Loft
Mesher
Name and Color
Loft01
Creation Method
Get Path
Get Shape
Surface Parameters
Path Parameters
Skin Parameters
1 Object Selected
Click or click-and-drag to select objects
Grid = 10.0
Add Time Tag
Key Filters...

图 1.2.3

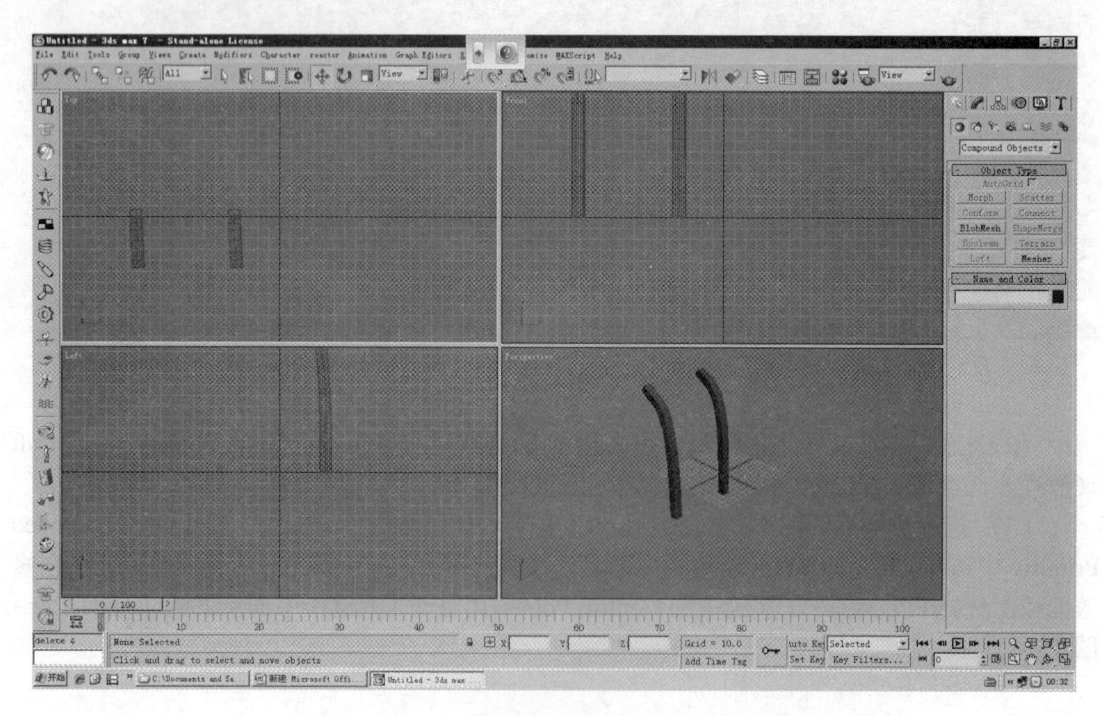
Untitled - 3ds max 7 - Stand-alone License
Compound Objects
Object Type
AutoGrid
Morph
Scatter
Conform
Connect
BlobMesh
ShapeMerge
Boolean
Terrain
Loft
Mesher
Name and Color
None Selected
Click and drag to select and move objects
Grid = 10.0
Add Time Tag
Key Filters...

图 1.2.4

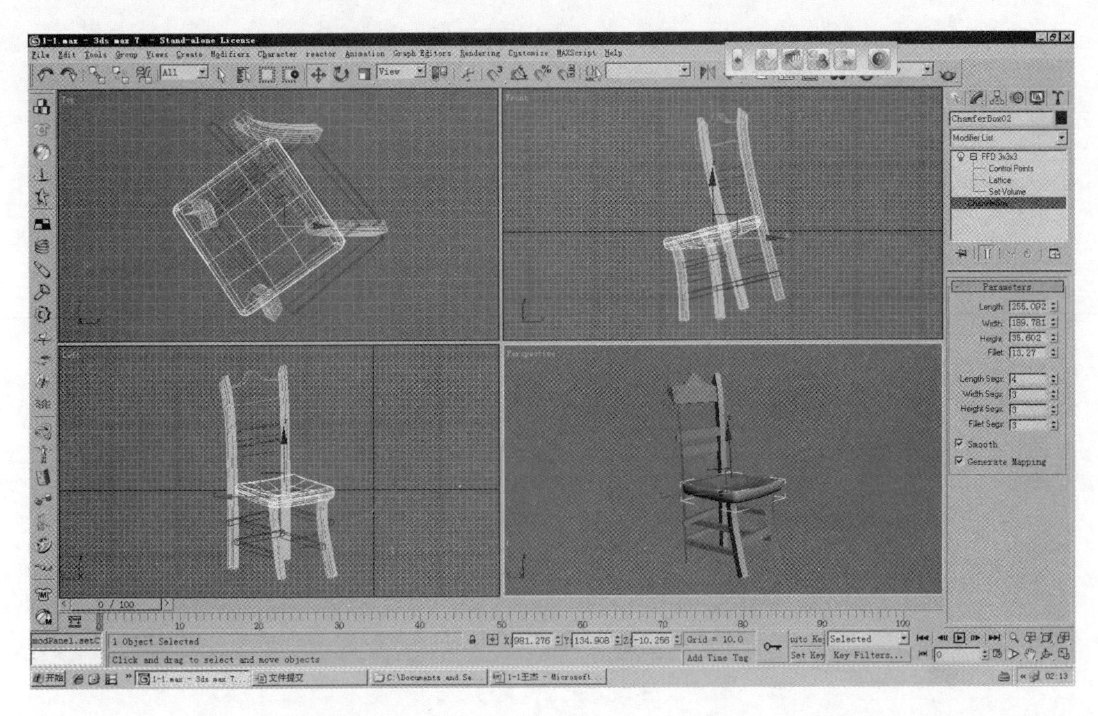

图 1.2.5

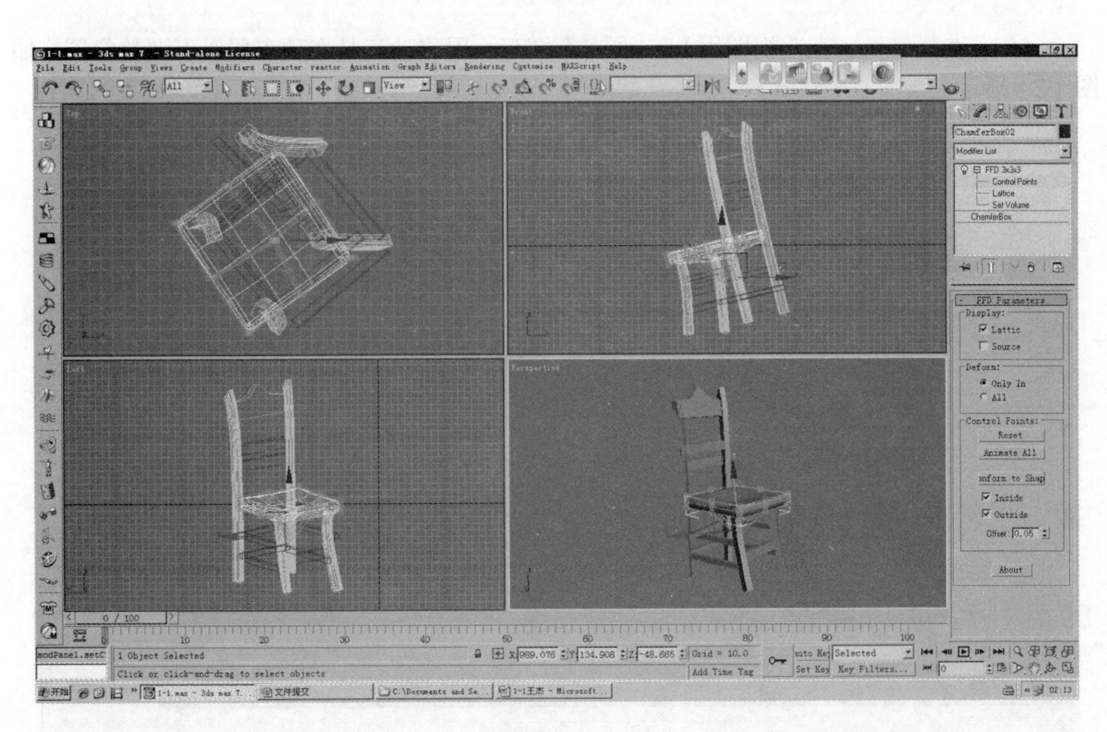

图 1.2.6

（4） 把椅背复制并用缩小工具缩小旋转以调整位置，如图 1.2.7 所示。

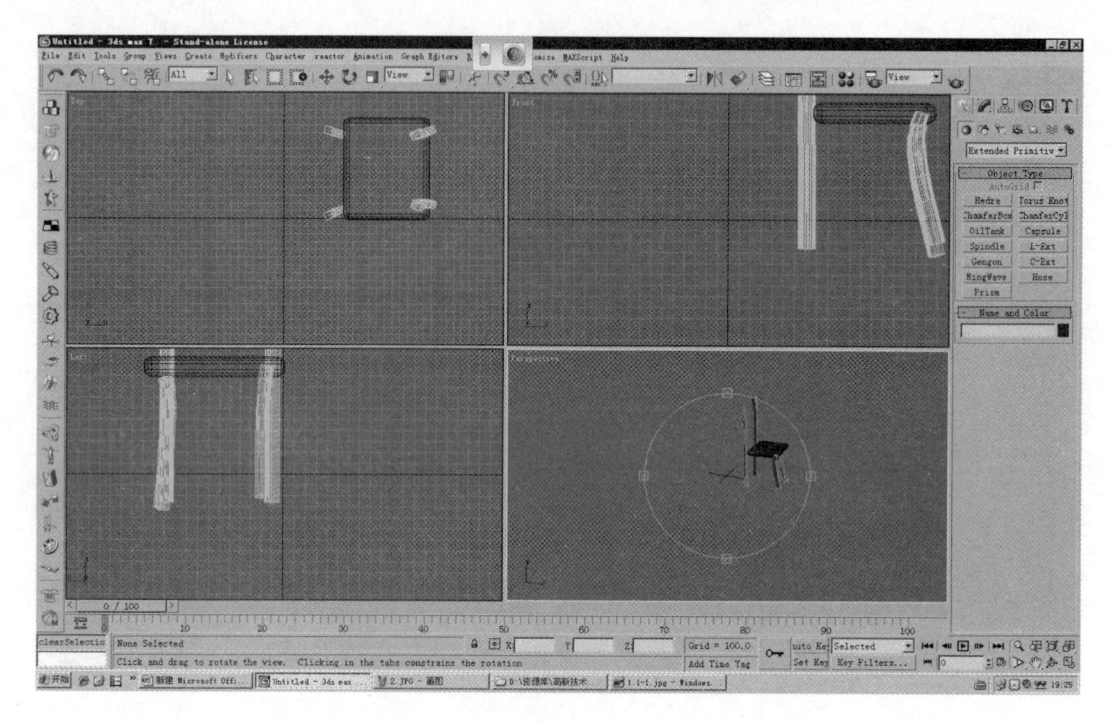

图 1.2.7

（5） 选择 Line，在前视图用 Line 画一个图形，用移动工具在顶点层级下调整位置，如图 1.2.8 所示。

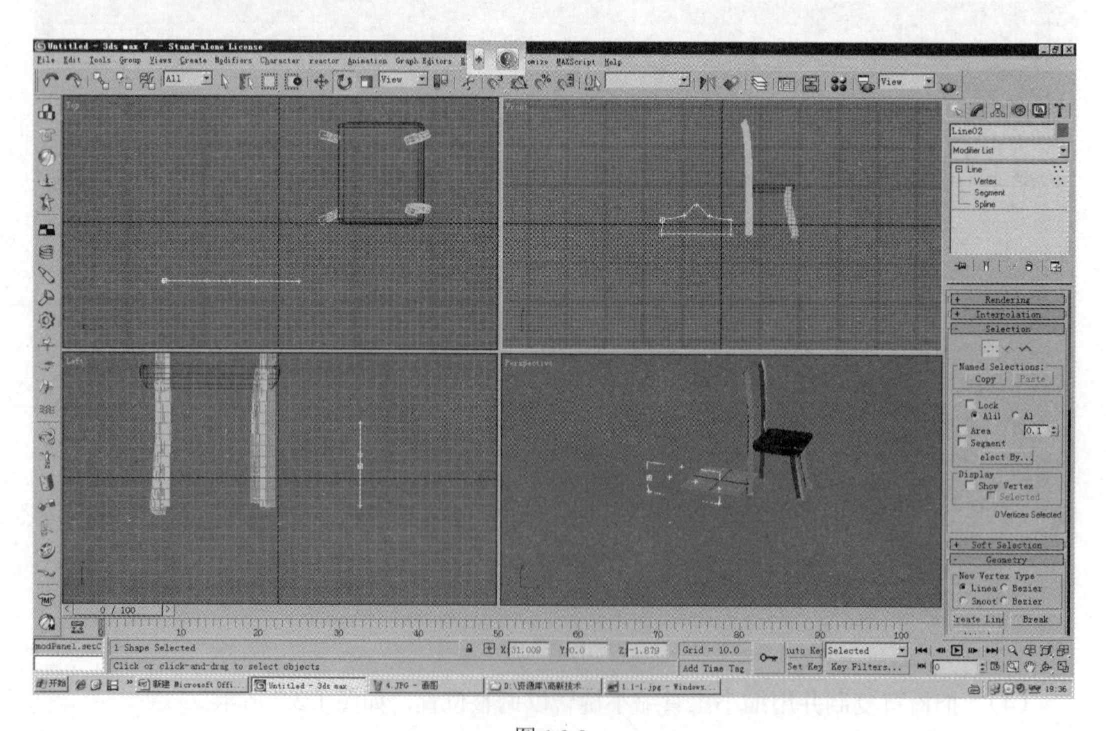

图 1.2.8

（6） 在修改面板中选 Extrude（挤出）放在椅子背上，如图 1.2.9 所示。

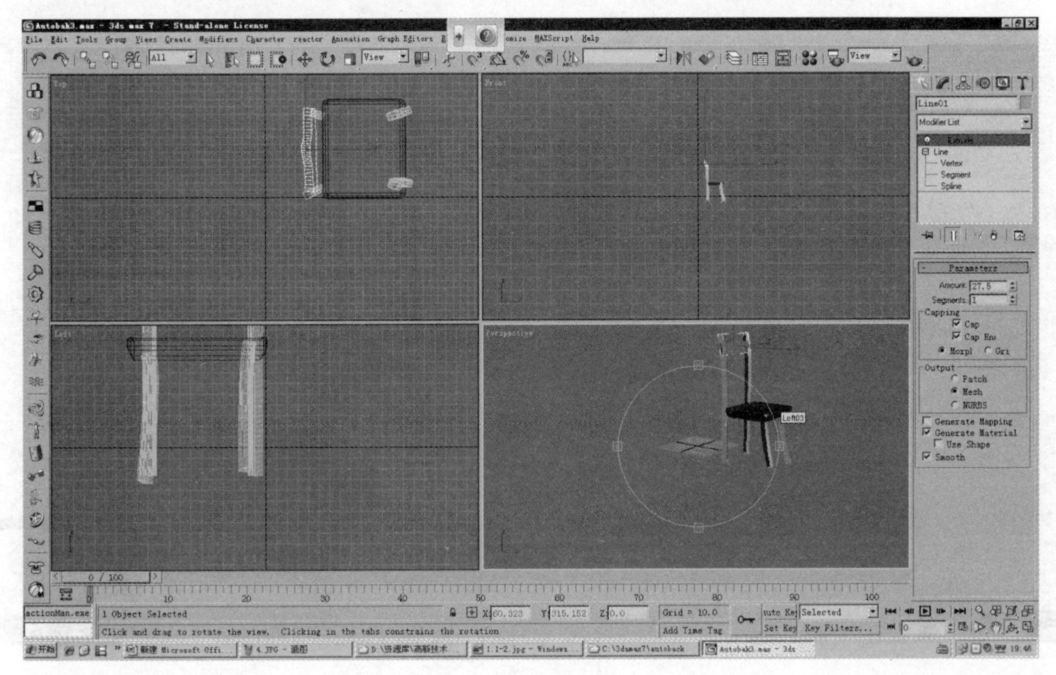

图 1.2.9

（7） 在前视图上建立一个矩形（Box）并复制 9 个调整位置做椅子的支架，用旋转移动工具调整位置，如图 1.2.10 所示。

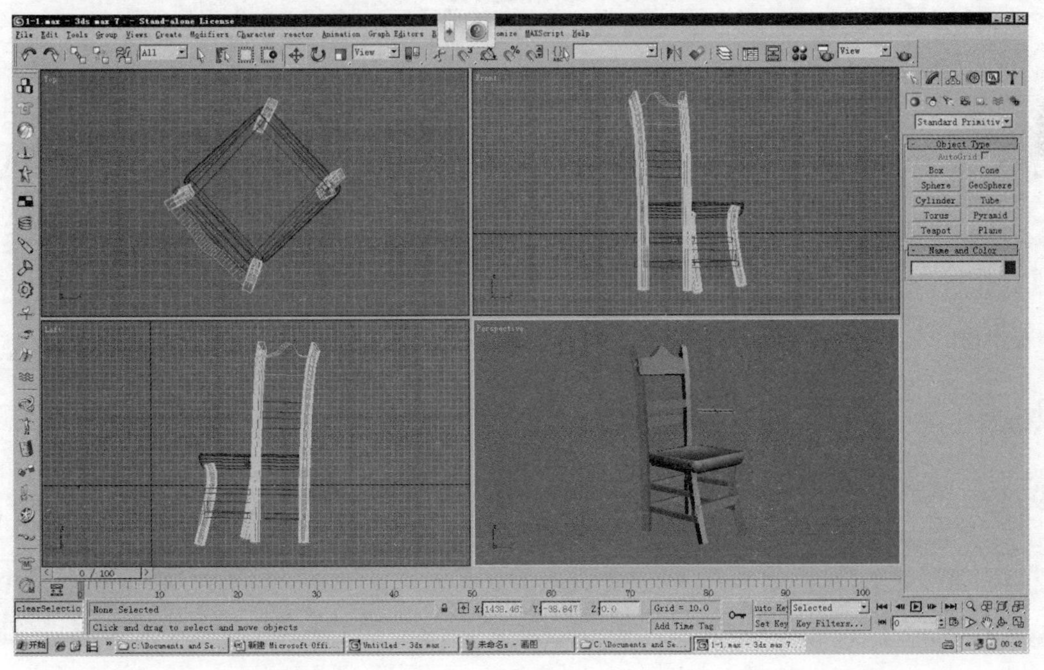

图 1.2.10

（8） 用 Box（矩形）建立四周围墙，效果如图 1.2.11 所示。然后复制椅子，并用移动工具调整椅子位置。

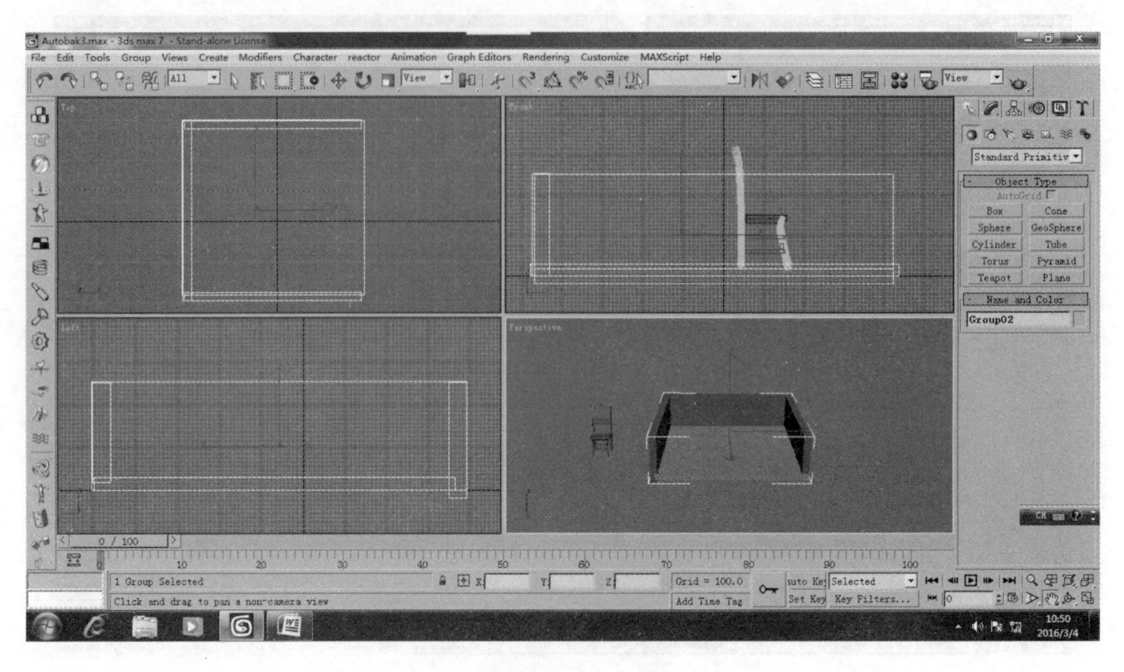

图 1.2.11

（9） 添加环境背景 C：\A3ds max\Unitl\Y1-1.jpg 图片，如图 1.2.12、图 1.2.13 所示。

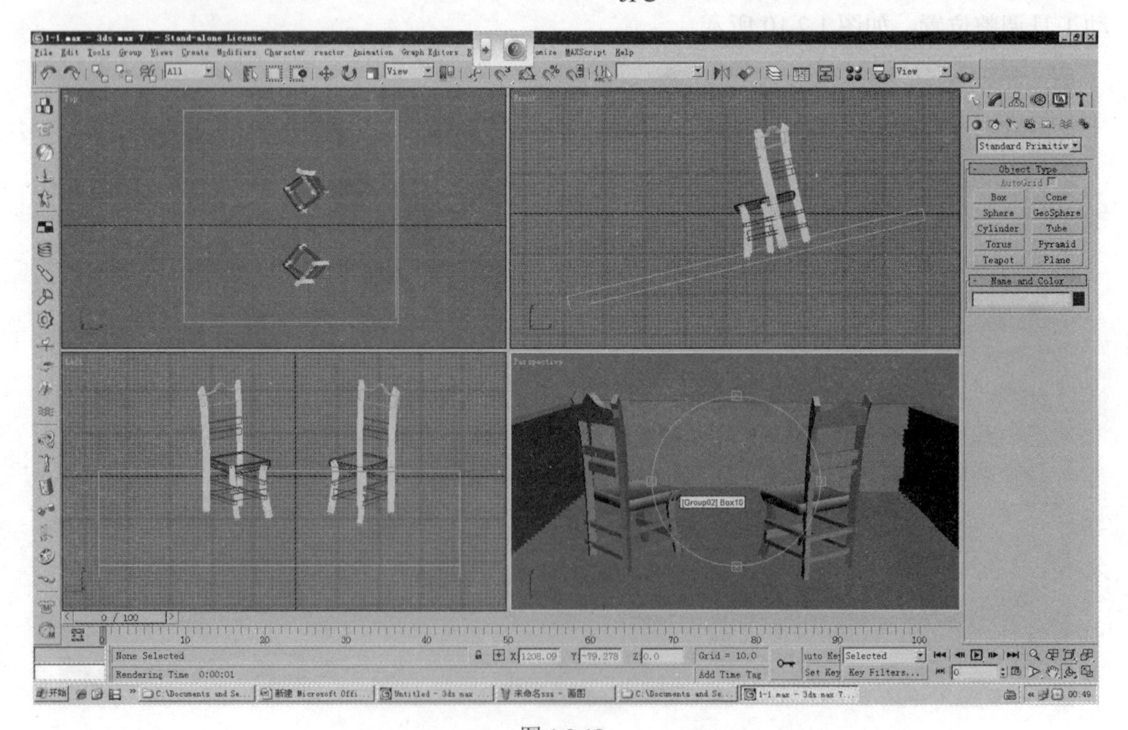

图 1.2.12

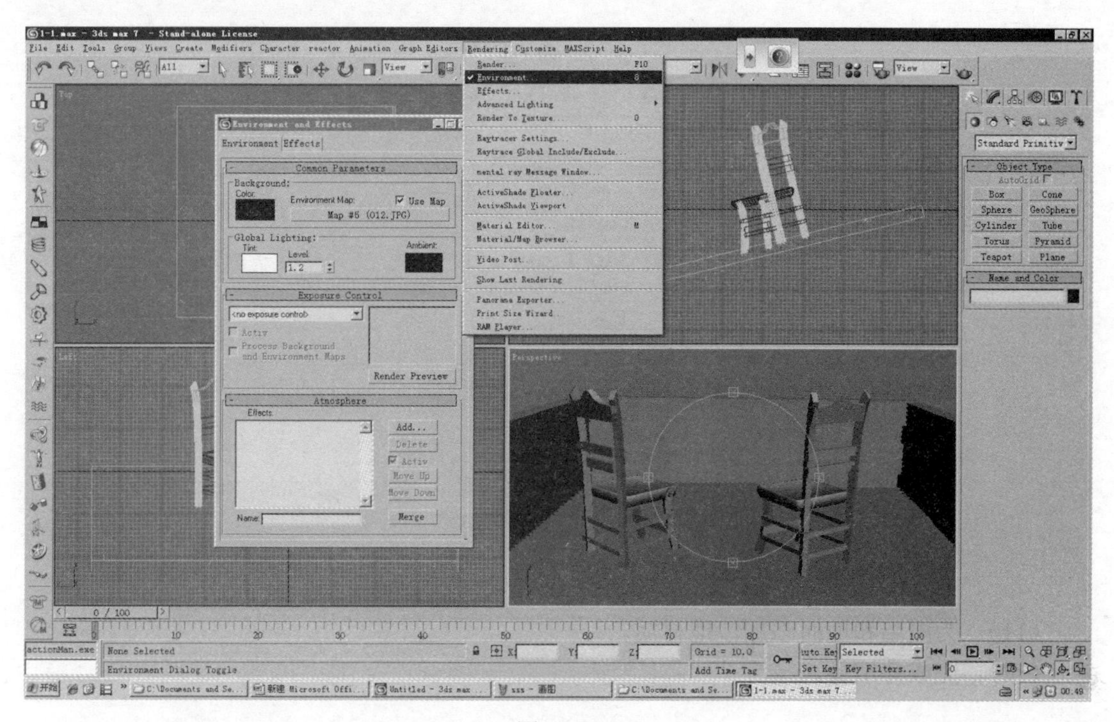

图 1.2.13

（10） 选择灯光加入 Omni 灯制造阴影并调整阴影位置。如图 1.2.14 所示。

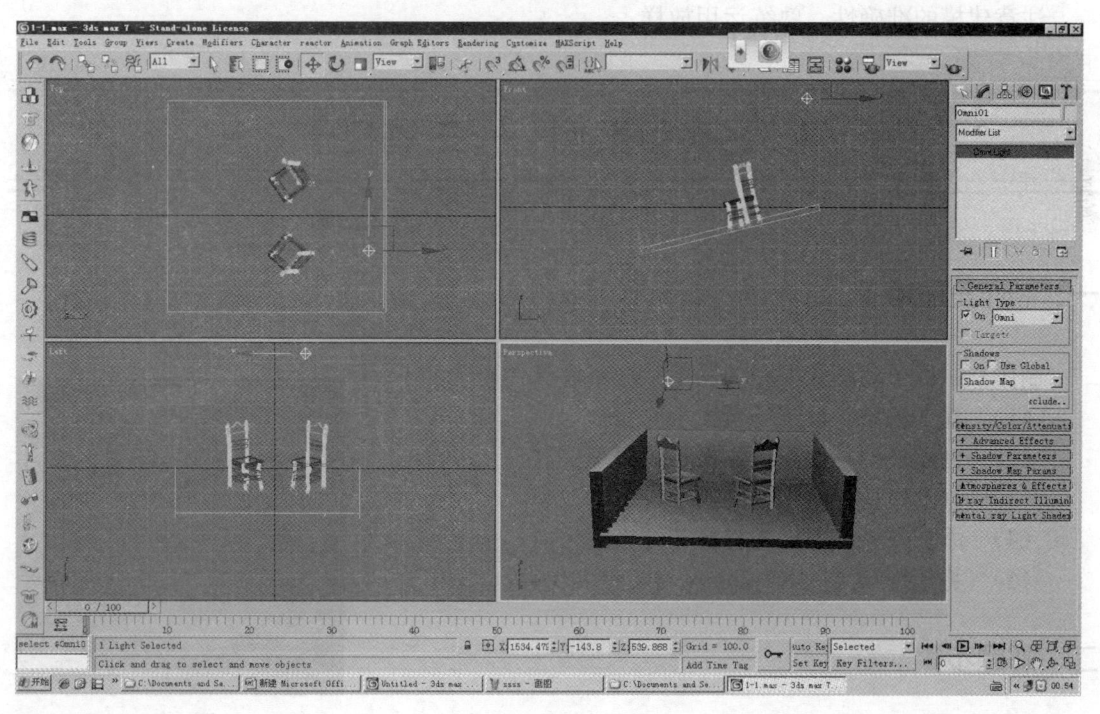

图 1.2.14

参数设置如图 1.2.15 所示。

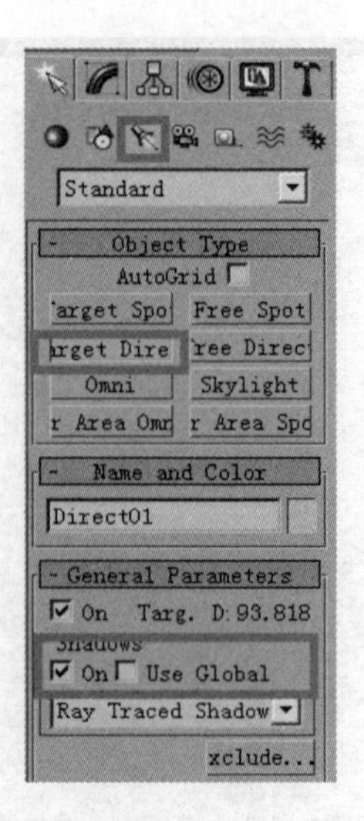

图 1.2.15

（11） 为围墙和地面添加沙地材质。

（12） 完成并渲染。

三、注意事项

注意建模的准确性，熟练运用放样。

1.3 典型案例——三屉柜子

一、制作三屉柜子

制作三屉柜子动画效果图如图 1.3.1 所示，具体要求如下。

（1） 建立场景：设置场景大小。

（2） 创建模型：创建三屉柜子的模型。

（3） 修改模型：制作柜门拉手。

（4） 添加效果：添加木材质和灯光效果。

（5） 将最终结果以 X1-2.max 为文件名保存。

图 1.3.1

二、解题步骤

（1） 建模。

① 在透视图创建一个 Box（方体）。如图 1.3.2 所示。

② 在选择方体状态下，在主工具栏中选择移动工具，在移动工具上单击右键，出现输入对话框。

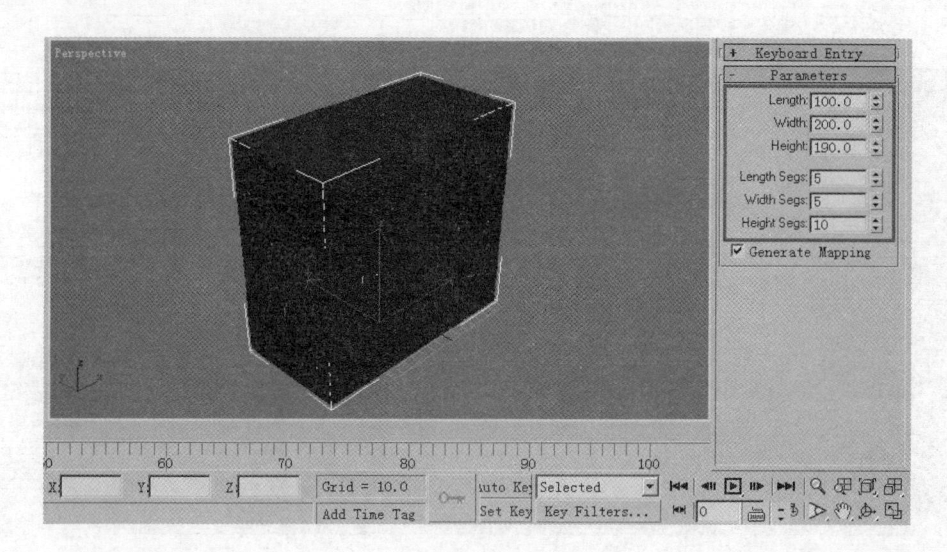

图 1.3.2

（2） 创建柜子顶部。

① 按照图 1.3.3 所示的尺寸创建另外一个方体。并用同样的方法将该方体调整至合适位置。

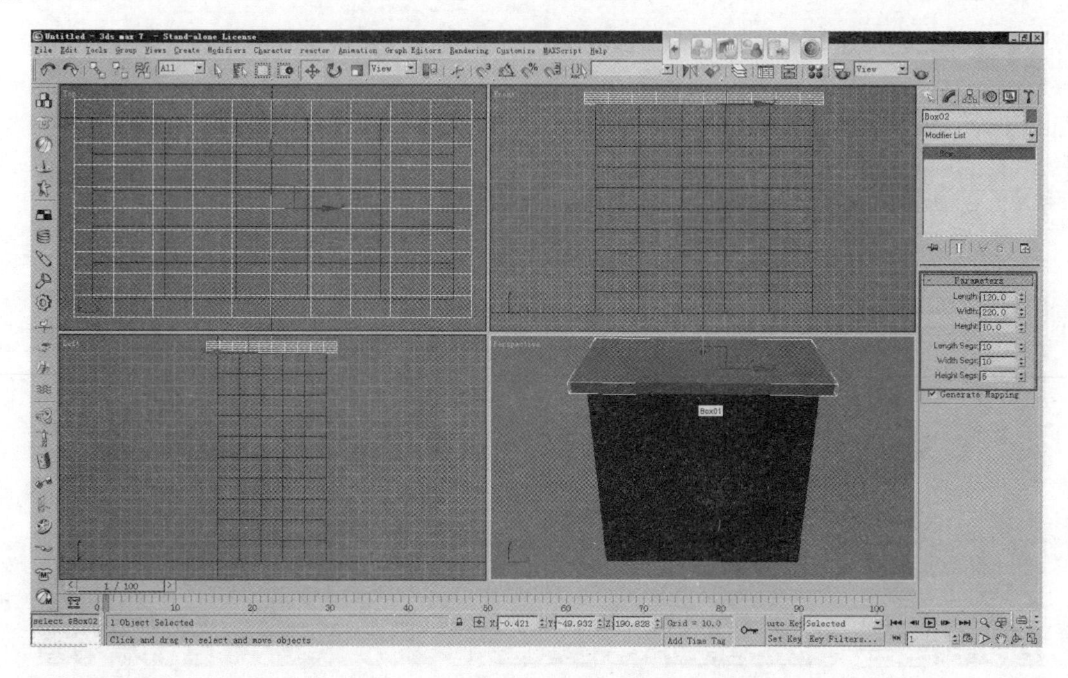

图 1.3.3

② 在顶部的方体被选择状态下，执行 Modifiers Mesh Editing Edit Mesh 命令。

③ 在修改进入 Vertex（点）子对象后修改层级。

④ 在主工具栏中单击缩放工具按钮，进行缩点，如图 1.3.4 所示。

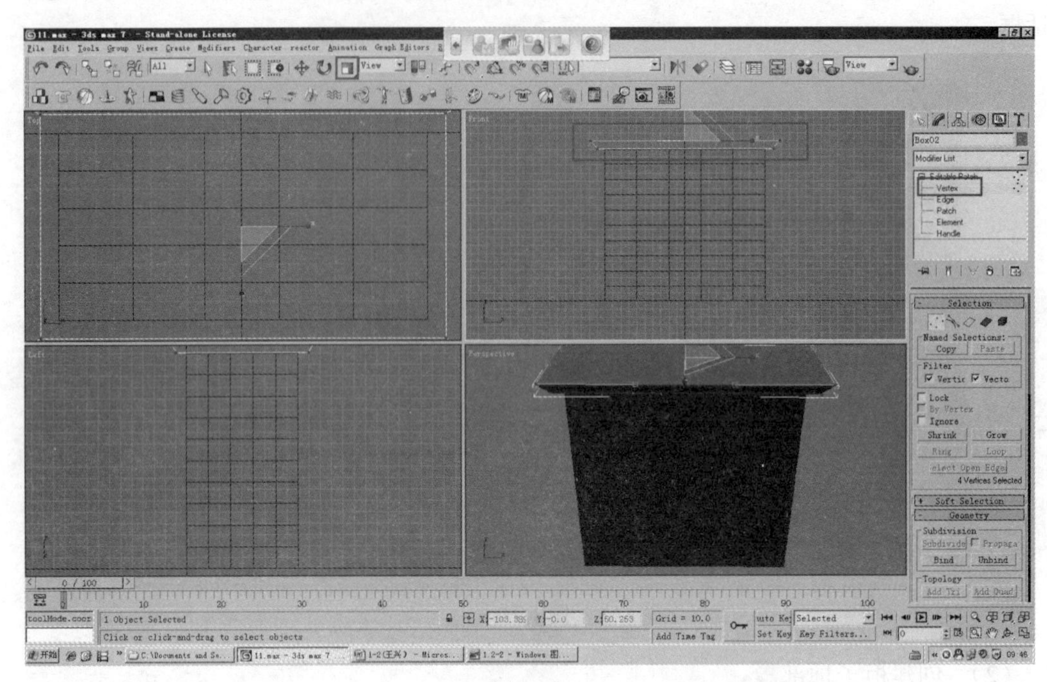

图 1.3.4

⑤ 建立 Box 分别是 40、180、5 分段为 10、10、20，复制两个，如图 1.3.5 所示。

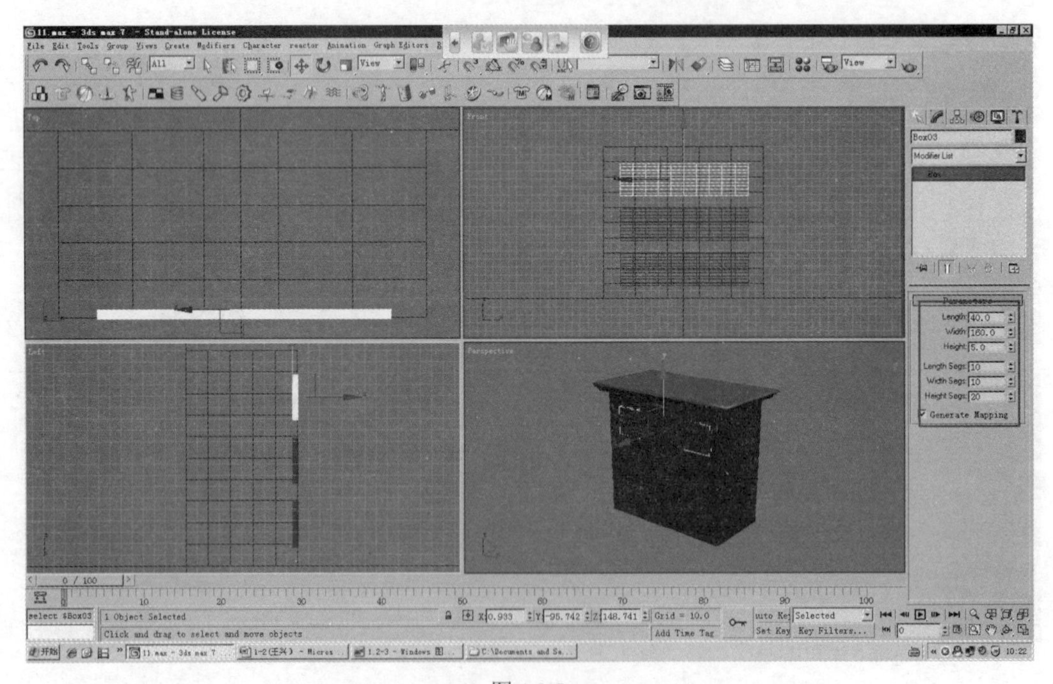

图 1.3.5

（3） 在 Top（顶视图）创建线形，进入修改面板，为线形加 Lathe（车削）命令，将物体对齐方式 min（最小）勾选 Weld　Flip，复制并调整位置，如图 1.3.6～图 1.3.8 所示。

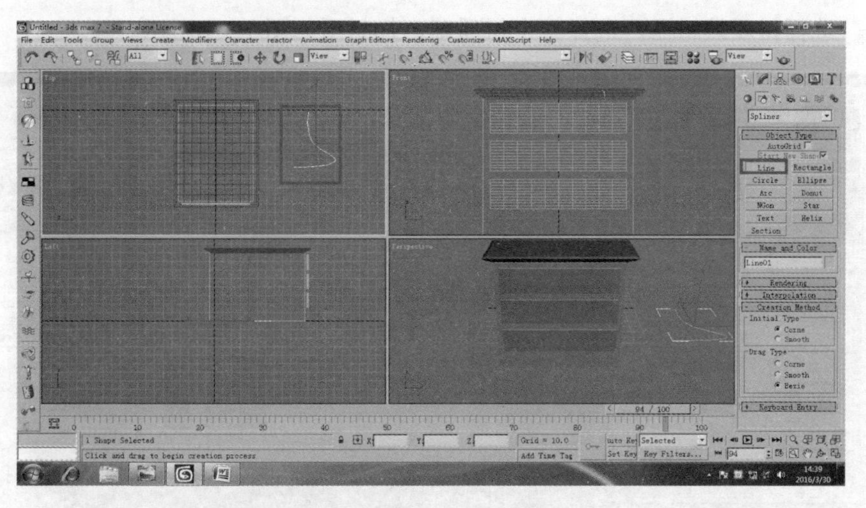

图 1.3.6

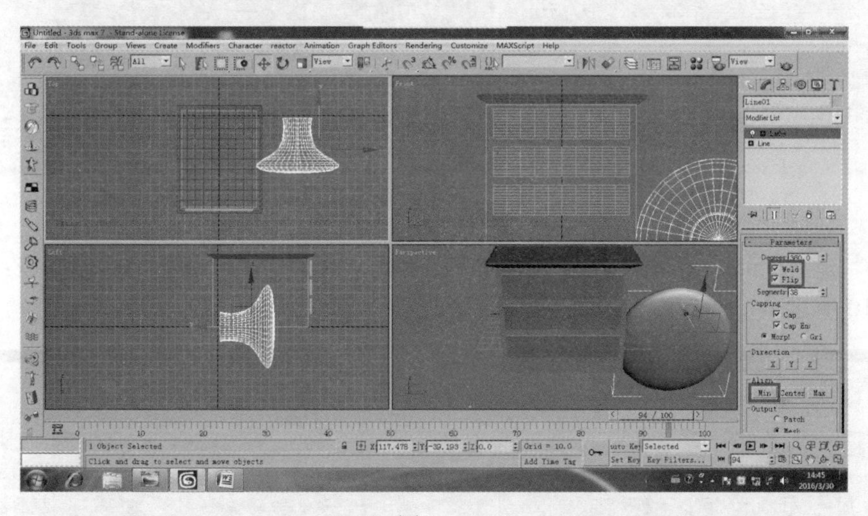

图 1.3.7

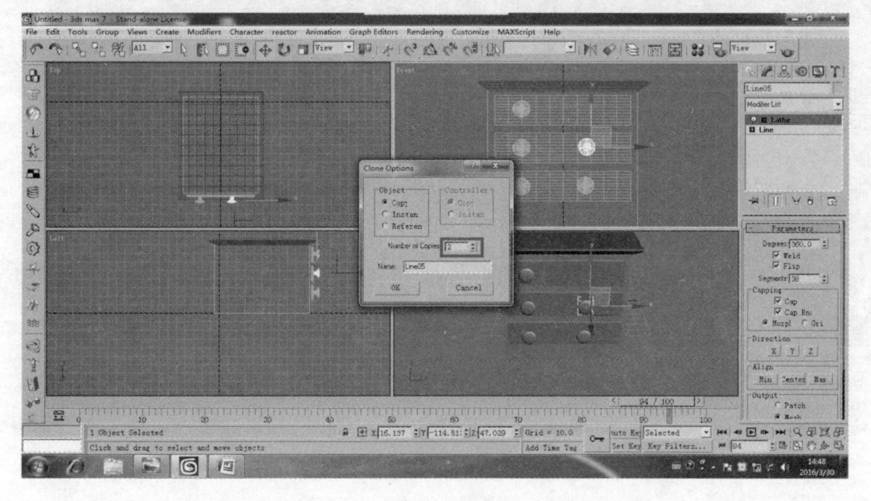

图 1.3.8

（4） 选择材质编辑器，选择一个材质球，加材质如图 1.3.9 所示。

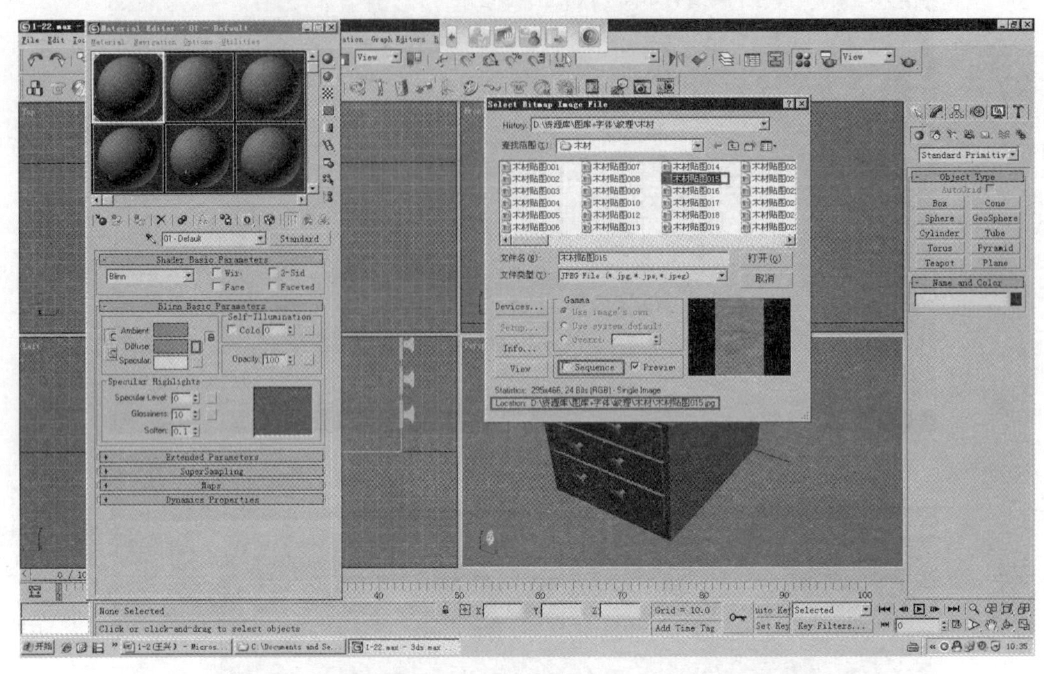

图 1.3.9

（5） 建立 omin（泛光灯）挪动位置 *XYZ* 坐标，*X*：-1.178、*Y*：-108.533、*Z*：125.551，如图 1.3.10 所示。

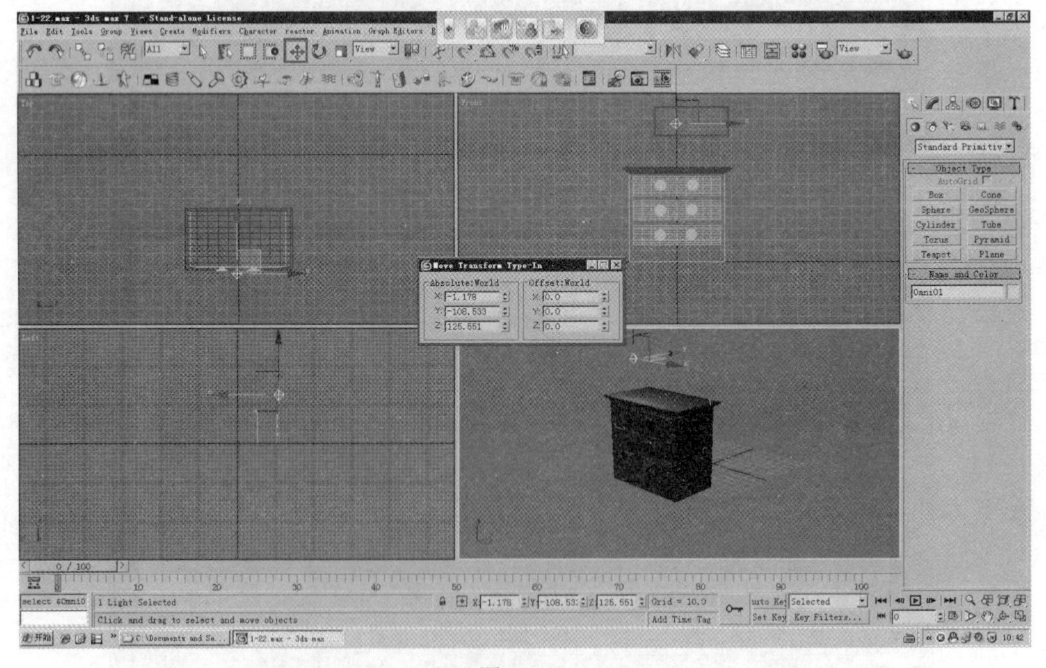

图 1.3.10

三、注意事项

注意建模的准确性，熟练运用车削。

1.4 典型案例——圆台桌

一、制作圆台桌

制作圆台桌动画效果如图 1.4.1 所示，具体要求如下。

图 1.4.1

（1） 建立场景：设置场景大小。
（2） 创建模型：创建圆台桌面模型。
（3） 修改模型：制作圆台桌脚模型。
（4） 添加效果：添加木材质效果。
（5） 将最终结果以 X1-3.max 为文件名保存。

二、解题步骤

（1） 建模。

① 桌子桌面，建立面板 shap-line（线），如图 1.4.2 所示。

在 F（前视图）中画出桌子基本轮廓，如图 1.4.3 所示。

图 1.4.2

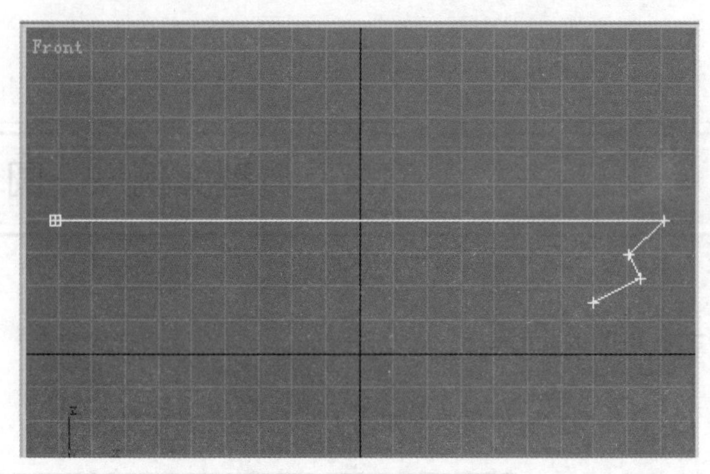

图 1.4.3

打开修改面板，单击 vertex（点成集），如图 1.4.4 所示。

选中右边 3 个点，右键 smoot（平滑），如图 1.4.5 所示。

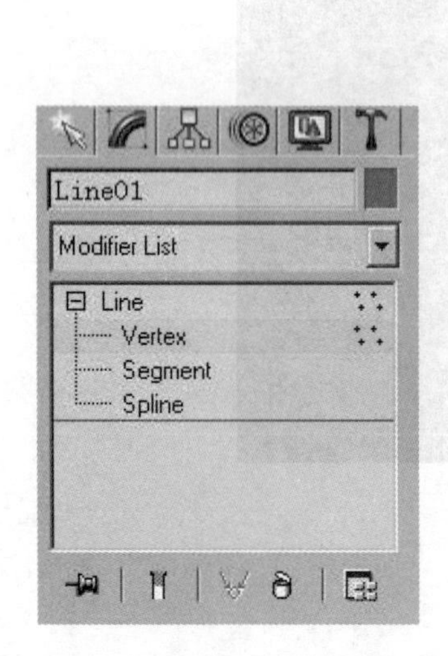

图 1.4.4

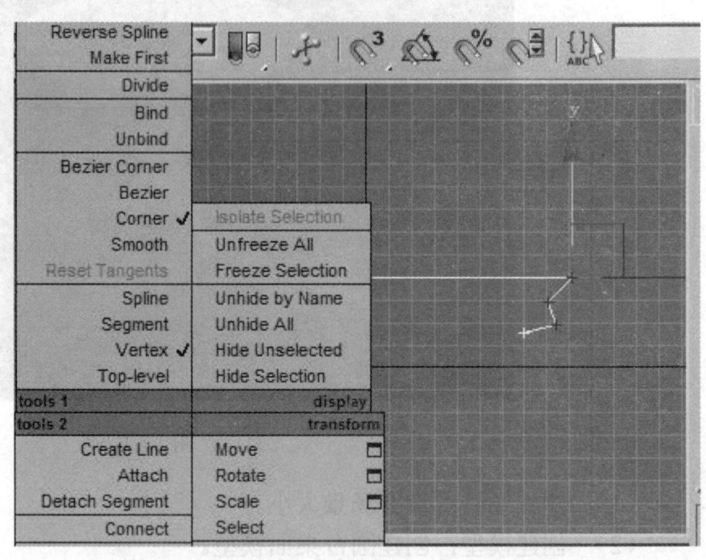

图 1.4.5

单击修改面板下拉面板里的 lathe（车削），如图 1.4.6 所示。

勾选 weld（焊接内核）flip（对齐），点击 min（最小），添加 segment（分段）100，如图 1.4.7 所示，完成效果如图 1.4.8 所示。

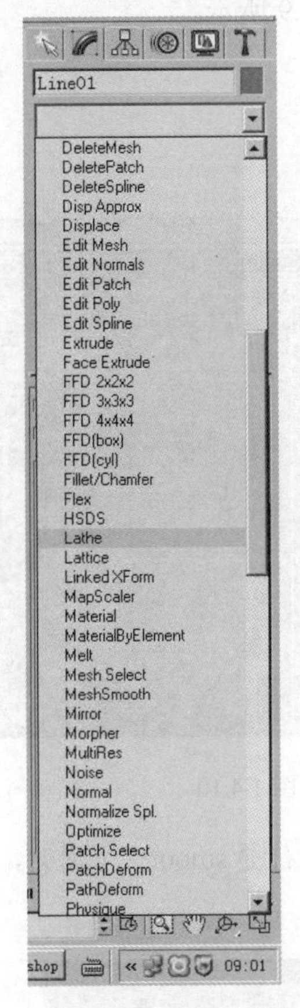

图 1.4.6

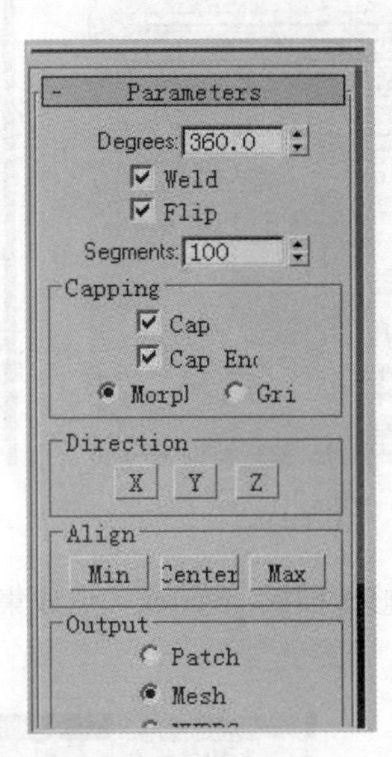

图 1.4.7

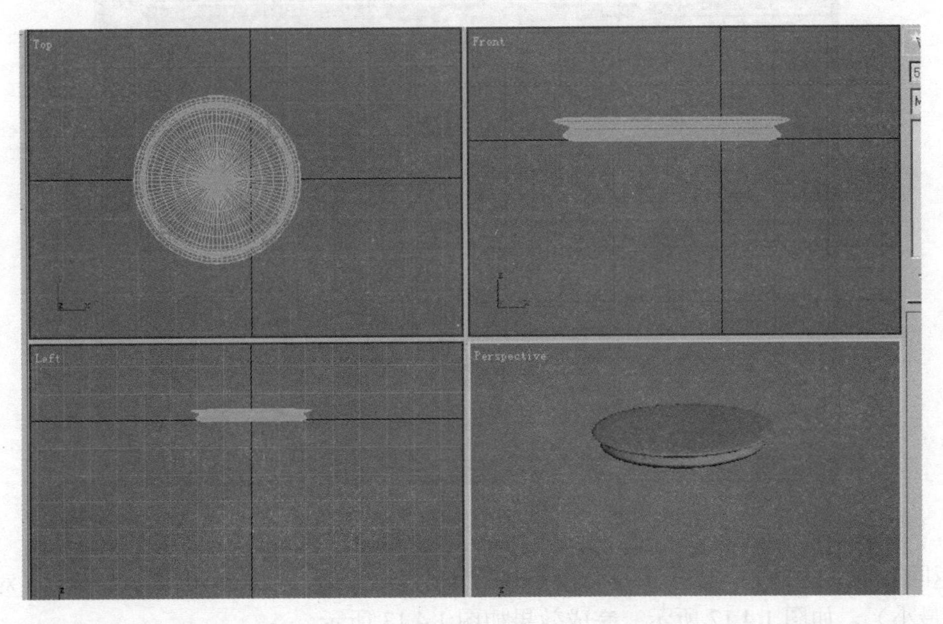

图 1.4.8

② 桌子支撑柱，建立面板 shape-line（线），如图 1.4.9 所示。

在 Front（前视图）编辑，如图 1.4.10 所示。

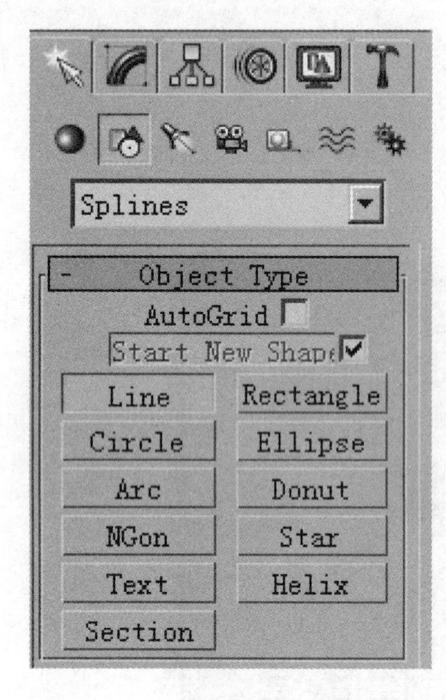

图 1.4.9

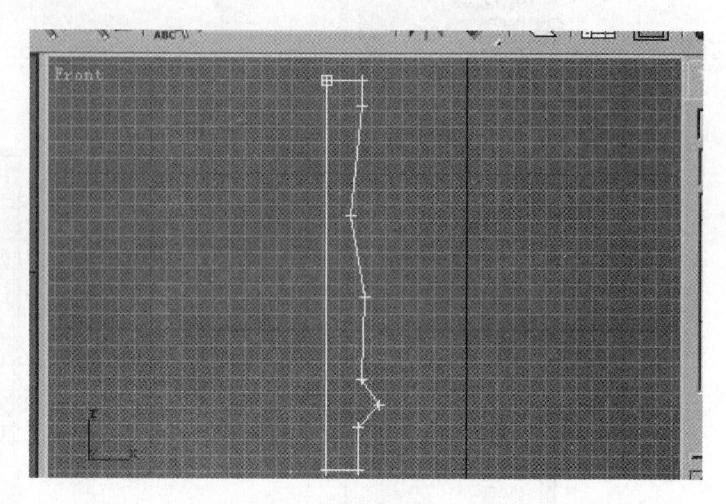

图 1.4.10

打开修改面板，vertex（点成集）选择右边四个点，并右键 smoot（平滑），如图 1.4.11 所示。

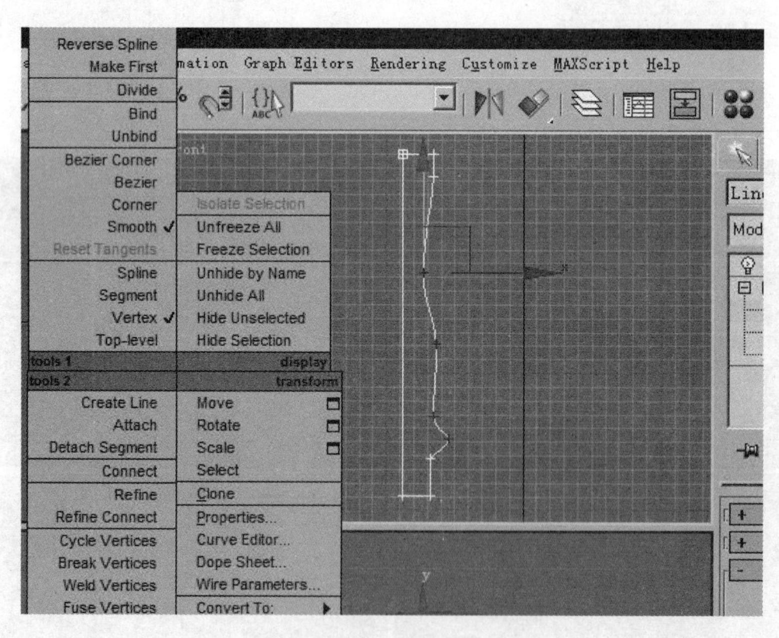

图 1.4.11

返回 Line（成集），选择下拉面板 lathe（车削），如图 1.4.6 所示，勾选 weld（对齐）、min（最小），如图 1.4.12 所示。完成效果如图 1.4.13 所示。

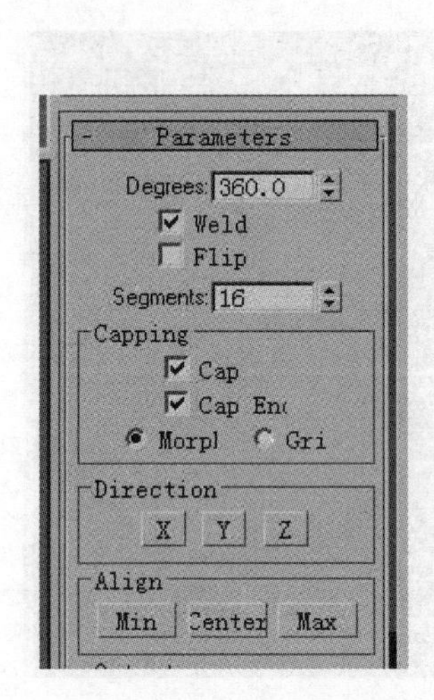

图 1.4.12

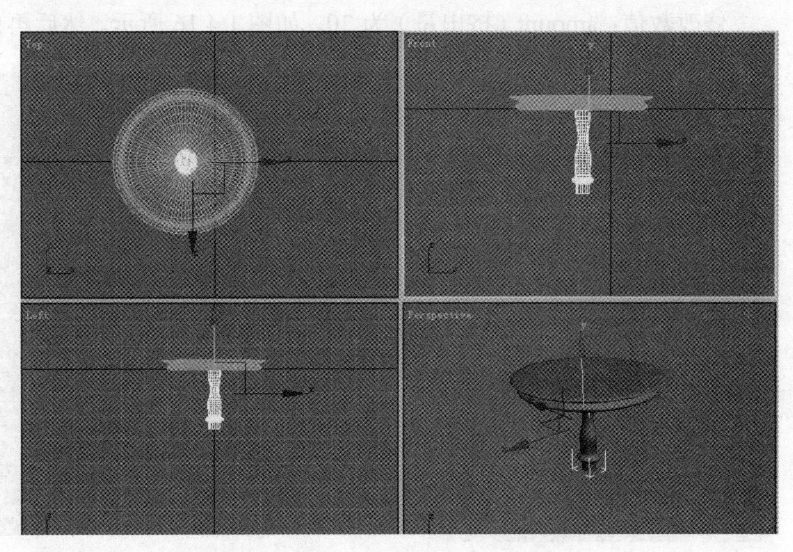

图 1.4.13

③ 桌子桌脚。选择并建立面板，shap-line（线），在 F（前视图）上编辑如图 1.4.14 所示线段。

选择修改面板 Vertex（点成集），选中下列点，右键单击 smoot（平滑），如图 1.4.5 所示，再全选点，下拉面板里的 extrude（挤出），如图 1.4.15 所示。

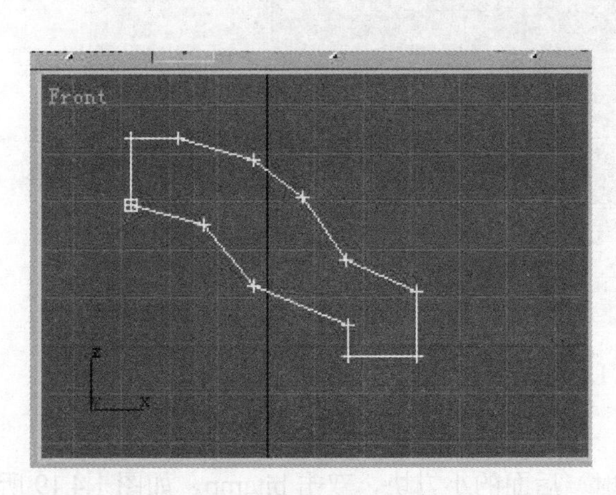

图 1.4.14

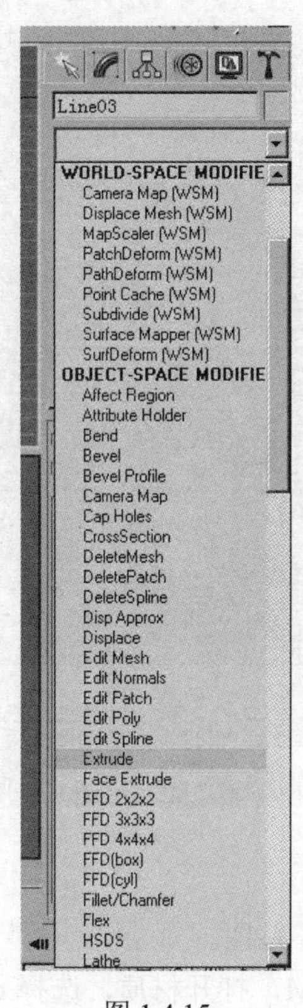

图 1.4.15

修改数值：amount（挤出量）为 20，如图 1.4.16 所示。然后再修改位置如图 1.4.17 所示。

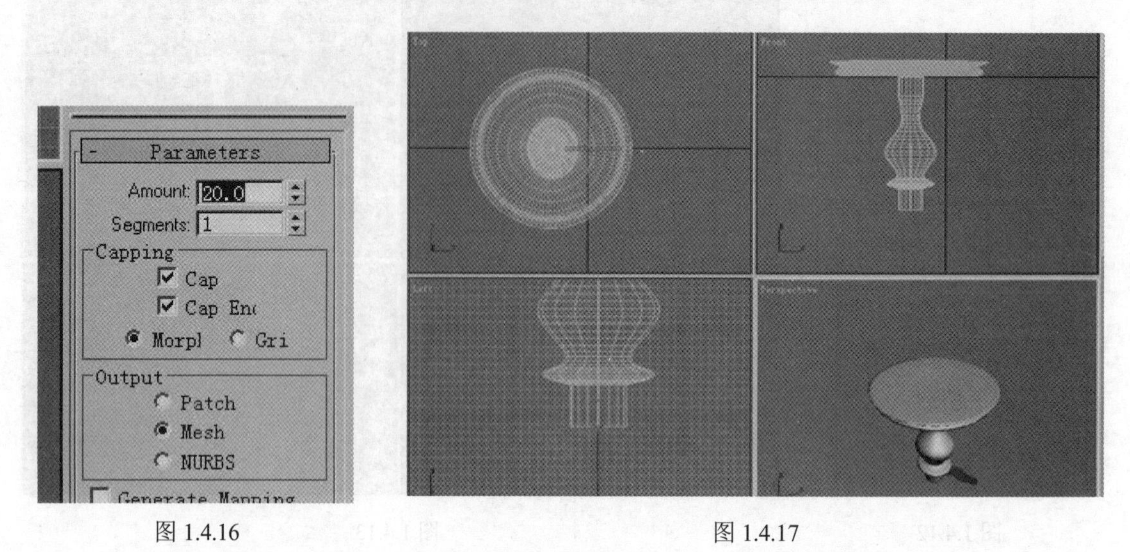

图 1.4.16　　　　　　　　　　　　　　　　图 1.4.17

在 Front（前视图）上打开镜像，修改数值点 *x*，点 copy（复制）。编辑位置按住 shift 复制出一个旋转 90 度，如图 1.4.18 所示，并按照前面方法复制出 4 条桌脚，摆放合适。

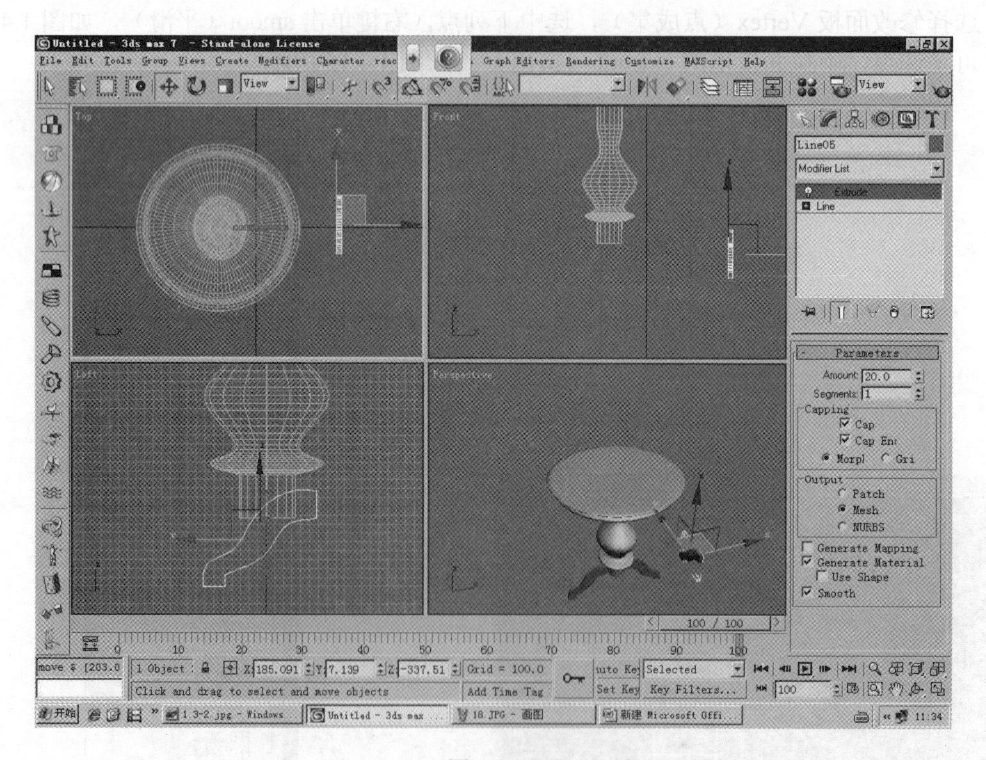

图 1.4.18

（2） 贴图。

单击 M，打开材质，选择 diffuse（漫反射）后面的小方块，双击 bitamp，如图 1.4.19 所示。

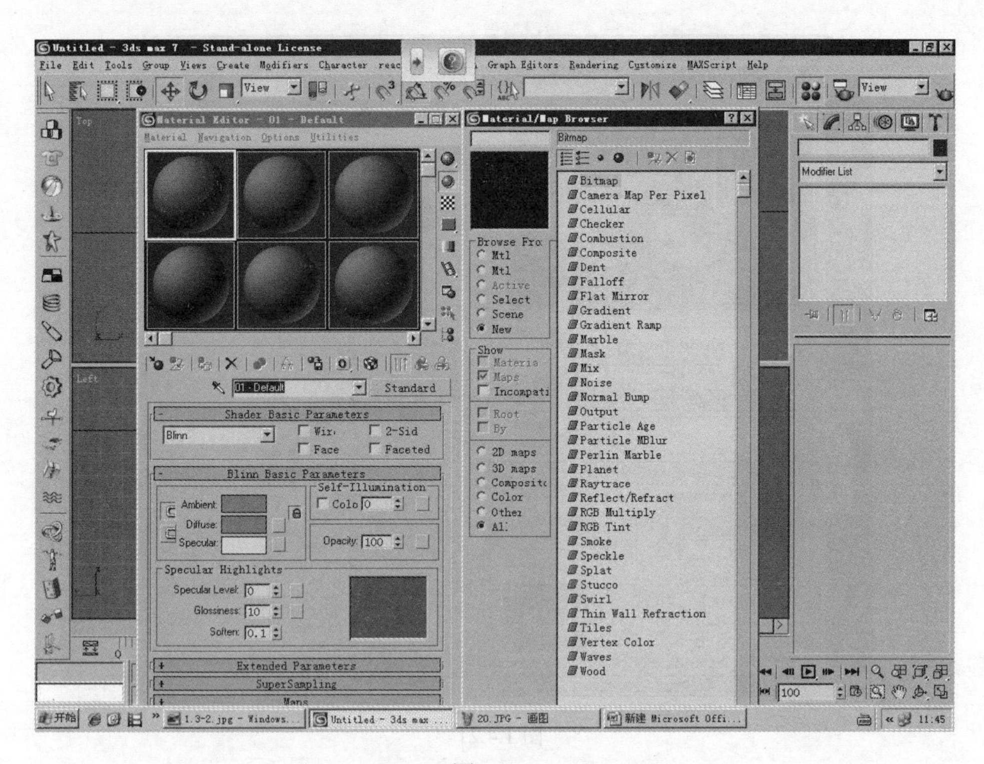

图 1.4.19

在资源库-纹理-木材中，找到合适的材质，取消勾选 sequence，如图 1.4.20 所示。

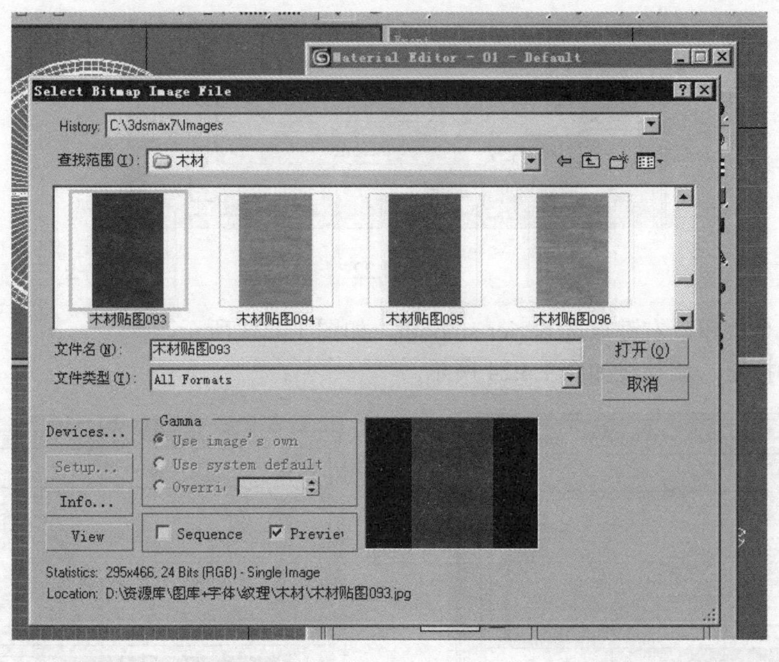

图 1.4.20

返回colo 后面的方框，双击 falloff（衰减），如图 1.4.21 所示。

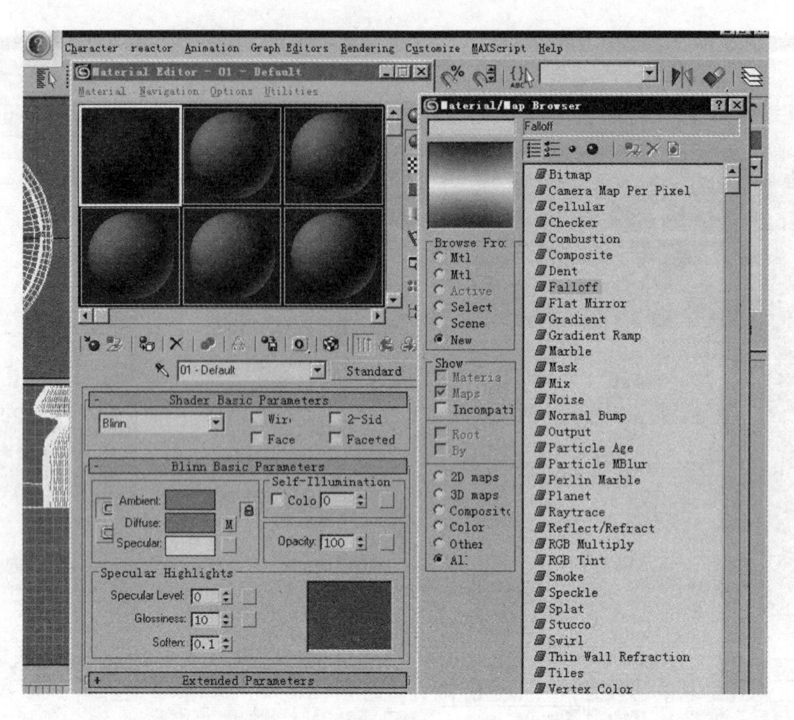

图 1.4.21

修改黑色后面的数值：50，下面方框：蓝色，修改下拉面板 falloff type 为：fresnel，如图 1.4.22 所示。

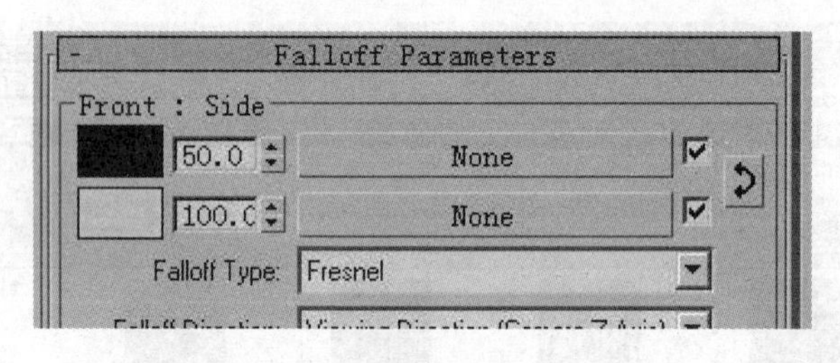

图 1.4.22

单击第三个按钮，右键点选 bezier-smooth，如图 1.4.23 所示。

单击移动按钮，调整线如图 1.4.24 所示。

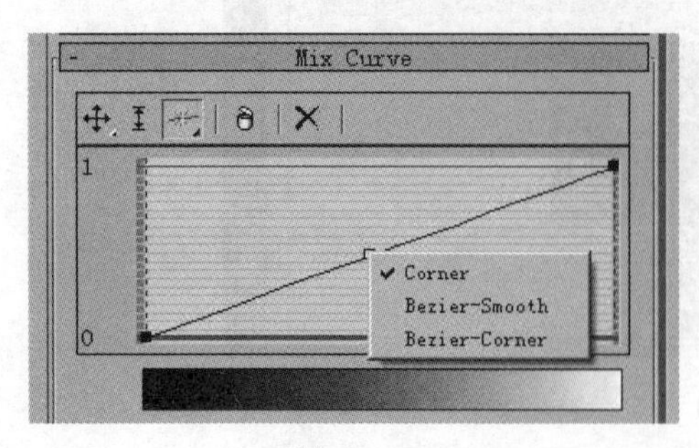

图 1.4.23

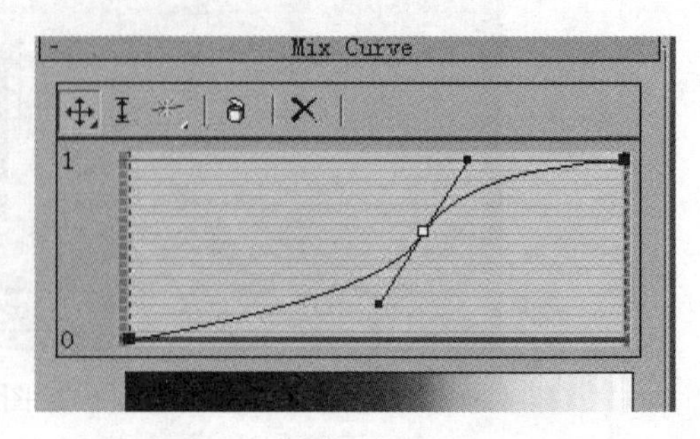

图 1.4.24

单击黑色后面的 none，双击 reytrace 并且返回，如图 1.4.25 所示。

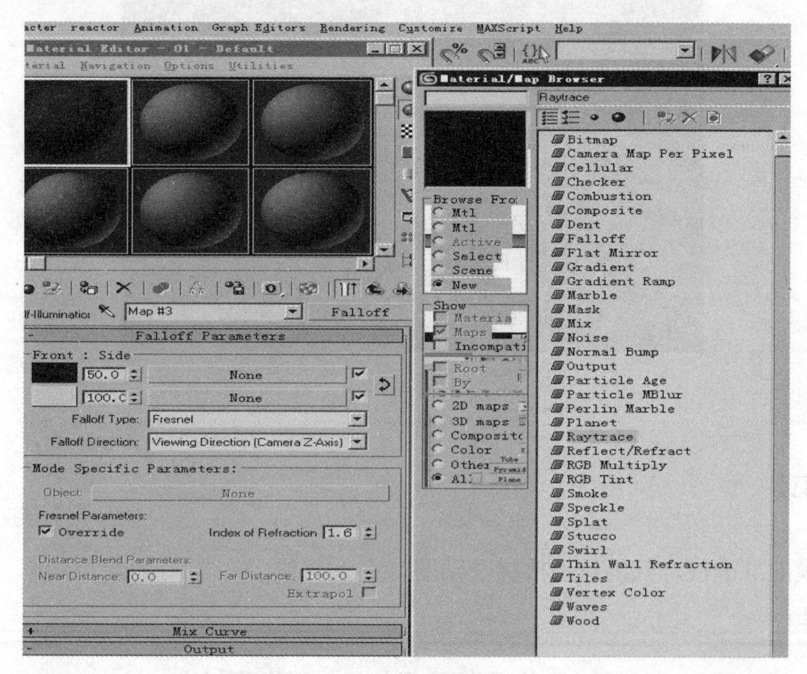

图 1.4.25

选择 Index of refraction，修改数值：0.98，如图 1.4.26 所示，再单击 返回。

选择 Diffuse 后面的木材贴图，拖动到 reflection 后面的 none 里，如图 1.4.27 所示，单击 copy（复制），并全选赋予 。

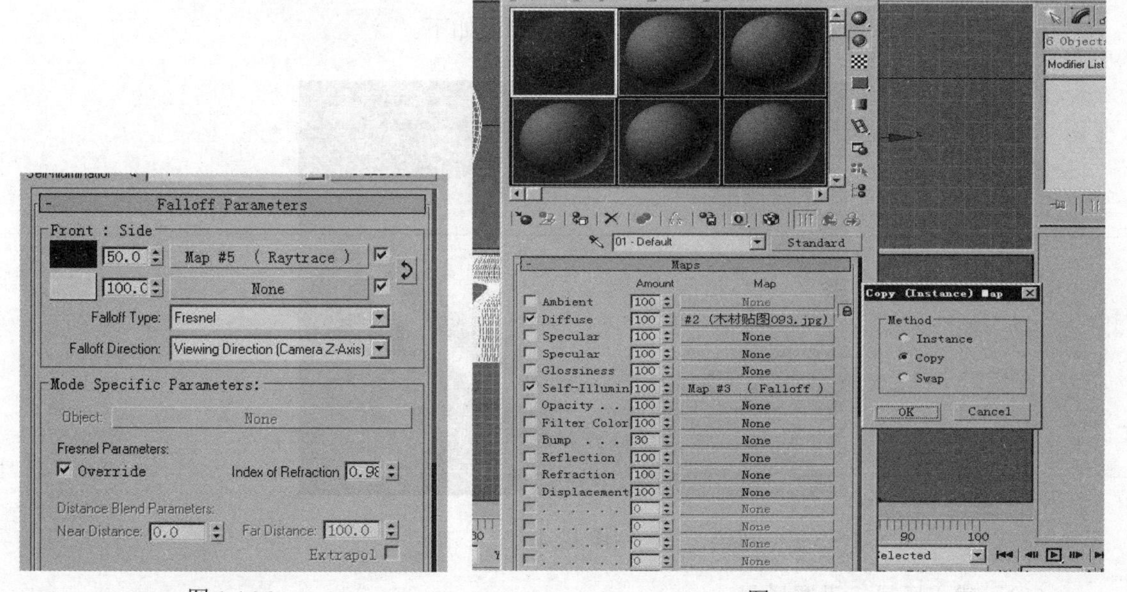

图 1.4.26　　　　　　　　　　　　图 1.4.27

完成后最终效果如图 1.4.28 所示。

图 1.4.28

三、注意事项

注意建模的准确性，熟练运用放样及贴图。

1.5　典型案例——洗手池

一、制作洗手池

制作洗手池动画效果图如图 1.5.1 所示，具体要求如下。

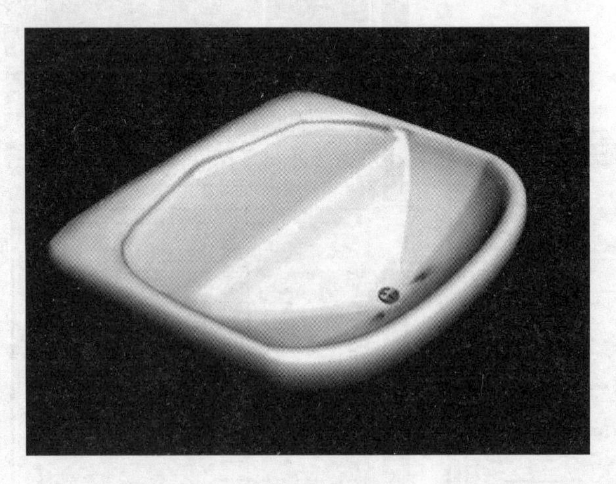

图 1.5.1

（1） 建立场景：设置场景。
（2） 创建模型：创建洗手池模型。

（3） 修改模型：制作水池底漏模型。

（4） 添加效果：添加陶瓷材质和光线效果。

（5） 将最终结果以 X1-4.max 为文件名保存。

二、解题步骤

（1） 打开 MAX，切换至 Shapes，选中 Rectangle，如图 1.5.2 所示。

（2） 在顶视图（Top）上创建，设置参数（最好将 *XYZ* 位置修改为 0）。如图 1.5.3 所示。效果如图 1.5.4 所示。

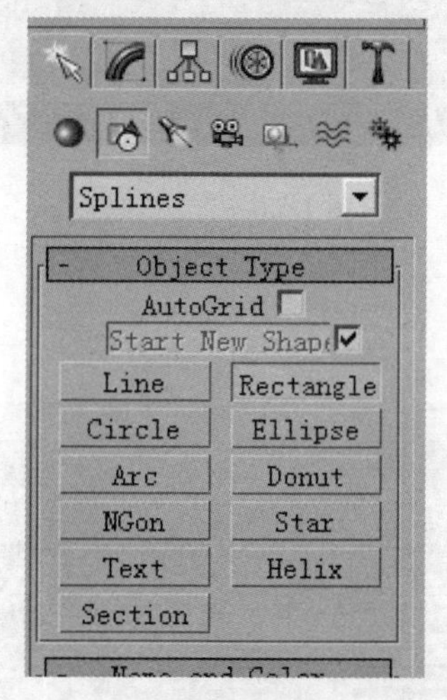

图 1.5.2

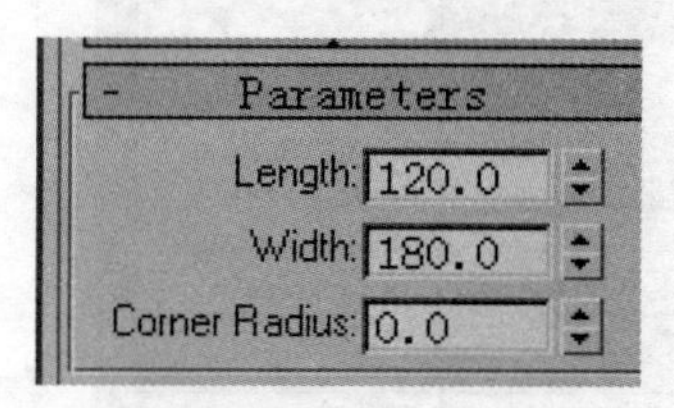

图 1.5.3

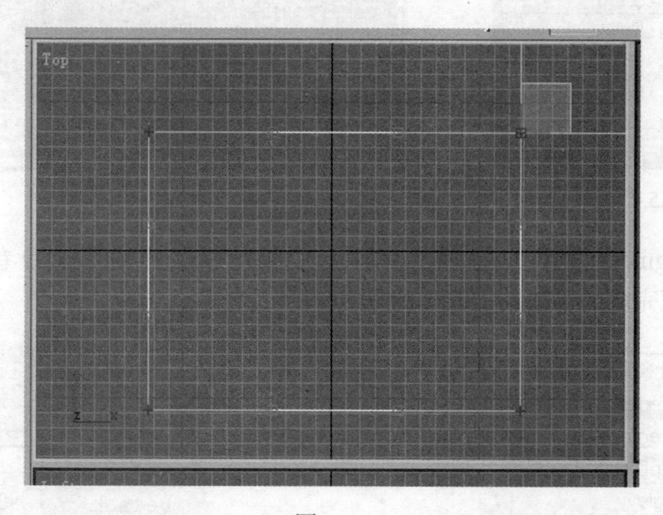

图 1.5.4

（3） 打开修改器，选中 Edit Spline。

（4） 进入 Vertex 子集，如图 1.5.5 所示。选中所有点，如图 1.5.6 所示。右键点选中 Corner，如图 1.5.7 所示。效果如图 1.5.8 所示。

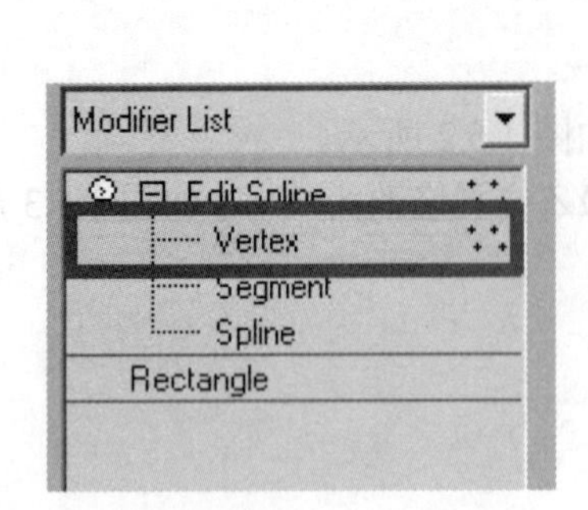

图 1.5.5

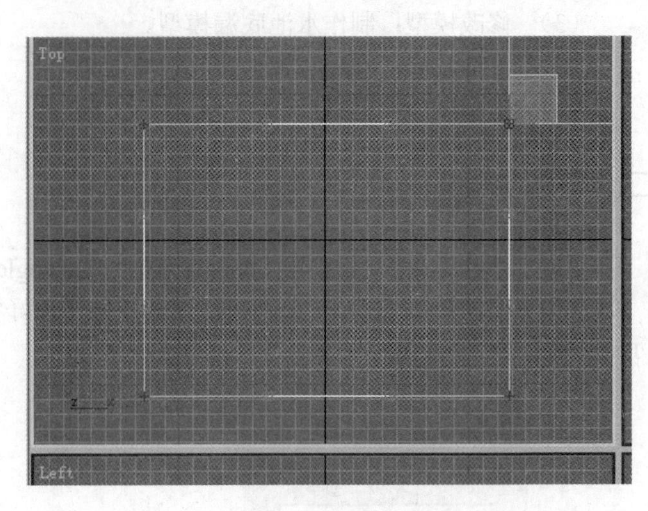

图 1.5.6

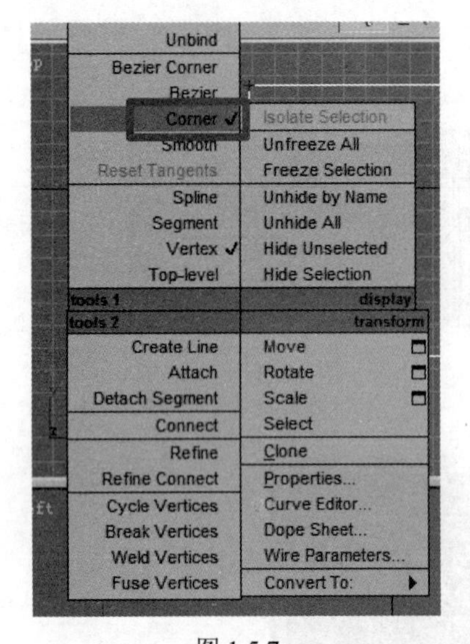

图 1.5.7

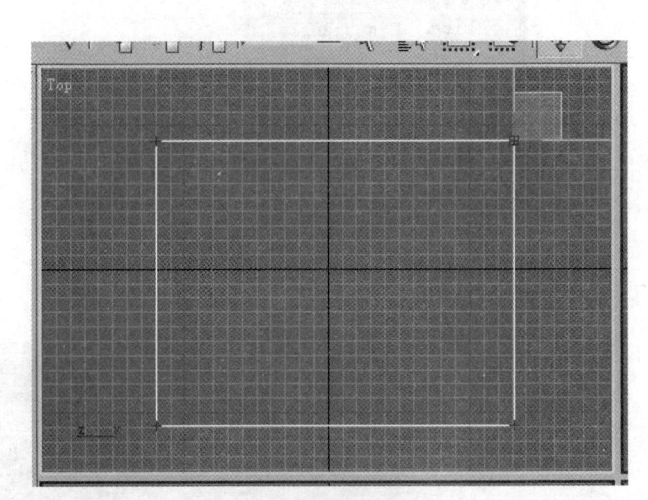

图 1.5.8

（5）进入 Segment 子集，如图 1.5.9 所示，选中所有边，点击 Geometry 卷展栏中的 Divide，如图 1.5.10 所示。完成效果如图 1.5.11 所示。

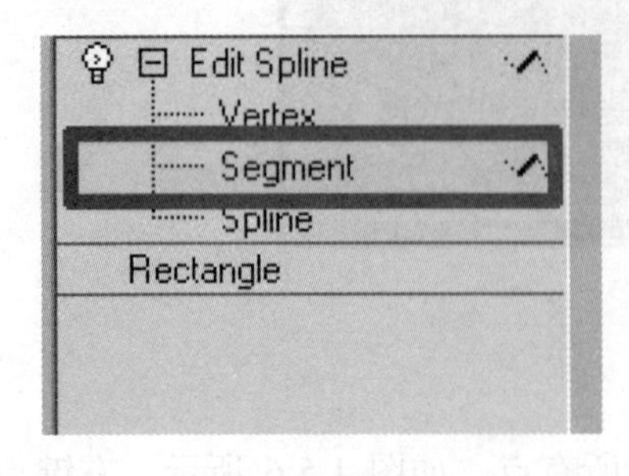

图 1.5.9

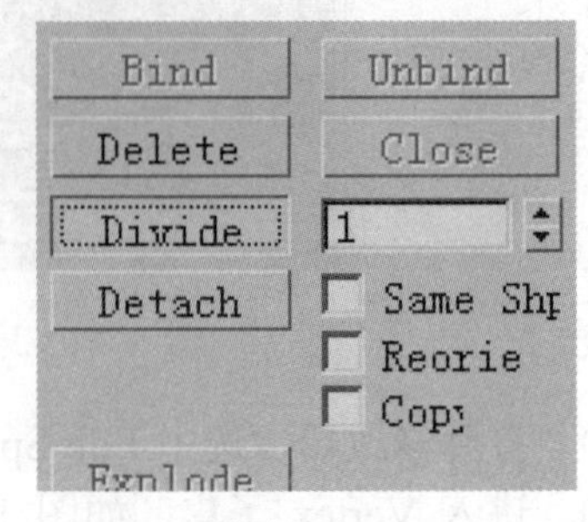

图 1.5.10

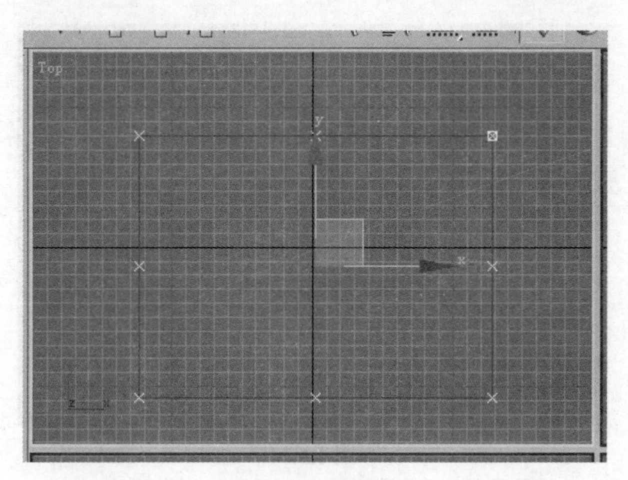

图 1.5.11

（6） 返回 Vertex 子集，选中图中的一个点，如图 1.5.12 所示。在顶视图往下拉（Top），如图 1.5.13 所示。

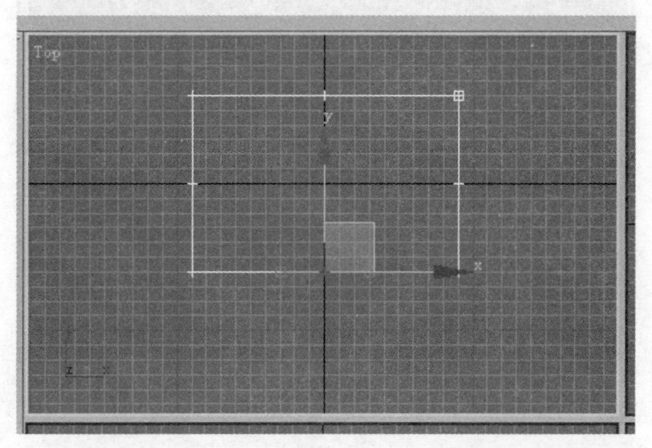

图 1.5.12

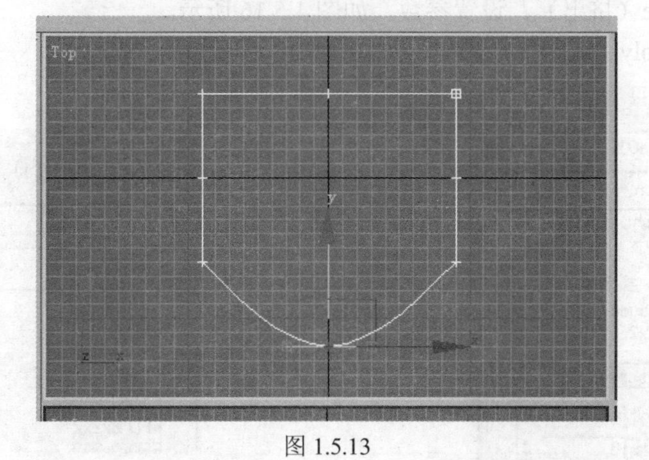

图 1.5.13

（7） 选中其他所有点，右键点选 Corner。

（8） 选中点，如图 1.5.14 所示，拖动手柄将其拉宽。

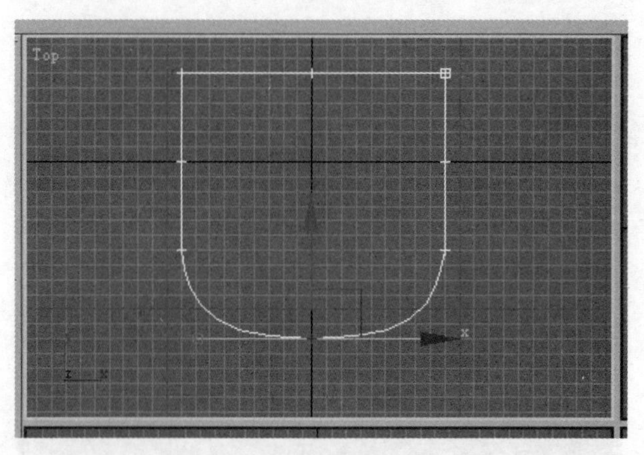

图 1.5.14

（9） 选中左上右上的两个点，在修改列表 Chamfer 中输入 10，效果如图 1.5.15 所示。

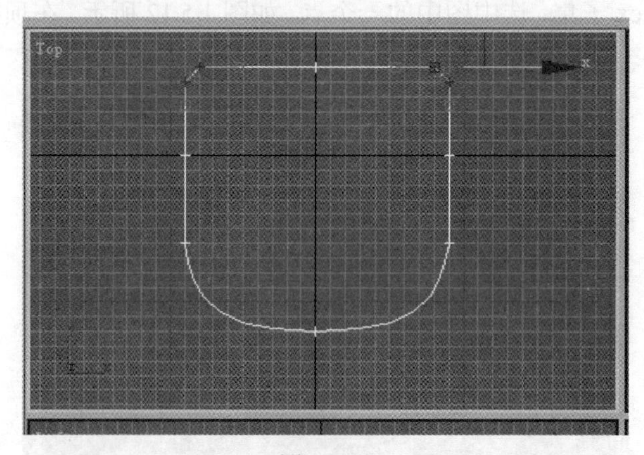

图 1.5.15

（10） 右键点选 Corner。

（11） Extrute（挤出），设置参数，如图 1.5.16 所示。

（12） Edit Poly（编辑多边形），如图 1.5.17 所示。

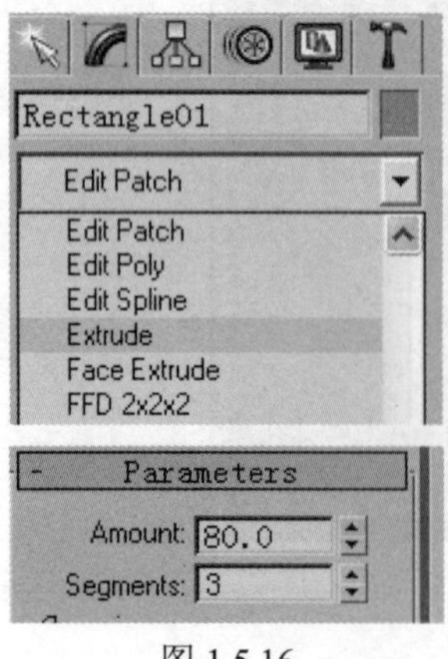

图 1.5.16

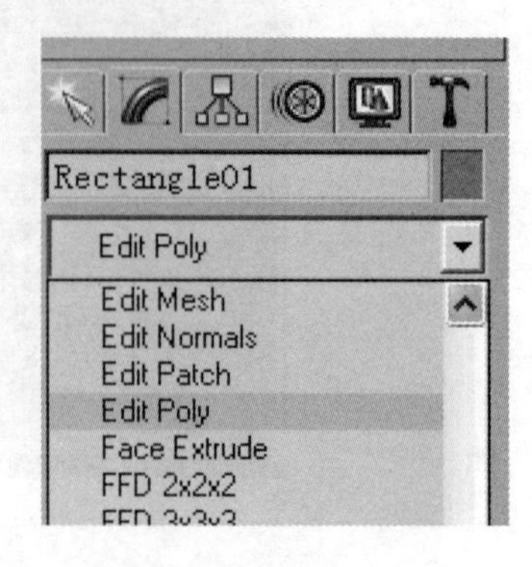

图 1.5.17

（13） 进入 Polygon 子集，在顶视图选中顶面，如图 1.5.18 所示，点击 Inset。

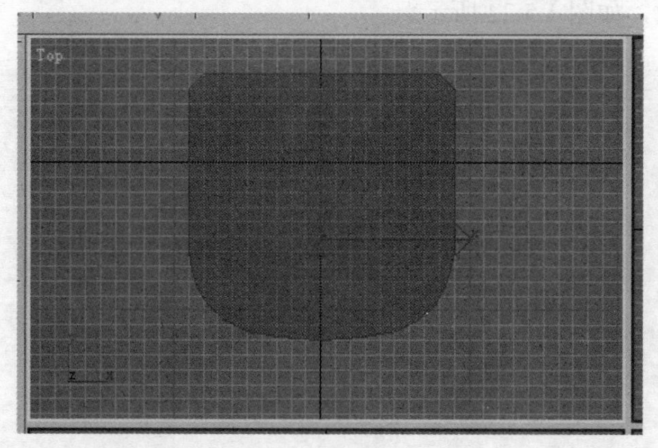

图 1.5.18

（14） 稍微拖动，如图 1.5.19 所示。

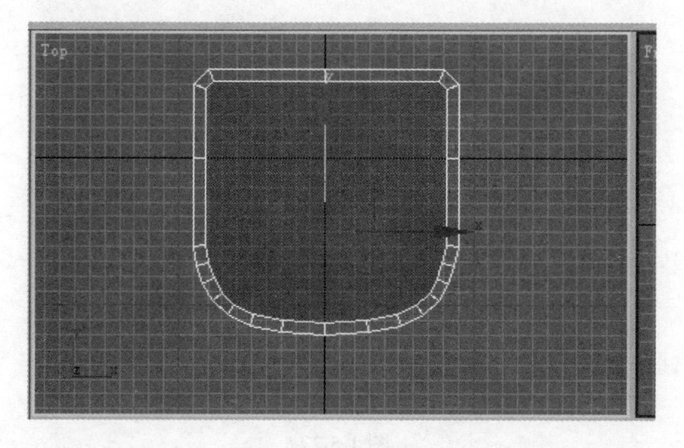

图 1.5.19

（15） 回到 Vertex 子集中，调节内层点，如图 1.5.20 所示。

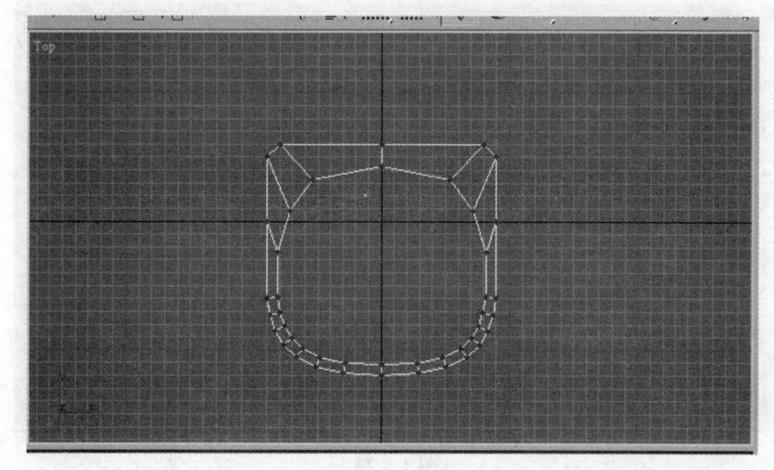

图 1.5.20

（16）选择 Polygon，在顶视图点选中间的面，如图 1.5.21 所示。在修改列表中点击 Bevel 后的方框，修改参数，如图 1.5.22 所示。

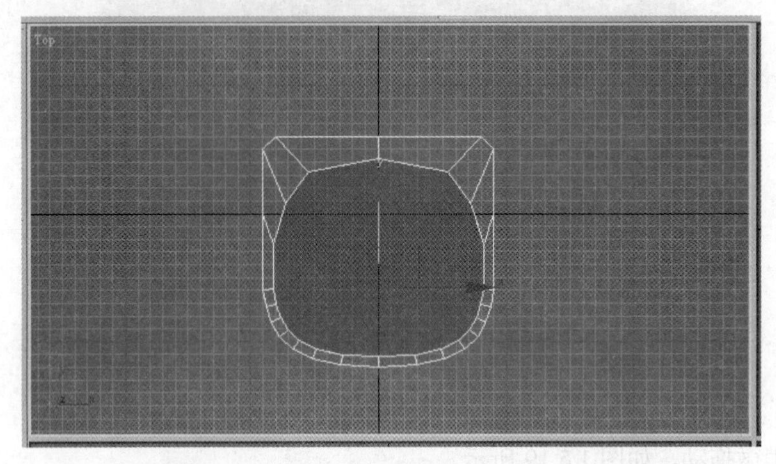

图 1.5.21

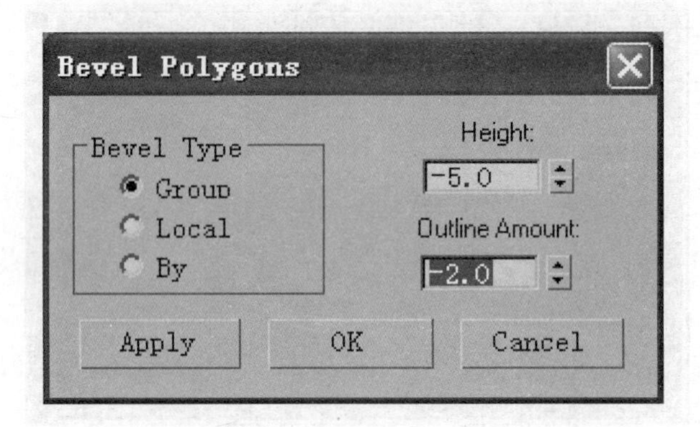

图 1.5.22

（17） 选择 Vertex 子集，选择 Cut，将更内圈的点连起来。如图 1.5.23 所示。

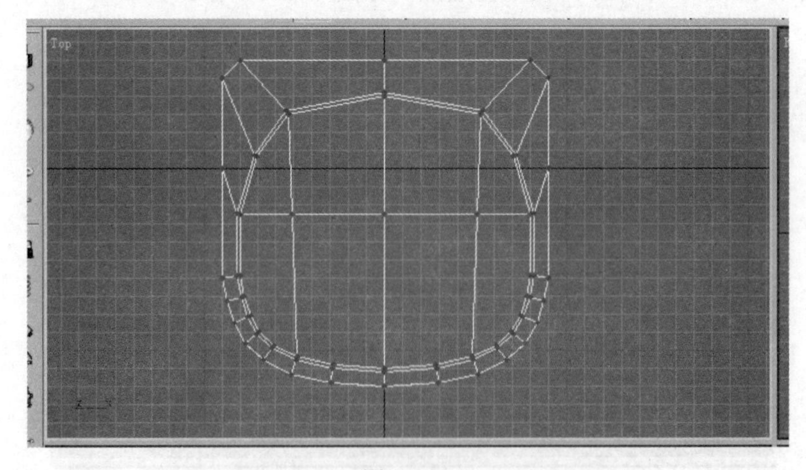

图 1.5.23

（18） 进入 Polygon 子集，在顶视图点选上半面，如图 1.5.24 所示。继续 Bevel，如图 1.5.25 所示。

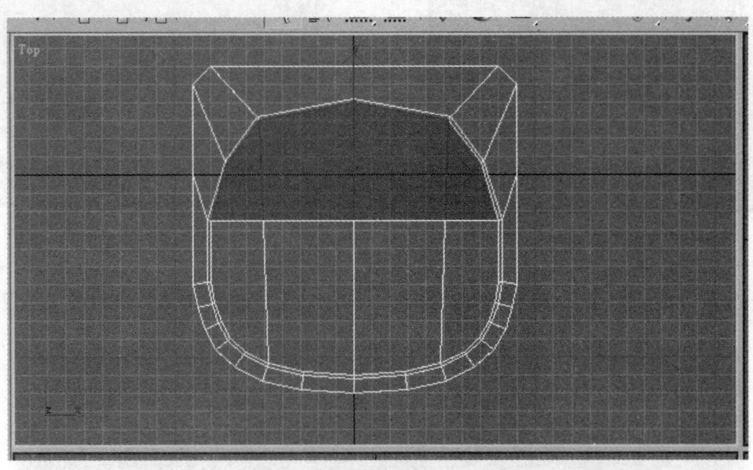

图 1.5.24

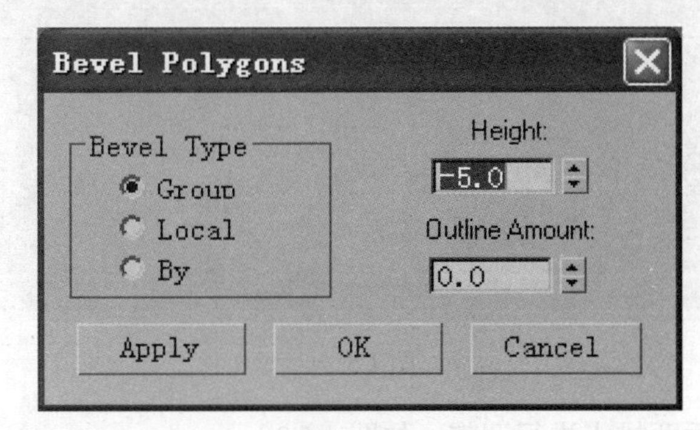

图 1.5.25

（19） 再在顶视图点选下半面，如图 1.5.26 所示，再在 Bevel 上点两次，如图 1.5.27 和图 1.5.28 所示。

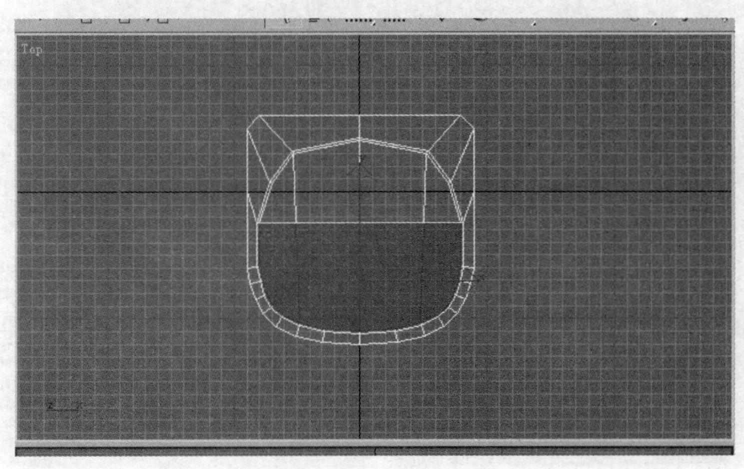

图 1.5.26

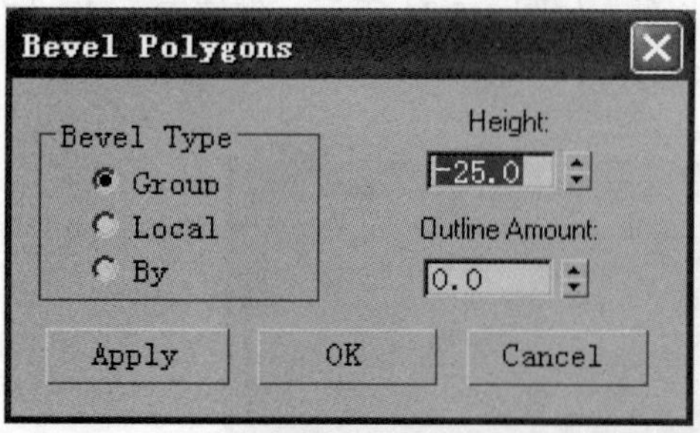

图 1.5.27

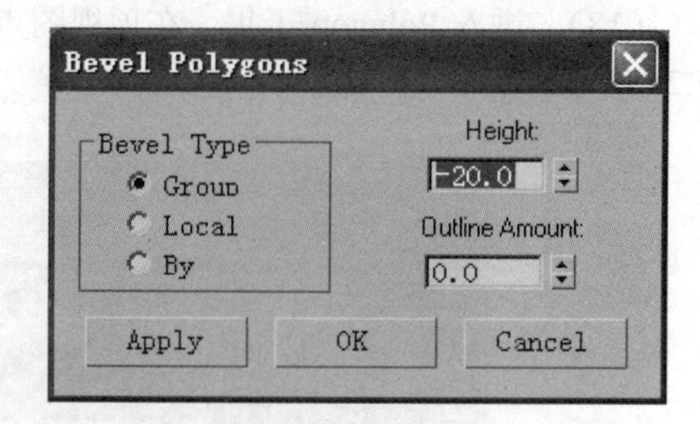

图 1.5.28

（20） 进入 Vertex 子集，选择图中的点，等比例缩放调整好，如图 1.5.29 所示。

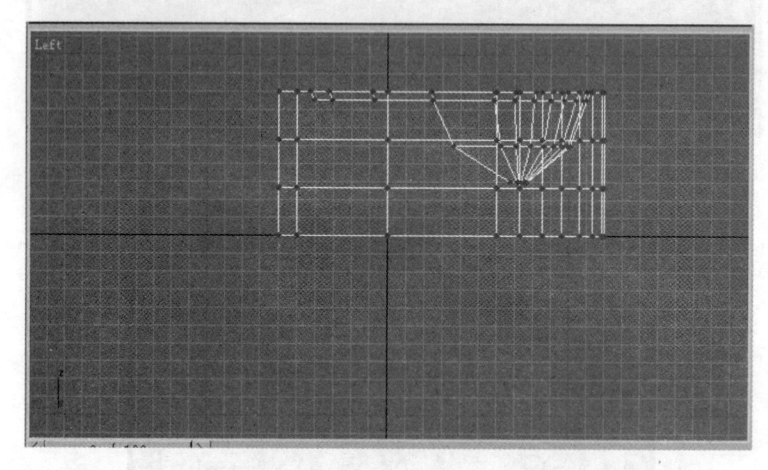

图 1.5.29

（21） 选中最下面两排点进行调整，如图 1.5.30。

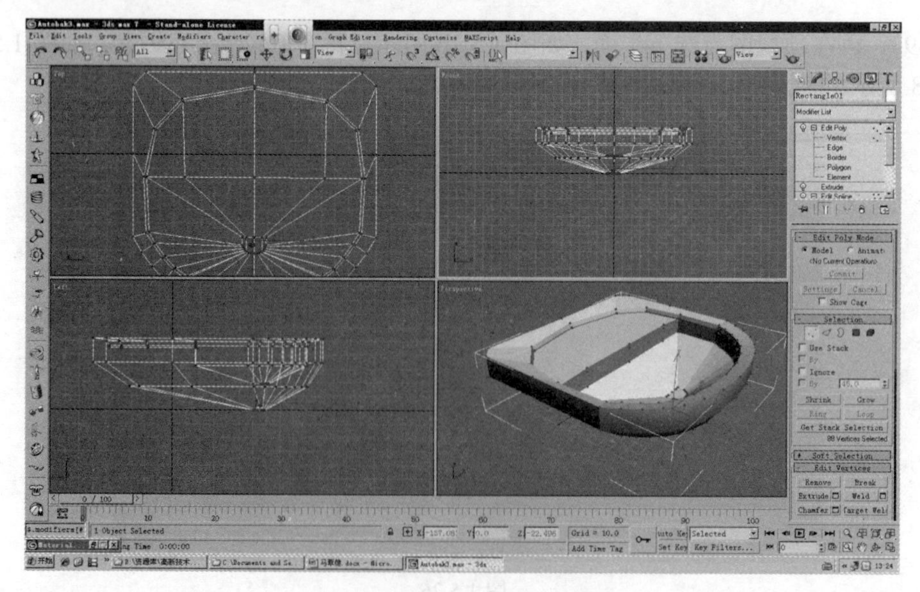

图 1.5.30

（22） 修改列表添加 Mesh Smooth（网格平滑）。

（23） 接下来做地漏。在透视图建立一个 Cylinder 圆柱，如图 1.5.31 所示。

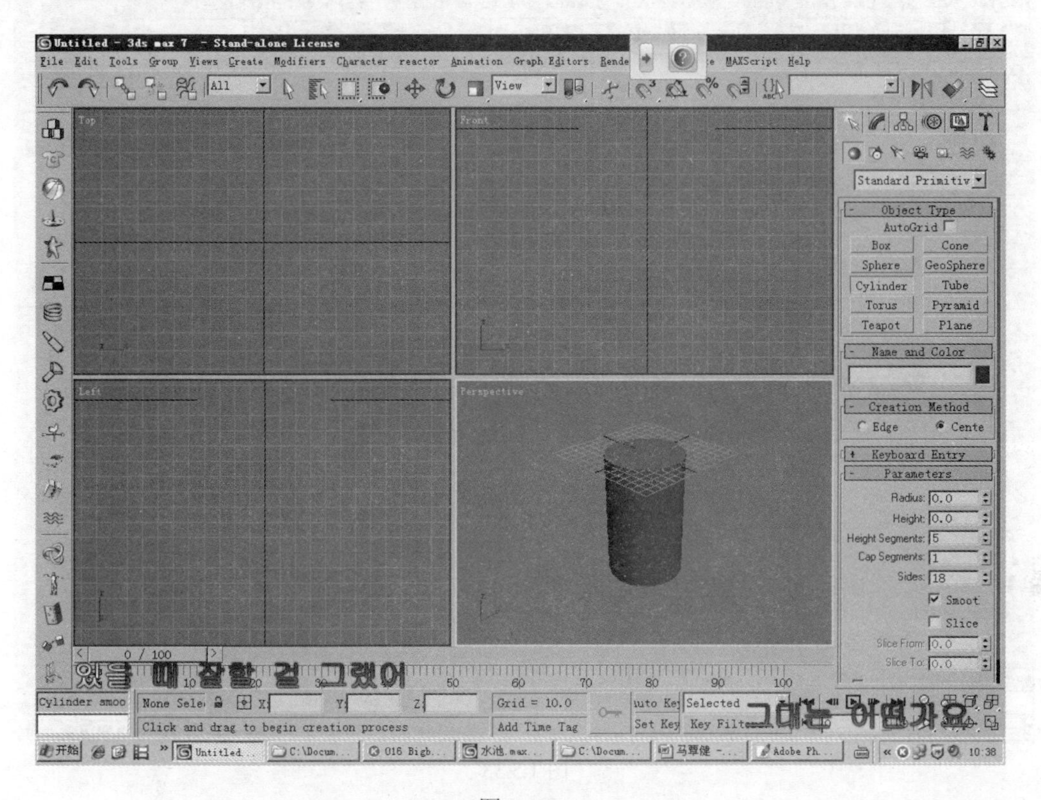

图 1.5.31

（24） 在顶视图上，用 line 画一个水滴外形，如图 1.5.32 所示。

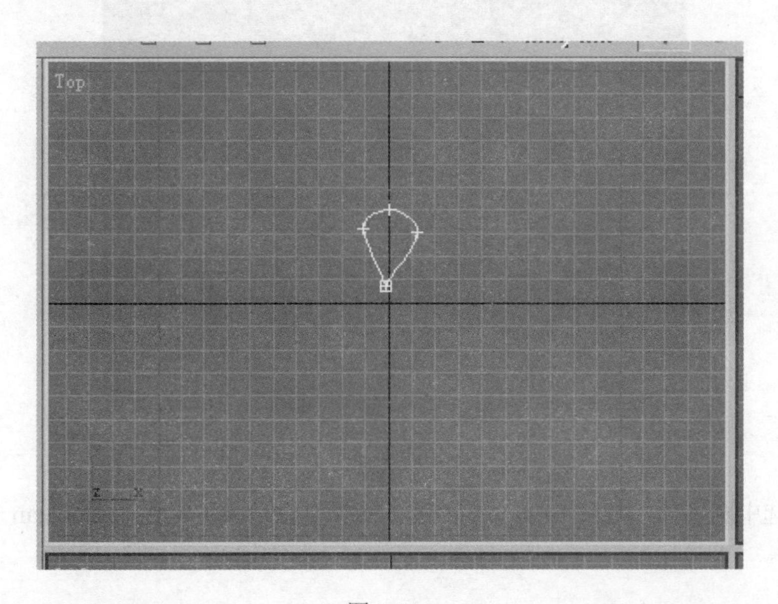

图 1.5.32

（25）打开修改列表添加一个挤出命令，挤出的高度一定要比圆柱高。如图 1.5.33 所示。

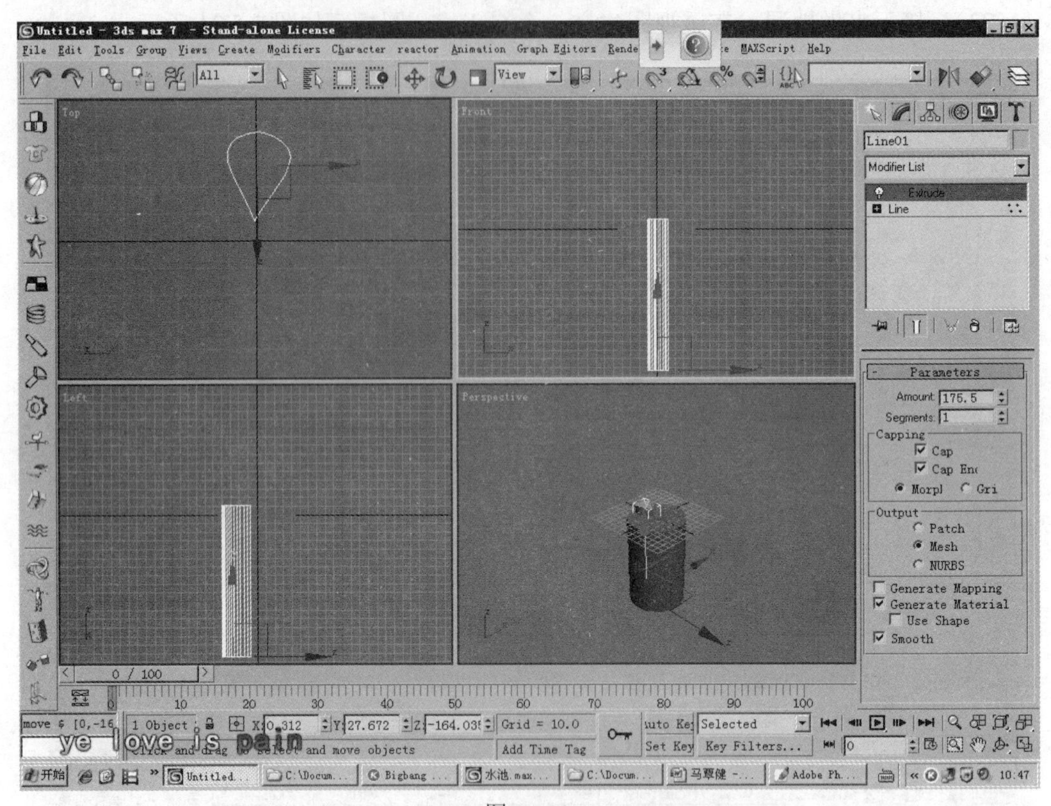

图 1.5.33

（26） 复制 3 个，如图 1.5.34 所示。

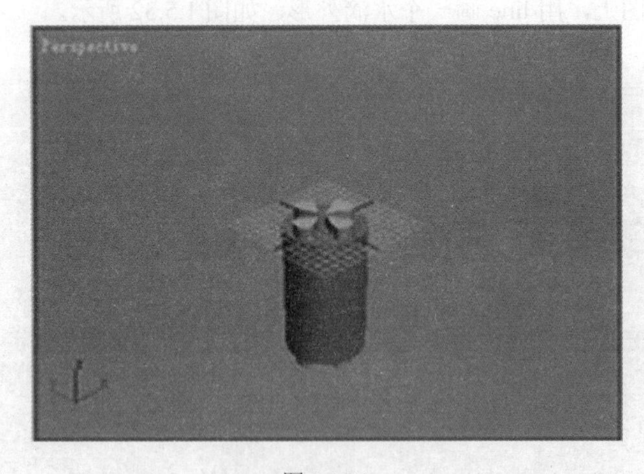

图 1.5.34

（27） 选中圆柱体，打开 Compound Objects（复合对象），点击 Boolean（布尔）。如图 1.5.35 所示。

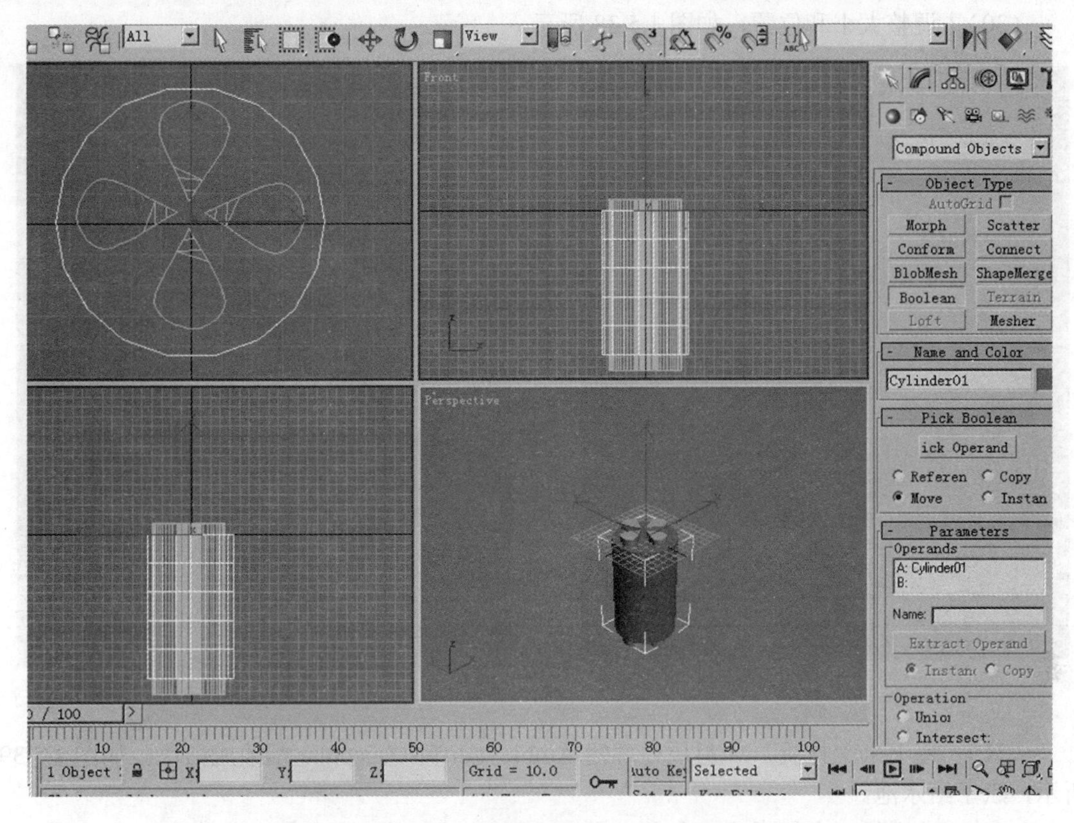

图 1.5.35

（28） 点击 ick Operand，选中一个水滴外形，效果如图 1.5.36 所示。

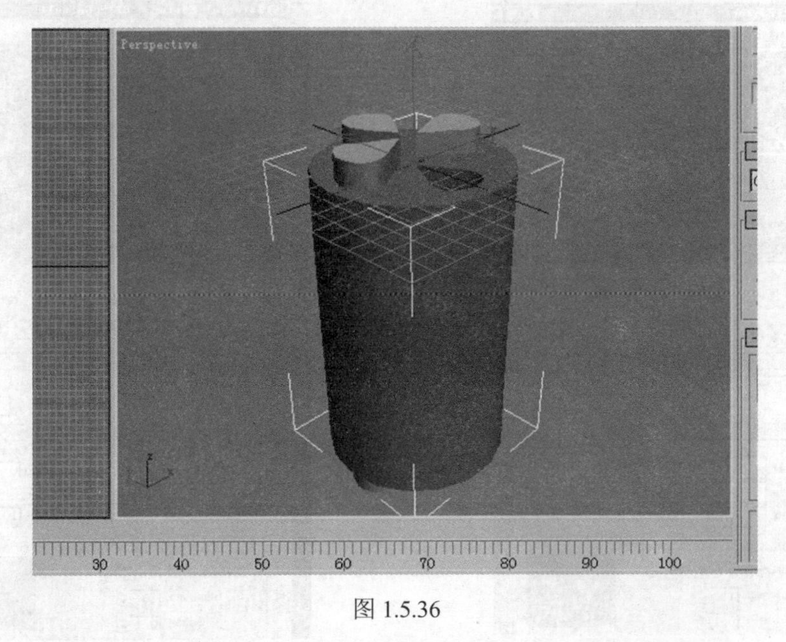

图 1.5.36

（29） 另外三个水滴形状同上一样的方法进行布尔操作，效果如图 1.5.37 所示。

（30） 调整大小和位置，如图 1.5.38 所示。

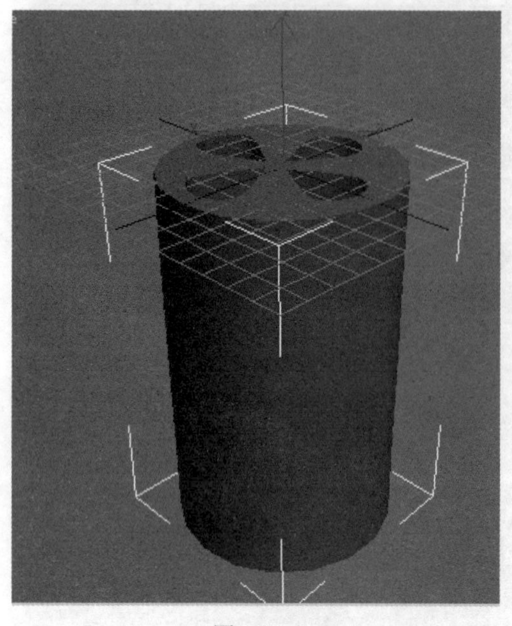

图 1.5.37

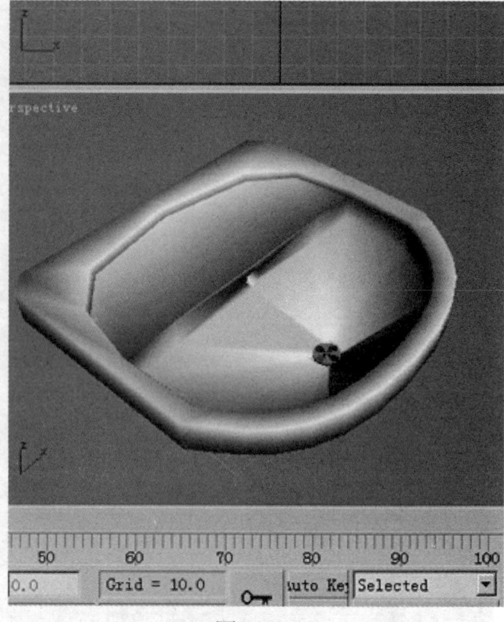

图 1.5.38

（31） 接下来上材质。M 材质处理器 Ambient/diffuse/specular 都改成白色。如图 1.5.39 所示，赋予给水池。

（32） 选中另一个材质球，点击 Diffuse-bitmap-素材库-金属-50.jpg，如图 1.5.40 所示，赋予地漏。

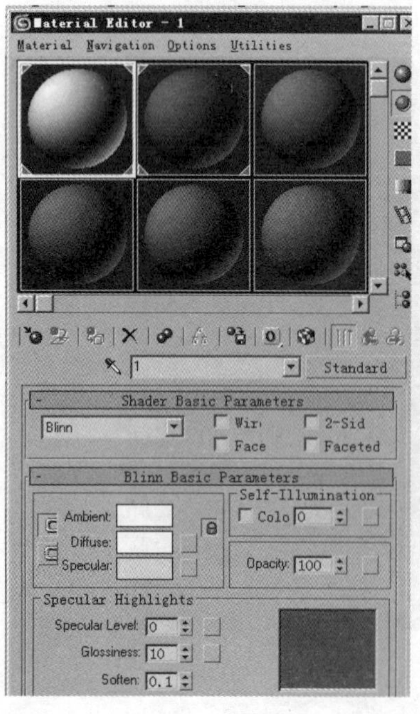

图 1.5.39

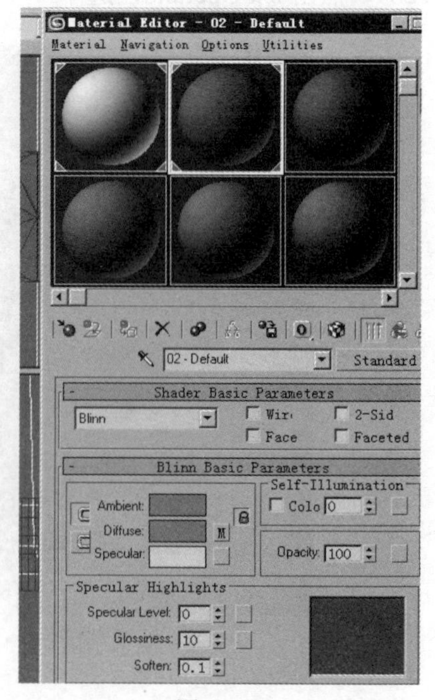

图 1.5.40

（33） 保存渲染最终效果。

图 1.5.41

三、注意事项

本题的重点在于点，如果加的点越多，最后做出来的样子越真实。

1.6 典型案例——计算机

一、制作计算机

制作计算机动画效果如图 1.6.1 所示，具体要求如下。

图 1.6.1

（1） 制作场景：建立木质桌面场景。
（2） 创建模型：创建电脑模型。
（3） 修改模型：制作主机，挤压出键盘，放样出显示器。
（4） 添加效果。

（5） 将最终结果以 X1-5.max 为文件名保存。

二、解题步骤

（1） 打开 Max7，在 Top 顶视图上创建 Box 数值，如图 1.6.2 所示。

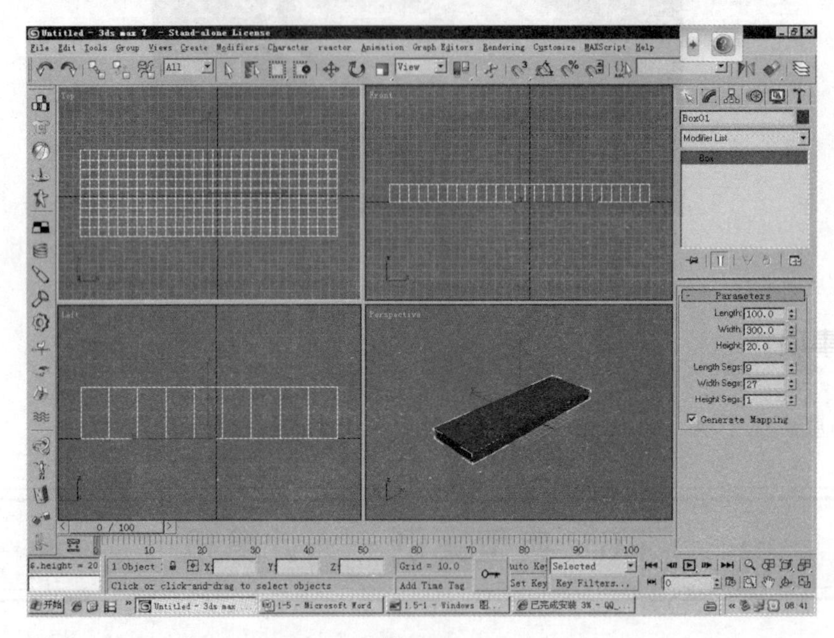

图 1.6.2

（2） 转换为编辑多边形，如图 1.6.3 所示。

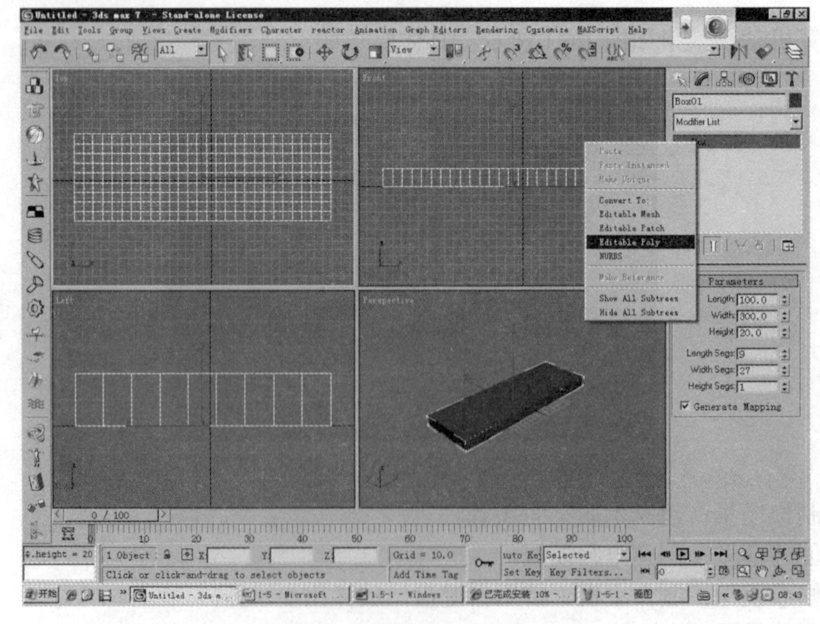

图 1.6.3

（3） 利用 Extrude 挤出数值为 8，如图 1.6.4 所示，然后缩放 80%，如图 1.6.5 所示，其他键盘按键以此类推，挤出、缩放，做出键盘整体，如图 1.6.6 所示。

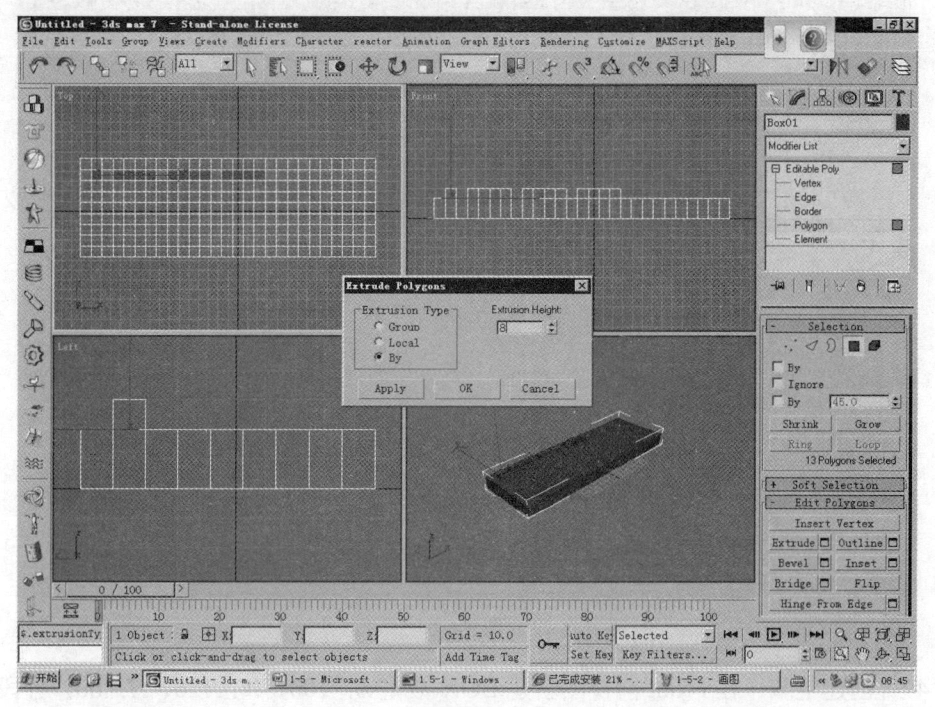

图 1.6.4

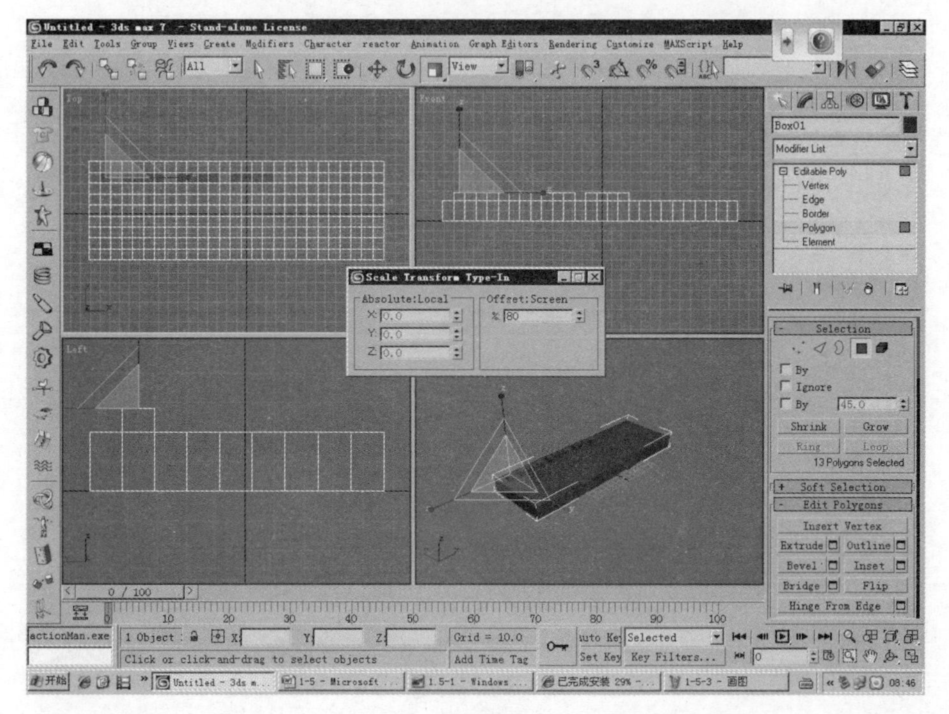

图 1.6.5

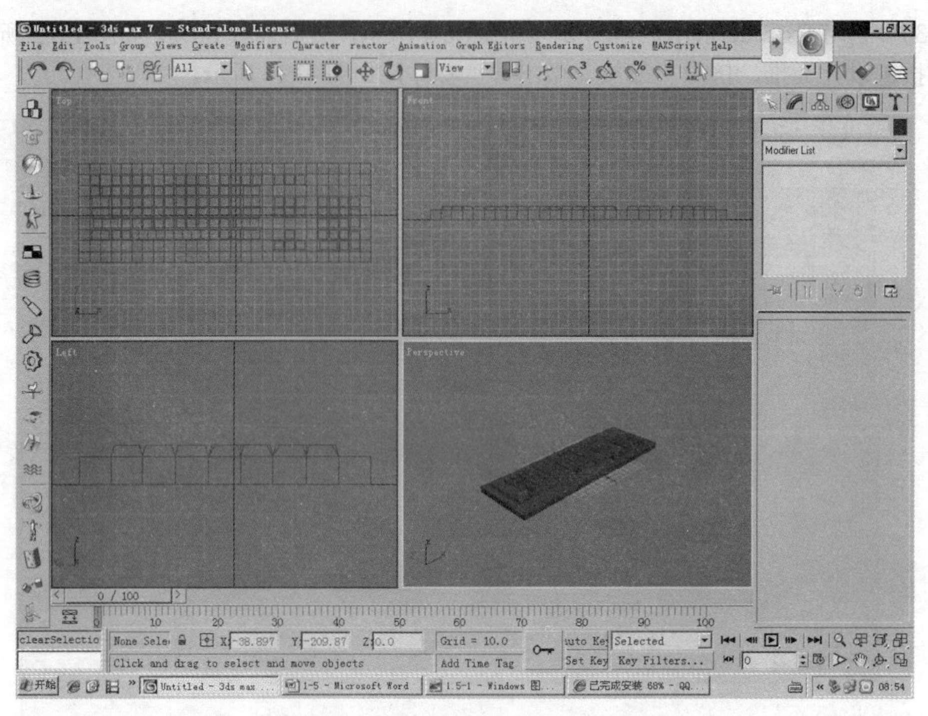

图 1.6.6

（4） 创建电脑：在 Front 前视图新建 BOX 数值 *L*：100、*W*：120、*H*：60，分段 *L*：8、*W*：10，然后转换成可编辑多边形，如图 1.6.7 所示。

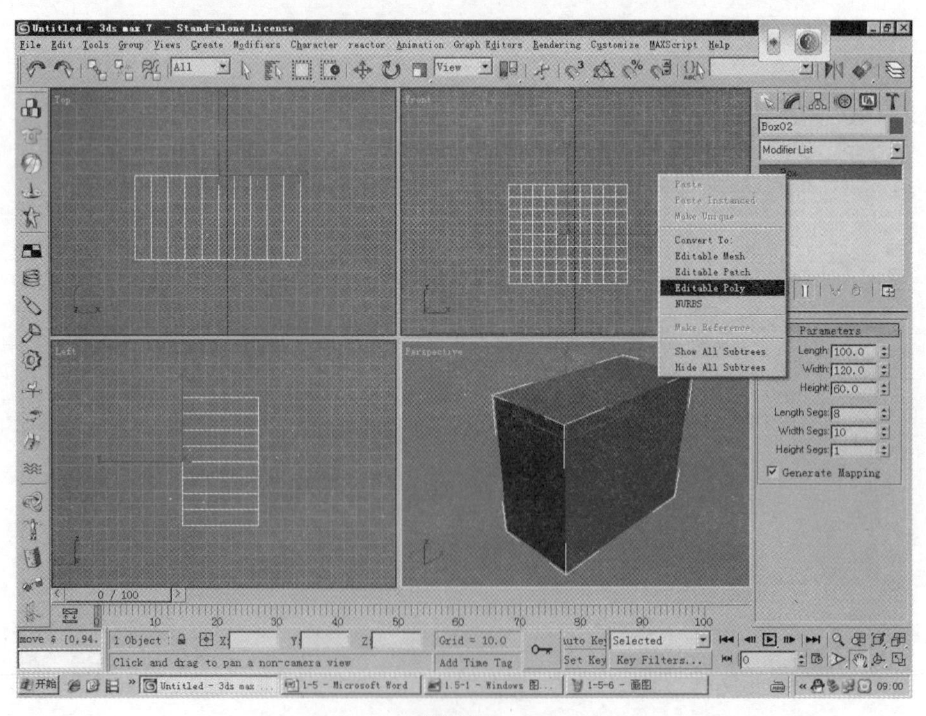

图 1.6.7

（5） 选中面如图 1.6.8 所示，做挤出：-5。

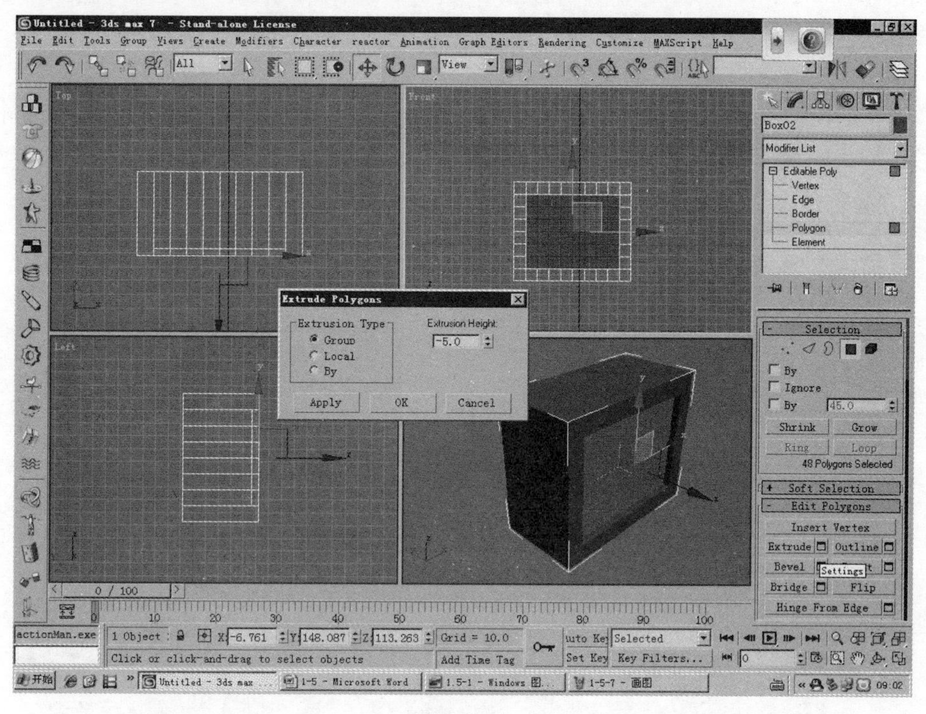

图 1.6.8

（6） 旋转物体选中电脑背后的点进行缩放 90%命令，如图 1.6.9 所示。

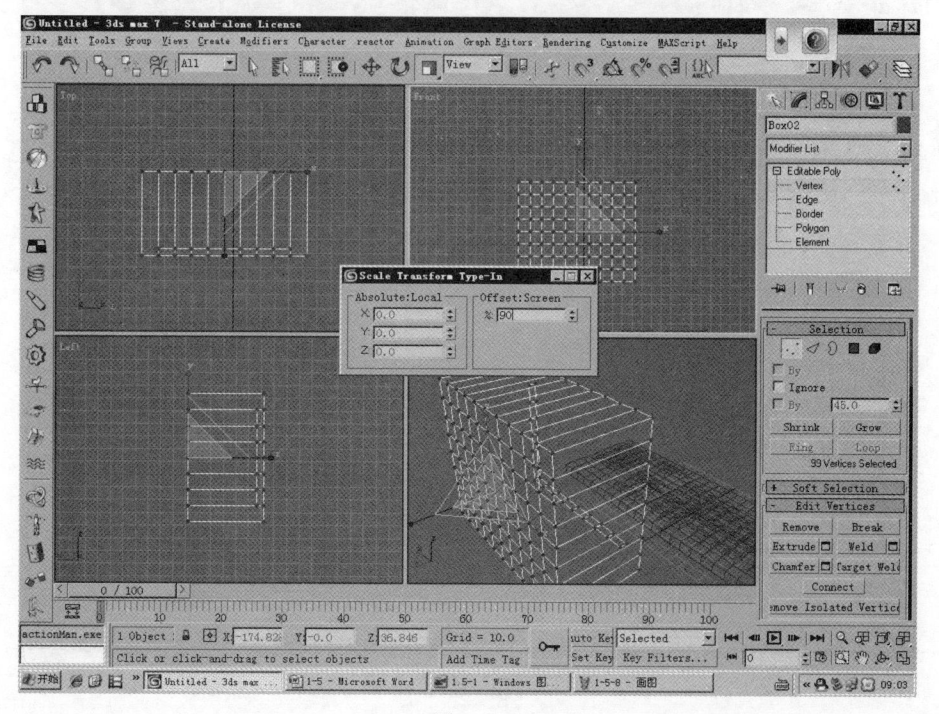

图 1.6.9

（7） 旋转物体，选中如图 1.6.10 的面挤出，并缩放，如图 1.6.11 所示。

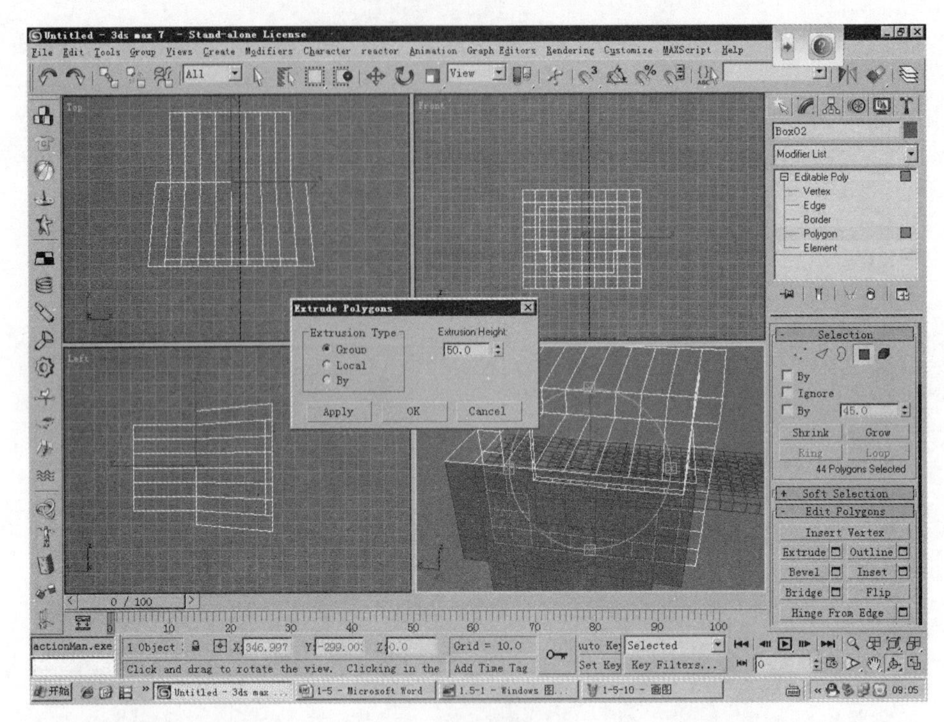

图 1.6.10

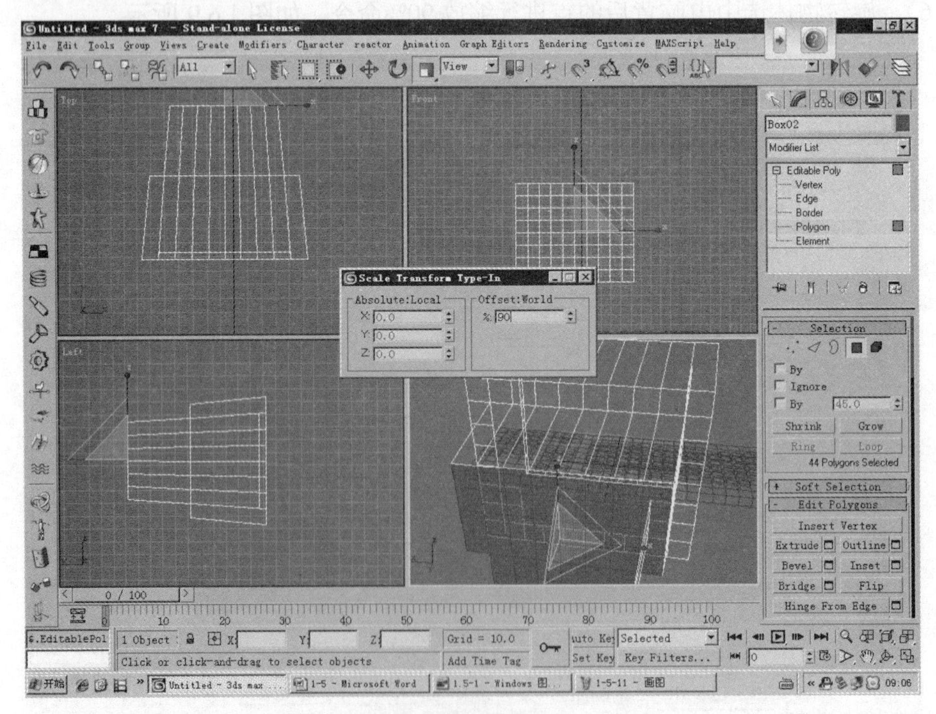

图 1.6.11

（8） 旋转物体选中下方面的边利用 Cut 切线命令，如图 1.6.12 所示，挤出如图 1.6.13 所示，然后倒角，如图 1.6.14 所示。

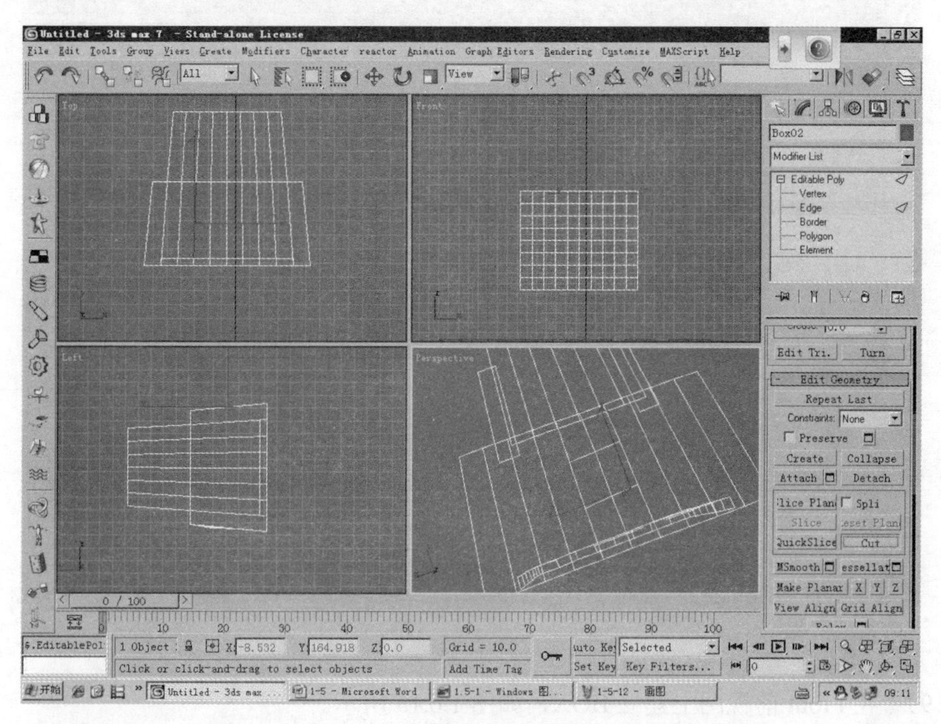

图 1.6.12

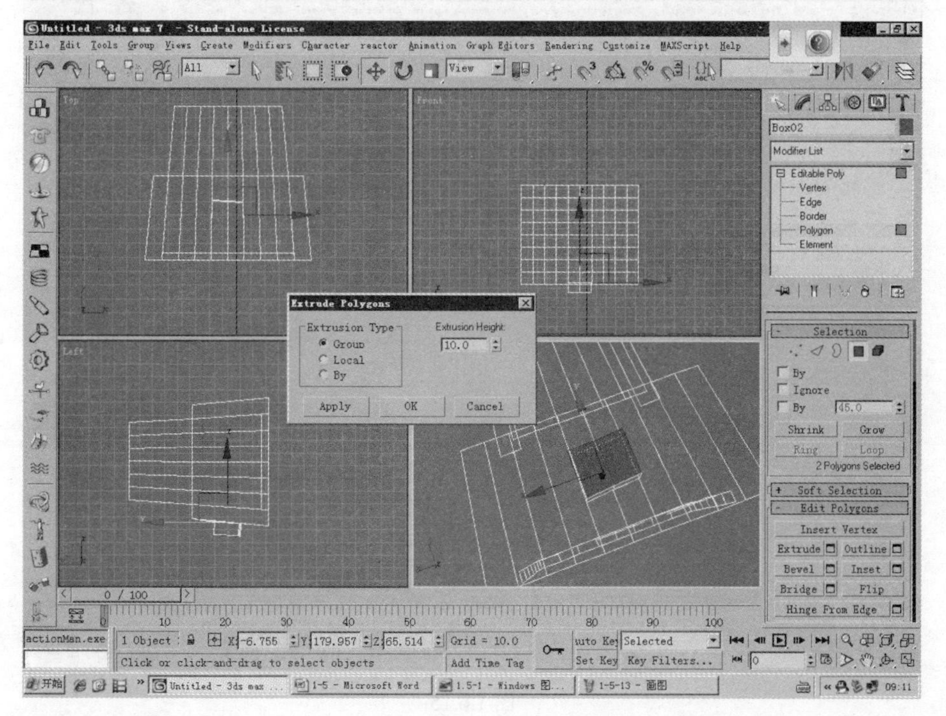

图 1.6.13

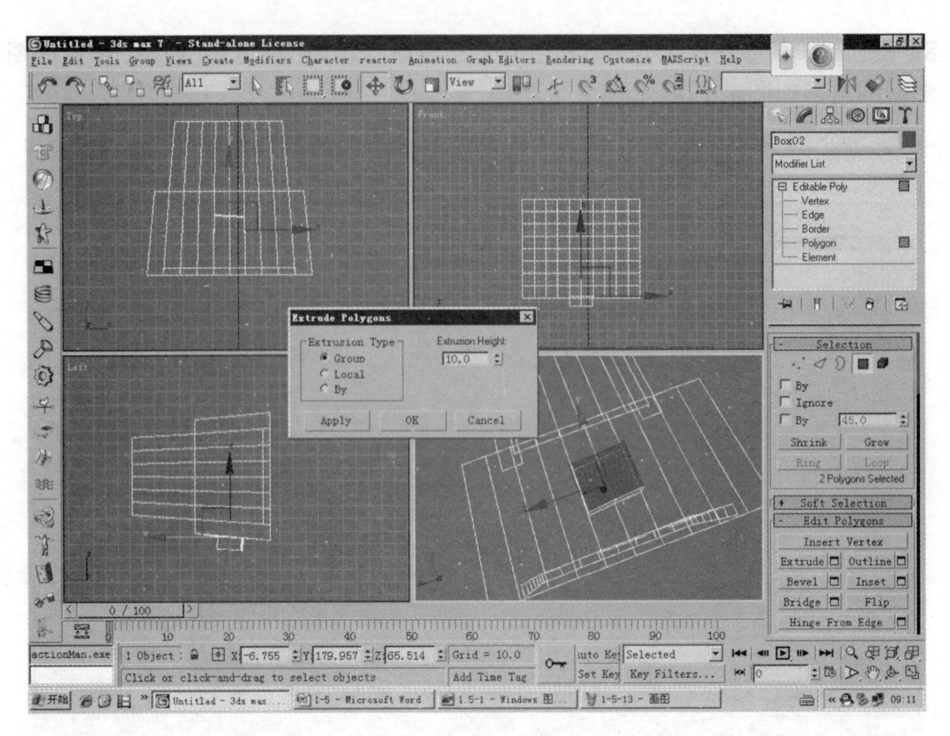

图 1.6.14

（9） 在 Front 前视图上建立 BOX，如图 1.6.15 所示。

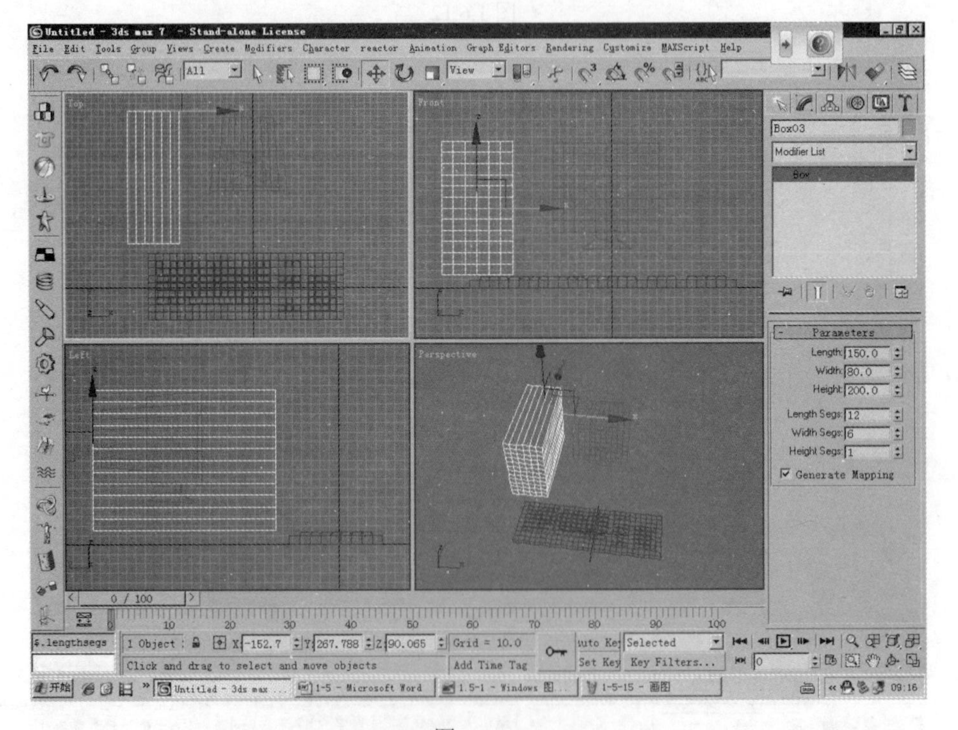

图 1.6.15

（10） 接着转换为可编辑多边形，如图 1.6.16 所示。

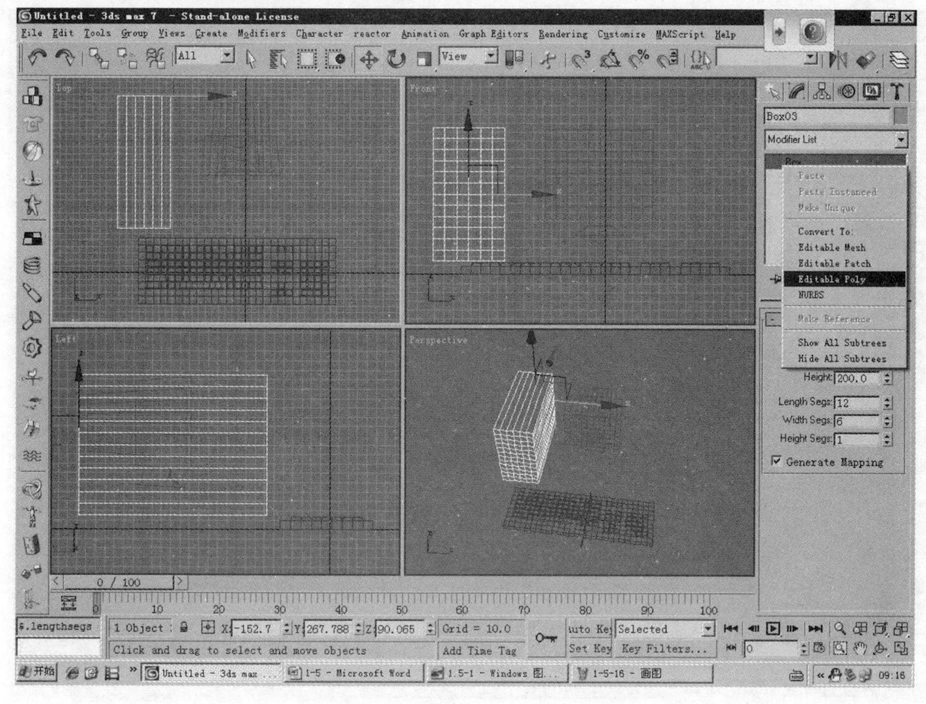

图 1.6.16

（11） 选中要挤出的面并挤出，如图 1.6.17 所示。

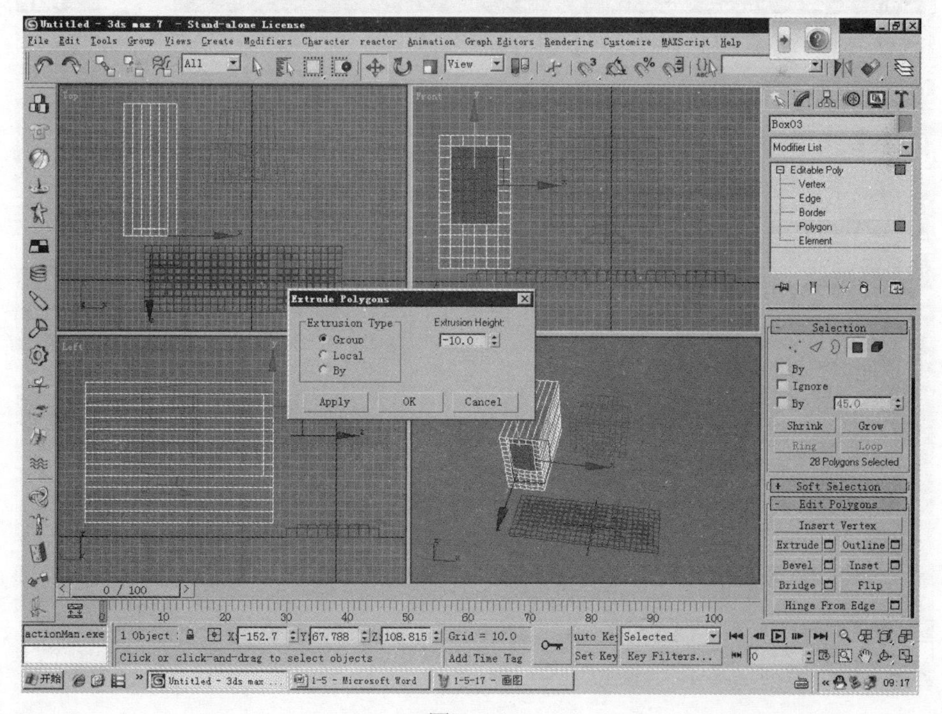

图 1.6.17

（12） 选中如图 1.6.18 的面，进行倒角，数值如图 1.6.19 所示。

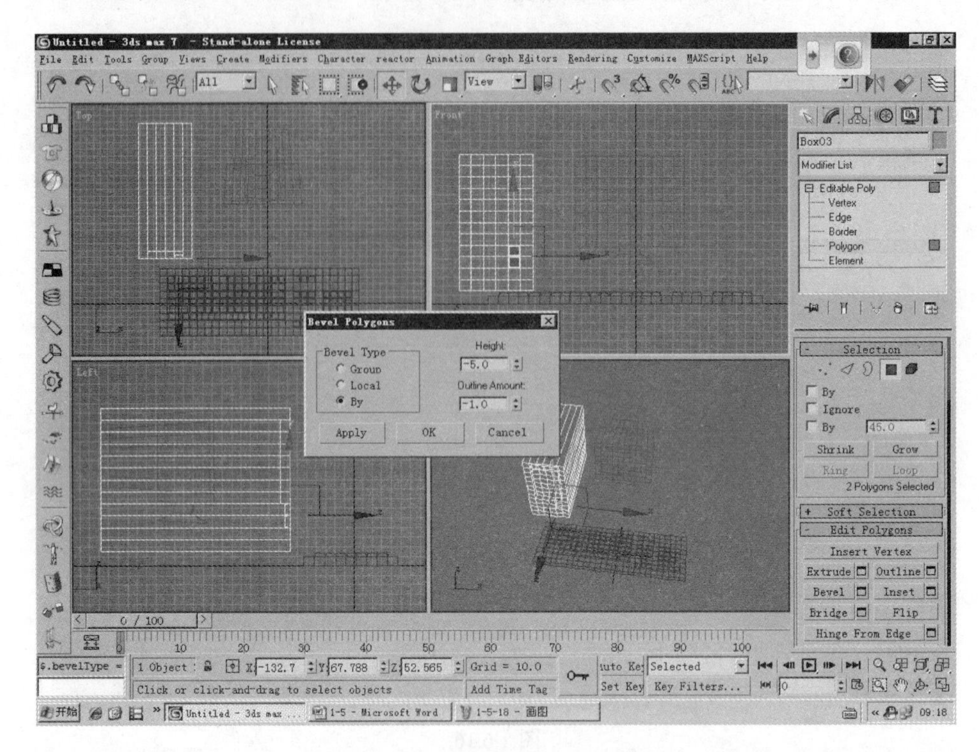

图 1.6.18

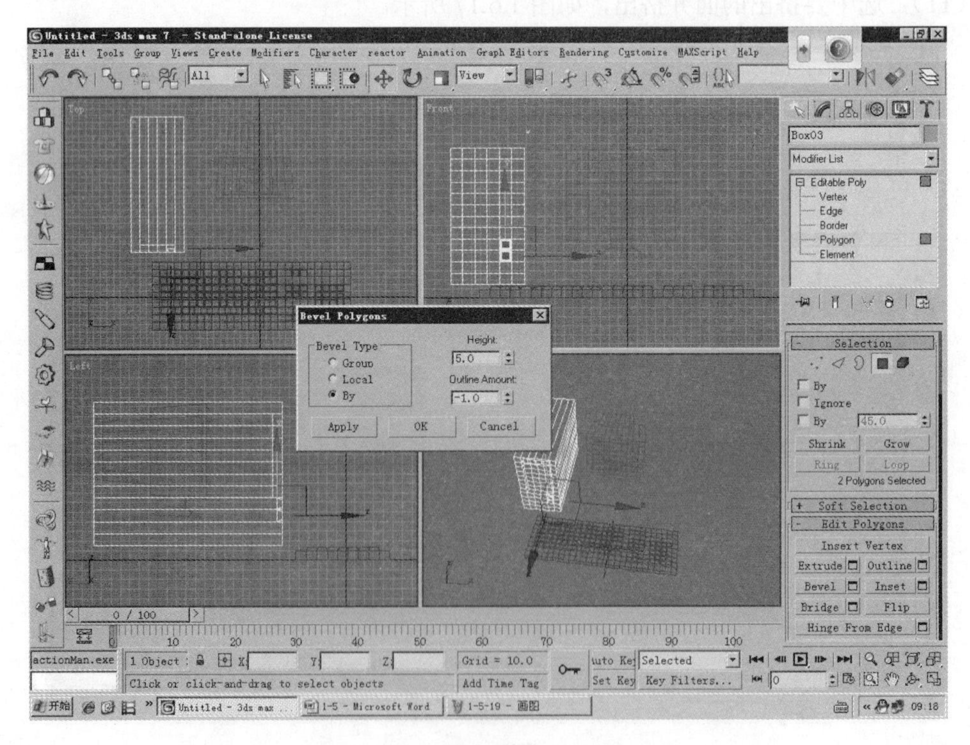

图 1.6.19

（13） 调整键盘、显示器、主机箱的大小比例、位置。最后完成效果，如图 1.6.20 所示。

图 1.6.20

三、注意事项

做键盘的时候太繁琐，不要嫌麻烦，把位置选好。

第 2 单元　材质贴图

学习目标

（1） 建立场景：具备建立常用物体和布置基本场景的能力。
（2） 纹理贴图：具有描绘基本物体贴图的能力，深娴组合贴图纹理的表现方法。
（3） 制作材质：精通各种常用材质的使用技巧；能够仿制物品材质。
（4） 添加效果：正确处理物品材质与环境的协调关系。

2.1　材质贴图基础知识

材质是描述对象如何反射或透射灯光。在材质中，贴图可以模拟纹理、应用设计、反射、折射和其他效果。如图 2.1.1 所示。

图 2.1.1

一、材质编辑器

“材质编辑器”是用于创建、改变和应用场景中的材质的对话框。材质编辑器的对话框是浮动的，可将其拖曳到屏幕的任意位置，这样便于观看场景中材质赋予对象的结果。打开材质编辑器的方法是在工具栏中选定 快捷键为 M。

（一）界面构成

材质编辑器可分为两大部分：

上部分为固定不变区，包括示例显示、材质效果和垂直的工具列与水平的工具行一系列功能按钮。名称栏中显示当前材质名称。

下部分为可变区，从 Basic Parameters 卷展栏开始包括各种参数卷展栏，材质编辑器界面如图 2.1.2 所示。

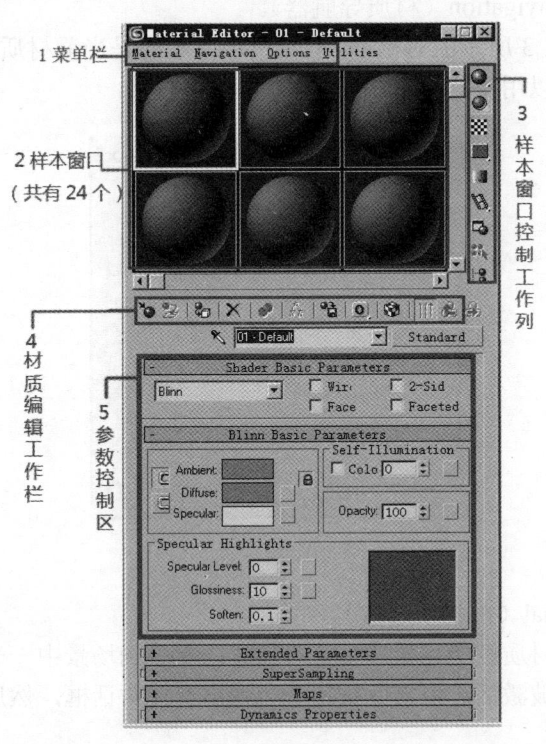

图 2.1.2

（二）各功能区作用

1. 样本示例窗

样本示例窗（总共有 24 个）。

在材质编辑器上方区域为示例窗，在示例窗中可以预览材质和贴图。在默认状态下示例显示为球体，每个窗口显示一个材质。可以使用材质编辑器的控制器改变材质，并将它赋予场景的物体。最简单的赋予材质的方法就是用鼠标将材质直接拖曳到视窗中的物体上。单击一个示例框可以激活它，激活的示例窗被一个白框包围着。在选定的示例窗内单击鼠标右键，弹出显示属性菜单。在菜单中选择摆放方式，在示例窗内显示 6 个，15 个或 24 个示例框。

2. 样本窗口控制工具列：用于调整样本窗口中材质的显示状态

Sample Type（样品类型），可选择样品为球体、圆柱或立方体。

Back Light（背部光源），按下此按钮可在样品的背后设置一个光源。

Back ground（背景），在样品的背后显示方格底纹。

Sample UV Tiling（UV 向平铺数量），可选择 2×2、3×3、4×4。

Video Color Check（视频颜色检查），可检查样品上材质的瘢是否超出 NTSC 或 PAL 制式的颜色范围。

Make Preview（创建材质预览），主要是观看材质的动画效果。

Material/Map Navigation（材质导航器）。

单击之弹出如图 2.1.3 所示的对话框。对话框中显示的是当前材质的贴图层次，在对话框顶部选取不同的按钮可以用不同的方式显示。

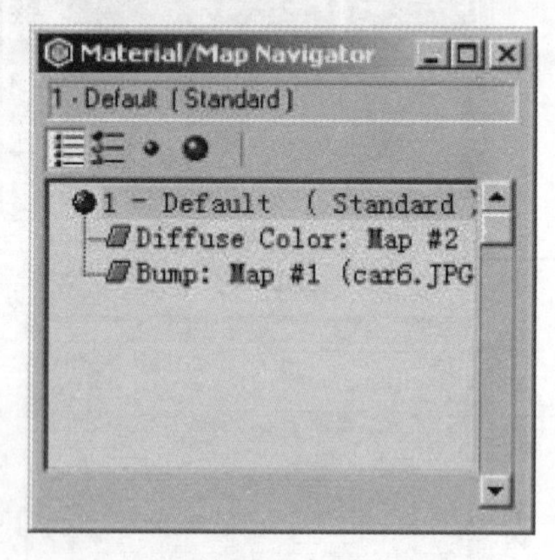

图 2.1.3

Select by Material（由材质选取）。

当你想将设计好的材质赋予场景的多个对象时，不必到场景中一一选取。当将财质赋予第一个对象后，此按钮被激活，单击此按钮就会弹出选择对话框，然后选取对象名称，赋予材质。

3. 材质编辑工具栏：用于打开、保存和将材质赋于物体

将鼠标移至视图中点击要获取材质的对象。可将吸管获取的材质放入材质编辑器激活的示例框中。

可以在材质编辑器中，将材质保存到材质/贴图浏览器中的一个库文件中。

Assign Matarial to Selection 按钮将材质赋予选择物体。

Delete from library 从库中删除单个材质或贴图。

Clear Material Library（清除材质库）将删除库中包含的所有材质和贴图。

4. 参数控制区：用于控制当前材质的效果

（1） 阴影色 Ambient：控制材质表面阴影区的颜色。

（2） 表面色 Diffuse：控制材质表面的颜色。

（3） 高光色 Specular：控制材质表面高光区的颜色。

二、材质贴图

贴图是材质应用到表面的一种模板。使用贴图可以模拟纹理、应用设计图案和创建反射、折射和其他效果。贴图材质比基本材质更精细、更真实。通过贴图可以在不增加几何体的复杂程度就能给对象加入细节。标准的材质贴图通道共有 12 个，使用这些贴图通道可以组合、分支贴图。它们分别用颜色或灰度来计算，各材质通道名称如图 2.1.4 所示。

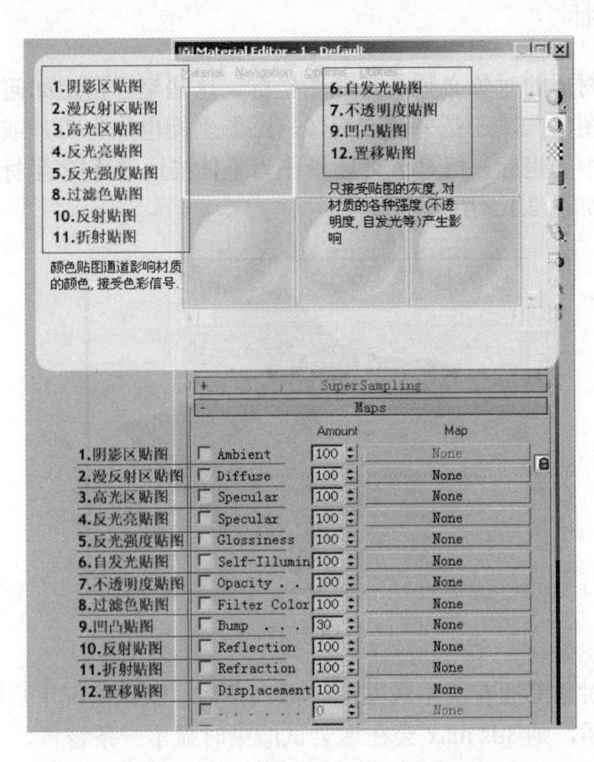

图 2.1.4

（一）贴图类型

（1） 阴影色 Ambient：选择各种类型的贴图，将其添加在对象的阴影部位。

（2） 漫反射区贴图 Diffuse：使用各种类型的贴图来取代对象的表面色。

（3） 高光色 Specular Color：对对象的高光部分使用各种类型的贴图，使用的贴图只在高光区域起作用。

（4） 反射 Reflection：用来创造具有发光或反射表面的幻觉，反射的颜色主要受到对物体的表面色影响，100 为将完全替换表面色。

（5） 折射 Refraction：达到光线穿过对象时产生的折射效果。

（6） 过滤色 Filter Color：指光线穿过透明或半透明对象后的颜色。

（7） 自发光 Self-Illumination：使得对象的部分区域产生自发光的效果，贴图的自发光程度取决于灰度值。

（8）不透明贴图 Opacity：用来定交对象表面产生部分透明的效果。纯白色是不透明的，纯黑色是透明的，灰色是按一定比例的不透明层次。

（9） 凹凸贴图 Bump：可以使用通道的强度值来改变突出部分投射阴暗并接受高光的方式来改变得到表面，贴图中的黑色对物体突出的部分无效，白色部分完全有效，对灰色部分则按百分比生效。

（10） 位移贴图 Displacement：效果与使用位移修改器所得的效果类似。

（二）贴图坐标

已指定 2D 贴图材质的对象必须具有贴图坐标。这些坐标指定如何将贴图投射到材质，以及是将其投射为“图案”，还是平铺或镜像。贴图坐标也称为 *UV* 或 *UVW* 坐标。这些字母是指对象自己空间中的坐标，相对于将场景作为整体描述的 *XYZ* 坐标。显示为曲面局部 *U* 轴和 *V* 轴的贴图坐标如图 2.1.5 所示。

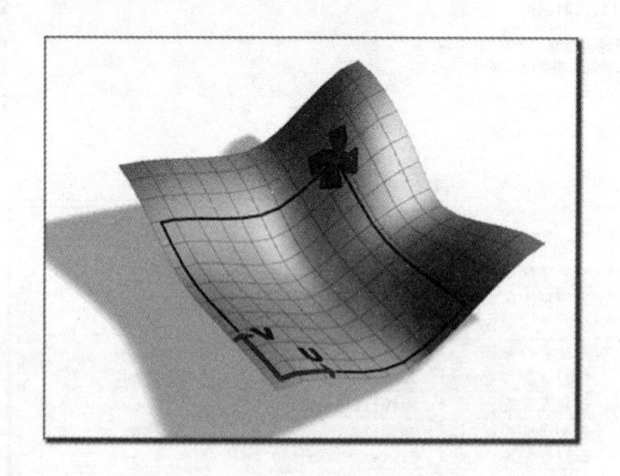

图 2.1.5

大多数可渲染的对象都拥有“生成贴图坐标”参数。默认情况下启用它，但是如果它关闭且对象使用贴图材质，则 3ds max 会在您尝试渲染时显示一条警告。

如果材质显示您希望使用默认贴图显现的方式，则不需要调整贴图。如果需要调整它，则使用贴图的“坐标”卷展栏。

确定所使用的贴图坐标的类型。通过贴图在几何上投影到对象上的方式以及投影与对象表面交互的方式，来区分不同种类的贴图。注意当“真实世界贴图大小”处于启用状态时，仅可使用“平面”、“柱形”、“球形”和“长方体”贴图类型。同样，如果其他选项（“收缩包裹”、“面”或“*XYZ* 到 *UVW*”）之一处于活动状态，则“真实世界贴图大小”不可用。

1. 平面

从对象上的一个平面投影贴图，在某种程度上类似于投影幻灯片。在需要贴图对象的一侧时，会使用平面投影。它还用于倾斜地在多个侧面贴图，以及用于贴图对称对象的两个侧面，平面贴图投影如图 2.1.6 所示。

2. 柱形

从圆柱体投影贴图，使用它包裹对象。位图接合处的缝是可见的，除非使用无缝贴图。圆柱形投影用于基本形状为圆柱形的对象，圆柱形贴图投影如图 2.1.7 所示。

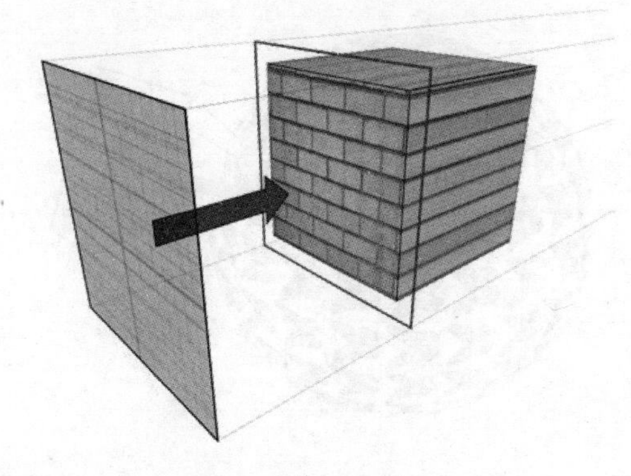

图 2.1.6

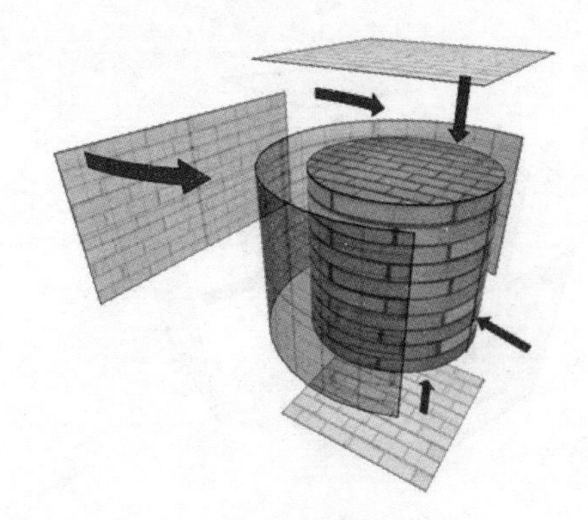

图 2.1.7

3. 封口

对圆柱体封口应用平面贴图坐标。注意如果对象几何体的两端与侧面没有成正确角度，“封口”投影扩散到对象的侧面上。

4. 球形

通过从球体投影贴图来包围对象。在球体顶部和底部，位图边与球体两极交会处会看到缝和贴图奇点。球形投影用于基本形状为球形的对象，如图 2.1.8 所示。

5. 收缩包裹

使用球形贴图，但是它会截去贴图的各个角，然后在一个单独极点将它们全部结合在一起，仅创建一个奇点。收缩包裹贴图用于隐藏贴图奇点，如图 2.1.9 所示。

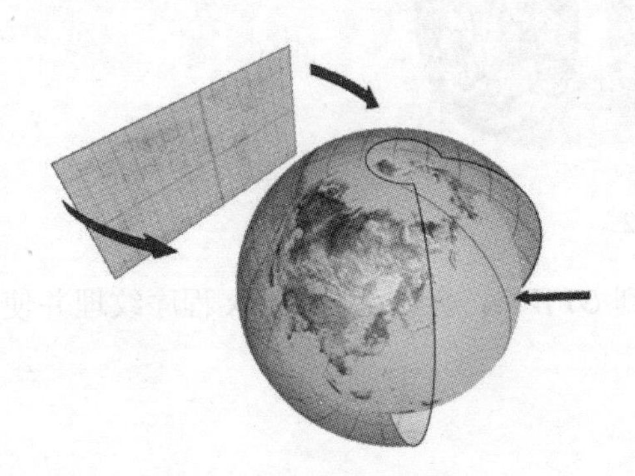

图 2.1.8

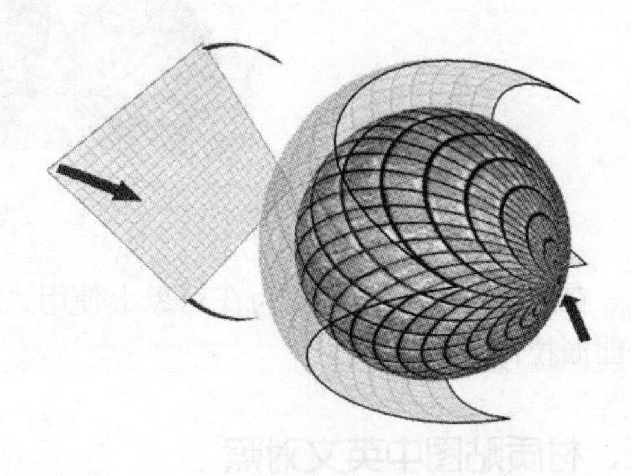

图 2.1.9

6. 长方体

从长方体的六个侧面投影贴图。每个侧面投影为一个平面贴图，且表面上的效果取决于曲面法线。从其法线几乎与其每个面的法线平行的最接近长方体的表面贴图每个面，如图 2.1.10 所示。

7. 面

对对象的每个面应用贴图副本。使用完整矩形贴图来贴图共享隐藏边的成对面。使用贴图的矩形部分贴图不带隐藏边的单个面，如图 2.1.11 所示。

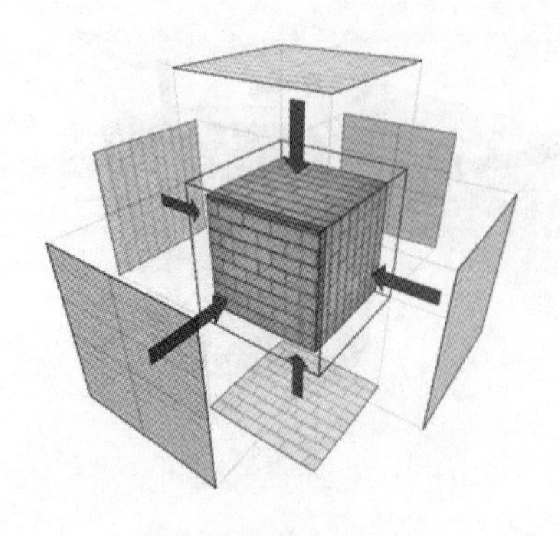

图 2.1.10

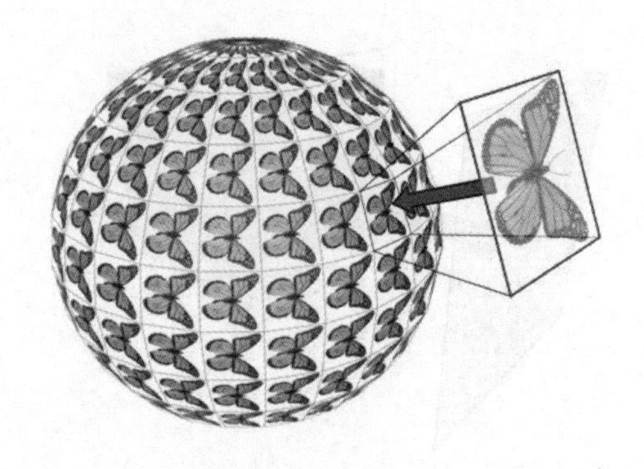

图 2.1.11

8. *XYZ* 到 *UVW*

将 3ds max 程序坐标贴图到 *UVW* 坐标。这会将程序纹理贴到表面。如果表面被拉伸，3ds max 程序贴图也被拉伸。对于包含动画拓扑的对象，请结合程序纹理（如细胞）使用此选项，如图 2.1.12 所示。

图 2.1.12

在图 2.1.12 中，右图为在对象上使用“*XYZ* 到 *UVW*”，会贴上 3ds max 程序纹理并使其随曲面拉伸。

三、材质贴图中英文对照

Reglection——反射
Basic Parameters——基本参数
Refraction——折射
Ambient——环境反射
3D Procedural Maps——三维贴图
Diffuse——漫反射
Face-mapped——面贴图
Specular——镜面反射
Extended Parameters——扩展参数
Maps——贴图
Bitmap——位图
Checker——棋盘格 复合材质
Gradient——渐变
Double Sided——双面
Adobe Photoshop Plug-In Filter——PS 滤镜

Blend——混合

Adove Premiere Video Filter——PM 滤镜

Cellular——细胞

Multi/Sub-object——多重子物体

Dent——凹痕

Raytrace——光线追踪

Noise——干扰

Top/Bottom——项底

Splat——油彩

Matrble——大理石

Wood——木纹

Water——水 Time

Configuration——时间帧速率

Falloff——衰减

Frame Rate——帧速率

Flat Mirror——镜面反射

NTSC——NTSC 制式

Mask——罩框

Film——胶片速度

Mix——混合

PAL——PAL 制式

Output——输出

Custom——自定义

Planet——行星

Raytrace——光线跟踪

Reglect/Refrace——反射/折射

Smoke——烟雾

Create——创建

Speckle——斑纹

Helpers——帮助物体

Stucco——泥灰

Dummy——虚拟体

Vertex Color——项点颜色

Forward Kinematics——正向运动

Composite——合成贴图

2.2 典型案例——金属材质

一、制作金属材质

制作金属材质动画效果图如图 2.2.1 所示，具体要求如下。

图 2.2.1

（1） 建立场景：建立场景模型。
（2） 纹理贴图：指定纹理贴图。
（3） 制作材质：制作抛光刚性材质。
（4） 添加效果：添加光线效果。
（5） 将最终效果以 X2-1.max 为文件名保存在考生文件夹中。

二、操作步骤

（一）建立模型

（1） 建模切角长方体，建立面板—三维—拓展基本体Extended Primitiv—切角长方体ChamferBox。【坐标 X：-5，Y：-37，Z：0】、Lenght：100、Width：100、Height：100、Fillet：8。

（2） 建立球体，建立面板—三维—标准基本体Standard Primitiv—球体Sphere。【坐标 X：-96，Y：-95，Z：42】、Radius：50、Segments：32。

（3） 创建圆锥体，建立面板—三维—标准基本体Standard Primitiv—圆锥体。【坐标 X：-98，Y：-3，Z：0】、Radius1:50、Radius2:0、Height:140。

（4） 创建长方体，建立面板—三维—标准基本体Standard Primitiv—长方体Box—，【坐标 X：-65，Y：-114，Z：0】，修改面板—修改列表Modifier List—法线翻转Normal。

（二）创建材质

打开材质编辑器（快捷键 M），单击 Standard 双击选择 Raytrace，如图 2.2.2 所示。

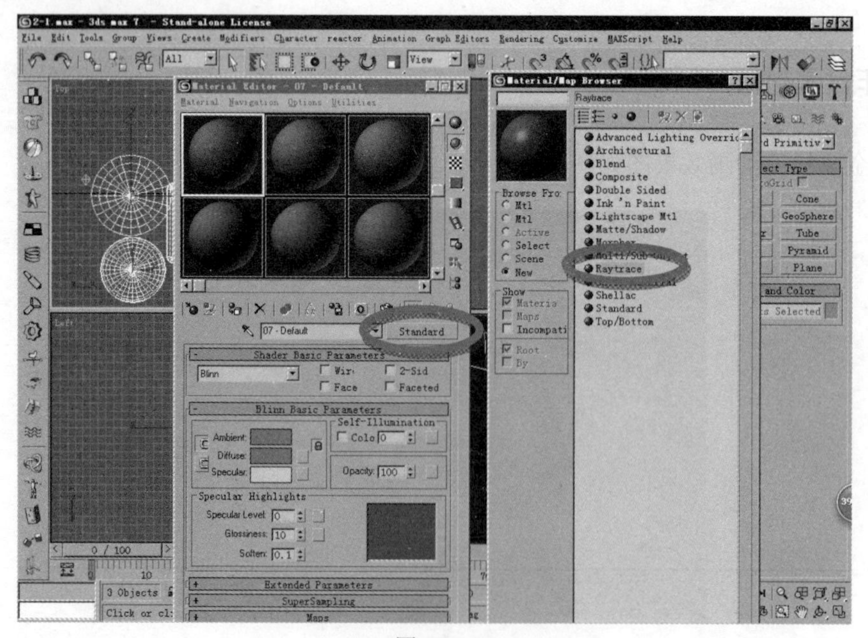

图 2.2.2

（1） 给 Diffuse 更改颜色，R：22，G：22，B：22，如图 2.2.3 所示。

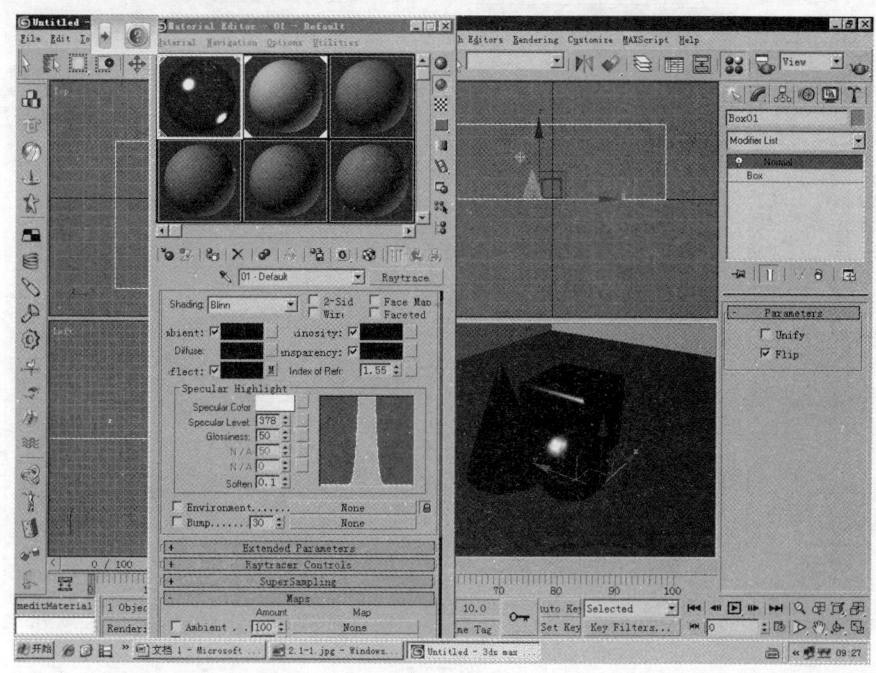

图 2.2.3

（2） 打开 Map 栏修改为 Reflect 贴图，如图 2.2.4 所示。

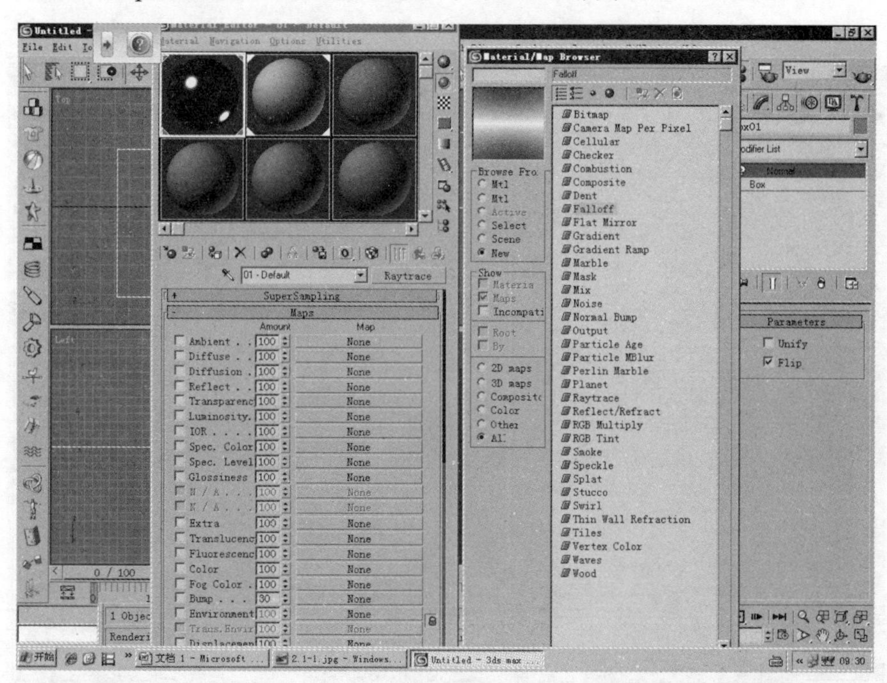

图 2.2.4

（3） 修改曲线图如图 2.2.5 所示。

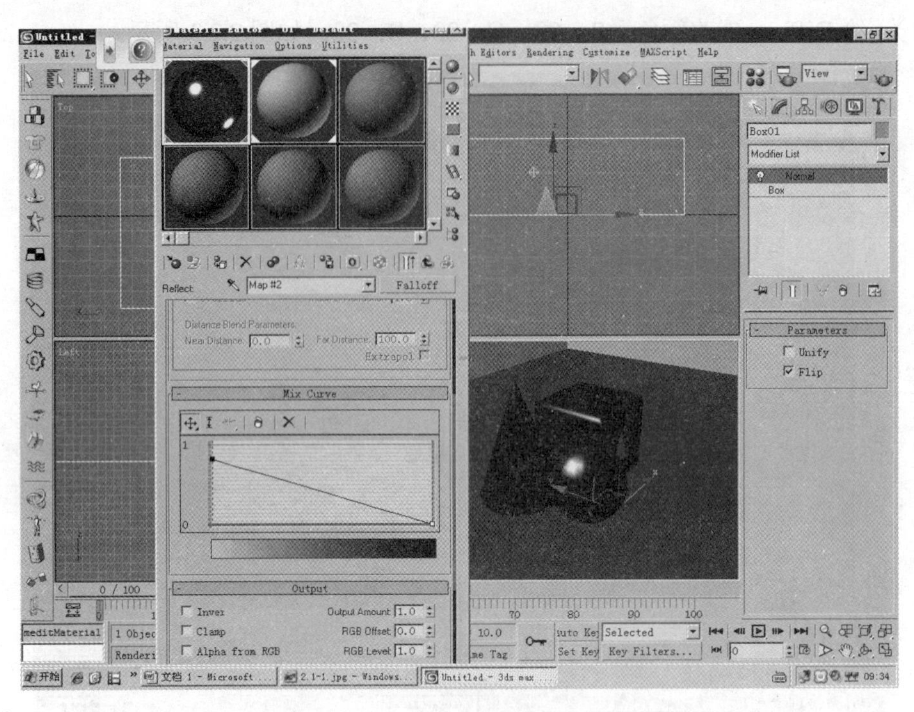

图 2.2.5

（4） 创建背景，米黄子长方体，坐标 *X*：-65.937，*Y*：-114.364，*Z*：0，如图 2.2.6 所示。

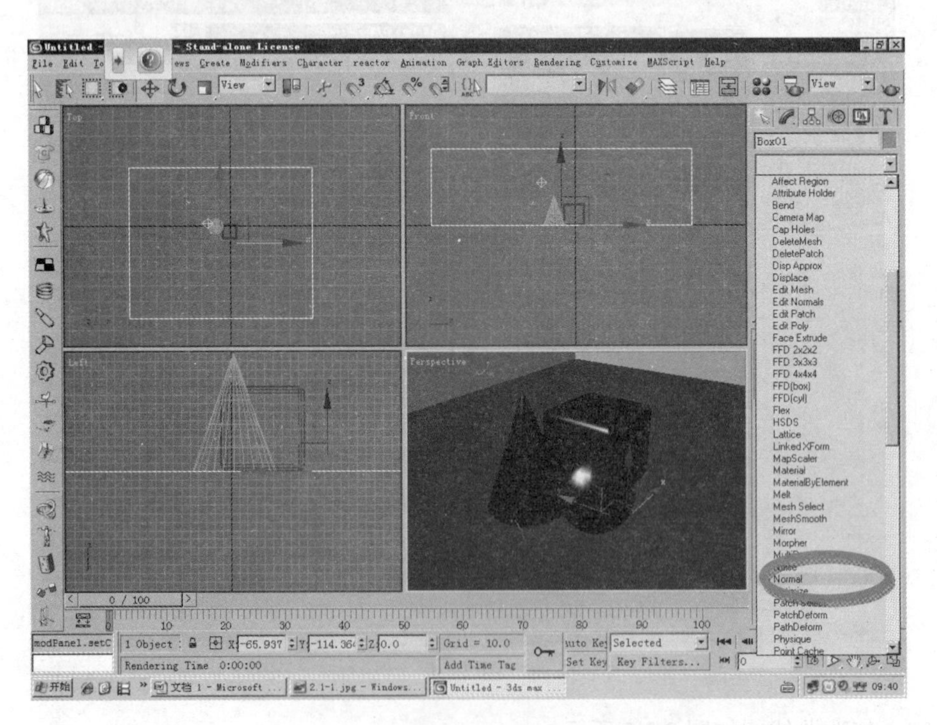

图 2.2.6

（三）灯光

（1） 灯光 Omni，如图 2.2.7 所示；设置阴影大小，如图 2.2.8 所示。

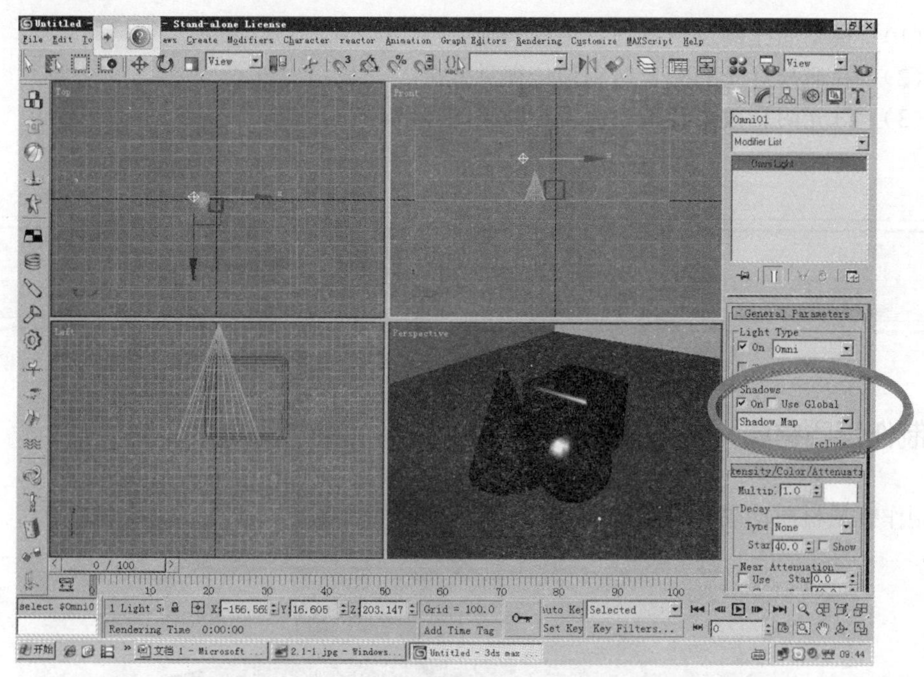

图 2.2.7

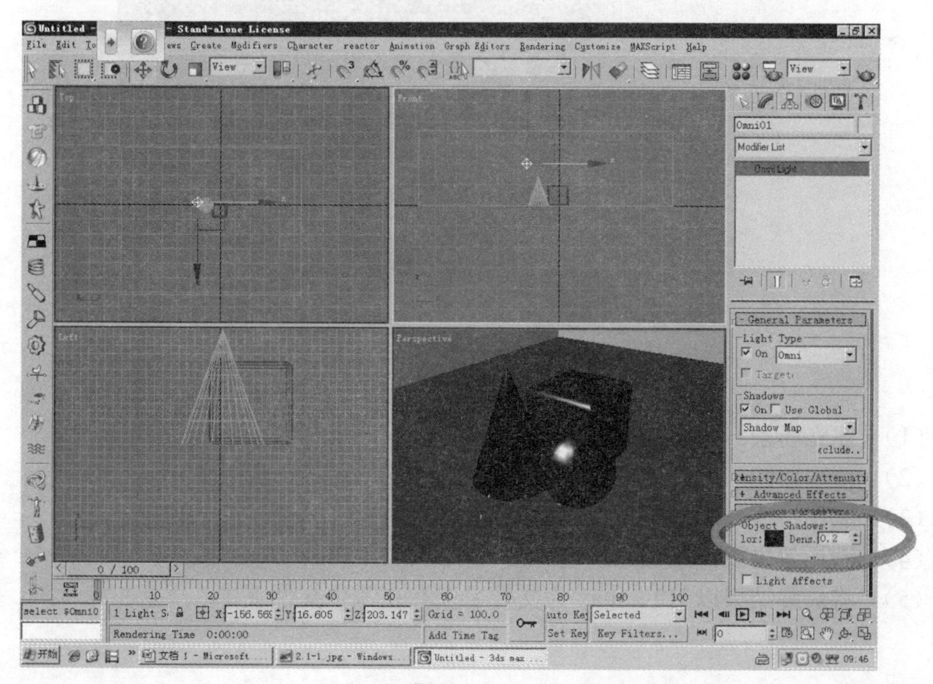

图 2.2.8

（2） 将最终效果图以 X2-1.max 为文件名保存在考生文件夹中。

三、注意事项

（1） 模型的比例及位置与效果图一致。
（2） 材质与灯光的配合达到最佳视觉效果。
（3） 灯光阴影效果及背景色调与效果图一致。

2.3 典型案例——铝质材质

一、制作铝质材质

制作铝质材质动画效果图如图 2.3.1 所示，具体要求如下。

图 2.3.1

（1） 建立场景：建立场景模型。
（2） 纹理贴图：用 C:\A3dmax\Unit2\Y2-2.jpg（随书配素材库）。
（3） 制作材质：制作铝质金属材质。
（4） 添加效果图：添加光线追踪。
（5） 将最终结果以 X2-2.max 为文件名保存在考生文件夹中。

二、操作步骤

（一）建立模型

（1） 建模切角长方体，建立面板—三维—拓展基本体Extended Primitiv—切角长方体ChamferBox。【坐标 X：-5，Y：-37，Z：0】Lenght：100，Width：100，Height：100，Fillet：8。

（2） 建立球体，建立面板—三维—标准基本体Standard Primitiv—球体Sphere。【坐标 X：-96，Y：-95，Z：42】Radius：50，Segments：32。

（3） 创建圆锥体，建立面板—三维—标准基本体Standard Primitiv—圆锥体。【坐标 X：-98，Y：-3，Z：0】Radius1:50，Radius2:0，Height:140。

（4） 创建长方体，建立面板—三维—标准基本体Standard Primitiv—长方体Box—【坐标 X：-65，Y：-114，Z：0】修改面板—修改列表Modifier List—法线翻转Normal。

（二）创建材质

（1） 选中几何体，给几何体赋予材质，打开一个【新材质球】（或在键盘上点 M 键）。如图 2.3.2 和图 2.3.3 所示。

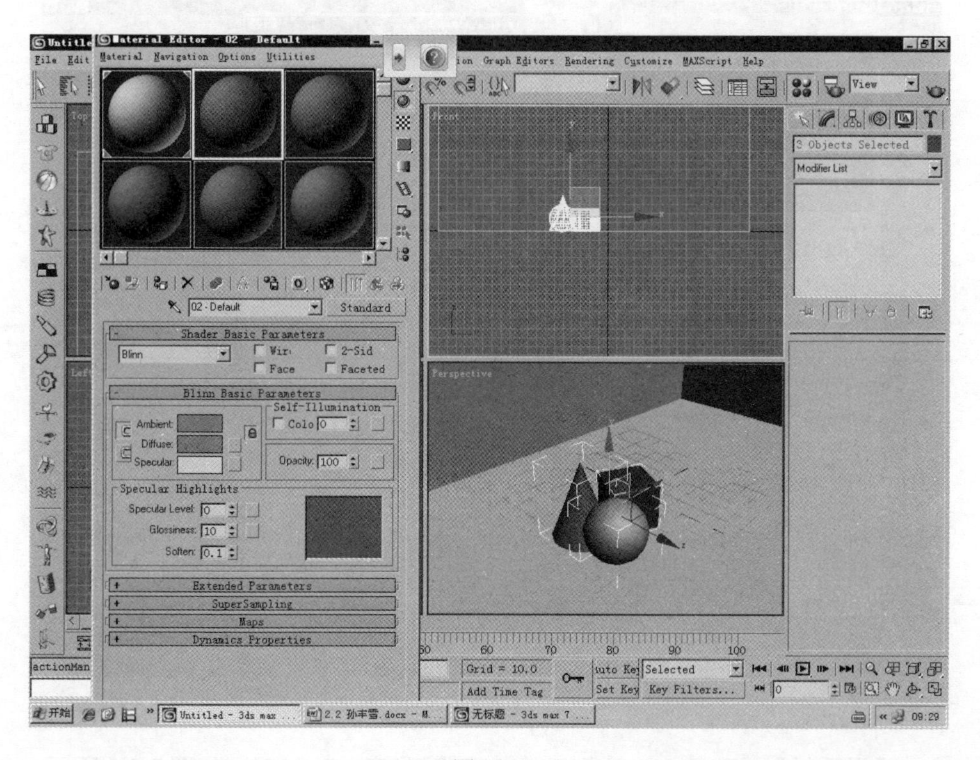

图 2.3.2

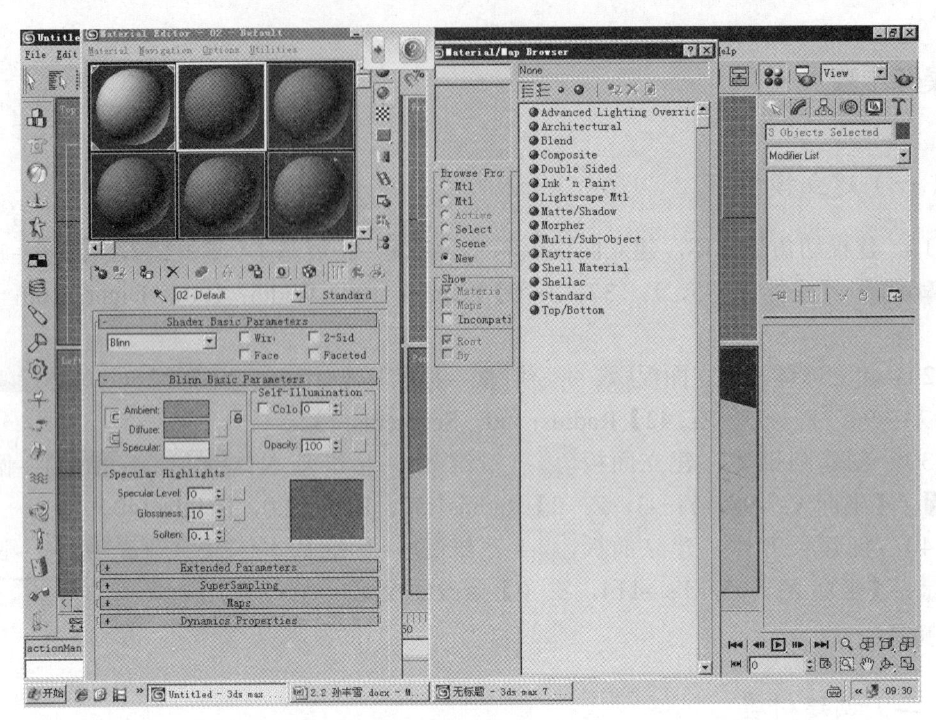

图 2.3.3

（2） 双击光线跟踪【Raytrace】，如图 2.3.4 所示。

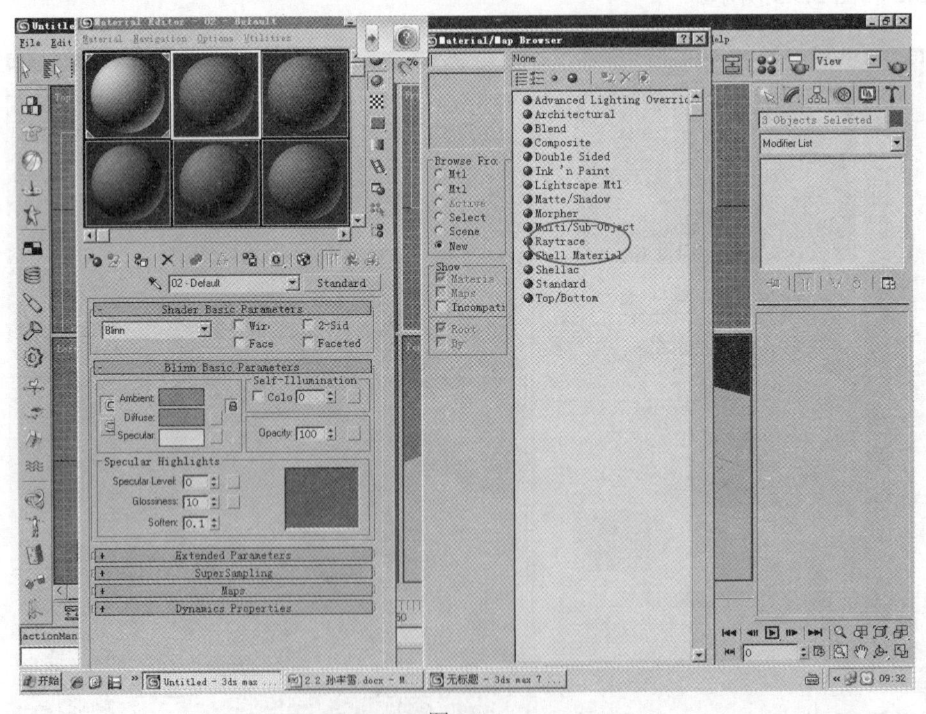

图 2.3.4

（3） 【漫反射】（Diffuse）颜色 R：150，G：150，B：150，如图 2.3.5 所示。

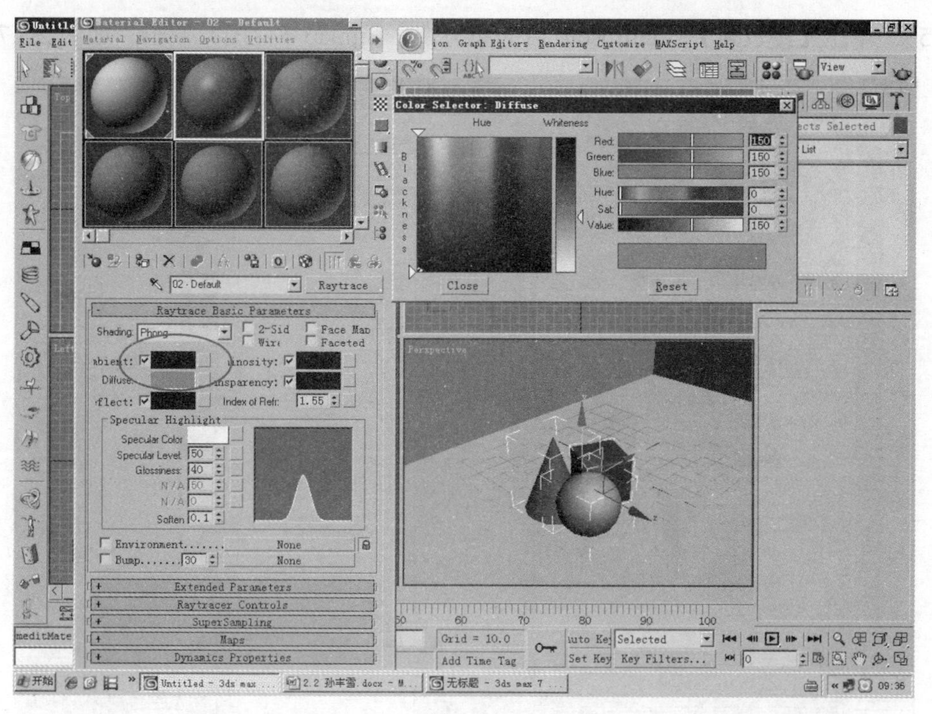

图 2.3.5

（4）【Specular Level】（高光级别）：190【Glossiness】（光泽度）：5，如图 2.3.6 所示。

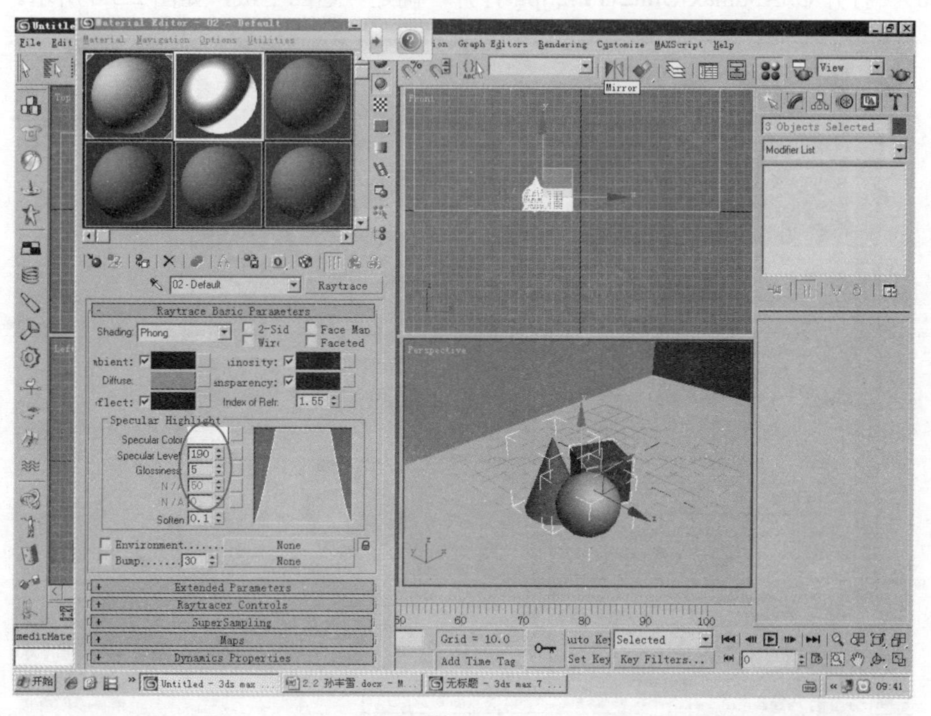

图 2.3.6

（5） 单击【漫反射】（Diffuse）后的小方块，Bitmap（位图）双击。如图 2.3.7 所示。

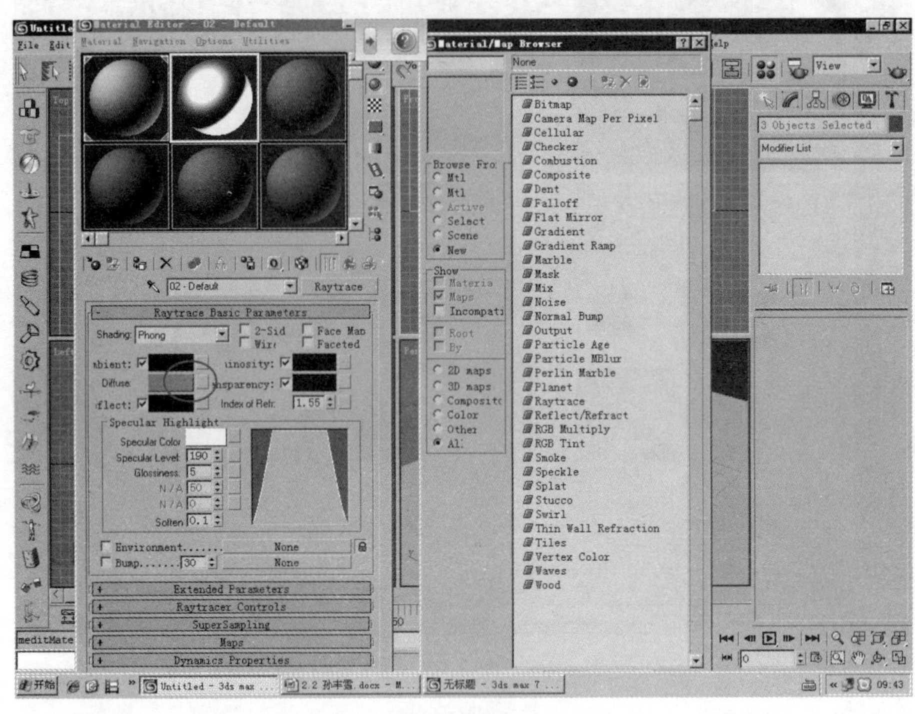

图 2.3.7

（6） 打开 C:\A3dmax\Unit2\Y2-2.jpg 打开，确定。返回上级，如图 2.3.8 所示。

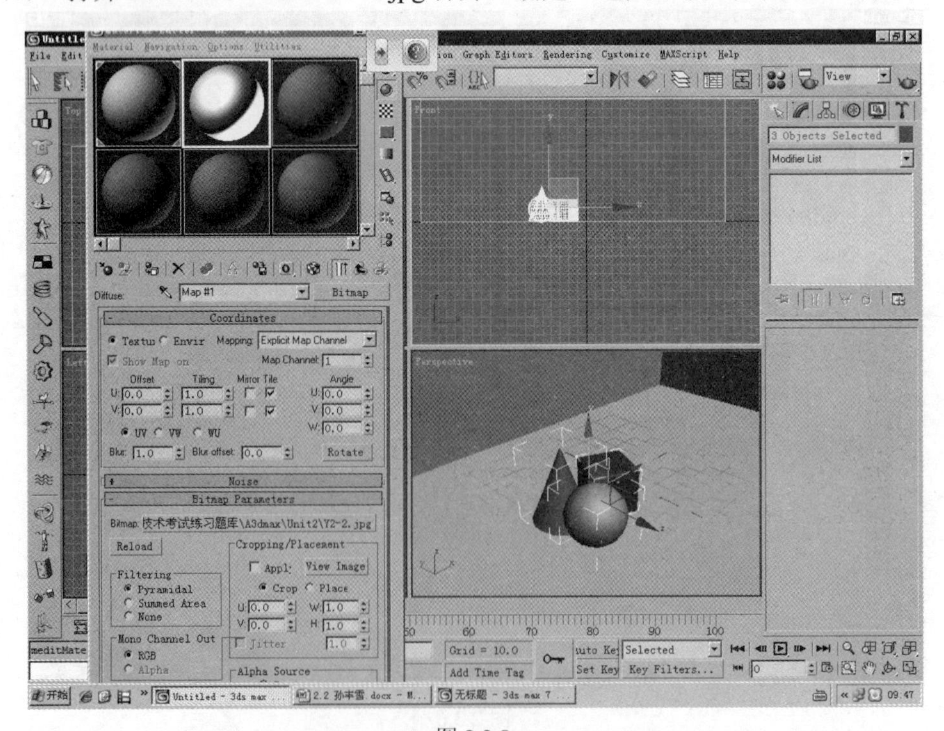

图 2.3.8

（7） Maps（贴图）下 【Reflect】单击，打开【Falloff】双击，如图 2.3.9 所示。

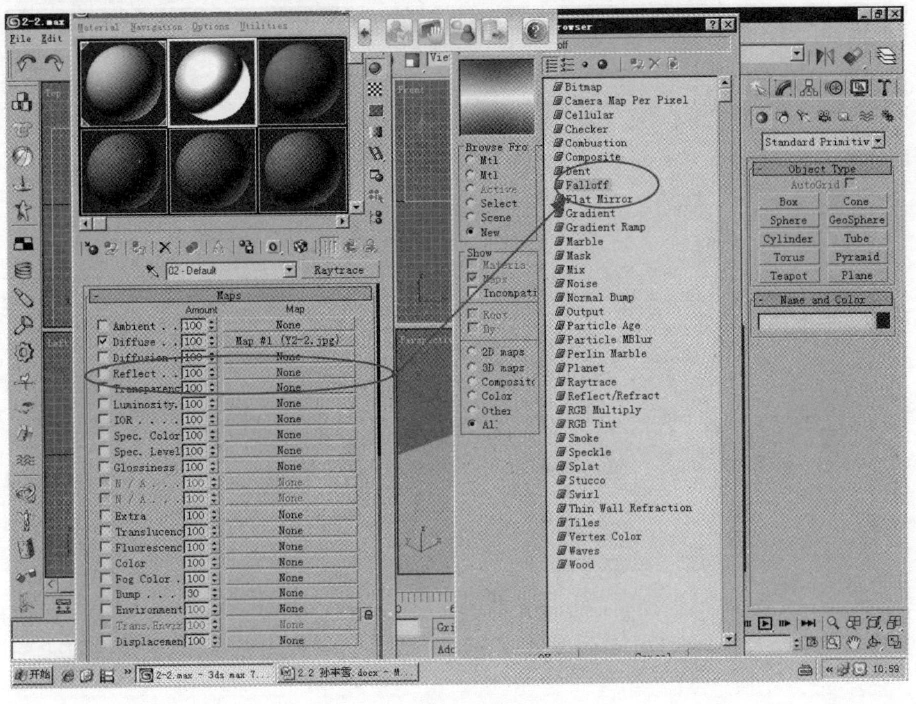

图 2.3.9

（8） 全选几何体，赋予材质。如图 2.3.10 所示。

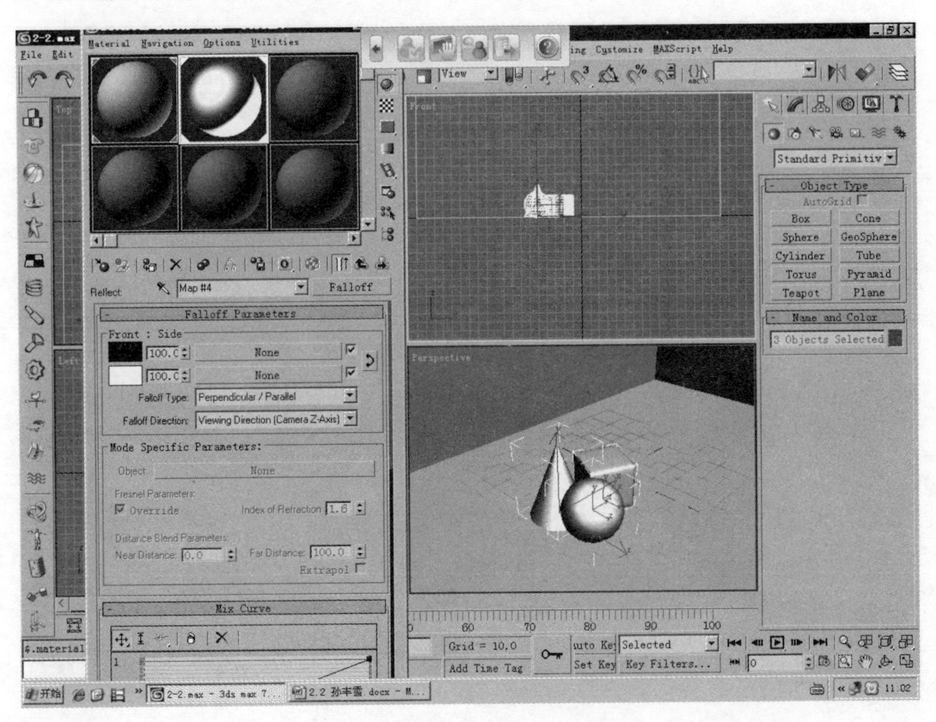

图 2.3.10

（9） 关闭材质编辑器，选灯，点第三个【Omni】。如图 2.3.11 所示。

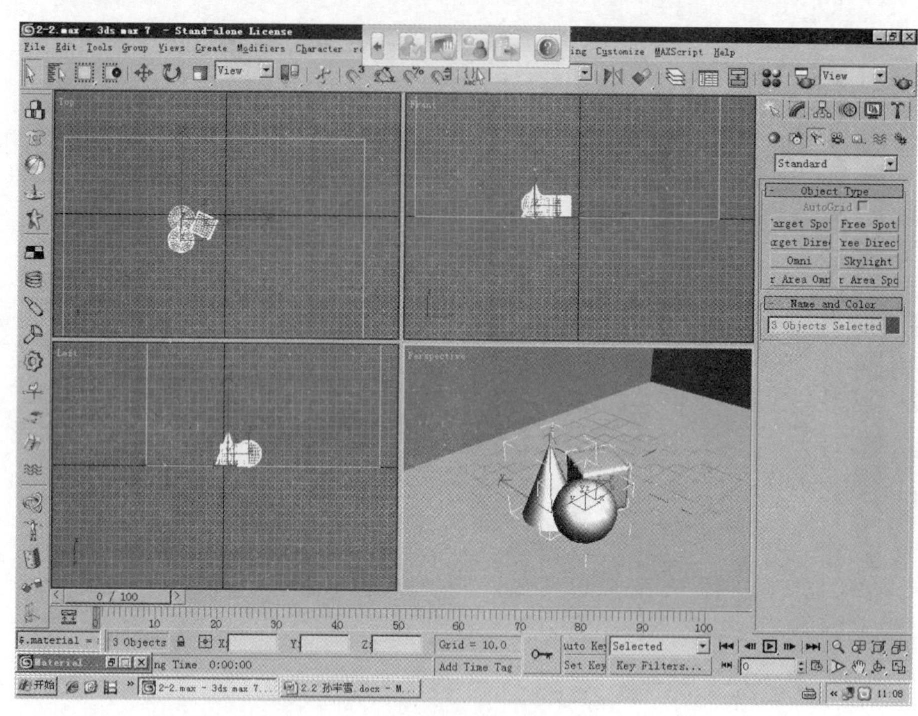

图 2.3.11

（10） 修改其参数，将阴影的 on 勾选，如图 2.3.12 所示。

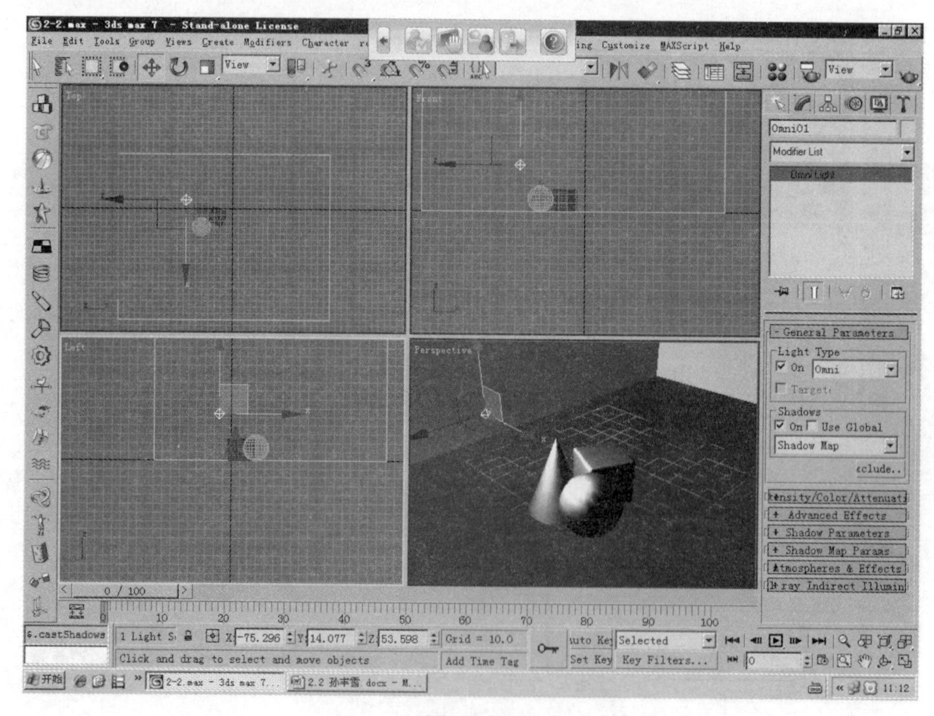

图 2.3.12

（11） 将第四栏【Shadow Parameters】中 Dens:0.5 打开。如图 2.3.13 所示。

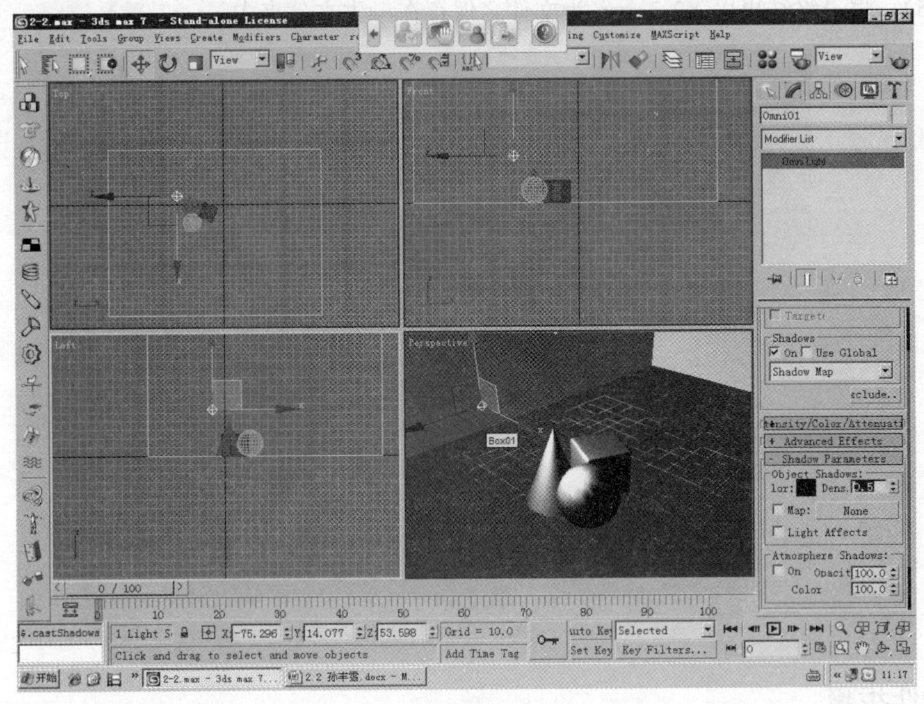

图 2.3.13

（12） 将最终效果图以 X2-2.max 为文件名保存在考生文件夹中。

三、注意事项

（1） 模型的比例及位置与效果图一致。
（2） 材质与灯光的配合达到铝质材质效果。
（3） 灯光阴影效果及背景色调与效果图一致。

2.4 典型案例——铁锈材质

一、制作铁锈材质

制作铁锈材质动画效果图如图 2.4.1 所示，具体要求如下。

（1） 建立场景：建立场景模型。

（2） 文理贴图：用 C:\3dmax\Unit2\Y2-3Ajpg 和 Y2-3B.jpg 文件（见随书素材库）作为纹理贴图。

（3） 制作材质：制作铁锈材质。

（4） 添加效果：添加阴影效果。

（5） 将最终结果以 X2-3.max 为文件名保存在考生文件夹中。

图 2.4.1

二、操作步骤

（一）建立模型

（1） 建模切角长方体，建立面板 —三维 —拓展基本体 Extended Primitiv —切角长方体 ChamferBox。【坐标 *X*：-5，*Y*：-37，*Z*：0】Lenght：100，Width：100，Height：100，Fillet：8。

（2） 建立球体，建立面板 —三维 —标准基本体 Standard Primitiv —球体 Sphere。【坐标 *X*：-96，*Y*：-95，*Z*：42】Radius：50，Segments：32。

（3） 创建圆锥体，建立面板 —三维 —标准基本体 Standard Primitiv —圆锥体 。【坐标 *X*：-98，*Y*：-3，*Z*：0】Radius1:50，Radius2:0，Height:140。

（4） 创建长方体，建立面板 —三维 —标准基本体 Standard Primitiv —长方体 Box —【坐标 *X*：-65，*Y*：-114，*Z*：0】修改面板 —修改列表 Modifier List —法线翻转 Normal。

（二）创建材质

（1） 进入 Diffuse 点 None – Bitmap，找到 C:\3dmax\Unit2\Y2-3Ajpg，如图 2.4.2 所示。

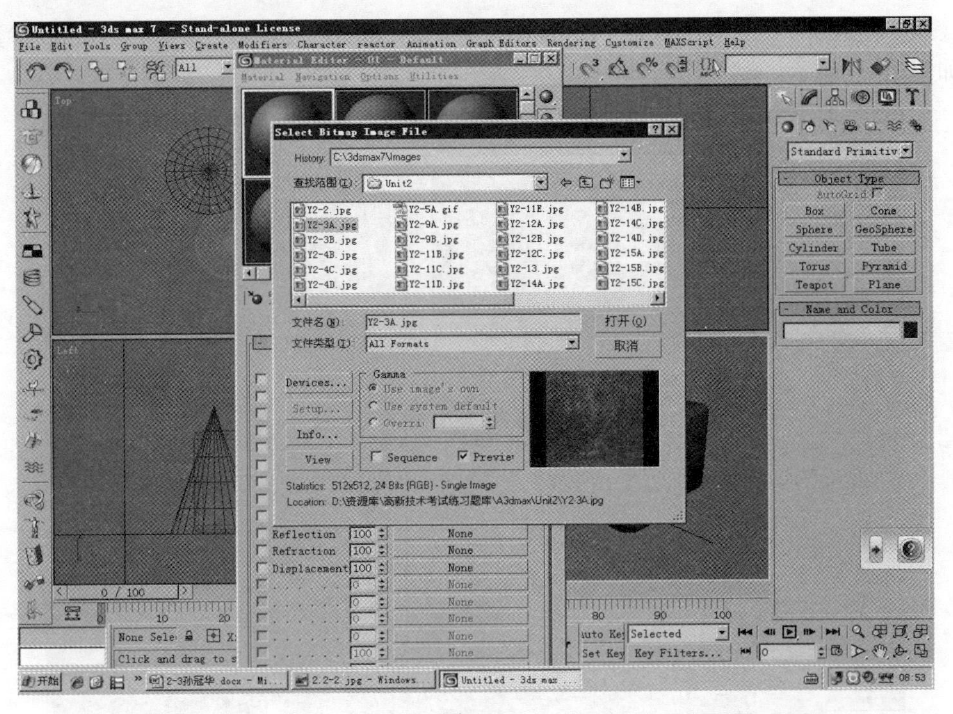

图 2.4.2

（2）选择 Maps 第二个 Specular，点击 None，找 C:\A3dmax\Unit2/Y2-3B.jpg，如图 2.4.3 所示。

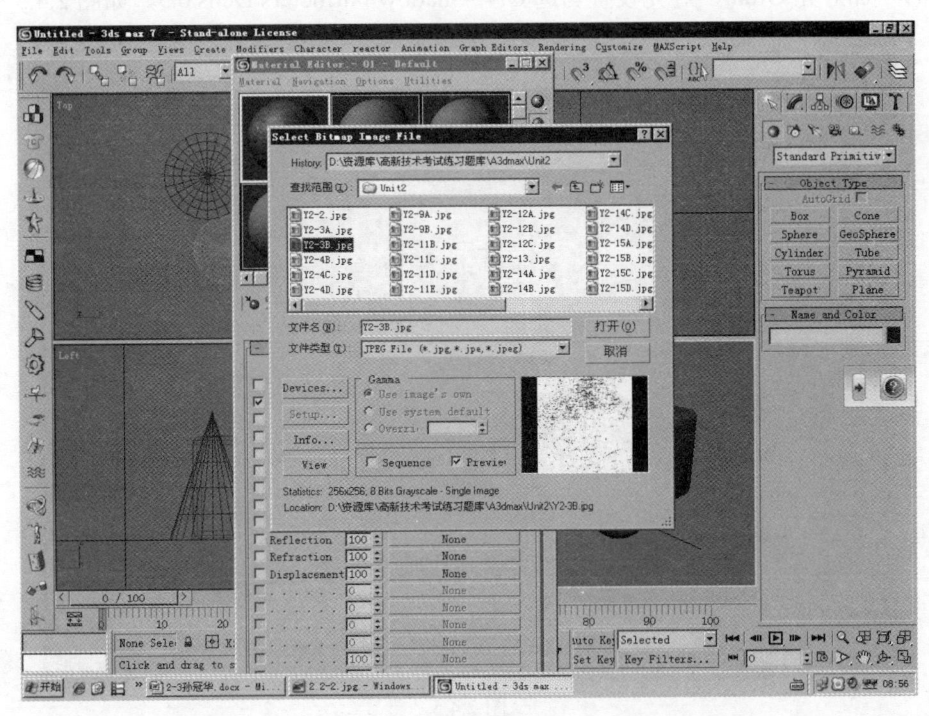

图 2.4.3

（3） 在 Maps 中选择 Bump—Bitmap 找到 C:\A3dmax\Unit2\Y2-3Ajpg，Bump 参数改为 80，如图 2.4.4 所示，赋予几何体。

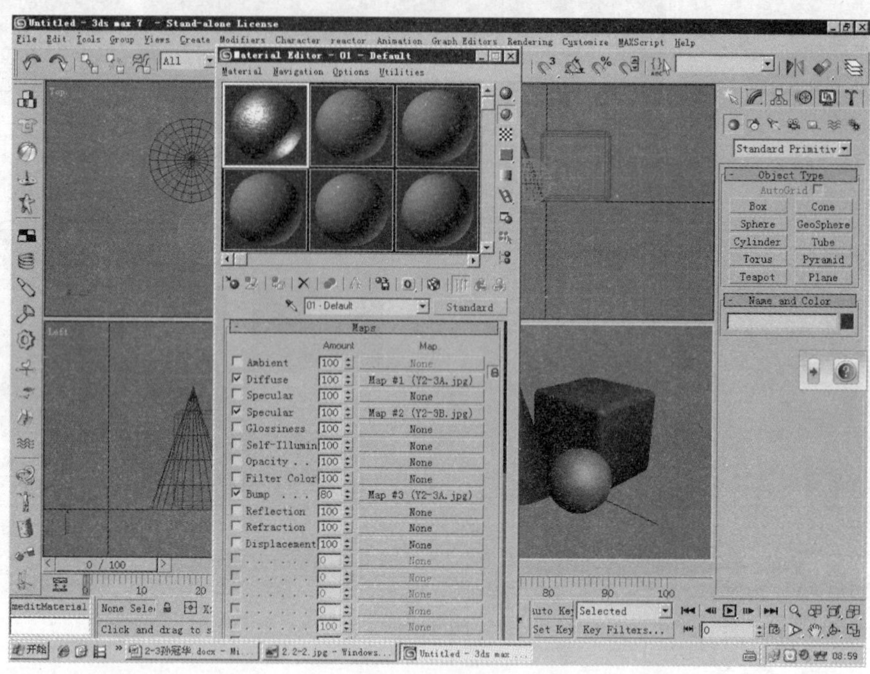

图 2.4.4

（4） 加灯光 Omni，灯光设置勾选 ON –Shadow Parmeters Dens 0.5，如图 2.4.5 所示。

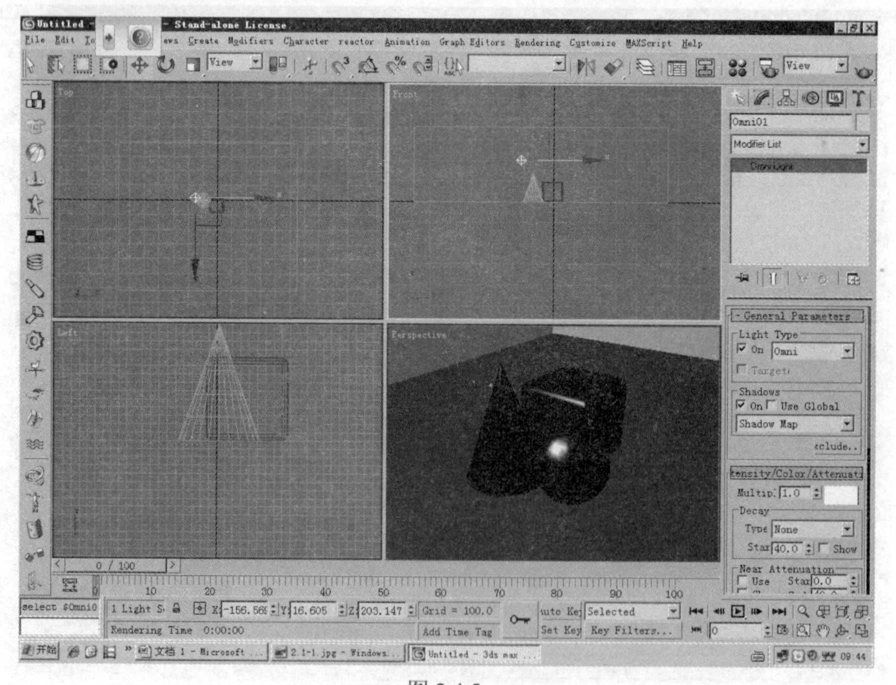

图 2.4.5

（5） 将最终效果图以 X2-3.max 为文件名保存。

三、注意事项

（1） 模型的比例及位置与效果图一致。

（2） 材质与灯光的配合达到铁锈材质的质感。

（3） 灯光阴影效果及背景色调与效果图一致。

2.5 典型案例——青铜材质

一、制作青铜材质

制作青铜材质动画效果图如图 2.5.1 所示，具体要求如下。

（1） 建立场景：载入 C：\A3dmax6\Unit2\Y2-4A.max 场景模型（见随书素材库）。

（2） 纹理贴图：用 C:\A3dmax\Unit2\Y2-4B.jpg、Y2-4C.jpg 和 Y2-4D.jpg 文件（见随书素材库）作为纹理贴图。

（3） 制作材质：制作斑驳的青铜金属材质。

（4） 添加效果：添加灯光效果。

（5） 将最终结果以 X2-4.max 为文件名保存。

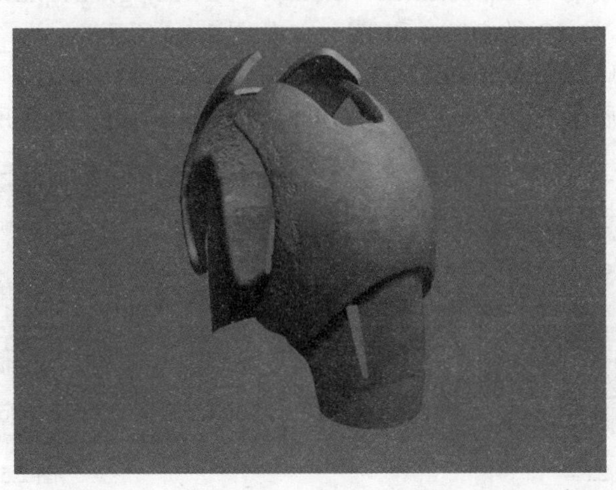

图 2.5.1

二、操作步骤

（一）编辑模型

将模型解组—Group—Ungroup，如图 2.5.2 所示。

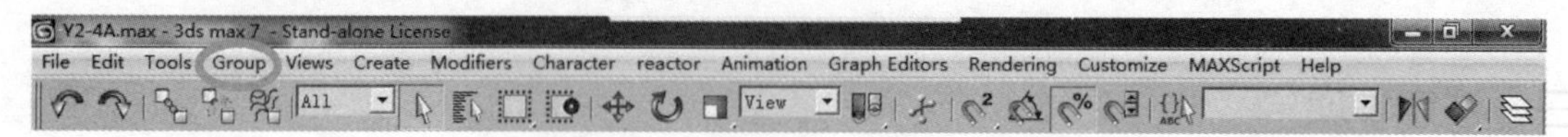

图 2.5.2

（二）材质编辑

（1） 回到 3dmax 打开材质面板，快捷键 M—diffuse—Mix—进入 Mix 的控制层级。

（2） color#1—Y2-4C.jpg，color#2—Y2-4B.jpg，mix AmountY2-4D.jpg。

（3） 回到最高成集—Maps—Bump—Bitmap—Y2-4D.jpg，Bump 数值：-15。

（4） 回到最高成集—Maps—Reflection—Falloff—，将白色改为 R：234，G：255，B：0。如图 2.5.3 所示。

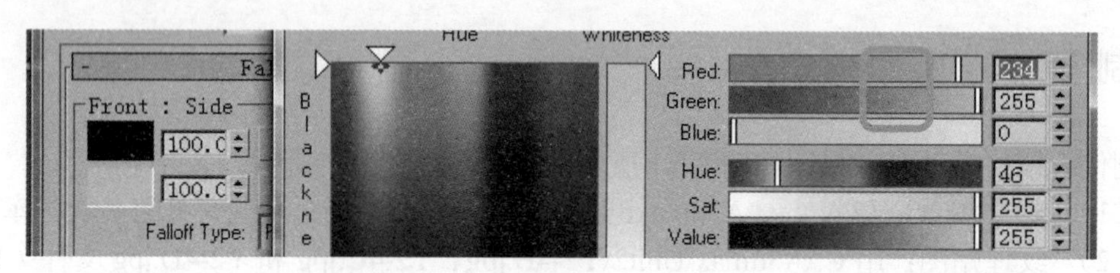

图 2.5.3

（5） Falloff Type—Perpendicular/Parallel Falloff Direction：Viewing Direction（Camera Z-Axis）Reflection 数值 25。

（6） 返回最高成集—Displacement—Bitmap—Y2-4D.jpg，Displacement：8。

（7） 修改所有 Y2-4D 的 Offset 和 Tiling，如图 2.5.4 所示。

（8） 复制材质球到一个新的材质球。

（9） 修改新材质球中所有 Y2-4D 的 Offset 和 Tiling，如图 2.5.5 所示。

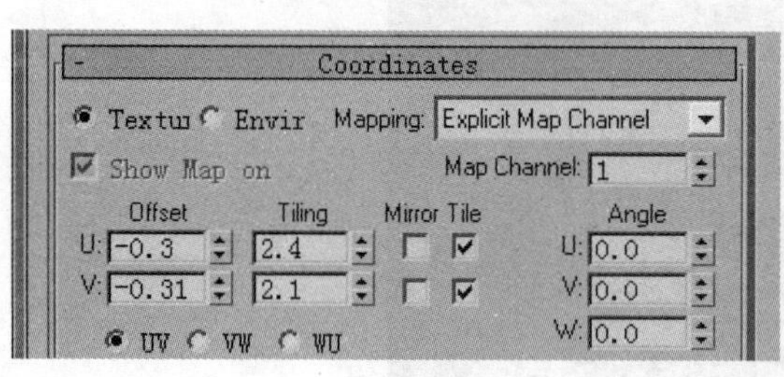

图 2.5.4

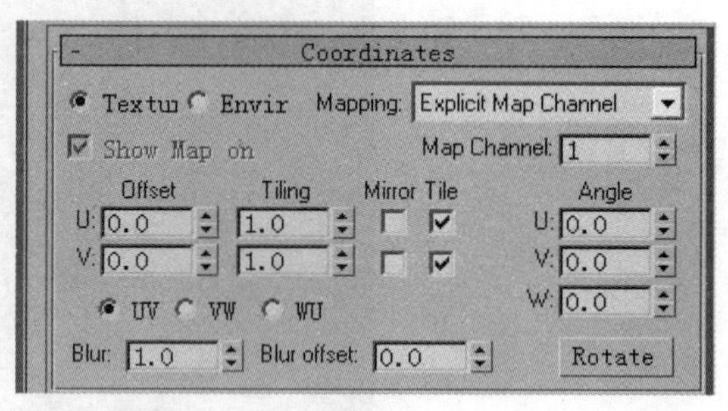

图 2.5.5

（10） 赋予 part1 材质球 1，赋予其他模型材质球 2。

（三）灯光

（1） Lights—Target Spot—目标点位置 *X*：5，*Y*：-1，*Z*：0；灯头位置 *X*：25，*Y*：-20，*Z*：33。

（2） General Parameters—Shadows √on。

（3） Spotlight Parameters—tspot/Beam:60 off/Field:80，效果如图 2.5.6 所示。

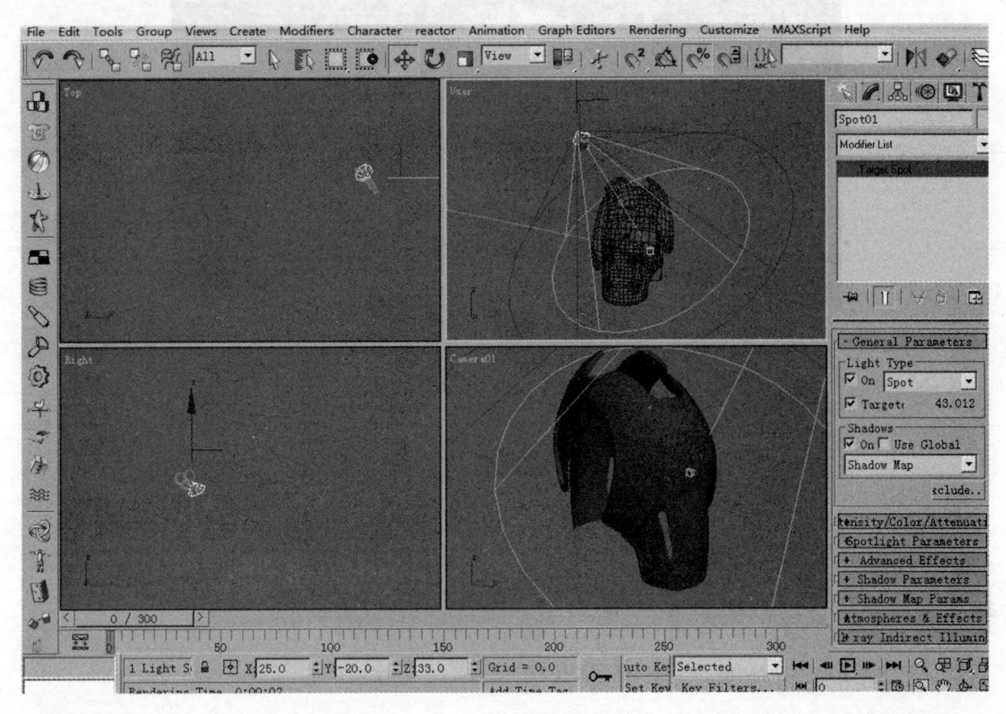

图 2.5.6

（4） 将最终效果图以 X2-4.max 为文件名保存。

三、注意事项

（1） 分别将材质的 ID 进行设定，分别赋予材质。
（2） 材质与灯光的配合达到青铜材质的色彩及凹凸的质感效果。

2.6　典型案例——磨砂钢材质

一、制作铝质材质

制作铝质材质动画效果图如图 2.6.1 所示，具体要求如下。
（1） 建立场景：载入场景模型。
（2） 纹理贴图：编辑材质贴图。
（3） 制作材质：制作磨砂不锈钢金属材质。
（4） 添加效果：添加光线阴影效果。
（5） 将最终结果以 X2-5.max 为文件名保存。

图 2.6.1

二、操作步骤

（一）在指定的位置，打开场景模型

（二）编辑材质

（1） 按 M 键，打开材质编辑器，选择一个空白的样本球，修改材质的类型为 Raytrace（光线追踪材质），并为材质命名为 Brushed。如图 2.6.2 所示。

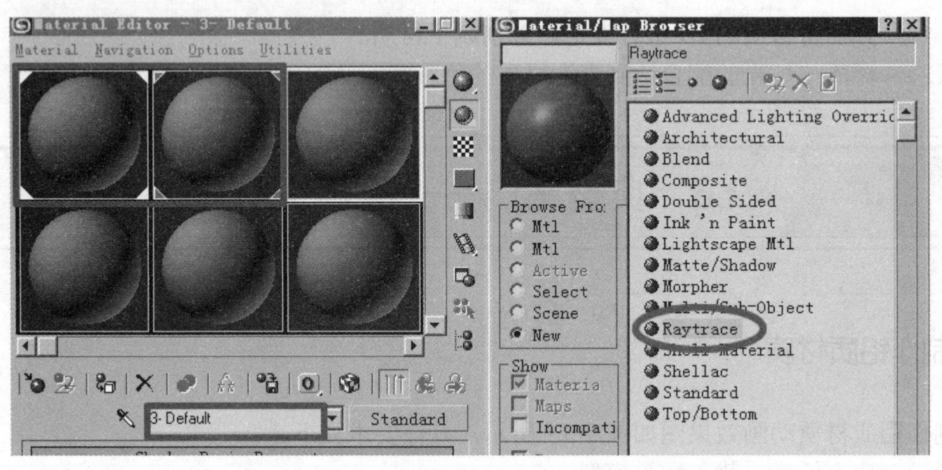

图 2.6.2

（2） 为 Bump（凹凸）贴图通道指定 Mix（混合）贴图，为贴图重新命名为 bigmi。如图 2.6.3 所示。

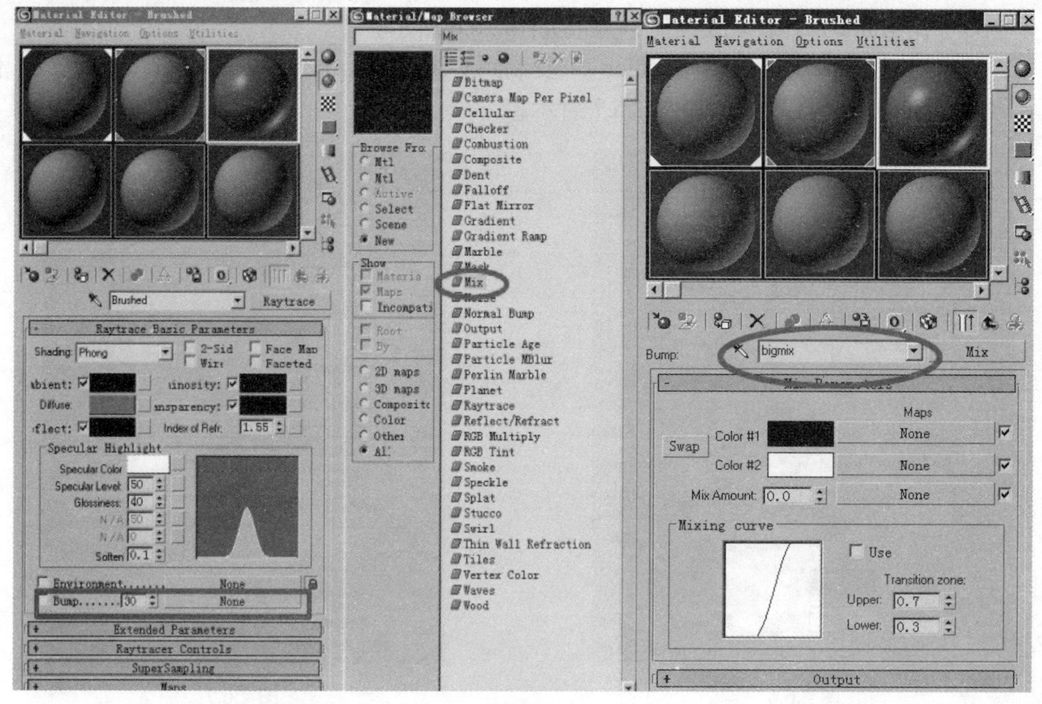

图 2.6.3

（3） 为 Mix（混合）贴图的第一个子贴图通道再一次指定 Mix（混合）贴图，为其修改名称为 grain01。如此可以更好地控制贴图的效果，可以将两个不同的 Grains 贴图以不同的角度进行混合以期得到更为丰富和富于变化的表面效果。如图 2.6.4 所示。

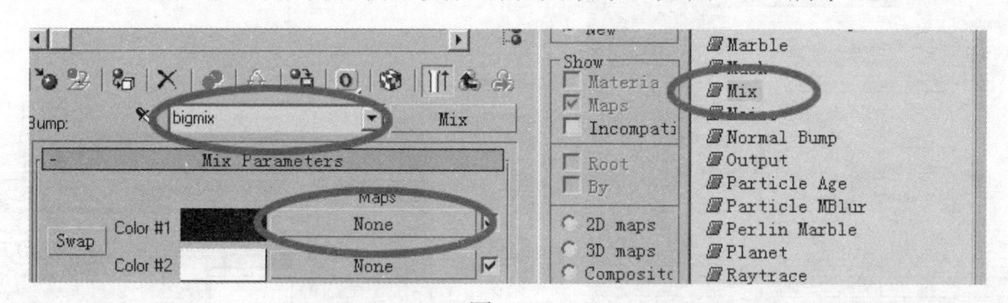

图 2.6.4

（4） 进入 grain01 贴图层级为它的第一个贴图通道指定 Noise（噪波贴图），并为其命名为 grain01_1，如图 2.6.5 所示。

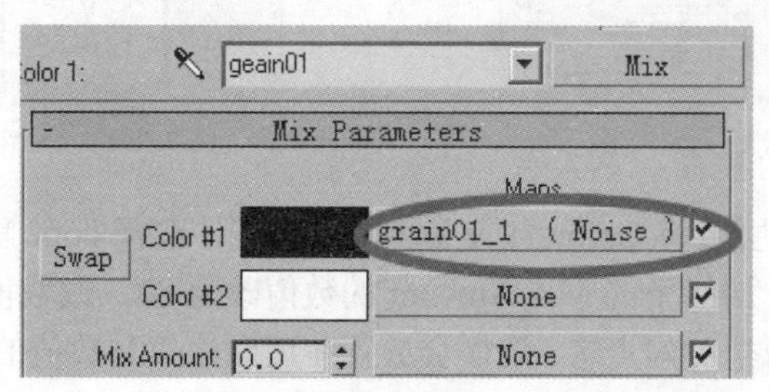

图 2.6.5

（5） 在 grain01_1 中修改数值。数值如图 2.6.6 所示。

（6） 返回 grain01 层级，将 Color #1 复制到 Color #2。选择 copr 复制。复制完成，修改名称为 grain01_1。修改数值如图 2.6.7 所示。

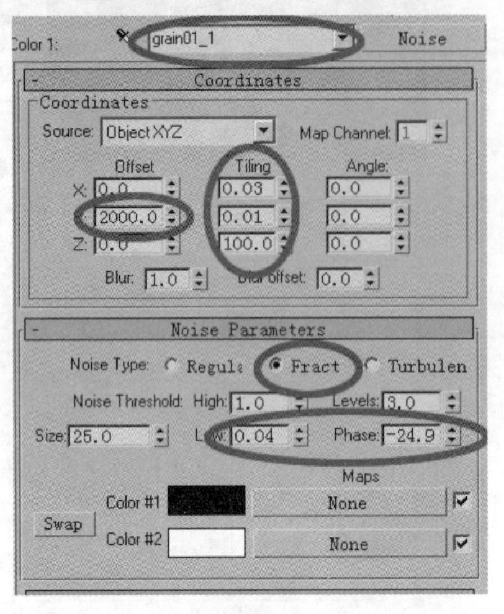

图 2.6.6

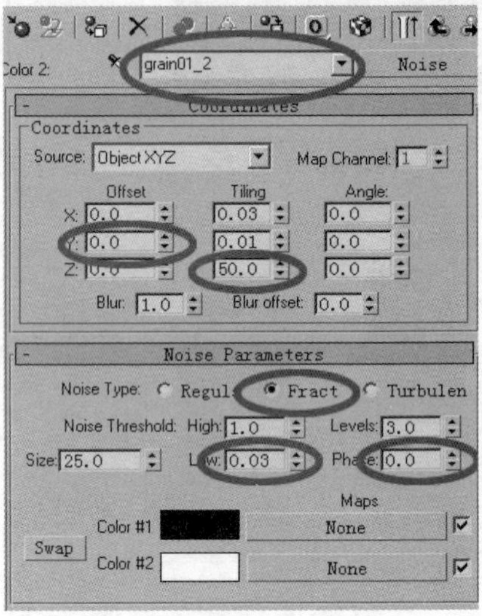

图 2.6.7

（7） 返回 grain01 层级，将 color#2 复制到 Mix Amount。选择 copr 复制。复制完成修改名称为 grain01_1。修改数值如图 2.6.8 和图 2.6.9 所示。

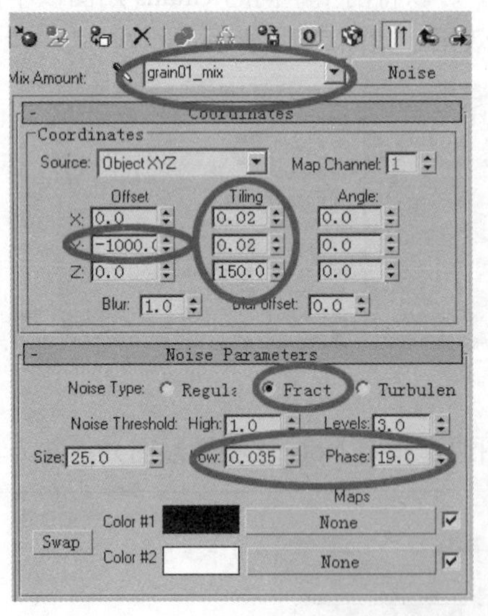

图 2.6.8

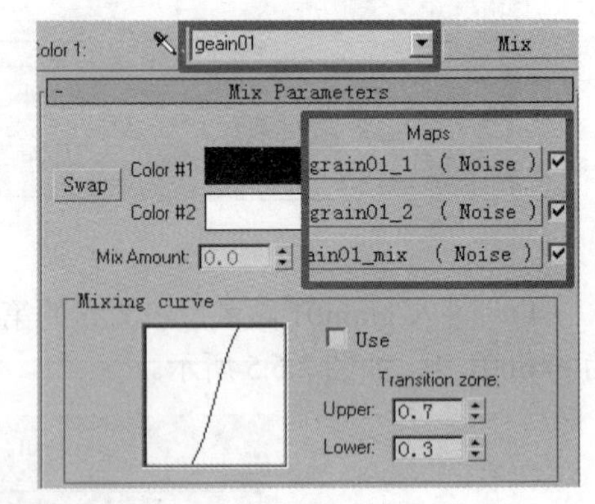

图 2.6.9

（8） 返回 bigmix 层级将 Color #1 复制到 Color #2。选择 copr 复制。复制完成，修改名称为 grain02。将 grain02 层级下的 Mix Amount 的数值改为 80。改数值前应将后面的对勾取消才能修改，改完数值后应把对勾点选，这样会放置在后面修改时数值的变动。如图 2.6.10 所示。

修改完后点击 grain02_1 进入 grain02_1 层级后将 Coordinates 和 Noise Parameters 收起，以便能够露出 Output。点开 Output 将其中的 RGB level 的数值改为 2，如图 2.6.11 所示。

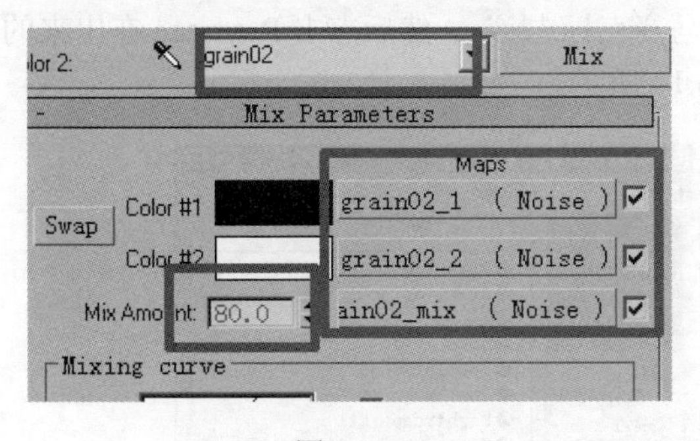

图 2.6.10

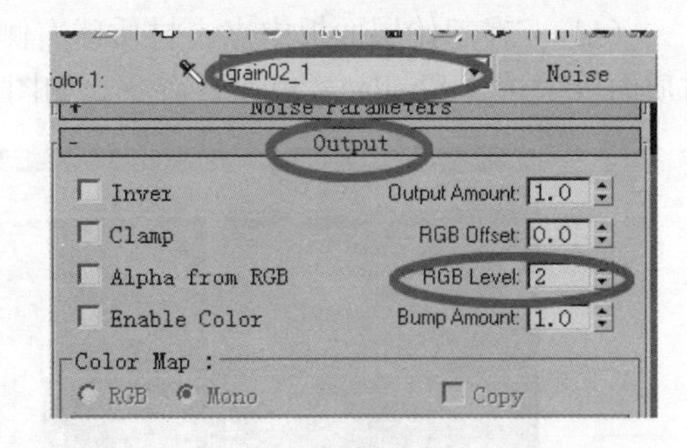

图 2.6.11

（9） 返回 bigmix 层级将 Color #1 复制到 Mix Amount。选择 copy 复制。复制完成，修改名称为 grain mix。将 bigmix 层级下的 Mix Amount 的数值改为 100。改数值前应将后面的对勾取消才能修改，改完数值后应把对勾点选，这样会放置在后面修改时数值的变动，如图 2.6.12 所示。

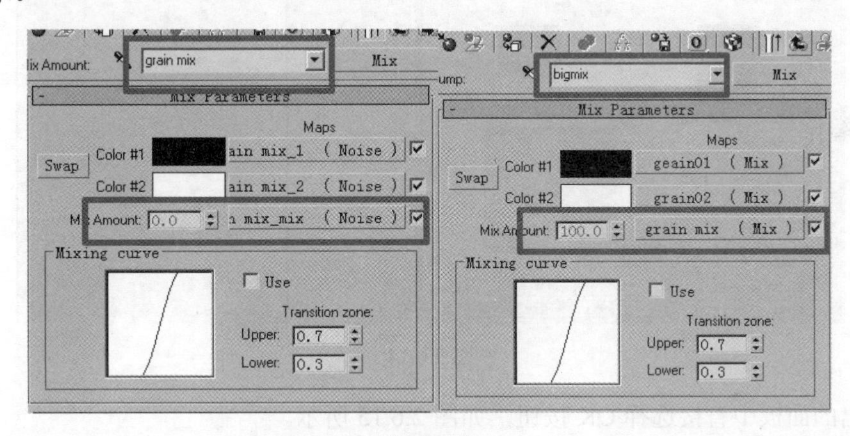

图 2.6.12

（10） 返回到起始层，将 Bump 复制到 Specular Level 复制类型选择为 Instance（关联复制）复制时将 Bump 用鼠标拖到 Specular Level 后的方块处即可。如图 2.6.13 所示。

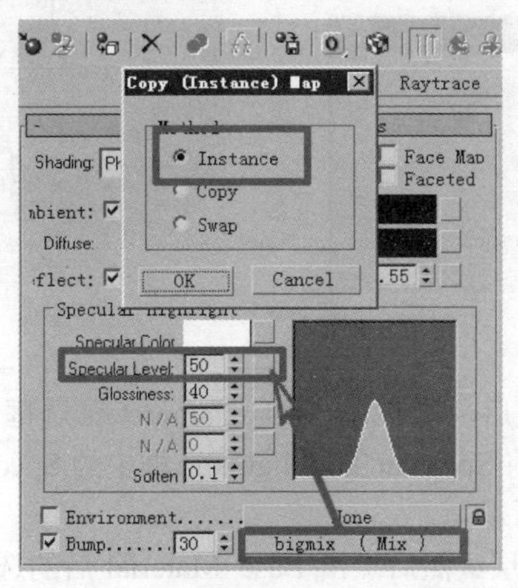

图 2.6.13

（11） 在起始层面板中点击材质球右侧的马赛克标志 。然后点击 Raytrace 在出来的材质面板中选择 Shellac（虫漆）命令。如图 2.6.14 所示。

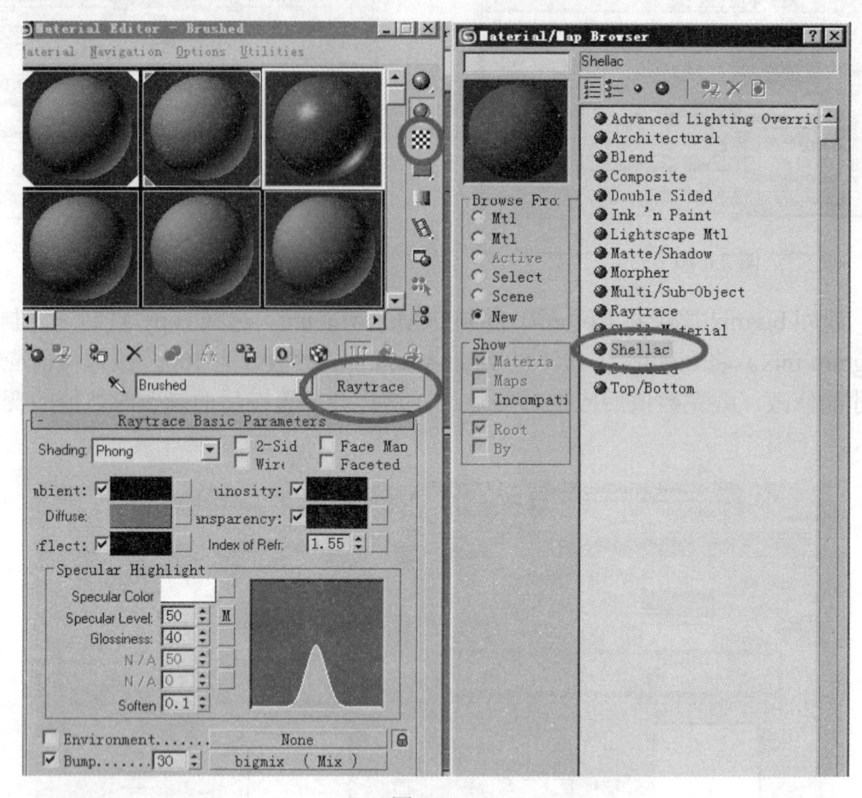

图 2.6.14

在弹出的面板中直接选择 OK 按钮，如图 2.6.15 所示。

（12） 选择 Shellac Material 后的选框，如图 2.6.16 所示。

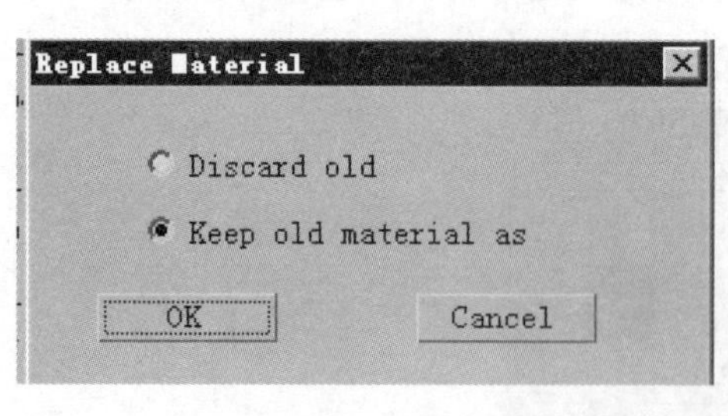

图 2.6.15

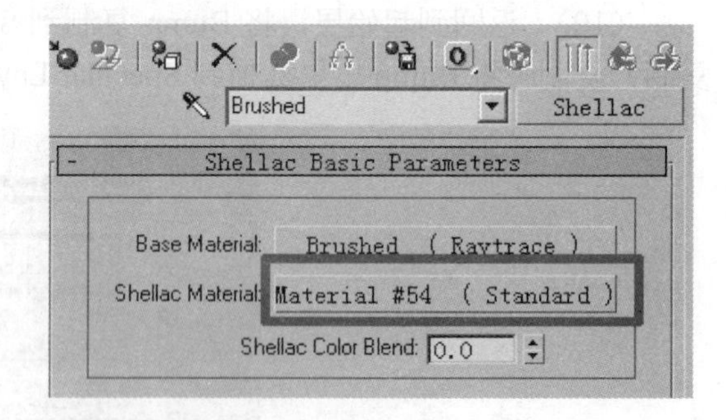

图 2.6.16

进入到 Material #54 层级后，将 Blinn Basic Parameters 选框中的 Ambient 与 Diffuse 的颜色修改为黑色，修改完后再将 Specular Highlights 选框中的 Specular Level 与 Glossiness 数值都修改为 100，如图 2.5.17 所示。

（13） 返回到 Brushed 层级然后点击 Base Material 后的选框进入 Brushed（Raytrace）的层级如图 2.6.18 所示。

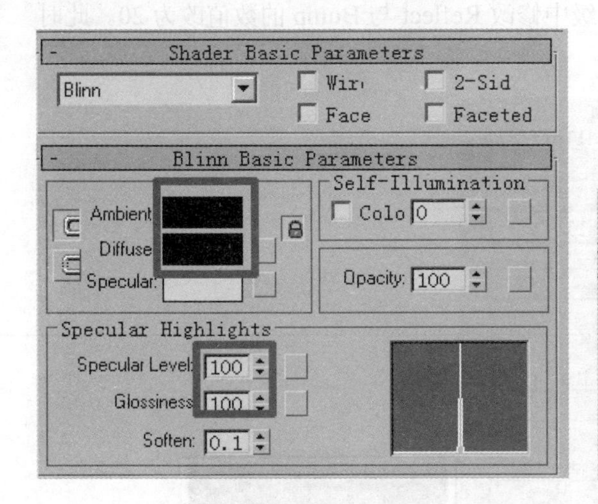

图 2.6.17

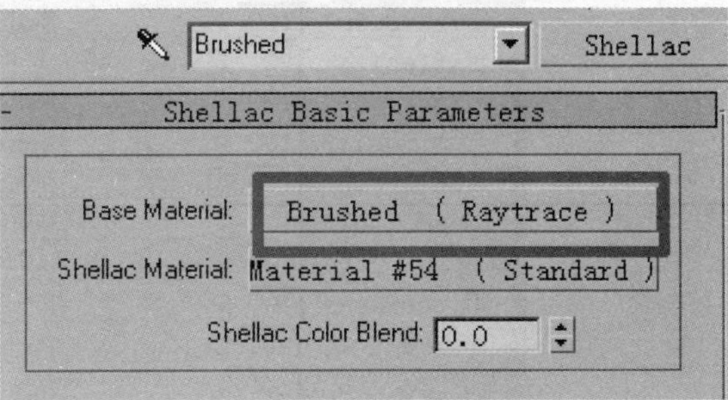

图 2.6.18

（14）找到 Maps 选框点击进入后选择 Ambigent（第一个），点击后面的 None 选择 Falloff 贴图，如图 2.5.19 所示。

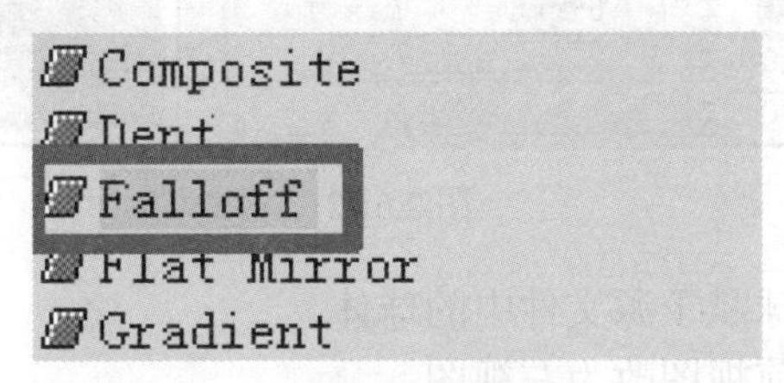

图 2.6.19

（15） 进入材质修改面板后将 Falloff Type 后的选框中修改为 Fresnel（在下拉选框中选择），将 Index of Refraction 的数值改为 20，如图 2.6.20 所示。

（16） 返回首层级选择 Reflect（第四个）同上选择 Falloff 在材质修改面板中的选择也同上，只是 Index of Refraction 的数值为 8。如图 2.6.21 所示。

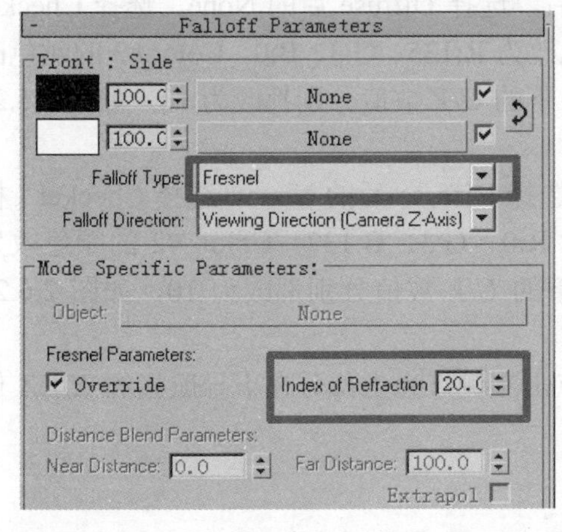

图 2.6.20

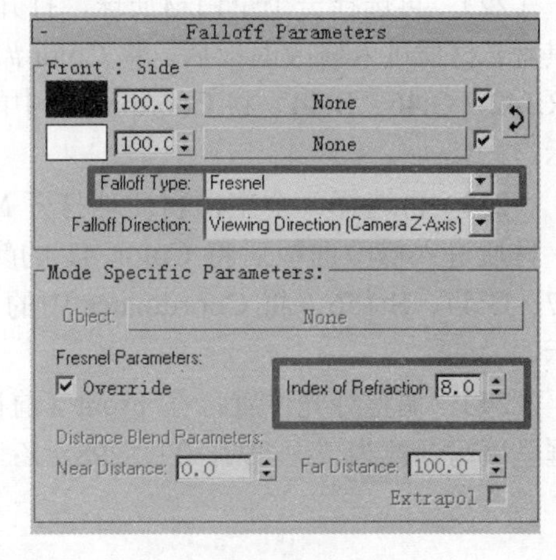

图 2.6.21

（17） 改完数值后返回首层级，在首层级中修改 Reflect 与 Bump 的数值改为 20。此时材质球效果如图 2.6.22 所示。

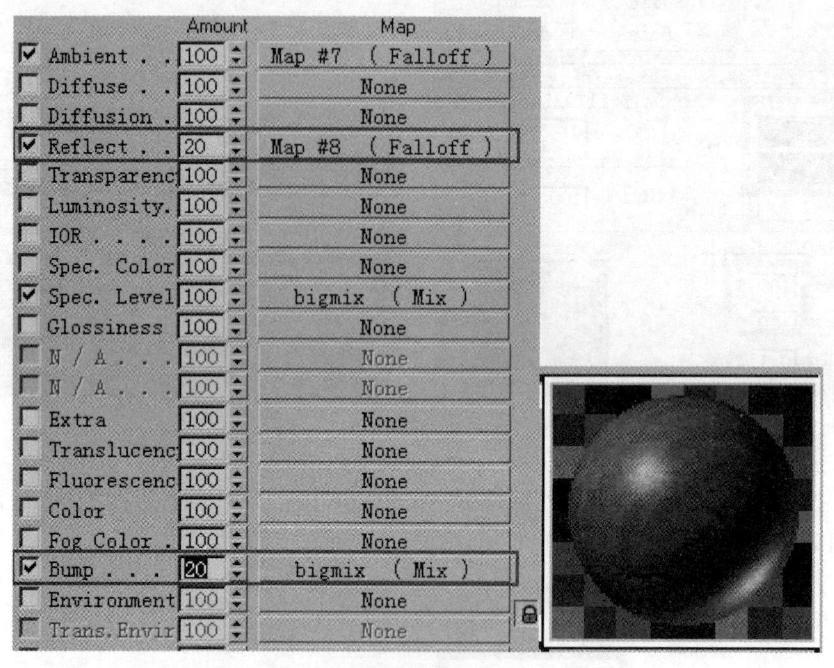

图 2.6.22

（18） 将此时的材质球赋予源文件中的球体。

（19） 将图层中的当前视图改为左视图。

（20） 在左视图建立 BOX 数值为 Length：139，Width：5，Height：317，调整 Box 的位置至合适位置。

（21） 进入材质编辑器，选择一个空白材质球将 Ambient 的颜色改为米黄色数值为：R:223，G:209，B:154，修改完颜色后将 Specular Level 参数修改为 50。将此材质球赋予图中的小球体与锥体。

（22） 再选择一个空白材质球，打开 Maps 后，选择 Diffuse 后的 None，选择 Checker（棋盘）材质进入修改面板后，将 Color #1 的颜色改为 R:135、G:3、B:0，Color #2 的颜色改为 R:142、G:46、B:44。将 Coordinates 中的 Tiling 下的 *U*/*V* 数值分别都改为 10，如图 2.6.23 所示。

（23） 再选择一个空白材质球打开 Maps 后选择 Diffuse 后的 None，选择 Checker（棋盘）材质进入修改面板后将 Color #1 的颜色改为 R:0、G:3、B:137，Color #2 的颜色改为 R:47、G:44、B:156。将 Coordinates 中的 Tiling 下的 *U*/*V* 数值分别都改为 10，如图 2.6.24 所示。

（24） 调整灯光位置：在 Front（前视图）点击左侧灯光上部分在下导航栏的 *X.Y.Z* 修改框里填写参数为 *X*：-297，*Y*：-298，*Z*：389。

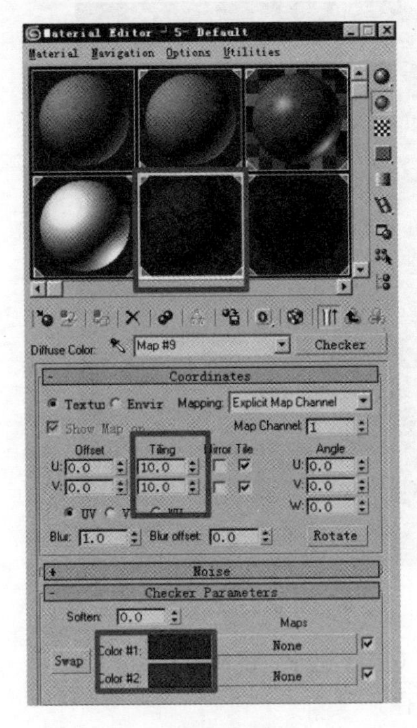

图 2.6.23

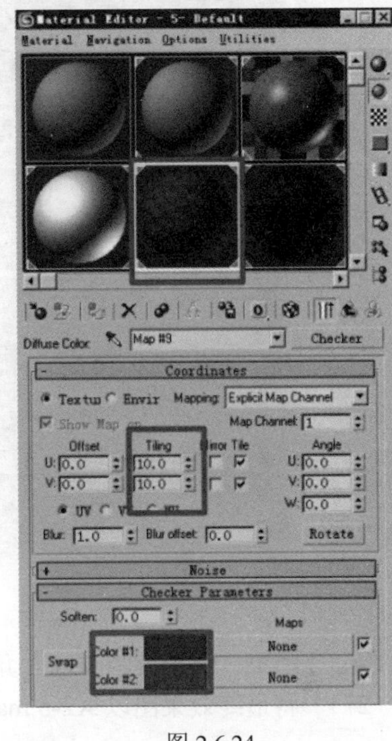

图 2.6.24

同样在前视图中与修改右侧灯光同样的方式，修改参数为 *X*：180，*Y*：29.6，*Z*：545 右侧灯光的阴影调整为 0.3（这样会跟效果图一样），效果如图 2.6.25 所示。

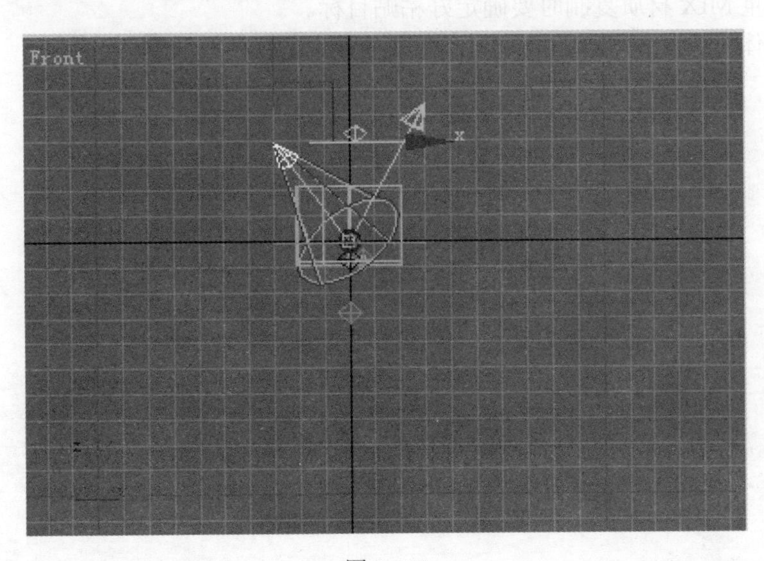

图 2.6.25

（25） 调整完数值后将视图修改回来，左上的为 Camera01（摄像机 1 视图），右上的为 Front（前视图），左下和右下的均为 Perspective 透视图，效果如图 2.5.26 所示。

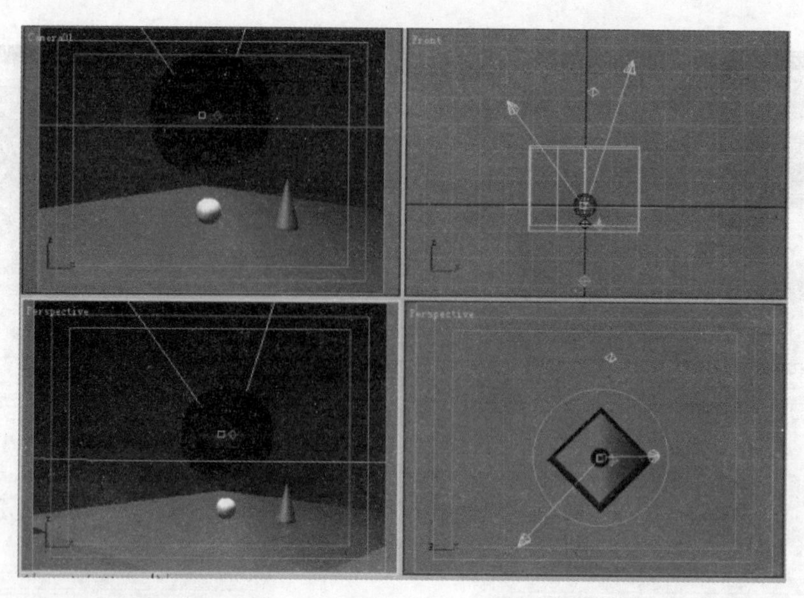

图 2.5.26

（26） 渲染：渲染要渲染左上角的 Camera01（摄像机 1）视图。
（27） 将最终效果图以 X2-5.max 为文件名保存。

三、注意事项

（1） 多重 MIX 材质复制时要确定好粘贴目标。
（2） 球体材质具有磨砂的金属光泽及横向拉丝的质感。

第 3 单元　灯光环境

学习目标

（1） 建立场景：具备建立常用物体和布置基本场景的能力。
（2） 设置灯光：熟练使用各种灯光工具，掌握各种灯光的组合技法。
（3） 环境效果：具有增强场景环境的能力。
（4） 渲染合成：精通各种渲染技巧的综合应用，能够根据相应场景设计适宜的氛围。

3.1　灯光的基础知识

一、3ds max 五种光源

（一）标准灯光

（1） Omni Light 泛光灯：可以从一点向四周均匀照射的点光源。其实物外形及光线方向如图 3.1.1 所示。

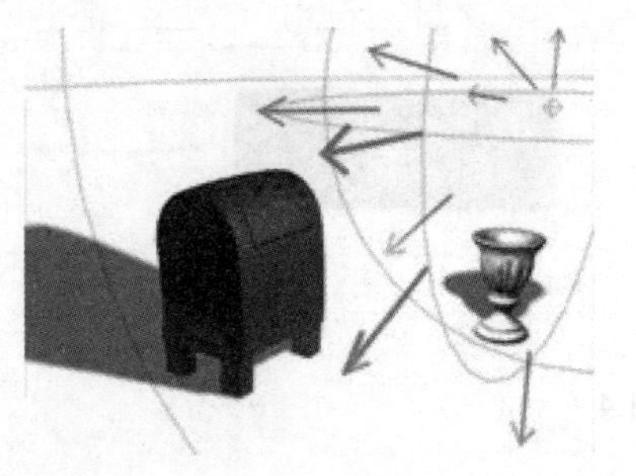
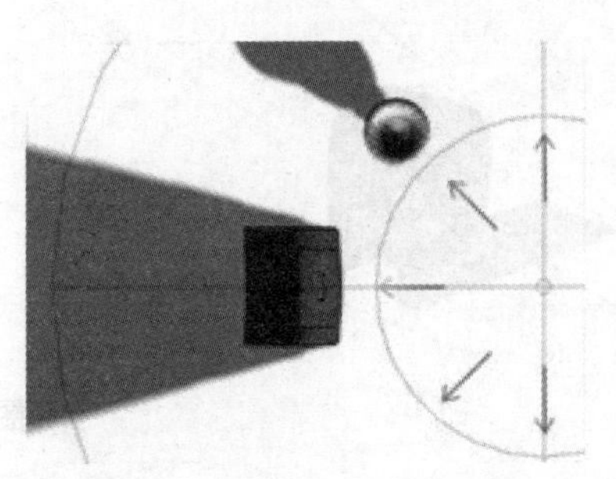

图 3.1.1

泛光灯可以投影阴影和投影。单个投影阴影的泛光灯等同于六个投影阴影的聚光灯，从中心指向外侧。

当设置由泛光灯投影的贴图时（该泛光灯要使用“球形”、“圆柱形”、“收缩包裹环境”坐标进行投影），投影贴图的方法与映射到环境中的方法相同。当使用“屏幕环境”坐标或“显式贴图通道纹理”坐标时，将有放射状投影贴图的六个副本。

（2） Target Spotlight 目标聚光灯：一种投射光束，影响光束内被照射的物体，可以投影。如图 3.1.2 所示。

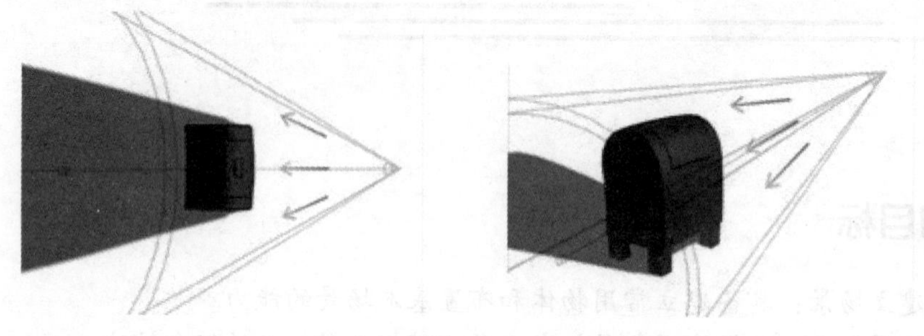

图 3.1.2

（3） Fee Spotlight 自由聚光灯：没有投射目标的聚光灯，通常用于运动路径上，或与其阴影，照射范围可以指定。如图 3.1.3 所示。

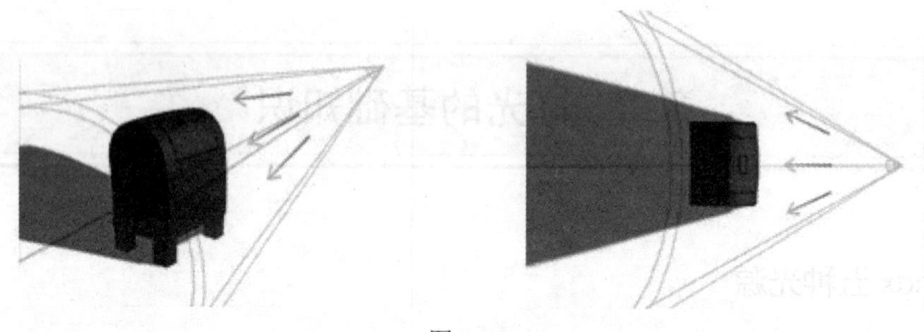

图 3.1.3

（4） Trget Directional Lights 目标平行光：可以发散出平行光束的灯光，通常用于模拟日光的照射，并且可以指定目标点的运动。如图 3.1.4 所示。

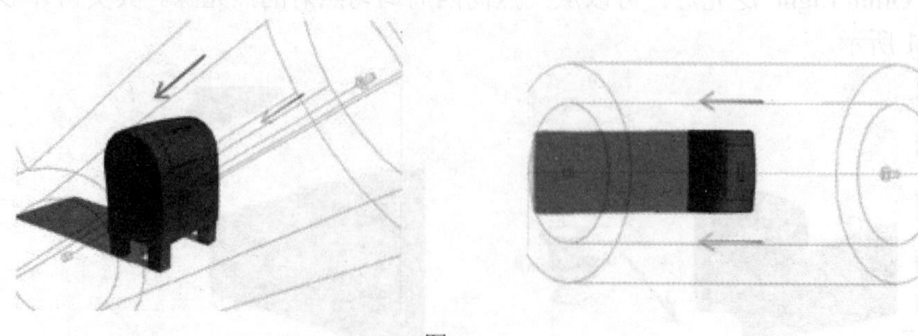

图 3.1.4

目标平行光使用目标对象指向灯光。

由于平行光线是平行的，所以平行光线呈圆形或矩形棱柱而不是“圆锥体”。

（5） Fee Directional Lights 自由平行光：发散平行光束，只是没有目标点可以调节。如图 3.1.5 所示。

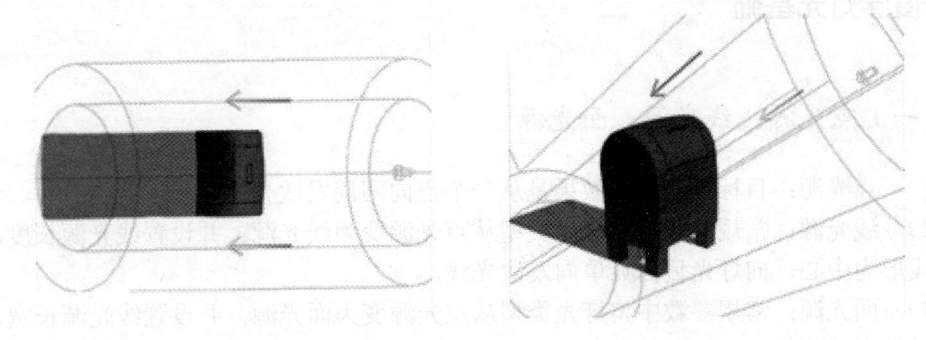

图 3.1.5

与目标平行光不同，自由平行光没有目标对象。移动和旋转灯光对象以在任何方向将其指向。

当在日光系统中选择“标准”太阳时，使用自由平行光。

（二）产生投影效果

（1） ommi 泛光灯产生投影效果：Gast Shadows 投影选项

（2） Target Spotlights 聚光灯：聚光灯投影边缘模糊与清晰是由灯光的品质和照射角度来决定的，中间明亮区域称为聚光区，外围与边缘的过渡区域称为衰减区。光线的强弱可以明显地表现在聚光区和衰减区上，聚光区和衰减区大小一样，将产生尖锐的光束边缘。

用 Target Spotlights 聚光灯产生投影图像：Projector MAP 映射贴图中 None 钮，将 Hotspot 参数调整，Cast Shadows 勾选，以打开阴影设定，产生出投射的阴影。在 Shadow Parameters 项目面板中，从 Shadow MAP 下拉菜单中选择 Ray Traced Shadows 改为光线跟踪方式。Size 参数控制阴影贴图的解析度，依据衰减区的直径大小将相应调整该值。Smp Range 采样范围：决定绕着阴影的边缘有多少像素被取样，基本上取样的像素越小，阴影的边缘越锐利。

（3） 方形聚光灯：Spotlight Parameters 项目中点取 Rectangle 方形，调节 ASP 参数（长宽比例）为 1.8。Overshoot：它能像泛光一样照亮周围的整个场景，而且在投影范围内仍产生阴影投射（ON 关闭，视图中它的照明影响随之消失）。

（4） 排除物体受光影响：Exclude 将物体排除在指定聚光灯影响之外。

（5） 灯光的开关与隐藏。

（6） 灯光的衰减设定：灯光有一种亮度衰减特性，它会根据与灯光的距离，慢慢减弱光线的亮度。Attenuation Parameters 衰减参数，灯光将从黄色范围线起开始衰减，直到褐色边界线衰减完全，褐色边界外将不再有光线。

（7） 负光效果：Multiplier 可增加光线的密度和强度。预设值为 1，如果大于 1 会造成曝光过度的效果。小于 0 时，它会产生一种吸收光的负光效果，利用它来减弱光线过强的区域。这是在现实生活中不存在的灯光。

（8） 透明阴影效果：从透明物体投射出透明的阴影。

（9） 带图案的透明阴影：点取材质编辑器中 Extended Parameters 扩展参数项目内 Filter 蓝色钮右侧的小方钮。

二、光度学灯光基础

（一）点光源、线光源、面光源

（1） 点光源：目标点光源的效果是从一个点向四周发散光能。

（2） 线光源：常规参数中将灯光类型从点光源变为线光源；并设置线光源长度。光源以长的线形为中心，向灯光目标点单向发散光线。

（3） 面光源：常规参数中将灯光类型从点光源变为面光源；并设置线光源长宽。光照效果是以长宽的形状为中心，单向发散光线。

（二）光域网

以三维形态来表现光源发散的分布形式，不同的光域网文件可以创建不同的亮度分布、不同形状的光源效果。

（1） 创建目标点光源；

（2） 分布方式：WEB 光域网；

（3） 光域网参数：指定光域网文件（Web File）；

（4） 调节亮度。

说 明

为了在墙壁、地面上形成独特的光影效果，灯光位置应适当。

（三）阴影

（1） 阴影贴图：产生的软阴影边缘较生硬，但渲染时间快。

（2） 光线跟踪阴影：渲染时间长，而且不产生软阴影，边缘更生硬。

（3） 面（区域）阴影：创建柔和的投影和阴影过渡效果，而且离物体越远阴影越模糊。

① 编辑面板：选择面阴影。

面阴影参数：园形灯光（虚拟以园形排列的灯光中产生光线；控制光线的发散方式，不同形态的灯光能产生不同的阴影效果）；勾选双面阴影（真实的光线投影是不会忽略物体背面的）；采样扩散：以像素为单位，来设置阴影边缘模糊的半径。

② 调整采样扩散值后，所产生的阴影有锯齿时，应适当增加阴影完整性和阴影品质的值，即增加光线采样点数量来增加阴影细节，避免锯齿；但再将优化下透明阴影开启，渲染时间将很长。

（四）光线跟踪阴影

采用双过程抗锯齿，对产生阴影的光线进行追踪运算；适合在多盏灯光的复杂场景中运用。

（1） 编辑面板：选择高级光线跟踪阴影；

（2） 高级光线跟踪参数：勾选双面阴影，增加阴影完整性和阴影品质的值，使阴影模糊更加平滑，采样扩散值（20～30）；

（3） 开启优化：透明阴影，由透明物体产生的阴影不再生硬。

（五）暗光灯槽

（1） 暗光灯槽 1。

① 创建模拟光槽物体。例长方体，长度与灯槽相吻合，放在灯槽位置。

② 创建材质。

高级照明材质：亮度比例（1500），这样赋有自发光材质的物体能作为场景中光源参与光源传递运算，其他参数用默认值。

基本材质：环境色、表面色、白色；自发光值：100。

③ 将材质赋予模拟光槽物体。

④ 进行光源传递运算。

⑤ 缺点：无法产生阴影。

（2） 暗光灯槽 2。

① 创建目标线光源：在灯槽位置，目标射击向天花板，灯长：700mm，亮度：700Cd。

② 关联复制线光源：布满灯槽长度。

③ 进行光源传递运算。

④ 优点：对光色及阴影的控制灵活、多变；缺点：操作复杂。

⑤ 日光系。

（六）三点照明理论

三点照明理论来自摄影棚中的灯光布置方案，其中三种灯光分别为主光（Key Light）、辅光（Fill Light）与背光（Back Light）。在三维场景中，三点照明方案一般用于在室内表现特定的主题物体合室外灯光效果。三点照明方案的具体步骤如下。

（1） 一切从黑暗开始。

（2） 创建主光。在顶视图创建一个聚光灯，与摄像机（或视角）所成的夹角大约为 15 度至 45 度，目标点指向主题物体。在侧视图向上移动光源（出发点），使它高出摄像机 15 度至 45 度。

（3） 创建辅助光。辅助光可以模拟来自天空的光线或场景中相对比较次要的光源，如台灯的光线，或场景中反射和漫反射光。可以使用聚光灯、泛光灯，辅助光不一定是一盏，也可能是多盏。方向从顶视图看要和主光相对，高度根物体保持类似高度，但要比主光低一些。亮度大约为主光的一半左右，要使环境阴影多一些，可以使用主光 1/8 左右的亮度，如果使用多盏辅助灯，亮度的总和在主光的1/8～1/2之间。颜色应与环境色相匹配。

（4） 设置背光。背光勾勒出物体的轮廓，以使主题物体从背景中分离出来。在前视图打一盏聚光灯，把它放到物体的后面，与摄像机（或观察角度）相对，位置要超过主题物体一些。

（七）其他常见问题

（1） 3ds max光度学灯光与标准灯光有什么区别？

光度学灯光是灯具灯光厂商提供3ds max审核采用的，标准灯光是由3ds max自带的系统灯光！

（2） 如果我要给建筑物的暗部补光最好用哪种灯光？

用泛光灯，然后打上衰减，采用标准灯光。

3. 如何使用光域网？

必须要使用光度学灯光类。先用一个自由点光源，或者目标点光源（使用了光域网过后，意义完全一样），在颜色/强度/分布下拉列表里的WEB，选择它，然后在下面就会出现一个新的卷展栏WEB参数，打开它，有个NONE的按钮，指定你想给的光域网文件，就OK了！

注 意

在给定光域网文件之前，你给灯光设置的大小，都没用了，它将采用光域网文件的大小。之后，你再设置下就行了！其他不变。

三、材质贴图中英文对照

Lights——灯光
Target Spot——目标聚光灯
Target Direct——目标平行光
Free Spot——自由聚光灯
Free Direct——自由平行光
Omni——泛光灯
Skylight——自然灯光
Omni General Parameters——反光灯参数
Light Type——灯光类型
Name and Color——名称和颜色
General Parameters——总体参数
Intensity/Color/Attenuation——强度/颜色/衰减
Shadow Parameters——阴影参数
Ray Traced Shadow Params——光线跟踪阴影参数
Shadow Parameters——阴影参数

Shadow Map Params——阴影贴图参数
Atmospheres & Effects——大气和效果
Volume Light——体积光

3.2 典型案例——目标聚光灯动画

一、制作 MAX 文字目标聚光灯动画

制作 MAX 文字目标聚光灯动画效果图如图 3.2.1 所示，具体要求如下。

（1） 建立场景：建立场景与字母模型。
（2） 设置灯光：设置全局灯光。
（3） 环境效果：调整环境，光线，曝光等。
（4） 渲染合成：添加材质效果。
（5） 将最终结果以 X3-1.max 为文件名保存在练习文件夹中。

图 3.2.1 MAX 灯光

二、解题步骤

（1） 创建模型分别创建出 MAX 的文字，如图 3.2.2 所示。

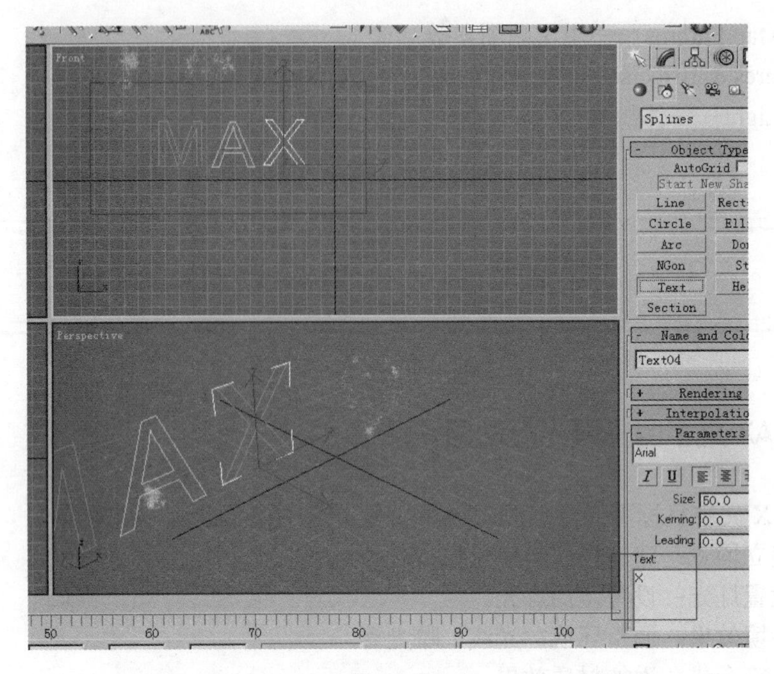

图 3.2.2

（2） 全选字 MAX，执行挤出（extude）操作，挤出数量（amount）为 10，如图 3.2.3 和图 3.2.4 所示。

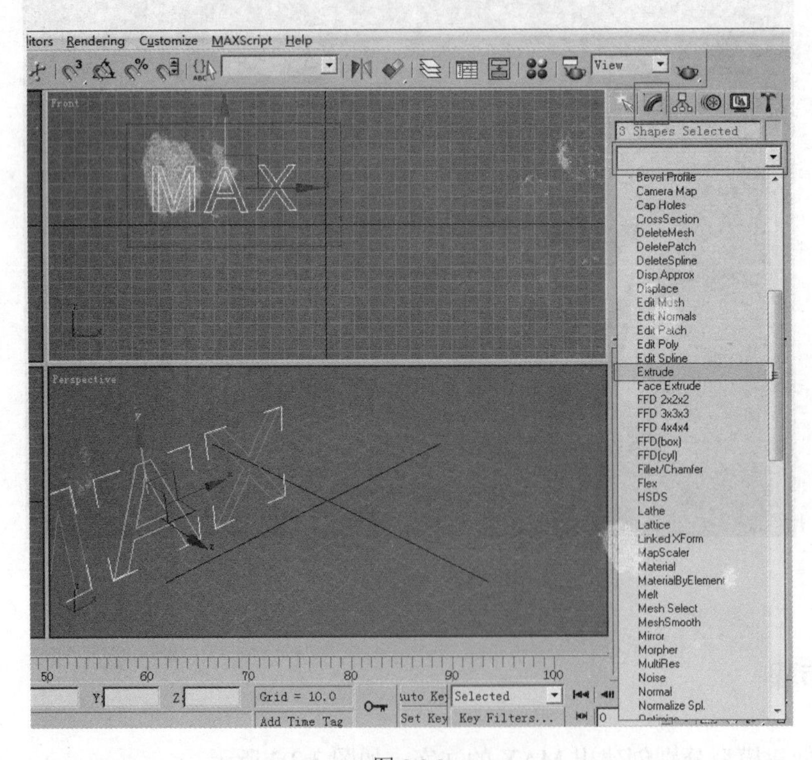

图 3.2.3

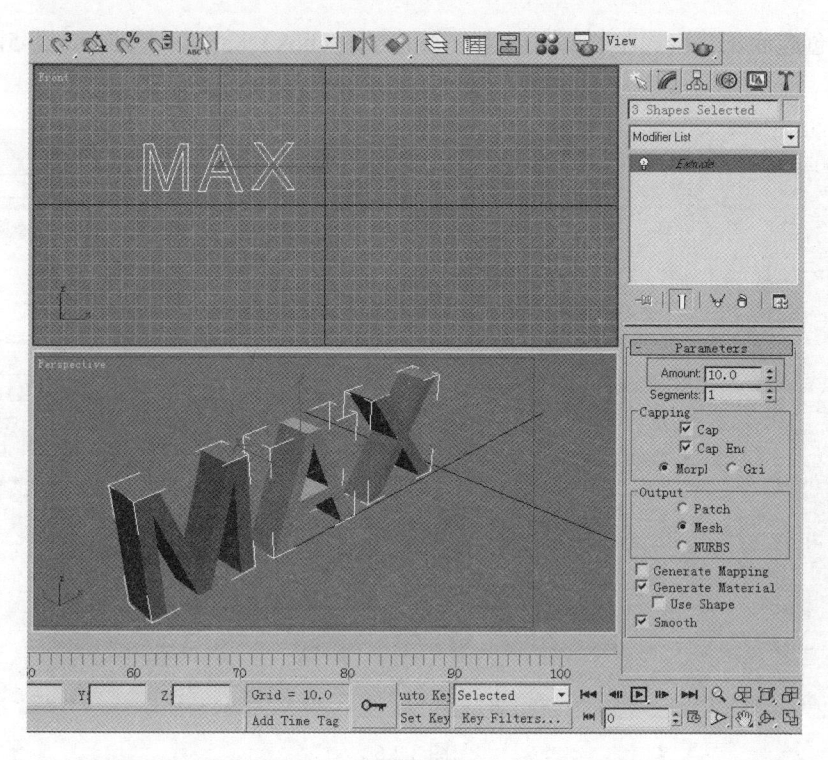

图 3.2.4

（3） 设置颜色，文字 M 为黄色、A 为绿色、X 为红色，如图 3.2.5 所示。

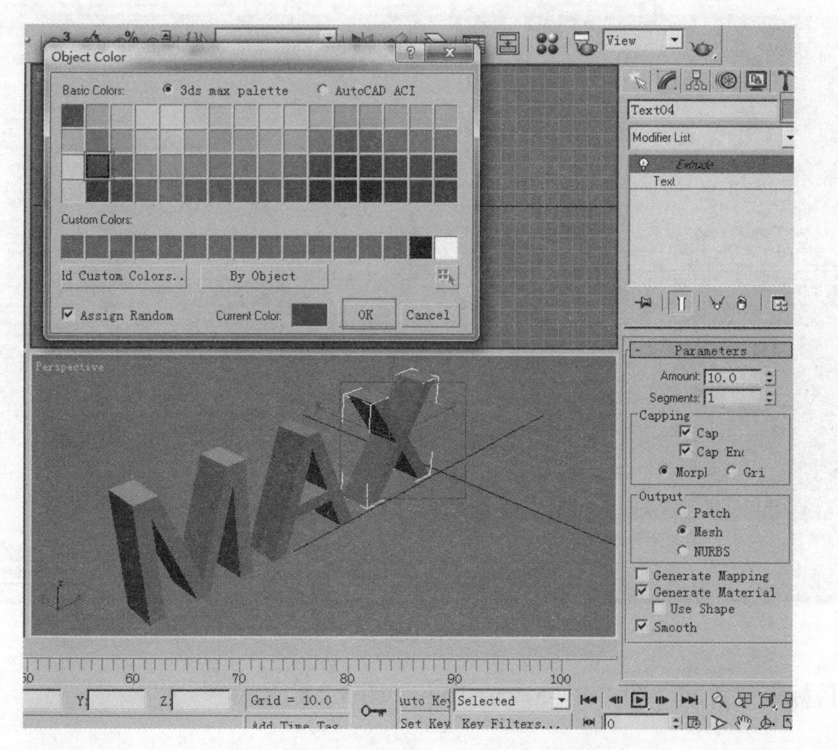

图 3.2.5

（4） 创建底部平台，在顶视图创建一个正方体（box）长 500，宽 500，高-5，如图 3.2.6 所示。

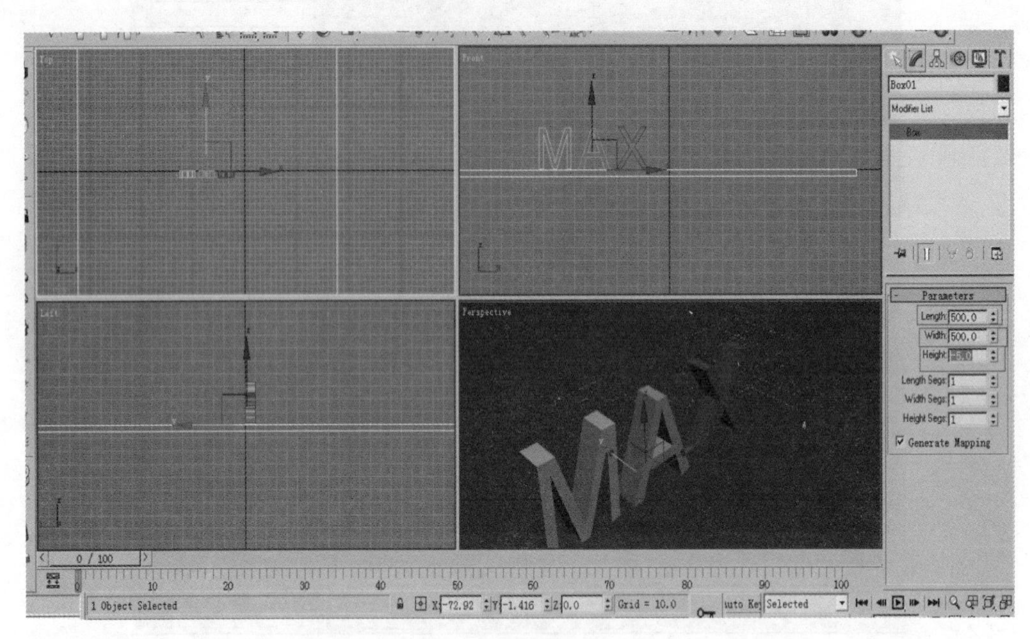

图 3.2.6

（5） 创建灯光（farget spot）。灯光位置 *x*：-45，*y*：-170，*z*：150，如图 3.2.7 所示。

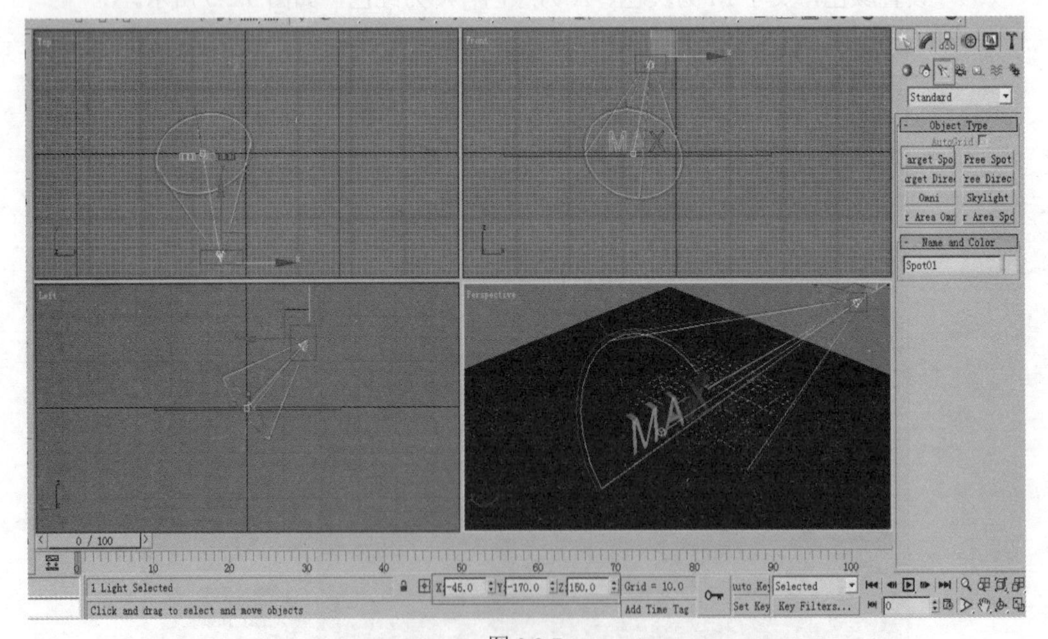

图 3.2.7

灯光目标点位置 *x*：-70，*y*：-5，*z*：10，如图 3.2.8 所示。

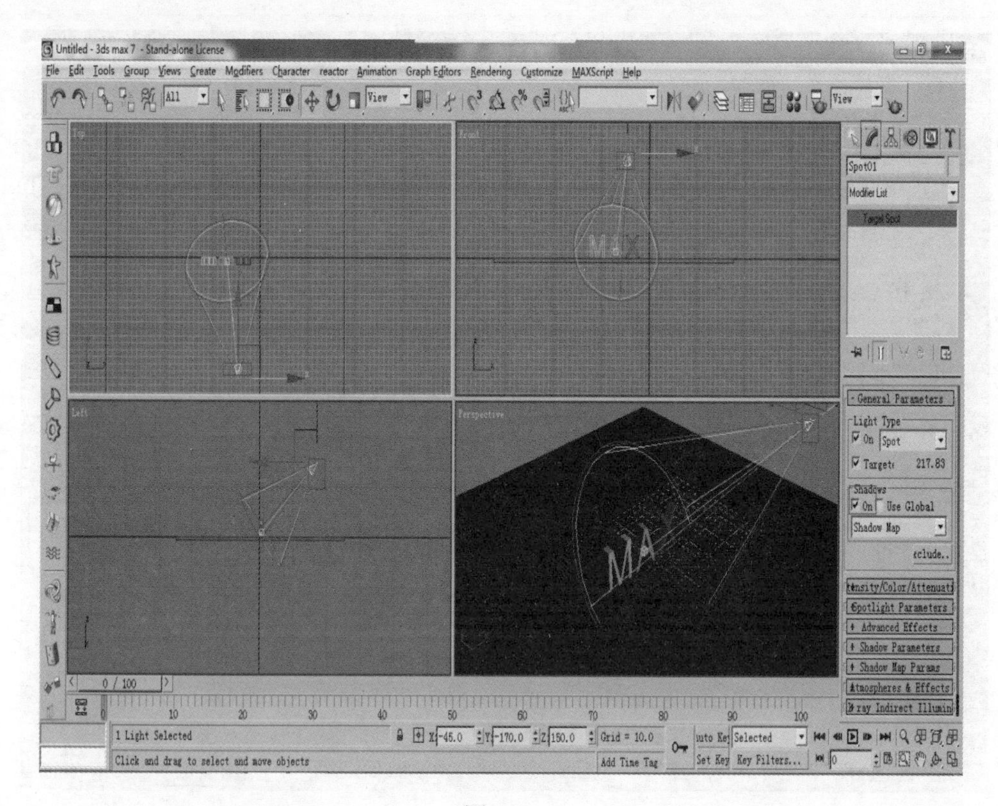

图 3.2.8

再加上天光（skylight），如图 3.2.9 所示。

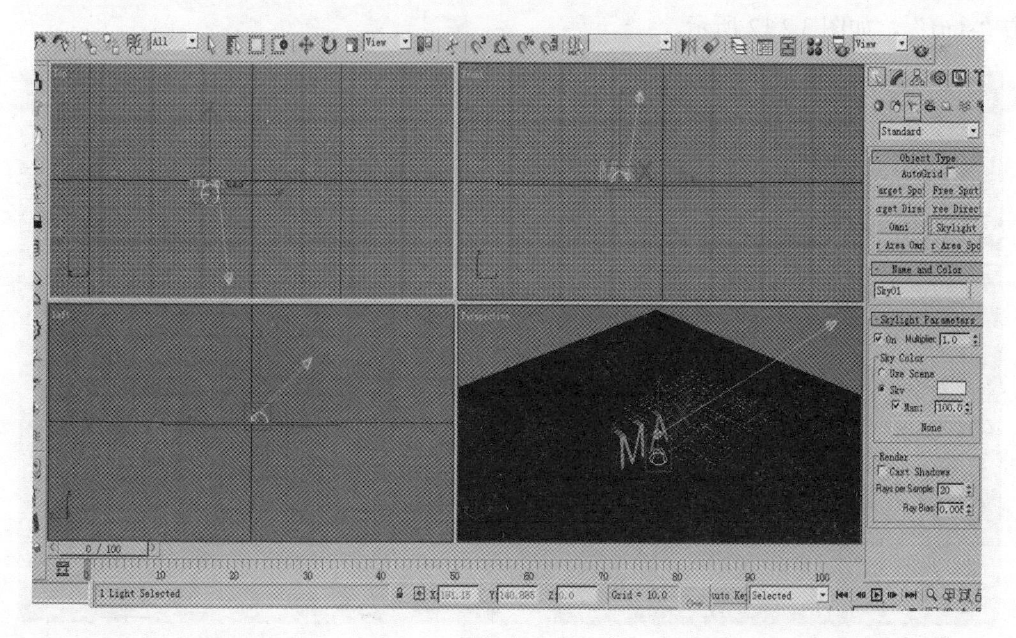

图 3.2.9

（6） 添加效果 rendring—adranced lighting—rediosity，如图 3.2.10 所示。

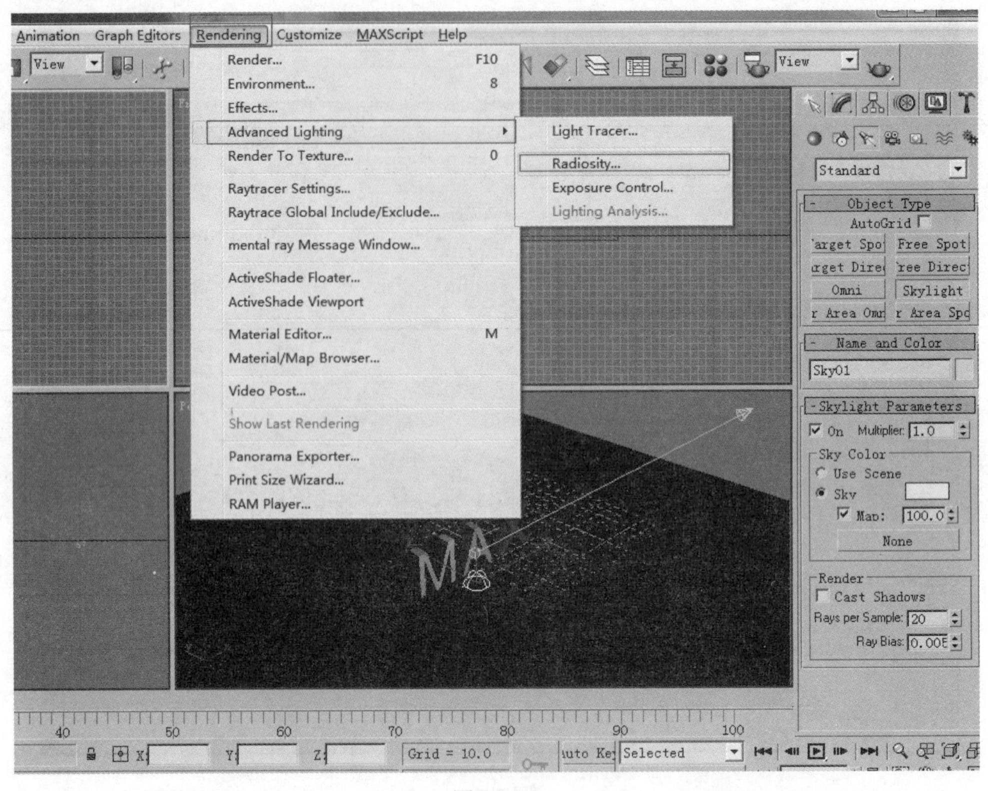

图 3.2.10

在弹出的对话框中单击“是”按钮进行确认，如图 3.1.11 所示。随后在弹出的窗口中，点击“start”，如图 3.2.12 所示。

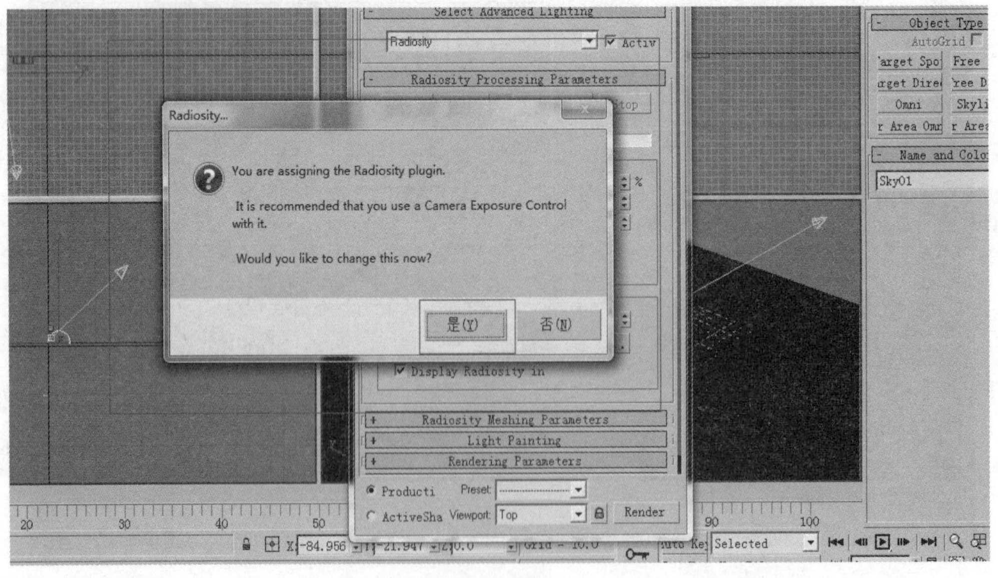

图 3.2.11

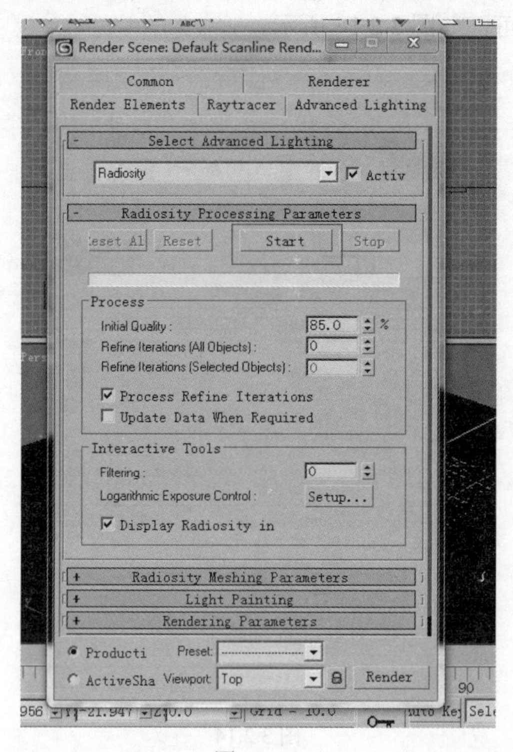

图 3.2.12

然后，再在图 3.2.12 的“Interactive Tools”选项区单击“setup…”按钮，再在下拉菜单里选择 linear exposure control，如图 3.2.13 所示。

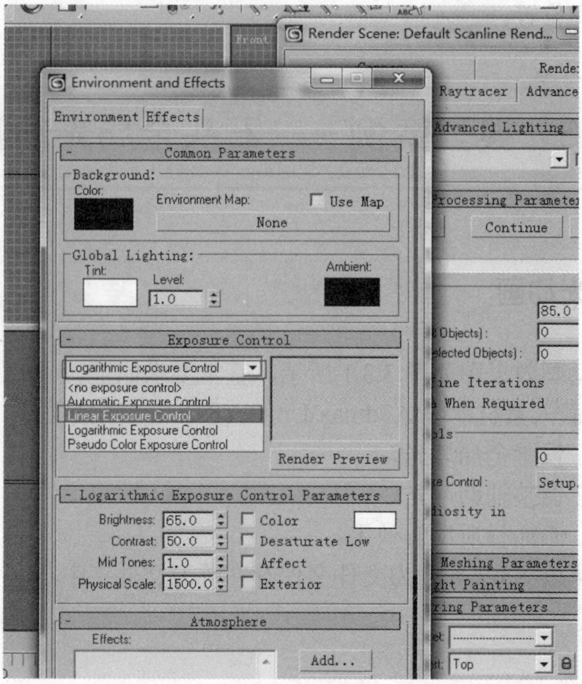

图 3.2.13

再勾选 color 选项即可，如图 3.2.14 所示。

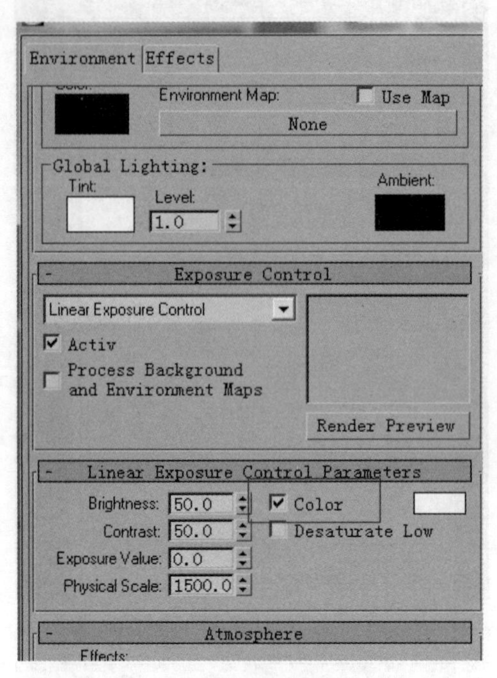

图 3.2.14

三、注意事项

注意灯光的颜色和位置。

3.3 典型案例——石头全局光动画

一、制作石头全局光动画

制作石头全局光动画效果图如图 3.3.1 所示，基本要求如下。

（1）建立场景：载入素材库中\A3dmax\Unit3\Y3-2.max 场景文件（见随书所附素材库）。

（2） 设置灯光：设置全局灯光。

（3） 环境效果：调整辅助灯光。

（4） 渲染合成：添加材质反射效果。

（5） 将最终结果以 X3-2.max 为文件名保存在练习文件夹中。

图 3.3.1

二、解题步骤

（1） 打开场景文件 C:\A3dmax\Unit3\Y3-2.max。

（2） 选择 EL_dome 几何球体，单击鼠标右键，执行 Properties（属性）命令，如图 3.3.2 和图 3.3.3 所示。

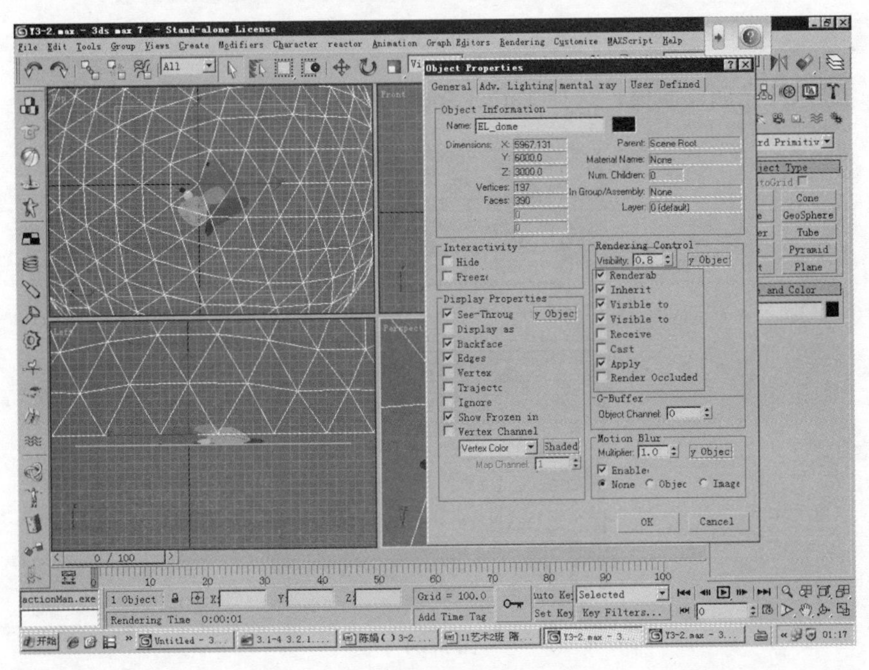

图 3.3.2

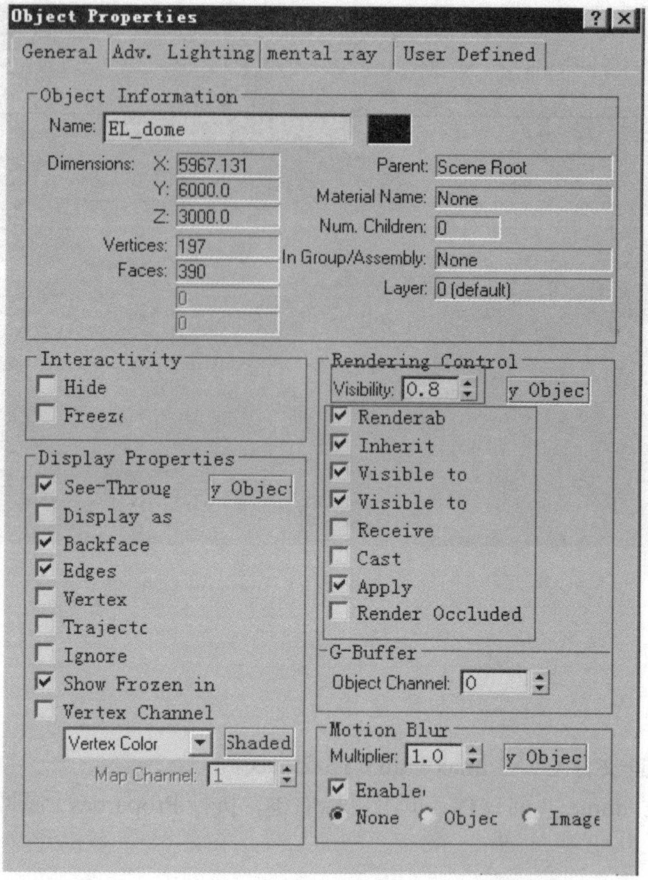

图 3.3.3

（3） 进入灯光创建面板，选择 Target Spot 命令，如图 3.3.4 所示。

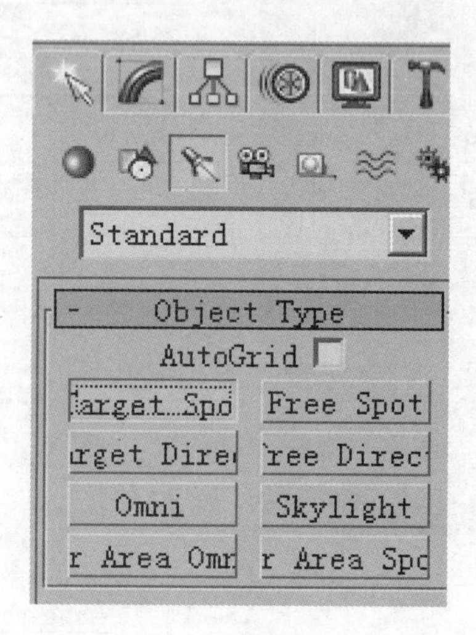

图 3.3.4

（4） 在 Front（前）视图中创建一个目标聚光灯，位置如图 3.3.5 所示。

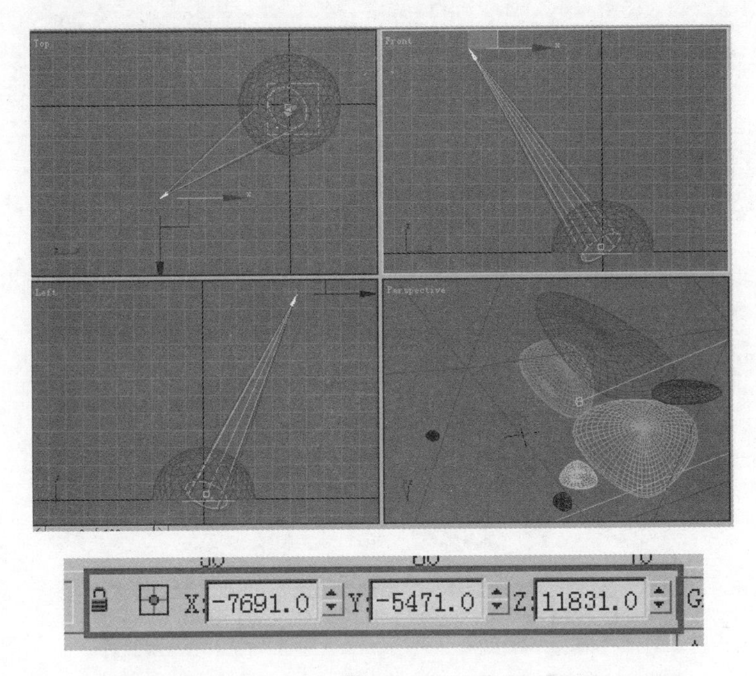

图 3.3.5

（5） 按照如图 3.3.6 所示方法设置灯光参数。

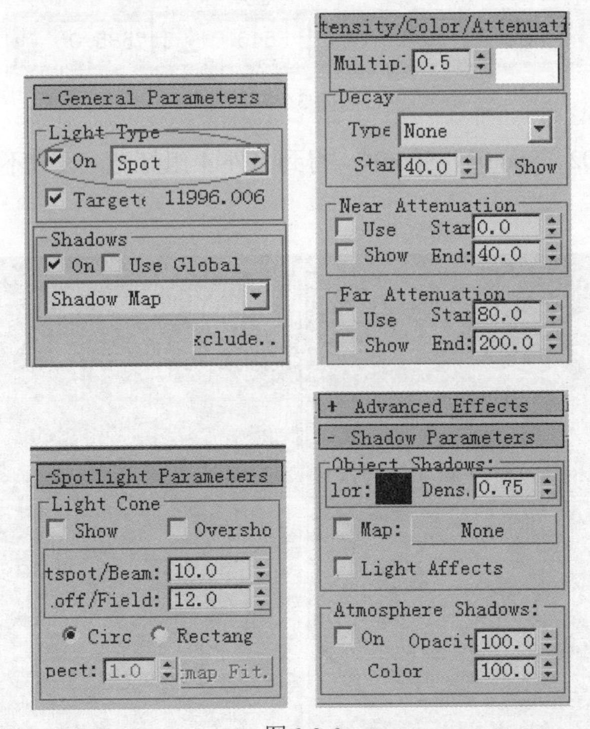

图 3.3.6

（6） 以 Instance 的方式复制（按住 shift 单击鼠标左键拖曳实现复制并成组）Spot02 得到一组灯光，调整位置，如图 3.3.7 所示。

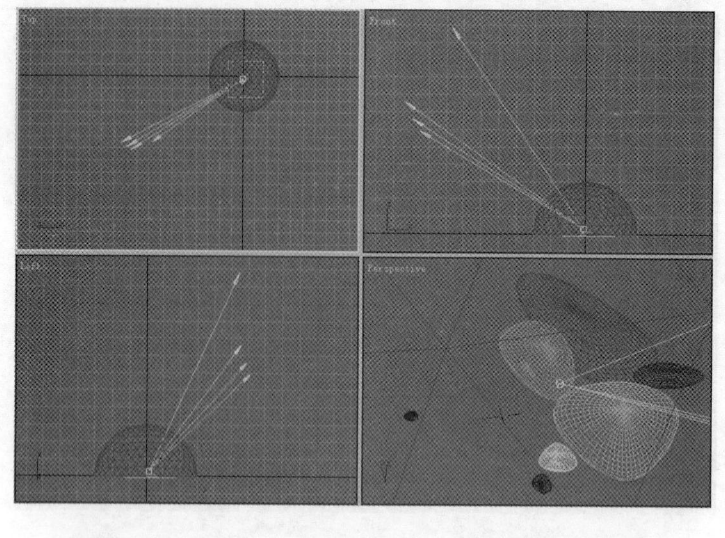

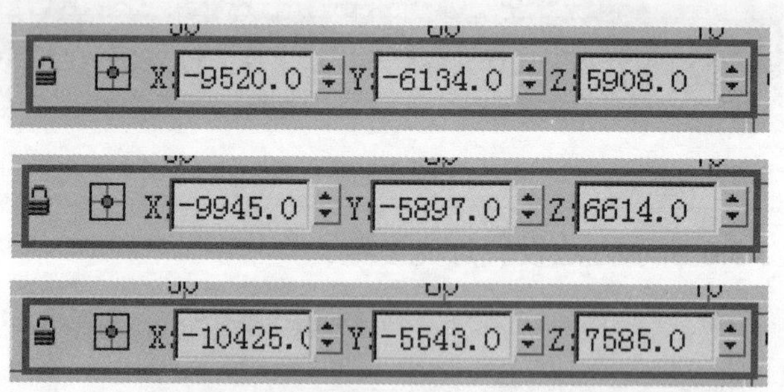

图 3.3.7

（7） 选择 Spot02、Spot03、Spot04，得到另外 4 组灯光，设置不变，灯光位置，如图 3.3.8 所示。

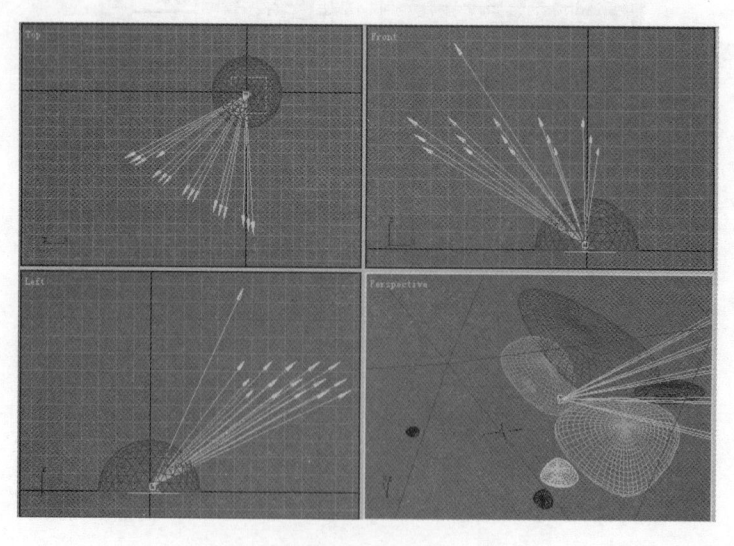

图 3.3.8

（8） 渲染场景，如图 3.3.9 所示。

图 3.3.9

三、注意事项

（1） Properties（属性）中 Vsibility 要改动为 0.8，否则渲染的图片将是黑色。
（2） 灯光要按照图片的位置调整至合适。

3.4 典型案例——几何体全局光动画

一、制作几何体全局光动画

制作几何体全局光动画效果图如图 3.4.1 所示，具体要求如下。
（1） 建立场景：素材库中\A3dmax\Unit3\Y3.3.max 场景文件。
（2） 设置灯光：设置灯光阵列。
（3） 环境效果：调整辅助灯光。
（4） 渲染合成：添加材质效果。
（5） 将最终结果以 X3-3.max 为文件名保存在考生文件夹中。

图 3.4.1

二、解题步骤

（1） 打开素材库中\A3dmax\Unit3\Y3-3.max 场景文件。

（2） 选择自由聚光灯，在前视图（Front）单击创建灯光，调整位置 *X*：158，*Y*：-2140，*Z*：0，如图 3.4.2 所示。

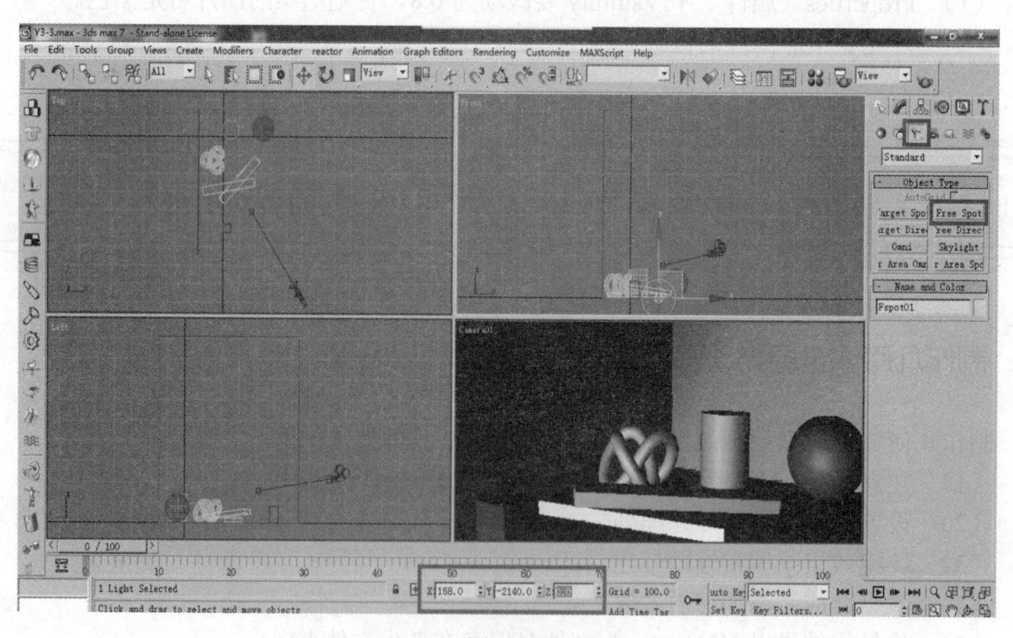

图 3.4.2

（3） 打开修改面板，勾选 shdows 里面的 on 阴影，修改灯光的参数，Multip 为 0.018，单击颜色 R232 /G249/B255，如图 3.4.3 所示。

图 3.4.3

打开Spotlight Parameters 并勾选Oversho，打开 Shadow parameters命令 Dens参数为1.5，如图 3.4.4 所示。

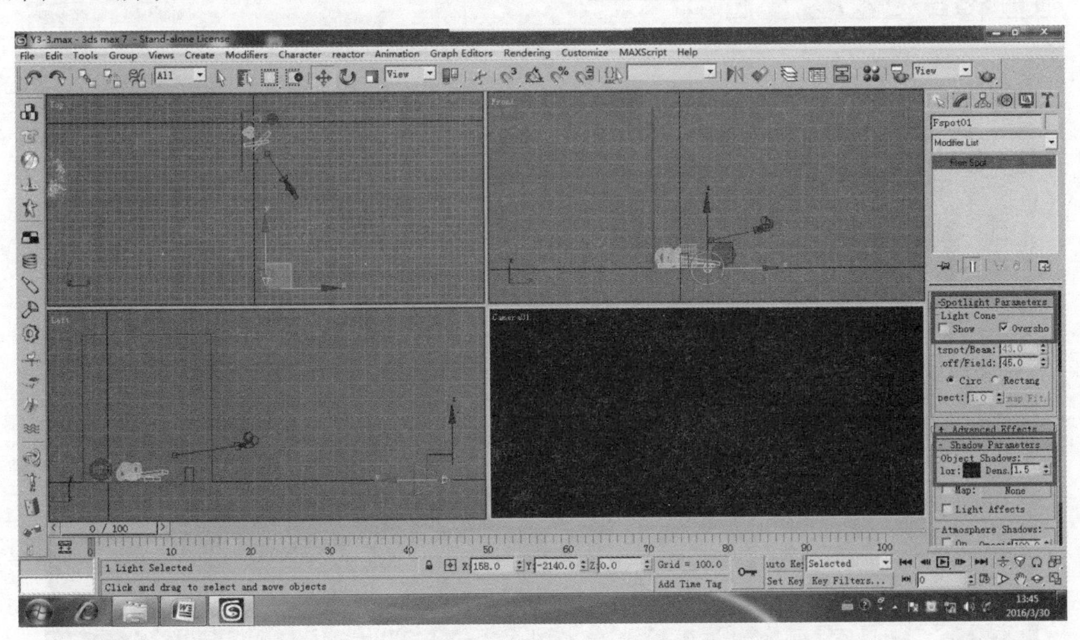

图 3.4.4

（4） 打开层次面板，单击 Affect pivot only，然后在顶视图（Top）沿着 *Y* 轴移动到场景中心，打开 Tools Array 阵列，并且修改阵列参数。如图 3.4.5 和图 3.4.6 所示。

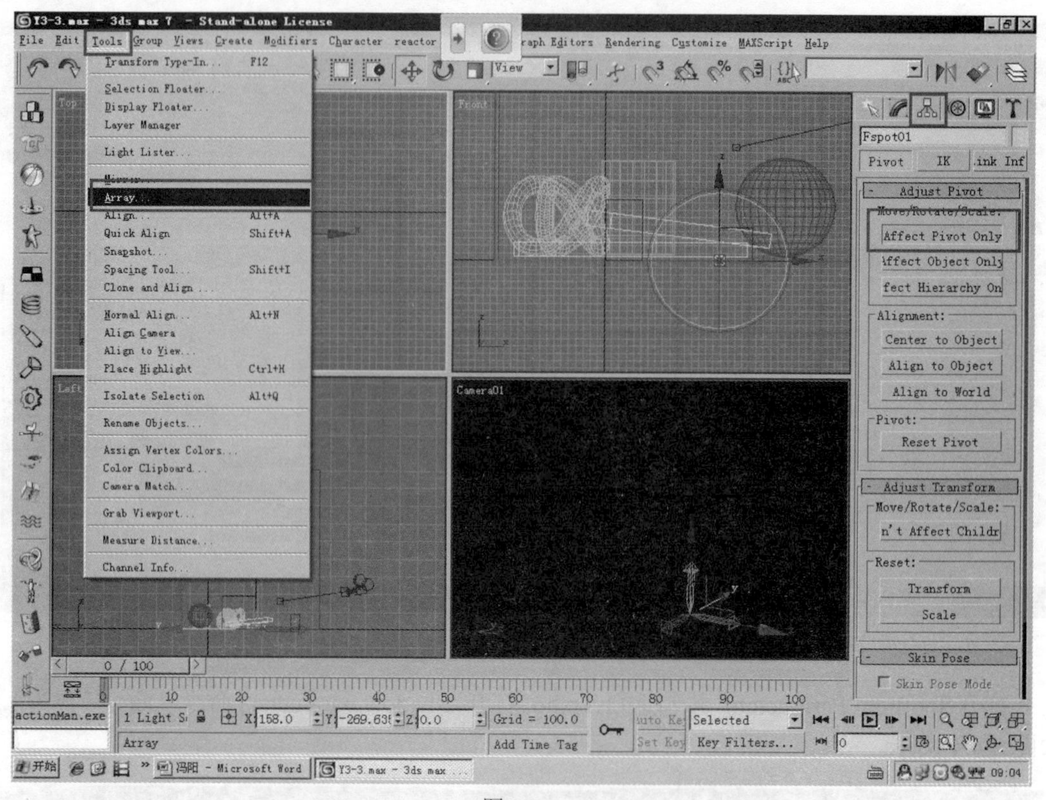

图 3.4.5

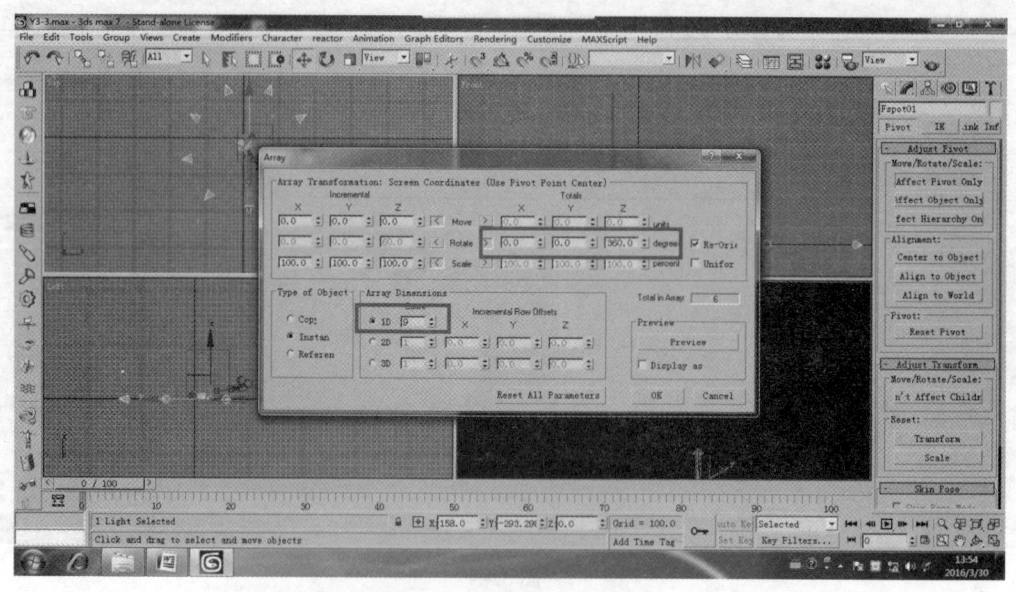

图 3.4.6

（5） 在顶视图，选下面的中间的一个灯重复上面阵列，如图 3.4.7 所示。再进行修改参数，如图 3.4.8 所示。

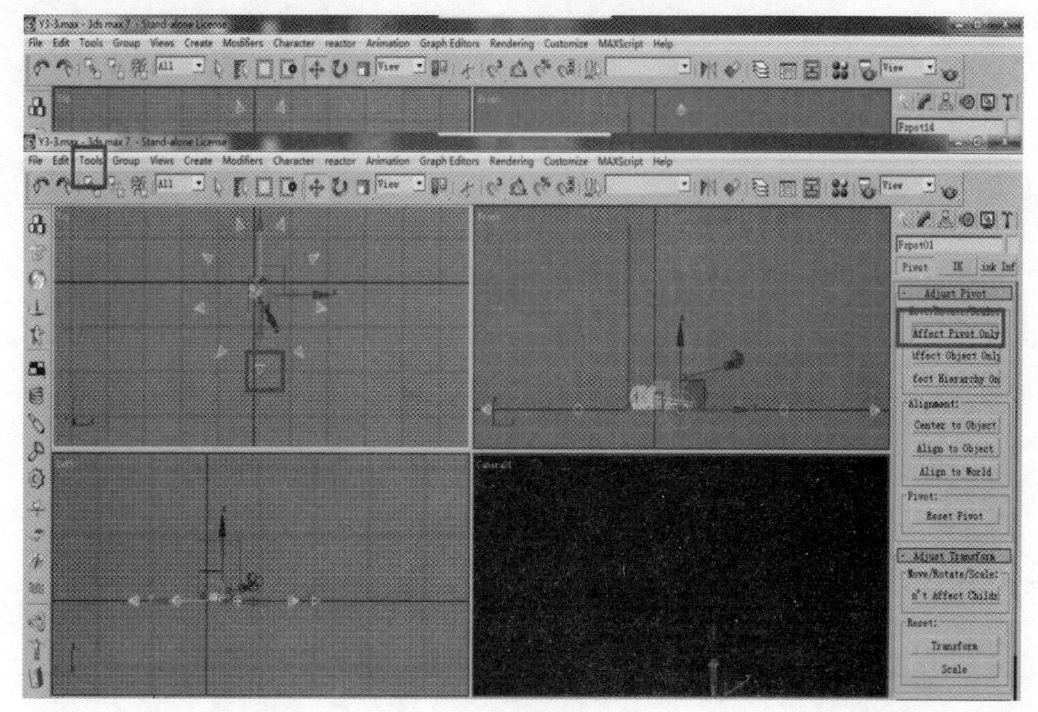

图 3.4.7

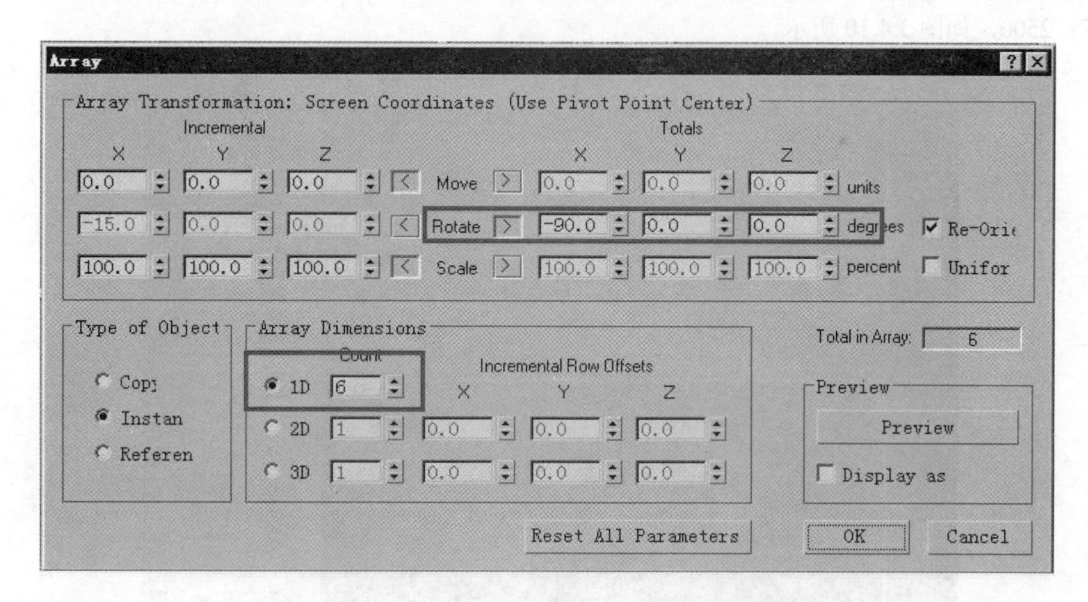

图 3.4.8

（6）在左视图（Left）选 5 个灯，在顶视图，继续阵列（每次都要先单击 Affect pivot only 然后单击工具 Tools Array）修改参数，然后确定，如图 3.4.9 所示。

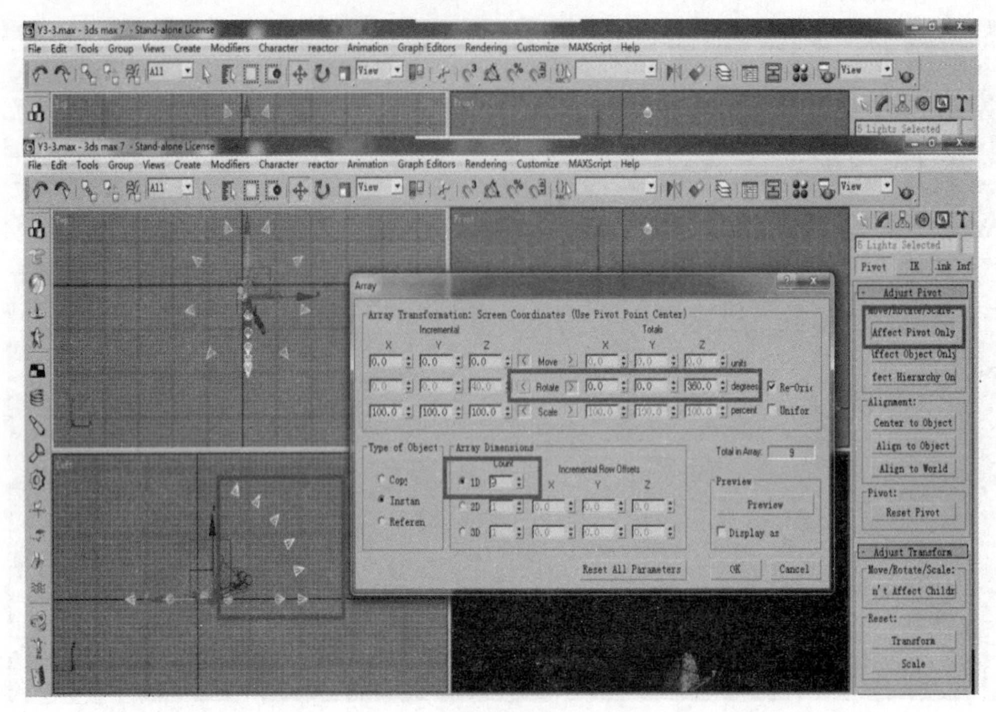

图 3.4.9

（7） 在顶视图（Top）建立一个目标聚光灯，目标点坐标：0，灯光坐标：*Y*：-1500、*Z*：2500，如图 3.4.10 所示。

图 3.4.10

修改 Shadows 命令里面的 on，勾选 Multip 修改为 0.9，如图 3.4.11 所示。

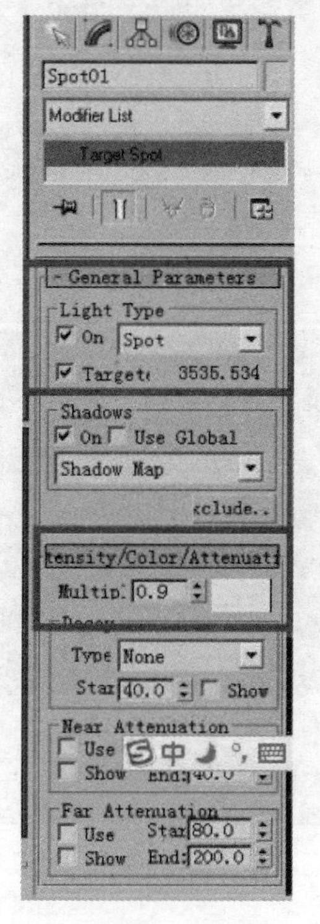

图 3.4.11

shadow parameters 选项区中 Dens 修改为 0.9，如图 3.4.12 所示。

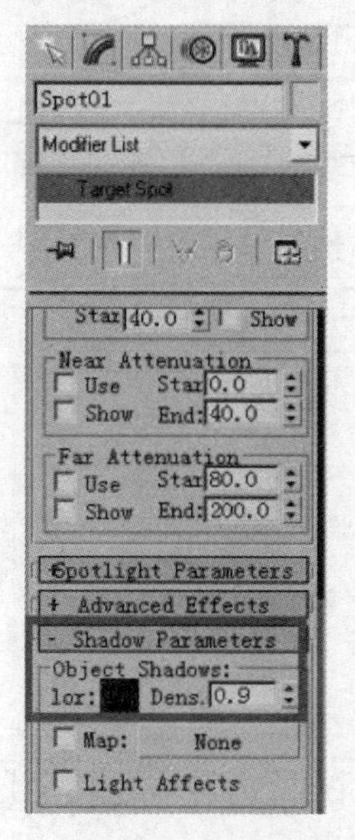

图 3.4.12

（8） 在顶视图（Top）创建一个面片 Plane，如图 3.4.13 所示。

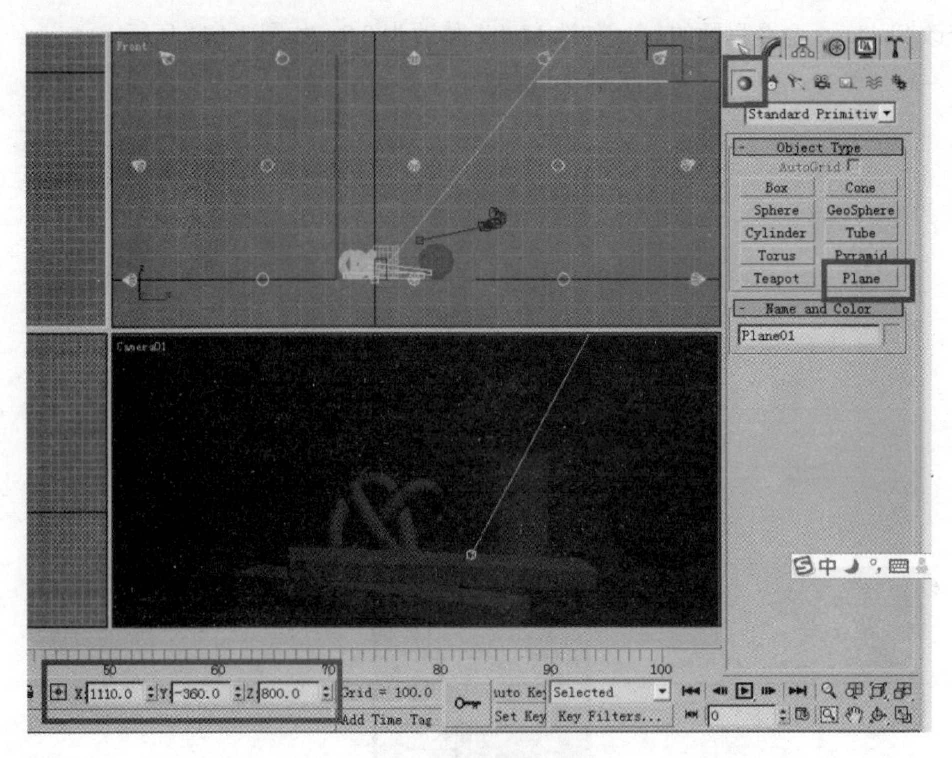

图 3.4.13

然后修改面片数值和坐标 如图 3.4.14 所示。

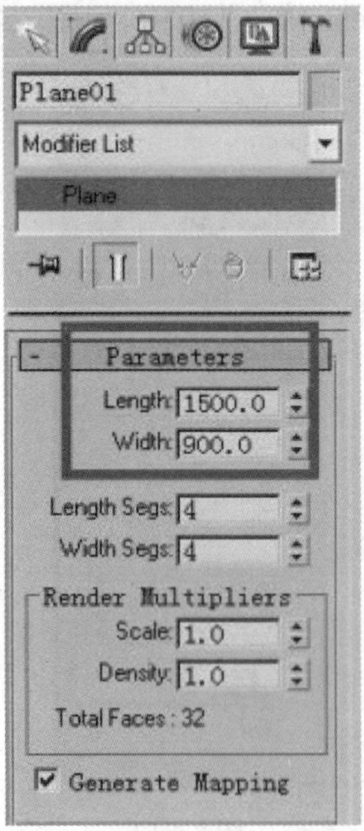

图 3.4.14

（9） 按键盘的 M，打开材质窗口，如图 3.4.15 所示。

图 3.4.15

修改 Specularlevel400 Glossiness25，如图 3.4.16 所示。

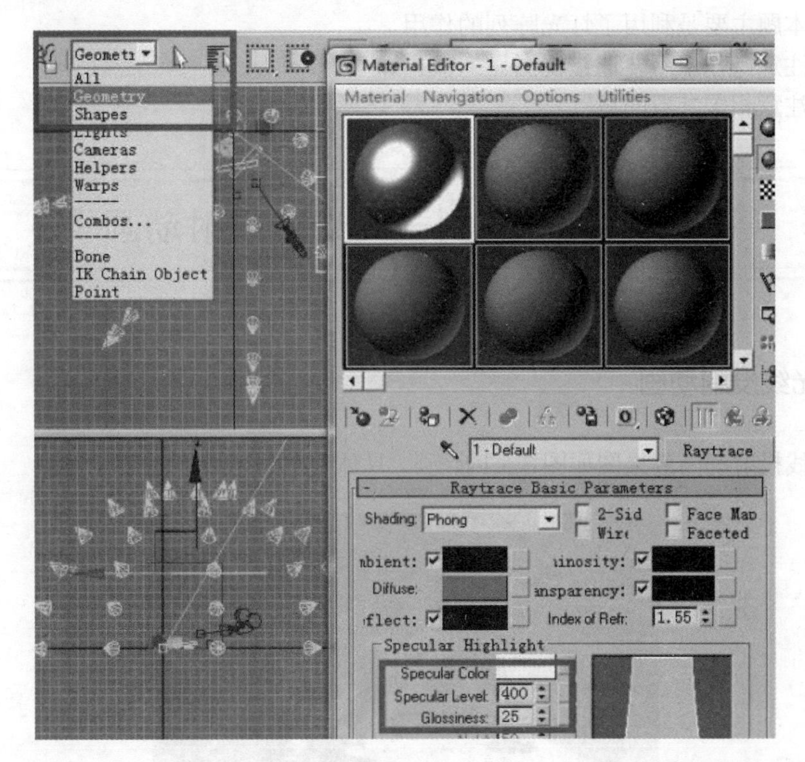

图 3.4.16

（10） 在 All 里选择 Geometry（除灯光外的所有物体上材质），如图 3.4.17 所示。

（11） 将最终效果以 X3-3.max 为文件名保存。

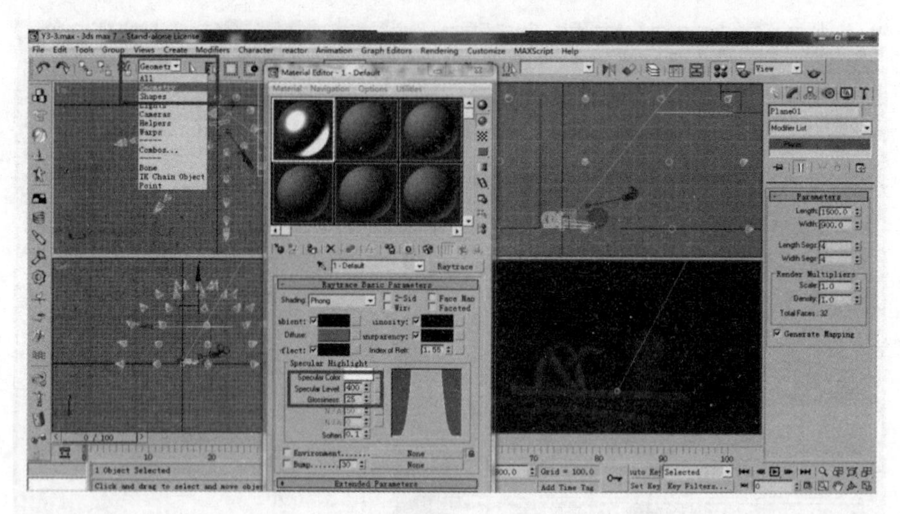

图 3.4.17

三、注意事项

（1） 本题主要是利用了灯光阵列的作用。

（2） 注意操作中不要选错视图。

（3） 注意相关参数的设置。

3.5 典型案例——光线投射动画

一、制作光线投射动画

制作光线投射动画效果图如图 3.5.1 所示，具体要求如下。

图 3.5.1

（1） 建立场景：载入素材库\A3dmax\Unit3\Y3－5.Max 场景文件。

（2） 设置灯光：设置投射灯光。

（3） 环境效果：调整辅助灯光。

（4） 渲染合成：添加材质效果。

（5） 将最终结果以 X3.5.max 为文件名保存在考生文件夹下。

二、解题步骤

（1） 载入场景文件素材库\A3dmax\Unit3\Y3－4.Max，场景中的墙壁和地面已经被赋予了相应的材质。如图 3.5.2 所示。

（2） 在顶视图（Top）上方创建一盏自由聚光灯，如图 3.5.3 所示，并调整灯光位置，如图 3.5.4 所示。

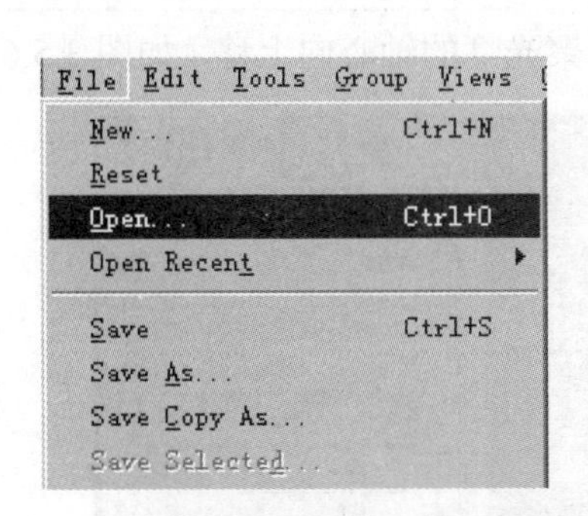

图 3.5.2

图 3.5.3

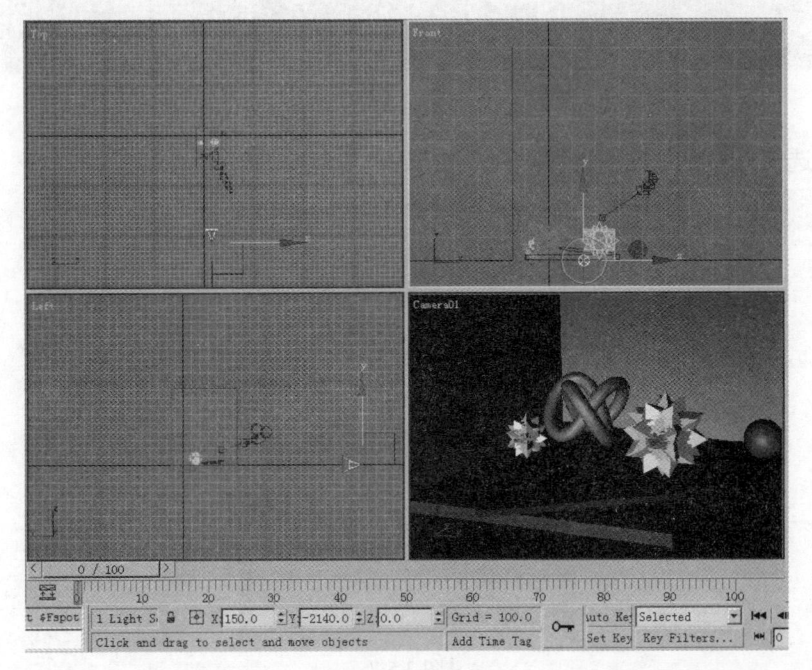

图 3.5.4

（3） 调整灯光参数如图 3.5.5 所示。

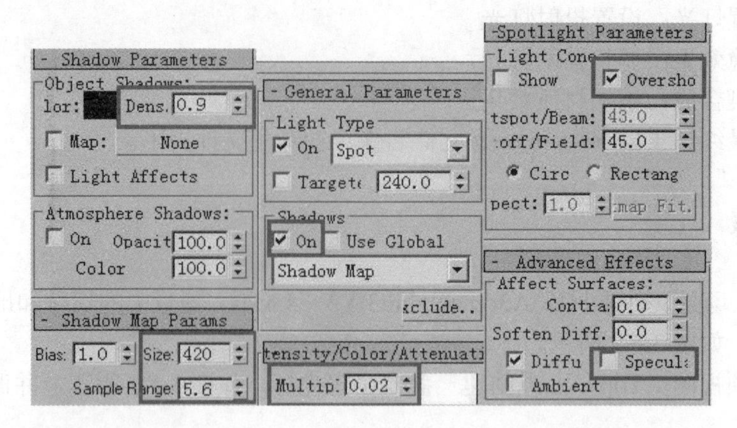

图 3.5.5

（4） 进入 Hierarchy，单击 Effect Pivot Only，将聚光灯的轴心向上移，如图 3.5.6 所示。

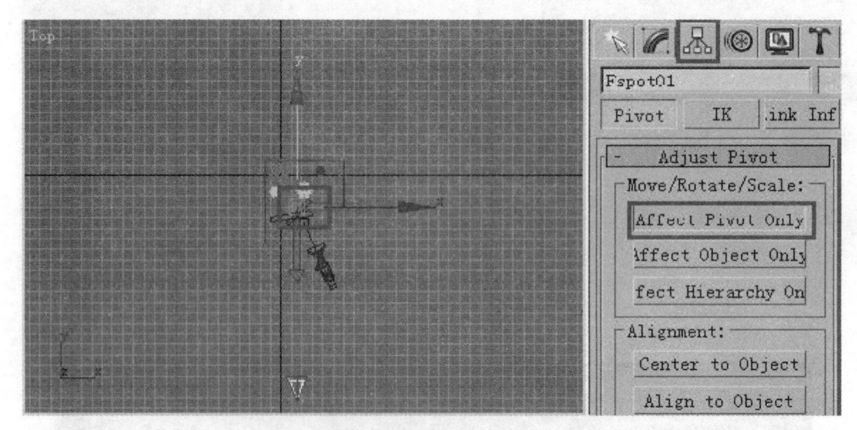

图 3.5.6

（5） 选中灯光在顶视图进行阵列，如图 3.5.7 和图 3.5.8 所示。

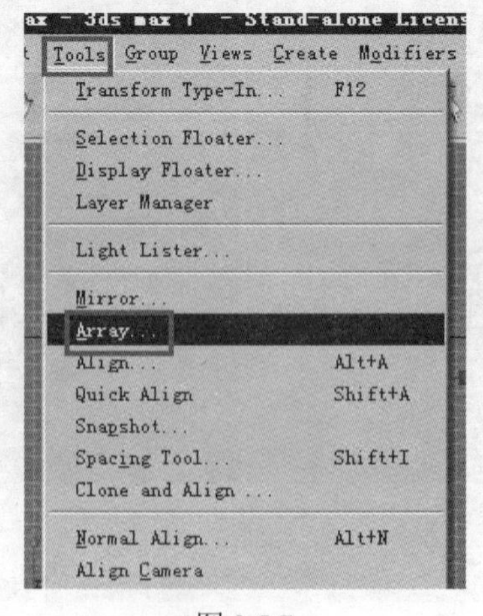

图 3.5.7

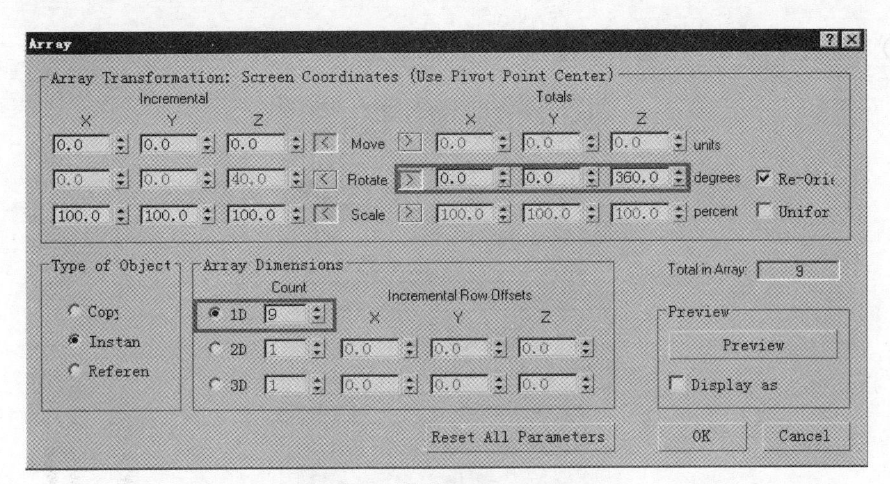

图 3.5.8

（6） 在左视图选中右半圈的灯光，如图 3.5.9 所示，再进行阵列，如图 3.5.10 所示。

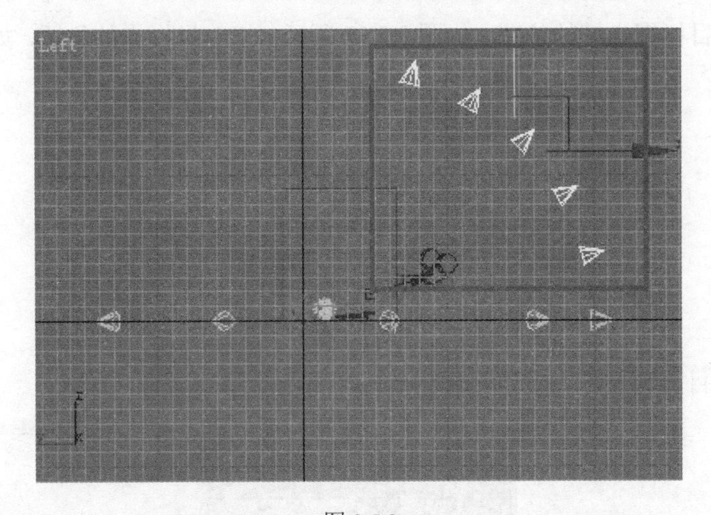

图 3.5.9

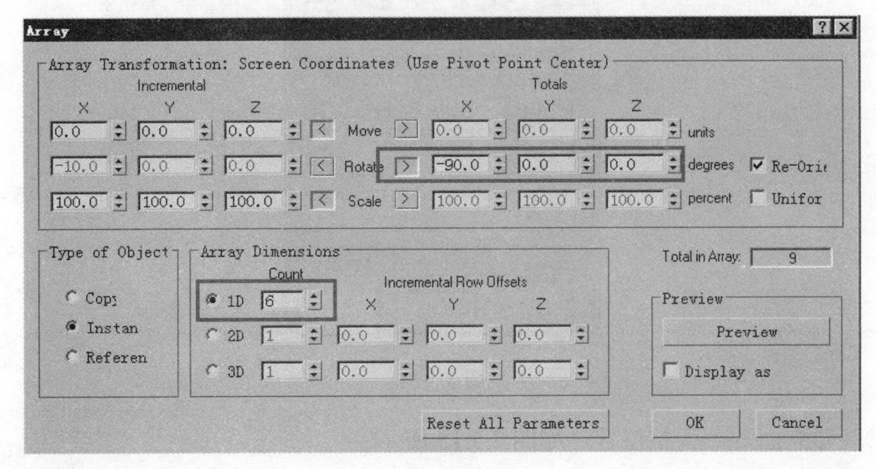

图 3.5.10

（7） 进入左视图，在场景中建立一个目标聚光灯，如图 3.5.11 所示。

图 3.5.11

（8） 修改目标聚光灯的位置，如图 3.5.12 所示；修改目标点的位置，如图 3.5.13 所示。

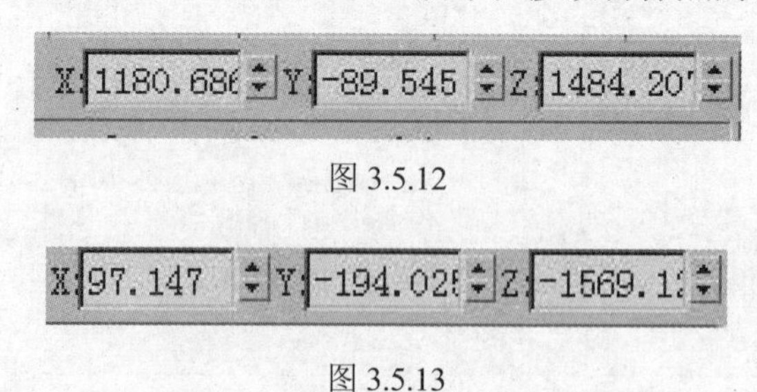

图 3.5.12

图 3.5.13

（9） 修改目标聚光灯的参数，如图 3.5.14 所示。

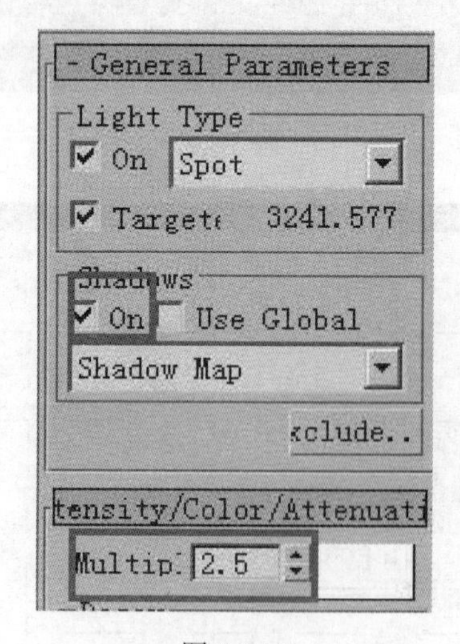

图 3.5.14

（10） 建立面片，调整位置，如图 3.5.15 所示。

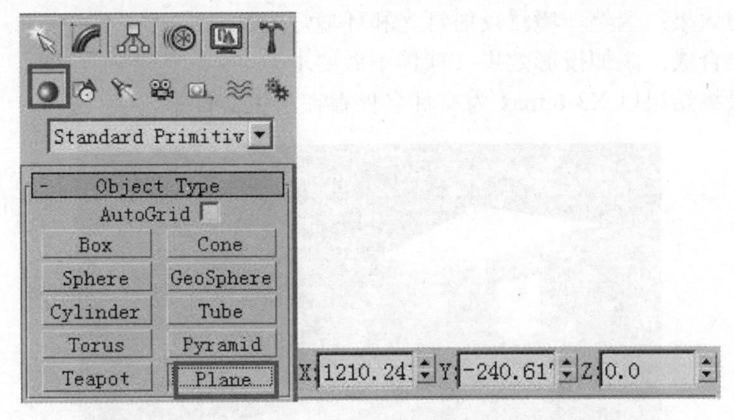

图 3.5.15

（11） 渲染，最终效果如图 3.5.16 所示。

图 3.5.16

三、注意事项

本题中灯光复制时，宜在左视图（left）中进行。

3.6 典型案例——阳光投射房间动画

一、制作阳光投射房间动画

制作阳光投射房间动画效果图如图 3.6.1 所示，具体要求如下。

（1） 建立场景：载入 C：/A3dmax/Unit3/Y3-6.max 场景文件。

（2） 设置灯光：设置天光、灯光和阳光投射房间。

（3） 环境效果：调整环境漫反射灯光和环境灯光。
（4） 渲染合成：添加投影效果（球体不做要求）。
（5） 将最终结果以 X3-6.max 为文件名保存在考生文件中。

图 3.6.1

二、解题步骤

（1） 打开场景文件素材库\A3dmax\Unit3\Y3-3.max。
（2） 进行 Skylight（天光）的设置：在 Top 顶视图创建 Skylight（天光），选择阴影选项，设置灯光的 Multiply 为 0.1，如图 3.6.2 所示。

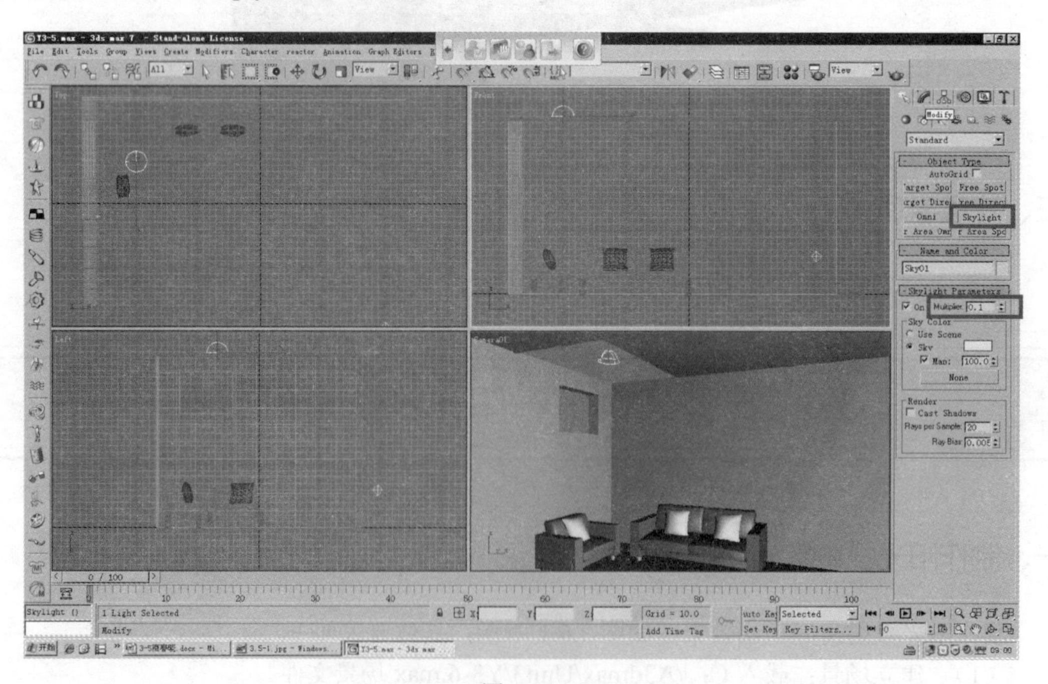

图 3.6.2

（3） 阳光的设置：在 Front 前视图创建一个 Target Dire（目标平行光），如图 3.6.3～图 3.6.5 所示，进行位置和灯光参数的调整。

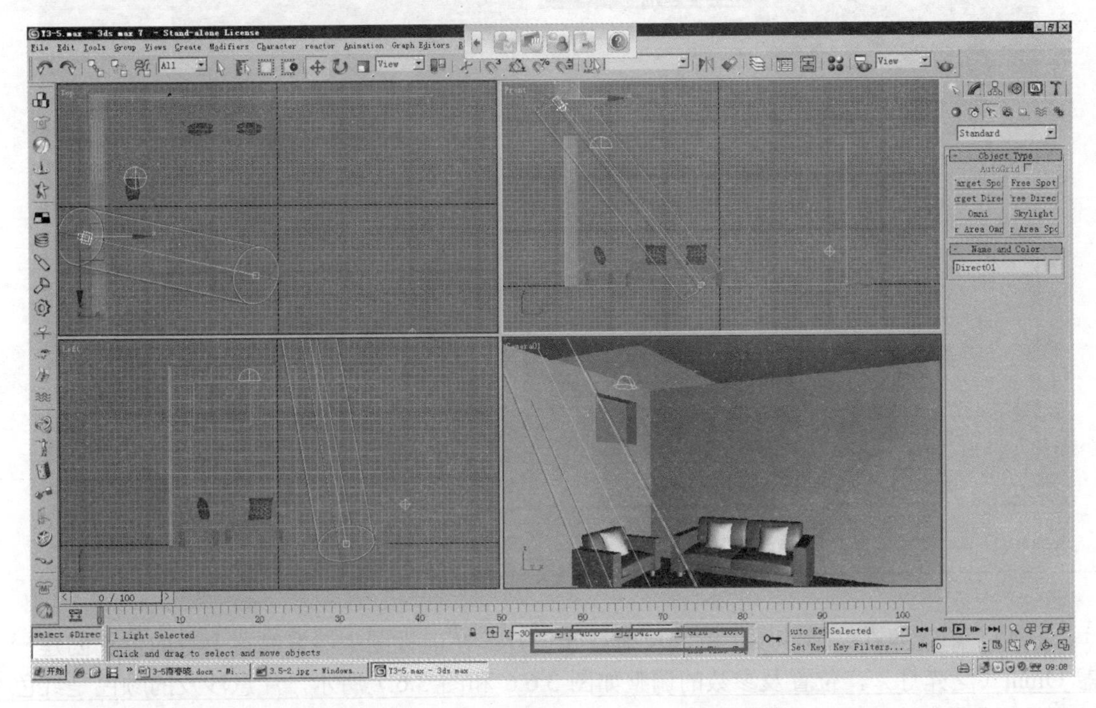

图 3.6.3

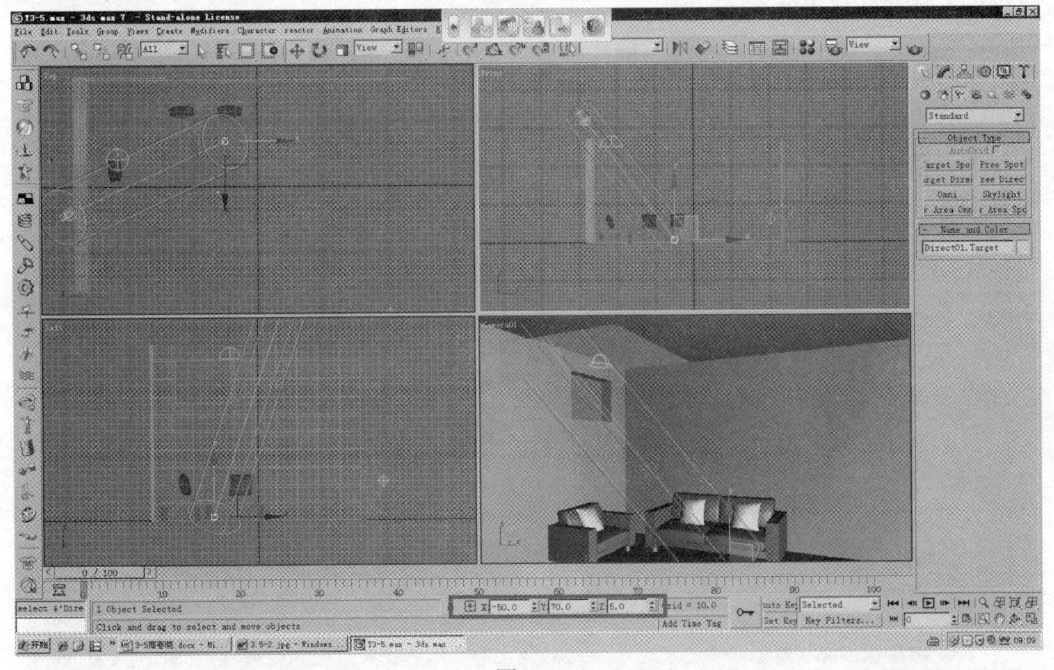

图 3.6.4

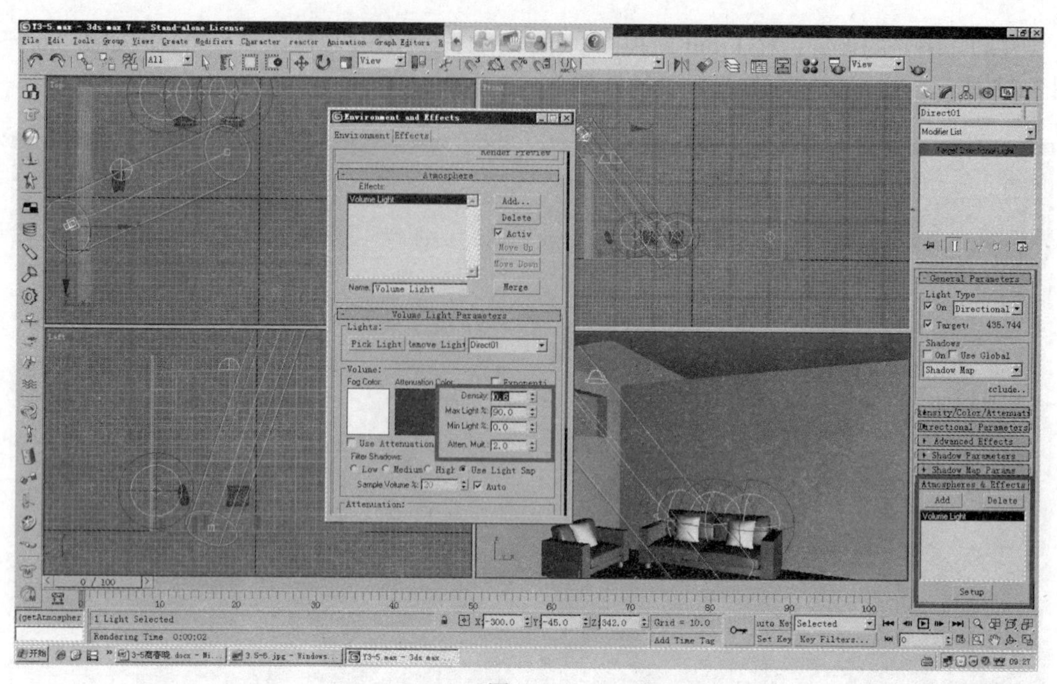

图 3.6.5

（4） 阳光照在红色沙发上的漫反射灯光设置：在前视图中沙发靠背上方的位置创建一盏 Omni（泛光灯），位置及参数的调整如图 3.6.6 和图 3.6.7 所示，注意沙发的颜色是红色的，所以设置灯光颜色时应设置灯光颜色为红色，而且一定要使用灯光的 Far Attenuation（远端衰减），设置复制 2 个。

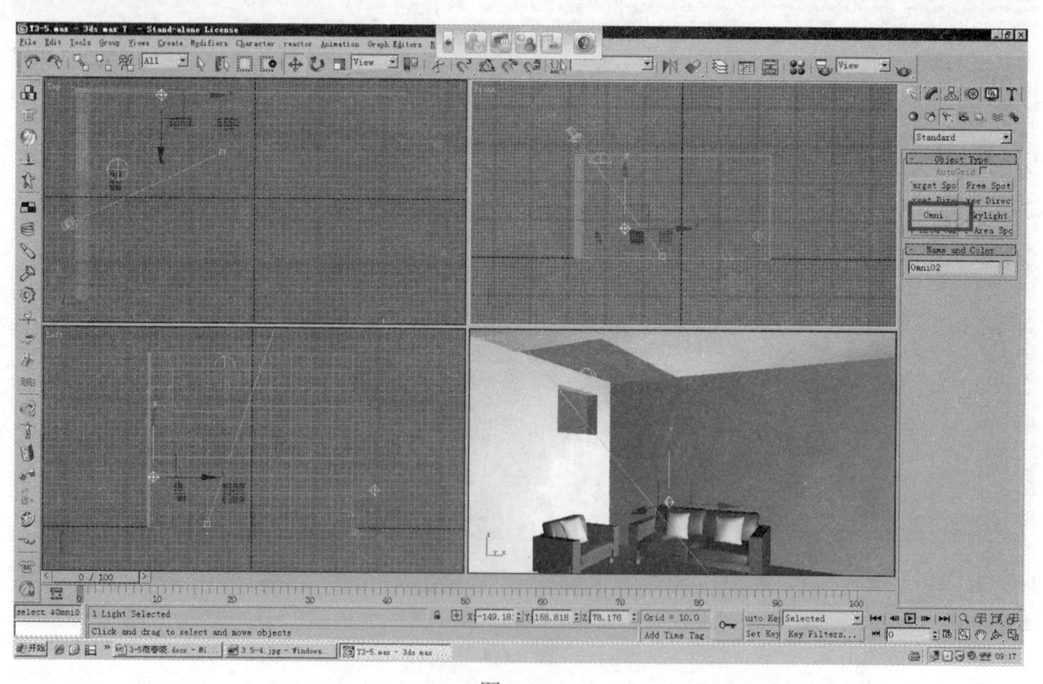

图 3.6.6

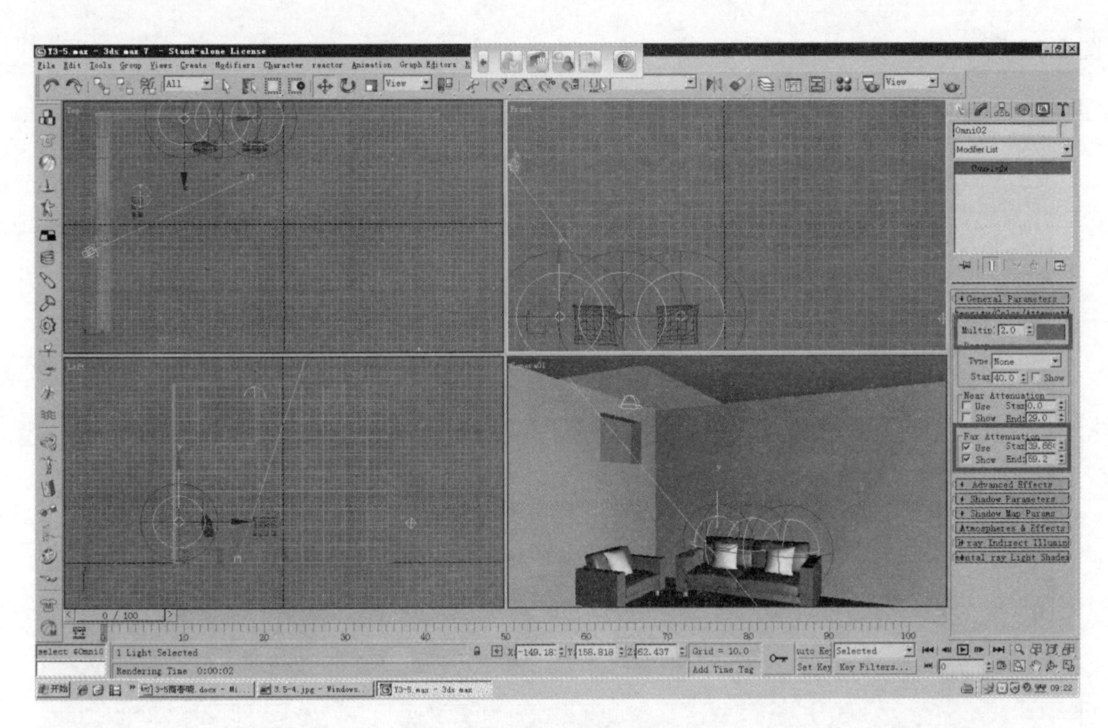

图 3.6.7

（5） 在前视图创建一个 sphere（球体），复制 3 个，位置如图 3.6.8 所示。

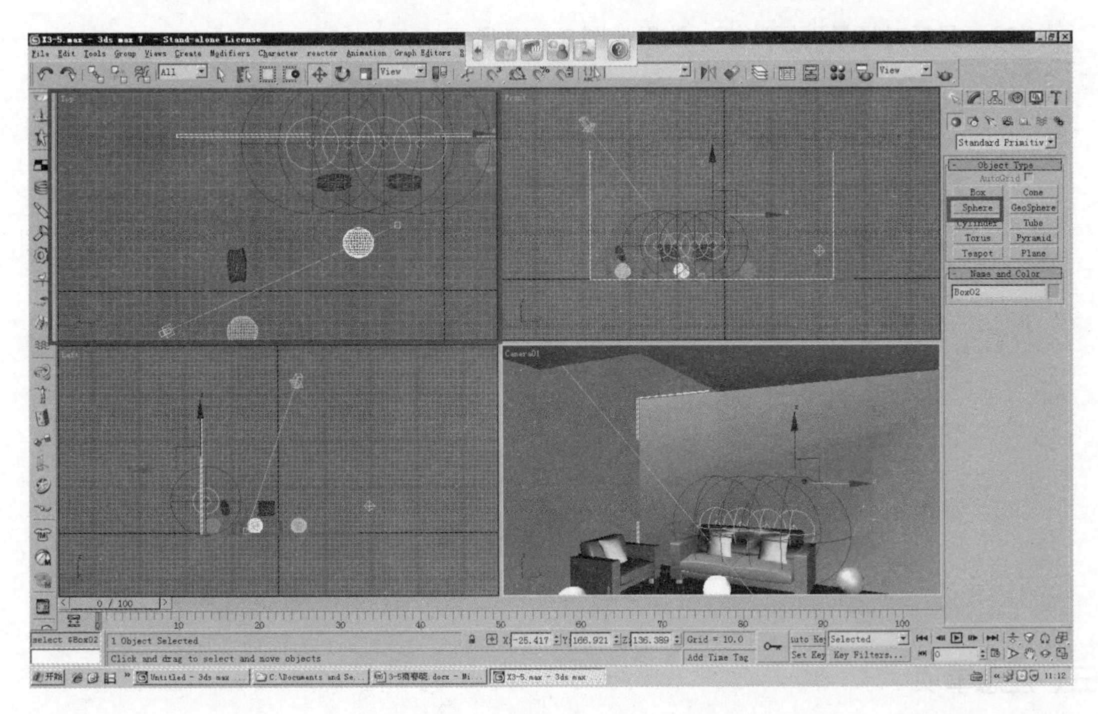

图 3.6.8

（6） 在前视图创建一个 Omni（泛光灯），勾选 Shadows（阴影），Multip 为 0.3，如

图 3.6.9 所示。

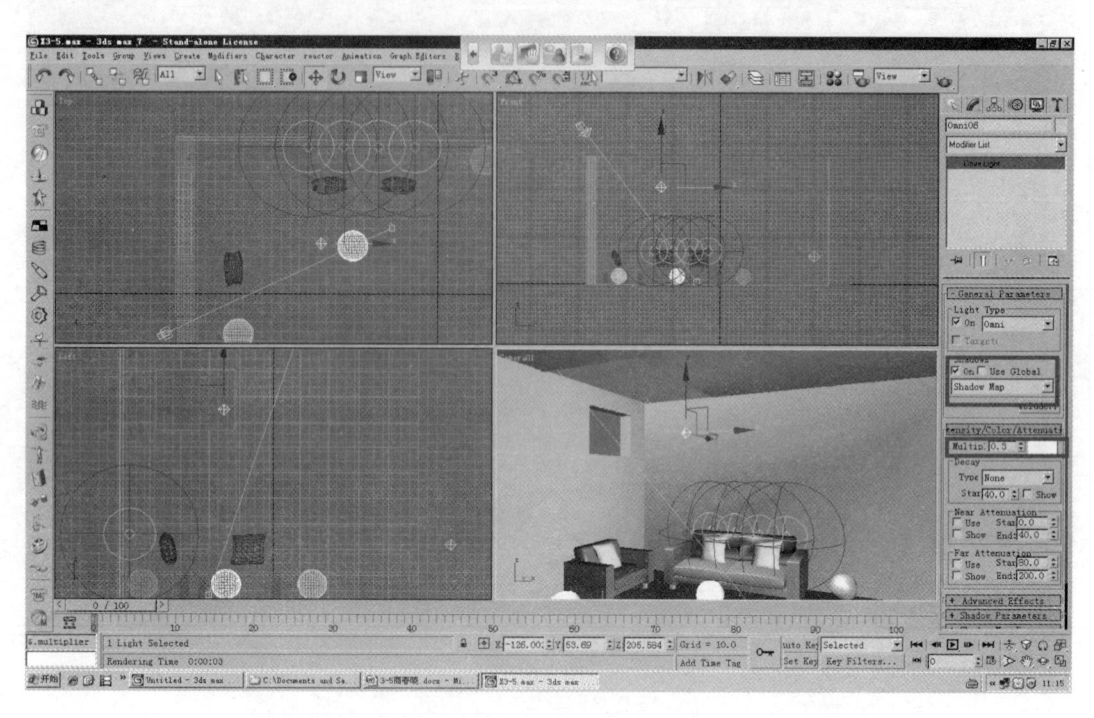

图 3.6.9

（7） 最后对场景进行渲染，效果如图 3.6.10 所示。

图 3.6.10

三、注意事项

注意灯光的位置及颜色的修改。 

第 4 单元　面片曲面

学习目标

（1） 建立场景：具备建立常用物体和布置基本场景的能力。

（2） 面片曲面：精通 NURBS 曲面的各种技法；精通面片网格的使用；结合曲面制作各种曲面造型。

（3） 调整修改：准确理解曲面的点、线、面、网络编辑原理；掌握描绘图像轮廓的方法。

（4） 添加效果：具有为曲面材质和灯光环境的能力。

4.1　曲面建模基础知识

曲面建模比几何体建模具有更多的自由形式。在参数化建模期间，可以从“创建”面板中创建基本体（如球体或平面），然后使用现有设置（参数）来更改尺寸、线段等属性。

在曲面建模期间，通常使用建模功能区转化为多边形命令将对象转换为可编辑的多边形格式。或者，也可以使用菜单或修改器堆栈将某个参数化模型“塌陷”至某种形式的可编辑曲面：可编辑多边形、可编辑网格、可编辑面片或 NURBS 对象。在某些情况下也可以使用修改器；这样可以继续访问原始参数化对象。对象采用曲面模型格式后，3ds max 为您提供了多种工具来塑造曲面。

三种曲面模型：面片（左侧）、网格（中间）、NURBS（右侧），其格式如图 4.1.1 所示。

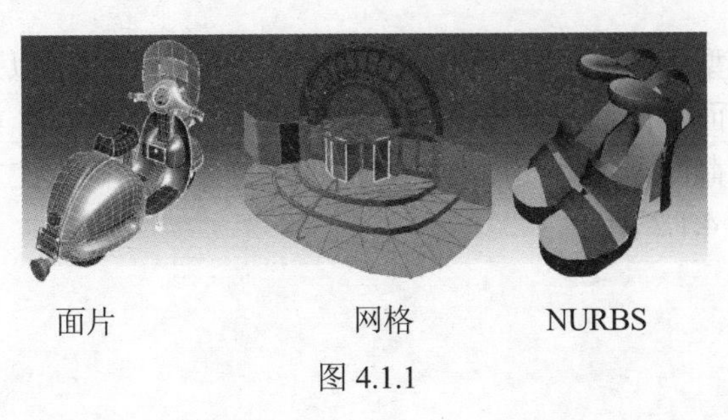

面片　　　　网格　　　　NURBS

图 4.1.1

一、曲面修改器

“曲面”修改器基于样条线网络的轮廓生成面片曲面。会在三面体或四面体的交织样条线分段的任何地方创建面片。将“曲面”修改器和“横截面”修改器合在一起，称为“曲面工具”。它们用以创建复杂曲面或有机曲面，就如飞机的机舱，或三维角色。

用以连接样条线以表示横截面。一旦创建了基本样条线网络并应用了“曲面”修改器，可以使用“编辑样条线”修改器编辑样条线，以调整模型，该修改器位于修改器堆栈中“曲面”修改器的下面。“曲面”修改器创建“面片”曲面后，可以通过添加“曲面”修改器上面的“编辑面片”修改器，对该面片做进一步的细化。

使用“曲面”工具进行建模所做的大量工作主要是在“可编辑样条线”修改器或“编辑样条线”修改器中创建和编辑样条线。使用样条线和“曲面工具”来建模的其中一个好处就是易于编辑模型。几乎在建模的所有阶段，都可以简单的通过添加样条线来添加鼻孔、耳朵、肢体或躯体。这使得它自身成为一种形式随意的组织建模途径：您想象所要构建的模型，然后创建和编辑样条线，直到满意为止。

（一）曲面建模的基本制作流程

（1） 创建样条线对象。

（2） 确保“样条线”顶点可以形成有效的三面或四面闭合区域。样条线上互相交叉的顶点应当是重合的。

（3） 要使样条线顶点重合，可以在“3D 捕捉”启用后拖动顶点使它们互相重叠。“3D 捕捉”必须要启用“顶点”或“终点”选项。在启用“3D 捕捉”的情况下，可以在创建新样条线时捕捉现有样条线上的顶点。也可以选择顶点，并使用“可编辑样条线”中的“熔合”选项使顶点重合。

（4） 使用“横截面”修改器来连接样条线横截面，除非要手动创建连接模型横截面的样条线。

（5） 应用“曲面”修改器，然后调整焊接阈值以生成面片对象。理想情况是所有将形成面片曲面的样条线顶点都重合在一起；“阈值”参数即使在顶点没有很好重合的情况下仍然允许面片的创建。

（6） 也可以选择添加“编辑面片”修改器以编辑该面片曲面。

（二）使用“曲面”修改器来创建面片模型的方法

（1） 创建表示模型横截面的样条线，添加“横截面”修改器以连接横截面，然后应用“曲面”修改器以创建面片曲面。此方法用于类似飞机机身的模型。或者，使用可编辑样条线横截面功能来连接横截面，然后使用可编辑面片“样条线曲面”工具来创建曲面，形成躯体横截面的样条线如图 4.1.2 所示。

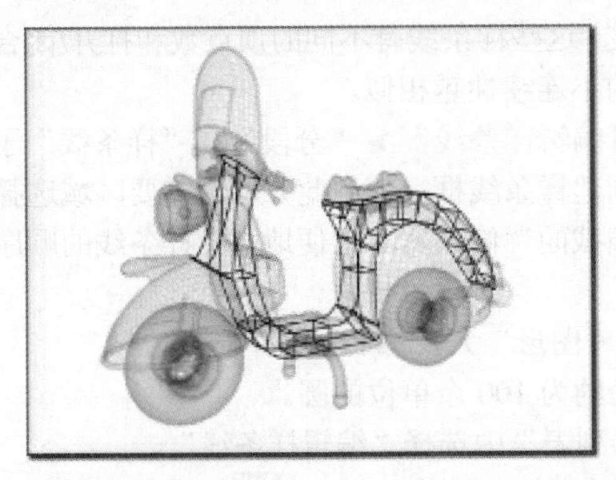

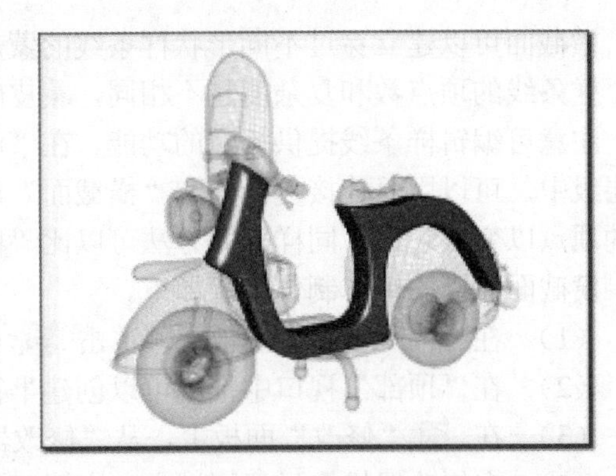

图 4.1.2

（2） 手动创建样条线网络，然后应用“曲面”修改器或可编辑面片“样条线曲面”工具以创建面片曲面。此方法用于建模角色的面部或躯体，基于参考图像前面部分和参考图像剖面的样条线如图 4.1.3 所示。

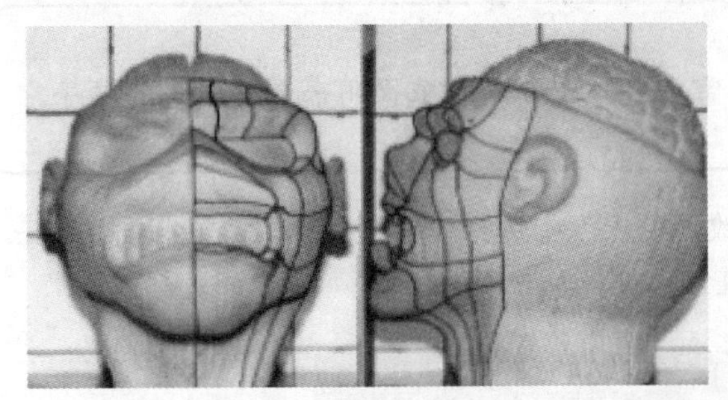

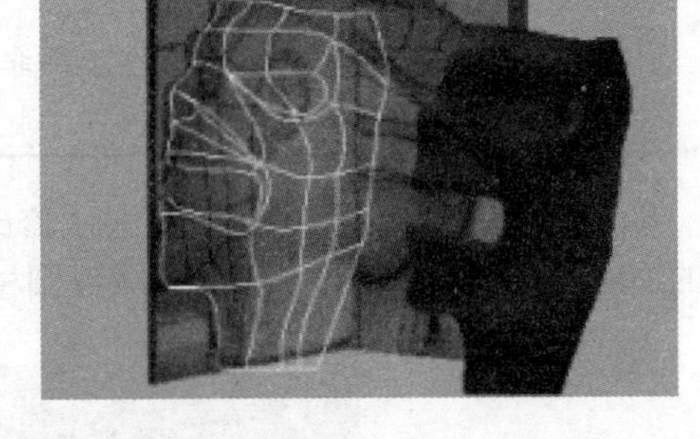

图 4.1.3

二、横截面修改器

“横截面”修改器创建穿过多个样条线的“蒙皮”。它的工作方式是连接 3D 样条线的顶点形成蒙皮。作为结果的对象是另一个样条线对象，曲面修改器可以用它创建面片曲面。这两个修改器，在一起使用的时候，有时统称为“曲面工具”，如图 4.1.4 所示。

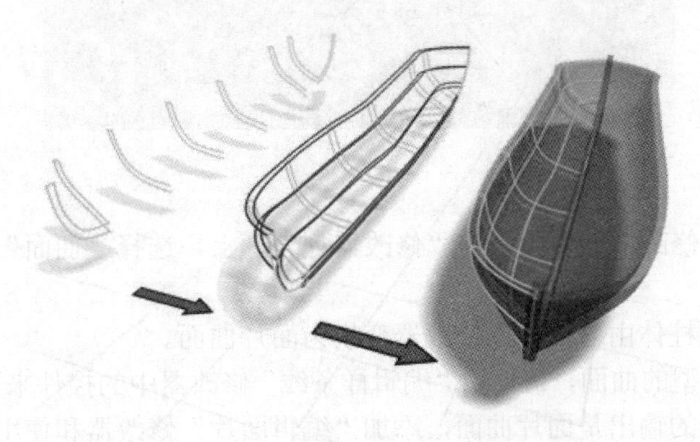

图 4.1.4

横截面可以建立穿过不同形状样条线的蒙皮，这些样条线有不同的顶点数和打开/闭合状态。样条线的顶点数和复杂度越不相同，蒙皮的不连续性越相似。

注意可编辑样条线提供相似的功能。在“可编辑样条线” ➤ “分段”和“样条线”子对象层级中，可以用“连接复制”和“横截面”创建样条线框。使用此方法，需要区域选择创建的顶点以变换它们。同样，此方法可以比“横截面”修改器更方便地定义样条线的顺序。

横截面建模的基本制作步骤如下。

（1） 在“创建”面板上，单击（“图形”），然后单击“圆”。

（2） 在“顶部”视口中拖动可以创建半径约为 100 个单位的圆。

（3） 在“修改”面板上，从“修改器列表”中选择“编辑样条线”。

（4） 在修改器堆栈显示区域中，启用“样条线”子对象，然后选择圆。

（5） 在“前视口”中，按下 Shift 键并向上移动样条线可以复制它。SHIFT＋向上移动副本可以创建第三个圆。

注 意

附加或克隆样条线时的操作顺序非常重要，这即是横截面用来创建蒙皮的顺序。

（6） 在“修改”面板上，从“修改器列表”中选择“横截面”。“横截面”将三个远的顶点连接在一起。显示基本样条线圆柱体。如图 4.1.5 所示。

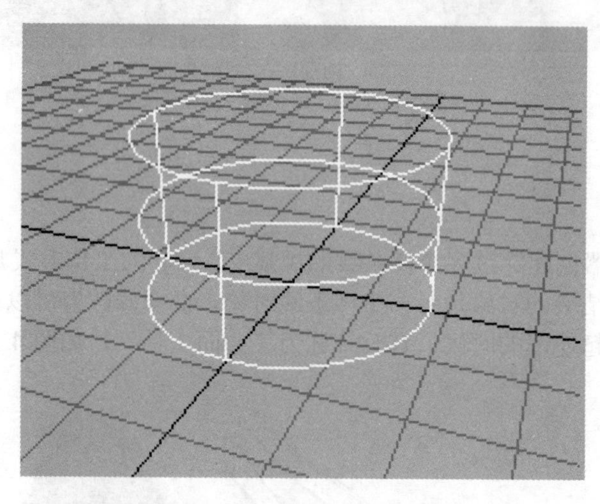

图 4.1.5

（7） 在“修改”面板上，在“修改器列表”上，选择“曲面”可以添加“曲面”修改器。

（8） 样条线圆柱体由“曲面”修改器变换为面片曲面。

（9） 要编辑模型的曲面，请使用“编辑样条线”修改器中的控件来更改样条线。或者，因为“曲面”修改器的输出是面片曲面，添加“编辑面片”修改器和使用面片编辑控件可以更改曲面。

4.2　典型案例——眼球动画

一、制作眼球动画

制作眼球动画效果图如图 4.2.1 所示，具体要求如下。

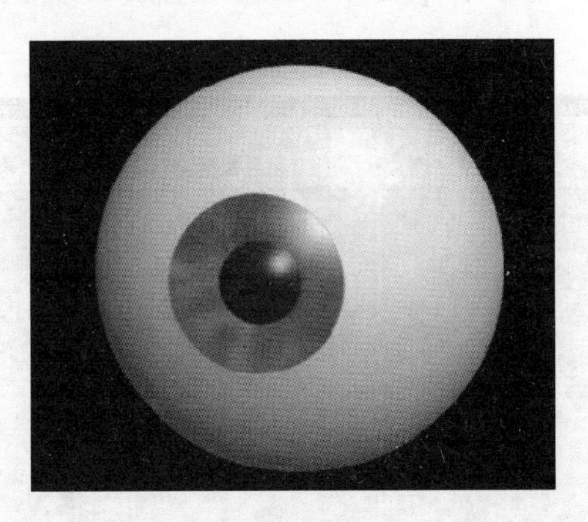

图 4.2.1

（1）　建立场景：设置场景。
（2）　面片曲面：创建瞳孔、虹膜、角膜、巩膜模型，如图 4.2.1 所示。
（3）　调整修改：圆片瞳孔、虹膜向内弯曲、楔形角膜和巩膜，如图 4.2.2 所示。

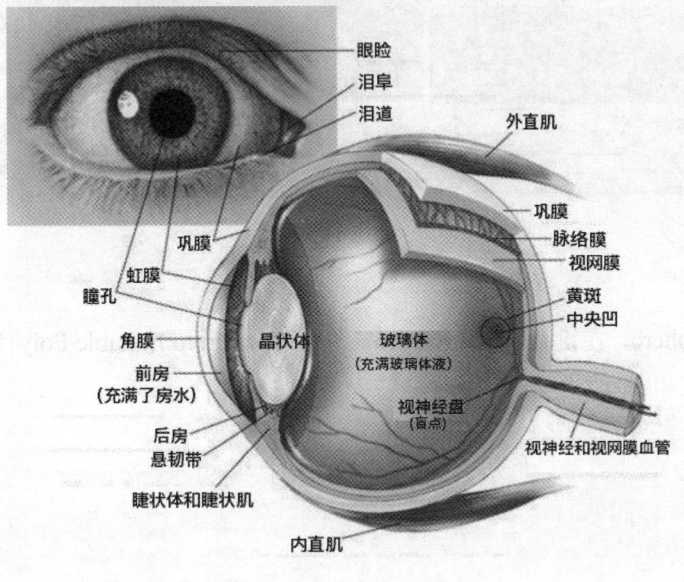

图 4.2.2

（4） 添加效果：添加各部分的纹理材质。

（5） 将最终结果以 X4-1.max 为文件名保存。

二、操作步骤

（一）创建模型

（1） 观察眼球解剖图，理解其基本结构。

（2） 在前视图建立一个球体 Sphere，Radius 设置成 100，坐标归零，如图 4.2.3 所示。

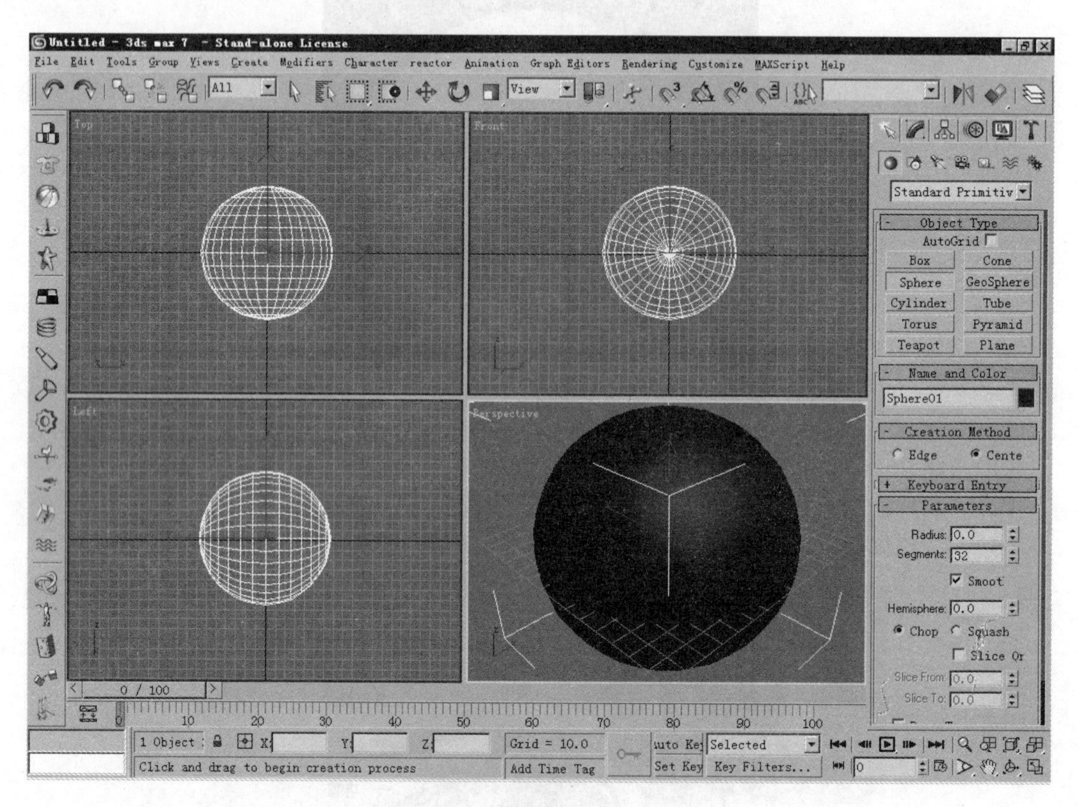

图 4.2.3

（3） 右键 Sphere，左键点选 Convert to，单击 Convert to Editable Poly 编辑，如图 4.2.4 所示。

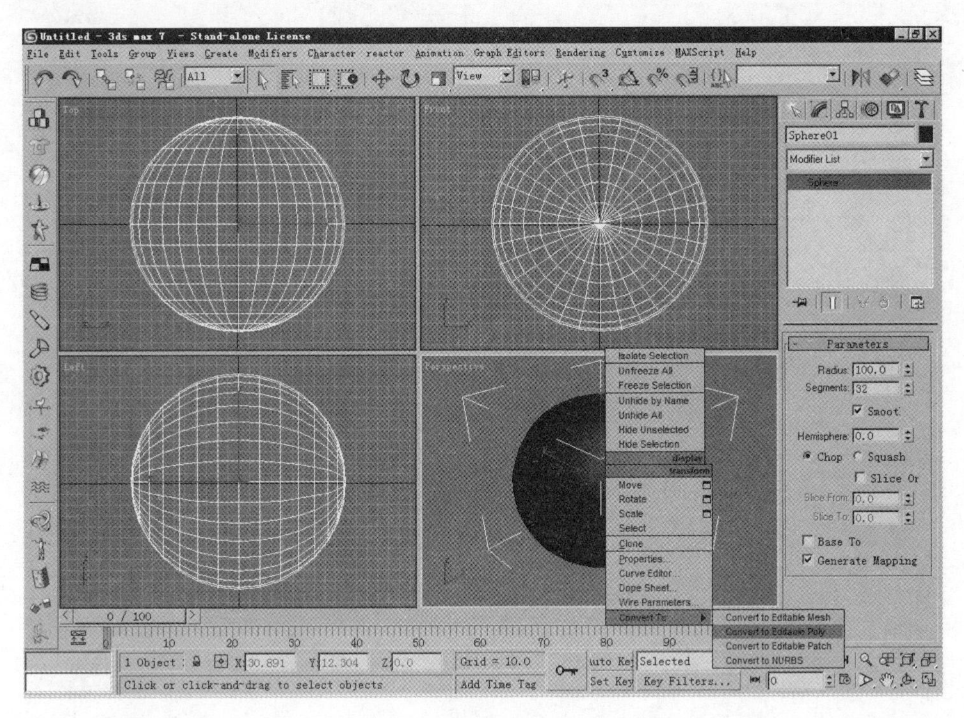

图 4.2.4

（4）左视图选中点成集 Vertex，选中最边上的两排点的点，Delete。如图 4.2.5 和图 4.2.6 所示。

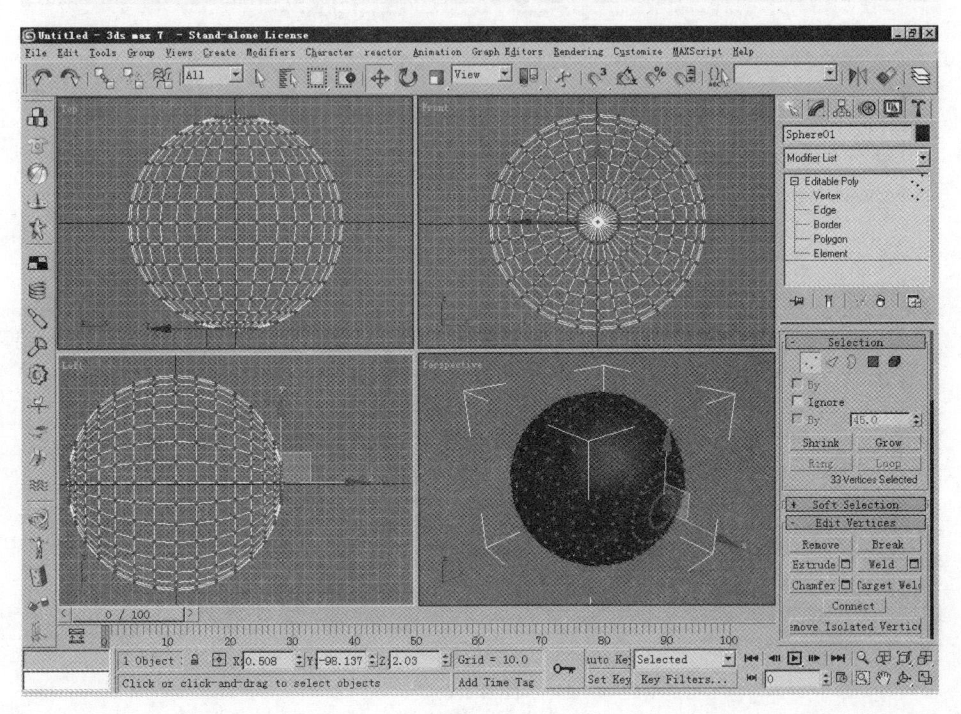

图 4.2.5

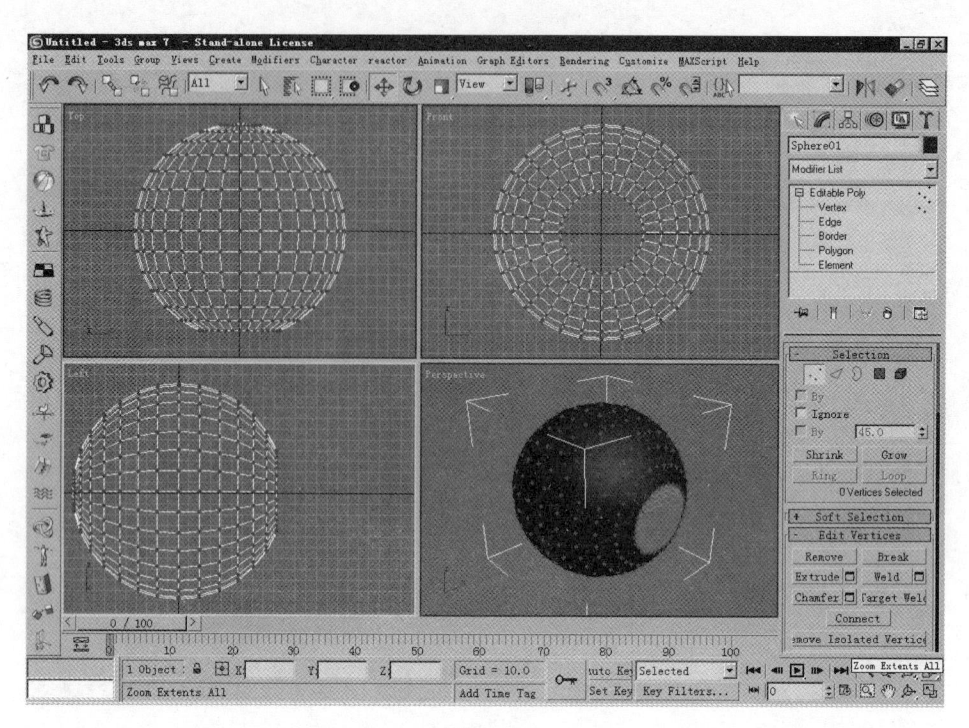

图 4.2.6

（5） 删除后再选择左边的第一排点，向右移动至第三排点位置，如图 4.2.7 所示。

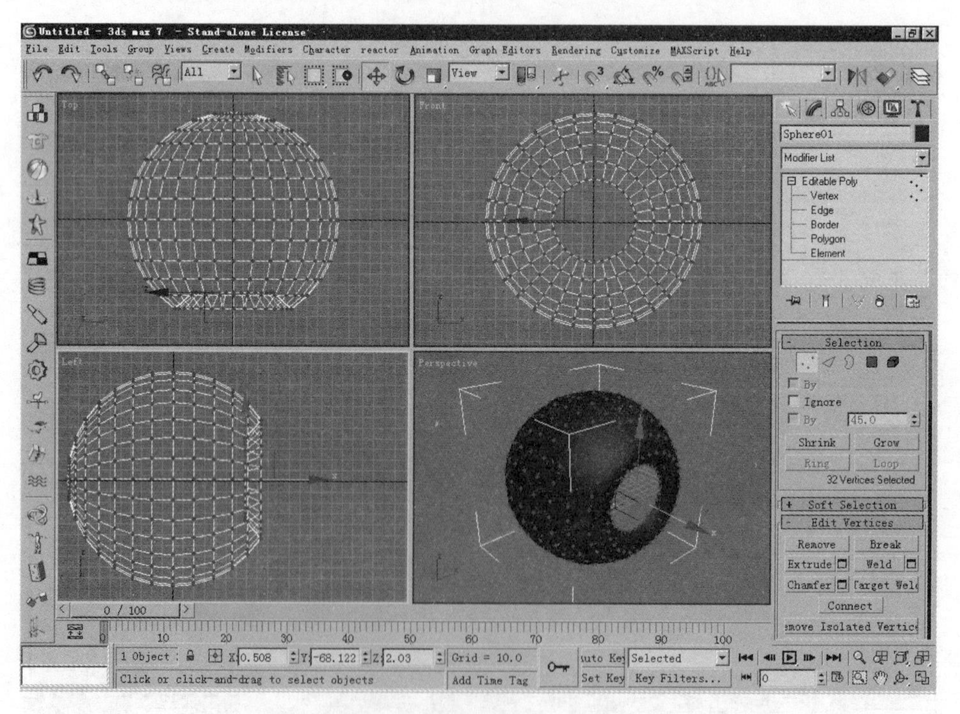

图 4.2.7

（6） 在缩放命令按钮上，点击右键，在缩放比例处输入 60%，分离（Detach）本排点，如图 4.2.8 所示。

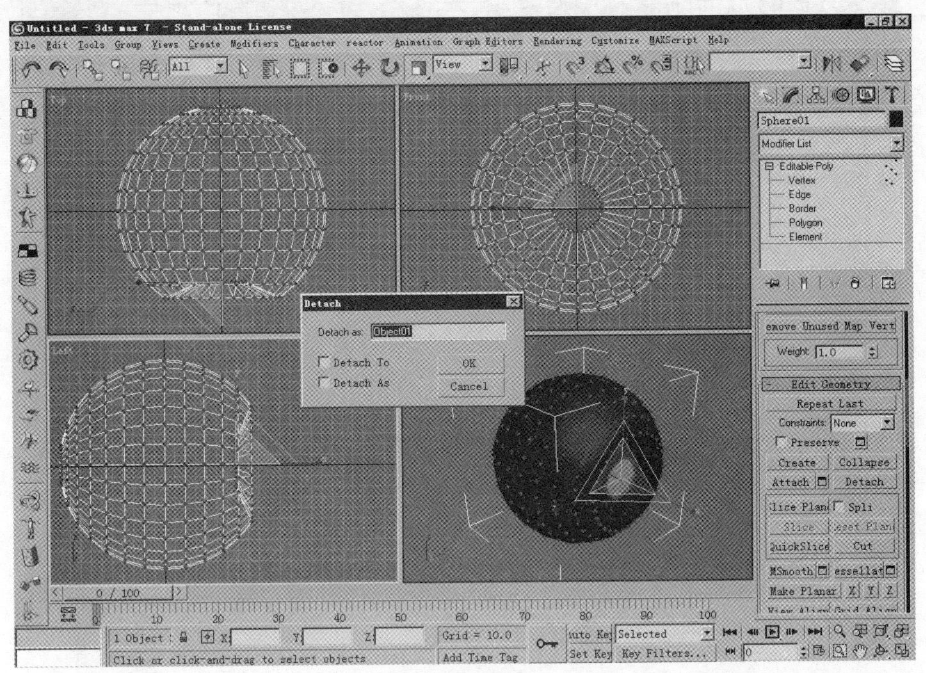

图 4.2.8

（7） 再建立球体 Sphere，Radius：80，Hemisphere：0.83，坐标归零，如图 4.2.9 所示。

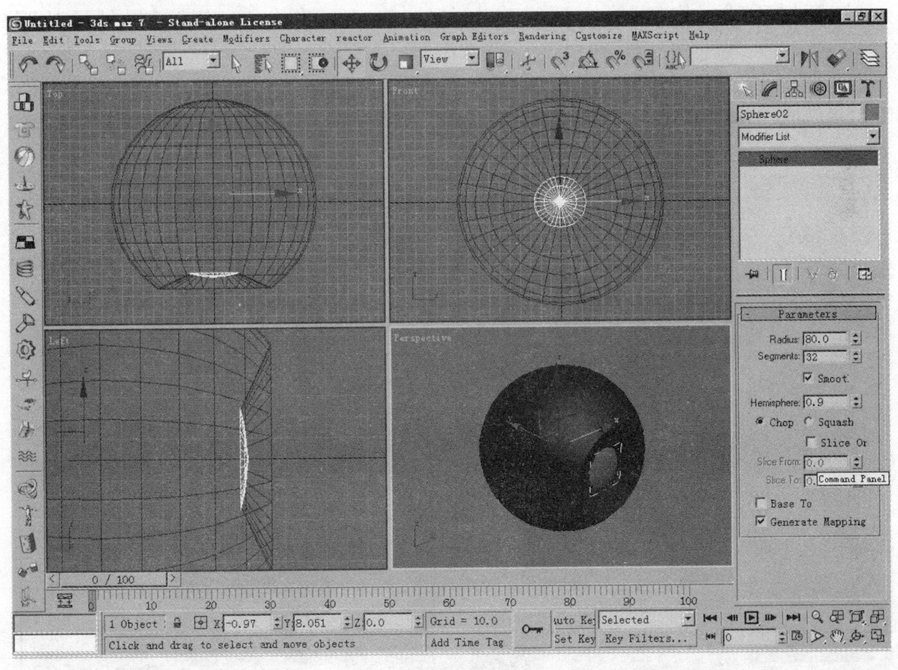

图 4.2.9

（8） 建立面板在顶视图建立一个圆，Radius：80，如图 4.2.10 所示。hemisphere 的根改为 0.7，修改完的球体覆盖到之前的球体上。

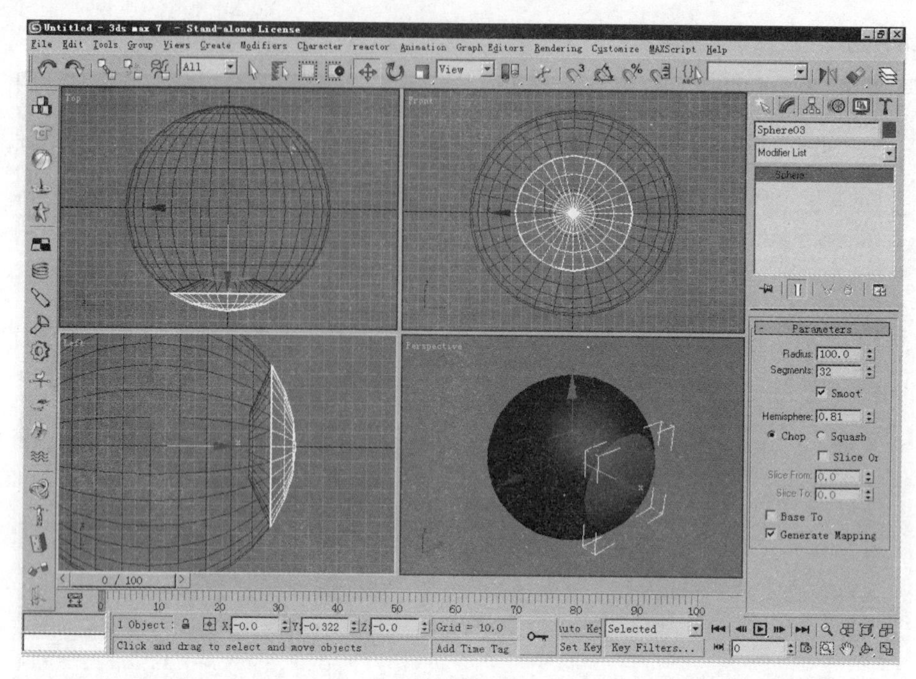

图 4.2.10

（二）材质制作

（1） 打开材质球，将 diffuse 颜色改为白色，color 改成 50，赋予最外面的眼球，如图 4.2.11 所示。

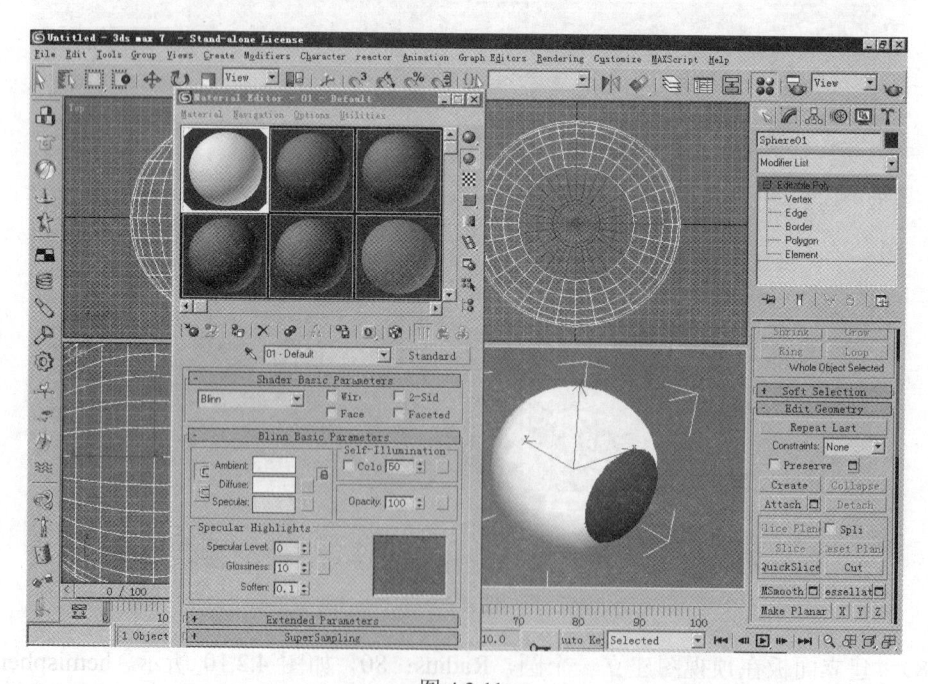

图 4.2.11

（2） 重选材质球，diffuse 颜色设为黑色，Specular Lever 改为 60，赋予中间的瞳孔，如图 4.2.12 所示。

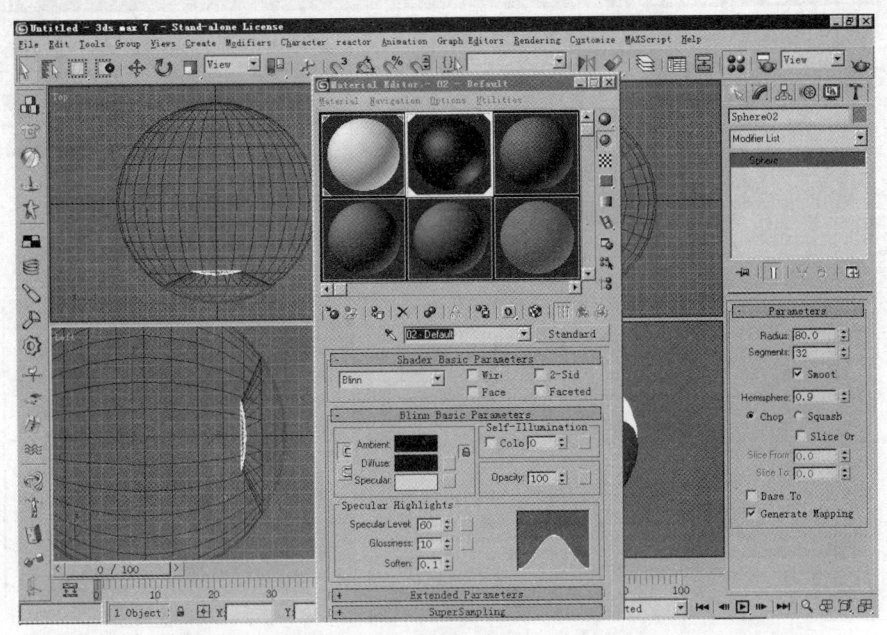

图 4.2.12

（3） 重选材质球，将马赛克背景打开，然后改不透明度为 0，高光设置为 155，40；0.1，赋予最上面的虹膜，如图 4.2.13 所示。

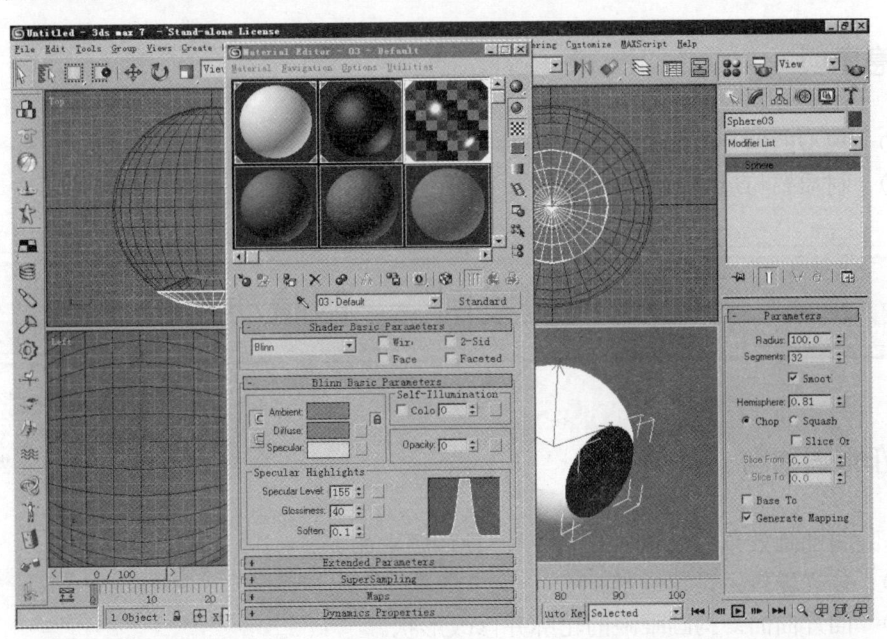

图 4.2.13

（4） 重选材质球，将 diffuse 赋予 Bitmap 位图。路径：素材库\A3dmax\maps\2Leg-Eye，TAG，然后进入修改面板，选择 UVW mapping，点击 box，然后单击 Fit 多次，赋予给巩膜，如图 4.2.14 所示。

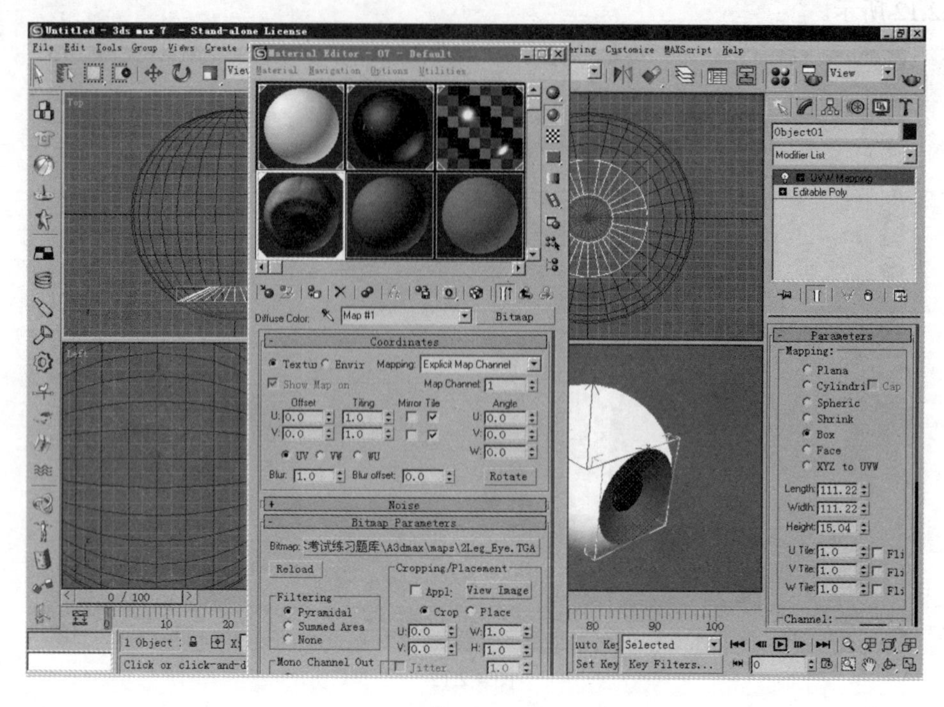

图 4.2.14

（5） 将最终效果图以 X4-1.max 为文件名保存。

三、注意事项

（1） 模型的四个组成部分要准确对位。

（2） 材质要与最终效果图一致。

4.3 典型案例——眼睛动画

一、制作眼睛动画

制作眼睛动画效果图如图 4.3.1 所示，具体要求如下。

（1） 建立场景：设置场景。

（2） 面片曲面：构画眼睑的轮廓并修改形状。

（3） 调整修改：制作眼睫毛线条。

（4） 添加素材库\A3dmax\Unit4\Y4-2A.jpg，皮肤材质和 Y4-2B.jpg 眼球贴图。

（5） 将最终结果以 X4-2.max 为文件名保存在考生文件夹中。

二、操作步骤

（1） 在前视图按快捷键 ALT+B，点 Files，选择轮廓图，sequence 不勾，选择第 2 个 Match lock zoom/pan 勾上，如图 4.3.2 所示。

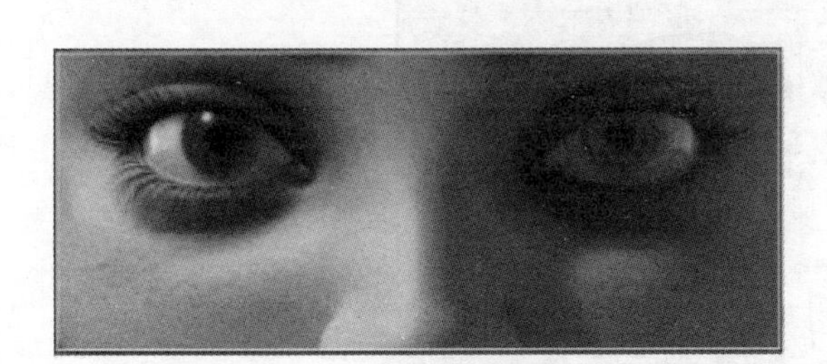

图 4.3.1

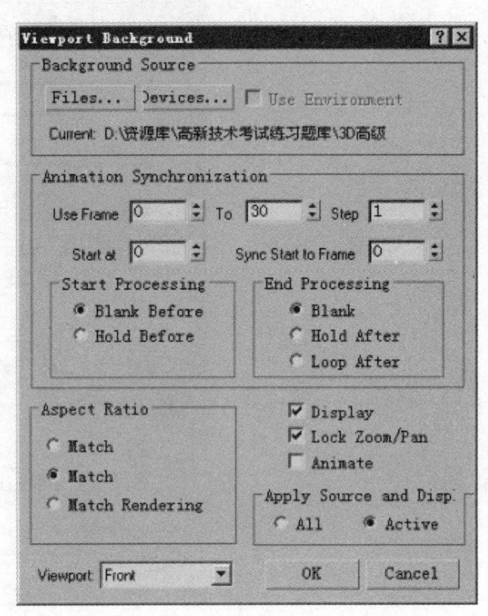

图 4.3.2

（2） line 描点，在修改面板打开 line spine 时，选中刚才画的线，缩放向外拉开关，复制，如图 4.3.3 所示。

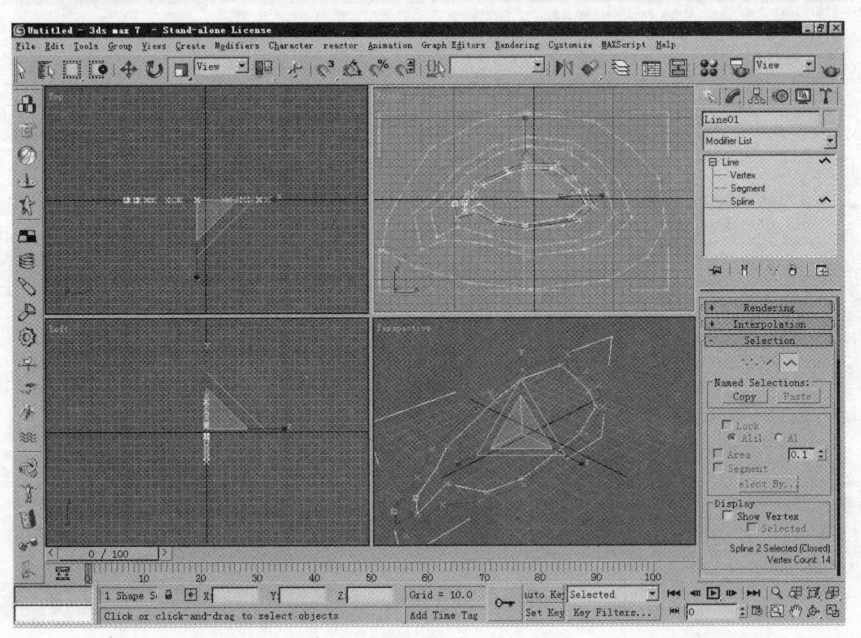

图 4.3.3

（3） 快捷键 ALT+B，在弹出的 Viewport Background 对话框中不选 Display，单击 OK 按钮，如图 4.3.4 所示。

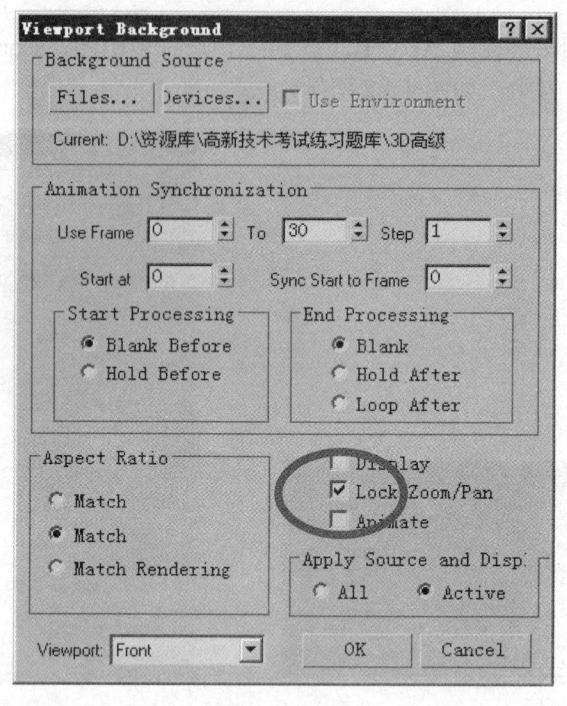

图 4.3.4

（4） 在修改面板添加 Cross section，选择 smooth，如图 4.3.5 所示。

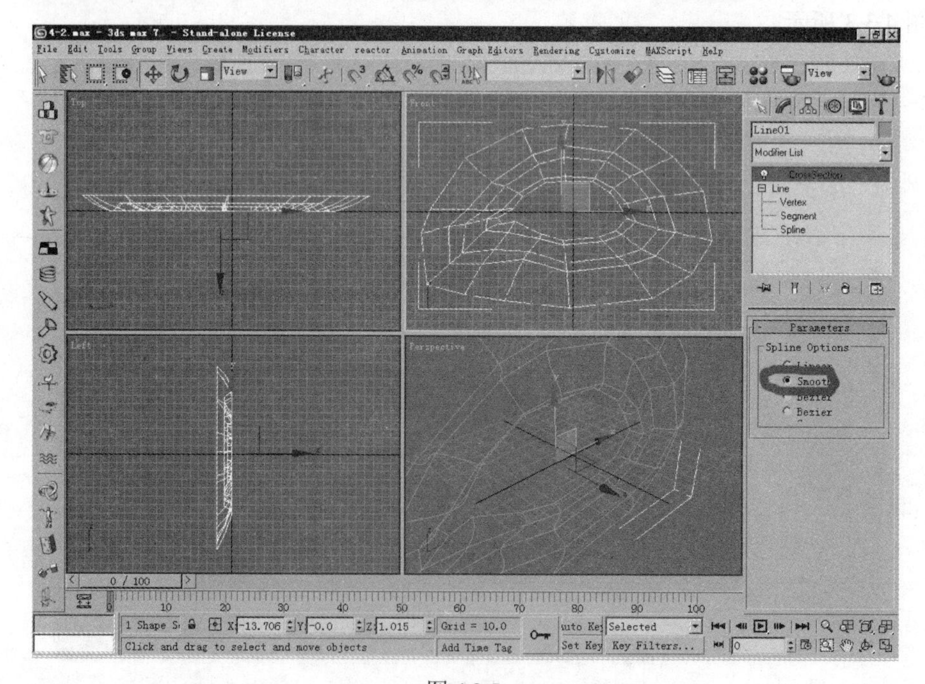

图 4.3.5

（5） 修改面板添加 Surface 和如图 4.3.6 所示。

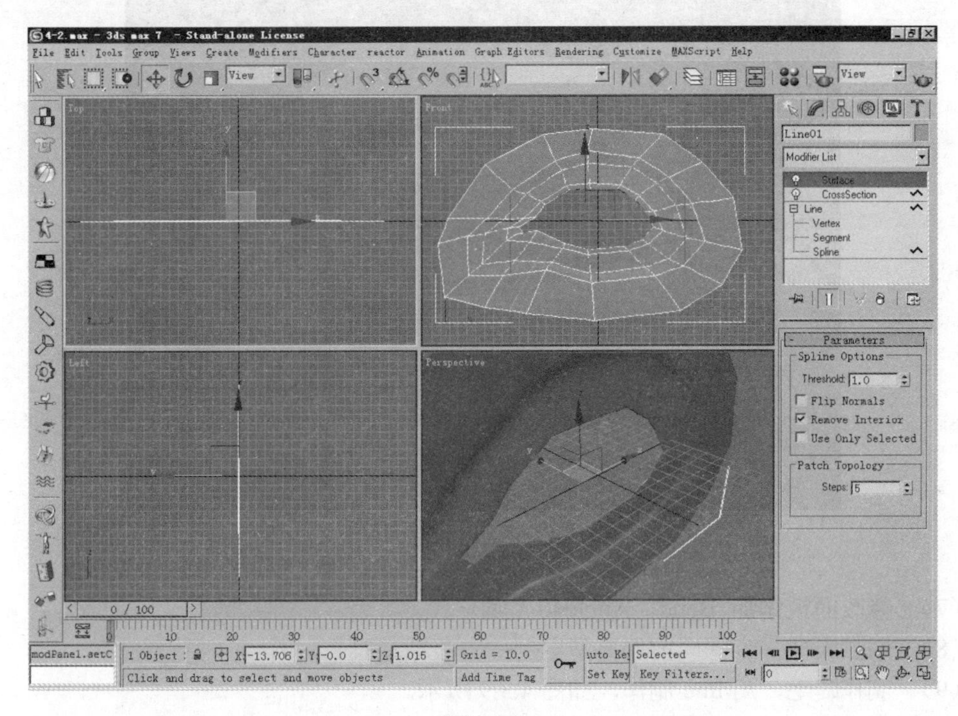

图 4.3.6

（6） Line 面板调整位置如图 4.3.7 和图 4.3.8 所示。

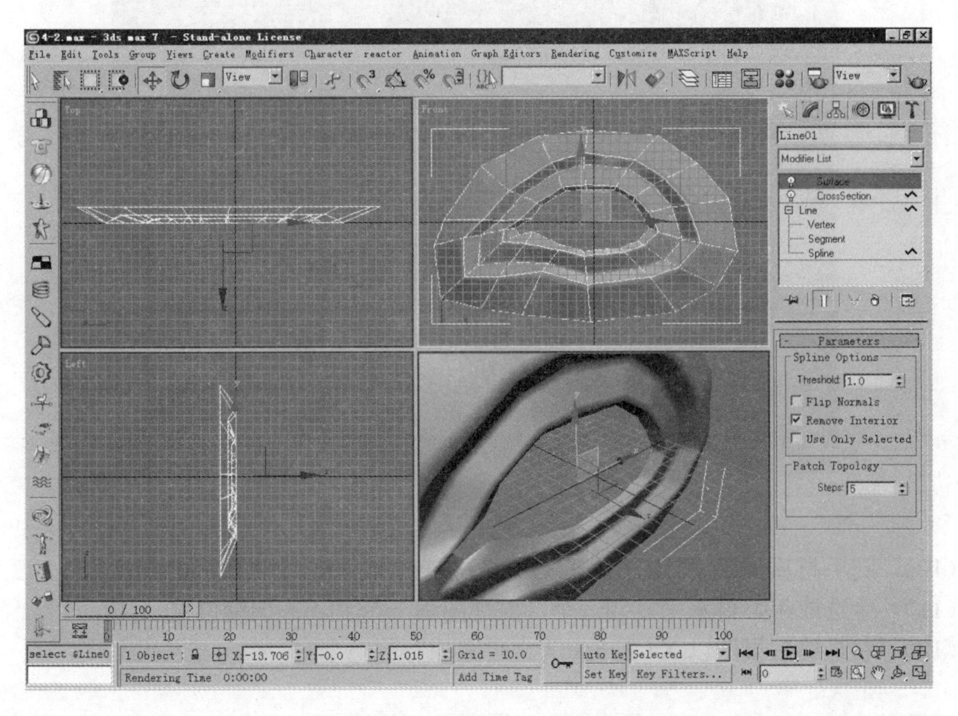

图 4.3.7

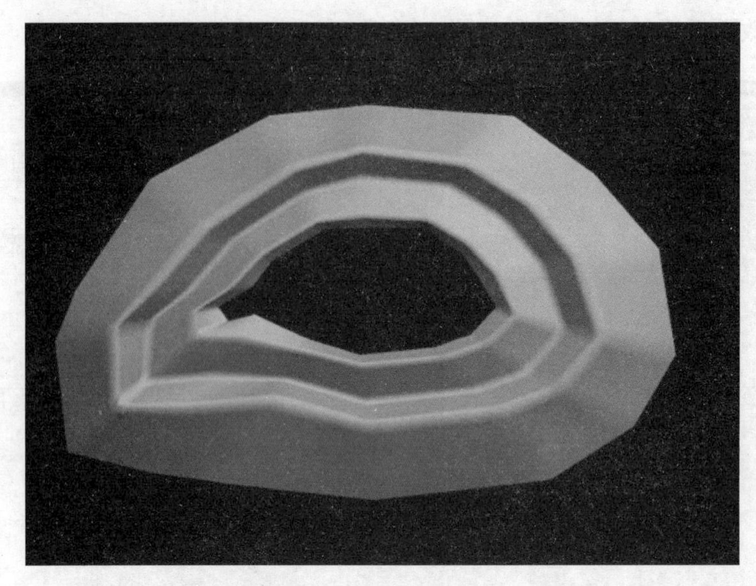

图 4.3.8

（7） 修改面板添加 Bend，Angle40 *X* 轴。

（8） 添加眼球，步骤同前例典型案例——眼球动画。

（9） 制作睫毛，用 line 制作，如图 4.3.9 所示。

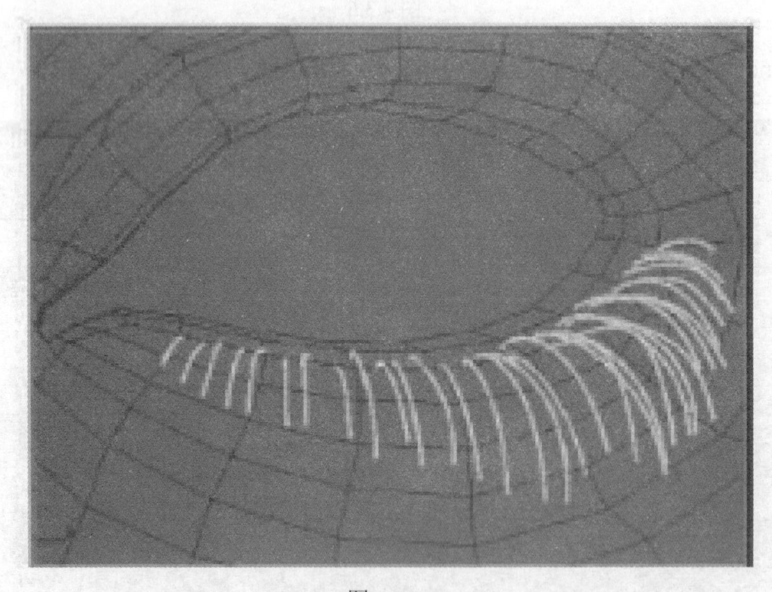

图 4.3.9

（10） 睫毛材质如图 4.3.10 所示，Diffuse 黑色，opacity 添加 Gradient。

（11） 全选成组，再水平复制一个，前视图画一个 Plane 调整位置。

（12） 将最终效果图以 X4-2.max 为文件名保存。

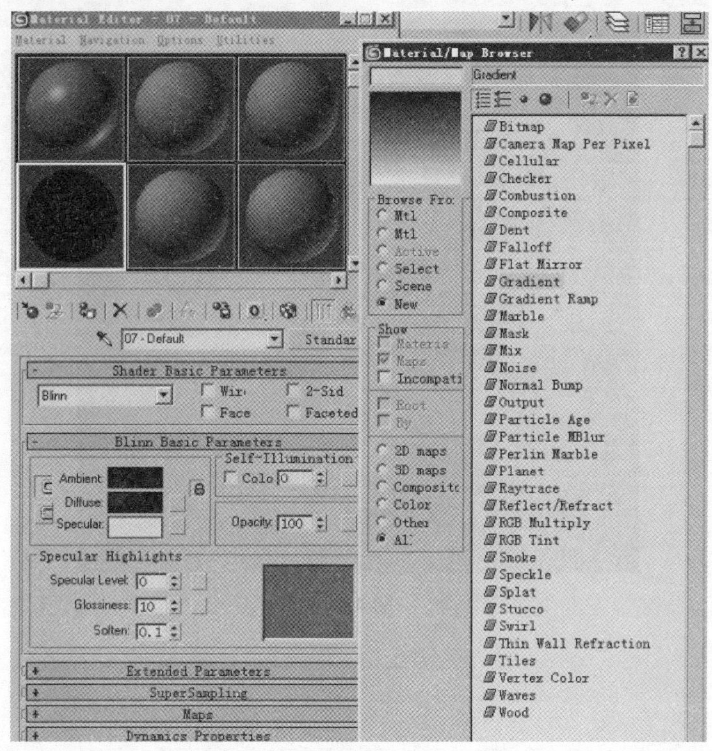

图 4.3.10

三、注意事项

（1） 眼眶的几条边，为了保证能够正确实施 Cross section 命令，一定要在线的 spline 成集下进行复制。

（2） 眼睫毛的位置要随着眼部轮廓的变化沿切线方向弯曲摆放。

4.4 典型案例——鼻子动画

一、制作鼻子动画

制作鼻子动画效果图如图 4.4.1 所示，具体要求如下。

（1） 建立场景：载入场景

（2） 面片曲面：根据背景图描绘鼻子轮廓线条。

（3） 调整修改：调整修改轮廓线和形状。

（4） 添加效果：添加纹理材质效果。

（5） 将最终结果以 X4-3.max 为文件名保存。

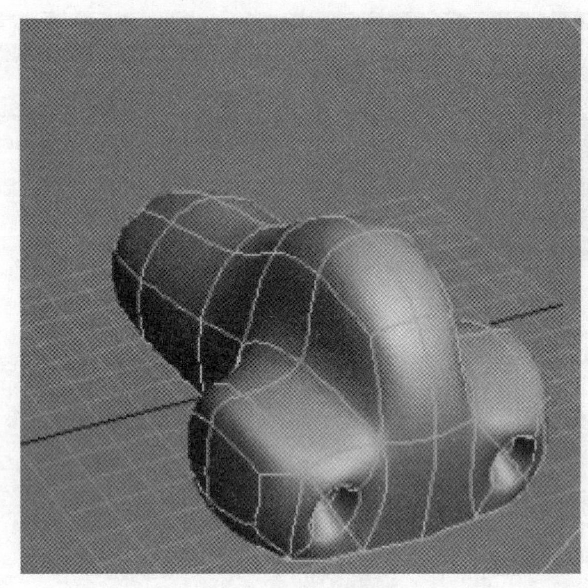

图 4.4.1

二、操作步骤

（1）在顶视图(TOP)新建面片 Plane. Length:200、Width:100、Length segs:6、Width segs:6，如图 4.4.2 所示。

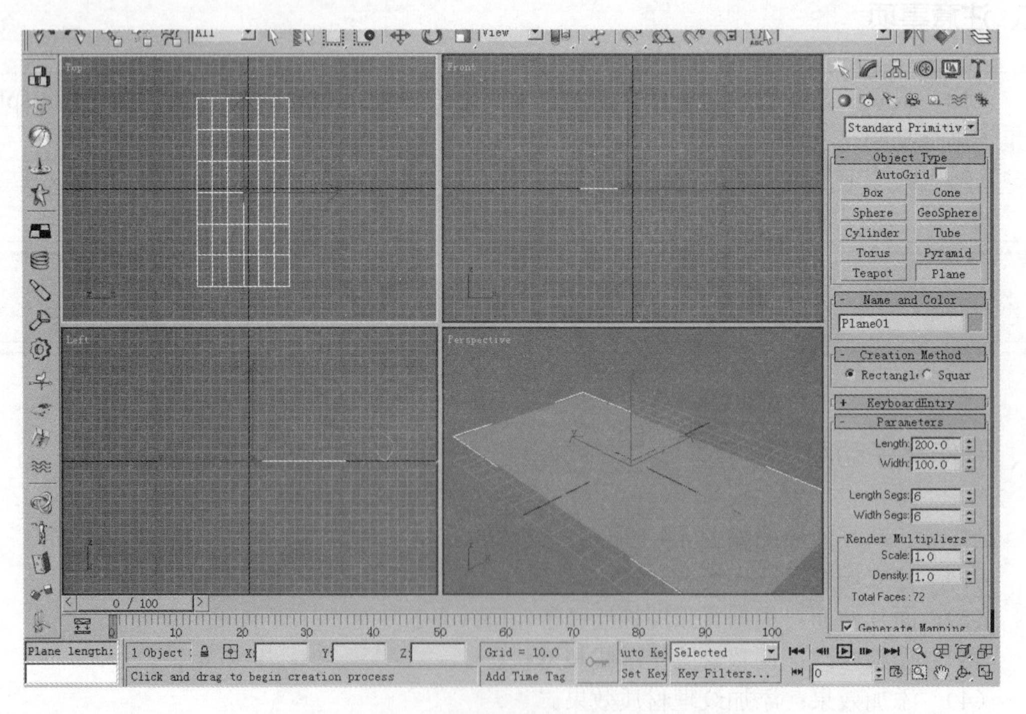

图 4.4.2

（2） 进入修改面板 Edit Poly，如图 4.4.3 所示。

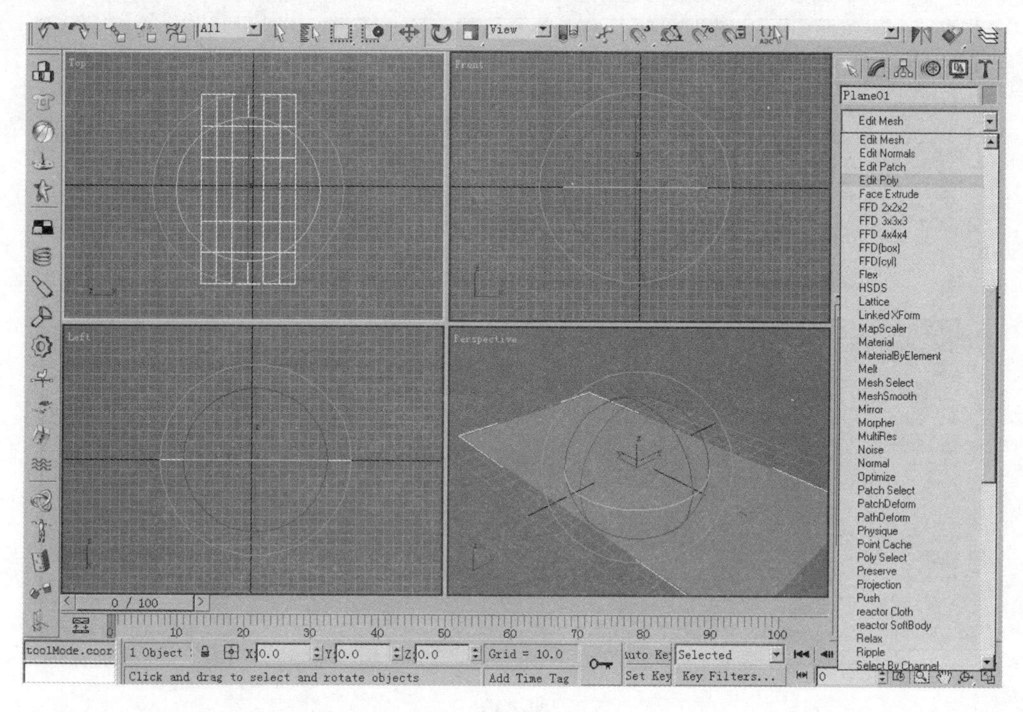

图 4.4.3

（3） 选择 Polygon，如图 4.4.4 所示。

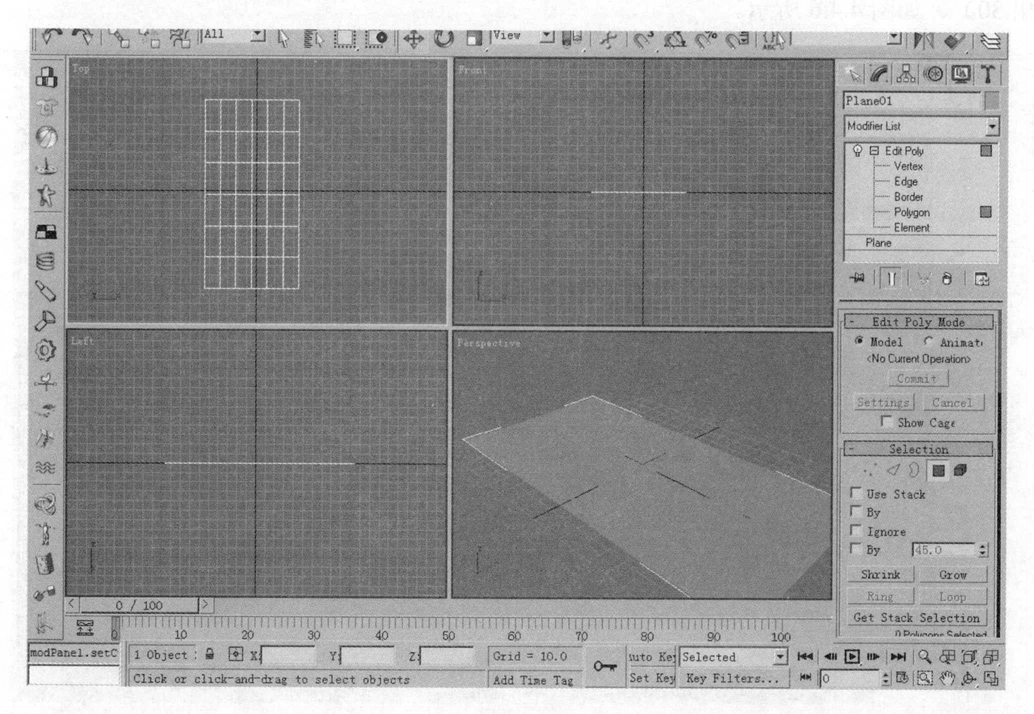

图 4.4.4

（4） 在顶视图选择中间八块，如图 4.4.5 所示。

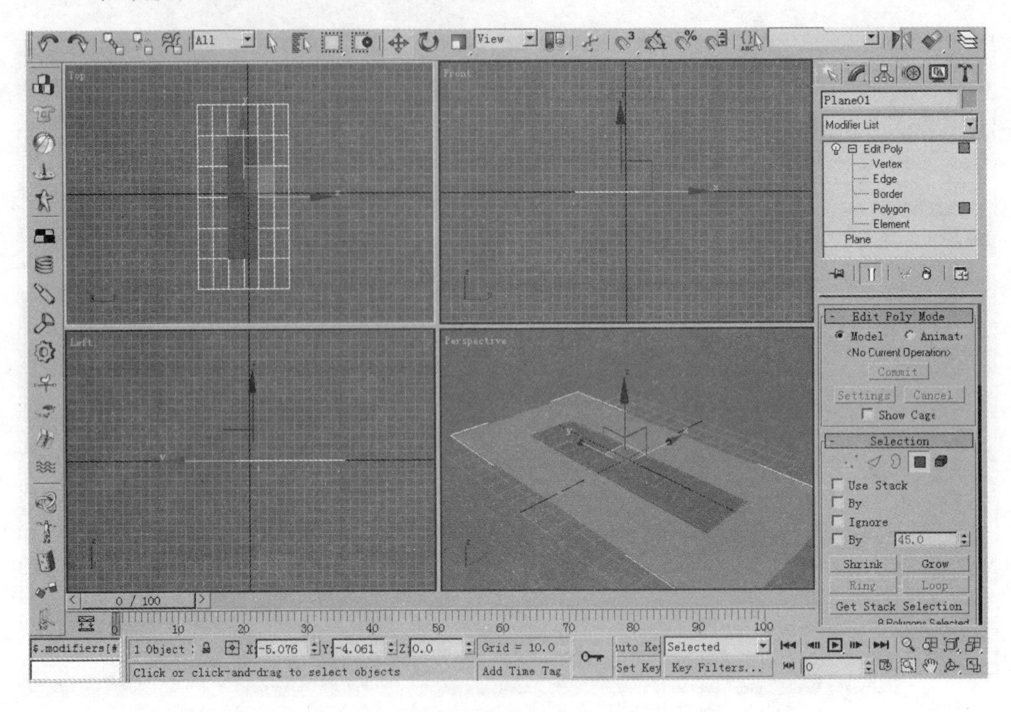

图 4.4.5

（5） 修改面板，下拉找到［Extrude］：15，两次（注意一定要挤出两次 15，不能一次挤出 30），如图 4.4.6 所示。

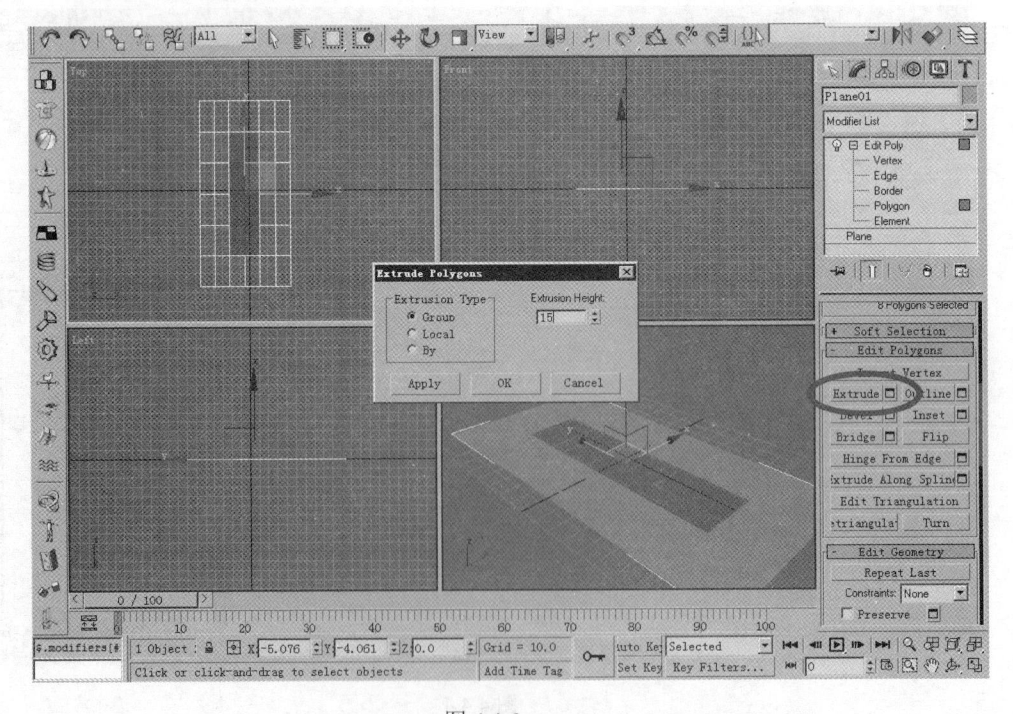

图 4.4.6

（6） 点击透视图，按键盘上的［F4］，如图 4.4.7 所示。

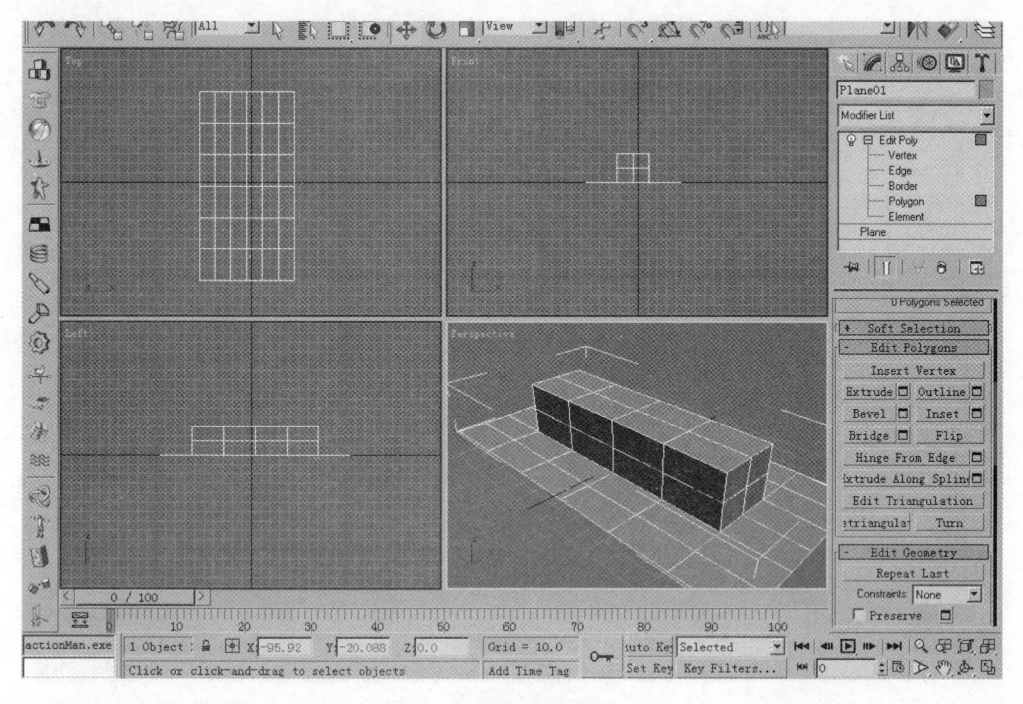

图 4.4.7

（7） 选择 Edit Poly 中的【Edge】，如图 4.4.8 所示。

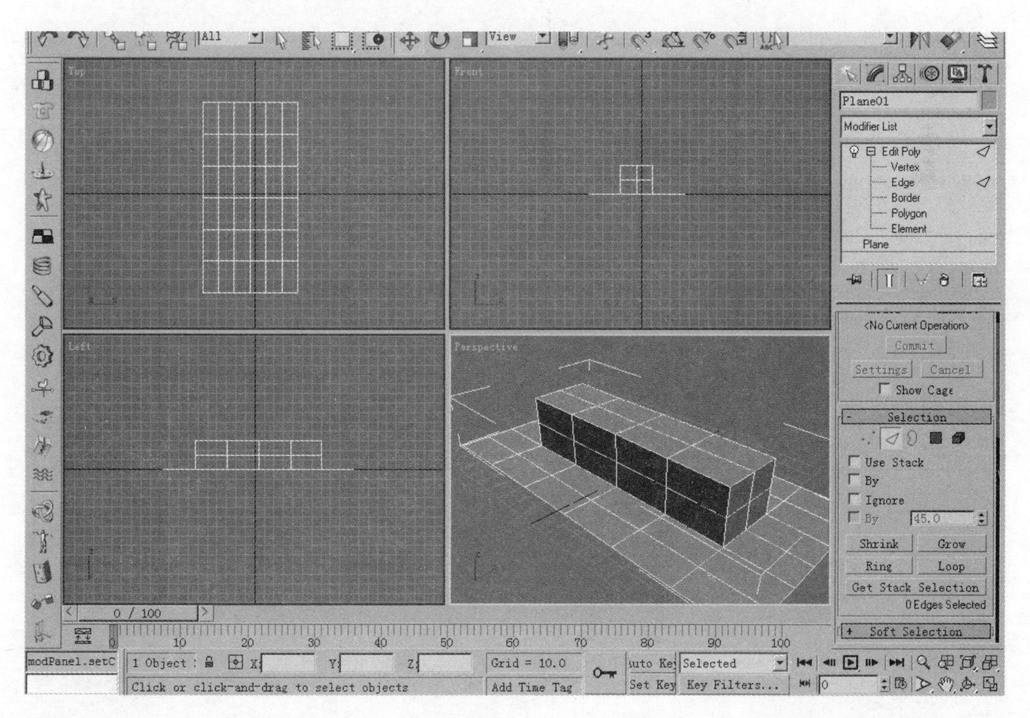

图 4.4.8

（8） 在顶视图选择画线中的一条边，如图 4.4.9 所示。

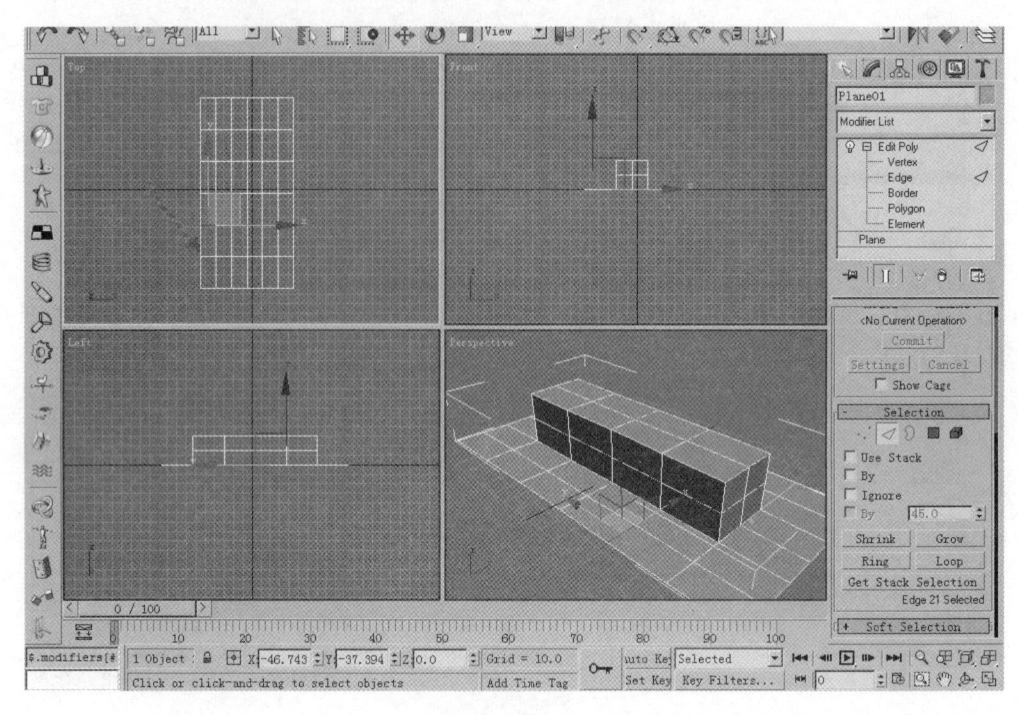

图 4.4.9

（9） 点击［Loop］循环（方便选中这一条），如图 4.4.10 所示。

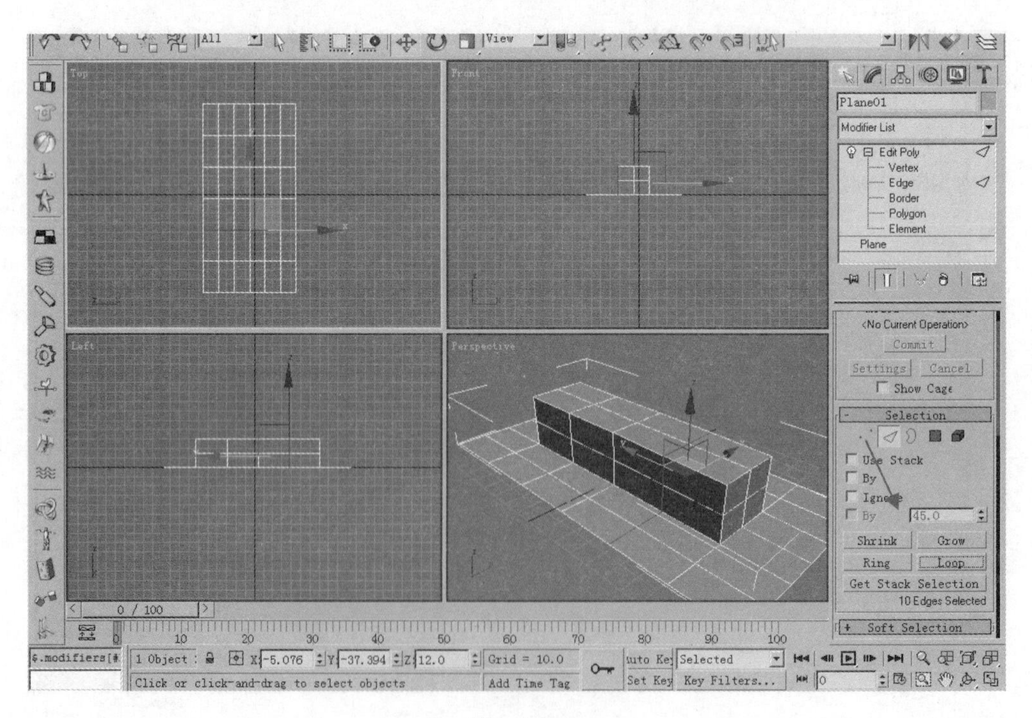

图 4.4.10

（10） 选择［Chamfer］11，如图 4.4.11 所示。

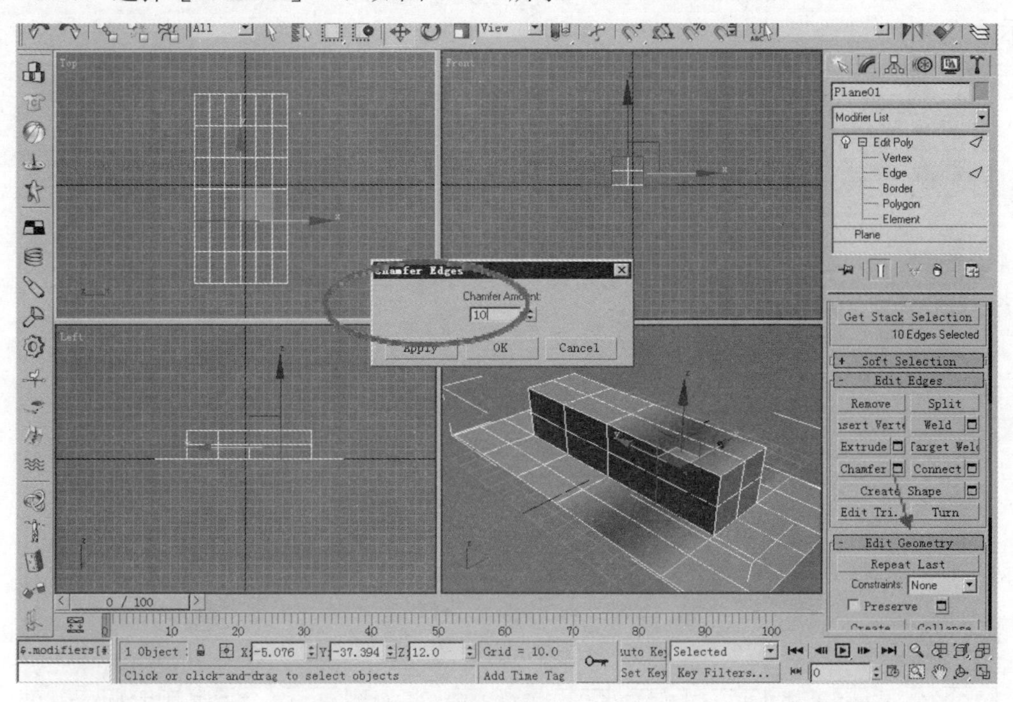

图 4.4.11

（11） 刚刚出现的一条边就变成了两条，如图 4.4.12 所示。

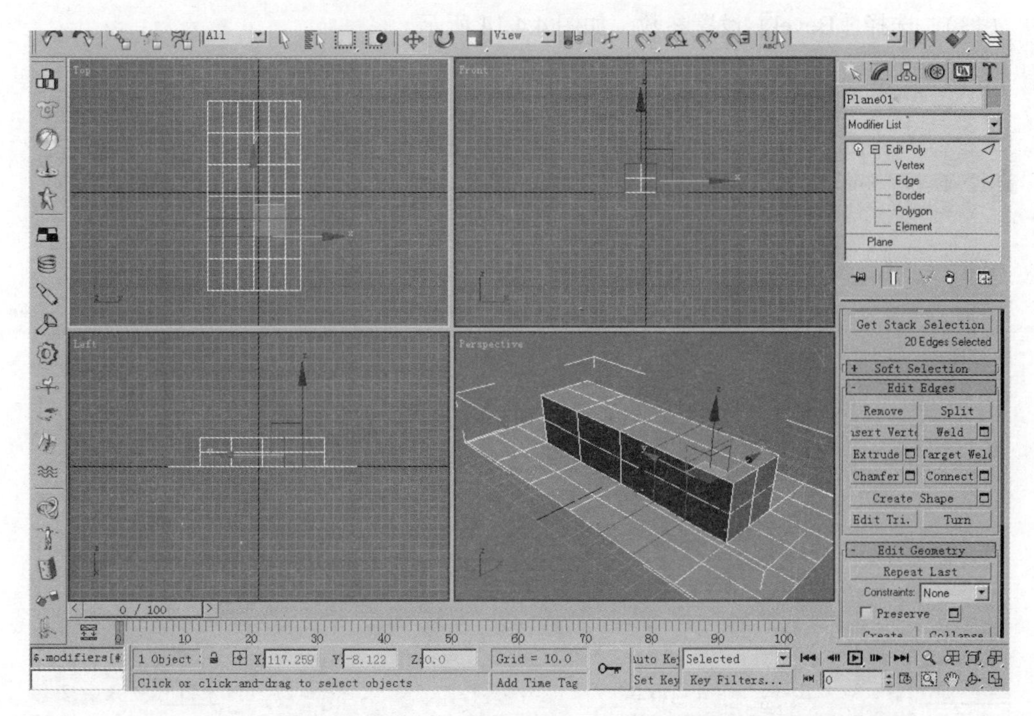

图 4.4.12

（12） 选择在修改面板的 Edit poly 下的 Polygon 左视图，选择选中的两块，如图 4.4.13 所示。

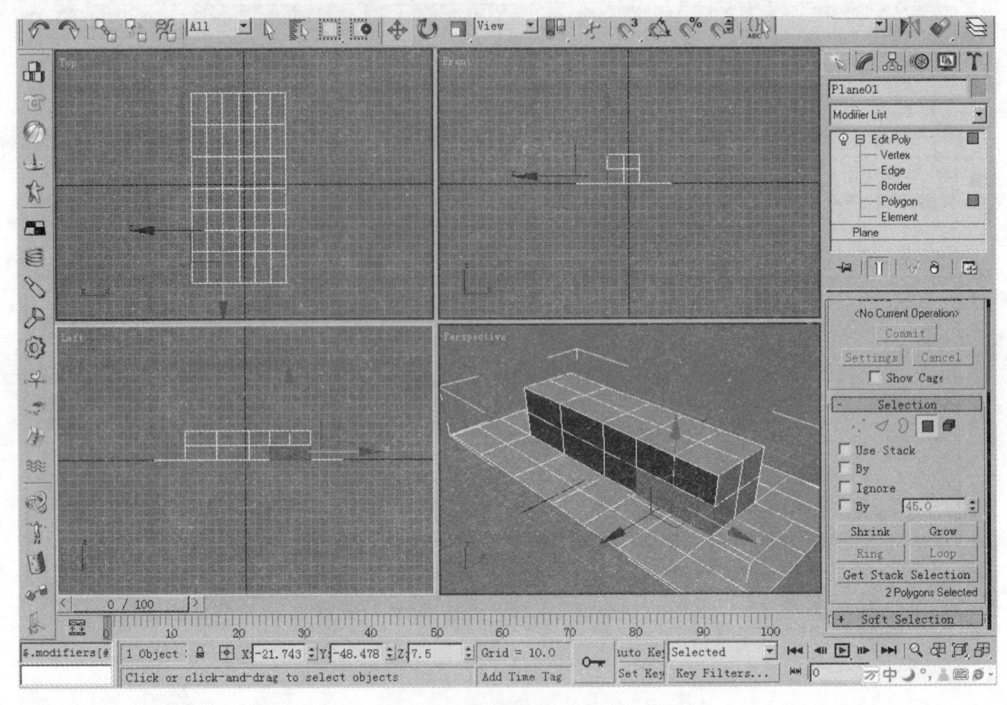

图 4.4.13

（13） 选择［Bevel］设置参数。如图 4.4.14 所示。

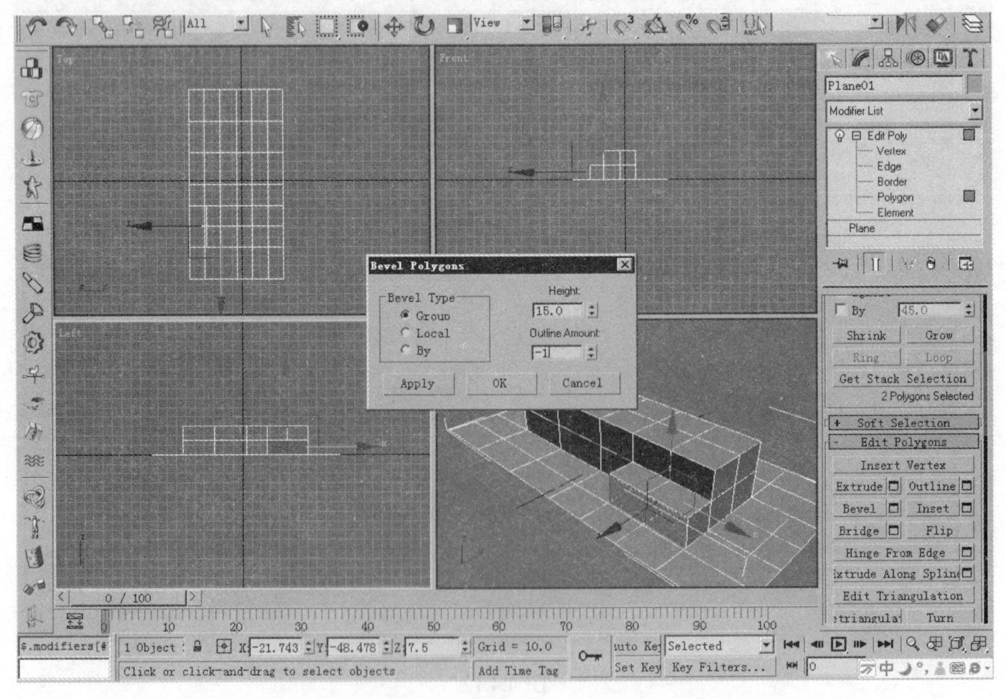

图 4.4.14

（14） 在透视图上选择倒角出来的两块下方，删除，如图 4.4.15 所示。

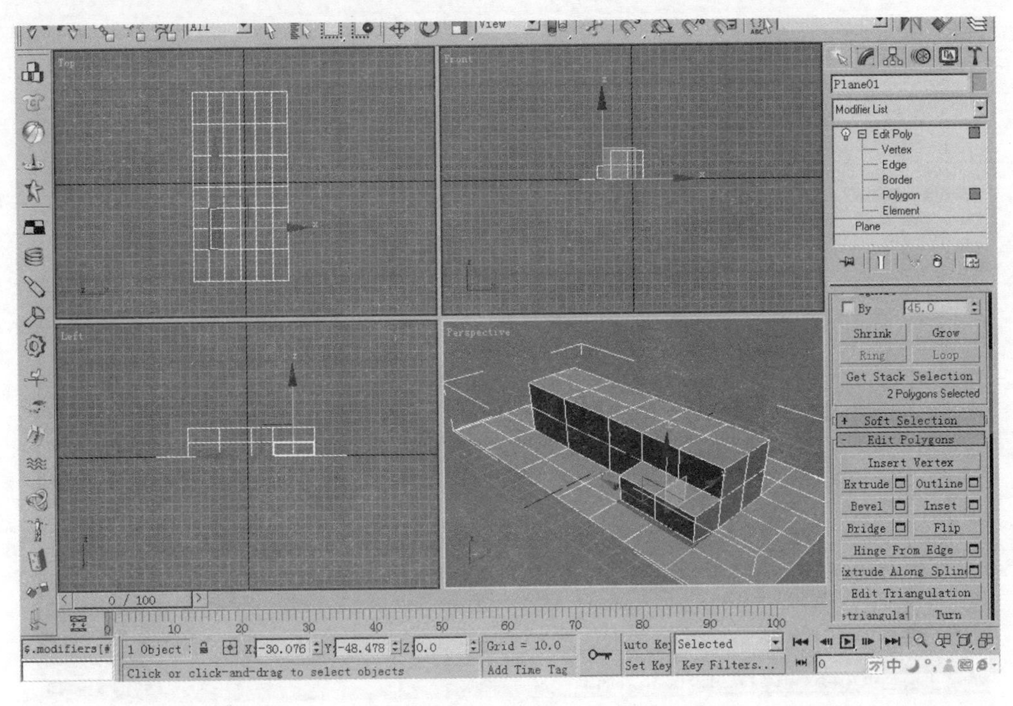

图 4.4.15

（15） 在透视图上，选择右下角的旋转，转到底部，选择底部两块，删除，如图 4.4.16 所示。

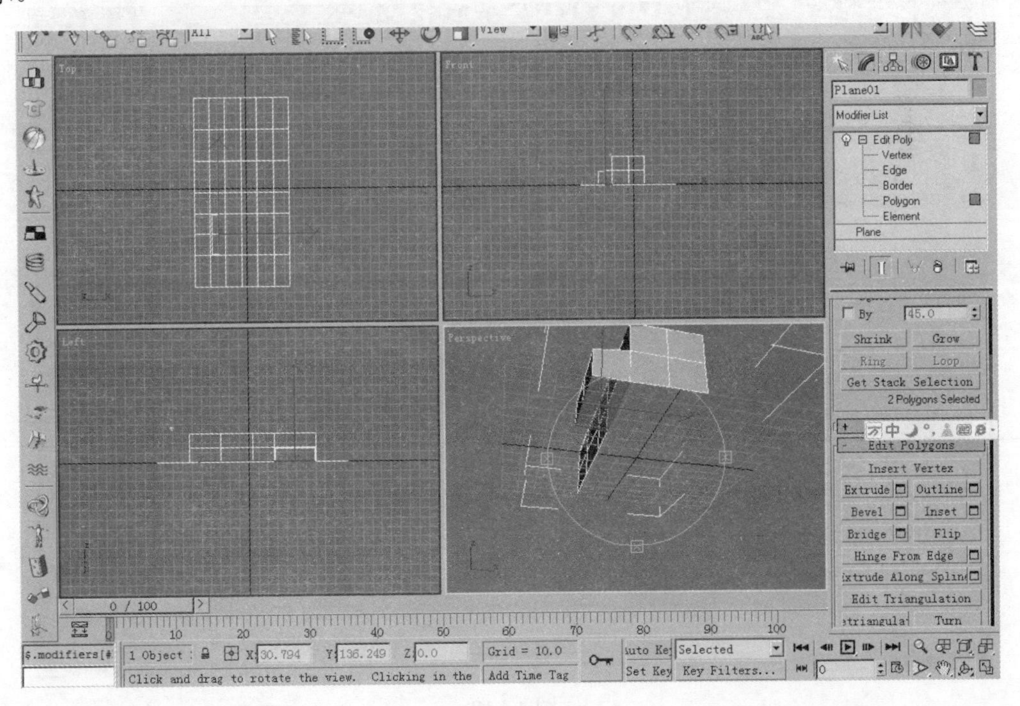

图 4.4.16

（16） 在透视图上，再转回来，放大，选择［Vertex］点命令，如图 4.4.17 所示。

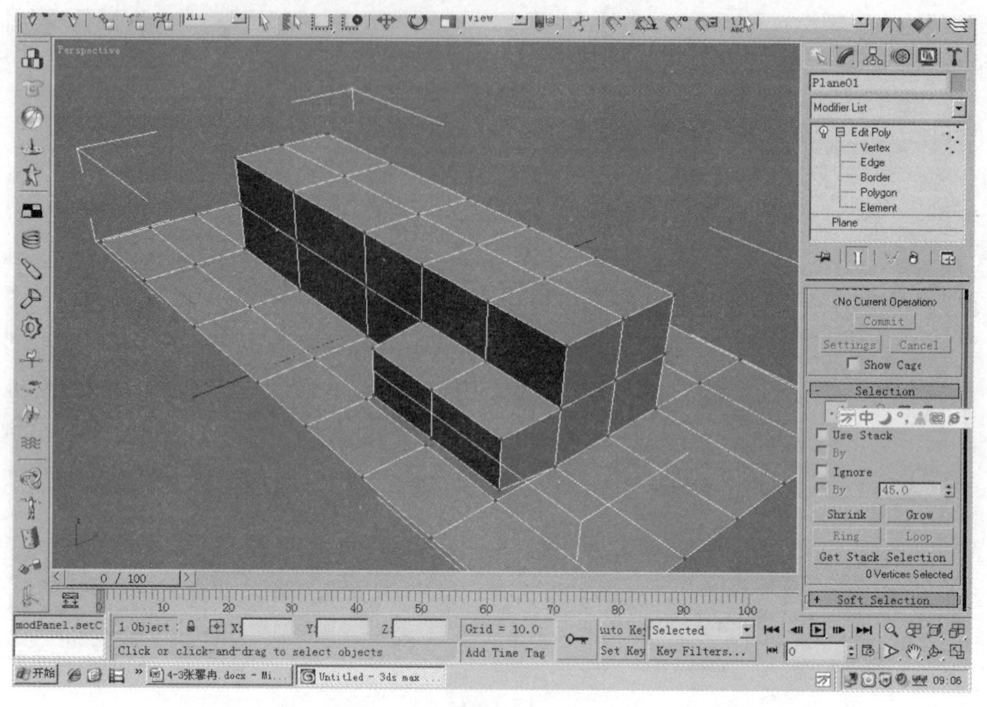

图 4.4.17

（17） 选中［目标焊接］，将两个分离的点，焊接成一个点，如图 4.4.18 所示。

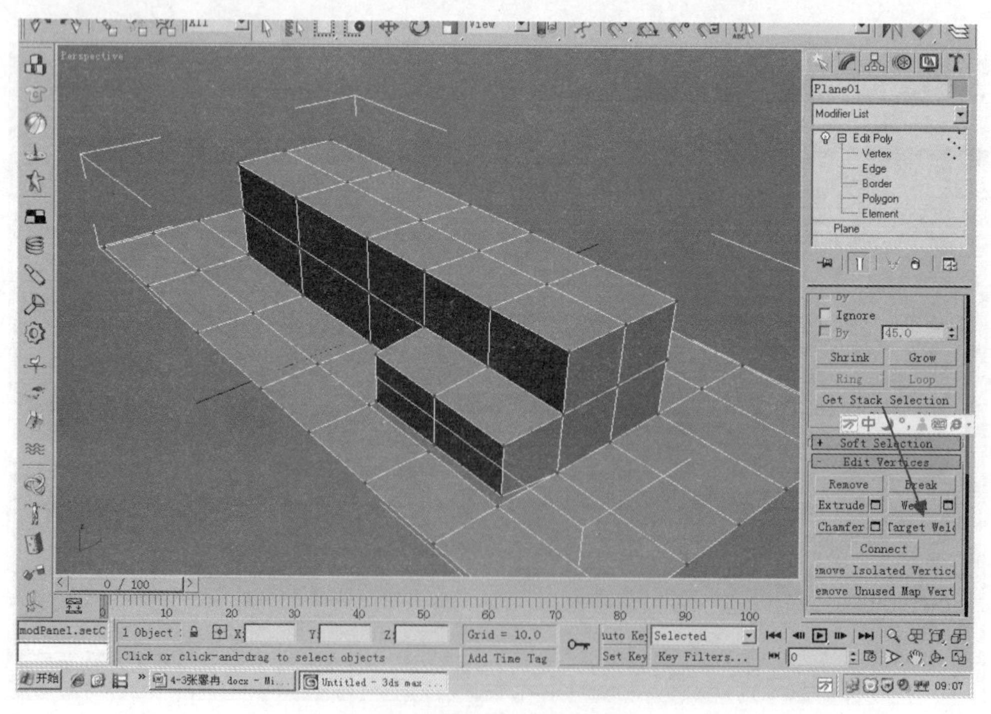

图 4.4.18

（18） 多次目标焊接后，如图 4.4.19 所示。

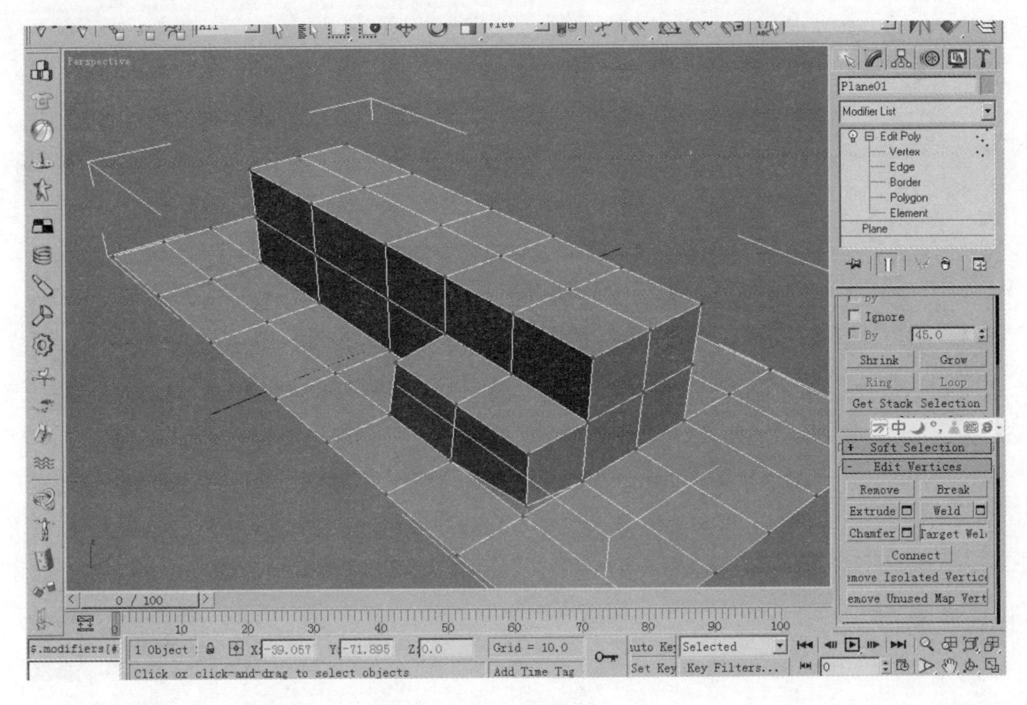

图 4.4.19

（19） 在 Edit Poly 中选择 Polygon 中［Bevel］，数值（5，-2），如图 4.4.20 所示。

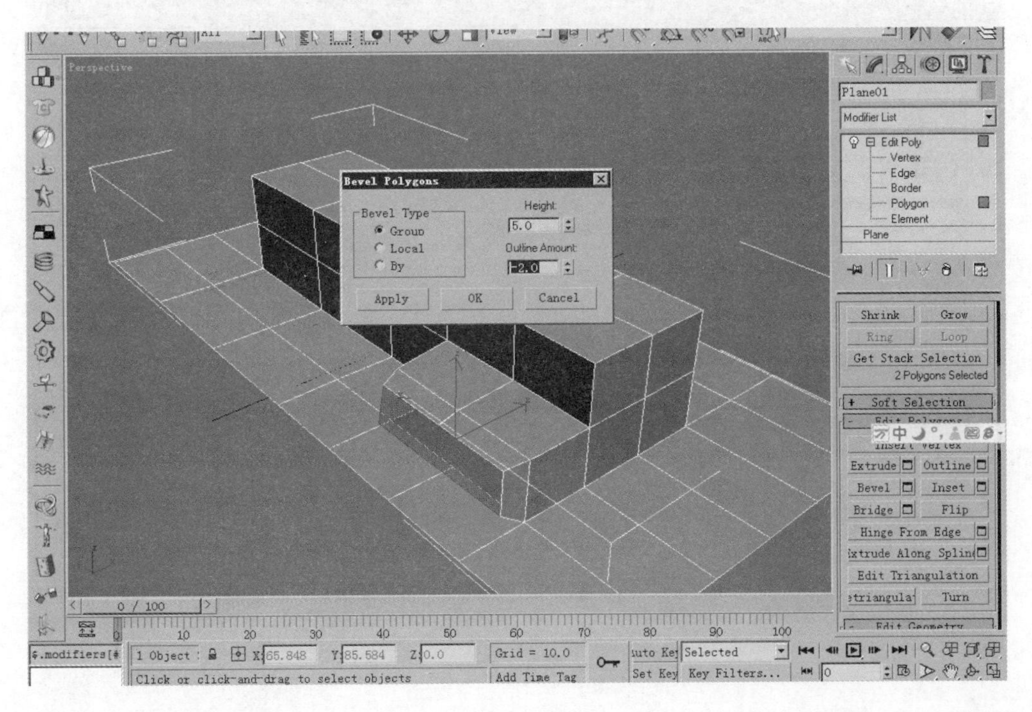

图 4.4.20

（20） 选择左视图，修改点的位置，如图 4.4.21 和图 4.4.22 所示。

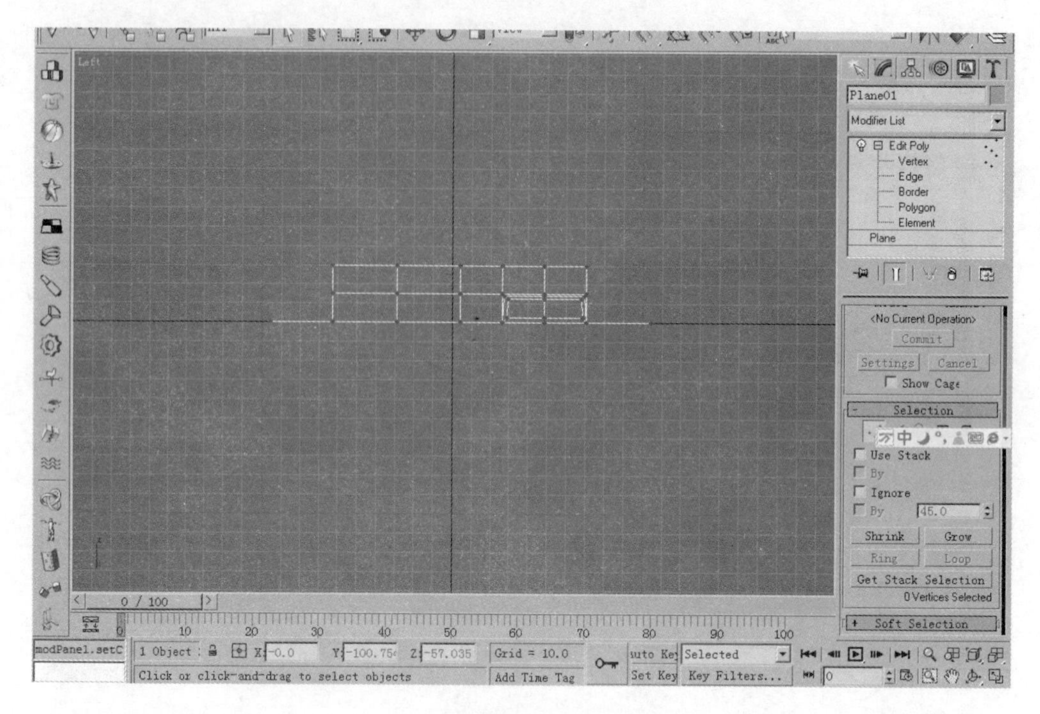

图 4.4.21

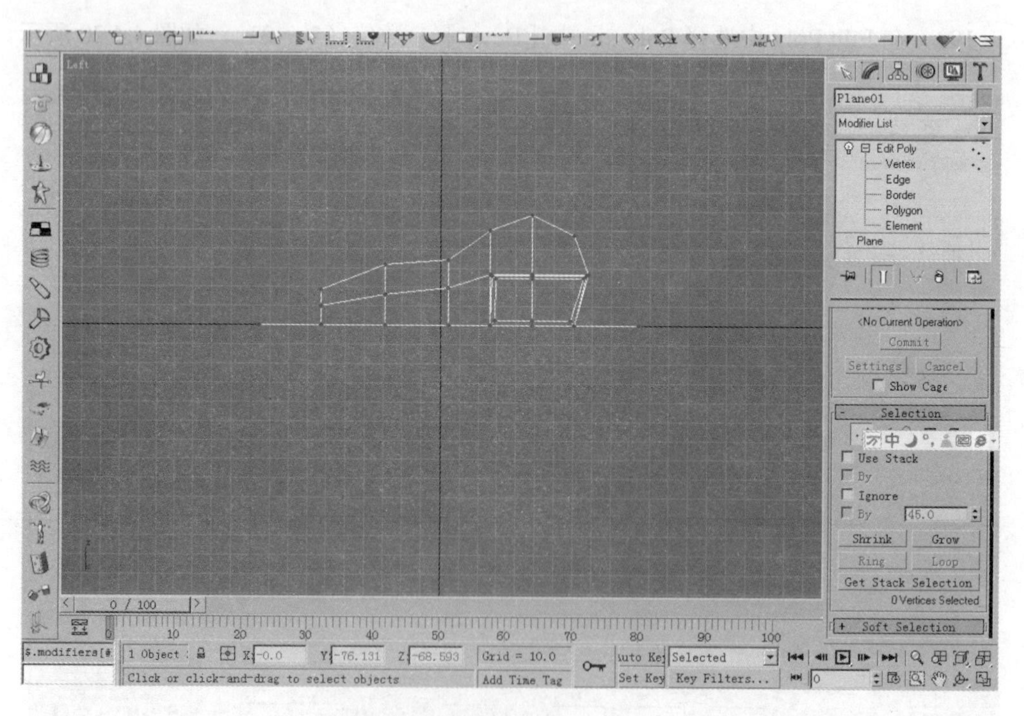

图 4.4.22

在多边形成集下，选定右侧的面，将其删除，这样就只做出鼻子的一侧，另一侧通过对称完成。如图 4.4.23 所示。

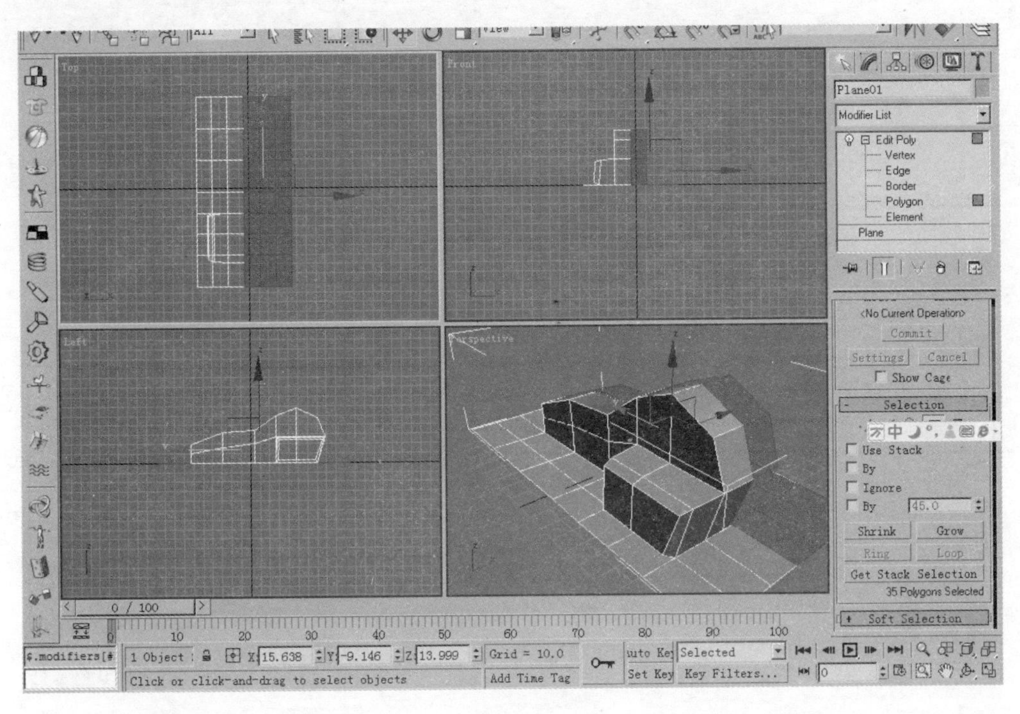

图 4.4.23

（21） 在透视图上选定下点，延 Z 轴增高，如图 4.4.24 所示。

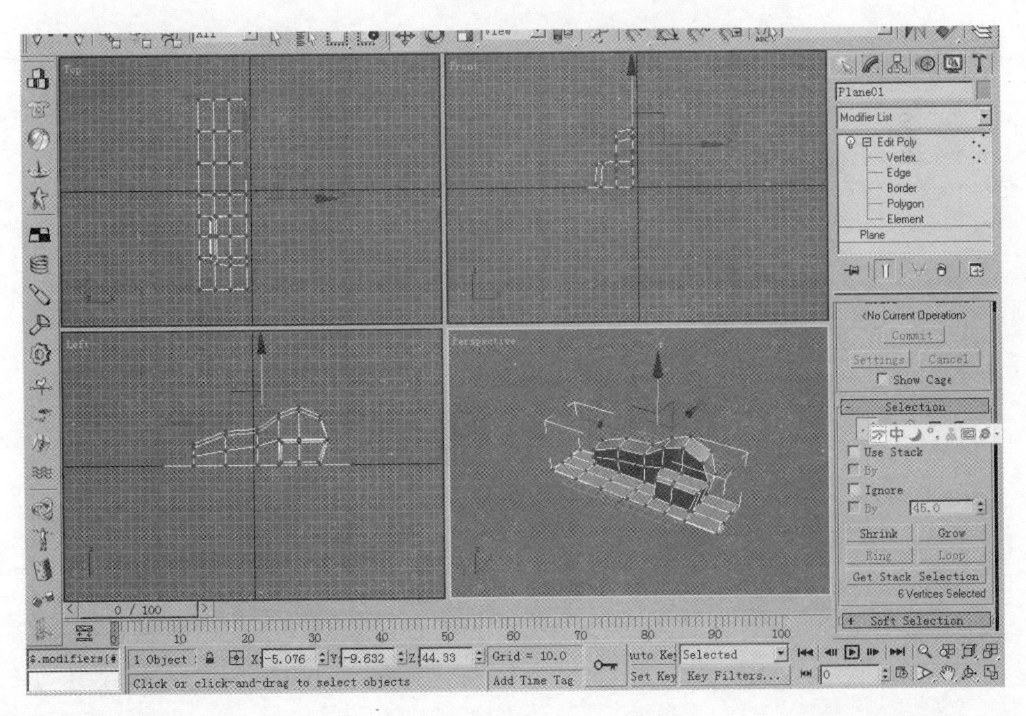

图 4.4.24

（22） 选定鼻子两侧底面的顶点，延 y 轴向外侧移动，如图 4.4.25 所示。

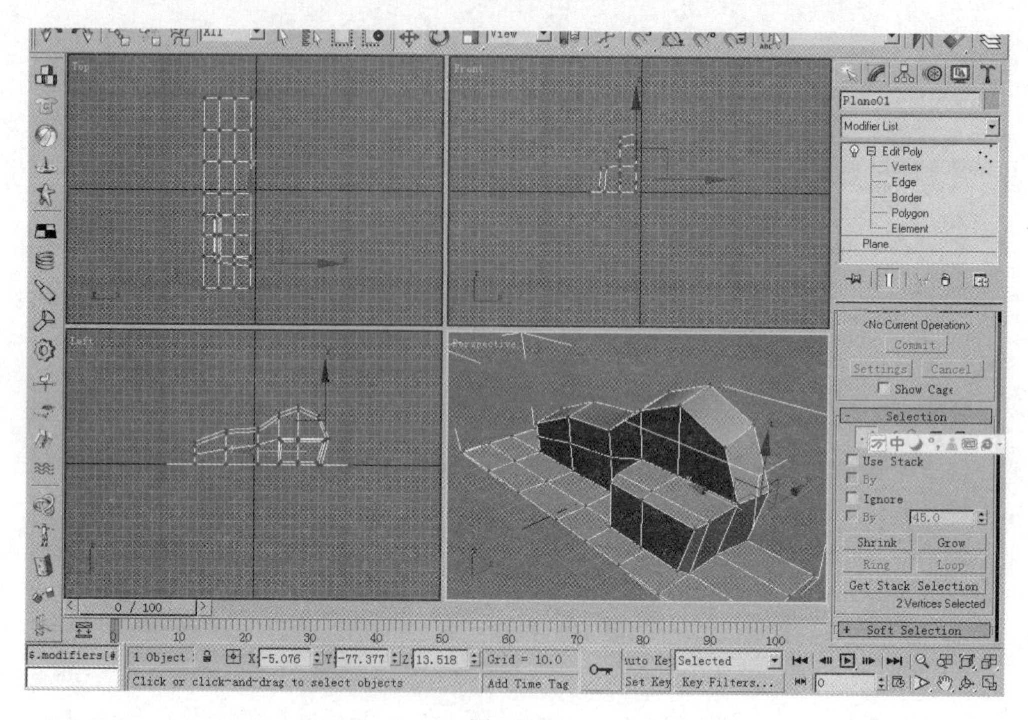

图 4.4.25

（23） 在顶视图上调整顶点，如图 4.4.26 所示。

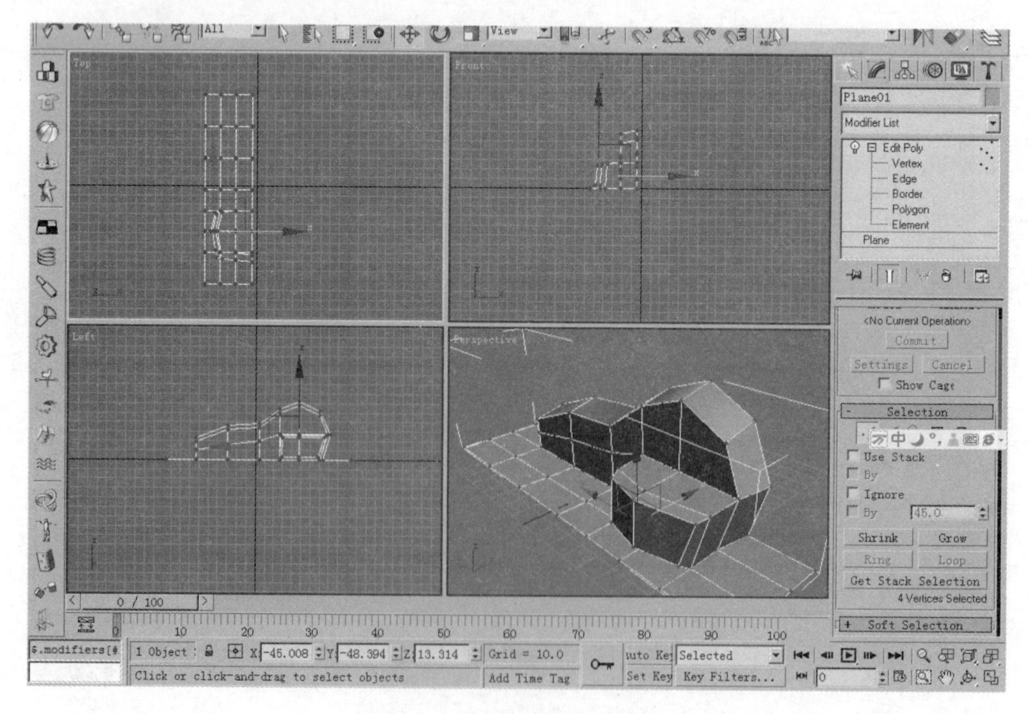

图 4.4.26

（24） 选择如下点，延 y 轴向外侧移动，如图 4.4.27 所示。

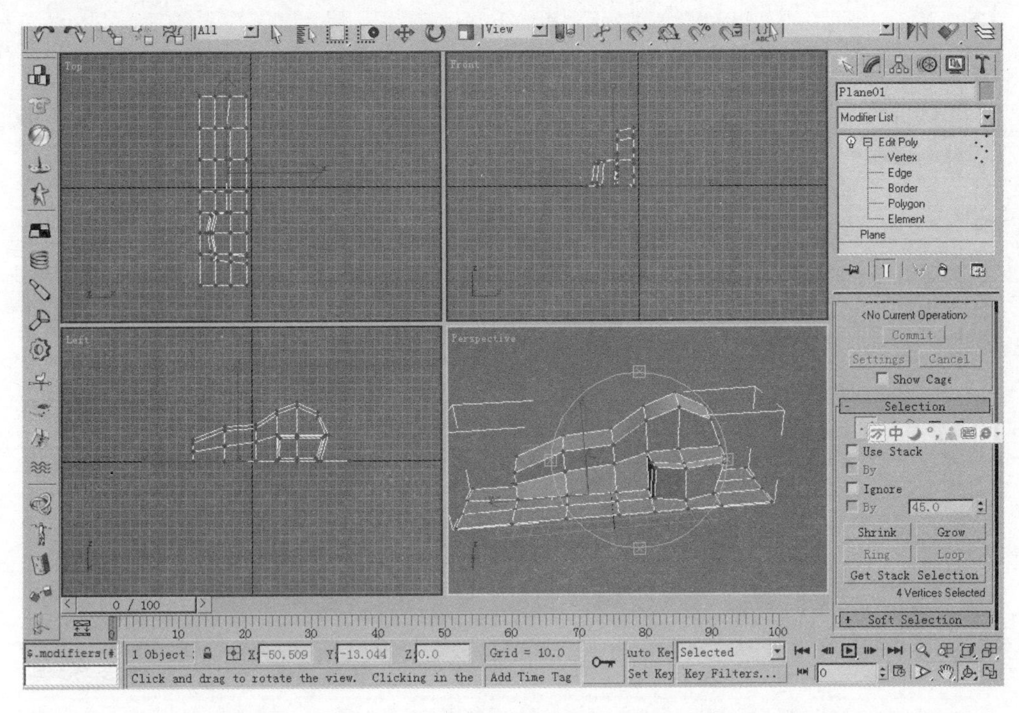

图 4.4.27

（25） 调整点的位置，形成鼻子翼的轮廓，如图 4.4.28 所示。

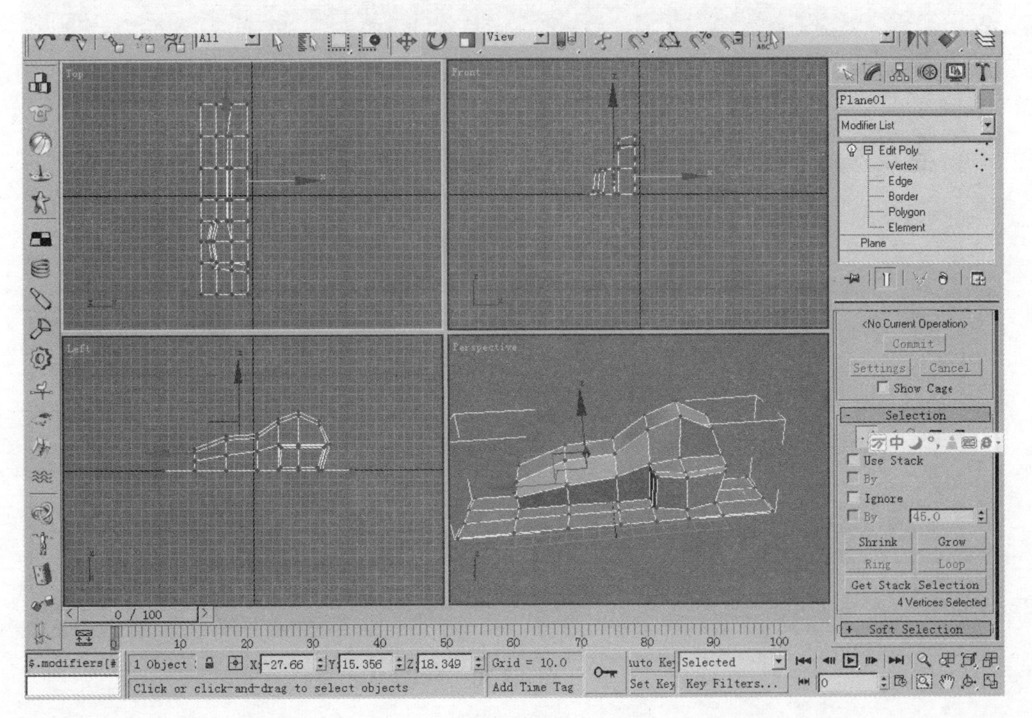

图 4.4.28

（26） 调整鼻翼的点，如图 4.4.29～图 4.4.35 所示。

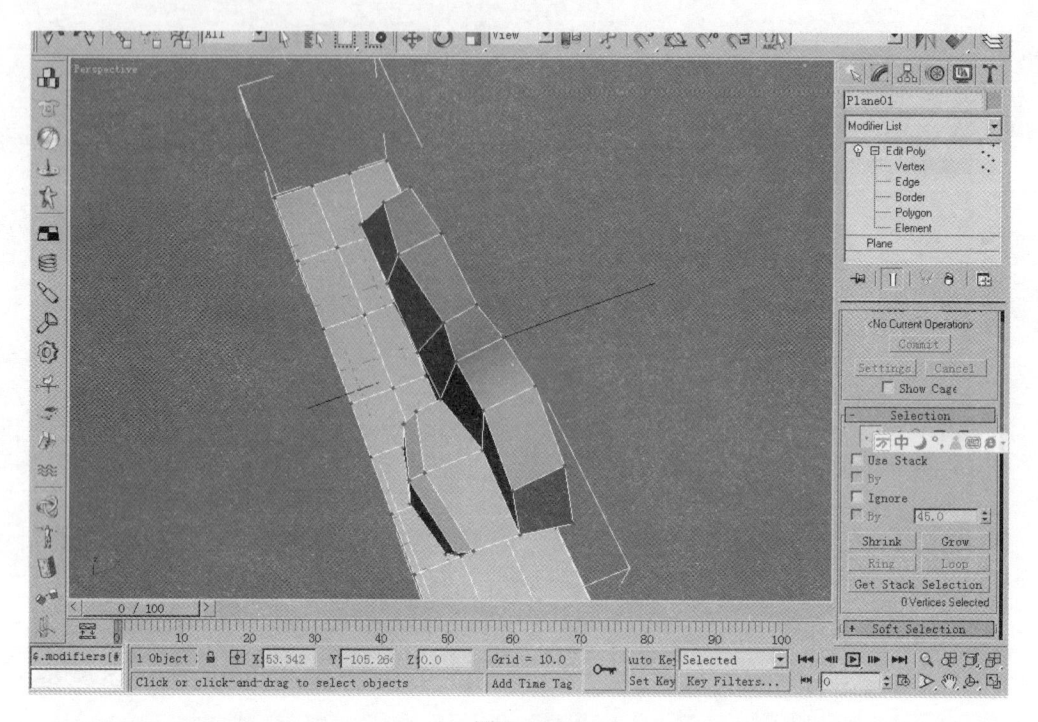

图 4.4.29

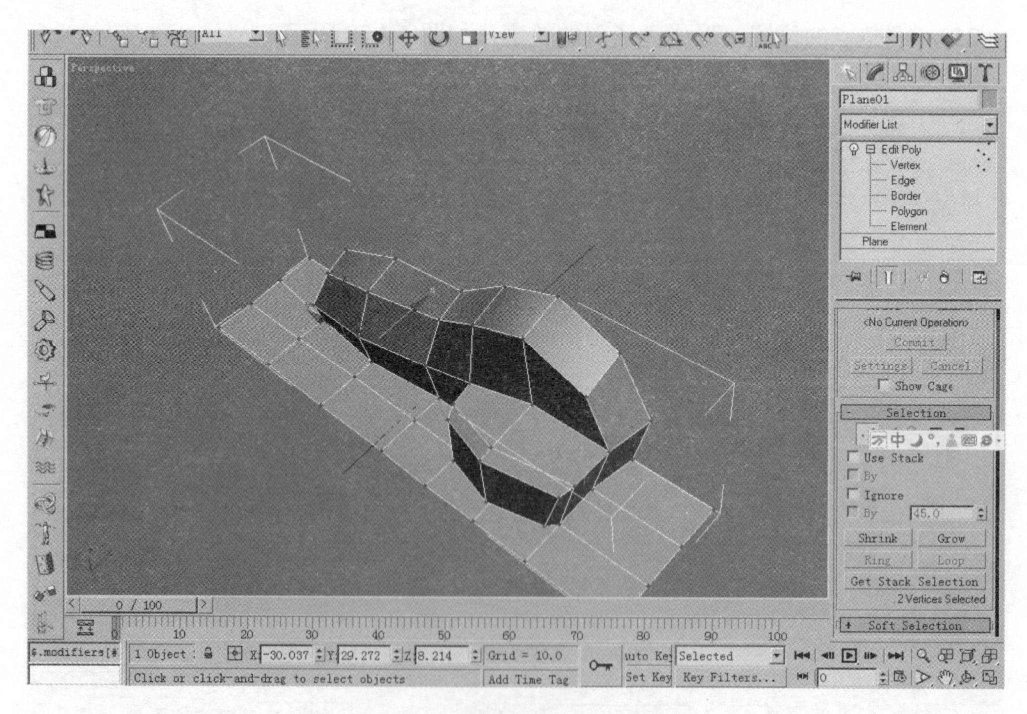

图 4.4.30

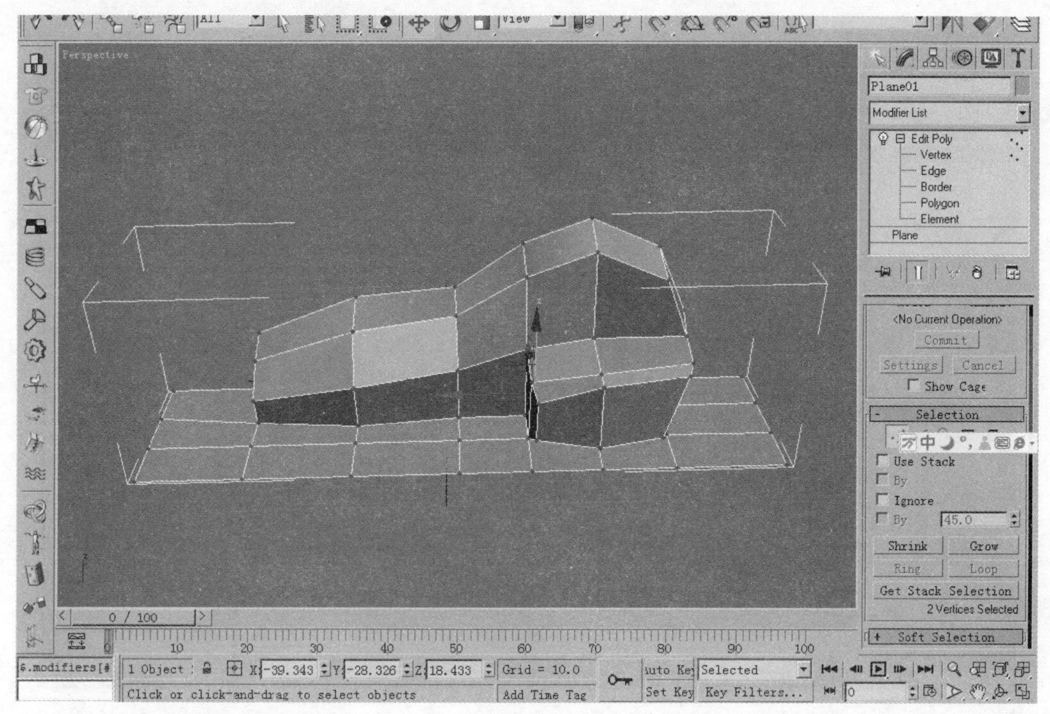
Perspective
Plane01
Modifier List
Edit Poly
Vertex
Edge
Border
Polygon
Element
Plane
<No Current Operation>
Commit
Settings
Cancel
Show Cage
Selection
Use Stack
By
Ignore
By
45.0
Shrink
Grow
Ring
Loop
Get Stack Selection
2 Vertices Selected
Soft Selection
0 / 100
1 Object
X: -39.343
Y: -28.326
Z: 18.433
Grid = 10.0
Selected
Click or click-and-drag to select objects
Add Time Tag
Set Key
Key Filters...

图 4.4.31

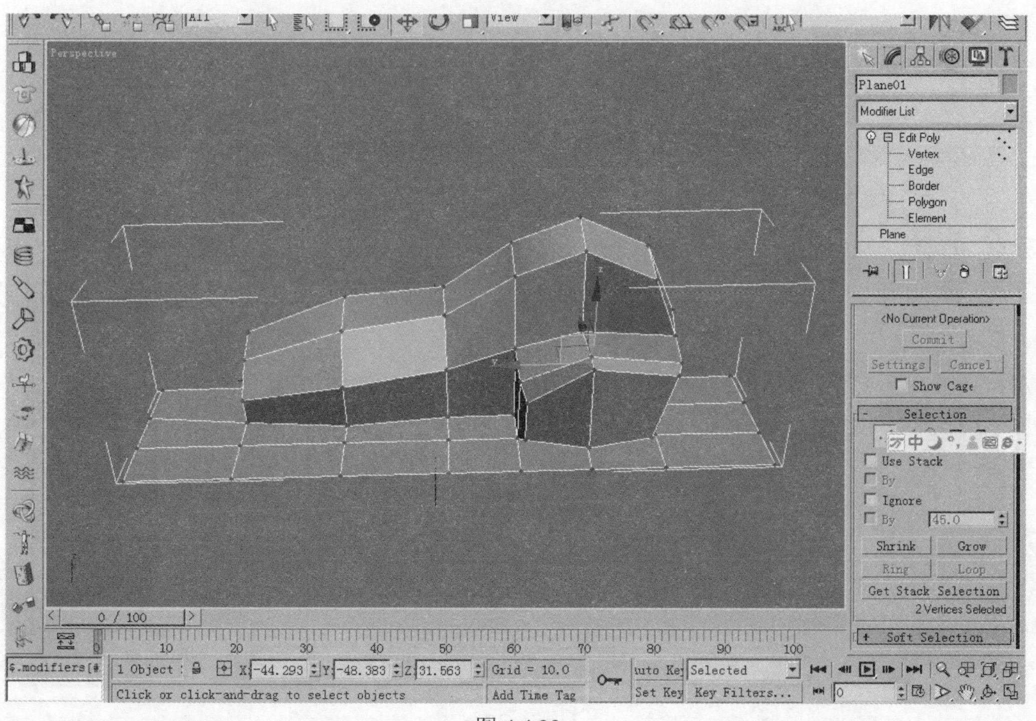
Perspective
Plane01
Modifier List
Edit Poly
Vertex
Edge
Border
Polygon
Element
Plane
<No Current Operation>
Commit
Settings
Cancel
Show Cage
Selection
Use Stack
By
Ignore
By
45.0
Shrink
Grow
Ring
Loop
Get Stack Selection
2 Vertices Selected
Soft Selection
0 / 100
1 Object
X: -44.293
Y: -48.383
Z: 31.563
Grid = 10.0
Selected
Click or click-and-drag to select objects
Add Time Tag
Set Key
Key Filters...

图 4.4.32

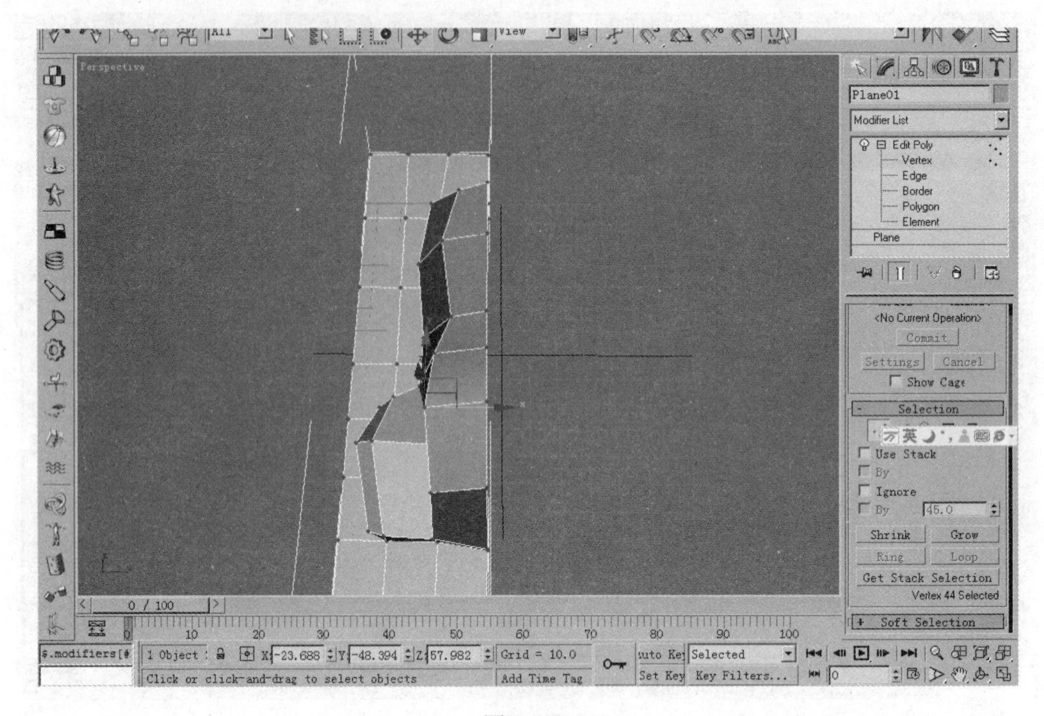

Perspective
Plane01
Modifier List
Edit Poly
Vertex
Edge
Border
Polygon
Element
Plane
<No Current Operation>
Commit
Settings
Cancel
Show Cage
Selection
Use Stack
By
Ignore
By
45.0
Shrink
Grow
Ring
Loop
Get Stack Selection
Vertex 44 Selected
Soft Selection
0 / 100
1 Object
X -23.688
Y -48.394
Z 57.982
Grid = 10.0
Selected
Set Key
Key Filters...
Click or click-and-drag to select objects
Add Time Tag

图 4.4.33

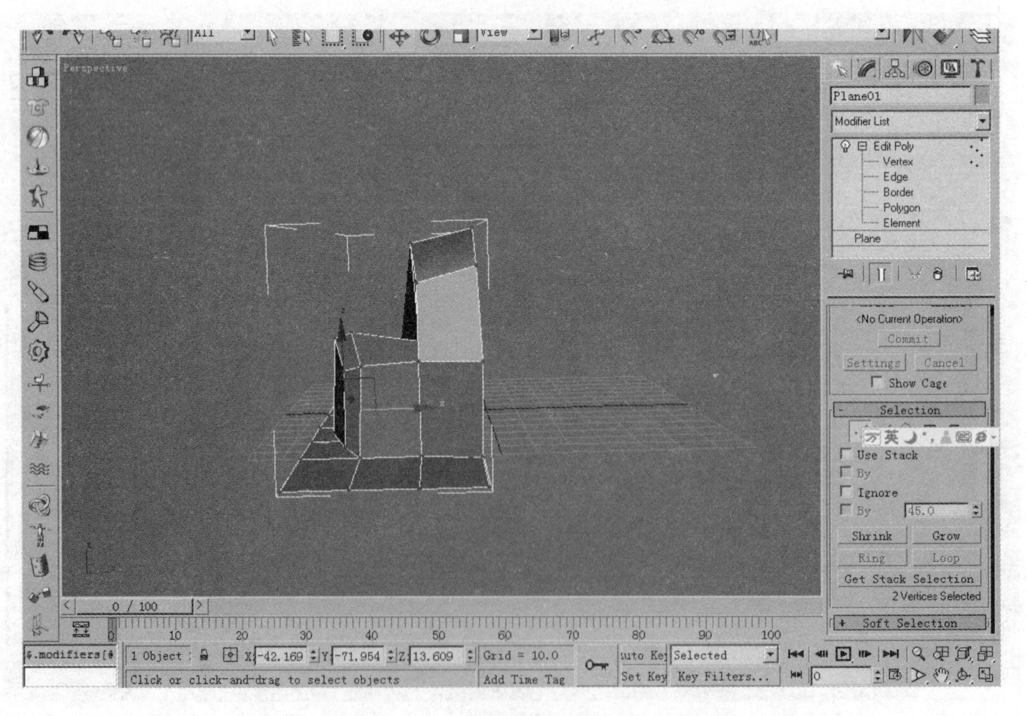

Perspective
Plane01
Modifier List
Edit Poly
Vertex
Edge
Border
Polygon
Element
Plane
<No Current Operation>
Commit
Settings
Cancel
Show Cage
Selection
Use Stack
By
Ignore
By
45.0
Shrink
Grow
Ring
Loop
Get Stack Selection
2 Vertices Selected
Soft Selection
0 / 100
1 Object
X -42.169
Y -71.954
Z 13.609
Grid = 10.0
Selected
Set Key
Key Filters...
Click or click-and-drag to select objects
Add Time Tag

图 4.4.34

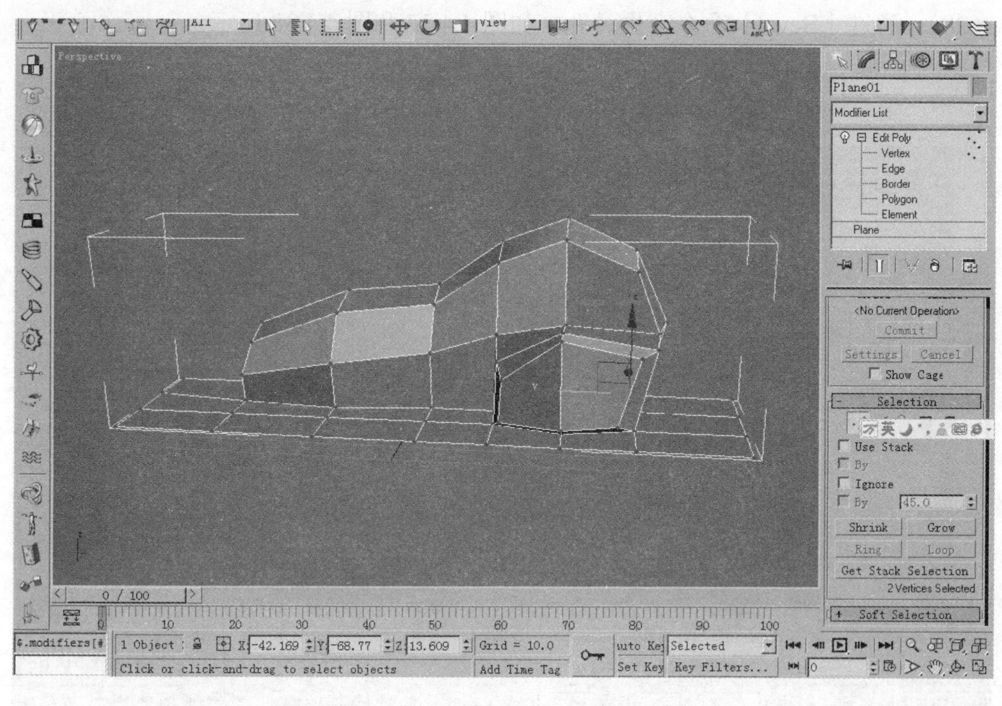

图 4.4.35

（27） 在多边形成集下选定面，利用插入命令产生鼻孔的面，数值：3，如图 4.4.36 所示。

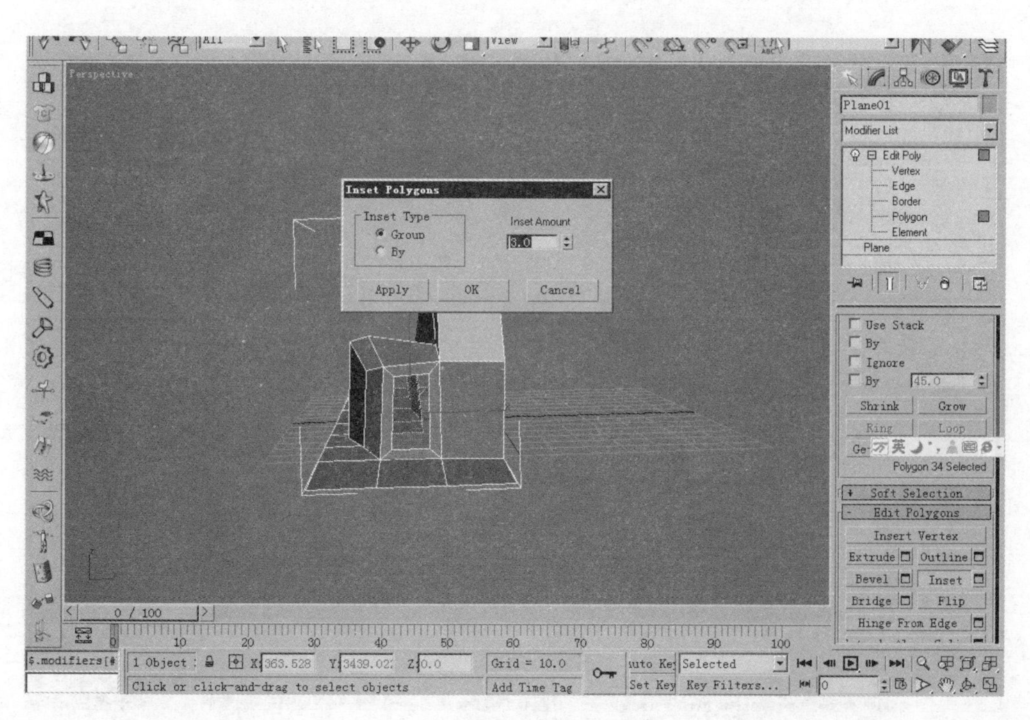

图 4.4.36

（28） 通过［Bevel］命令产生鼻孔，如图 4.4.37 和图 4.4.38 所示。

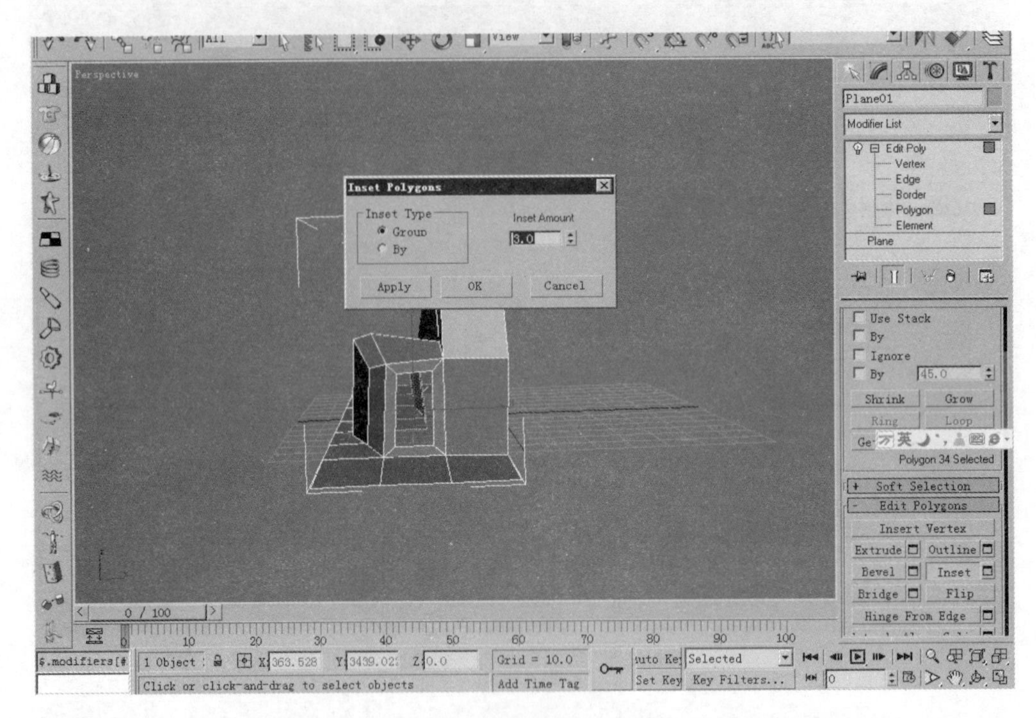

图 4.4.37

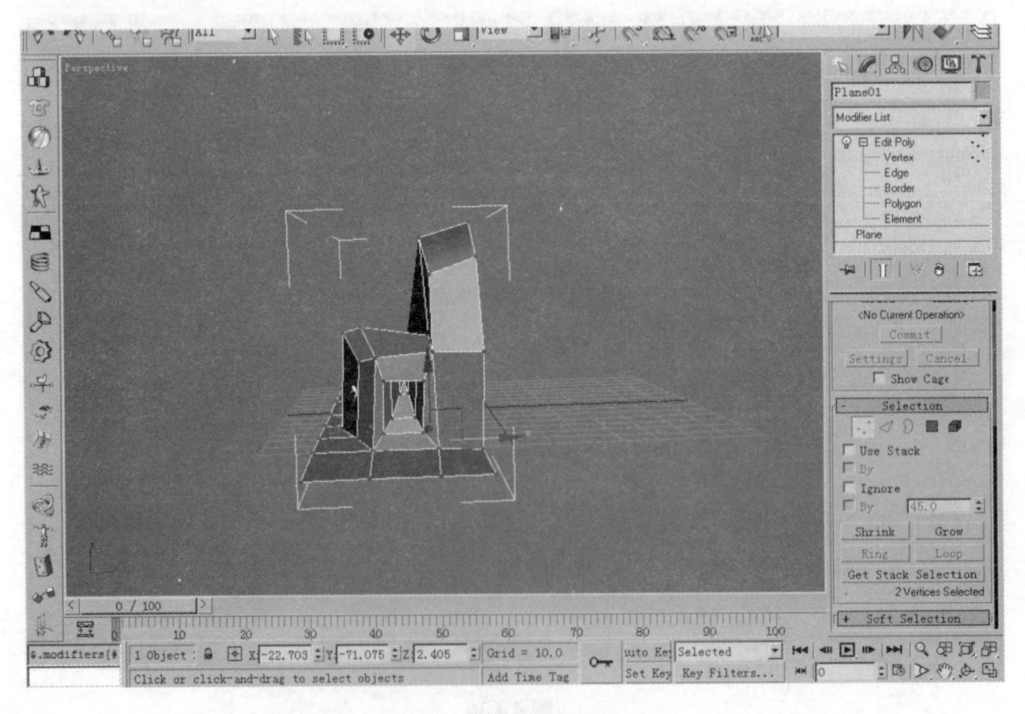

图 4.4.38

（29） 添加 symmertry 对称命令，勾选 Flip，如图 4.4.39 和图 4.4.40 所示。

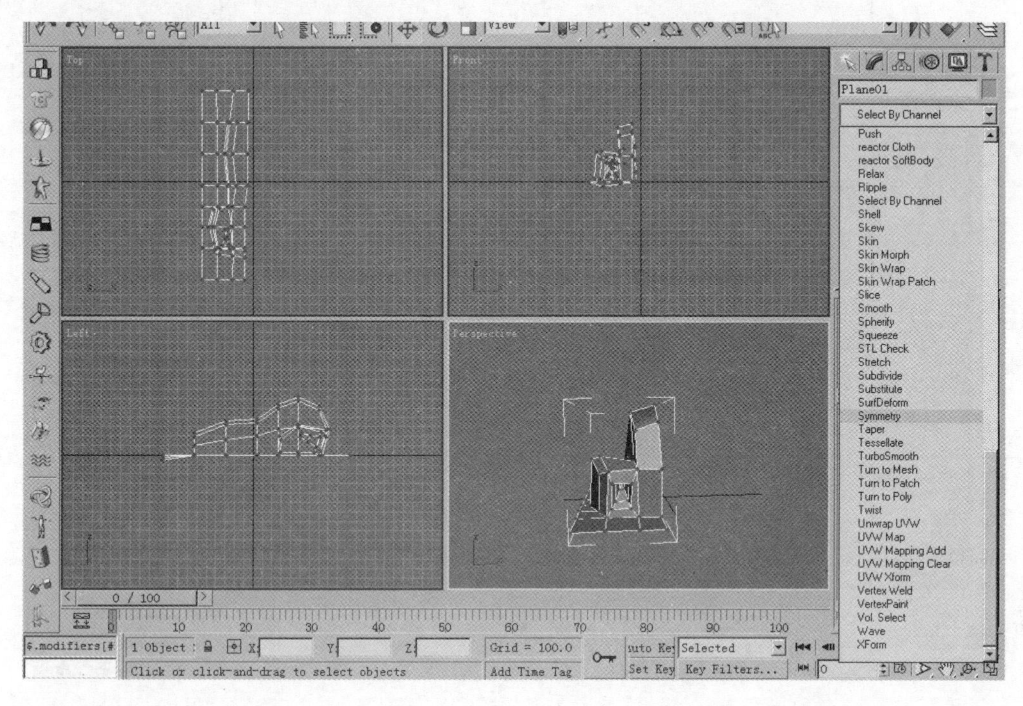

图 4.4.39

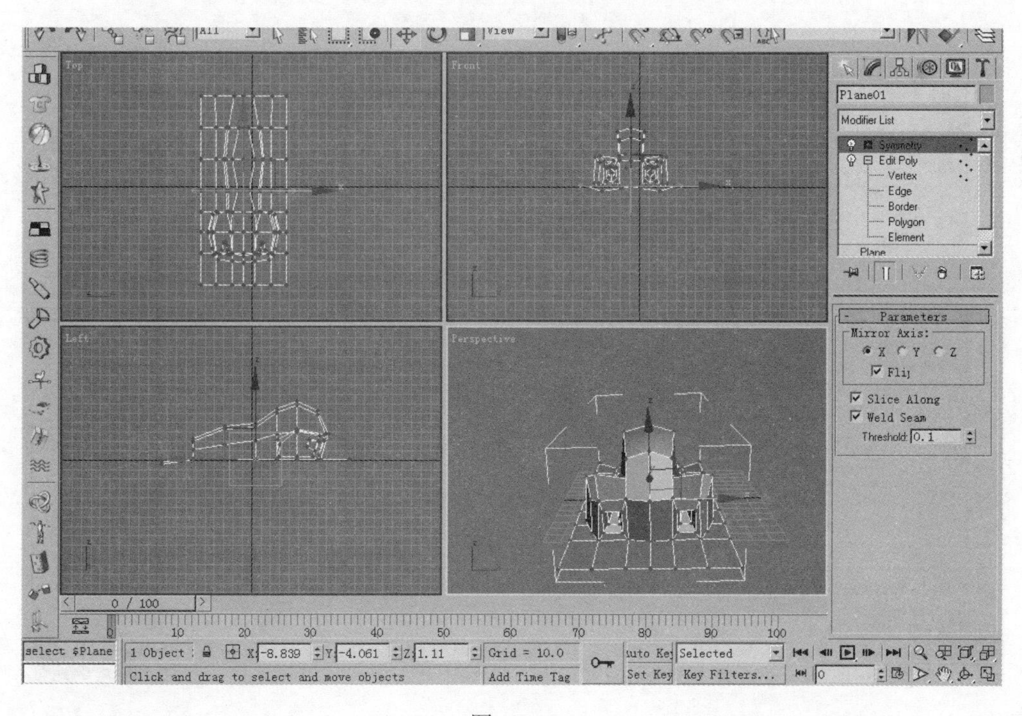

图 4.4.40

（30） 添加 Mesh Smooth［网格平滑］如图 4.4.41～图 4.4.43 所示。

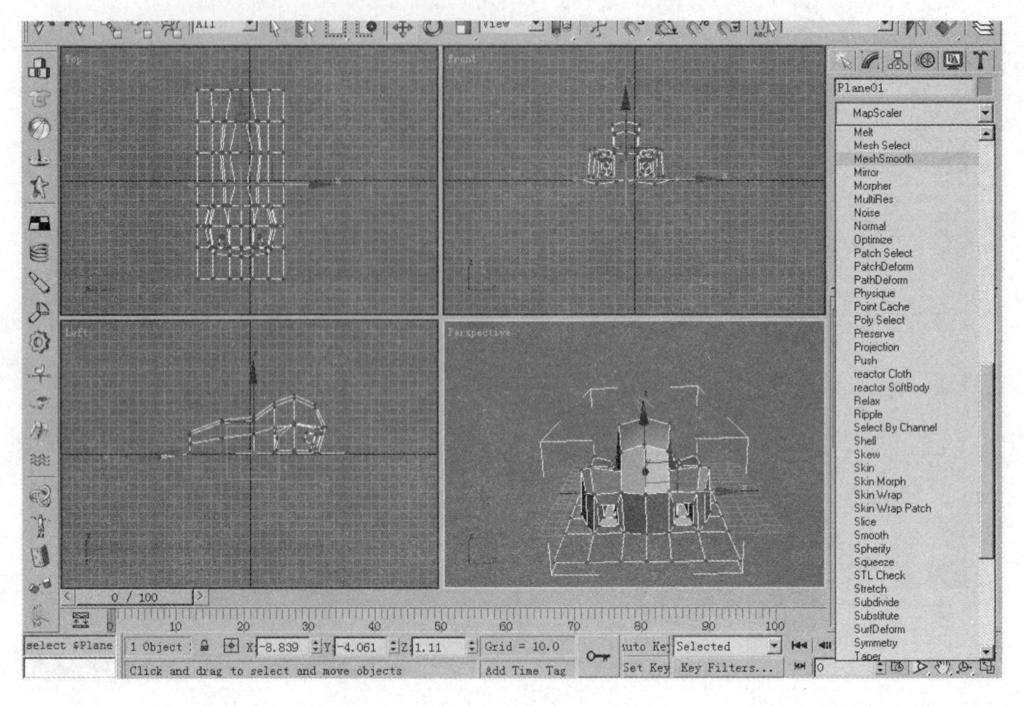

图 4.4.41

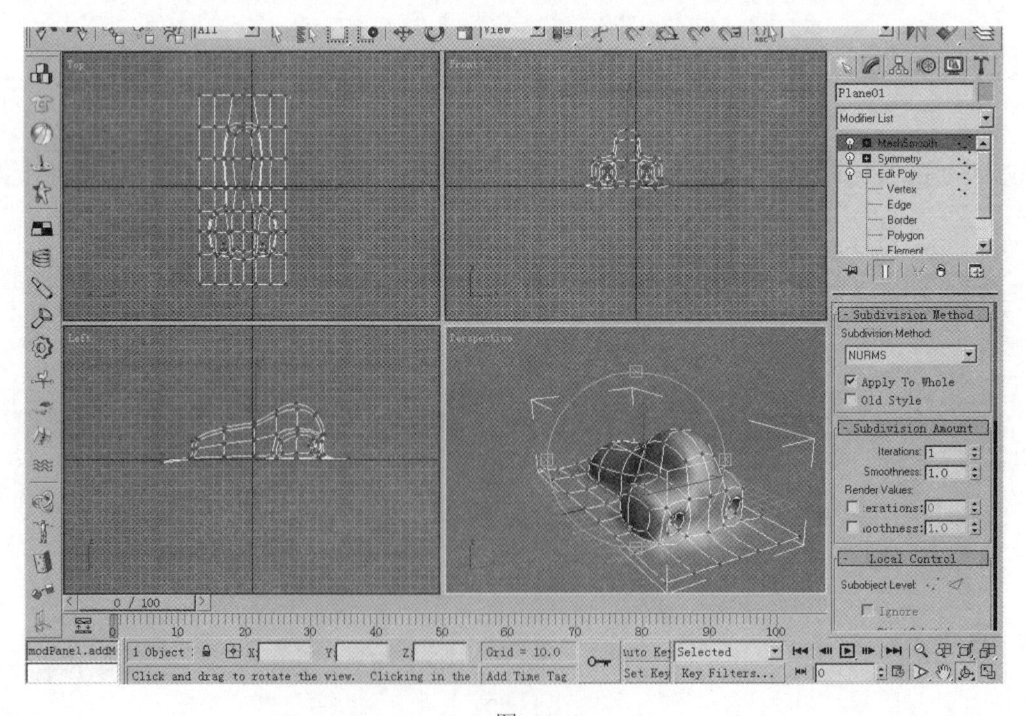

图 4.4.42

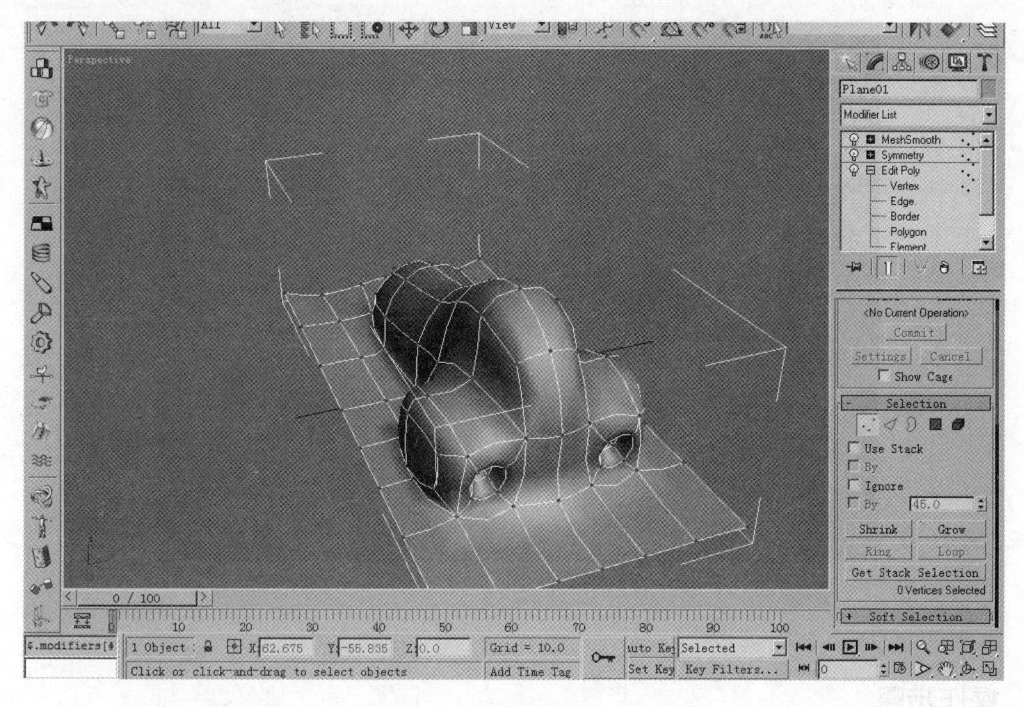

图 4.4.43

（31） 将最终效果图以 X4-3.max 为文件名保存。

三、注意事项

（1） 鼻子各部位的造型特点，调整顶点位置。
（2） 在鼻翼与脸部结合部分的目标焊接准确。

4.5 典型案例——嘴巴动画

一、制作嘴巴动画

制作嘴巴动画效果图如图 4.5.1 所示，具体要求如下。
（1） 建立场景：载入 C: \A3dmax\Unit4\Y4-4.jpg 背景文件，如何 4.5.1 所示。
（2） 面片曲面：勾画嘴的轮廓线条。
（3） 调整修改：修改嘴的形状，如何所示
（4） 添加效果：添加嘴的纹理材质。
（5） 将最终效果以 X4-4.max 为文件名保存在考生文件夹中。

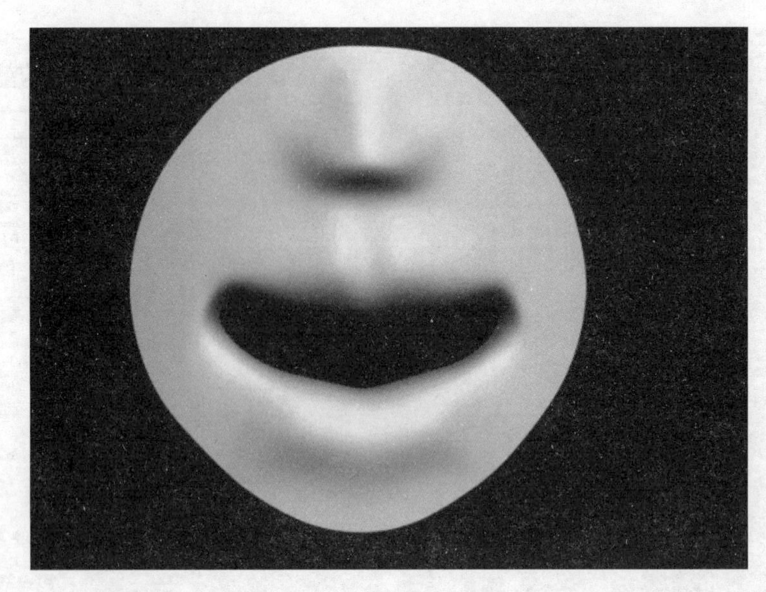

图 4.5.1

二、操作步骤

（1） 打开 3D，在顶视图上创建 plane（面片）大小 200×200，如图 4.5.2 所示。

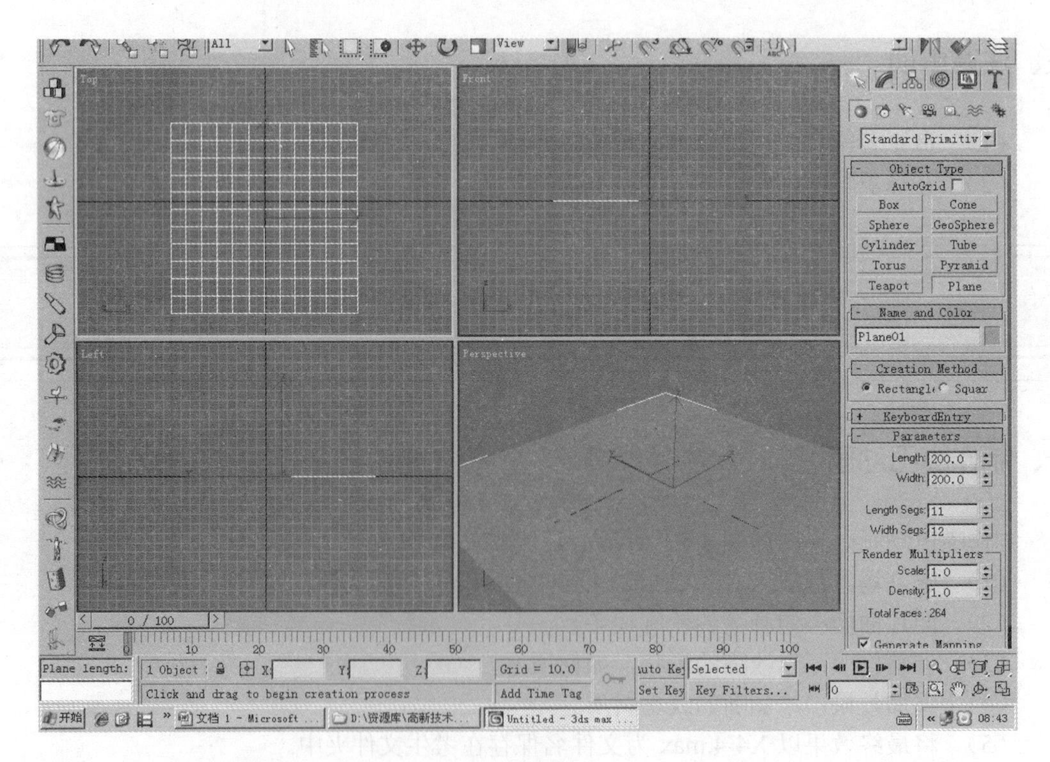

图 4.5.2

（2） 右键面片 convert To/Editable Poly 如图 4.5.3 所示。

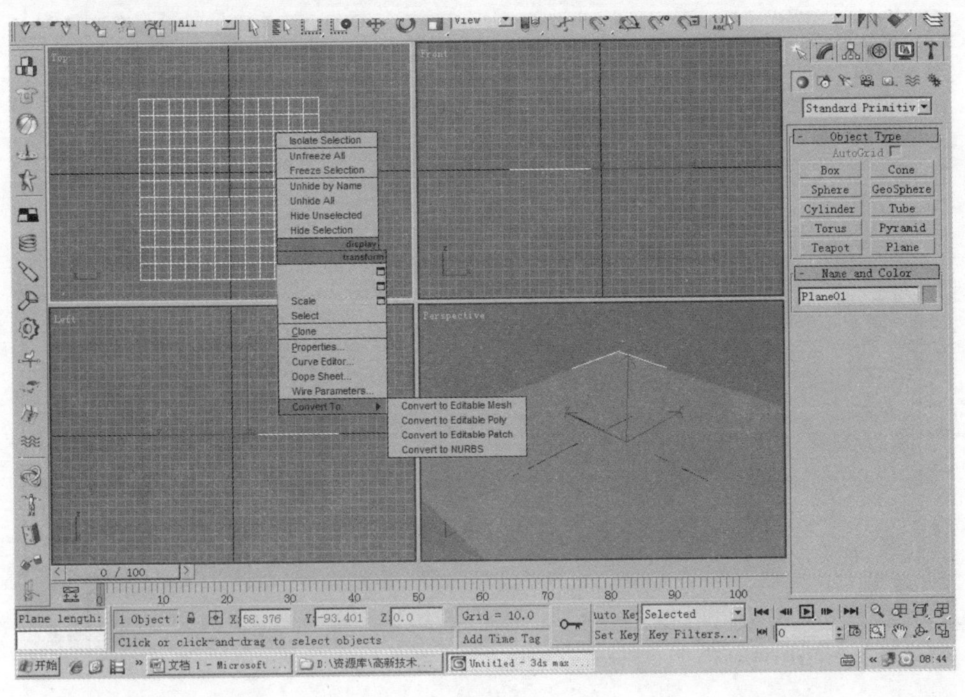

图 4.5.3

（3） Polygon 成集下，下拉到 Edit Geometry 卷栏下 Cut 命令，将面片分割成每个角留有 3 个半角，如图 4.5.4 所示。

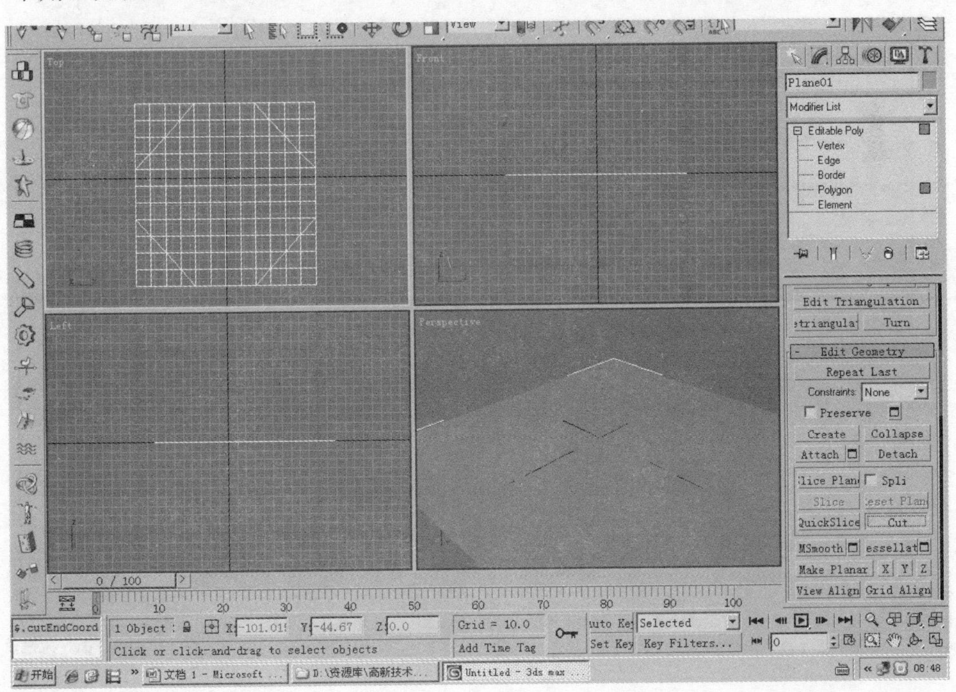

图 4.5.4

（4） 将裁剪的面片删除，如图 4.5.5 所示。

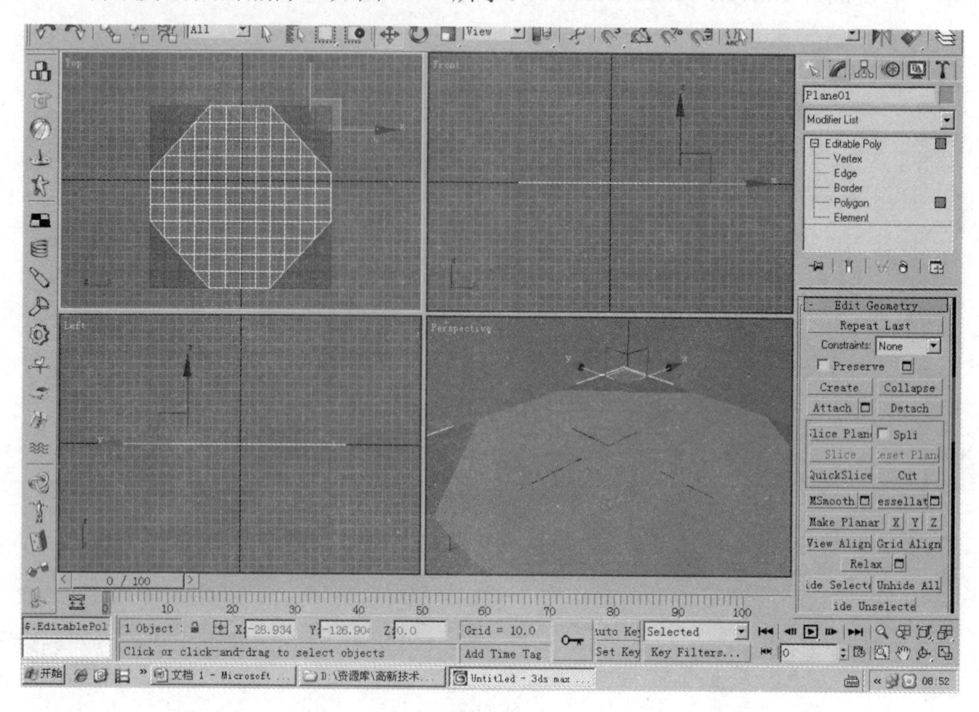

图 4.5.5

（5） 调整到顶点成集下（Vertex），选择点向上拖拽，并利用缩放工具，作出鼻子。如图 4.5.6 所示。

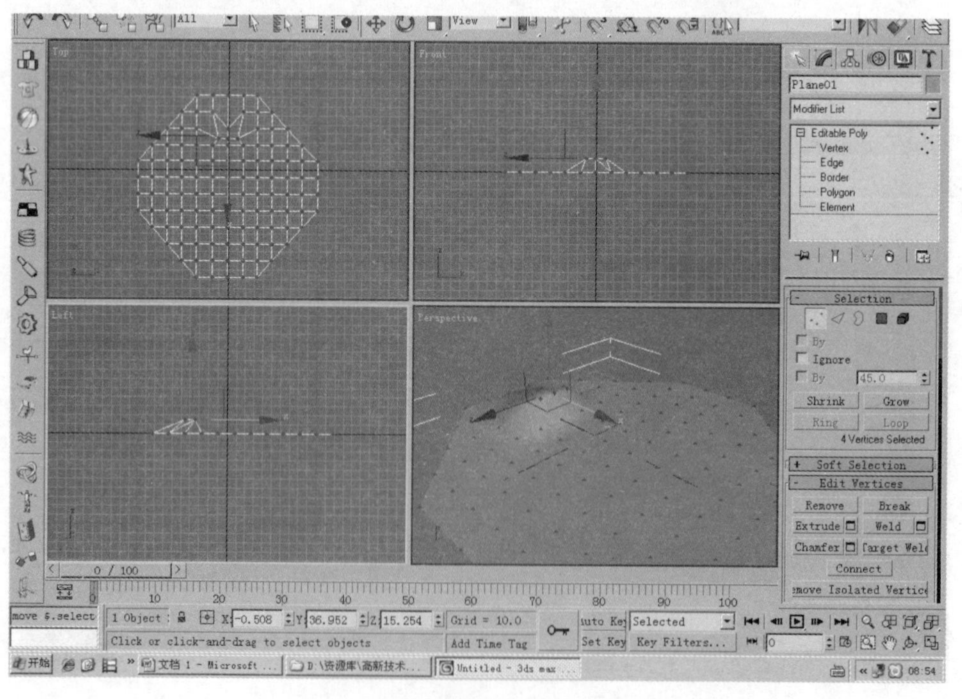

图 4.5.6

（6）再次切换到 Polygon 成集下，选中倒数第 4、5 行，进行 Bevel 命令参数设置-15/-3，Delete 删除挤出的面，如图 4.5.7 所示。

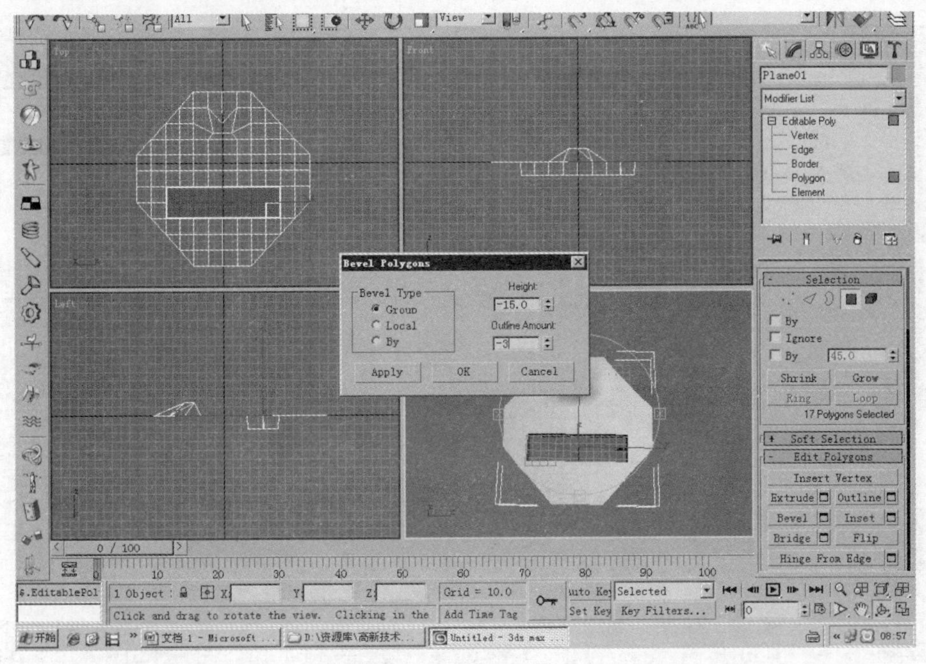

图 4.5.7

（7） 调成顶点成集下（Vertex），调整点，通过透视图，作出脸的基本形，具体形状自定。如图 4.5.8 所示。

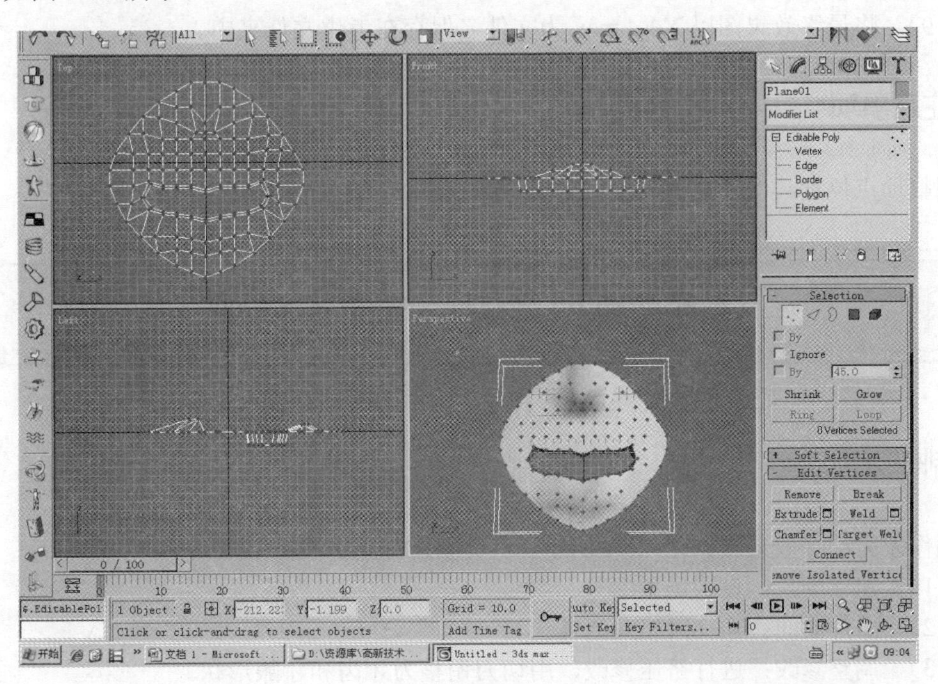

图 4.5.8

（8） 修改面板，进行 MeshSmooth（圆滑）命令，圆滑参数 3，再次进入修改面板选择 Bend 命令，进行参数设置，*X* 轴如图 4.5.9 所示。

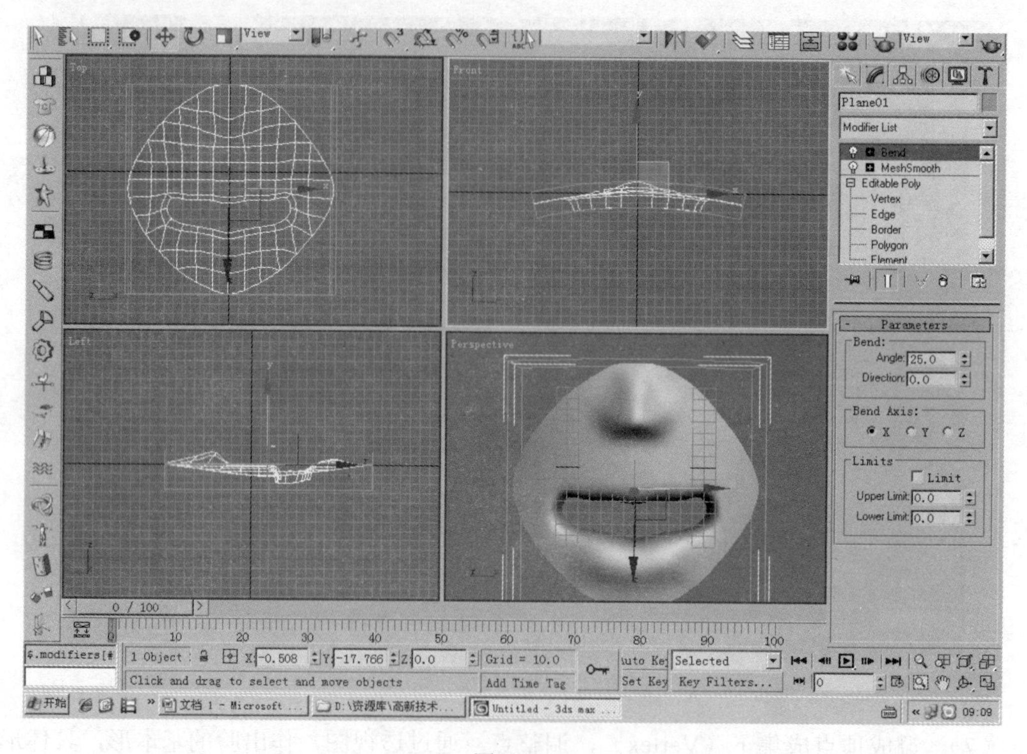

图 4.5.9

（9） 将最终效果图以 X4-4.max 为文件名保存在考生文件夹中。

三、注意事项

调整顶点位置，保证模型与最终效果图一致。

4.6 典型案例——牙齿动画

一、制作牙齿动画

制作牙齿动画效果图如图 4.6.1 所示，具体要求如下。

（1） 建立场景：设置场景。

（2） 面片曲面：建立网格几何体。

（3） 调整修改：进行挤压修改，用切刀调整为牙齿和牙龈形状。

（4） 添加效果：添加纹理材质效果。

（5） 将最终结果以 X4-5.max 为文件保存。

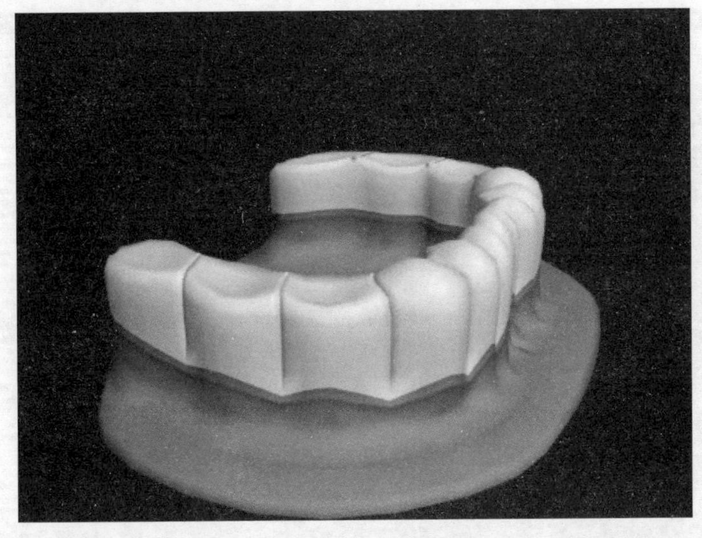

图 4.6.1

二、操作步骤

（1） 在顶视图上创建一个 box，设置参数，如图 4.6.2 所示。

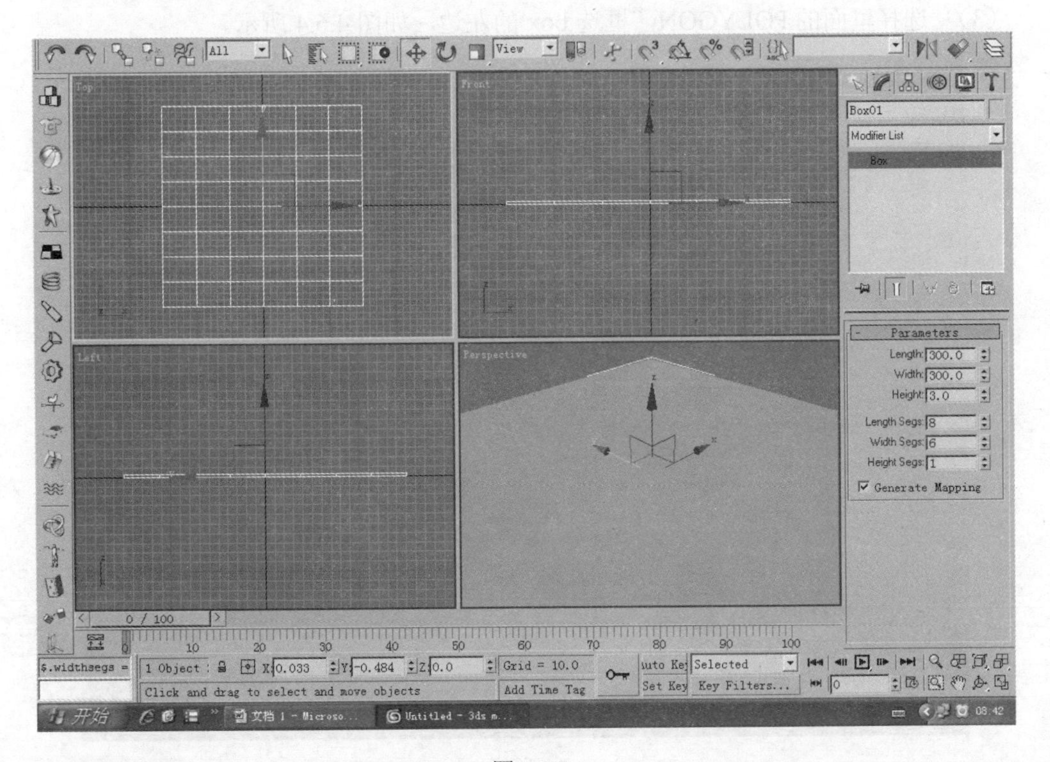

图 4.6.2

（2） 在修改面板选择 edit poly，如图 4.6.3 所示。

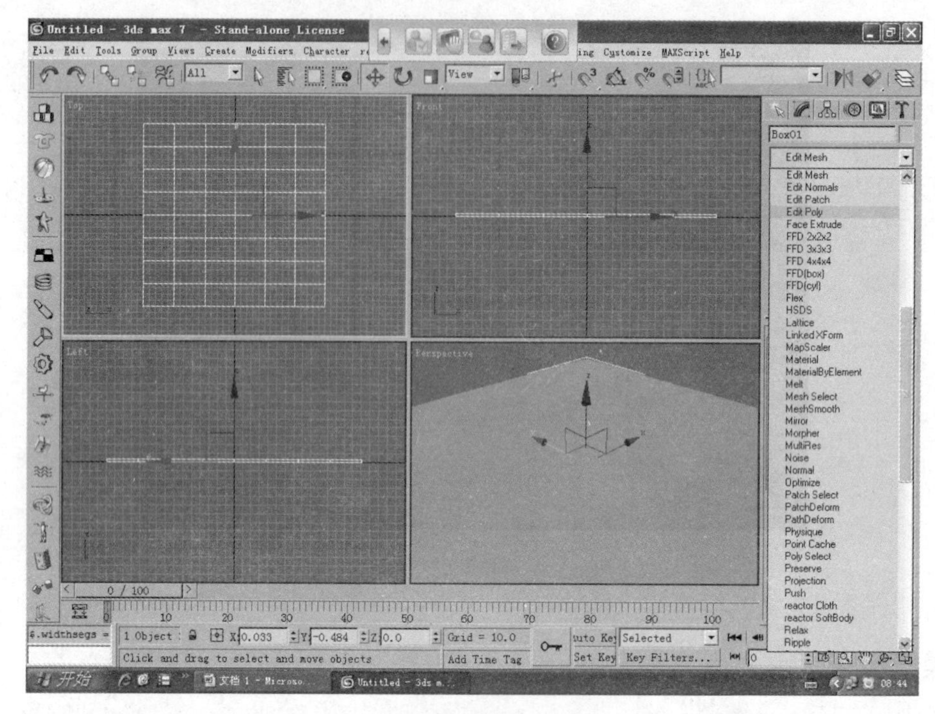

图 4.6.3

（3） 选择里面的 POLYGON，框选 box 的左边，如图 4.6.4 所示。

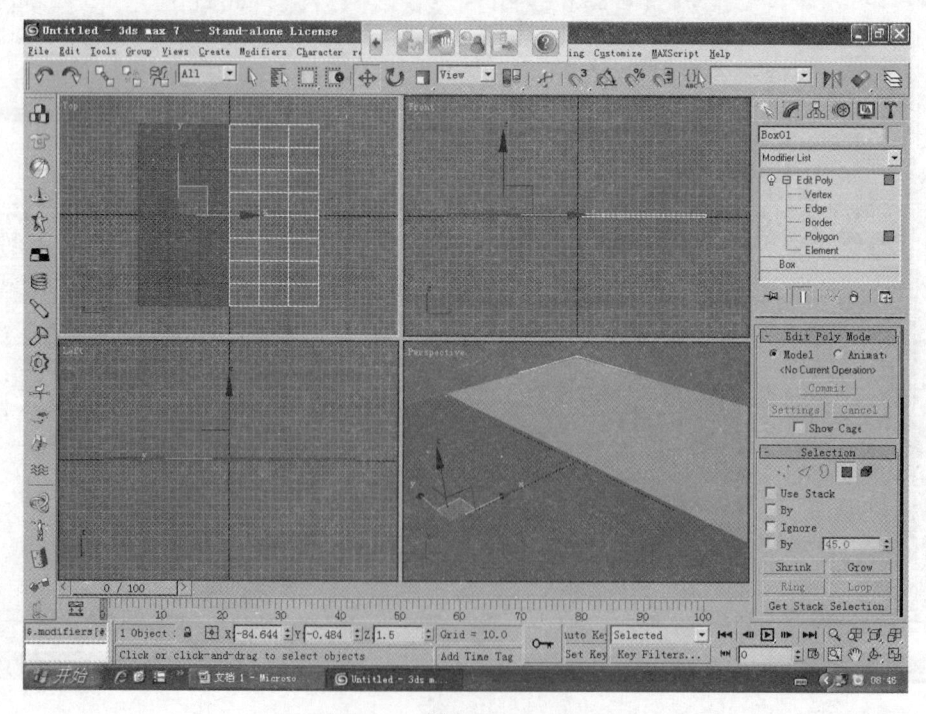

图 4.6.4

（4） 删除选中的面，选中 box 退出 Edit poly 模式，选择如图 4.6.5 的选项。

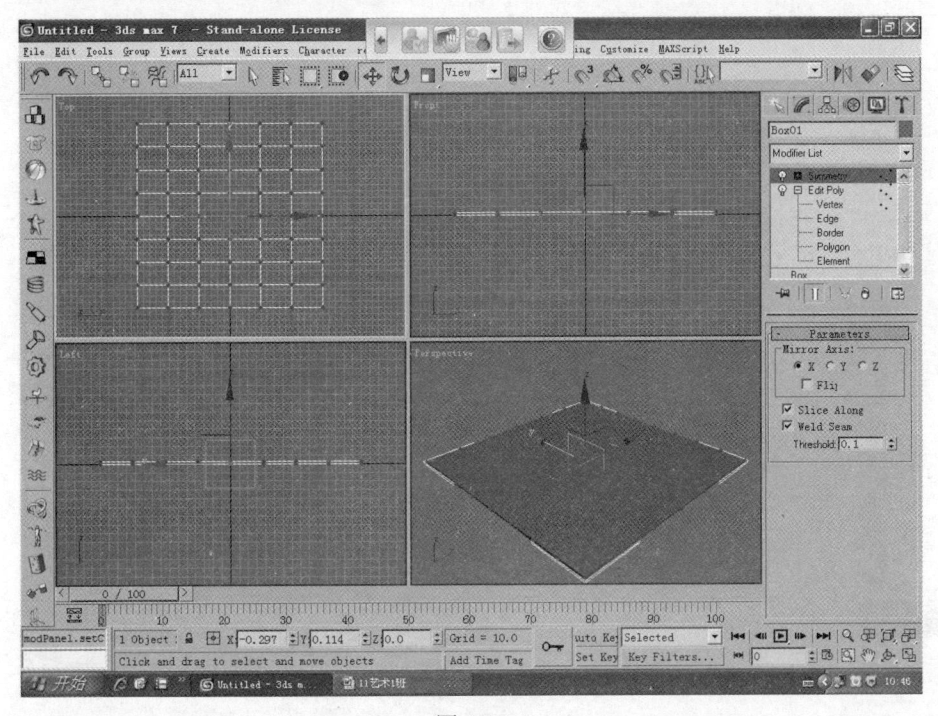

图 4.6.5

（5） 选择右边的 edit poly 中的.vertex，调整成如图的点，如图 4.6.6 所示。

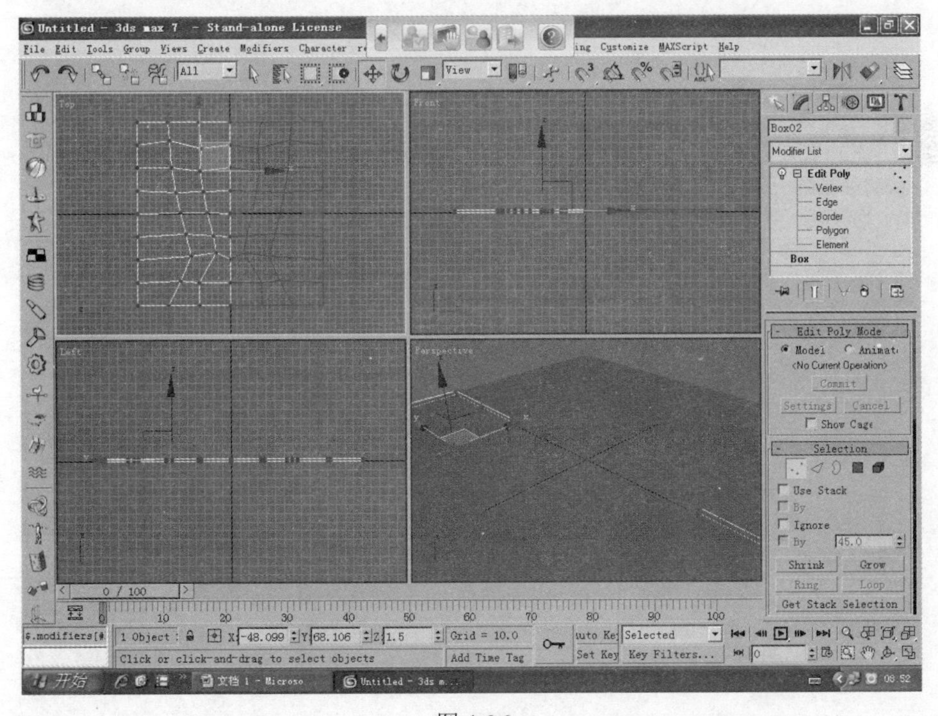

图 4.6.6

（6） 选择选项进行调整，如图 4.6.7 所示。

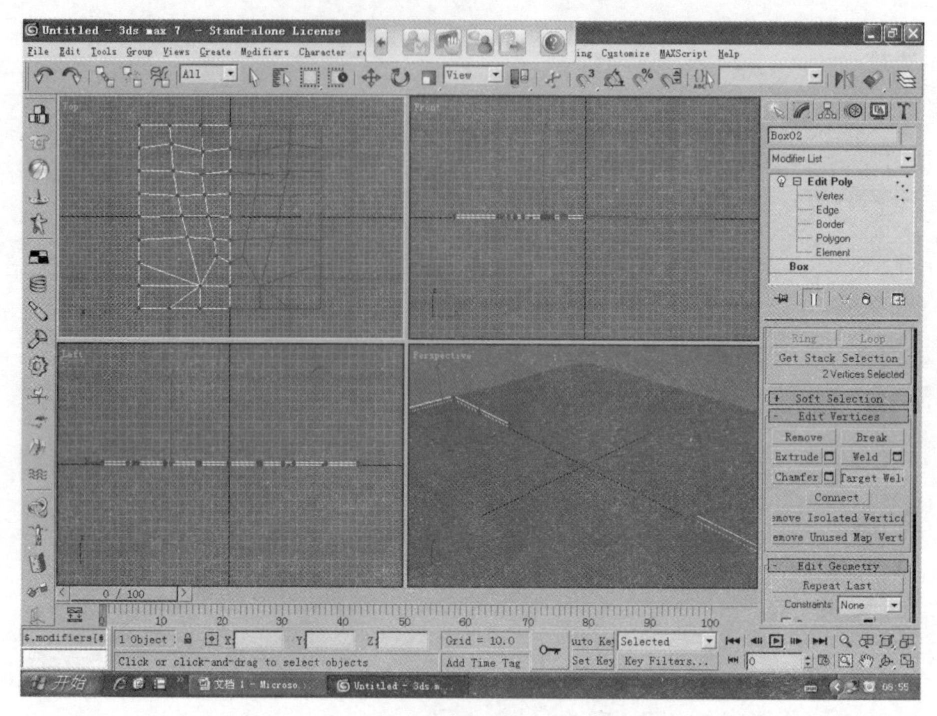

图 4.6.7

（7） 选择 edit poly 中的 polygon，选择 box，如图 4.6.8 所示。

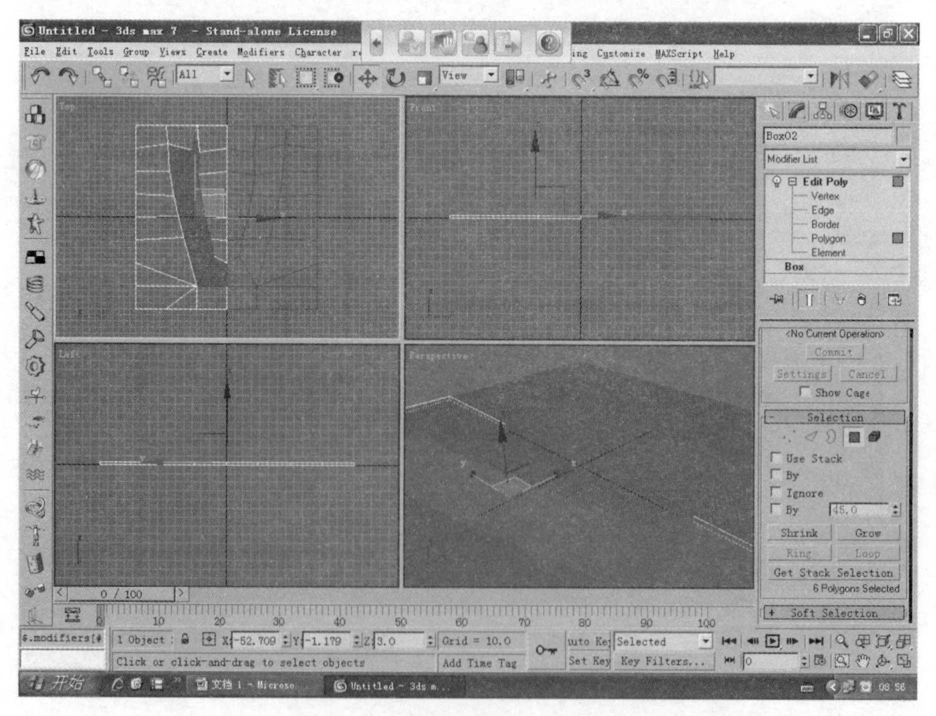

图 4.6.8

（8） 选择右边菜单中 bevel，如图 4.6.9 所示，设置数值，如图 4.6.10 和图 4.6.11 所示。

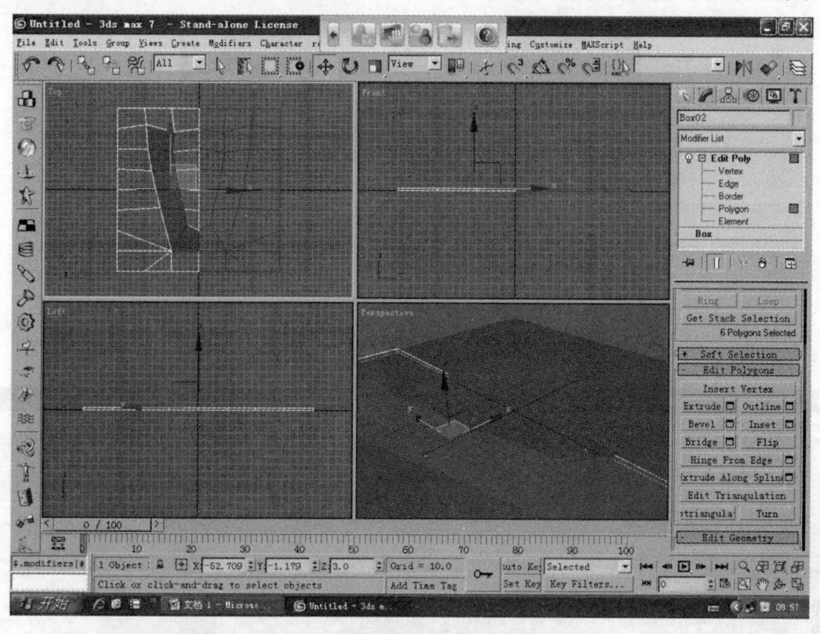

图 4.6.9

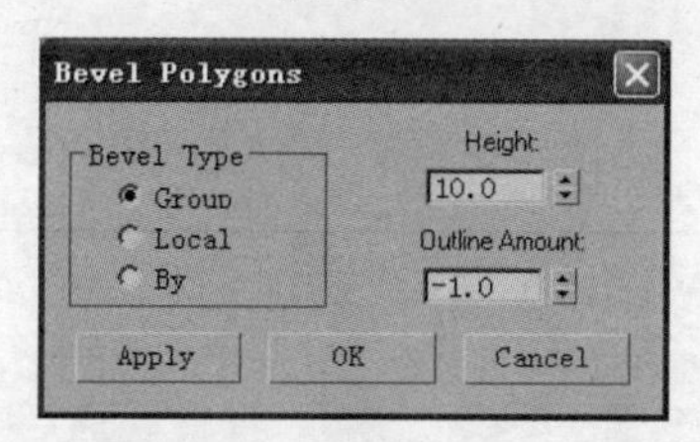

图 4.6.10

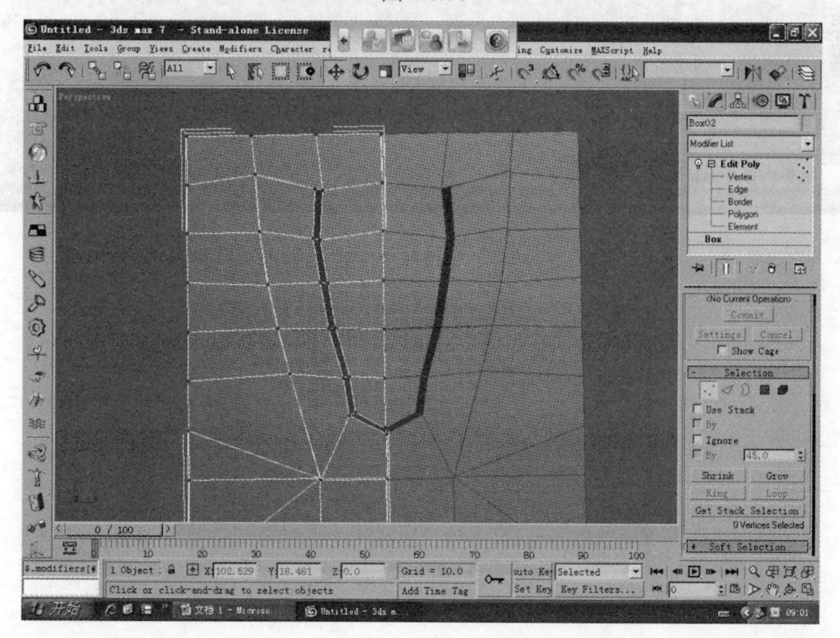

图 4.6.11

（9）再次调整，设置参数效果如图 4.6.12～图 4.6.14 所示。

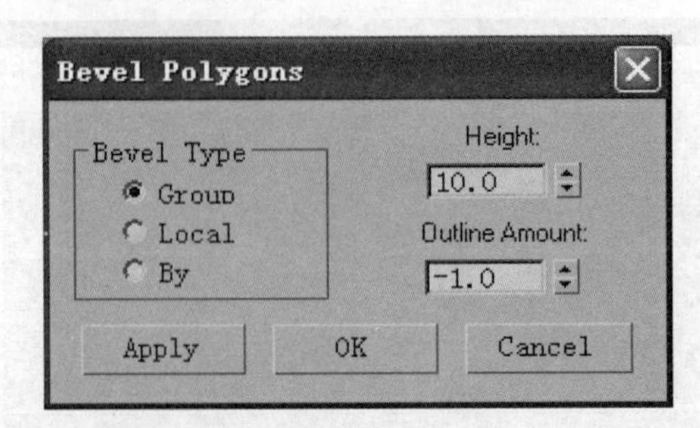

图 4.6.12

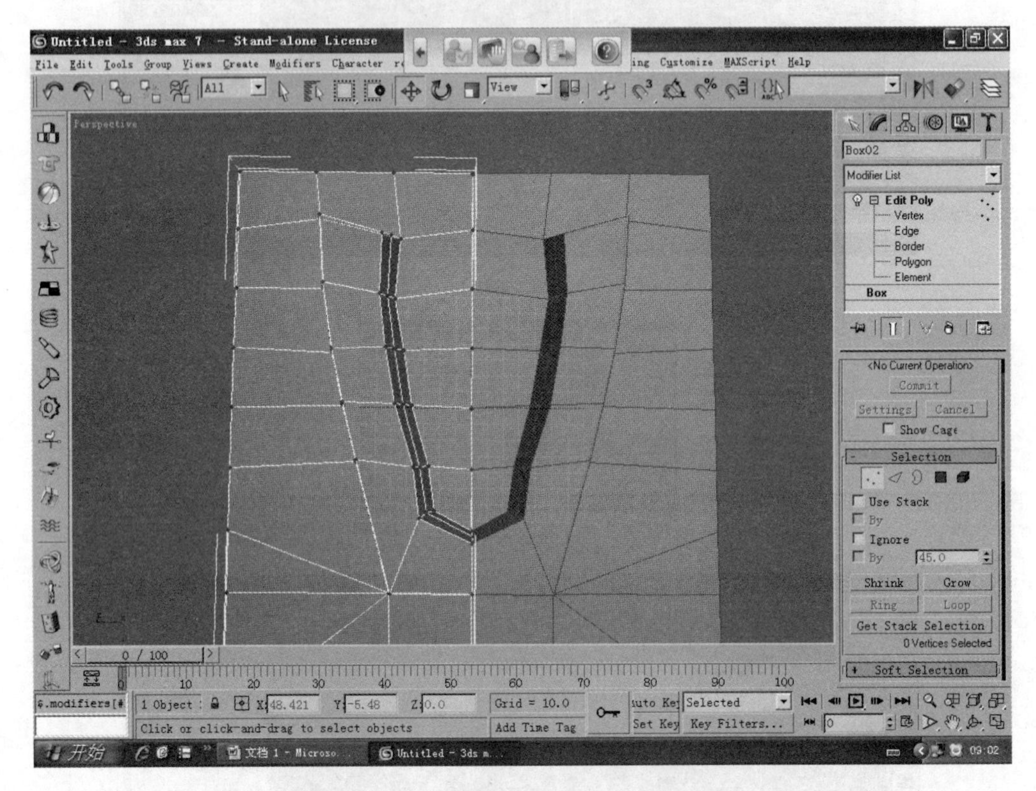

图 4.6.13

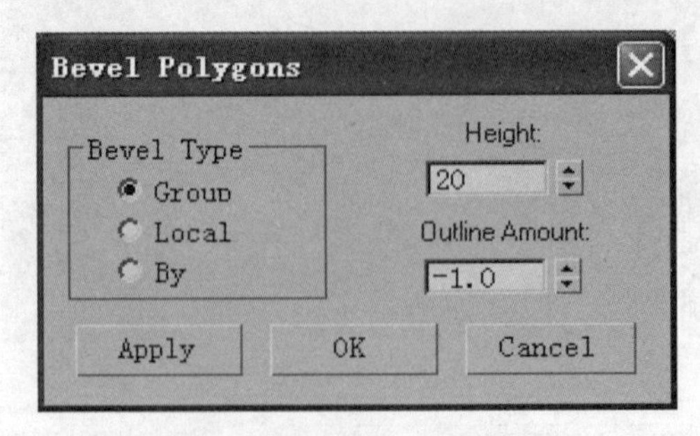

图 4.6.14

（10） 选择右边菜单栏中的 cut，调整如图 4.6.15 所示。

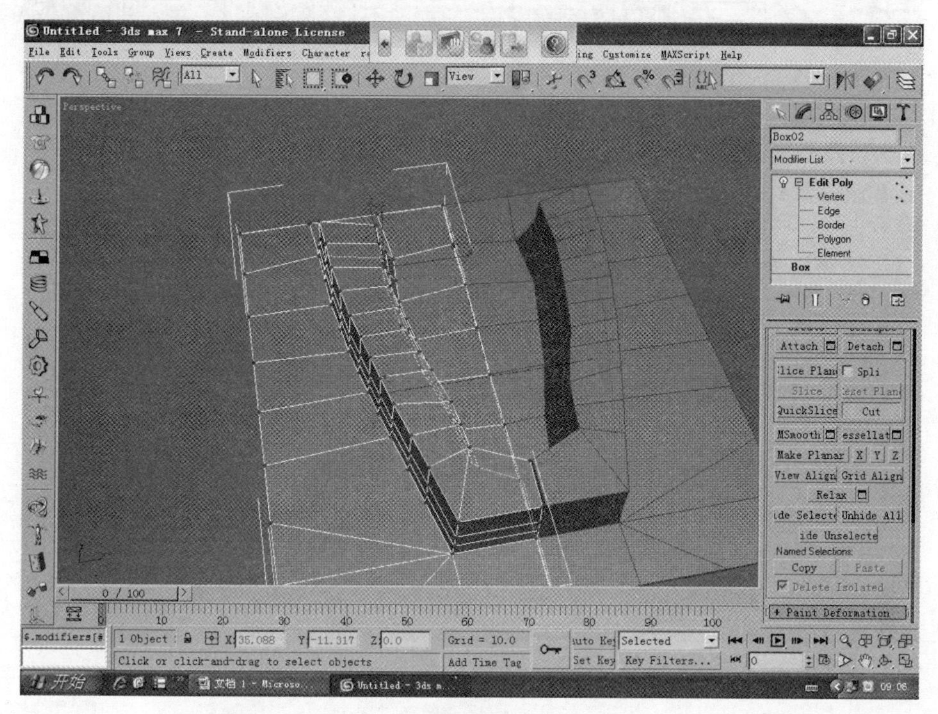

图 4.6.15

（11） 调整图中的点，如图 4.6.16 和图 4.6.17 所示。

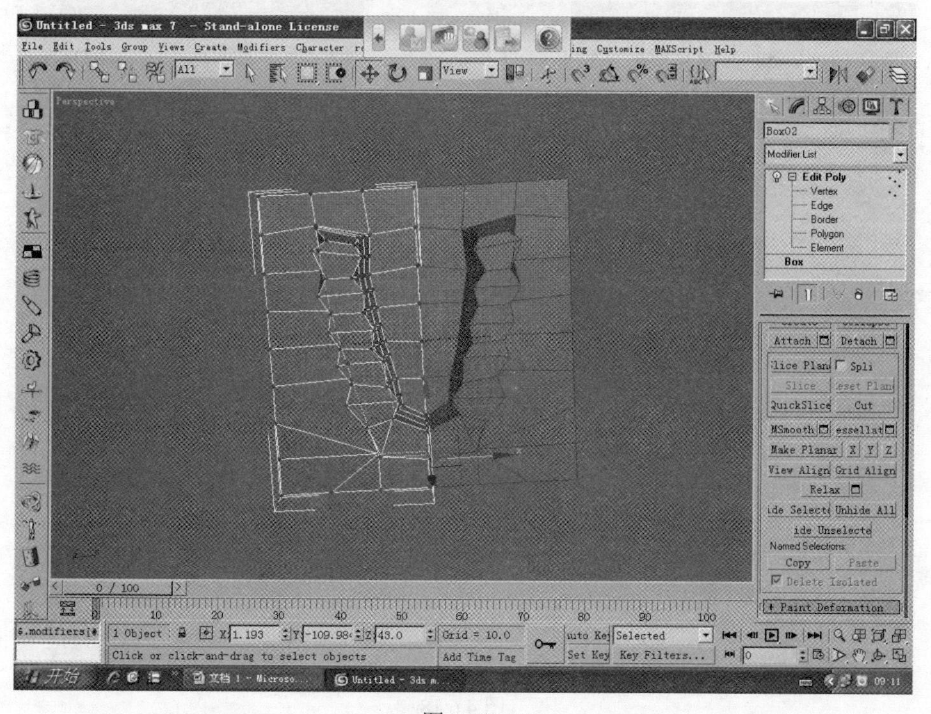

图 4.6.16

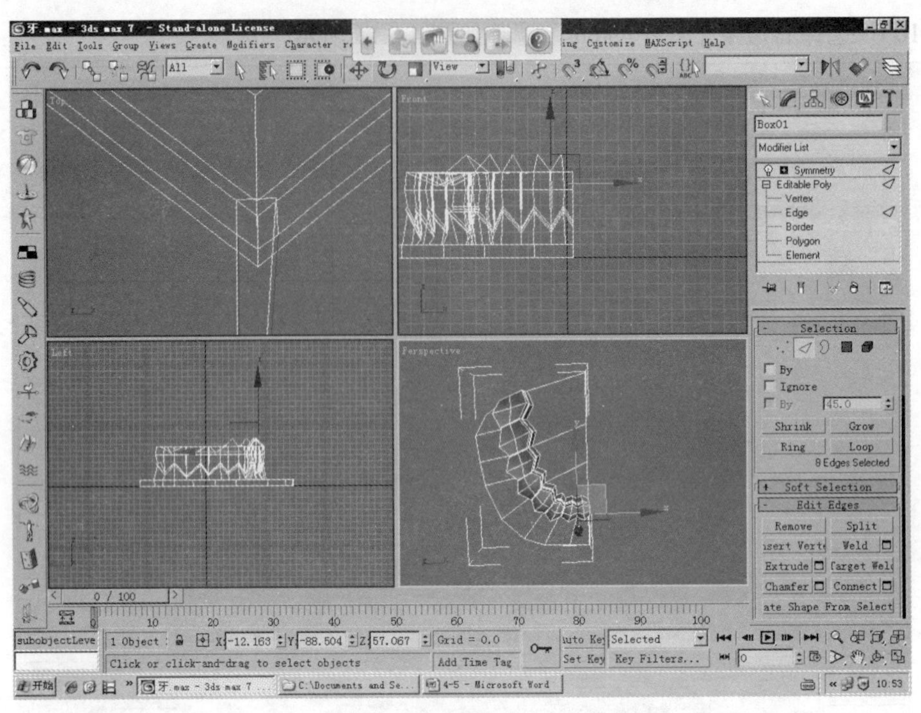

图 4.6.17

（12） 选择 edit　poly 中的 polygon，选择图 4.6.18 中的画面，选择右边菜单栏的 set id：2，再选择牙床 Set　id：1。

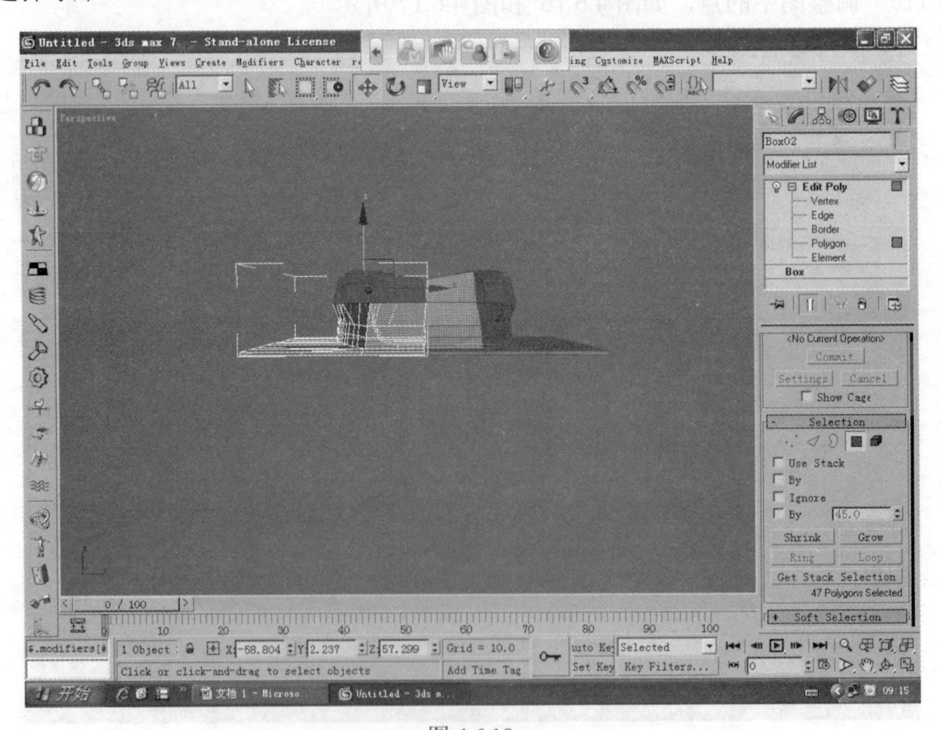

图 4.6.18

（13）打开材质编辑器（M），选择 standerd 里面的 muitl/sub-object，再选择：set number 数值为 2，如图 4.6.19 和图 4.6.20 所示。

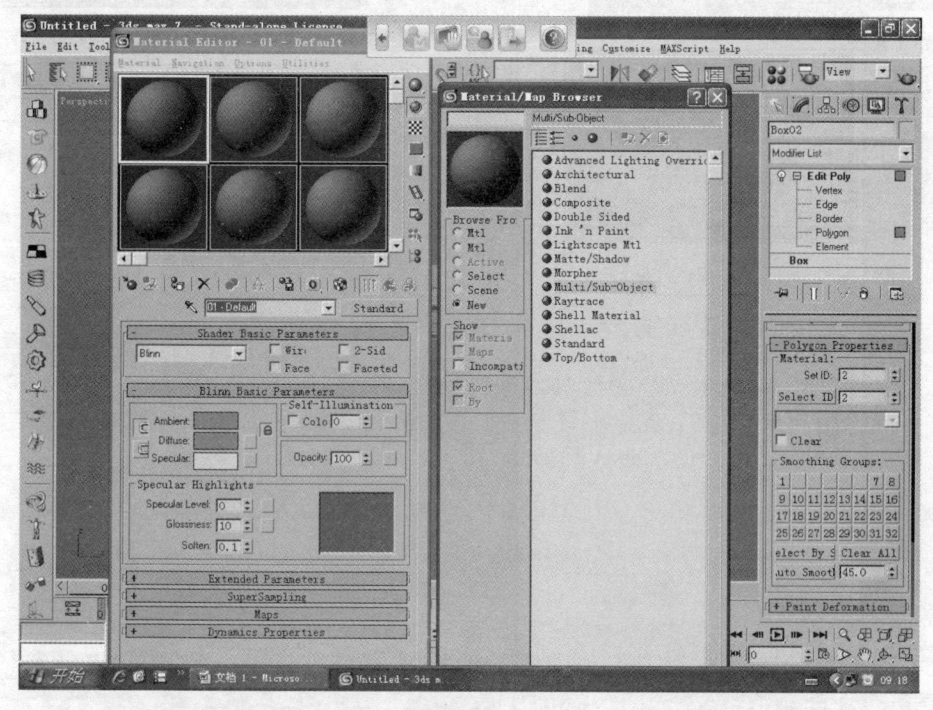

图 4.6.19

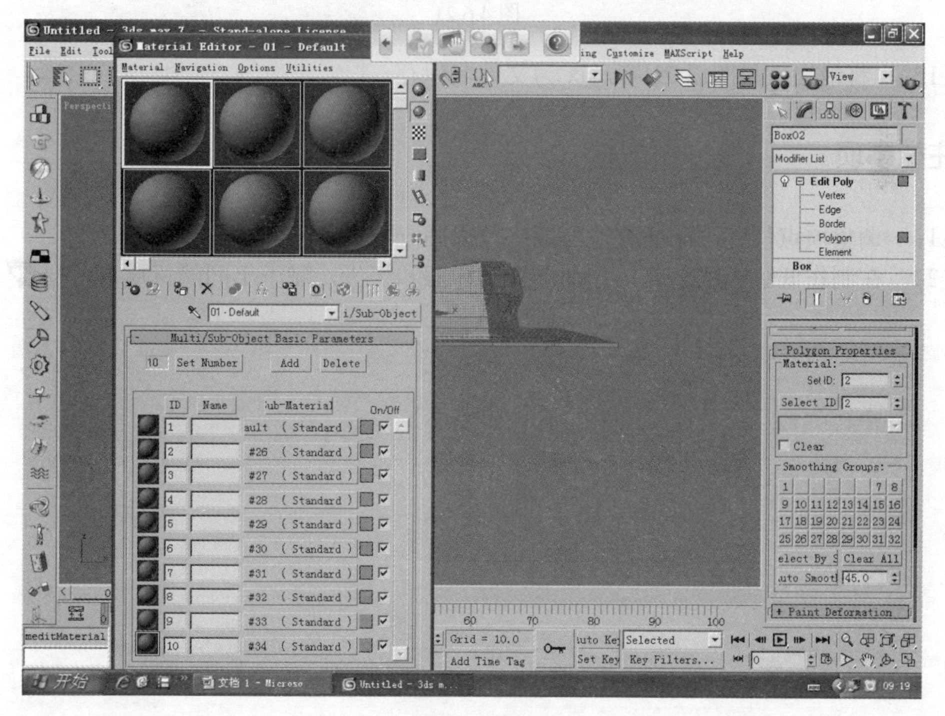

图 4.6.20

（14） 第一个球设置为肉色，第二个为白色，如图 4.6.21 所示。

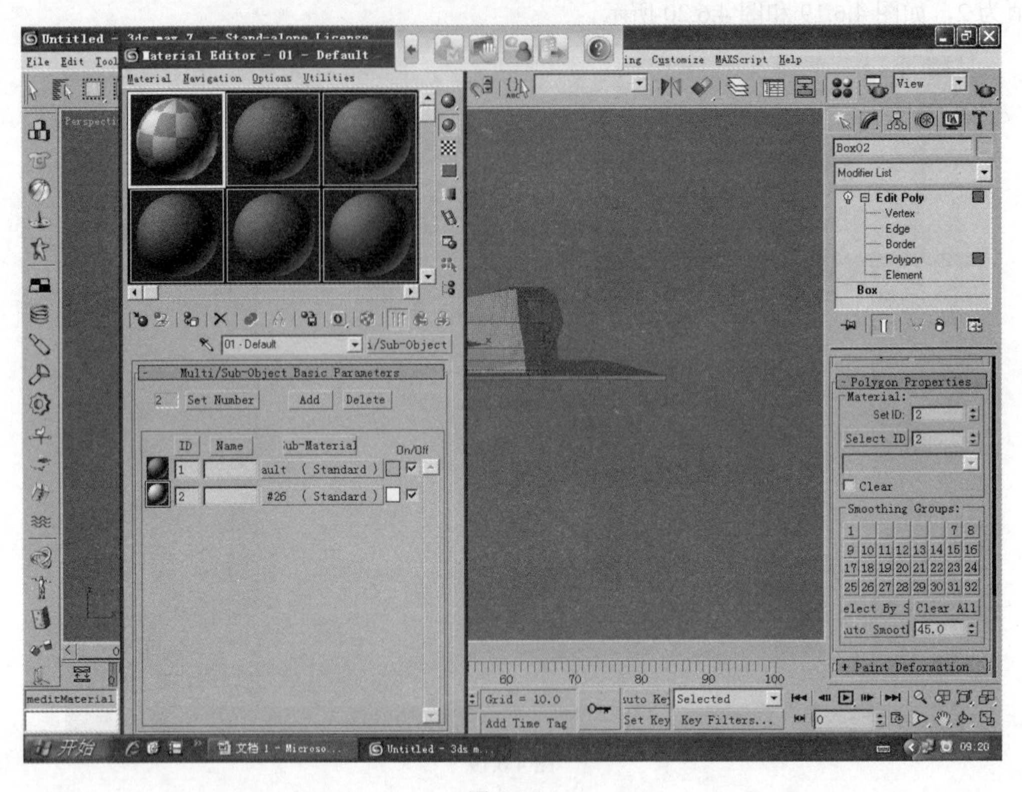

图 4.6.21

（15） 将最终效果图以 X4-5.max 为文件名保存。

三、注意事项

（1） 调整顶点位置，保证选型与最终效果图一致。
（2） 在制作低边模型之前，分别选择出牙龈和牙齿，赋予不同的材质 ID。

第 5 单元　粒子系统

学习目标

（1） 建立场景：具备建立常用物体和布置基本场景的能力。
（2） 粒子系统：深入理解和使用粒子系统；熟练使用粒子动力学。
（3） 调整修改：精于各种粒子的调整和变换技巧。
（4） 效果修饰：结合空间扭曲制作各种特殊效果。

5.1　粒子基础知识点

一、喷射

喷射（Spray）模拟雨、喷泉、公园水龙带的喷水等水滴效果，其设置内容及参数如图 5.1.1 所示。

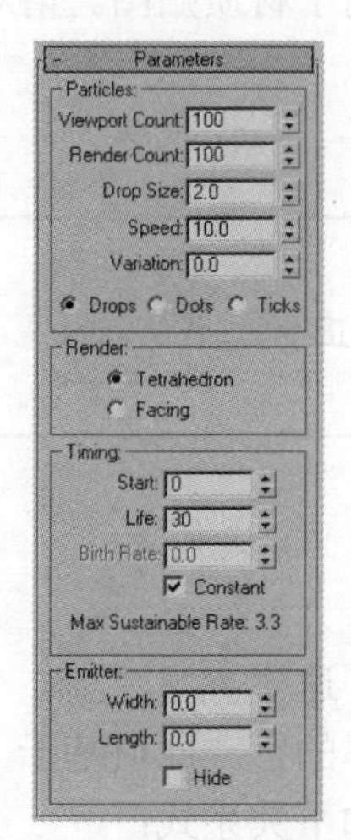

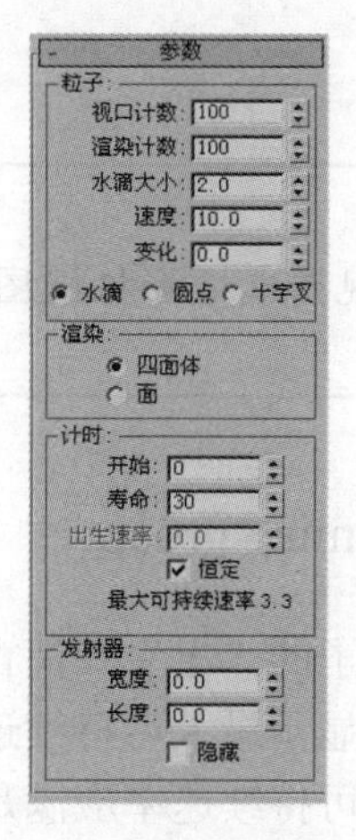

图 5.1.1

（一）“粒子”组 Particles group

（1） 视口计数 Viewport Count：在给定帧处，视口中显示的最大粒子数。

将视口显示数量设置为少于渲染计数，可以提高视口的性能。

（2） 渲染计数 Render Count：一个帧在渲染时可以显示的最大粒子数。该选项与粒子系统的计时参数配合使用。

如果粒子数达到“渲染计数”的值，粒子创建将暂停，直到有些粒子消亡。

消亡了足够的粒子后，粒子创建将恢复，直到再次达到“渲染计数”的值。

（3） 水滴大小 Drop Size：粒子的大小（以活动单位数计）。

（4） 速度 Speed：每个粒子离开发射器时的初始速度。粒子以此速度运动，除非受到粒子系统空间扭曲的影响。

（5） 变化 Variation：改变粒子的初始速度和方向。“变化”的值越大，喷射越强且范围越广。

（6） 水滴、圆点或十字叉 Drops，Dots，or Ticks：选择粒子在视口中的显示方式。显示设置不影响粒子的渲染方式。水滴是一些类似雨滴的条纹，圆点是一些点，十字叉是一些小的加号。

（二）“渲染”组 Render group

（1） 四面体 Tetrahedron：粒子渲染为长四面体，长度由您在“水滴大小”参数中指定。四面体是渲染的默认设置。它提供水滴的基本模拟效果。

（2） 面 Facing：粒子渲染为正方形面，其宽度和高度等于“水滴大小”。面粒子始终面向摄影机（即用户的视角）。这些粒子专门用于材质贴图。请对气泡或雪花使用相应的不透明贴图。

注　意

“面”只能在透视视图或摄影机视图中正常工作。

（三）“计时”组 Timing group

计时参数控制发射的粒子的“出生和消亡”速率。

在“计时”组的底部是显示最大可持续速率的行。此值基于“渲染计数”和每个粒子的寿命。为了保证准确，最大可持续速率应满足如下关系式：

最大可持续速率 ＝ 渲染计数/寿命

因为一帧中的粒子数永远不会超过“渲染计数”的值，如果“出生速率”超过了最高速率，系统将用光所有粒子，并暂停生成粒子，直到有些粒子消亡，然后重新开始生成粒子，形成突发或喷射的粒子。

（1） 开始 Start：第一个出现粒子的帧的编号。

（2） 寿命 Life：每个粒子的寿命（以帧数计）。

（3） 出生速率 Birth Rate：每个帧产生的新粒子数。

如果此设置小于或等于最大可持续速率，粒子系统将生成均匀的粒子流。如果此设置大于最大速率，粒子系统将生成突发的粒子。

可以为“出生速率”参数设置动画。

（4） 恒定 Constant：启用该选项后，“出生速率”不可用，所用的出生速率等于最大可持续速率。禁用该选项后，“出生速率”可用。默认设置为启用。

禁用“恒定”并不意味着出生速率自动改变，除非为“出生速率”参数设置了动画，否则，出生速率将保持恒定。

（四）“发射器”组 Emitter group

发射器指定场景中出现粒子的区域。发射器包含可以在视口中显示的几何体，但是发射器不可渲染。

发射器显示为一个向量从一个面向外指出的矩形。向量显示系统发射粒子的方向。

（1） 宽度和长度 Width and Length：在视口中拖动以创建发射器时，即隐性设置了这两个参数的初始值。可以在卷展栏中调整这些值。

粒子系统在给定时间内占用的空间是初始参数（例如发射器的大小与发射速度的变化）以及已经应用的空间扭曲组合作用的结果。

（2） 隐藏 Hide：启用该选项可以在视口中隐藏发射器。禁用“隐藏”后，在视口中显示发射器。发射器从不会被渲染。默认设置为禁用状态。

二、雪

“雪”（Snow）是指模拟降雪或投撒的纸屑。雪系统与喷射类似，但是雪系统提供了其他参数来生成翻滚的雪花，渲染选项也有所不同。其内容及参数设置如图 5.1.2 所示。

（一）“粒子”组 Particles group

（1） 视口计数 Viewport Count：在给定帧处，视口中显示的最大粒子数。

将视口显示数量设置为少于渲染计数，可以提高视口的性能。

（2）渲染计数 Render Count：一个帧在渲染时可以显示的最大粒子数。该选项与粒子系统的计时参数配合使用。

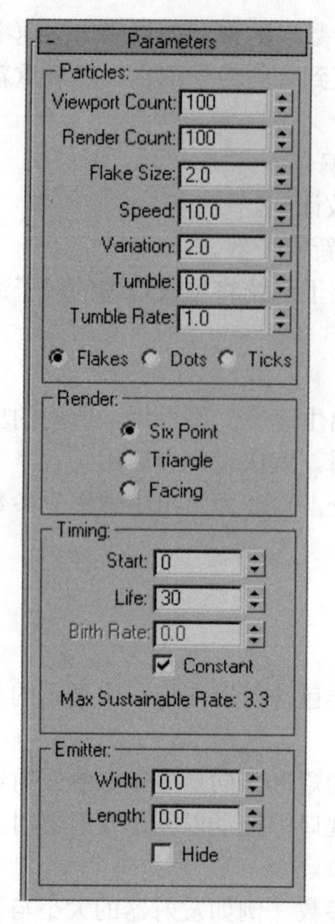

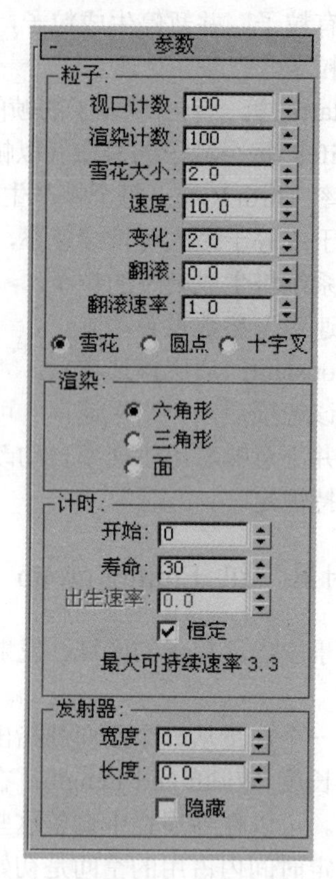

图 5.1.2

如果粒子数达到“渲染计数”的值，粒子创建将暂停，直到有些粒子消亡。消亡了足够的粒子后，粒子创建将恢复，直到再次达到“渲染计数”的值。

（3） 雪花大小 Flake Size：粒子的大小（以活动单位数计）。

（4） 速度 Speed：每个粒子离开发射器时的初始速度。粒子以此速度运动，除非受到粒子系统空间扭曲的影响。

（5） 变化 Variation：改变粒子的初始速度和方向。“变化”的值越大，降雪的区域越广。

（6） 翻滚 Tumble：雪花粒子的随机旋转量。此参数可以在 0 到 1 之间。设置为 0 时，雪花不旋转；设置为 1 时，雪花旋转最多。每个粒子的旋转轴随机生成。

（7） 翻滚速率 Tumble Rate：雪花的旋转速度。“翻滚速率”的值越大，旋转越快。

（8） 雪花、圆点或十字叉 Flakes，Dots，or Ticks：选择粒子在视口中的显示方式。显示设置不影响粒子的渲染方式。雪花是一些星形的雪花，圆点是一些点，十字叉是一些小的加号。

（二）“渲染”组 Render group

（1） 六角形 Six Point：每个粒子渲染为六角星。星形的每个边是可以指定材质的面。这是渲染的默认设置。

（2） 三角形 Triangle：每个粒子渲染为三角形。三角形只有一个边是可以指定材质的面。

（3） 面 Facing：粒子渲染为正方形面，其宽度和高度等于“水滴大小”。面粒子始终面向摄影机（即用户的视角）。这些粒子专门用于材质贴图。请对气泡或雪花使用相应的不透明贴图。

注 意

“面”只能在透视视图或摄影机视图中正常工作。

（三）“计时”组 Timing group

计时参数控制发射粒子的“出生和消亡”速率。

在“计时”组的底部是显示最大可持续速率的行。此值基于“渲染计数”和每个粒子的寿命。为了保证准确，其最大可持续速率应满足如下关系：

最大可持续速率 = 渲染计数/寿命

因为一帧中的粒子数永远不会超过“渲染计数”的值，如果“出生速率”超过了最大速率，系统将用光所有粒子，并暂停生成粒子，直到有些粒子消亡，然后重新开始生成粒子，形成粒子的突发或喷射。

（1） 开始 Start：第一个出现粒子的帧的编号。

（2） 寿命 Life：粒子的寿命（以帧数计）。

（3） 出生速率 Birth Rate：每个帧产生的新粒子数。

如果此设置小于或等于最大可持续速率，粒子系统将生成均匀的粒子流。如果此设置大于最大速率，粒子系统将生成突发的粒子。

可以为“出生速率”参数设置动画。

（4） 恒定 Constant：启用该选项后，“出生速率”不可用，所用的出生速率等于最大可持续速率。禁用该选项后，“出生速率”可用。默认设置为启用。

禁用“恒定”并不意味着出生速率自动改变，除非为“出生速率”参数设置了动画，否则，出生速率将保持恒定。

（四）“发射器”组 Emitter Group

发射器指定场景中出现粒子的区域。发射器包含可以在视口中显示的几何体，但是发射器不可渲染。

发射器显示为一个向量从一个面向外指出的矩形。向量显示系统发射粒子的方向。

可以在粒子系统的“参数”卷展栏的“发射器”组中设置发射器参数。

（1） 宽度和长度 Width and Length：在视口中拖动以创建发射器时，即隐性设置了这两个参数的初始值。可以在卷展栏中调整这些值。

粒子系统在给定时间内占用的空间是初始参数（发射器的大小与发射速度的变化）以及

已经应用的空间扭曲组合作用的结果。

（2） 隐藏 Hide：启用该选项可以在视口中隐藏发射器。禁用该选项后，在视口中显示发射器。发射器从不会被渲染。默认设置为禁用状态。

三、超级喷射

超级喷射（Super Spray）发射受控制的粒子喷射。此粒子系统与简单的喷射粒子系统类似，只是增加了所有新型粒子系统提供的功能。

基本参数设置如图 5.1.3 所示。

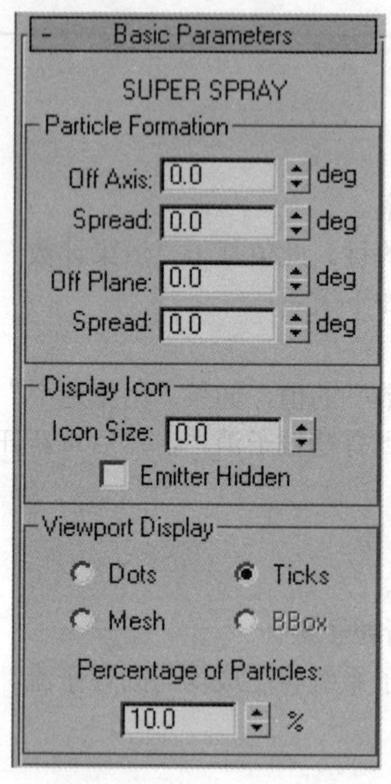

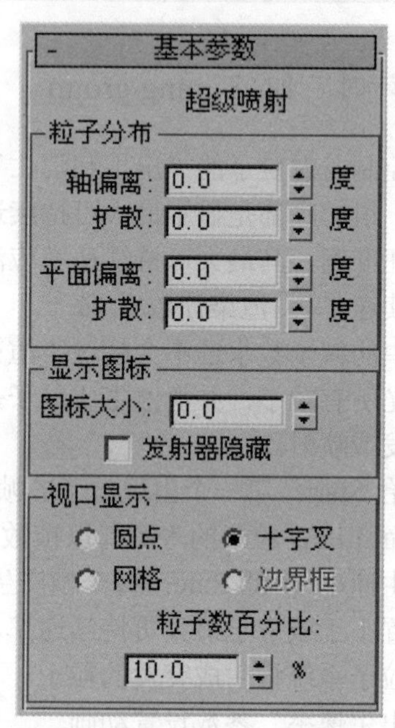

图 5.1.3

（1） 轴偏离 Off Axis：影响粒子流与 Z 轴的夹角（沿着 X 轴的平面）。

（2） 扩散 Spread：影响粒子远离发射向量的扩散（沿着 X 轴的平面）。

（3） 平面偏离 Off Plane：影响围绕 Z 轴的发射角度。如果“轴偏离”设置为 0，则此选项无效。

（4） 扩散 Spread：影响粒子围绕“平面偏离”轴的扩散。如果“轴偏离”设置为 0，则此选项无效。

（一）“粒子运动”组

（1） 速度 Speed：粒子出生时的速度（以每帧的单位数计）。

（2） 变化 Variation：对每个粒子的发射速度应用一个变化百分比。

“粒子生成”Particle Motion group，其内容及参数设置如图 5.1.4 所示。

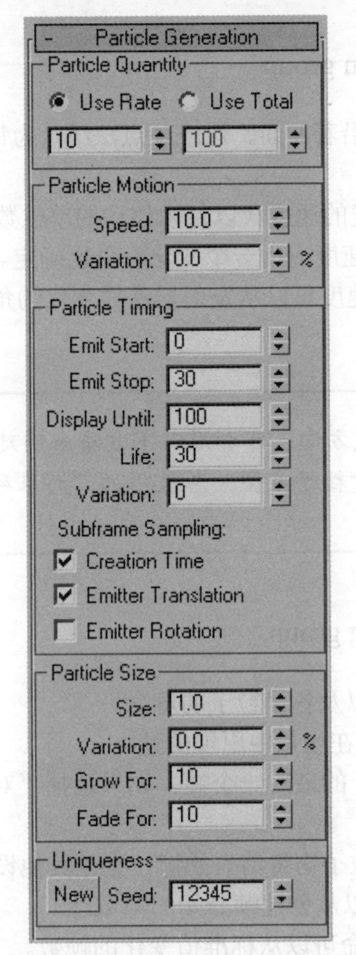

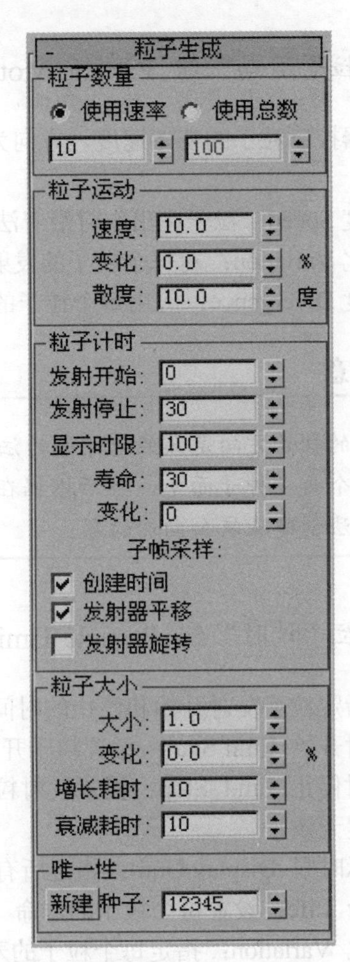

图 5.1.4

(二)“粒子数量”组 Particle Quantity group

在此组中，可以从随时间确定粒子数的两种方法中选择一种。如果将“粒子类型”设置为“对象碎片”，则这些设置不可用。

(1) 使用速率 Use Rate：指定每帧发射的固定粒子数。使用微调器可以设置每帧产生的粒子数。

(2) 使用总数 Use Total：指定在系统使用寿命内产生的总粒子数。使用微调器可以设置每帧产生的粒子数。

(3) 系统的使用寿命（以帧数计）由“粒子计时”组中的“寿命”微调器指定，相关内容将在本主题后面进行介绍。

提示

通常，“使用速率”最适合连续的粒子流，例如精灵粉轨迹，而“使用总数”比较适合短期内突发的粒子。

（三）“粒子运动”组 Particle Motion group

以下微调器控制粒子的初始速度，方向为沿着曲面、边或顶点法线（为每个发射器点插入）。

（1） 速度 Speed：粒子在出生时沿着法线的速度（以每帧移动的单位数计）。

（2） 变化 Variation：对每个粒子的发射速度应用一个变化百分比确定。

（3） 散度 Divergence：应用每个粒子的速度可以从发射器法线变化的角度确定。

注　意

碎片簇的初始方向是簇的种子面的法线方向。可利用以下方法来创建簇：

选择一个面（种子面），然后根据在“粒子类型”卷展栏的“对象碎片控制”组中选择的方法创建从该面向外的簇。

（四）“粒子计时”组 Particle Timing group

以下选项指定粒子发射开始和停止的时间以及各个粒子的寿命。

（1） 发射开始 Emit Start：设置粒子开始在场景中出现的帧。

（2） 发射停止 Emit Stop：设置发射粒子的最后一个帧。如果选择“对象碎片”粒子类型，则此设置无效。

（3） 显示时限 Display Until：指定所有粒子均将消失的帧（无论其他设置如何）。

（4） 寿命 Life：设置每个粒子的寿命（以从创建帧开始的帧数计）。

（5） 变化 Variation：指定每个粒子的寿命可以从标准值变化的帧数。

（6） 子帧采样 Subframe Sampling：启用以下三个复选框的任意一个后，通过以较高的子帧分辨率（而不是相对粗糙的帧分辨率）对粒子采样，有助于避免粒子“膨胀”。根据您的需要，可以按照时间、运动或旋转进行采样。“膨胀”是发射单独的粒子泡或粒子簇的效果（而不是连续的粒子流）。为发射器设置动画后，此效果尤其明显。

（7） 创建时间 Creation Time：允许向防止随时间发生膨胀的运动等式添加时间偏移。此设置对“对象碎片”粒子类型无效。默认设置为启用。

（8） 发射器平移 Emitter Translation：如果基于对象的发射器在空间中移动，在沿着可渲染位置之间的几何体路径的位置上以整数倍数创建粒子。这样可以避免在空间中膨胀。如果启用了“对象碎片”粒子类型，则此设置无效。默认设置为启用。

（9） 发射器旋转 Emitter Rotation：如果发射器旋转，启用此选项可以避免膨胀，并产生平滑的螺旋形效果。默认设置为禁用状态。

每多启用一个子帧采样复选框，会渐进增加必要的计算。此外，方法按照计算量最小到最大的顺序列出。因此，“发射器旋转”比“发射器平移”需要的计算量大，“发射器平移”比“创建时间”需要的计算量大。

（五）“粒子大小”组 Particle Size group

以下微调器指定粒子的大小。

（1） 大小 Size：这个可设置动画的参数根据粒子的类型指定系统中所有粒子的目标大小。

（2） 标准粒子 Standard Particles：粒子的主要尺寸。

（3） 恒定 Constant：恒定类型粒子的尺寸（以渲染的像素数计）。

（4） 对象碎片 Object Fragments：无效。

（5） 变化 Variation：每个粒子的大小可以从标准值变化的百分比。此设置应用于“大小”的值。使用此参数可以获取不同大小的粒子的真实混合。

（6） 增长耗时 Grow For：粒子从很小增长到“大小”的值经历的帧数。结果受“大小/变化”值的影响，因为“增长耗时”在“变化”之后应用。使用此参数可以模拟自然效果，例如气泡随着向表面靠近而增大。

（7） 衰减耗时 Fade For：粒子在消亡之前缩小到其“大小”设置的 1/10 所经历的帧数。此设置也在“变化”之后应用。使用此参数可以模拟自然效果，例如火花逐渐变为灰烬。

（六）“唯一性”组 Uniqueness group

通过更改此微调器中的“种子”值，可以在其他粒子设置相同的情况下达到不同的结果。

（1） 新建 New：随机生成新的种子值。

（2） 种子 Seed：设置特定的种子值。

四、“粒子类型”Particle Type

“粒子类型”组 Particle Types group，其内容及参数设置如图 5.1.5 所示。

以下选项指定粒子类型的四个类别中的一种。根据所选选项的不同，“粒子类型”卷展栏下部会出现不同的控件。

（1） 标准粒子 Standard Particles：使用几种标准粒子类型中的一种，例如三角形、立方体、四面体等。

（2） 变形球粒子 MetaParticles：使用变形球粒子。这些变形球粒子是粒子系统，从中单独的粒子以水滴或粒子流形式混合在一起。

（3） 实例几何体 Instanced Geometry：生成粒子，这些粒子可以是对象、对象链接层次或组的实例。对象在“粒子类型”卷展栏的“实例参数”组中处于选定状态。

（4） 如果希望粒子成为场景中另一个对象的相同实例，则选择“实例几何体”。实例几何体粒子对创建人群、畜群或非常细致的对象流非常有效。下面是几个示例：

① 将红色血细胞实例化，使用“超级喷射”设置血液在动脉中流动的动画。

② 将鸟实例化，使用“粒子云”设置一群鸟在飞翔的动画。

③ 将石头实例化，使用“粒子云”设置行星区的动画。

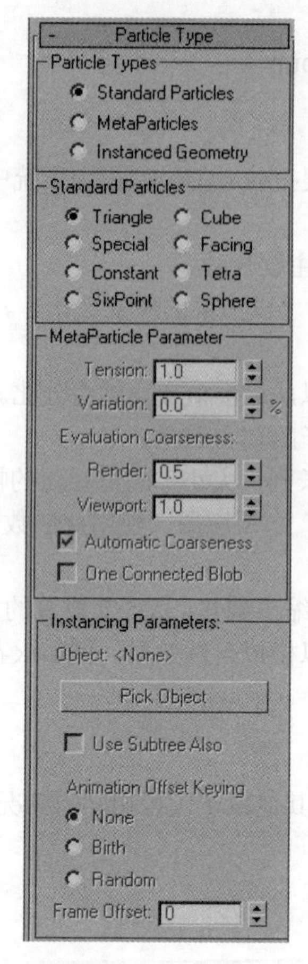

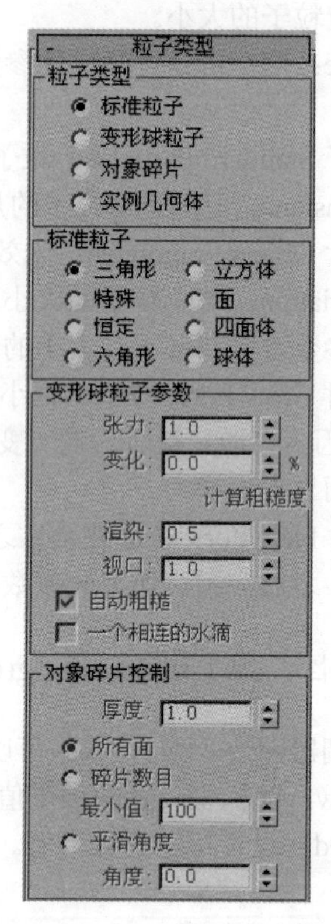

图 5.1.5

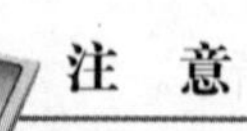

注　意

粒子系统只能使用一种粒子。不过，一个对象可以绑定多个粒子阵列，每个粒子阵列可以发射不同类型的粒子。

在对象属性 >“运动模糊”组中介绍的图像运动模糊无法与实例粒子正常地配合使用，这是一个已知问题。请对实例粒子使用对象运动模糊，或对标准粒子使用图像运动模糊。

五、“重力”空间扭曲

“重力”空间扭曲可以在粒子系统所产生的粒子上对自然重力的效果进行模拟。重力具有方向性。沿重力箭头方向的粒子加速运动。逆着箭头方向运动的粒子呈减速状，如图 5.1.6 所示。

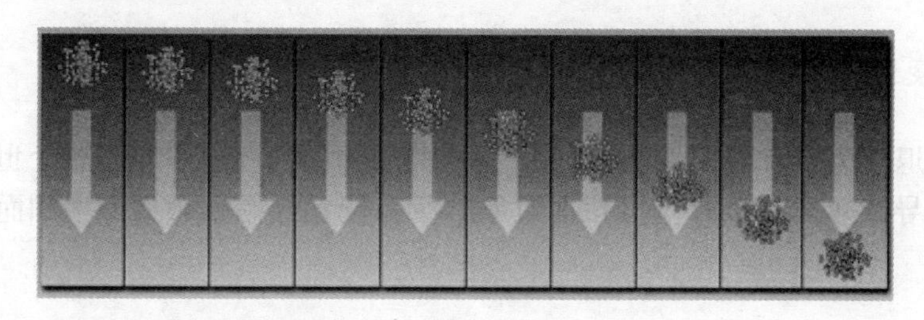

图 5.1.6

（一）重力引起的粒子降落

在球形重力下，运动朝向图标，如图 5.1.7 所示。

图 5.1.7

显示了施加在雪上的重力效果。

（二）步骤

创建重力：
在“创建”面板上，单击（空间扭曲）。从列表中选择“力”，然后在“对象类型”卷展栏上单击“重力”。

（三）在视口中拖动

显示出重力图标。对于平面重力（默认值），图标是一个一侧带有方向箭头的方形线框。对于球形重力，图标是一个球形线框。

平面重力的初始方向是沿着执行拖动操作的视口中的活动构建网格的负 *Z* 轴。您可以旋转重力对象改变该方向。

六、“力”组

（一）强度

增加“强度”会增加重力的效果，即对象的移动与重力图标的方向箭头的相关程度。小于 0.0 的强度会创建负向重力，该重力会排斥以相同方向移动的粒子，并吸引以相反方向移动的粒子。设置“强度”为 0.0 时，“重力”空间扭曲没有任何效果。

（二）衰退

设置“衰退”为 0.0 时，“重力”空间扭曲用相同的强度贯穿于整个世界空间。增加“衰退”值会导致重力强度从重力扭曲对象的所在位置开始随距离的增加而减弱。默认设置是 0.0。

（三）平面

重力效果垂直于贯穿场景的重力扭曲对象所在的平面。

（四）球形

重力效果为球形，以重力扭曲对象为中心。该选项能够有效创建喷泉或行星效果。

5.2 典型案例——喷泉动画

一、制作喷泉动画

制作喷泉动画效果图如图 5.2.1 所示，具体要求如下。

（1） 建立场景：载入素材库\A3dmax\Unit5\Y5-1.max 场景文件。

（2） 粒子系统：建立中心管状体粒子喷泉效果。

（3） 调整修改：修改连接水柱成四周散开和重力空间扭曲下落的效果。

（4）添加效果：添加喷泉透明水状材质。

（5） 将最终结果以 X5-1.max 为文件名保存。

图 5.2.1

二、解题步骤

（1） 打开素材，载入素材库\A3dmax\Unit5\Y5-1.max 场景文件，如图 5.2.2 所示。

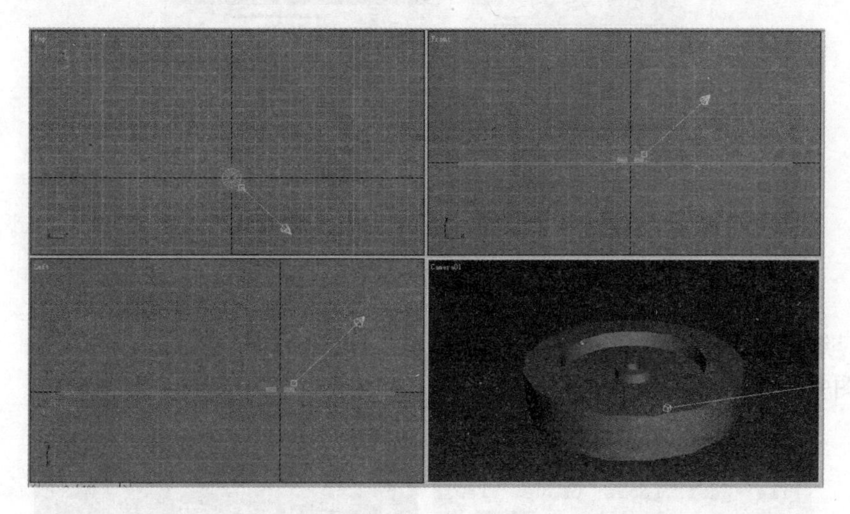

图 5.2.2

（2） 创建粒子。

打开 MAX，切换至 Particle Systems，选中 super Spray。在顶视图（top）创建，设置参数，如图 5.2.2 所示。

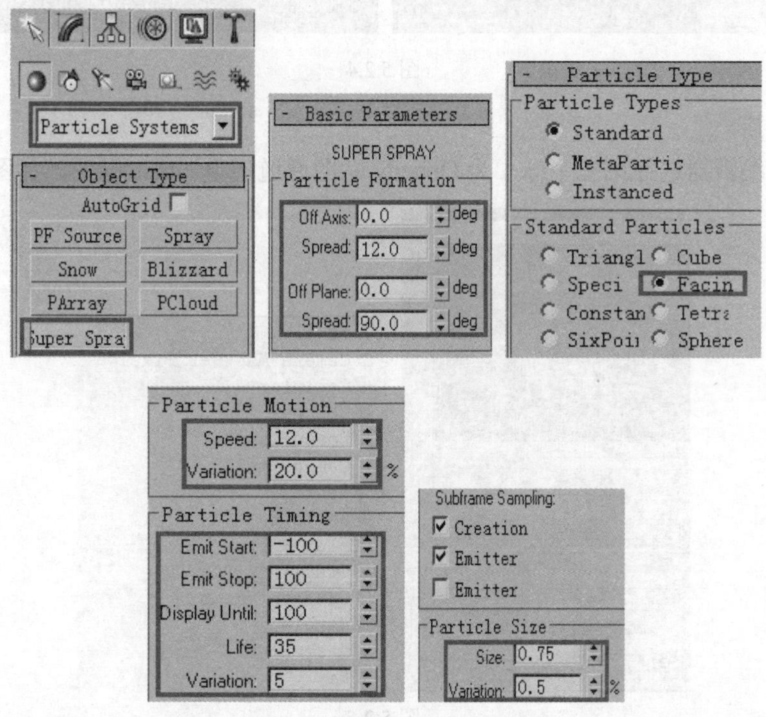

图 5.2.2

（3） 设置重力。

切换至 Forces，选中 Gravity。在顶视图（top）创建，设置以下参数，如图 5.2.3 所示。

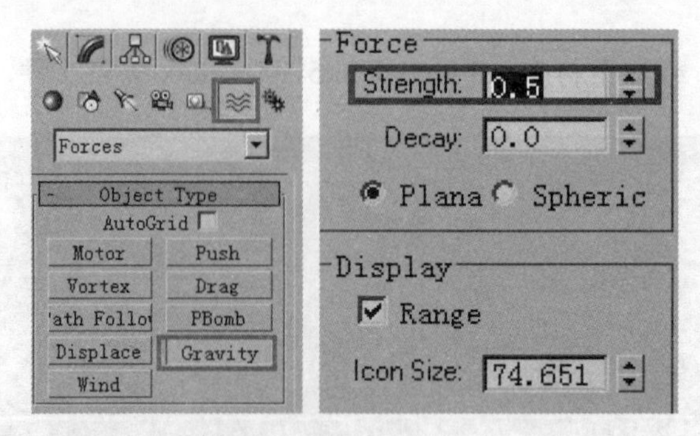

图 5.2.3

（4） 绑定重力。

选中图中按钮，把重力拖向粒子，如图 5.2.4 所示。

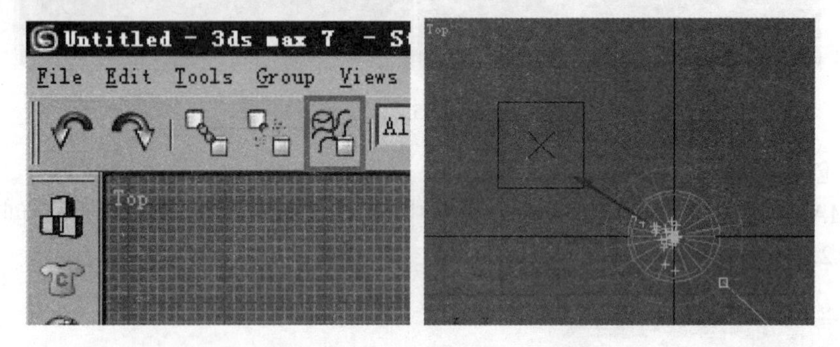

图 5.2.4

（5） 材质

打开材质编辑器选择第三个球，为 Opacity 贴图通道指定 Noise 贴图，如图 5.2.5 所示。

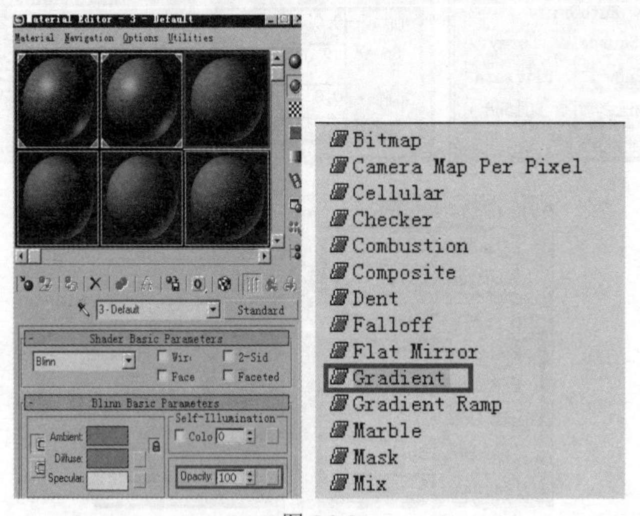

图 5.2.5

设置以下参数 color1：白色 color2：黑色 Gradient，选择 Radia，如图 5.2.6 所示。返回上一级，如图 5.2.7 所示。

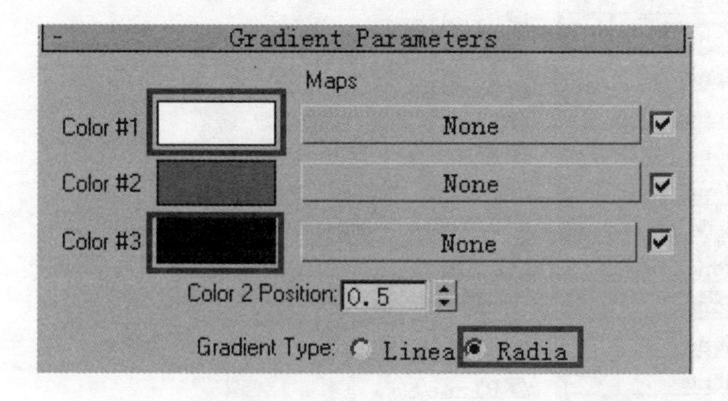

图 5.2.6

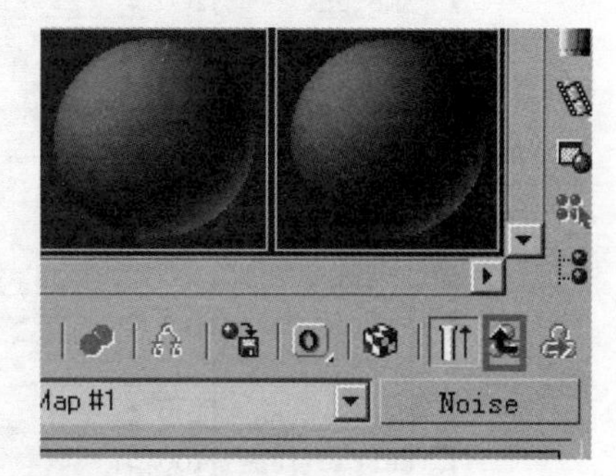

图 5.2.7

设置以下参数：浅蓝色 R:160、G:250、B:250，如图 5.2.8 所示。

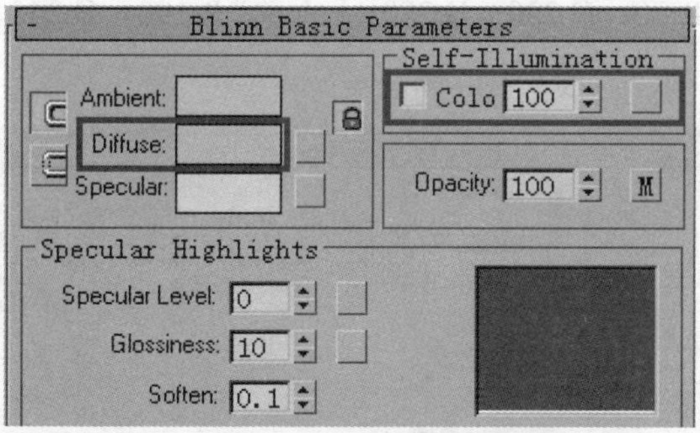

图 5.2.8

打开 Maps，如图 5.2.9 所示。

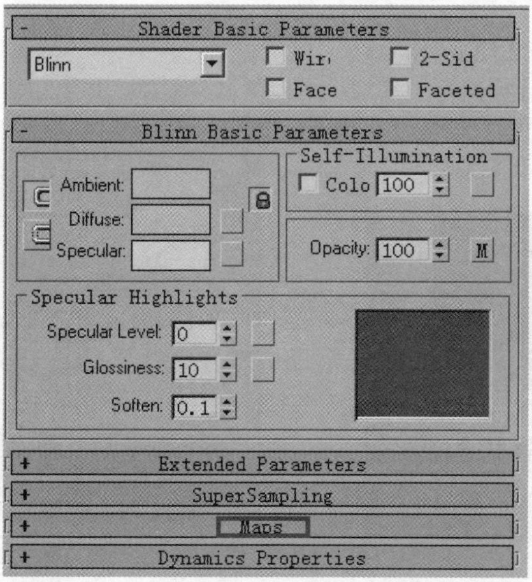

图 5.2.9

选中 Diffuse 通道，点击 None，如图 5.2.10 所示。

Ambient	100	None
Diffuse	100	None
Specular	100	None
Specular	100	None
Glossiness	100	None
Self-Illumin	100	None
Opacity . .	100	Map #2 (Gradient)
Filter Color	100	None
Bump . . .	30	None
Reflection	100	None
Refraction	100	None
Displacement	100	None

Flat Mirror
Gradient
Gradient Ramp
Marble
Mask
Mix
Noise
Normal Bump
Output
Particle Age
Particle MBlur
Perlin Marble
Planet
Raytrace

图 5.2.10

设置参数，color#1 R:70、G:230、B:250；color#3 R:190、G:245、B:250，如图 5.2.11 所示。

Particle Age Parameters

Color #1		None	☑
Age #1: 0.0 %			
Color #2:		None	☑
Age #2: 50.0 %			
Color #3		None	☑
Age #3: 100.0 %			

图 5.2.11

返回上一级，如图 5.2.12 所示。
修改参数，如图 5.2.13 所示。

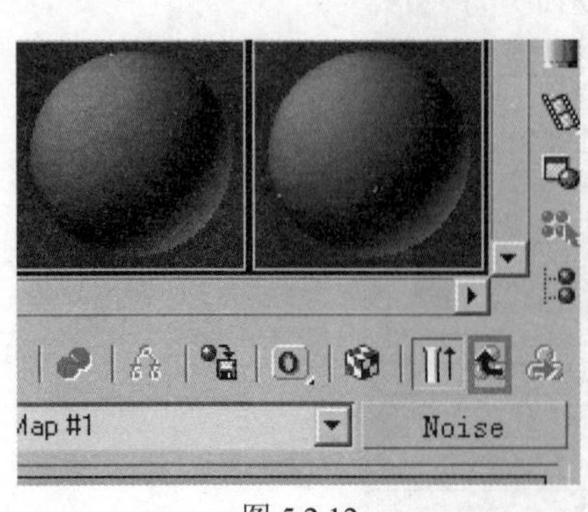

图 5.2.12

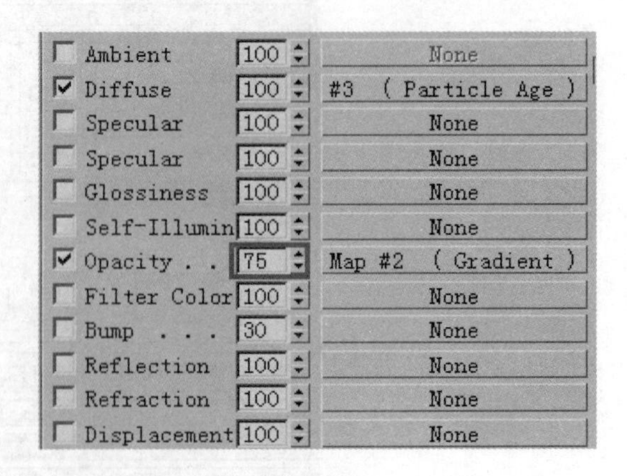

图 5.2.13

选中粒子，赋予，如图 5.2.14～图 5.2.16 所示。

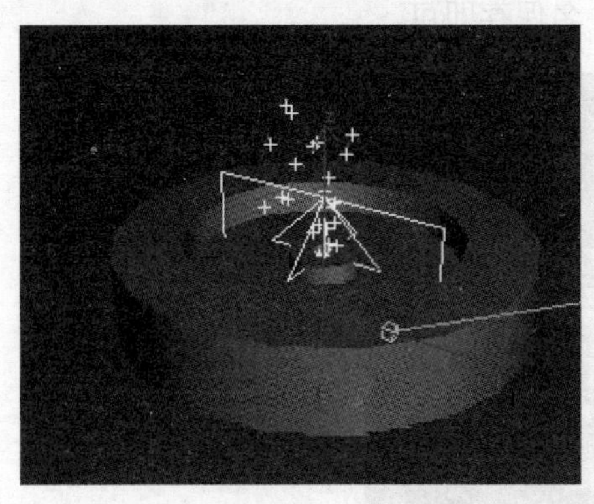

图 5.2.14

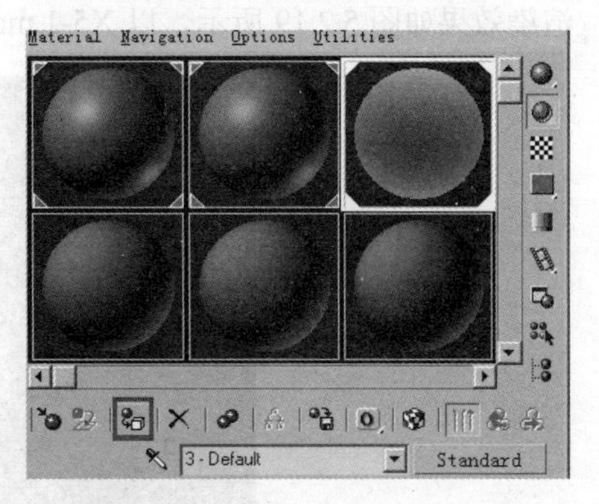

图 5.2.15

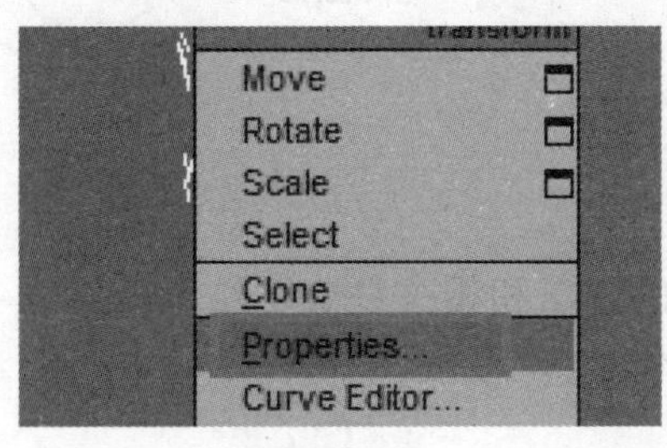

图 5.2.16

（6） 渲染保存。

将其渲染为.avi 格式保存，如图 5.2.17 和图 5.2.18 所示。

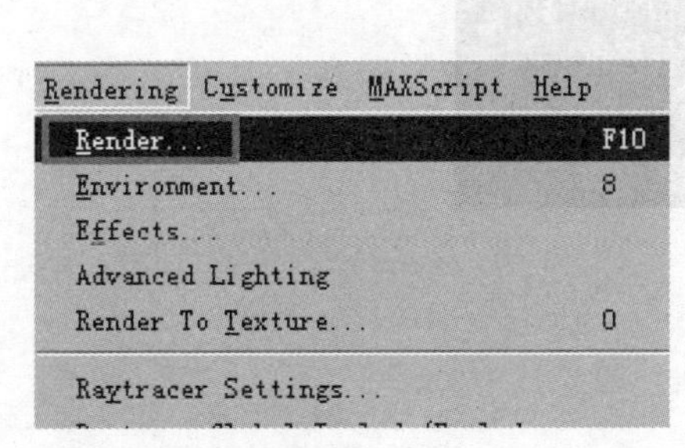

图 5.2.17

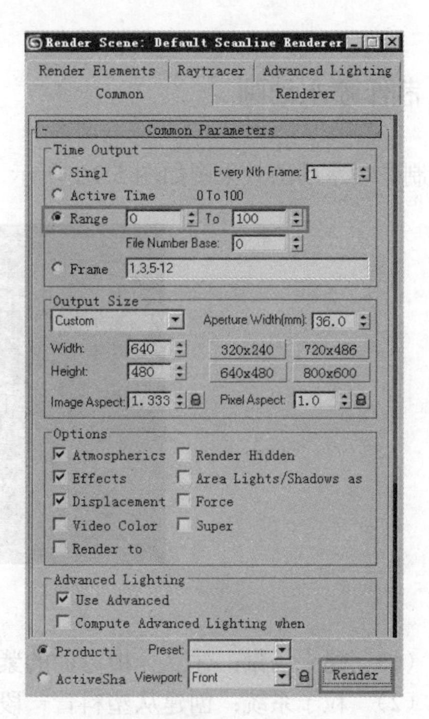

图 5.2.18

渲染效果如图 5.2.19 所示，以 X5-1.max 为文件名保存即可。

图 5.2.19

三、注意事项

（1） 创建粒子绑定重点的方法和相关参数设置。
（2） 动画渲染的一般操作。

5.3 典型案例——喷水动画

一、制作喷水动画

制作喷水动画效果图如图 5.3.1 所示，具体要求如下。

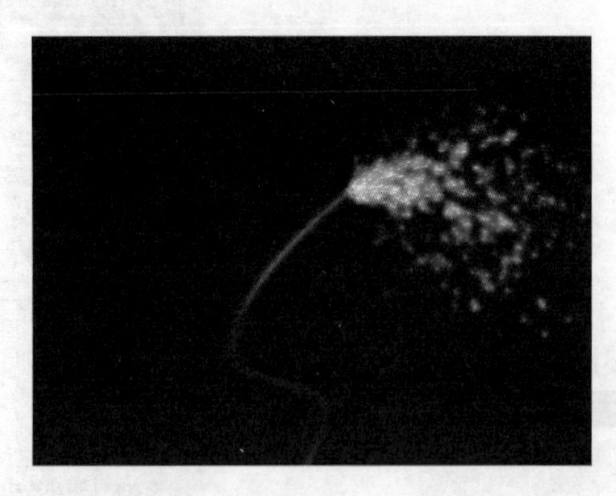

图 5.3.1

（1） 建立场景：建立一根弯曲的紫色塑料管。
（2） 粒子系统：创建从塑料管一段喷射水柱。
（3） 调整修改：调整粒子数量和链接重力。

（4） 添加效果：添加水材质和粒子发光效果。

（5） 将最终效果以 X5-2.max 为文件名保存在考生文件夹中。

二、解题步骤

（1） 打开 MAX，创建面板切换至 Splines，选中 Line（线）命令在 Front（前视图）上建立 S 图形，如图 5.3.2 所示。

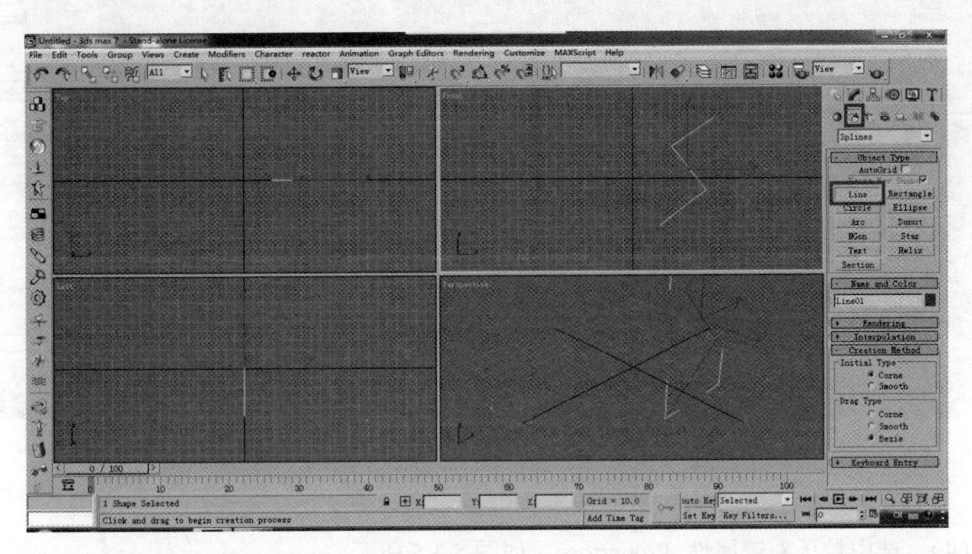

图 5.3.2

（2） 选中线进入修改命令面板，在顶点成集下选中顶点平滑。Rendering 成集下勾选 Renderabl，Generate Mapping，Display Render，调整 Thickness 数值（电线粗细），如图 5.3.3 所示。

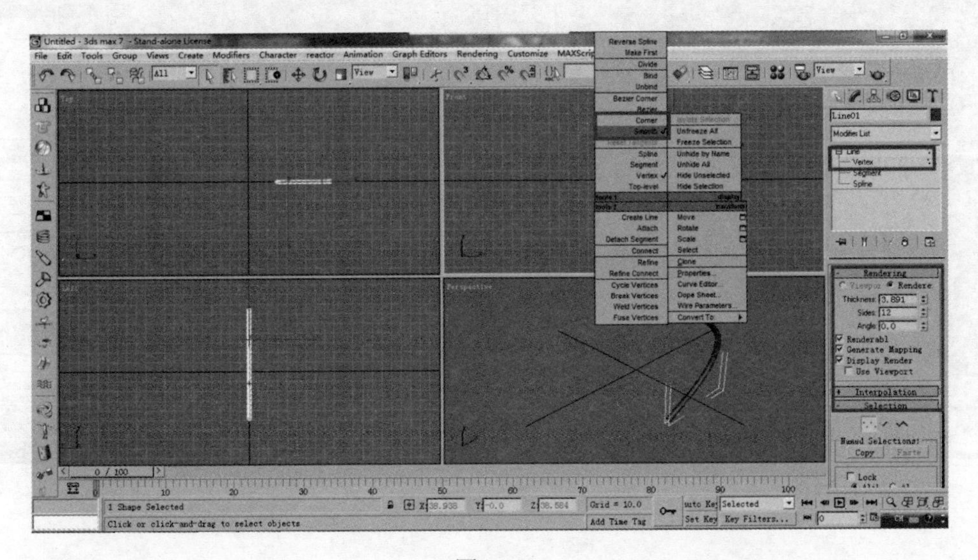

图 5.3.3

（3） 进入粒子系统创建面板 Particle systems（粒子系统），在场景中建立一个 Spray 喷射粒子图形调整大小位置，如图 5.3.4 所示。

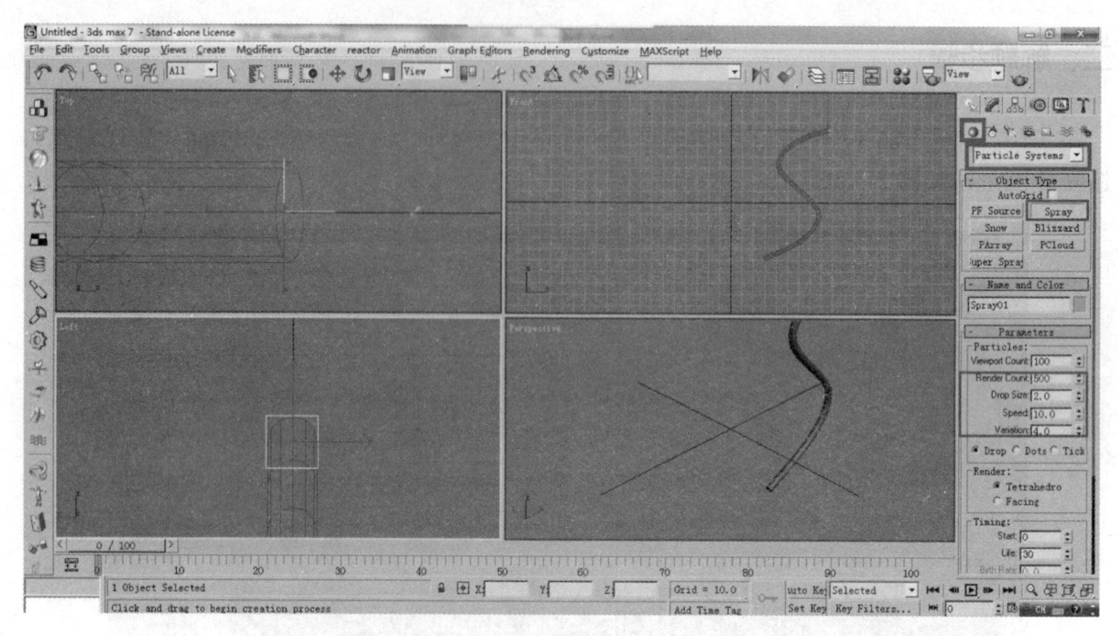

图 5.3.4

（4） 选中粒子右键属性 Propertose，如图 5.3.5 所示。

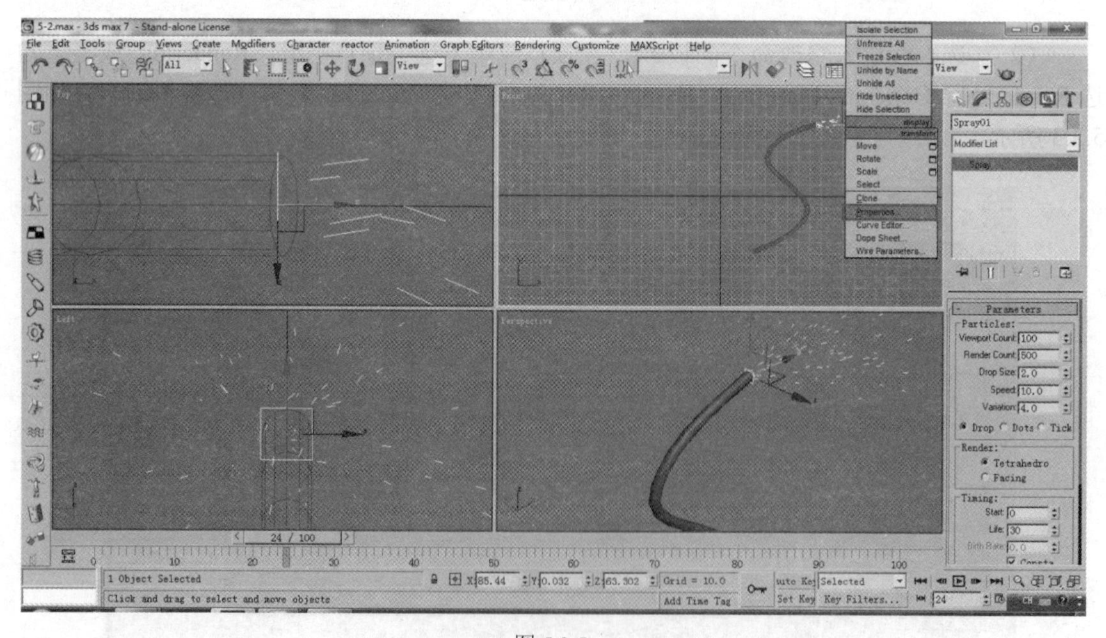

图 5.3.5

（5） 在顶视图建立重力，如图 5.3.6 所示。

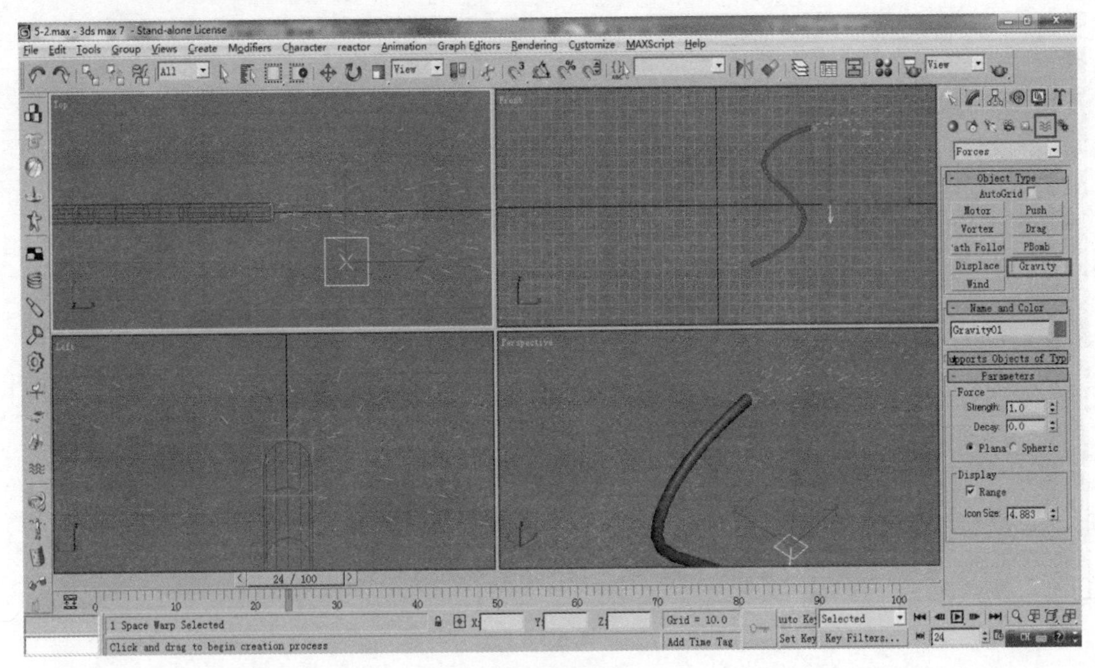

图 5.3.6

（6） 粒子与重力链接，如图 5.3.7 所示。

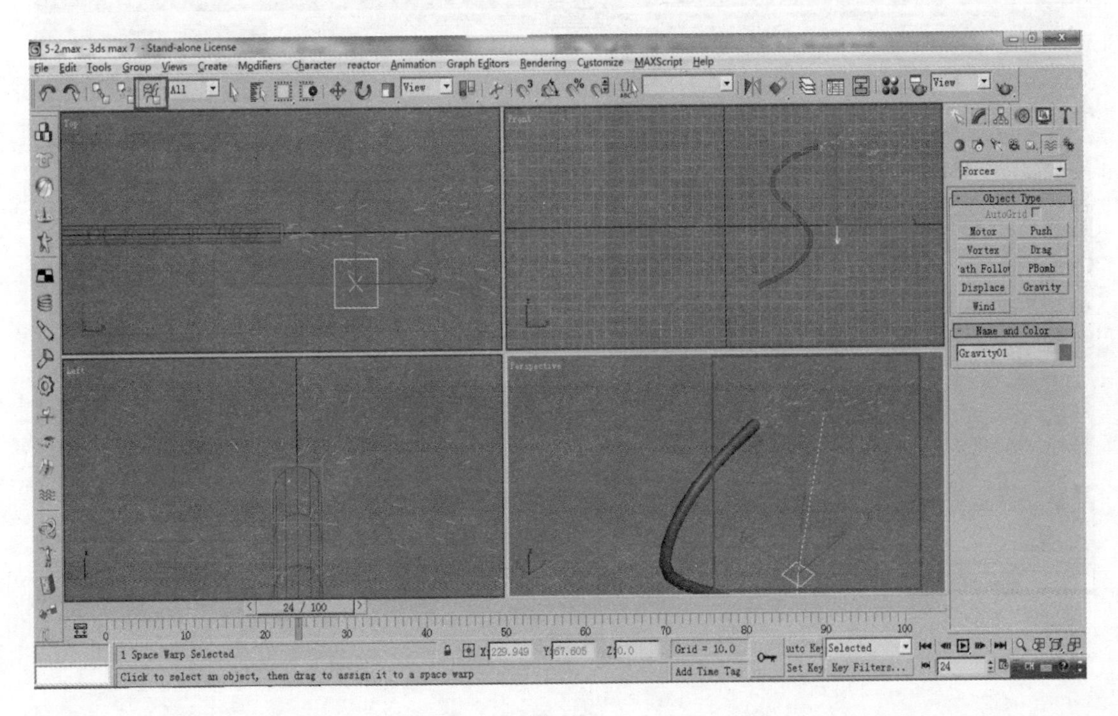

图 5.3.7

（7） 修改 Object Channel 1，如图 5.3.8 所示。

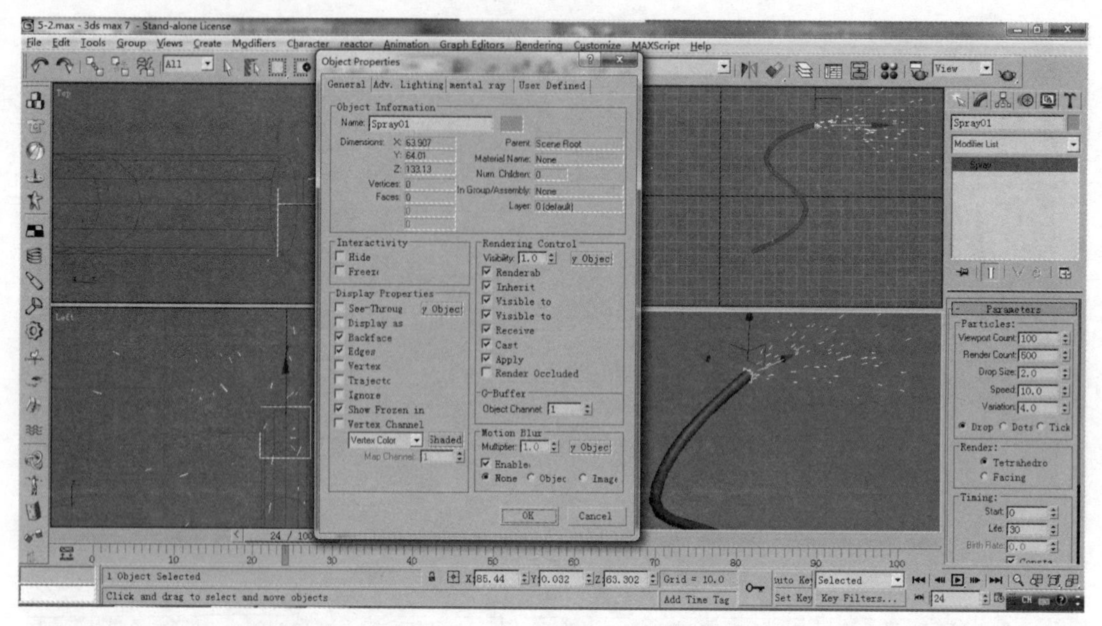

图 5.3.8

（8） Rendering　Video Pos，如图 5.3.9 所示。

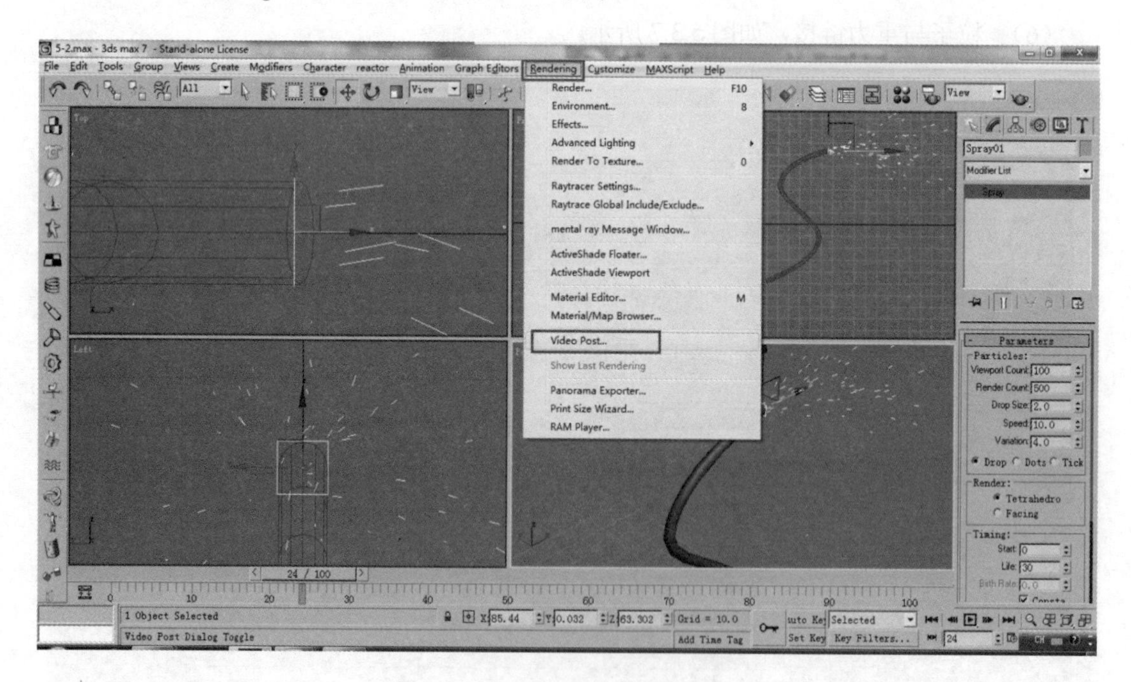

图 5.3.9

（9） 选择 Video Post 面板下，如图 5.3.10 和图 5.3.11 所示。

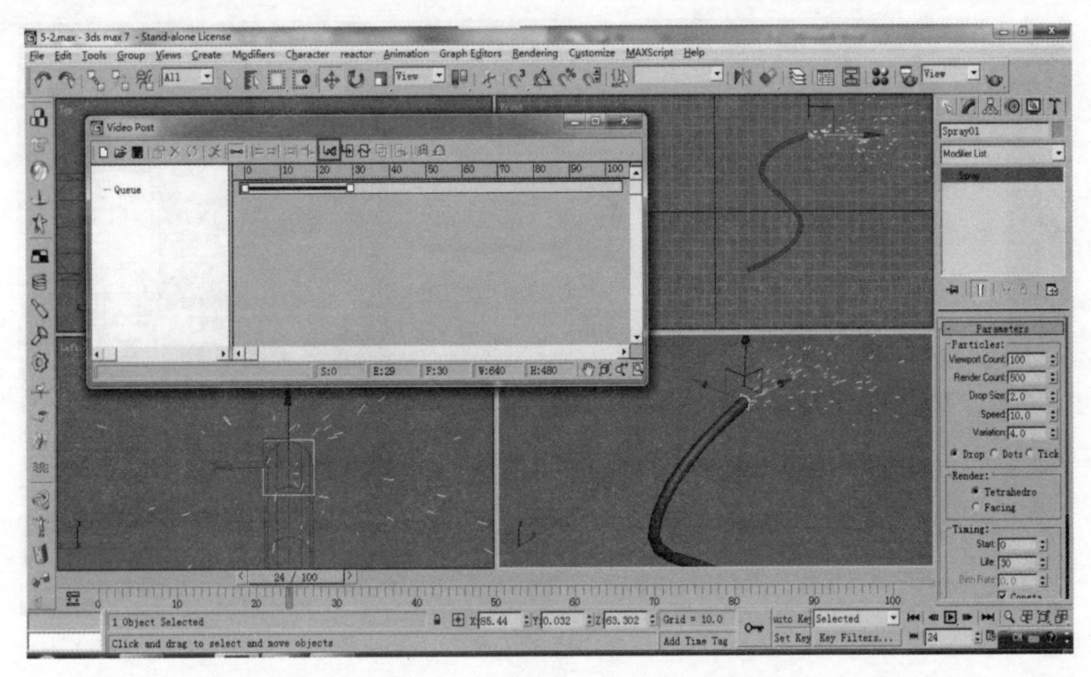

图 5.3.10

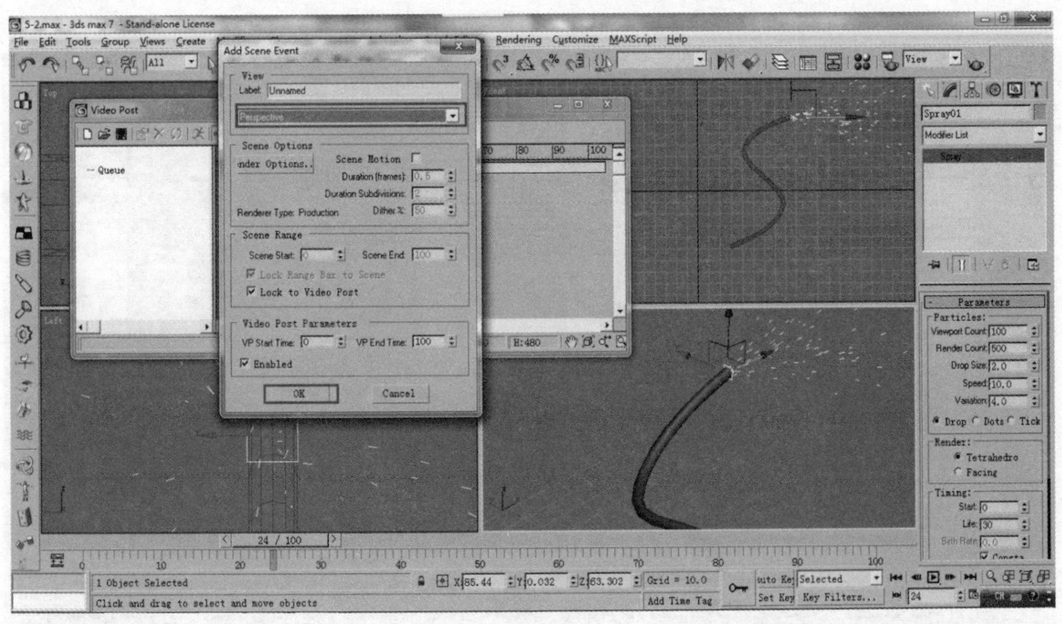

图 5.3.11

（10） 选择 Video Post 面板下，如图 5.3.12 所示。

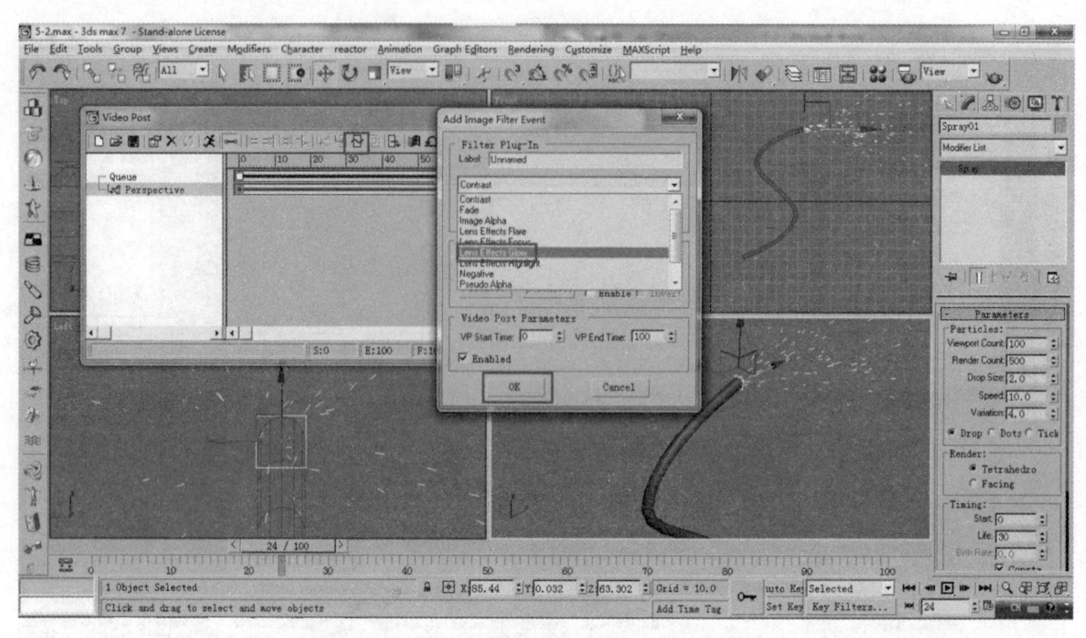

图 5.3.12

（11） Video Post 面板下 双击 Lens Effects Glow ，如图 5.3.13 所示。

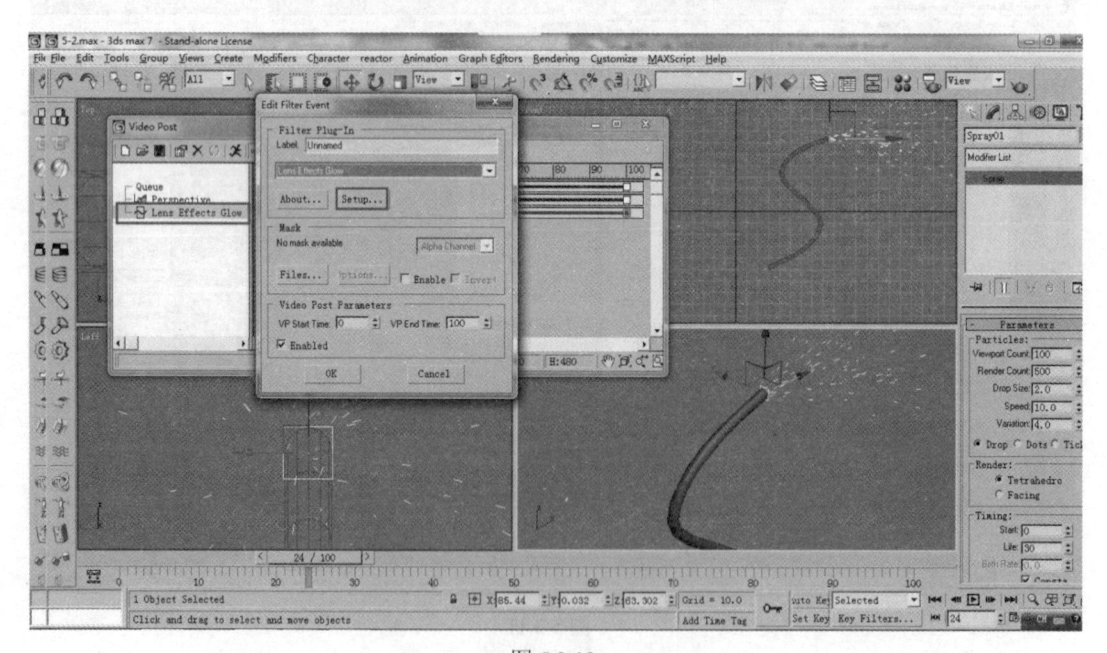

图 5.3.13

（12） 在 Lens Effects Glow 面板下修改，如图 5.3.14 和图 5.3.15 所示。

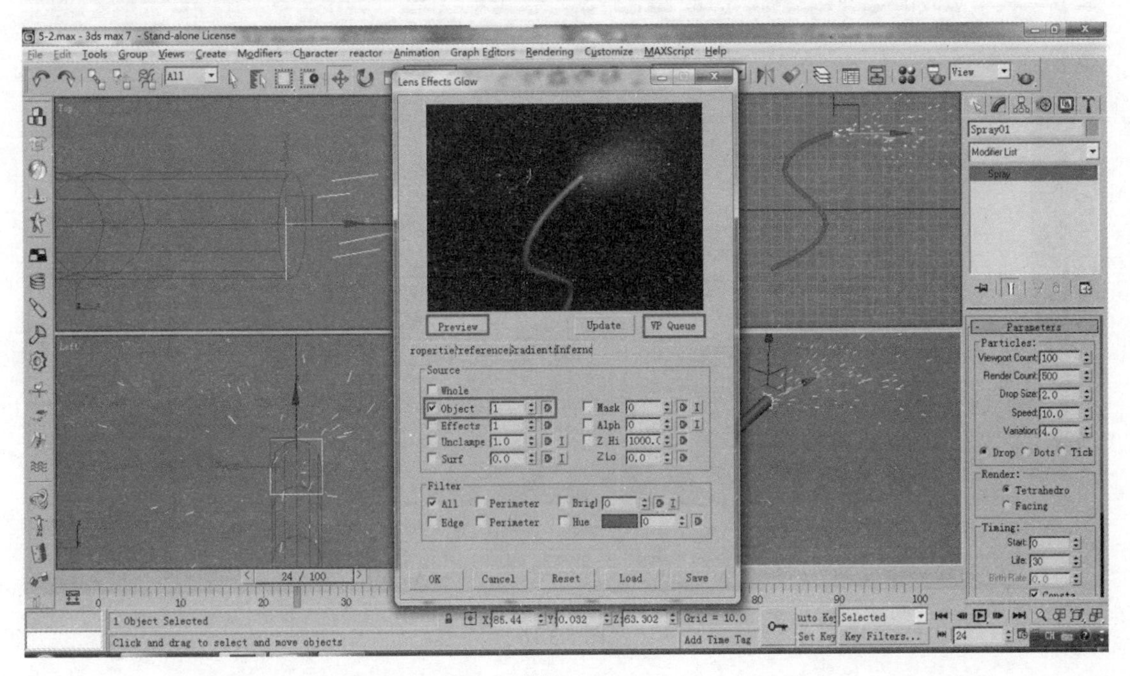

图 5.3.14

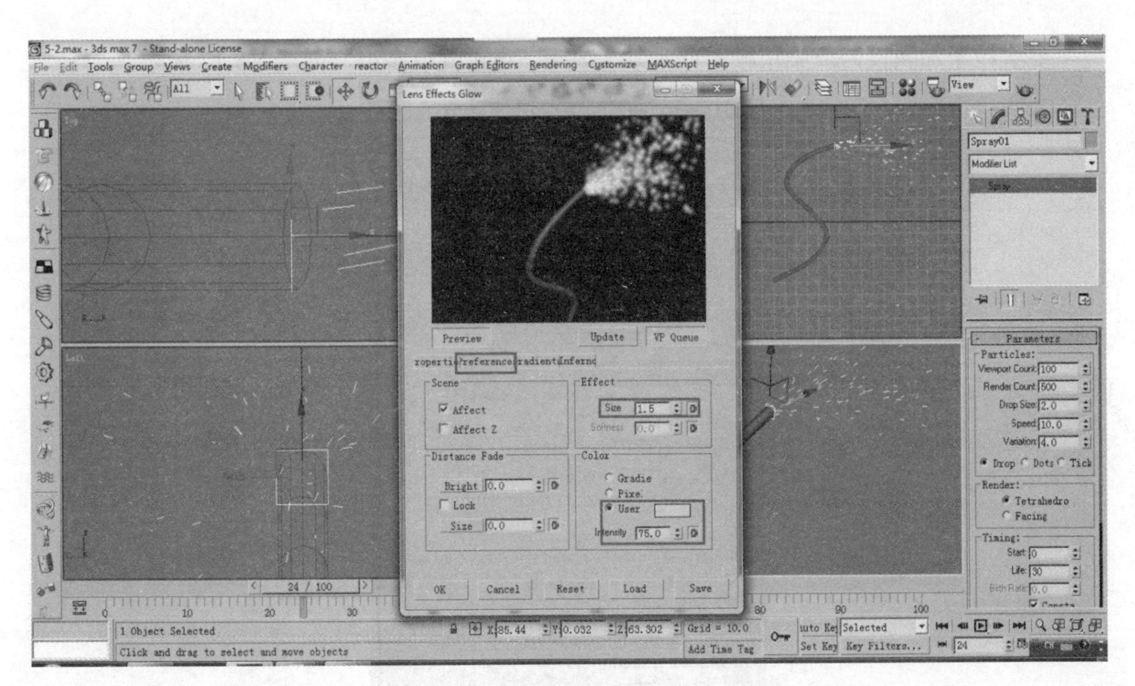

图 5.3.15

（13） 渲染单帧，时间滑块停在多少帧 Singl 就填多少，如图 5.3.16 所示，最后，按文件要求进行保存即可。

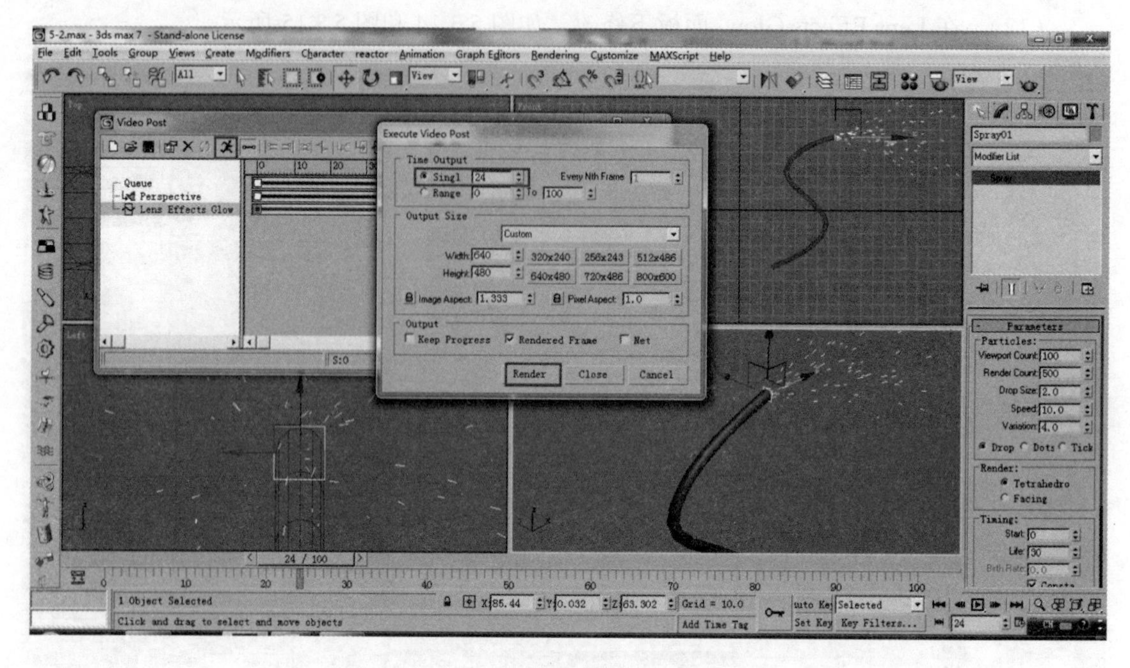

图 5.3.16

三、注意事项

要给粒子加属性，渲染单帧时间滑块停在哪 Singl 就填多少，如图 5.3.17 所示。

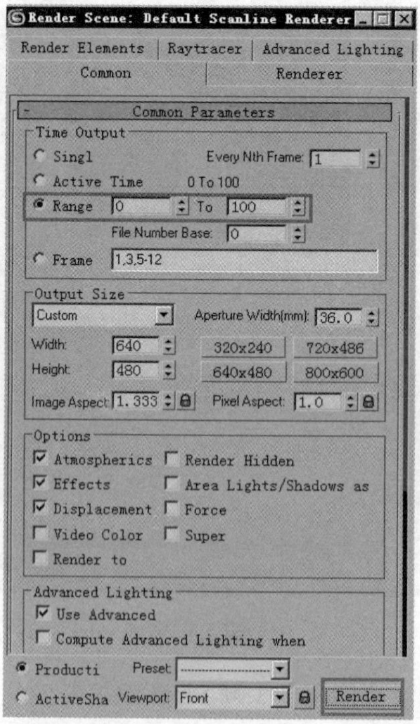

图 5.3.17

5.4 典型案例——水流喷射动画

一、制作水流喷射动画

制作水流喷射动画效果图如图 5.4.1 所示，具体要求如下。

（1） 建立场景：建立长方形水柱出口物。

（2） 创建模型：创建水流喷射粒子并变形处理。

（3） 调整修改：散开和重力空间扭曲下落效果。

（4） 添加效果：添加透明材质状态和动态模糊效果。

（5） 将最终结果以 X5—3.max 为文件名保存。

图 5.4.1

二、解题步骤

（1） 创建粒子。打开 3ds max，切换至 Particle Systems，选中 Spray。在左视图（left）上创建，设置以下参数，如图 5.4.2 所示。

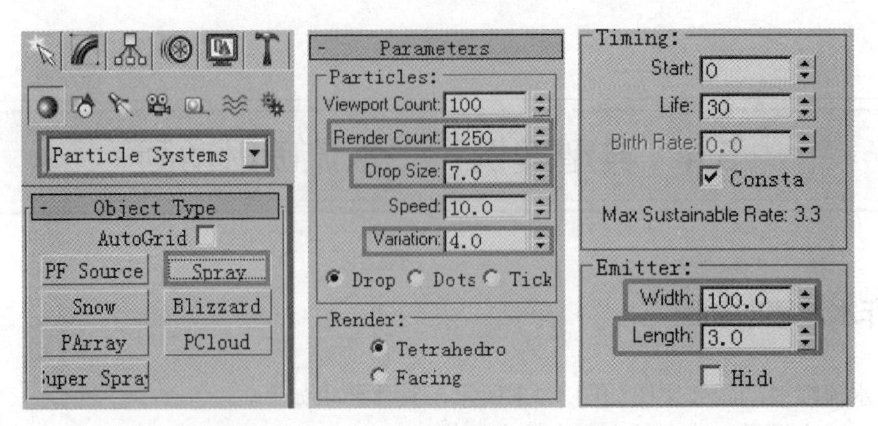

图 5.4.2

（2） 设置重力。切换至 Forces，选中 Gravity，在透视图（perspective）上创建，设置以下参数，如图 5.4.3 所示。

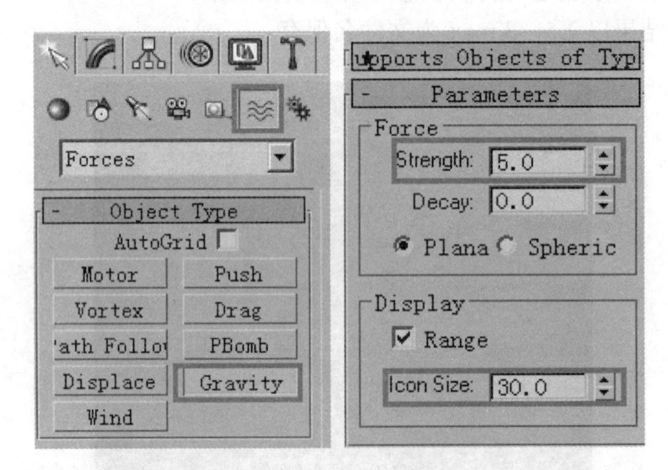

图 5.4.3

（3） 绑定重力。选中图中按钮，把重力拖向粒子，如图 5.4.4 所示。

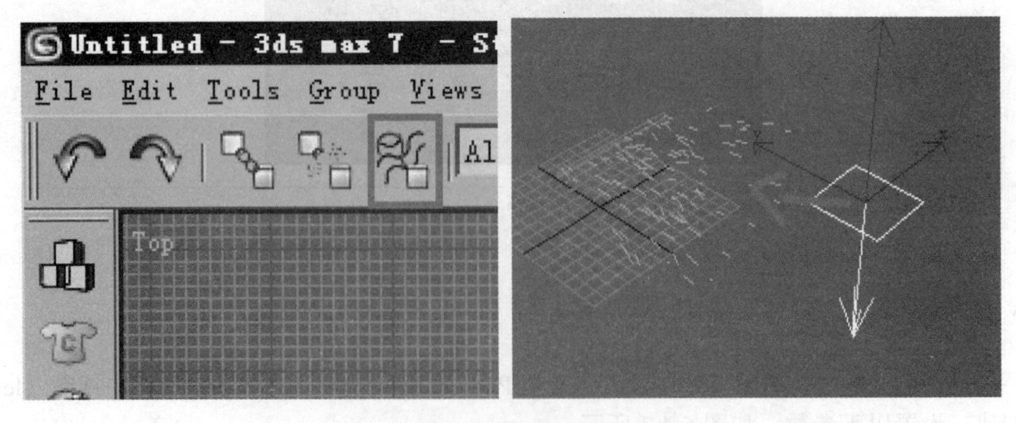

图 5.4.4

（4） 材质。打开材质编辑器选择 Maps，如图 5.4.5 所示，为 Diffuse 贴图通道指定 Noise 贴图，如图 5.4.6 所示。

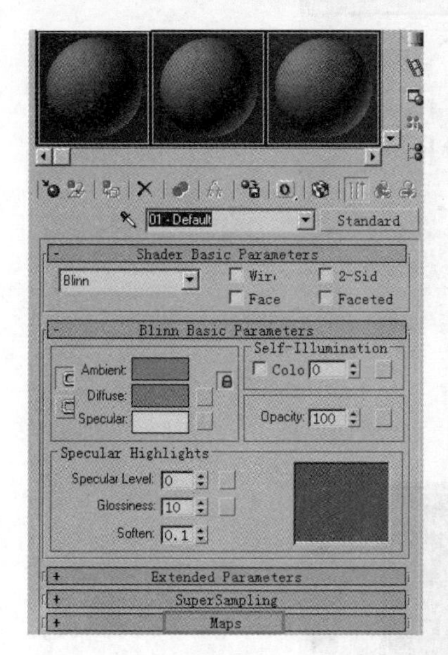

图 5.4.5

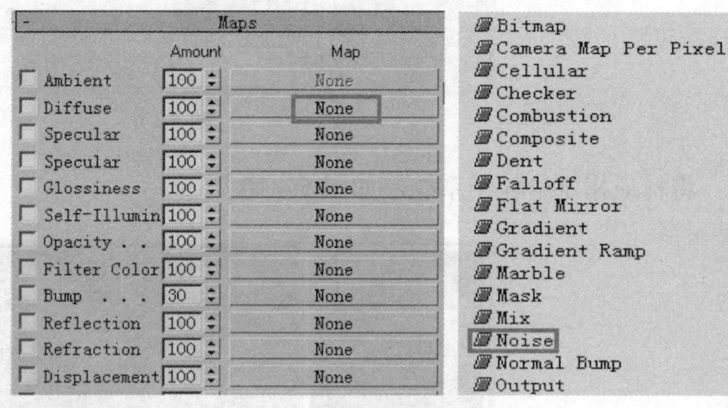

图 5.4.6

设置以下参数 color1：灰色，color2：白色，如图 5.4.7 所示。

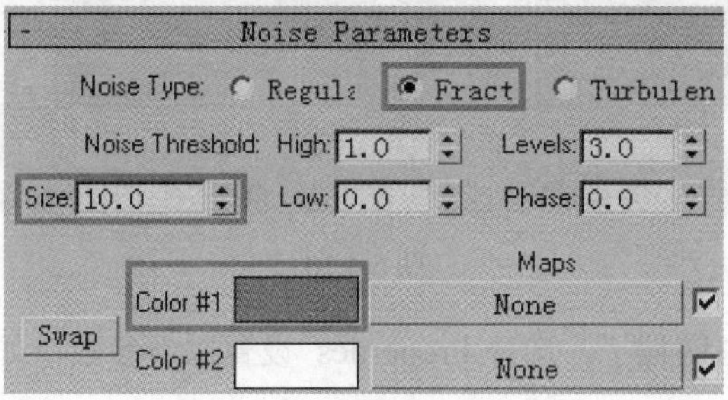

图 5.4.7

返回上一级，为 Opacity 贴图通道指定 Noise 贴图，如图 5.4.8 所示。

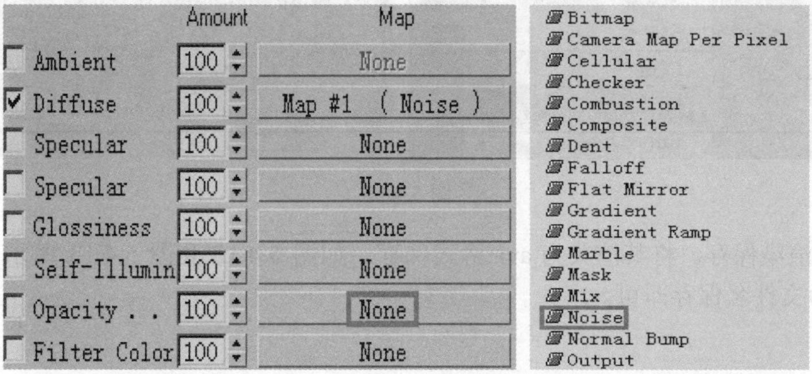

图 5.4.8

设置以下参数 color1：深灰色，color2：白色，如图 5.4.9 所示。

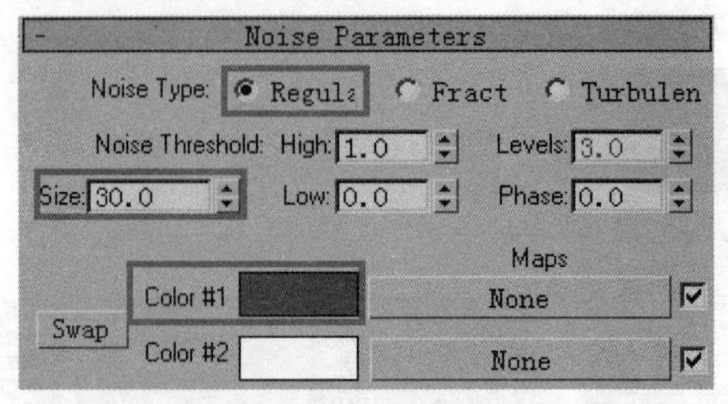

图 5.4.9

将材质指定给粒子系统，如图 5.4.10 所示。

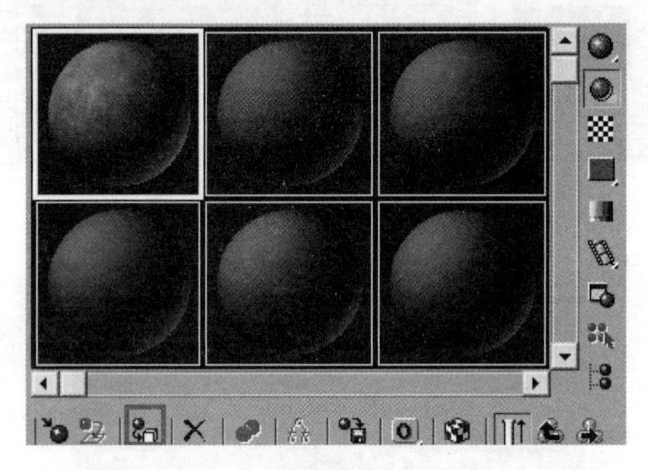

图 5.4.10

（5） 模糊效果。右键粒子，选择 Properties 设置以下参数，如图 5.4.11 所示。

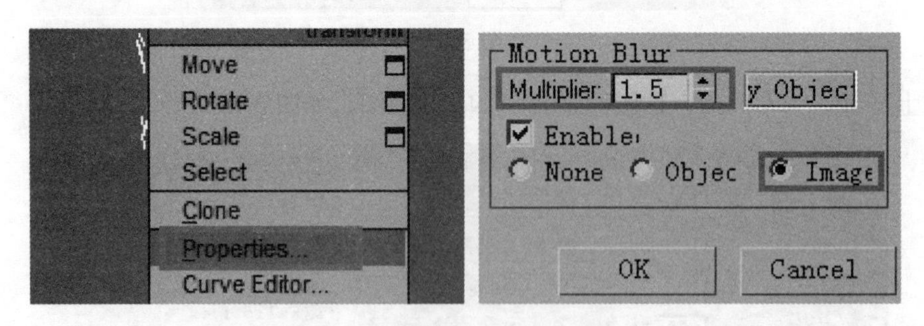

图 5.4.11

（6） 渲染保存。将其渲染为.avi 格式保存，如图 5.4.12 和图 5.4.13 所示。最后，以 X5-3.max 为文件名保存即可。

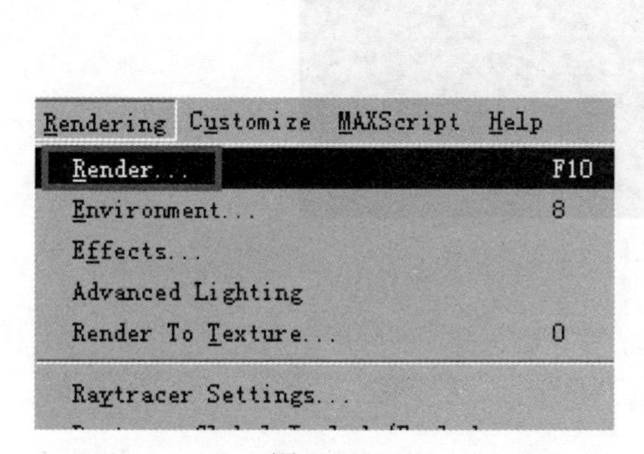

图 5.4.12

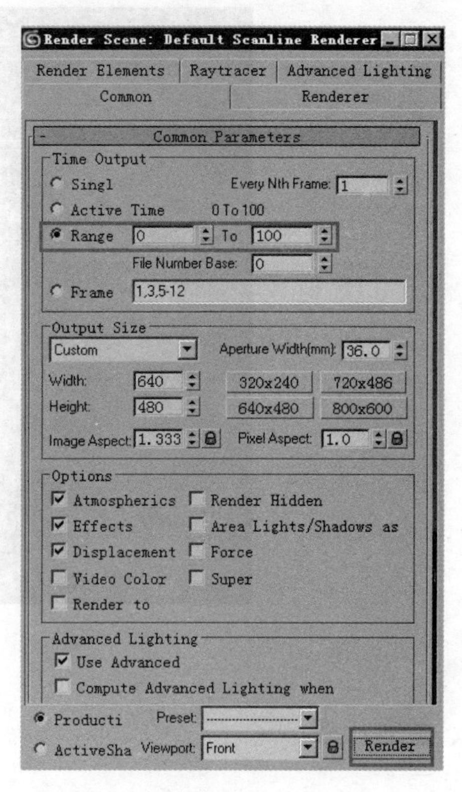

图 5.4.13

三、注意事项

最后注意模糊效果一定要加上。

5.5 典型案例——花式喷泉动画

一、制作花式喷泉动画

制作花式喷泉动画效果图如图 5.5.1 所示，具体要求如下。

（1） 建立场景：建立喷水状物体。

（2） 创建模型：创建水柱粒子和扭曲变形。

（3） 调整修改：喷射粒子中立空间扭曲下落。

（4） 添加效果：复制粒子环状排列散开下落喷泉状，添加运动模糊。

（5） 将最终结果以 X5-4.max 为文件名保存。

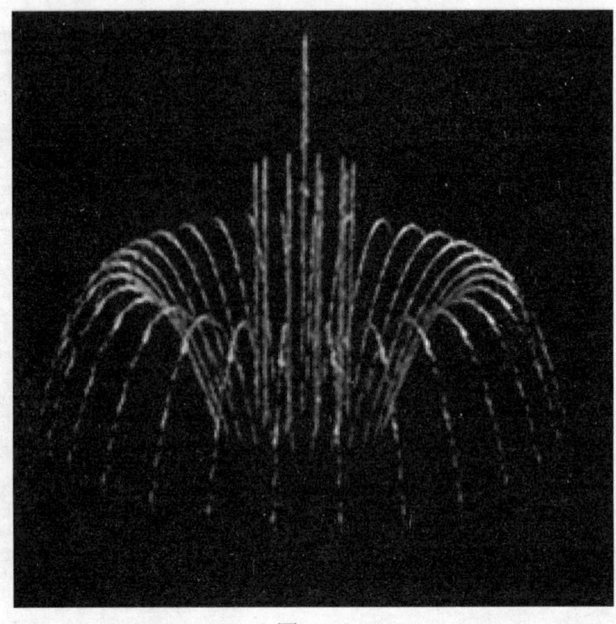

图 5.5.1

二、解题步骤

（1） 打开 MAX。在透视图建立一个重力空间扭曲器，参照默认设置，如图 5.5.2 所示。

（2） 在透视图上建立一个粒子系统的反射板，设置 Bounce：0.01，如图 5.5.3 所示。

（3） 在透视图中间创建一个 Super Spray（超级喷射）粒子系统。如图 5.5.4 所示。

图 5.5.2

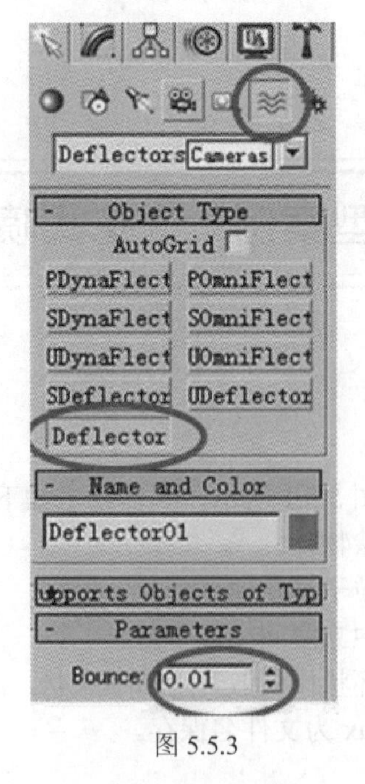

图 5.5.3

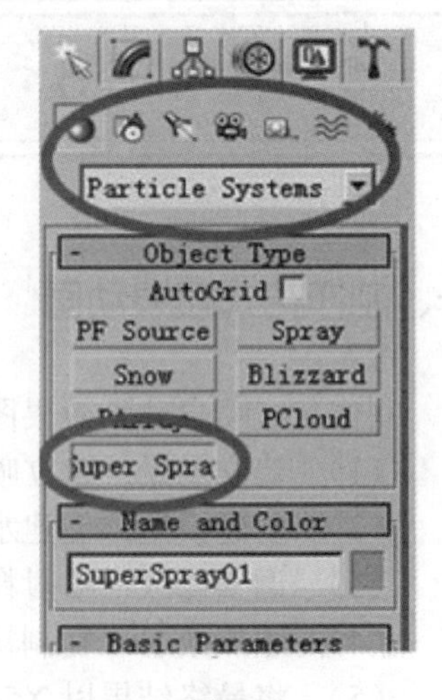

图 5.5.4

（4） 点击绑定工具将重力和反射板分别与粒子系统绑定在一起，重力与粒子系统绑定，如图 5.5.5 所示。

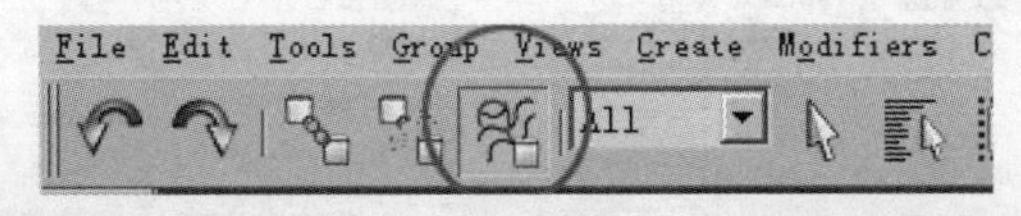

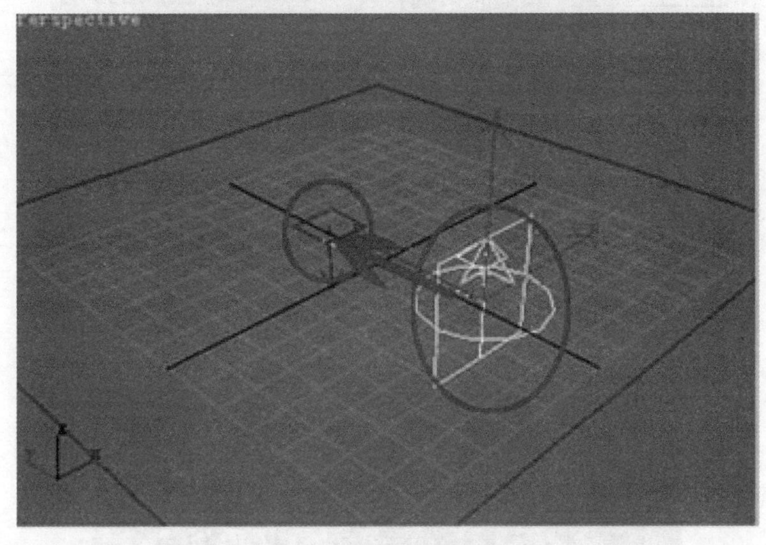

图 5.5.5

（5） 反射板与粒子系统绑定，如图 5.5.6 所示。

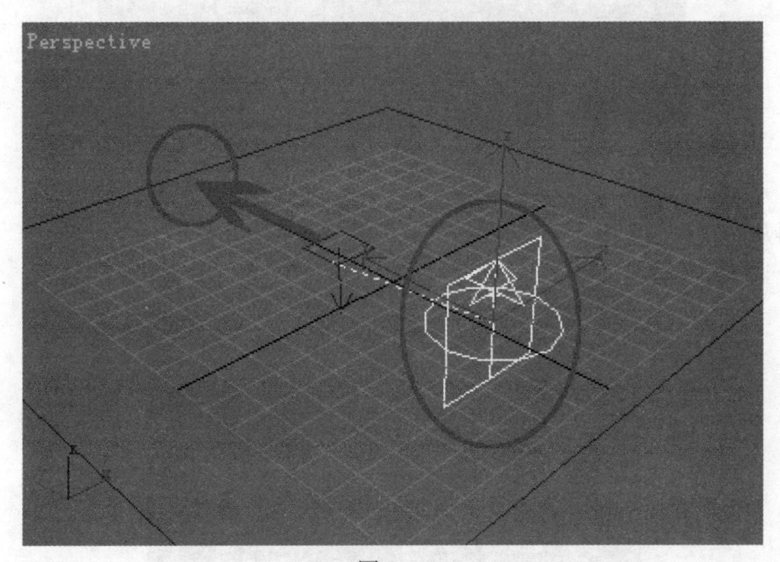

图 5.5.6

选择粒子系统，按照图 5.5.7 和图 5.5.8 所示进行参数设置（3ds max 的粒子只能是用 Copy 一种方式复制）。

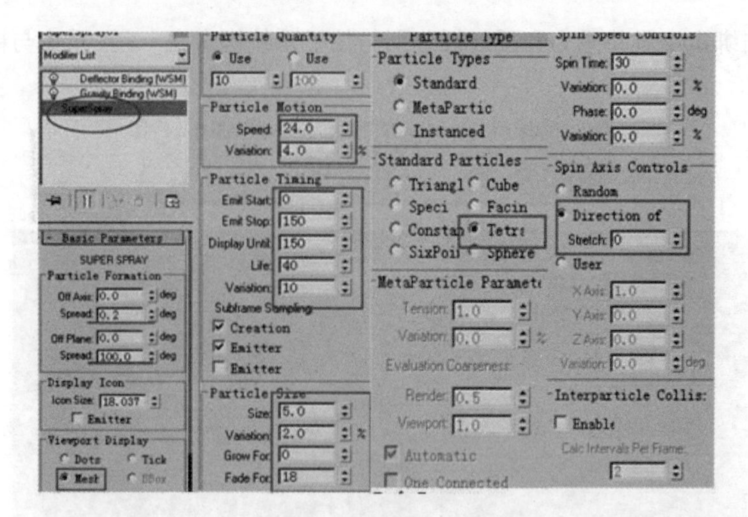

图 5.5.7

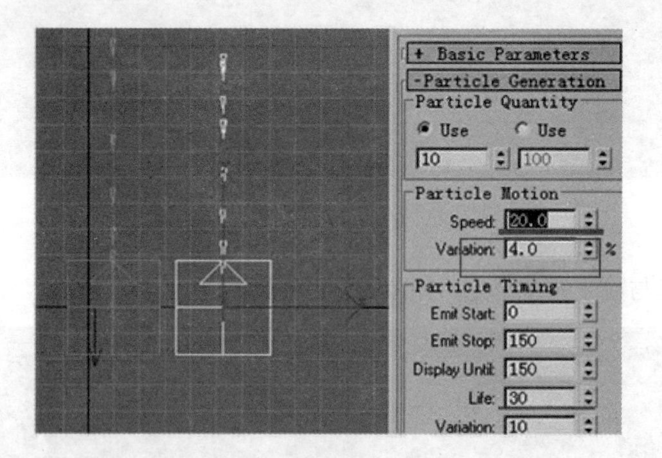

图 5.5.8

（6） 再从透视图复制出一个新的粒子，如图 5.5.9 所示。

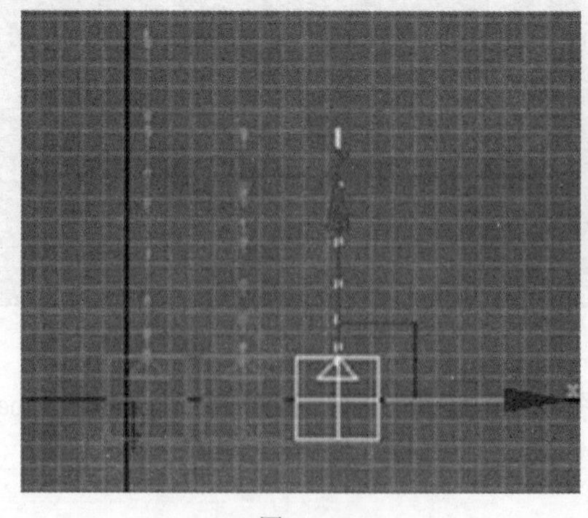

图 5.5.9

（7） 在透视图上选择沿 Y 轴旋转粒子 15°，并调整粒子参数，如图 5.5.10 所示。

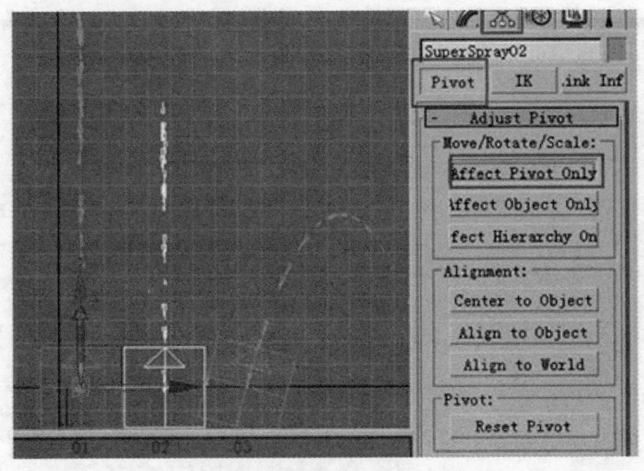

图 5.5.10

（8） 为了旋转阵列，用对齐工具将 02 和 03 的轴心和 01 的轴心对齐。如图 5.5.11 所示。

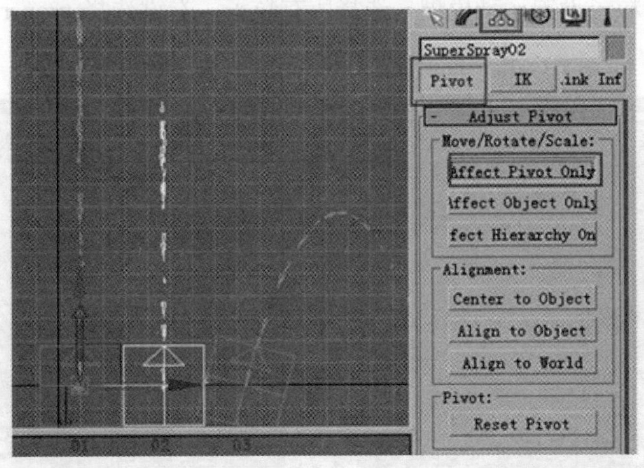

图 5.5.11

（9） 选择粒子系统 02，在工具栏选择阵列工具，以 Z 轴为旋转的中心，阵列出 10 个粒子来，如图 5.5.12 所示。

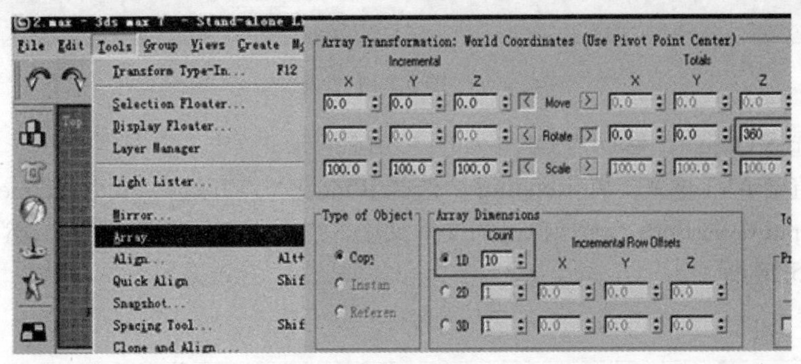

图 5.5.12

（10） 同样选择 03 粒子系统，旋转 Z 轴阵列出 30 个粒子来，如图 5.5.13 所示。

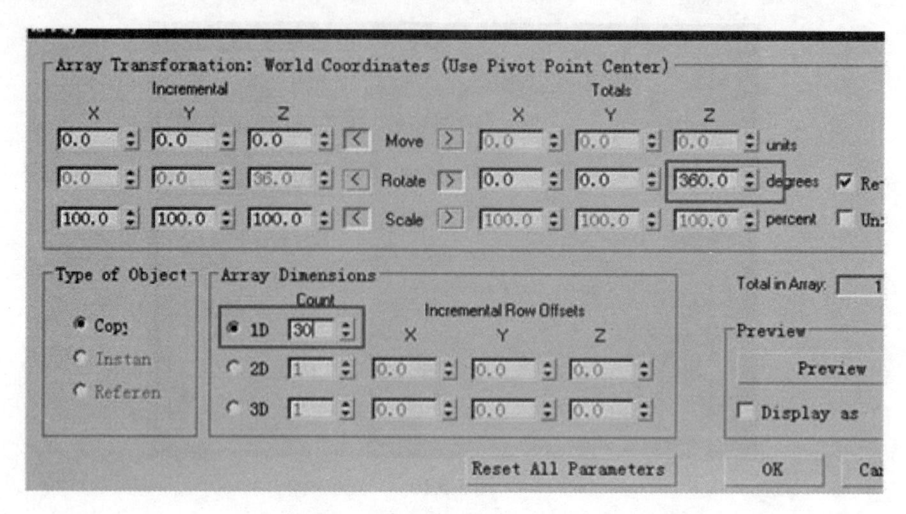

图 5.5.13

（11） 为所有粒子设置运动模糊。选择所有粒子，右键选择 properties，如图 5.5.14 所示。

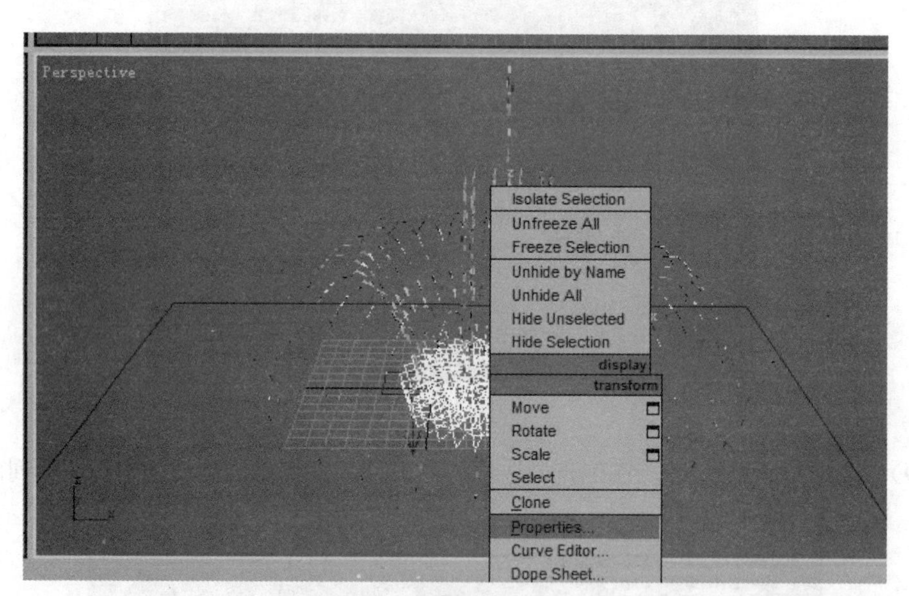

图 5.5.14

（12） 选择 Object，然后点 OK，如图 5.5.15 所示。

（13） 渲染 AVI 格式。在 Rending 中选择 Render，点开选择 Active Time，往下拉，选择 Render Out put 中的 Files，选择自己的文件夹中，点击 AVI 格式，保存。然后选择 Render 渲染，如图 5.5.16 所示。

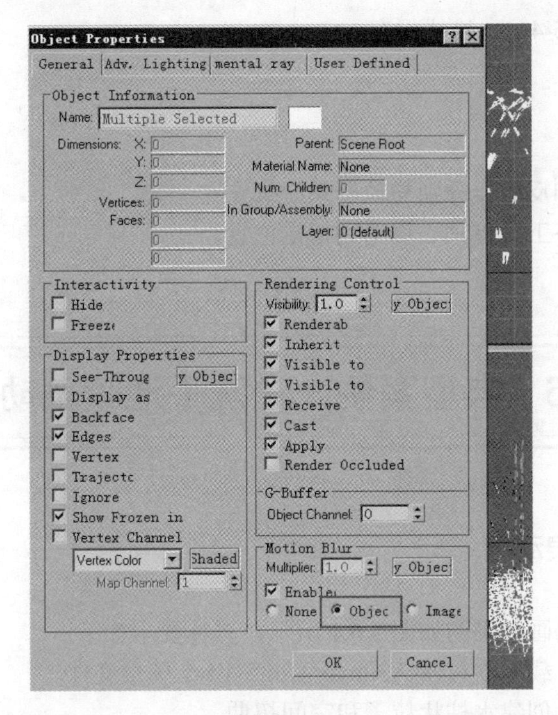
Object Properties
General
Adv. Lighting
mental ray
User Defined
Object Information
Name: Multiple Selected
Dimensions: X: 0
Y: 0
Z: 0
Vertices: 0
Faces: 0
Parent: Scene Root
Material Name: None
Num. Children: 0
In Group/Assembly: None
Layer: 0 (default)
Interactivity
Hide
Freeze
Display Properties
See-Throug
Display as
Backface
Edges
Vertex
Trajectc
Ignore
Show Frozen in
Vertex Channel
Vertex Color
Shaded
Map Channel: 1
Rendering Control
Visibility: 1.0
Renderab
Inherit
Visible to
Visible to
Receive
Cast
Apply
Render Occluded
G-Buffer
Object Channel: 0
Motion Blur
Multiplier: 1.0
Enable
None
Objec
Image
OK
Cancel

图 5.5.15

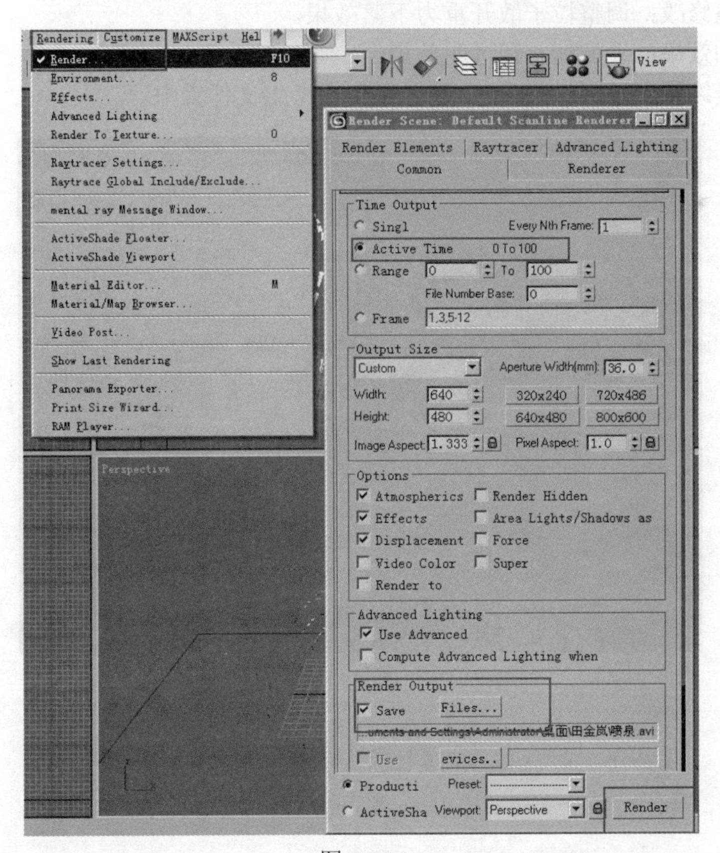
Rendering
Customize
MAXScript
Render... F10
Environment... 8
Effects...
Advanced Lighting
Render To Texture... 0
Raytracer Settings...
Raytrace Global Include/Exclude...
mental ray Message Window...
ActiveShade Floater...
ActiveShade Viewport
Material Editor... M
Material/Map Browser...
Video Post...
Show Last Rendering
Panorama Exporter...
Print Size Wizard...
RAM Player...
Perspective
Render Scene: Default Scanline Renderer
Render Elements
Raytracer
Advanced Lighting
Common
Renderer
Time Output
Singl
Every Nth Frame: 1
Active Time 0 To 100
Range 0 To 100
File Number Base: 0
Frame 1,3,5-12
Output Size
Custom
Aperture Width(mm): 36.0
Width: 640
Height: 480
320x240
720x486
640x480
800x600
Image Aspect: 1.333
Pixel Aspect: 1.0
Options
Atmospherics
Render Hidden
Effects
Area Lights/Shadows as
Displacement
Force
Video Color
Super
Render to
Advanced Lighting
Use Advanced
Compute Advanced Lighting when
Render Output
Save
Files...
Use
evices...
Producti
Preset:
ActiveSha
Viewport: Perspective
Render

图 5.5.16

（14） 最终以 X5-4max 格式保存。

三、注意事项

（1） 注意重力和反射板分别与粒子系统绑定在一起。
（2） 注意用对齐工具将轴心移动到指定位置。

5.6 典型案例——洗手池喷泉动画

一、制作洗手池喷泉动画

制作洗手池喷泉动画效果图如图 5.6.1 所示，具体要求如下。
（1） 建立场景：载入素材库\A3dmax\Unit5\Y5-5 场景文件。
（2） 粒子系统：创建水柱状粒子和空间扭曲。
（3） 调整修改：调整粒子散开重力下落效果。
（4） 添加效果：添加动态和透明效果。
（5） 将最终结果以 X5-5.max 文件名保存在考生文件夹中。

图 5.6.1

二、操作步骤

（1） 打开 3ds max，载入素材库\A3ds max\Unit5\Y5-5 场景文件。

（2）打开创建面板 进入 Particle system 面板，在视图所在位置创建粒子系统发射器，粒子喷射（spary）在左视图沿 x 轴旋转 180°，如图 5.6.2 所示。

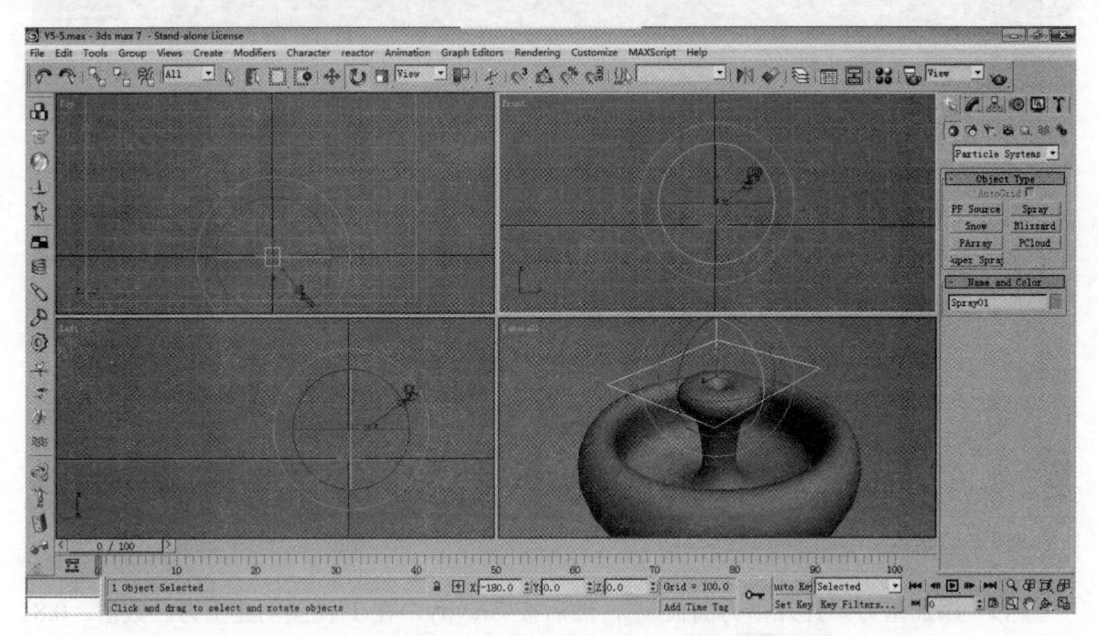

图 5.6.2

（3）在修改面板依次调整下列参数 viewport Count：300，Render Count：3000，Drop Size：7，Variation:2，Dots，Start：-60，Life：60，Width：20，length：20，如图 5.6.3 和图 5.6.4 所示粒子效果。

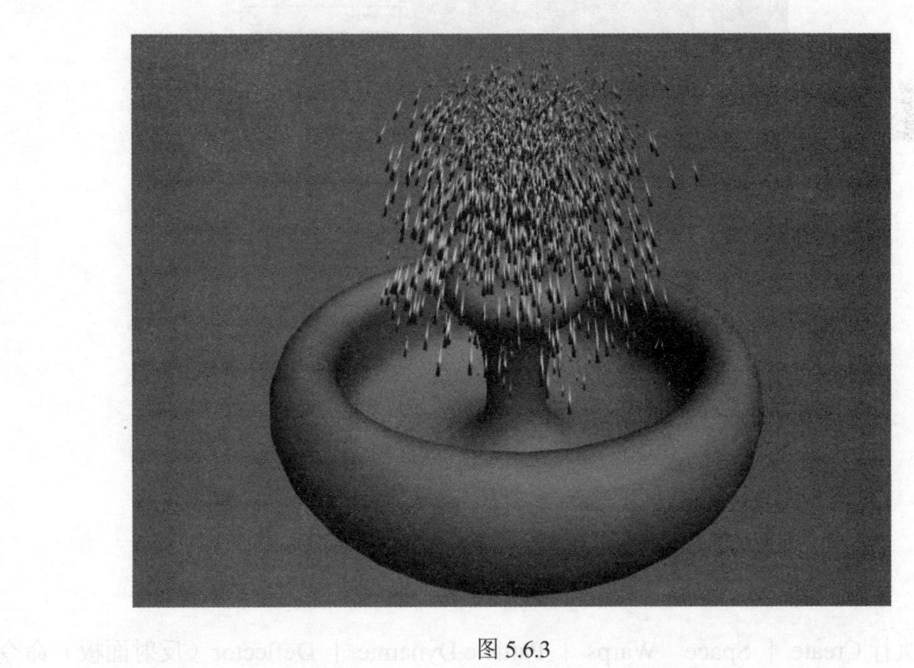

图 5.6.3

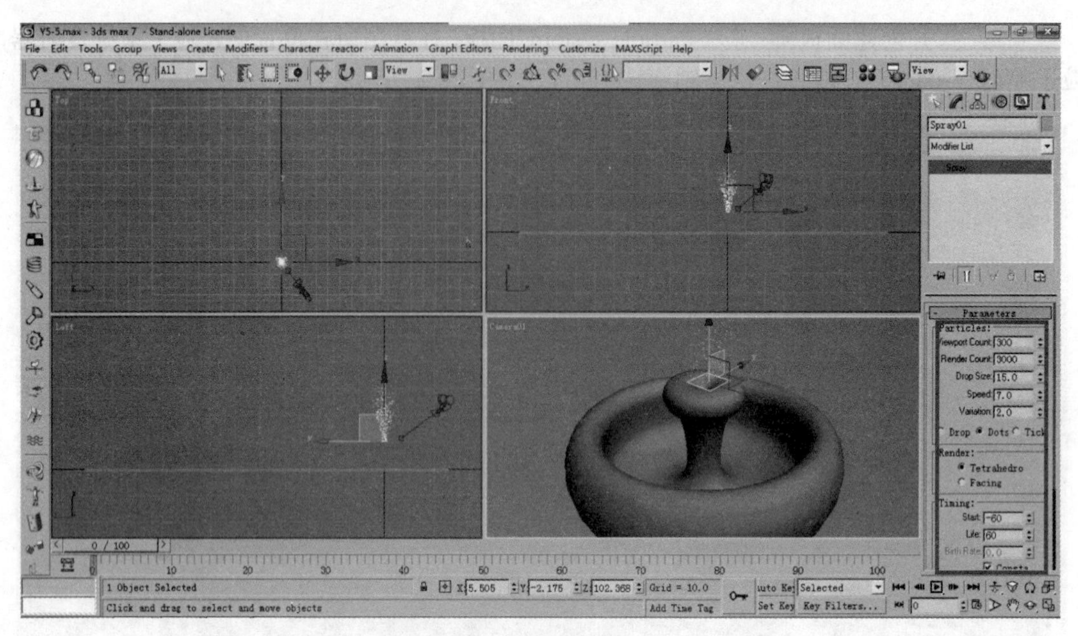

图 5.6.4

（4） 添加重力。打开重力面板，然后按 Gravity，在 T 视图创建重力，数值：0.8。

（5） 使用绑定到空间扭曲工具，将重力绑定到粒子系统上，结果粒子上升到一定高度后，由于重力的作用会落下来，如图 5.6.5 所示。

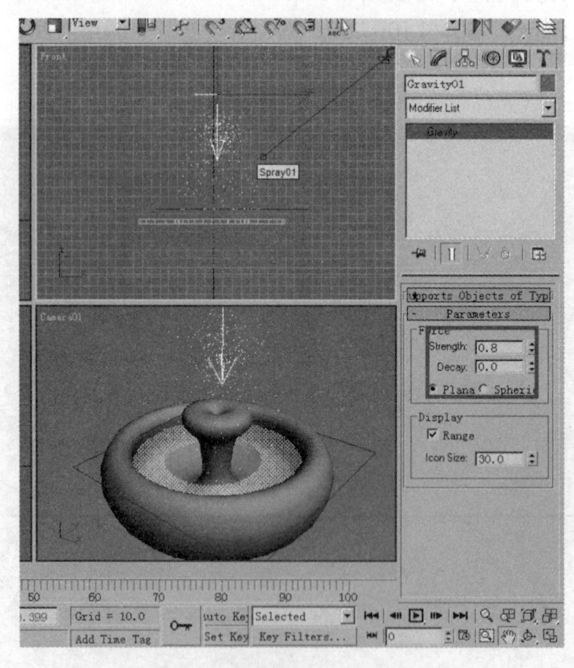

图 5.6.5

（6） 执行 Create | Space Warps | Patticle Dynamic | Deflector（反射面板）命令，T 视图创建在绑定粒子上，数值分别是 0.1、0、0、0、1、170、170。如图 5.6.6 所示。

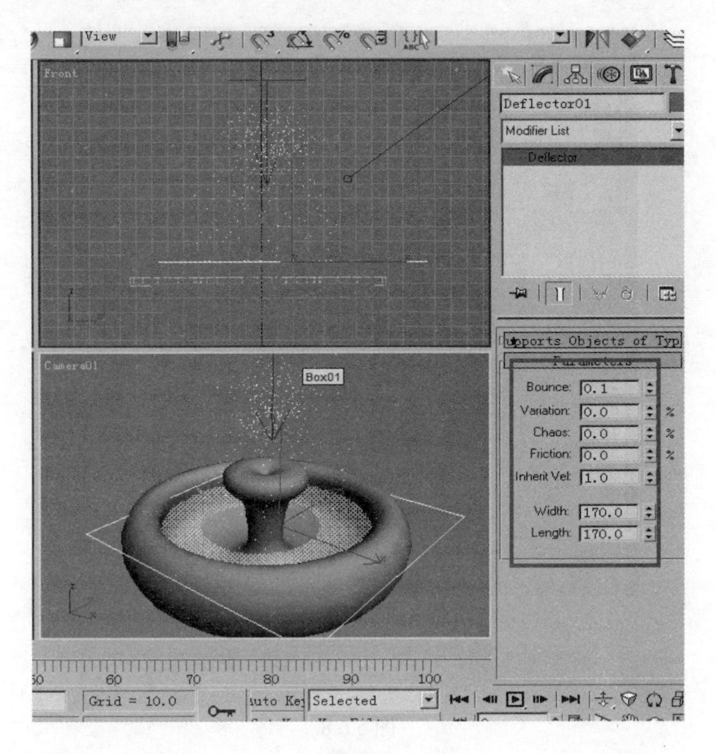

图 5.6.6

（7） 创建水池里水，创建面板在 T 视图创建 Shapes ｜ Dount 画两个圆，数值：12、94，在挤出数量为：15。如图 5.6.7 和图 5.6.8 所示。

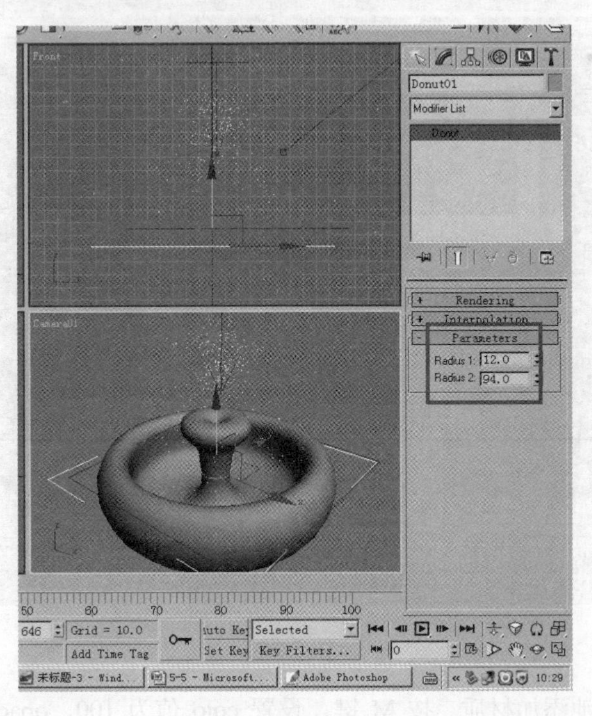

图 5.6.7

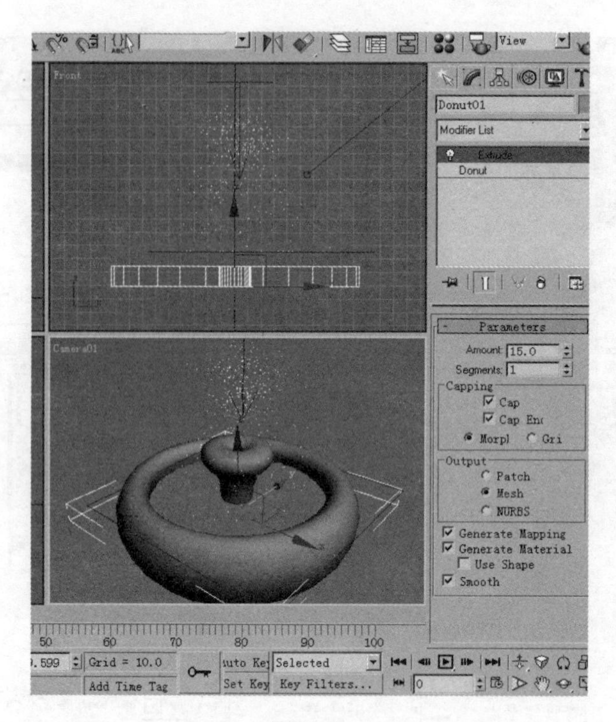

图 5.6.8

（8） 给池子上材质。按 M 键，素材库 A3damax \maps\Liaqsto1。给一个 UVW Mapping 赋予上 Diffuse 颜色: RED170、GREEN181、BLUE150，如图 5.6.9 所示。

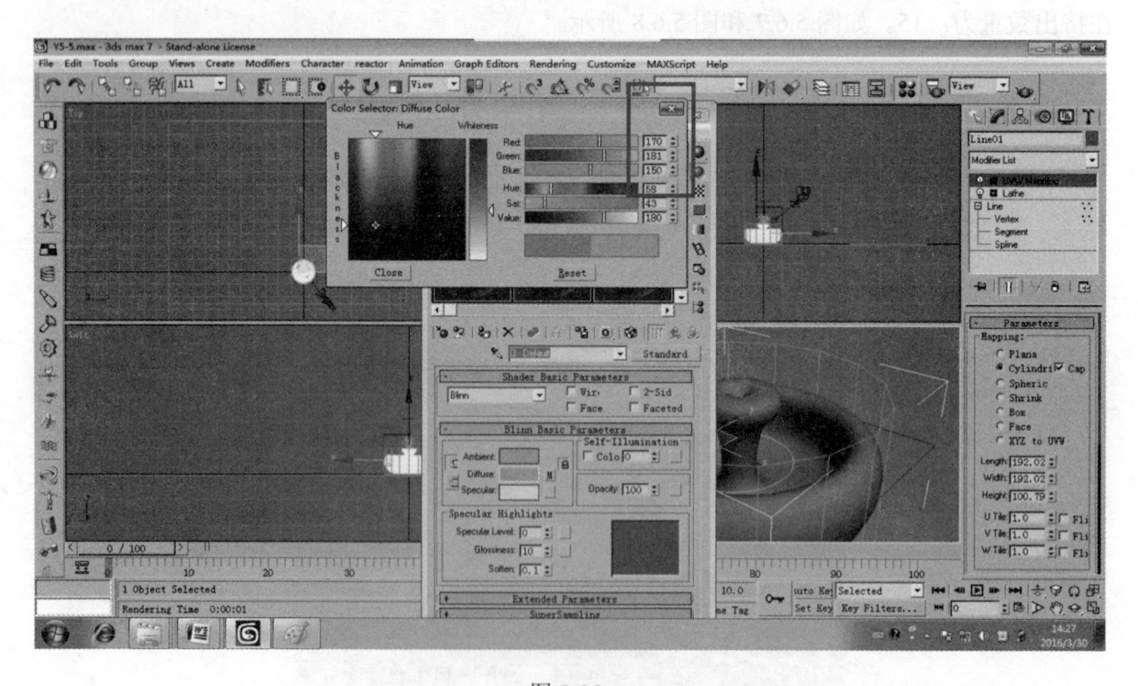

图 5.6.9

（9） 给水和水池添加材质。按 M 键，设置 colo 值为 100，opacty：37，Levet：90，

Glow：59，如图 5.6.10 所示。

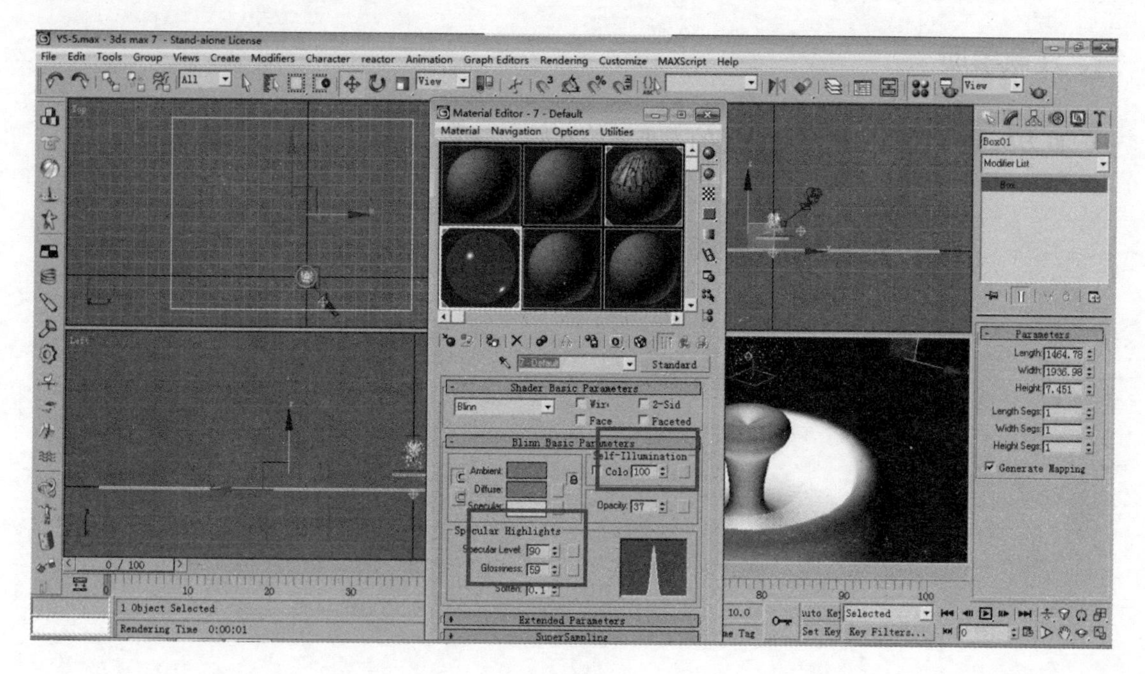

图 5.6.10

（10） 加三个灯 Omni，数值都为 Multip0.5：

泛光灯 01：*X*：0、*Y*：0、*Z*：138，

泛光灯 02：*X*：139、*Y*：-196、*Z*：87，

泛光灯 03：*X*：-0、*Y*：-1.4、*Z*：-18。

如图 5.6.11 所示。

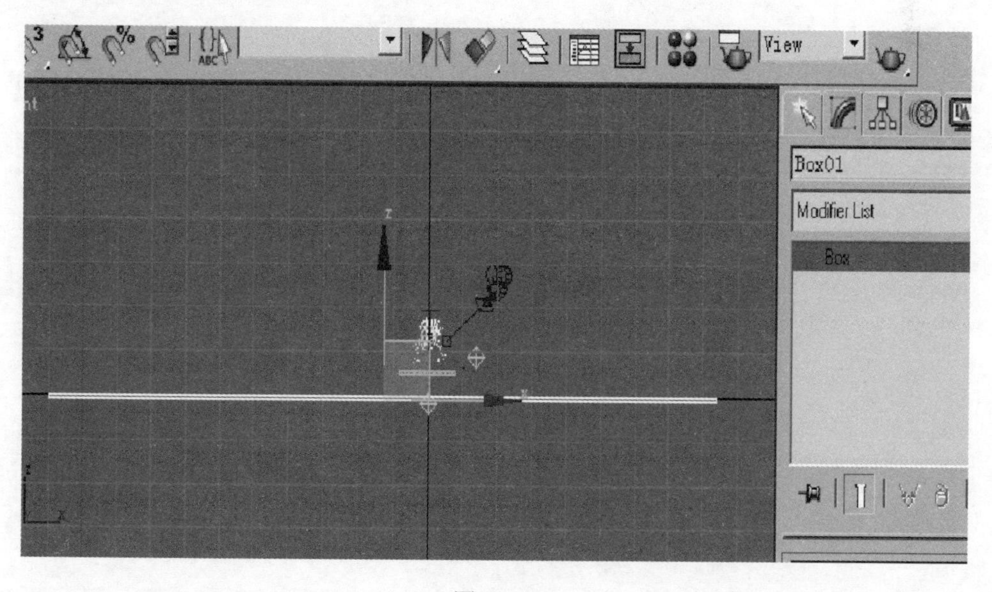

图 5.6.11

（11） 将最终结果以 X5-5.max 文件名保存。

三、注意事项

重力板的位置要调整好，粒子的大小要控制好。

第6单元　动画角色

学习目标

（1） 创建场景：具备建立常用物体和布置基本场景的能力。
（2） 结构变换：了解的关键帧动画的制作方法；掌握骨骼制作的技巧。
（3） 设置动作：结合模型制作骨骼动画；了解运动控制的功能。
（4） 记录动画：掌握轨迹视窗的使用方法。

6.1　动画基础知识

一、动画基本概念

动画基于称为视觉暂留现象的人类视觉原理。如果快速查看一系列相关的静态图像，那么我们会感觉到这是一个连续的运动。将每个单独图像称为一帧，产生的运动实际上源自您的视觉系统在每看到一帧后会在该帧停留一小段时间。帧是动画电影中的单个图像，如图6.1.1所示。

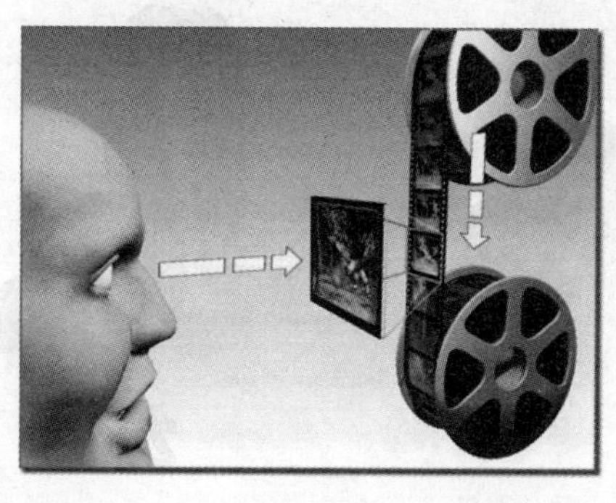

图 6.1.1

1. 传统动画方法

通常，创建动画的主要难点在于动画师必须生成大量帧。一分钟的动画大概需要 720 到 1800 个单独图像，这取决于动画的质量。用手来绘制图像是一项艰巨的任务。因此出现了一种称之为关键帧的技术。

动画中的大多数帧都是例程，从上一帧直接向一些目标不断增加变化。传统动画工作室可以提高工作效率，实现的方法是让主要艺术家只绘制重要的帧，称为关键帧。然后，由助手再计算出关键帧之间需要的帧。填充在关键帧中的帧称为中间帧。

画出了所有关键帧和中间帧之后，需要链接或渲染图像以产生最终图像。即使在今天，传统动画的制作过程通常都需要数百名艺术家生成上千个图像，帧标记为 1、2 和 3 的是关键帧，其他帧是中间帧如图 6.1.2 所示。

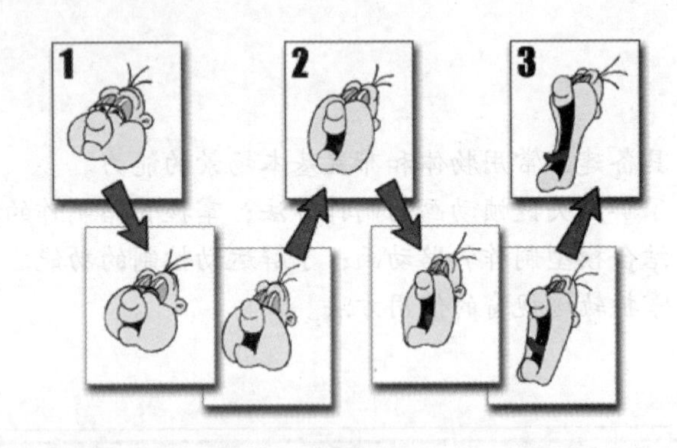

图 6.1.2

2. 3ds max 动画方法

这个程序是您的动画助手。作为动画师，您首先创建记录每个动画序列起点和终点的关键帧。这些关键帧的值称为关键点。3ds max 将计算各对关键点之间的插补值，从而生成完整动画。

3ds max 几乎可以为场景中的任意参数创建动画。可以设置修改器参数的动画（如“弯曲”角度或“锥化”量）、材质参数的动画（如对象的颜色或透明度），等等。

指定动画参数之后，渲染器承担着色和渲染每个关键帧的工作。结果是生成高质量的动画，位于 1 和 2 的对象位置间是计算机产生的中间帧，如图 6.1.3 所示。

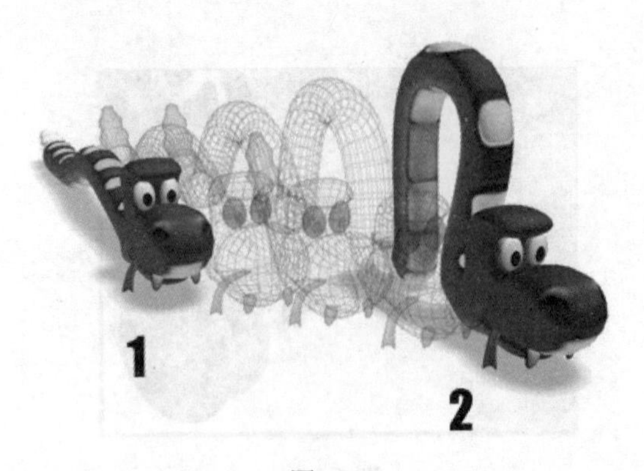

图 6.1.3

二、自动关键点动画模式

状态栏 ➤“时间”控件 ➤ 自动关键点（切换自动关键点模式）或键盘 ➤N 键，开启“自动关键点”按钮切换称为“自动关键点”的关键帧模式。启用“自动关键点”后，对对象位置、旋转和缩放所做的更改都会自动设置成关键帧（记录）。禁用“自动关键点”后，这些更改将应用到第 0 帧。您可以使用“设置关键点”模式手动创建关键帧，这允许您使用“设置关键点”按钮明确地添加关键帧。

“自动关键点”模式处于活动状态时，与活动视口轮廓和时间滑块一样，“自动关键点”按钮也为红色。这些指示器提醒您，您处于动画模式中，并且正在设置操作的关键帧。

警 告

请务必在设置完关键帧后禁用“自动关键点”，否则会不小心创建不需要的动画。使用“撤销”来移除不希望得到的动画。请务必小心，这点很容易忘记。

在现有动画内，可以通过右键单击时间滑块，然后设置源和目标时间来创建变换的关键帧，而无需使用“自动关键点”模式。例如，可以使用此功能将现有的“移动”关键点复制到稍后的帧上，这样对象将立即暂停其运动（要使对象保持静止，必须使用线性或步幅插值）。也可以在“轨迹视图”和“运动”面板中为其他可设置动画的参数设置关键帧，而无需使用“自动关键点”。

运用自动关键帧制作动画步骤如下。

（1） 启用 自动关键点（自动关键点）。

（2） “自动关键点”按钮、时间滑块以及活动视口周围的高亮边界均变为红色。

（3） 将时间滑块拖动到不为 0 的时间轴上。

（4） 执行下列操作之一：移动、缩放或旋转对象。更改可设置动画的参数。

例如，假设从还未设置成动画因而没有关键点的圆柱体开始。启用“自动关键点”，转至第 20 帧，围绕圆柱体的 Y 轴将圆柱体旋转 90 度。此操作会在第 0 帧与第 20 帧之间创建旋转关键点。第 0 帧处的关键点存储圆柱体的原始方向，第 20 帧处的关键点存储经过旋转 90 度的动画处理后的圆柱体。在视口中播放动画时，圆柱体将在 20 帧上围绕 Y 轴旋转 90 度。

（5） 完成操作后，禁用自动关键点。

三、设置关键点动画模式

在设置关键点动画模式中，您可以使用“设置关键点”按钮和“关键点过滤器”的组合为选定对象的各个轨迹创建关键点。与“自动关键点”模式不同，利用“设置关键点”模式可以控制设置关键点的对象以及时间。它可以设置角色的姿势（或变换任何对象），如果满意的话，可以使用该姿势创建关键点。如果移动到另一个时间点而没有设置关键点，那么该姿势将被放弃。也可以对对象参数使用“设置关键点”模式。

可以尝试不同的值，当找到满意的值后，使用该值创建关键点。将这些参数与“曲线编辑器”中可设置关键点轨迹合并，只根据对象参数创建所需要的关键点。

（一）运用设置关键点工作流程的操作

（1） 启用 设置关键点 （切换设置关键点模式）。

（2） 选中要设置关键帧的对象，右键单击，然后选择“曲线编辑器”。

（3） 在“轨迹视图”工具栏上，单击 （显示可设置关键点图标），然后在控制器窗口中使用可设置关键点图标来确定要设置关键点的轨迹。

（4） 红色的关键点表示该轨迹将被设置为关键点。单击某个关键点可切换其设置关键点状态。

（5） 单击 关键点过滤器... （关键点过滤器），然后启用要设置关键帧的轨迹。默认情况下，启用“位置”、“旋转”、“缩放”和“IK 参数”。对于此例，禁用“旋转”和“缩放”。

（6） 转到要设置关键点时所在的帧。

（7） 移动对象。

（8） 单击 （设置关键点）。

（9） “设置关键点”按钮以红色闪烁，说明 3ds max 已经设置关键点，轨迹栏中显示了一个关键点。

（10） 重复这一过程，移动时间滑块并设置关键点。

（二）要使用“设置关键点”模式为所有参数设置关键帧的操作

（1） 启用 设置关键点 （切换设置关键点模式）。

（2） 在视口中，选择要添加关键帧的对象。

（3） 单击 关键点过滤器... （关键点过滤器），然后启用“设置所有关键点”。

（4） 将时间滑块移动到要设置关键点的帧。

（5） 单击 （设置关键点）。3ds max 会将关键点添加至所有可设置关键点的参数中。

（三）要在时间上移动姿势或位置而不需要更新的操作

（1） 启用 设置关键点 （切换设置关键点模式）。

（2） 移动到特定的帧（比如说第 20 帧）。

（3） 设置角色的姿势或将对象安放好。

（4） 将光标移动到时间滑块上，然后按下鼠标右键并拖动。

（5） 时间滑块移动，但位置不发生变化。保持姿势或位置并传输到新的时间点上。

（6） 在相应的帧上，通过单击 （设置关键点）设置姿势或位置关键点。

四、时间配置

3ds max 状态栏 ➤ “时间”控件 ➤ （时间配置） ➤ “时间配置”对话框，如图 6.1.4 所示。

➤“时间配置”对话框提供了帧速率、时间显示、播放和动画的设置。您可以使用此对话框来更改动画的长度或拉伸或重缩放。还可以用于设置活动时间段和动画的开始帧及结束帧。

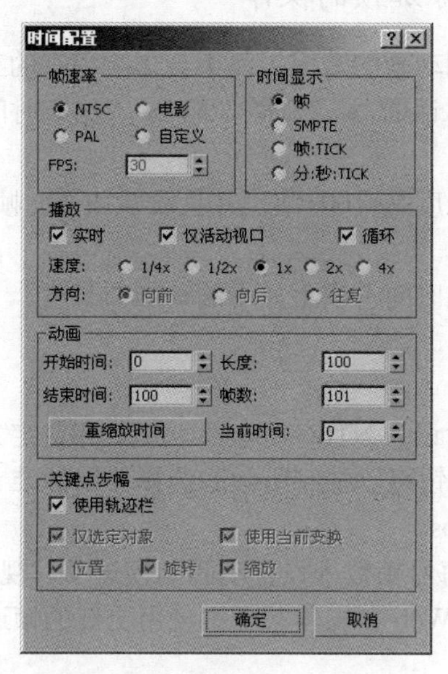

图 6.1.4

（一）要定义活动时间段的操作

（1） 单击（时间配置）。

（2） 在“时间配置”对话框 ➤“动画”组中，设置“开始时间”，以指定活动时间段的起点。

（3） 执行下列操作之一：

——设置“结束时间”，以指定活动时间段的终点。

——设置“长度”来指定活动时间段中的时间量，并自动设置正确的“结束时间”。在任何微调器中均可输入正数值或负数值，但是必须使用与时间显示相同的格式。如果不想影响已经创建的关键点，则可以更改活动时间段。例如，如果关键点散布在一个 1000 帧的范围内，则可以将活动时间段缩小为仅在第 150 帧至第 300 帧之间。您可以仅使用活动时间段的这 150 帧，而其他动画仍保持原状。将活动段从 0 返回到 1000 可还原所有关键点的访问和播放。

更改活动时间段具有以下效果：

它将限定使用时间滑块的时间范围，同时也将限定使用动画播放按钮时显示的时间范围。活动时间段的默认设置，从 0 帧到 100 帧，但是您可以将其设置为任何范围。

（二）要在更长的时间范围内延长现有动画的操作

（1） 在“时间配置”对话框 ➤“动画”组中，单击“重缩放时间”。

（2） 将“长度”中的值更改为您希望动作填充的帧数。

（3） 单击“确定”。

动画可重缩放为新的帧数。这同样可用于将动画压缩为更短的时间范围。为了避免在重缩放过程中损失帧，请参阅“使用子帧动画”。

（三）要向现有动画添加帧的操作

此步骤可以将新帧添加到动画的末尾，而不会影响现有的工作。

（1） 在“时间配置”对话框 ➤“动画”组 ➤“结束时间”字段中，输入动画最后一个帧的编号。

例如，如果现有动画的长度是 100 帧，并且要添加 50 帧，则输入 150。

（2） 单击“确定”。

您输入的数量现在就是在时间滑块上显示的动画新长度。

（四）“帧速率”组

有 4 个选项按钮，分别标记为 NTSC、电影、PAL 和自定义，可用于在每秒帧数（fps）字段中设置帧速率。前 3 个按钮可以强制所做的选择使用标准 fps。使用“自定义”按钮可通过调整微调器来指定自己的 fps。

fps（每秒帧数）：采用每秒帧数来设置动画的帧速率。视频使用 30 fps 的帧速率，电影使用 24 fps 的帧速率，而 Web 和媒体动画则使用更低的帧速率。

（五）“时间显示”组

指定在时间滑块及整个 3ds max 中显示时间的方法。有帧数、分钟数、秒数和刻度数可供选择。例如，如果时间滑块位于 35 帧，并且“帧速率”设置为 30 fps，则时间滑块将针对不同的“时间显示”设置显示以下数值：

帧 35、SMPTE 0:1:5、帧:刻度线 35:0、mm:SS:刻度线 0:1:800

SMPTE 是电影工程师协会的标准，用于测量视频和电视产品的时间。

（六）回放组

1. 实时

实时可使视口播放跳过帧，以与当前“帧速率”设置保持一致。可以选择 5 个播放速度：1x 是正常速度，1/2x 是半速，等等。速度设置只影响在视口中的播放。这些速度设置还可以用于运动捕捉工具。禁用“实时”后，视口播放将尽可能快的运行并且显示所有帧。

2. 活动视口

可以使播放只在活动视口中进行。禁用该选项之后，所有视口都将显示动画。

3. 循环

控制动画只播放一次，还是反复播放。启用后，播放将反复进行，您可以通过单击动画控制按钮或时间滑块渠道来停止播放。禁用后，动画将只播放一次然后停止。单击“播放”将倒回第一帧，然后重新播放。

4. 方向

将动画设置为向前播放、反转播放或往复播放（向前然后反转重复进行）。该选项只影响在交互式渲染器中的播放。其并不适用于渲染到任何图像输出文件的情况。只有在禁用“实时”后才可以使用这些选项。

（七）动画组

1. 开始时间/结束时间

设置在时间滑块中显示的活动时间段。选择第 0 帧之前或之后的任意时间段。例如，可以将活动时间段设置为从第 -50 帧到第 250 帧。

2. 长度

显示活动时间段的帧数。如果您将此选项设置为大于活动时间段总帧数的数值，则将相应增加“结束时间”字段。

3. 帧数

将渲染的帧数。始终是长度加一。

4. 当前时间

指定时间滑块的当前帧。调整此选项时，将相应移动时间滑块，视口将进行重新更新。

5. 重缩放时间

拉伸或收缩活动时间段的动画，以适合指定的新时间段。重新定位所有轨迹中全部关键点的位置。因此，将在较大或较小的帧数上播放动画，以使其播放的更快或更慢。

五、视频后期合成

“渲染”菜单的“Video Post”可使您合并（合成）并渲染输出不同类型事件，包括当前场景、位图图像、图像处理功能等。一个 Video post 序列可以包含场景几何体、背景图像、效果以及用于合成这些内容的遮罩，Video Post 合成方式如图 6.1.5 所示。

Video post 合成帧结果示例如图 6.1.6 所示。

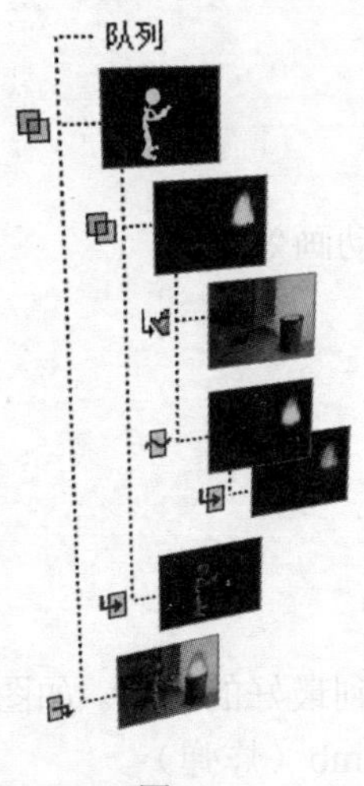

图 6.1.5

图 6.1.6

Video Post 是独立的、无模式对话框，与“轨迹视图”外观相似。该对话框的编辑窗口会显示完成视频中每个事件出现的时间。

6.2 典型案例——发光字被风吹散动画

一、制作发光字被风吹散动画

制作发光字被风吹散动画效果图如图 6.2.1 所示，具体要求如下。

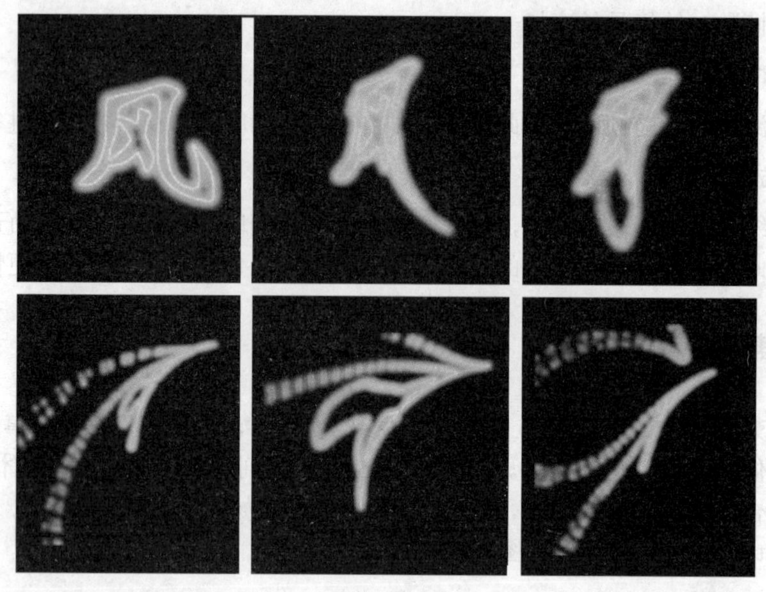

图 6.2.1

（1） 创建场景：建立一个发光字“风”（字体不限）。
（2） 结构变换：改变 Meshbomb 物体形状外置。
（3） 制作动画：设置扩散效果，制作字体被风吹散的动画效果。
（4） 记录动画：记录动画过程。
（5） 将最终结果以 X6-1.max 为文件名保存。

二、操作步骤

（1） 在前视图创建字体“风”（字体选用华文新魏）。
（2） 选择“风”字，进入修改面板，调整数值，以便达到最好的效果。如图 6.2.2 所示。
（3） 进入空间扭曲物体创建面板在视图中创建一个 Bomb（炸弹）。
（4） 使用绑定工具将炸弹和“风”链接在一起。

（5） 进入修改面板以修改炸弹的参数。如图 6.2.3 所示。

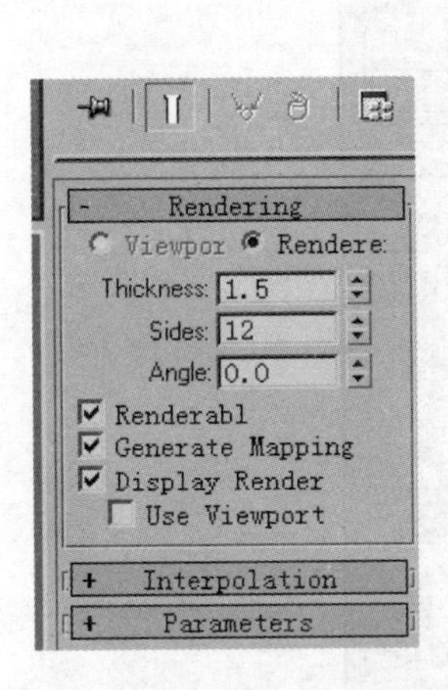

图 6.2.2

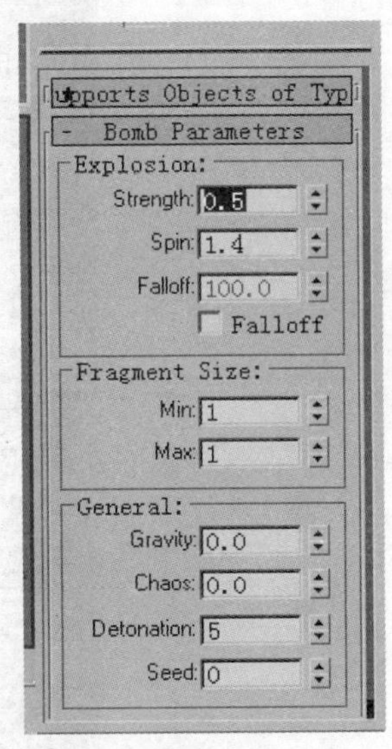

图 6.2.3

（6） 调整时间轴记录动画，如图 6.2.4 所示。

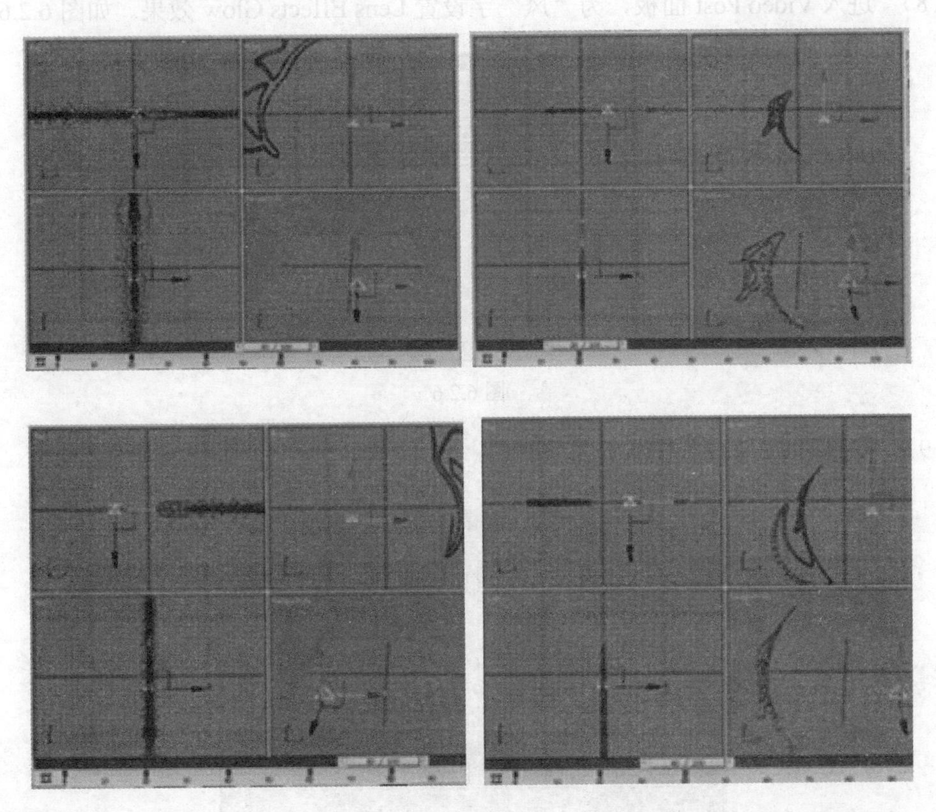

图 6.2.4

（7） 选择“风”字右键，选择 properties 选项，设置参数，如图 6.2.5 所示。

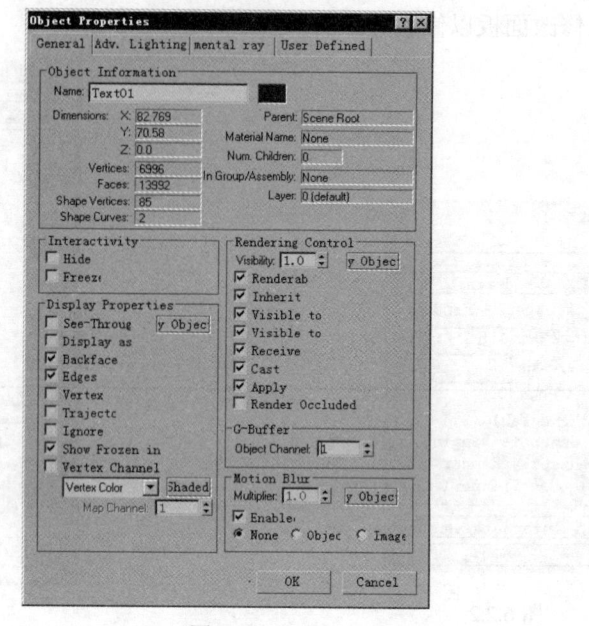

图 6.2.5

（8） 进入 Video Post 面板，为“风”字设置 Lens Effects Glow 效果。如图 6.2.6 所示。

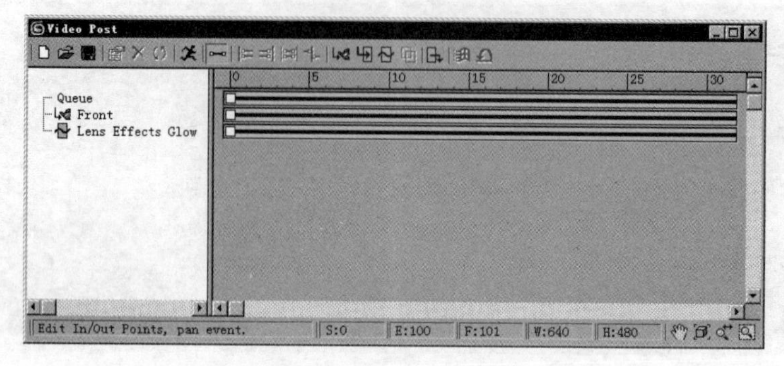

图 6.2.6

（9） 按照图 6.2.7 设置镜头光晕参数。

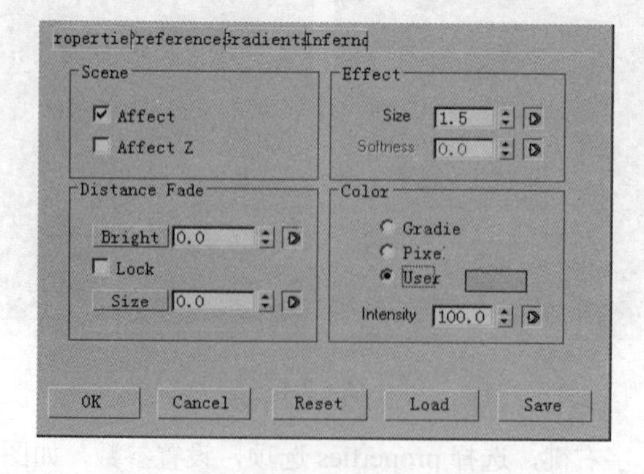

图 6.2.7

（10） 将最终结果以 X6-1.max 为文件名保存在考生文件夹中。

三、注意事项

设置属性 ID 为 1，才可以应用 VideoPost 特效。

6.3 典型案例——闪电发光动画

一、制作闪电发光动画

制作闪电发光动画效果图如图 6.3.1 所示，具体要求如下。

（1） 创建场景：建立闪电曲线路径。

（2） 结构变换：修改路径干支线形状和链接关系。

（3） 设置动作：设置干支线路径运动方式。

（4） 记录动画：添加后期眩光效果。

（5） 将最终结果以 X6-2.max 为文件名保存在考生文件夹中。

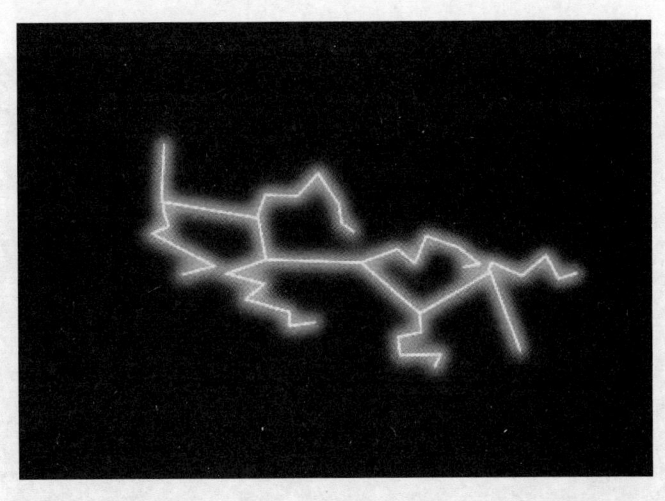

图 6.3.1

二、操作步骤

（1） 选中 Line 画出闪电的主体，在主体闪电的折角处，画出闪电的分叉。如图 6.3.2 所示。

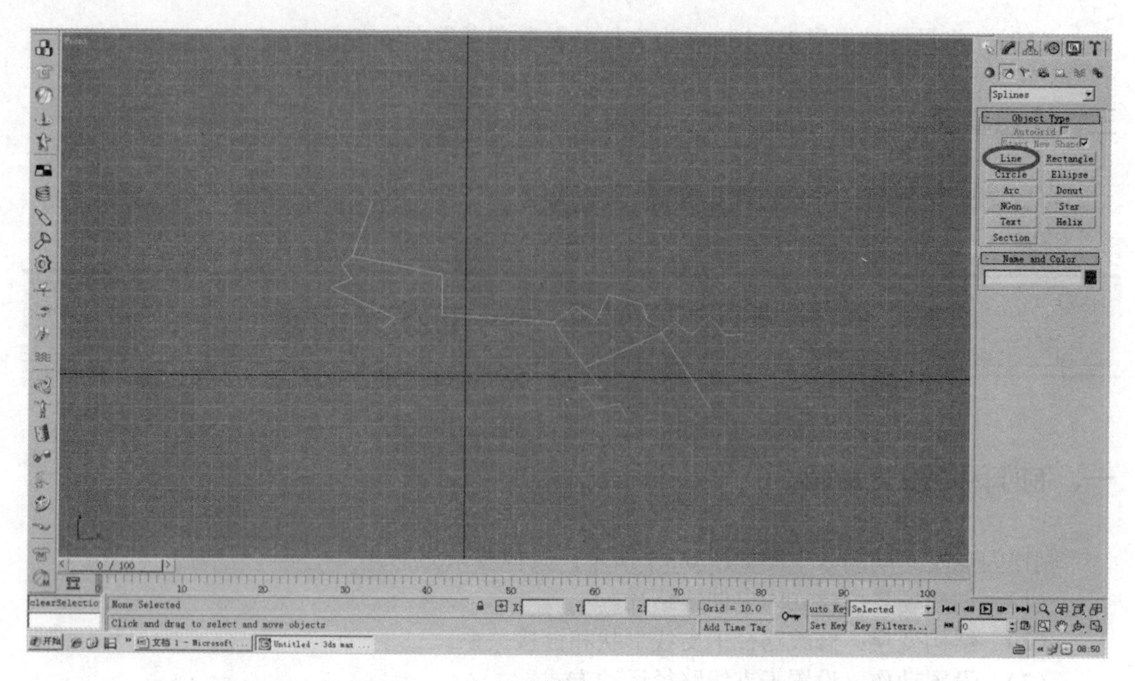

图 6.3.2

（2） 选中主体，进入修改面板，在 Geometry 栏中找到 Attach Mult 点击，如图 6.3.3 所示。

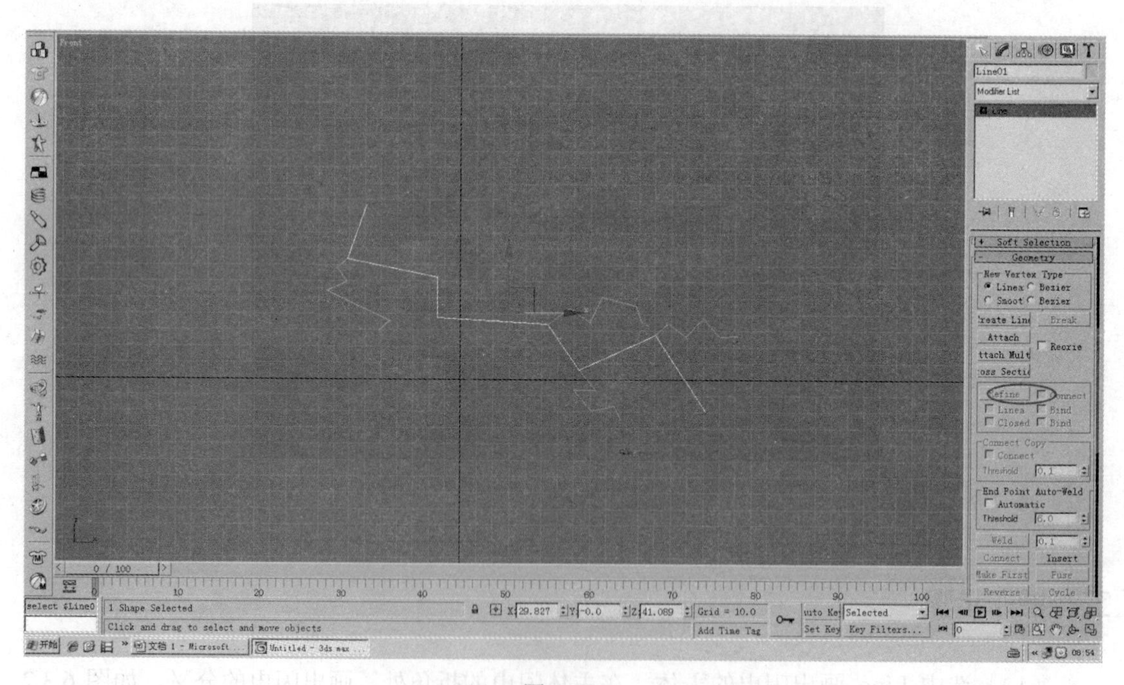

图 6.3.3

（3） 进入 Attach Mult，点击 ALL 全选所有分支，点击 Attach，如图 6.3.4 所示。

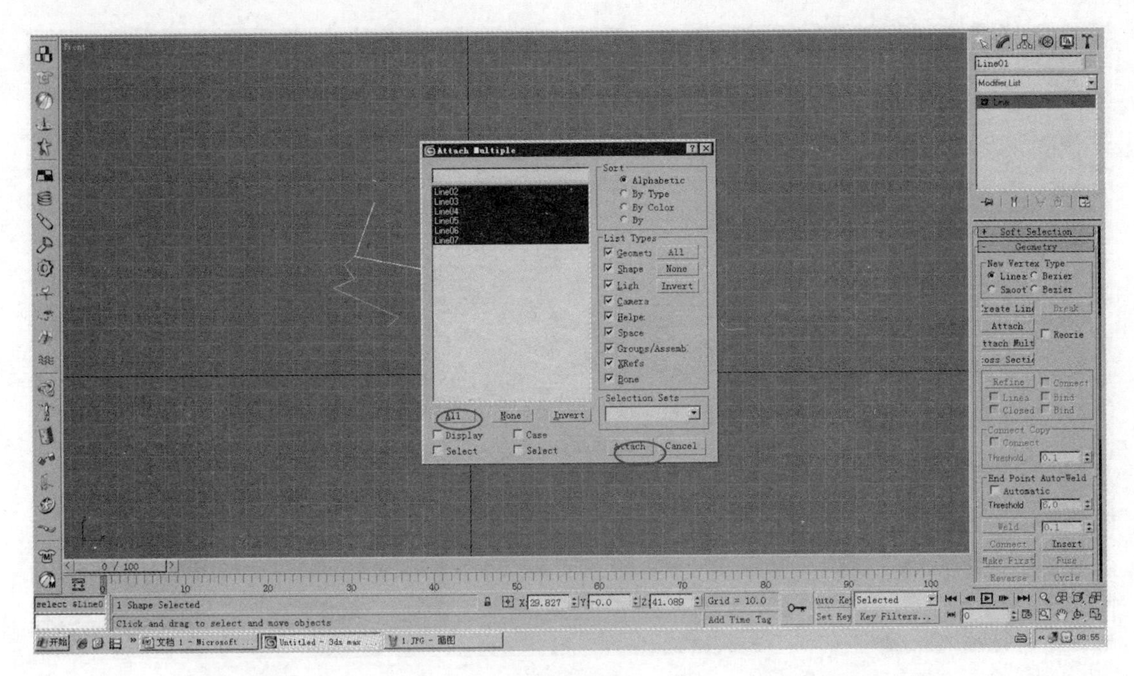

图 6.3.4

（4） 选中链接后成为一体的闪电，进入修改面板，勾选 Rendering 栏中的 Renderabl、Generate Mapping、Display Render，如图 6.3.5 所示。

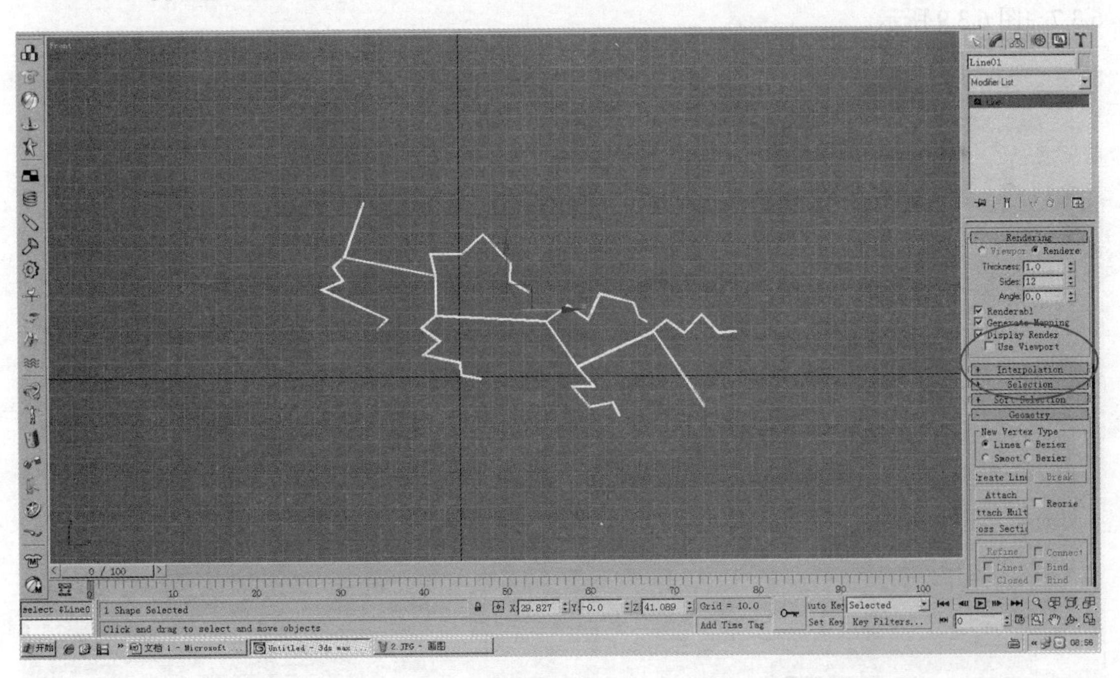

图 6.3.5

（5） 点击时间轴将帧数从 0 帧移动到 60 帧处，点击 Auto Key。如图 6.3.6 所示。

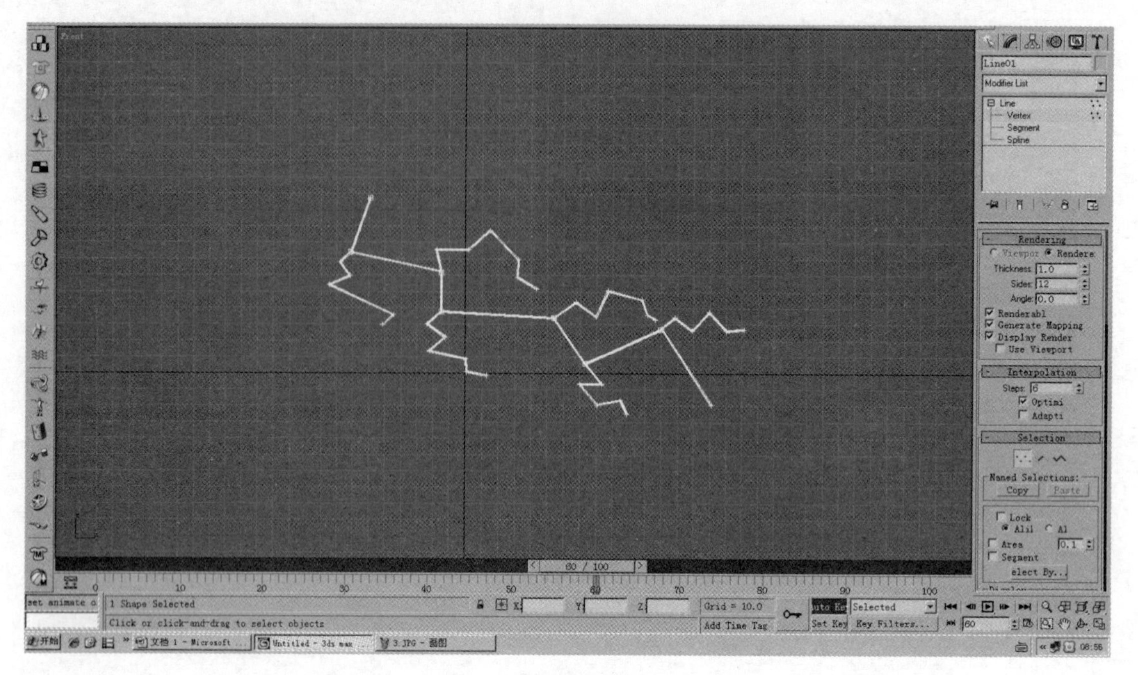

图 6.3.6

（6） 选中闪电，进入修改面板，选中 Line 中的 Vertex，将所有的分叉点和主体点移动到主体的顶点，注意：各个分叉的顶点和主体的点一定要先将它们焊接（Connecr）。如图 6.3.7～图 6.3.9 所示。

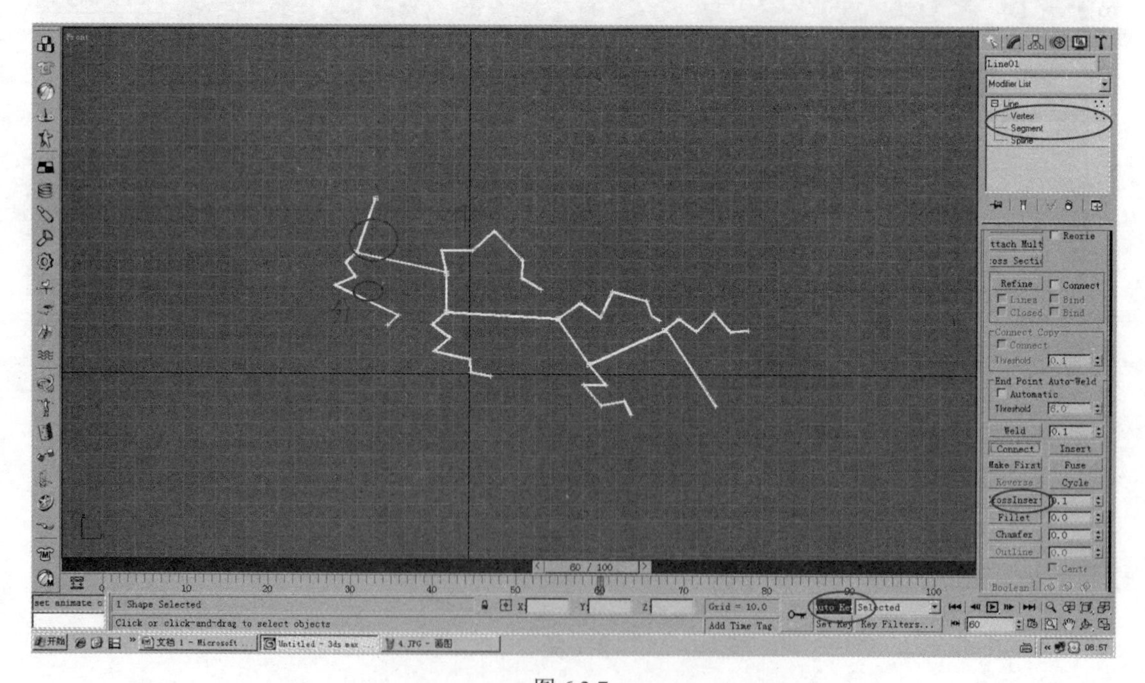

图 6.3.7

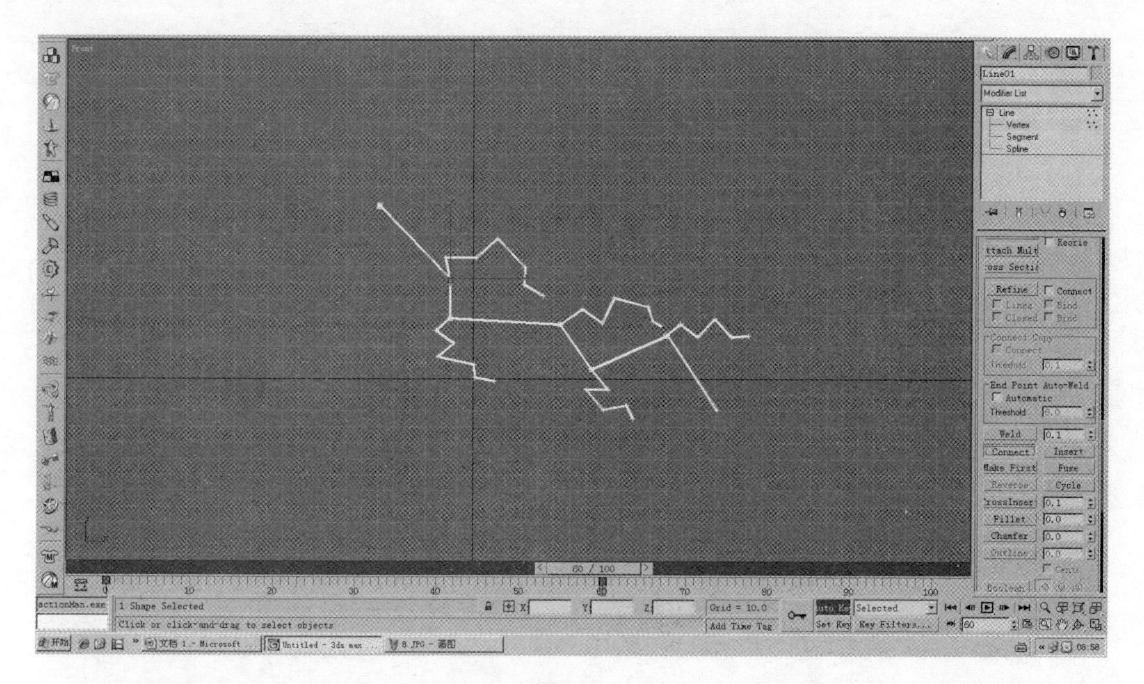

图 6.3.8

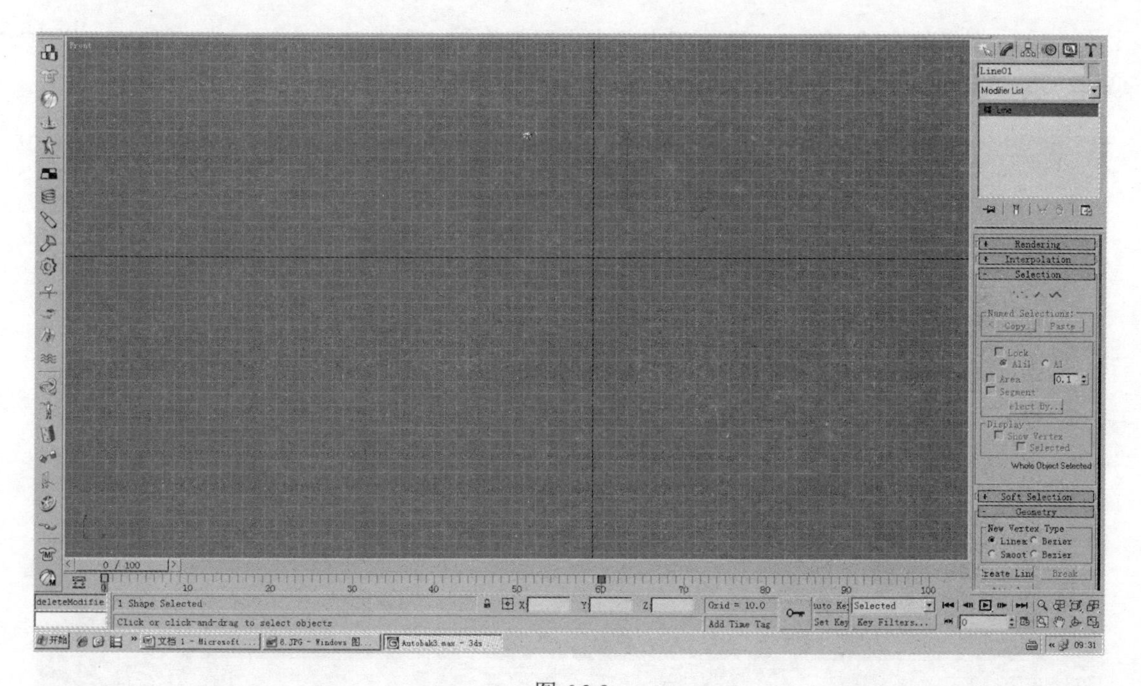

图 6.3.9

（7） 将 60 帧与 0 帧互换位置，同时取消 Auto Key，将帧放到 60 帧处，进入修改面板，找到 Nosie，给闪电一个噪波。勾选 Parameters 栏中的 Fracta 参数如下：

Roughness1、Strength：*X*：20、*Y*：4。

如图 6.3.10 所示。

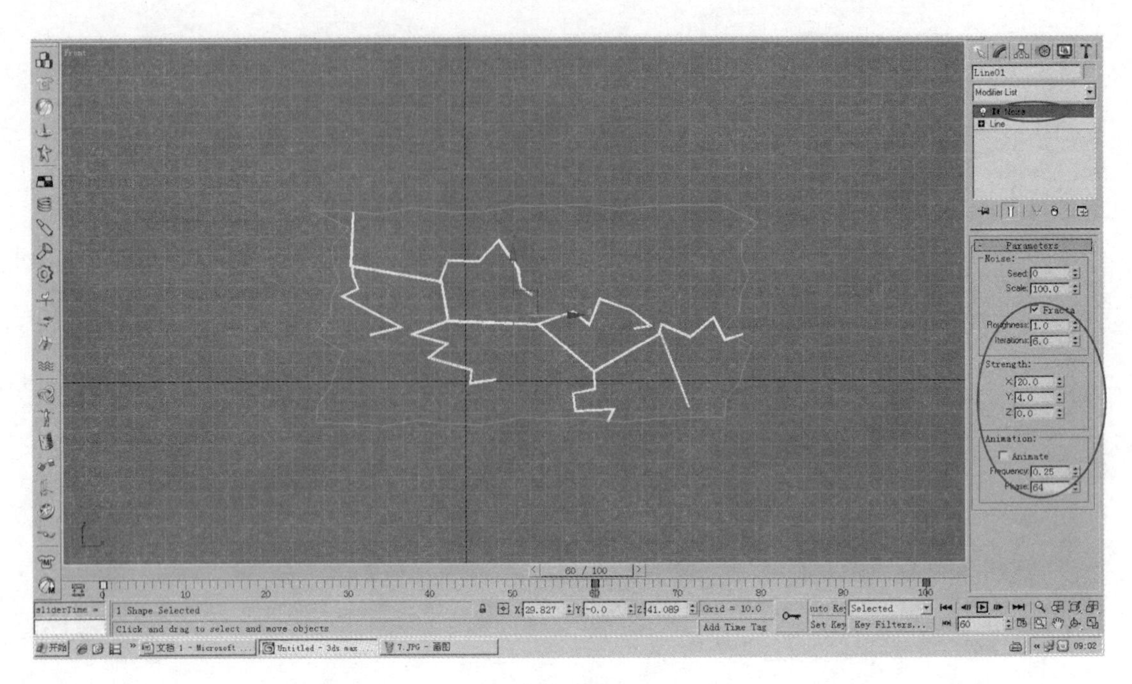

图 6.3.10

（8） 给闪电一个 ID：1，选中闪电，点击鼠标右键，点击 Properties，在 G-Buffer 栏中更改 Object Channel 为 1。如图 6.3.11 所示。

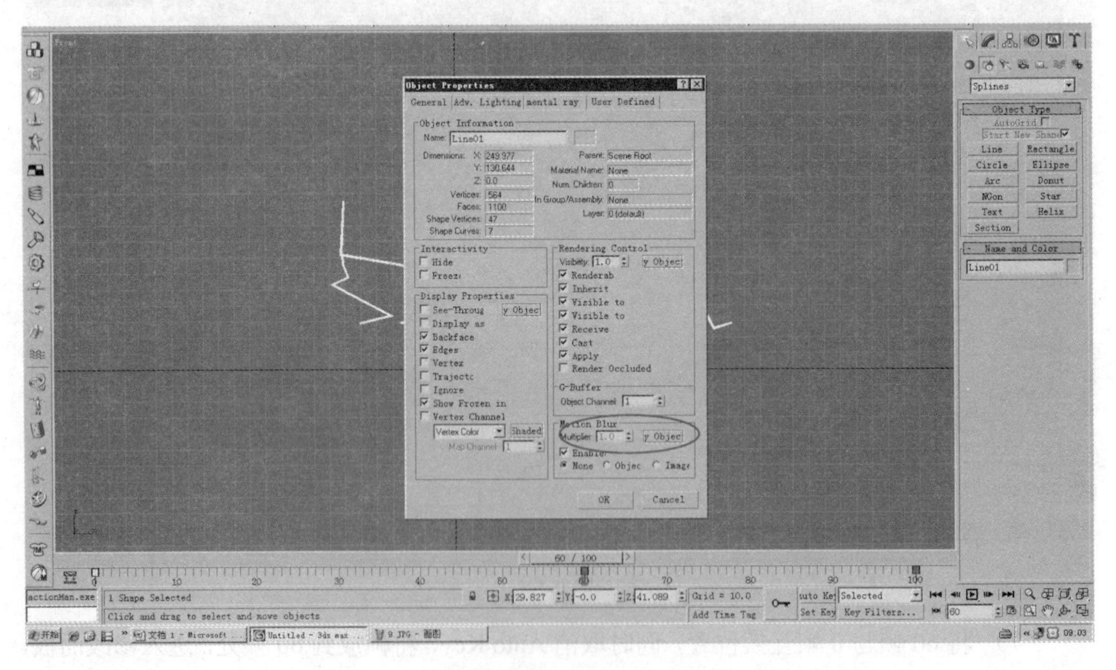

图 6.3.11

（9） 给闪电上眩光的效果。在菜单栏中选中 Rendering 菜单，点击 Video Post，先选择渲染效果的视图点击 选择（Front）视图。选择 Lens Effects Glow，更改数值参数如图

6.3.12～图 6.3.18 所示。

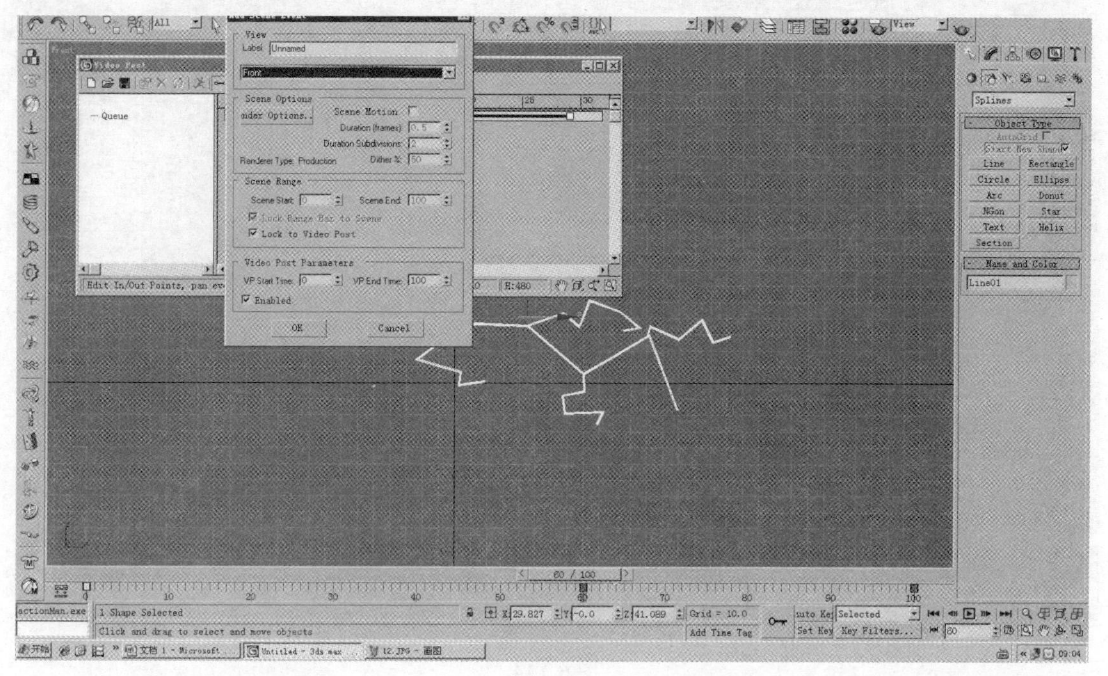

图 6.3.12

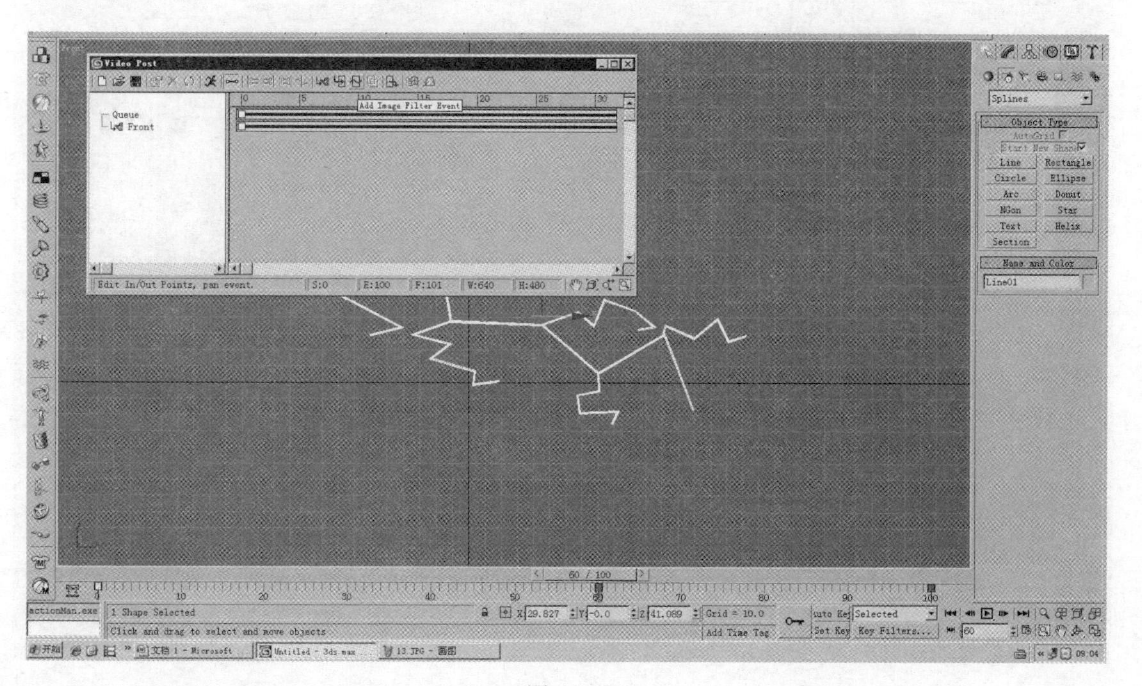

图 6.3.13

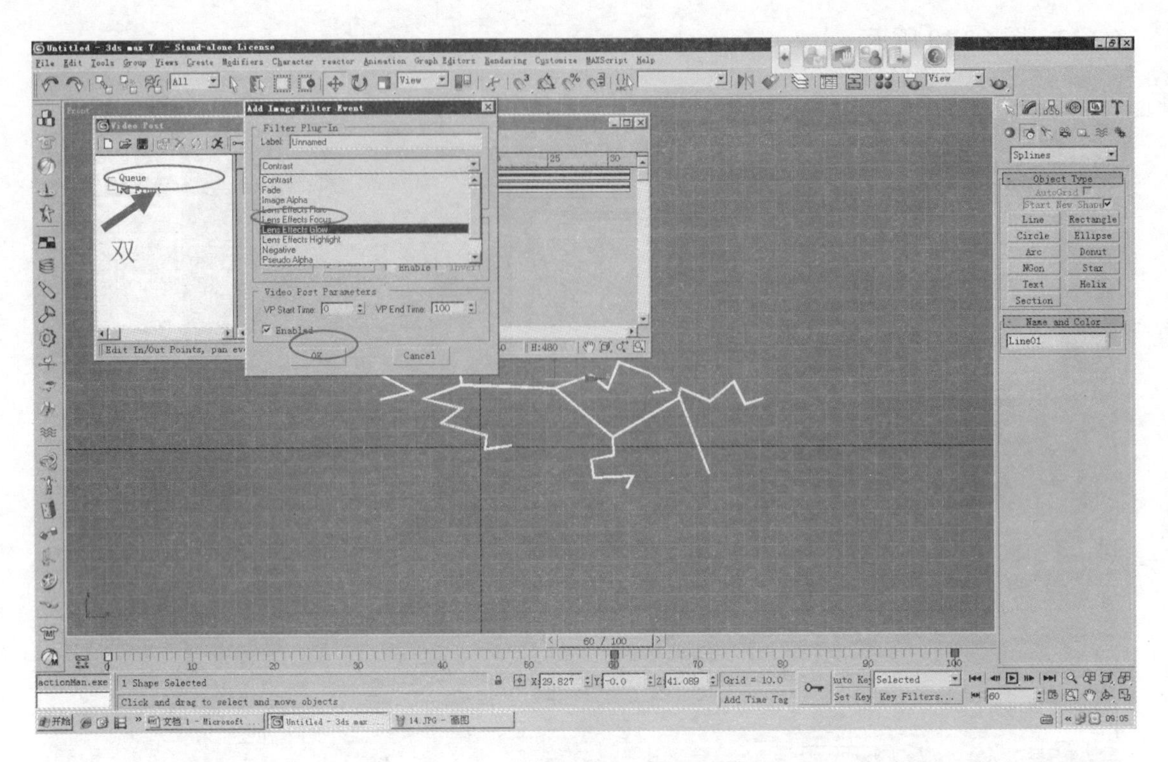
Untitled - 3ds max 7 - Stand-alone License
Add Image Filter Event
Filter Plug-In
Label Unnamed
Contrast
Fade
Image Alpha
Lens Effects Flare
Lens Effects Focus
Lens Effects Glow
Lens Effects Highlight
Negative
Pseudo Alpha
Video Post Parameters
VP Start Time 0
VP End Time 100
Enabled
OK
Cancel
Video Post
Queue
Front
双
Edit In/Out Points, pan ev
H:480
Splines
Object Type
AutoGrid
Start New Shape
Line
Rectangle
Circle
Ellipse
Arc
Donut
NGon
Star
Text
Helix
Section
Name and Color
Line01
60 / 100
1 Shape Selected
Click and drag to select and move objects
Grid = 10.0
Add Time Tag
Selected
Set Key
Key Filters...

图 6.3.14

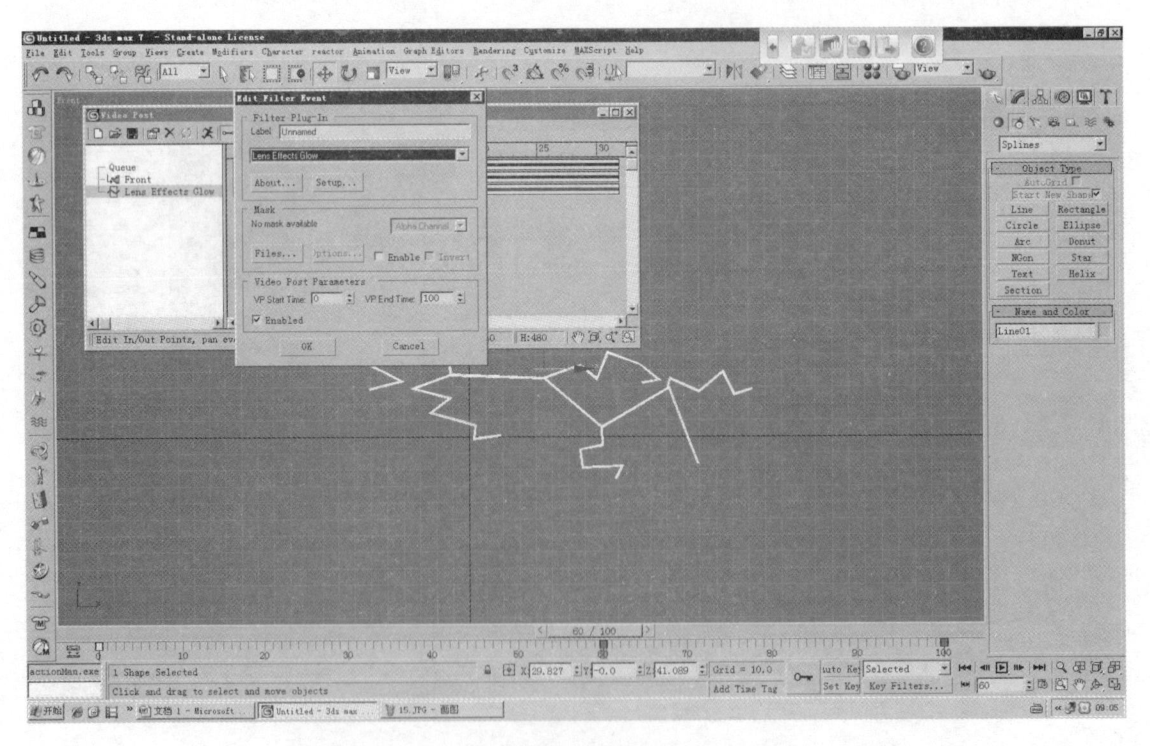
Untitled - 3ds max 7 - Stand-alone License
Edit Filter Event
Filter Plug-In
Label Unnamed
Lens Effects Glow
About...
Setup...
Mask
No mask available
Alpha Channel
Files...
Options...
Enable
Invert
Video Post Parameters
VP Start Time 0
VP End Time 100
Enabled
OK
Cancel
Video Post
Queue
Front
Lens Effects Glow
Edit In/Out Points, pan ev
H:480
Splines
Object Type
AutoGrid
Start New Shape
Line
Rectangle
Circle
Ellipse
Arc
Donut
NGon
Star
Text
Helix
Section
Name and Color
Line01
60 / 100
1 Shape Selected
Click and drag to select and move objects
Grid = 10.0
Add Time Tag
Selected
Set Key
Key Filters...

图 6.3.15

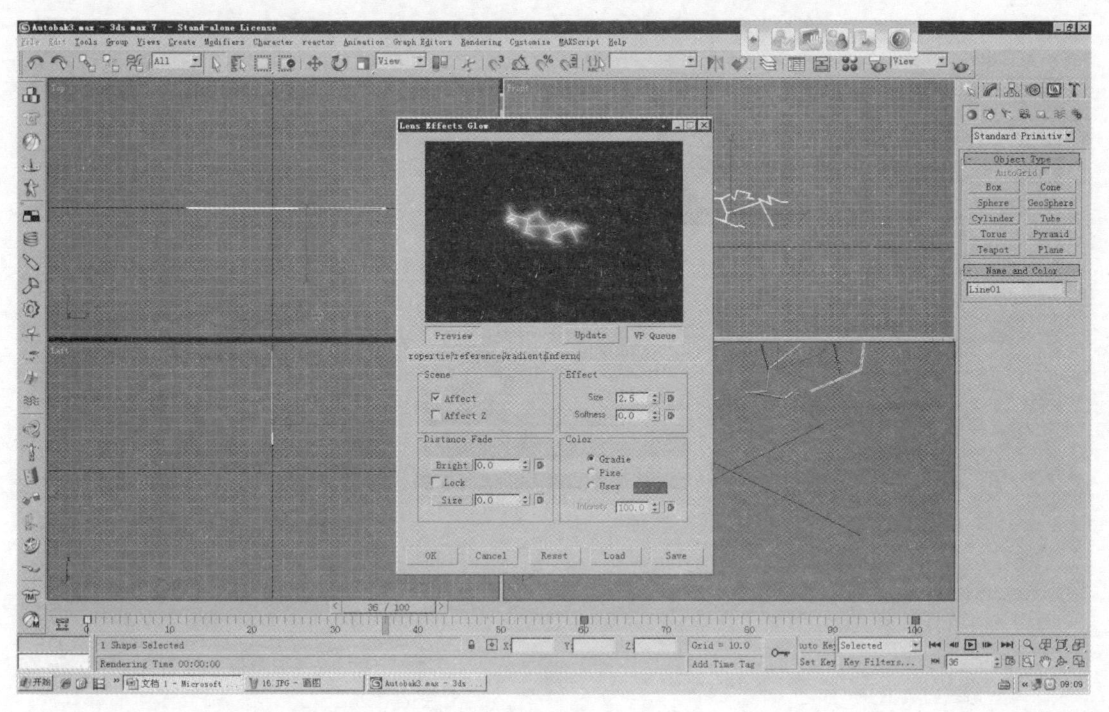
Autobak3.max - 3ds max 7 - Stand-alone License
File Edit Tools Group Views Create Modifiers Character reactor Animation Graph Editors Rendering Customize MAXScript Help
Lens Effects Glow
Preview
Update
VP Queue
Scene
Affect
Affect Z
Effect
Size 2.5
Softness 0.0
Distance Fade
Bright 0.0
Lock
Size 0.0
Color
Gradie
Pixe
User
Intensity 100.0
OK
Cancel
Reset
Load
Save
Standard Primitiv
Object Type
AutoGrid
Box
Cone
Sphere
GeoSphere
Cylinder
Tube
Torus
Pyramid
Teapot
Plane
Name and Color
Line01
36 / 100
1 Shape Selected
Rendering Time 00:00:00
Grid = 10.0
Add Time Tag
Selected
Set Key
Key Filters...

图 6.3.16

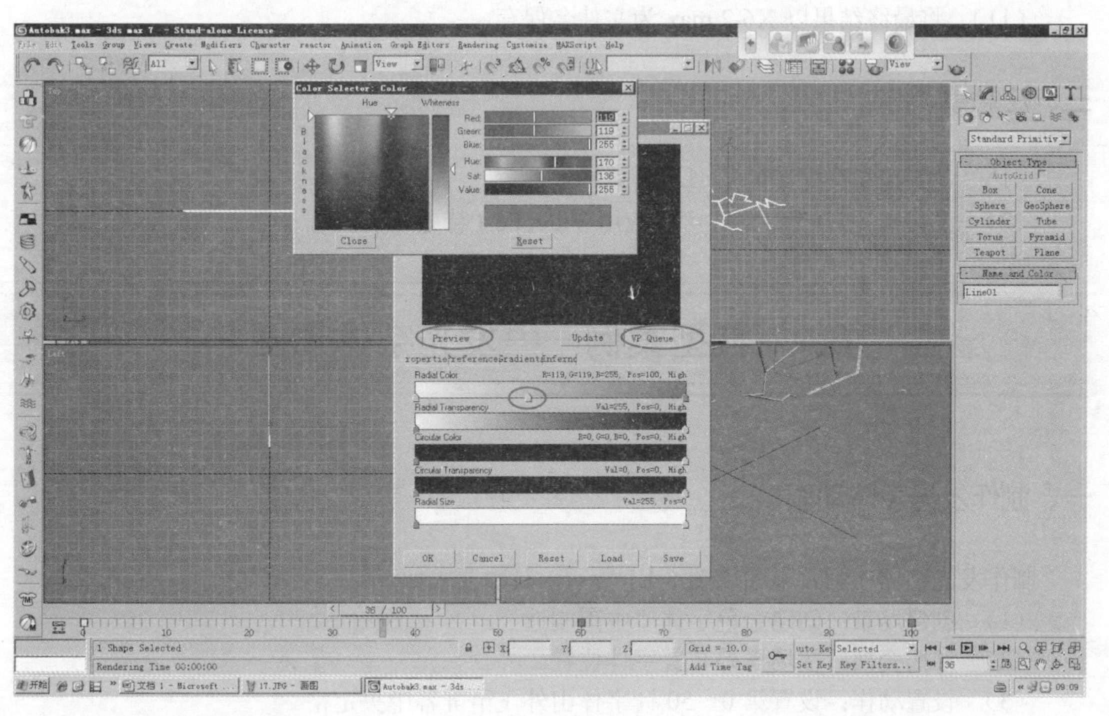
Autobak3.max - 3ds max 7 - Stand-alone License
Color Selector: Color
Hue
Whiteness
Blackness
Red 119
Green 119
Blue 255
Hue 170
Sat 136
Value 255
Close
Reset
Preview
Update
VP Queue
Radial Color R=119, G=119, B=255, Pos=100, High
Radial Transparency Val=255, Pos=0, High
Circular Color R=0, G=0, B=0, Pos=0, High
Circular Transparency Val=0, Pos=0, High
Radial Size Val=255, Pos=0
OK
Cancel
Reset
Load
Save
Standard Primitiv
Object Type
Box
Cone
Sphere
GeoSphere
Cylinder
Tube
Torus
Pyramid
Teapot
Plane
Name and Color
Line01
36 / 100
1 Shape Selected
Rendering Time 00:00:00
Grid = 10.0
Add Time Tag

图 6.3.17

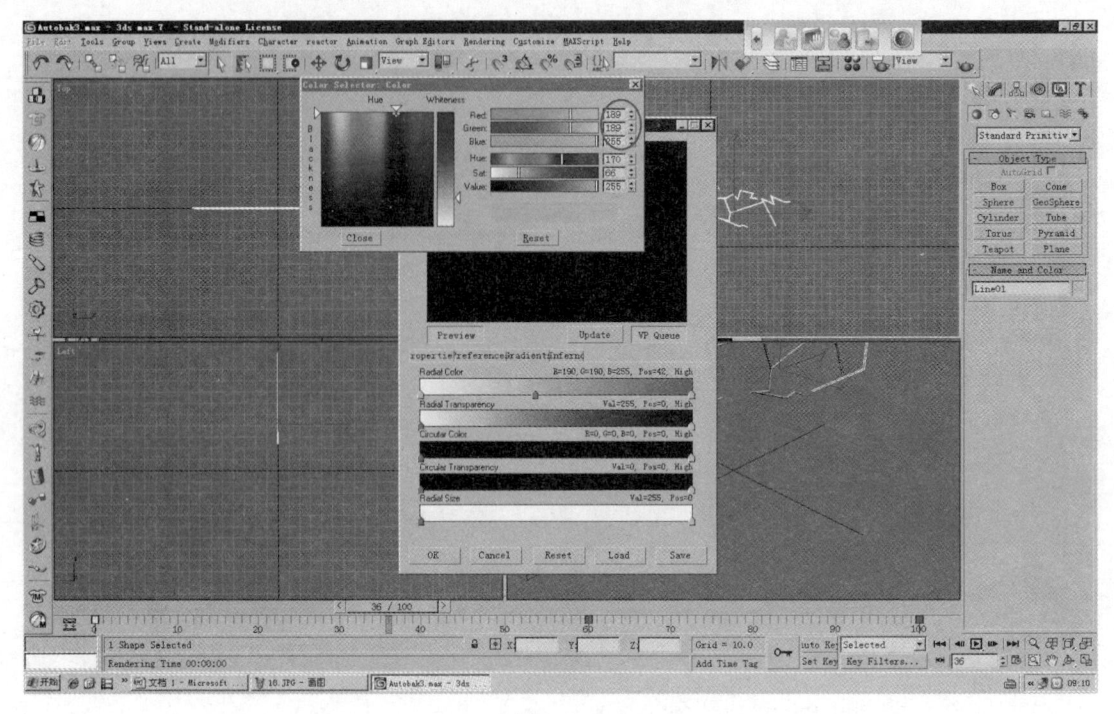

图 6.3.18

（10） 渲染，单击 。

（11） 将最终结果以 X6-2.max 为文件名保存。

三、注意事项

（1） 主干线与分支线的造型与效果基本一致。

（2） 设置属性 ID 为 1，才可以应用 VideoPost 特效。

6.4 典型案例——发光字体动画

一、制作发光字体动画

制作发光字体动画效果图如图 6.4.1 所示，具体要求如下

（1） 创建场景：创建金色字体“中国制造”。

（2） 结构变换：在场景外布置字体位置。

（3） 设置动作：设置第 0～50 针字体由外飞至屏幕中央定格。

（4） 记录动画：设置第 50～80 帧字体发出光芒和第 80～100 帧字体发光消失。

（5） 将最终结果以 X6-3.max 为文件名保存在考生文件中。

图 6.4.1

二、操作步骤

（1） 输入文字中国制造，在前视图 Front 单击一下，参数 size：50，字体隶书或行楷，效果如图 6.4.2 所示。

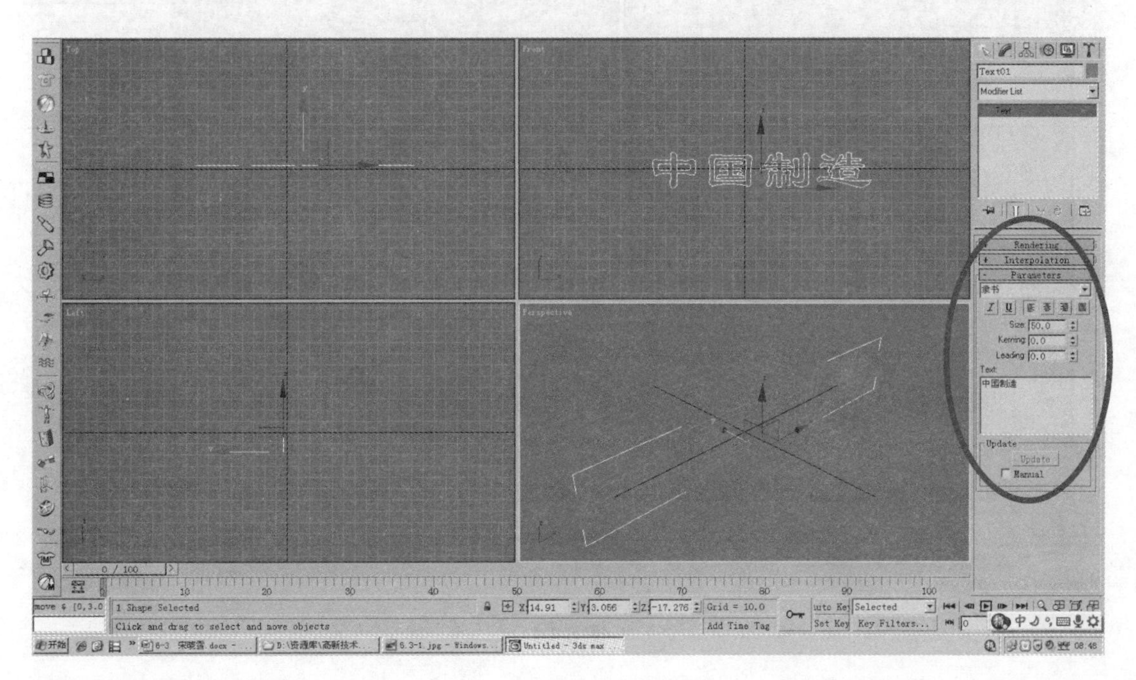

图 6.4.2

（2） 打开修改面板 Bevel，参数如图 6.4.3 所示。

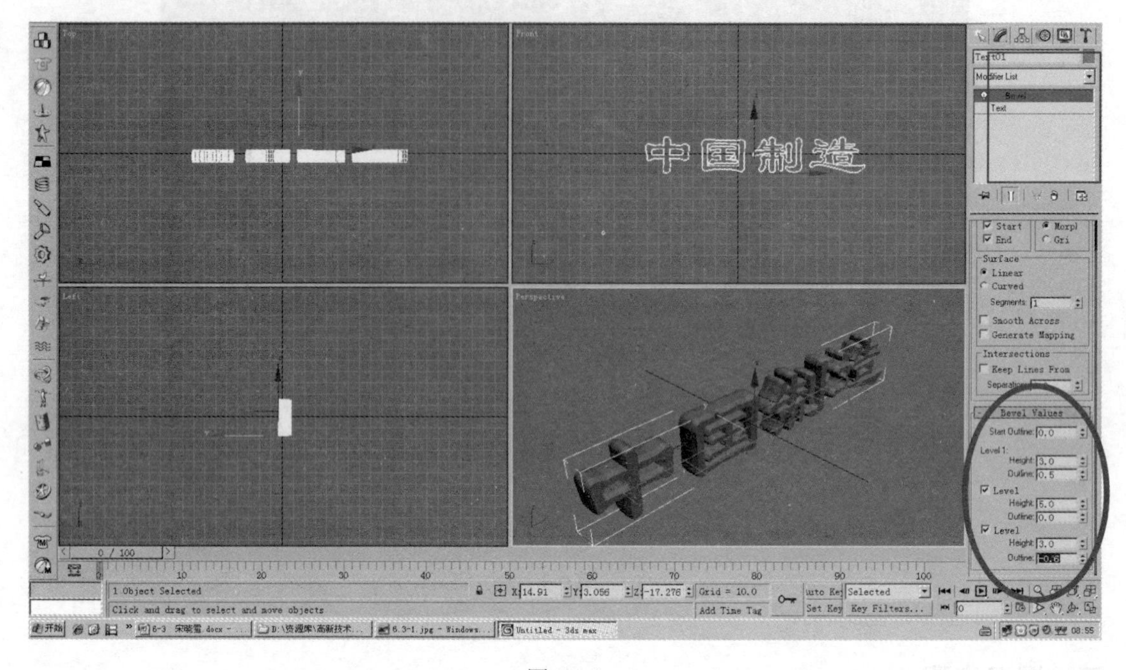

图 6.4.3

（3） 选中文字右键 clone，copy 复制，如图 6.4.4 所示。

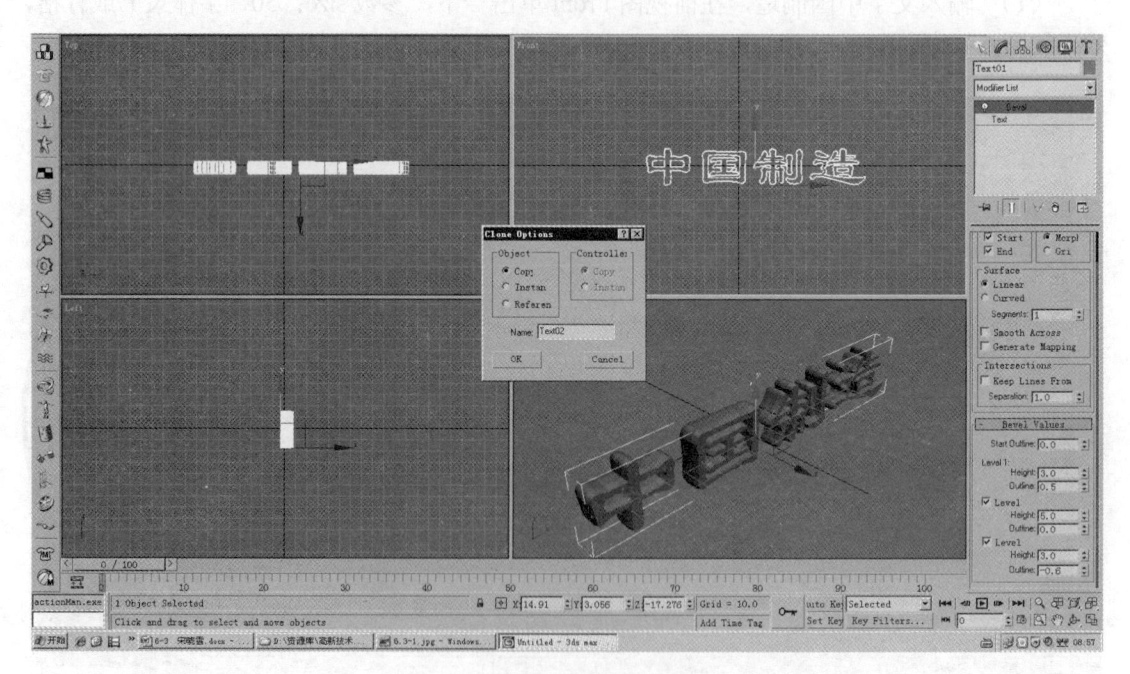

图 6.4.4

（4） 修改面板选 text02，删除 Bevel，如图 6.4.5 所示。

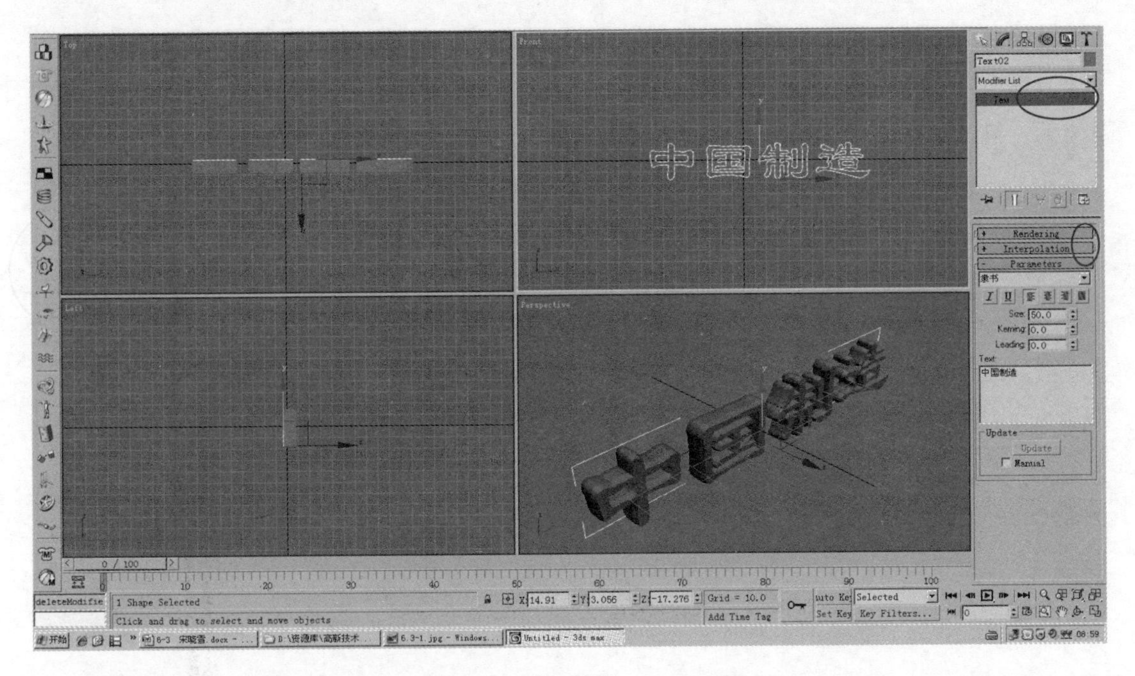

图 6.4.5

（5） 修改面板挤出 Extrude，不勾选 Cap start 和 Cap End，Amount 值大小不小于 300，如图 6.4.6 所示。

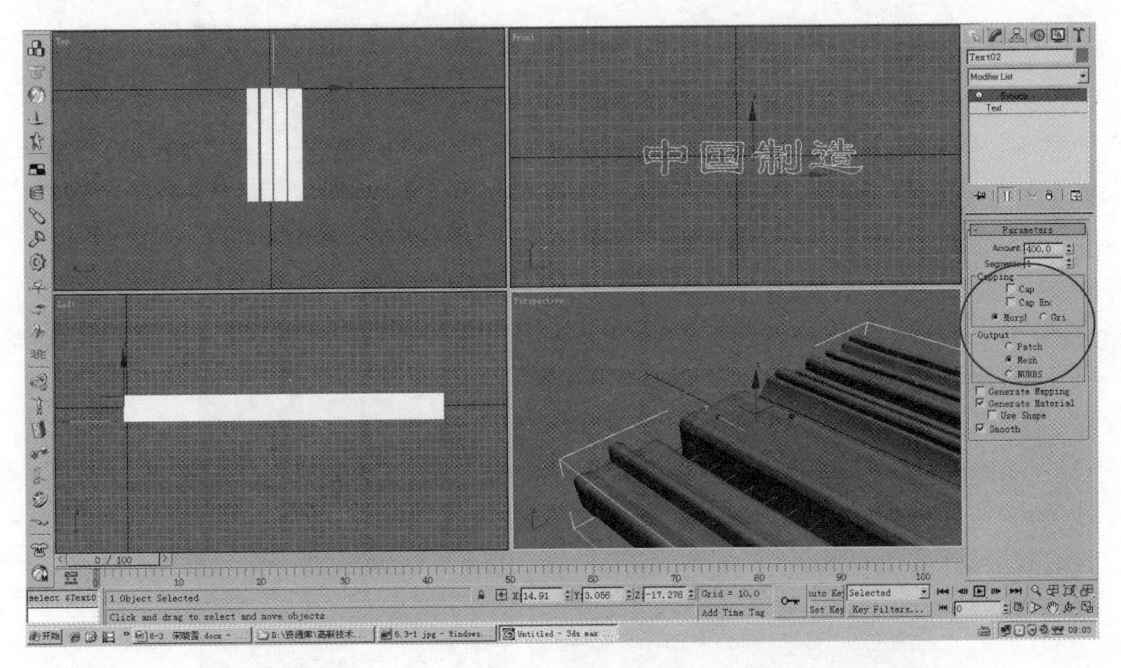

图 6.4.6

（6） 摄影机，在左视图 left 中打开摄影机，回到透视图中按 C 键，如图 6.4.7 所示。

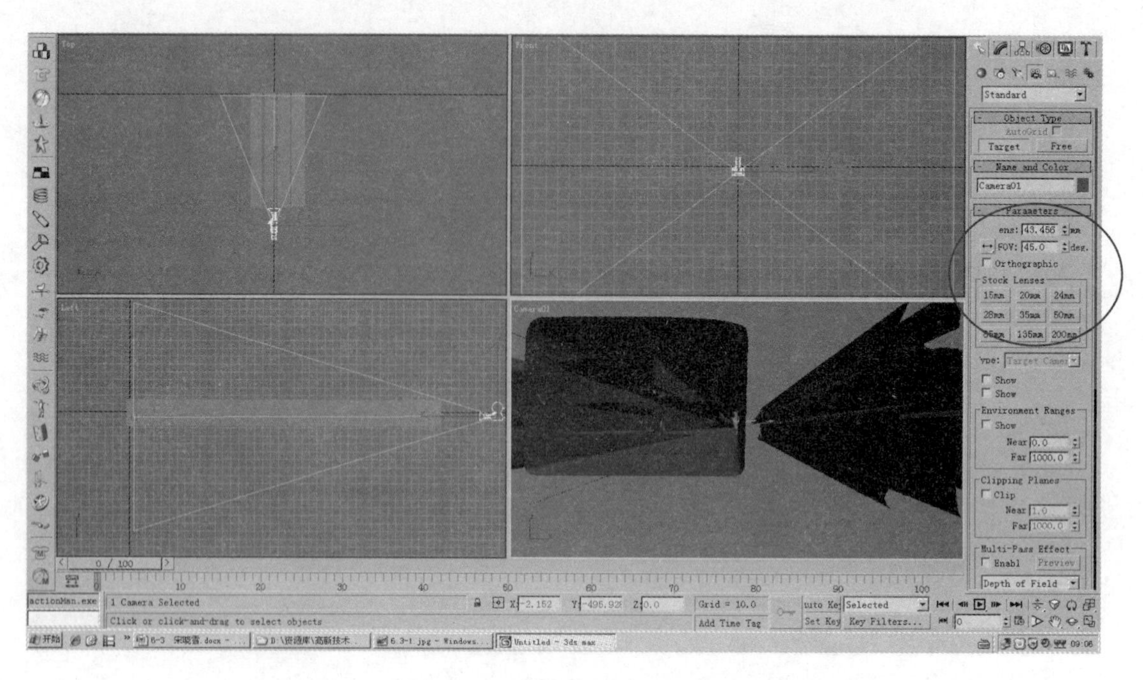

图 6.4.7

（7） 给 text02 上材质，打开材质球，取消关联，Ambient 红色，Diffuse：R255、G192、B0，打开 Extended 展栏，out 改为 Amt 值为 100，Type 为 Filter，参数效果图如图 6.4.8 所示。

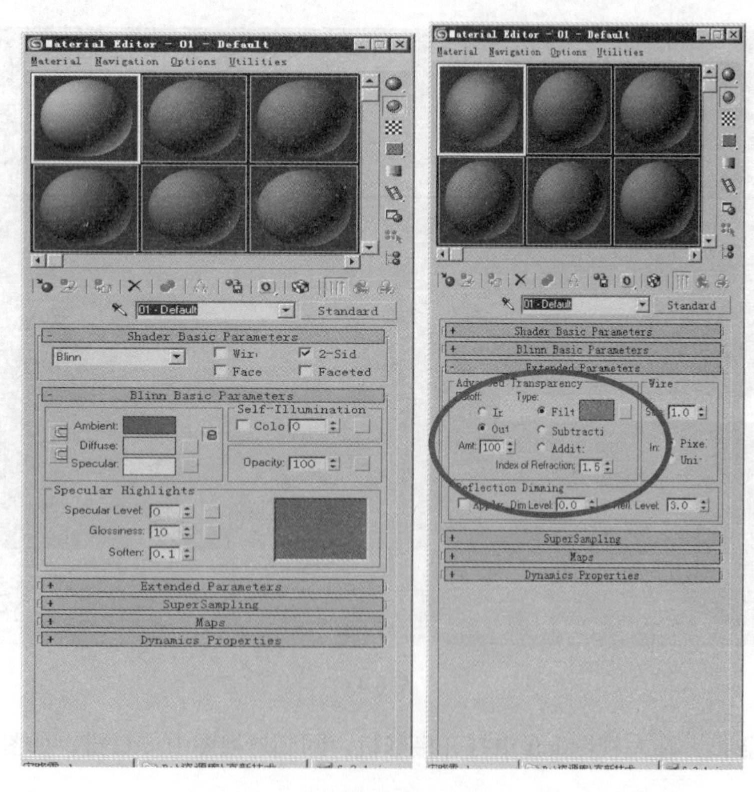

图 6.4.8

（8）打开 Maps 展栏，Opacity-Gradient，color1 为黑色，color2 为 R255、G138、B13，color3 为 R255、G234、B0，打开 Output，RGB level 值为 1.2，如图 6.4.9 所示。

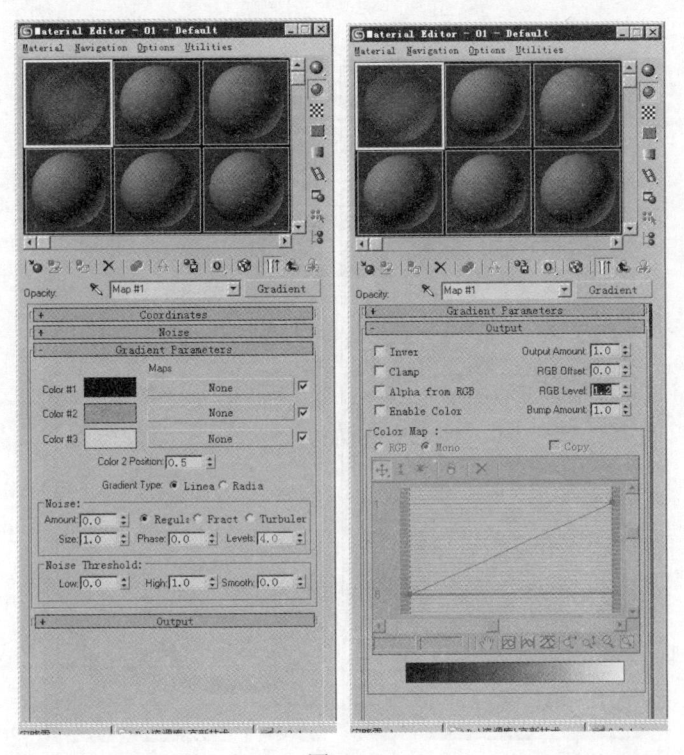

图 6.4.9

（9）噪波图造作步骤，重新启动一个 3ds max，用 Plane 在前视图建立一个面片，打开材质球，Diffuse-None-Noise，渲染保存，如图 6.4.10 所示。

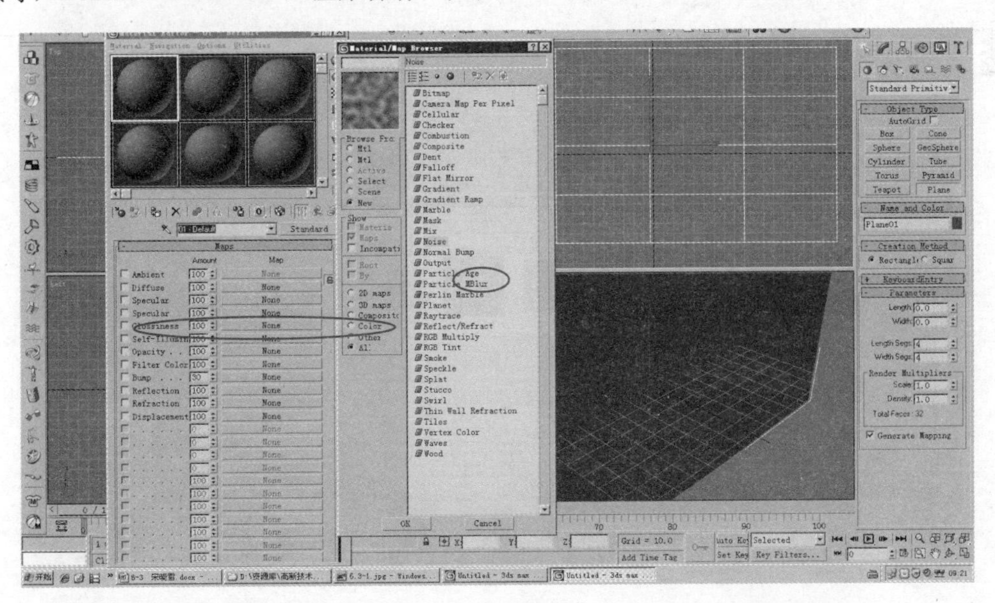

图 6.4.10

（10） 回到中国制造里，返回到贴图栏，打开 Diffuse-Bitmap 贴图，贴刚才做的噪波图，Angle，U 向的值为 90，Tiling，U 和 V 向的值是 2，打开 Output 展栏，RGB level 值为 2，如图 6.4.11 所示。

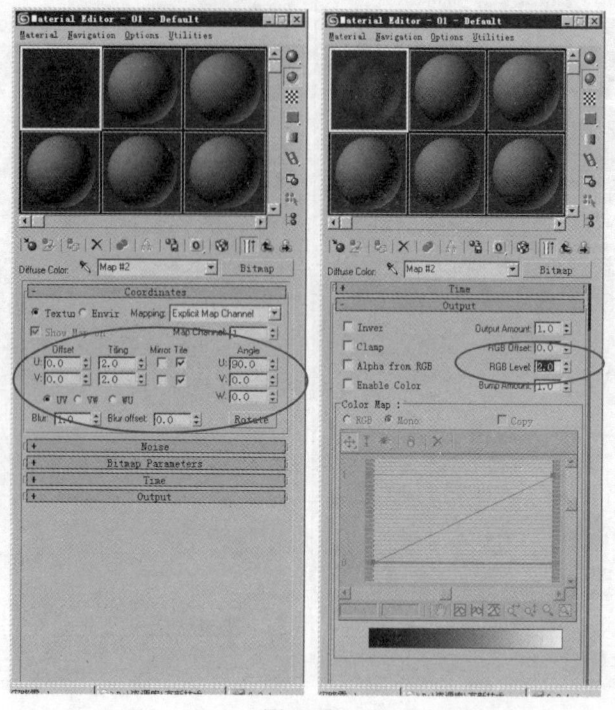

图 6.4.11

（11） 返回到贴图栏，Reflection-Bitmap 金色贴图，在素材库\纹理\金属 099，Reflection 的值为 5，赋予 Text02，如图 6.4.12 所示。

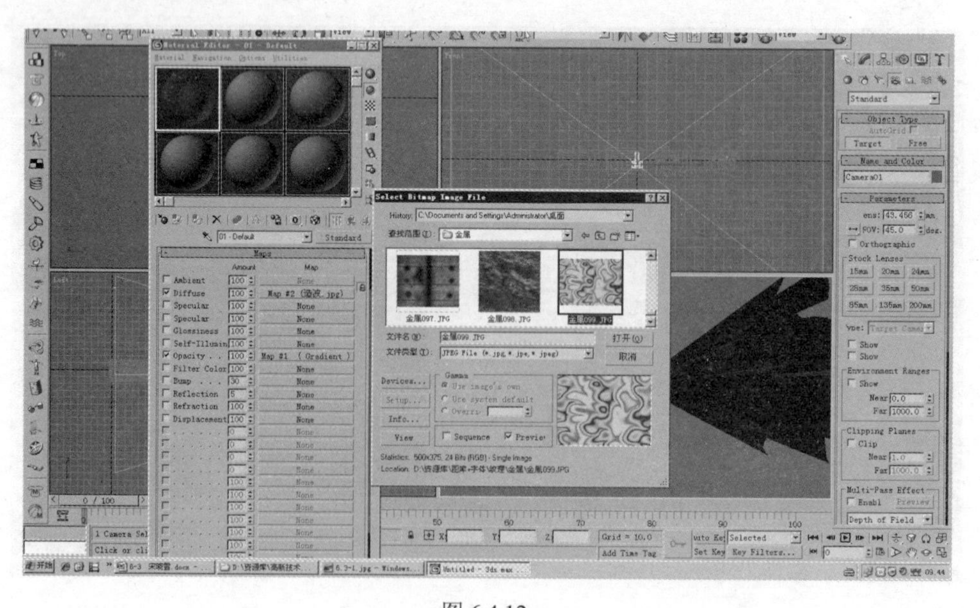

图 6.4.12

（12） 重新选择一个材质球，Maps 展栏，Reflection 贴图金色图库 100，赋予 Text01，如图 6.4.13 所示。

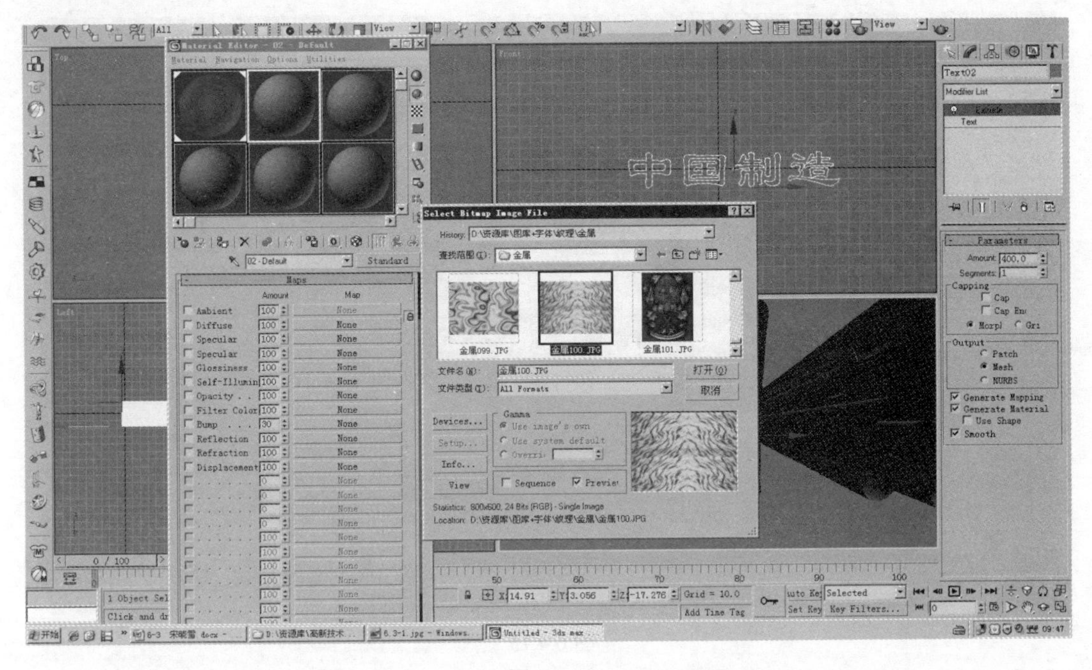

图 6.4.13

（13） 选中 Text02 用链接按钮，然后再点选择按钮链接 Text01，点 Link，移动 Text01 一起动，如图 6.4.14 所示。

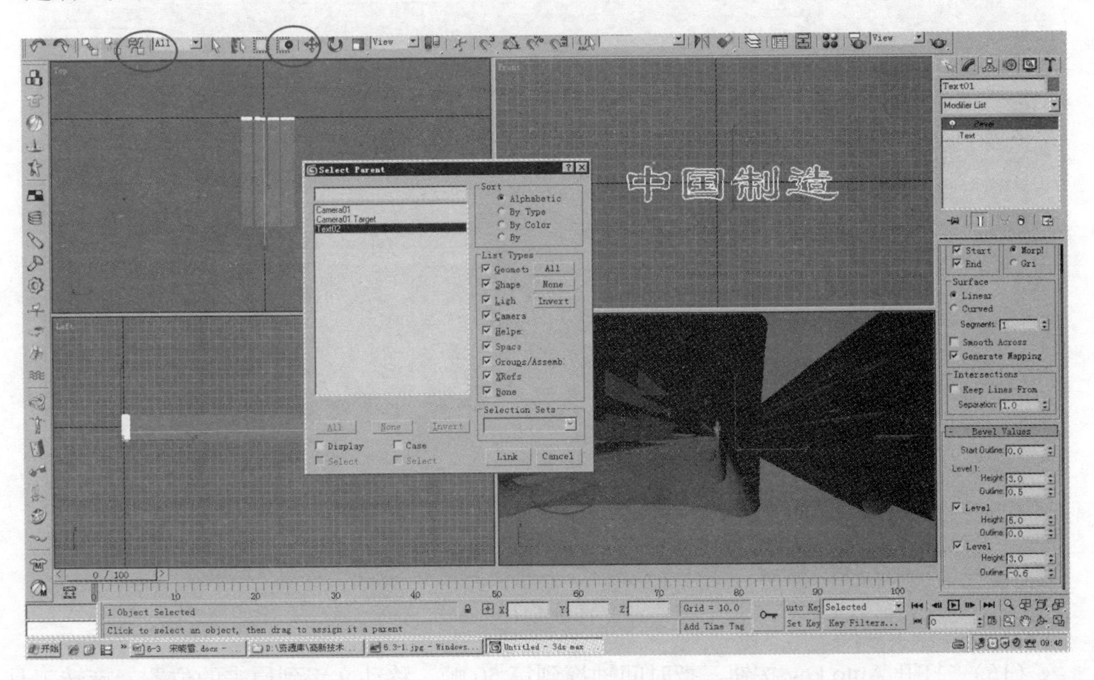

图 6.4.14

（14） 用旋转工具右键，在顶视图 Z 轴旋转-30°，前视图旋转 X 轴-15°，左视图 X 轴旋转-30°，旋转之后的位置，如图 6.4.15 所示。

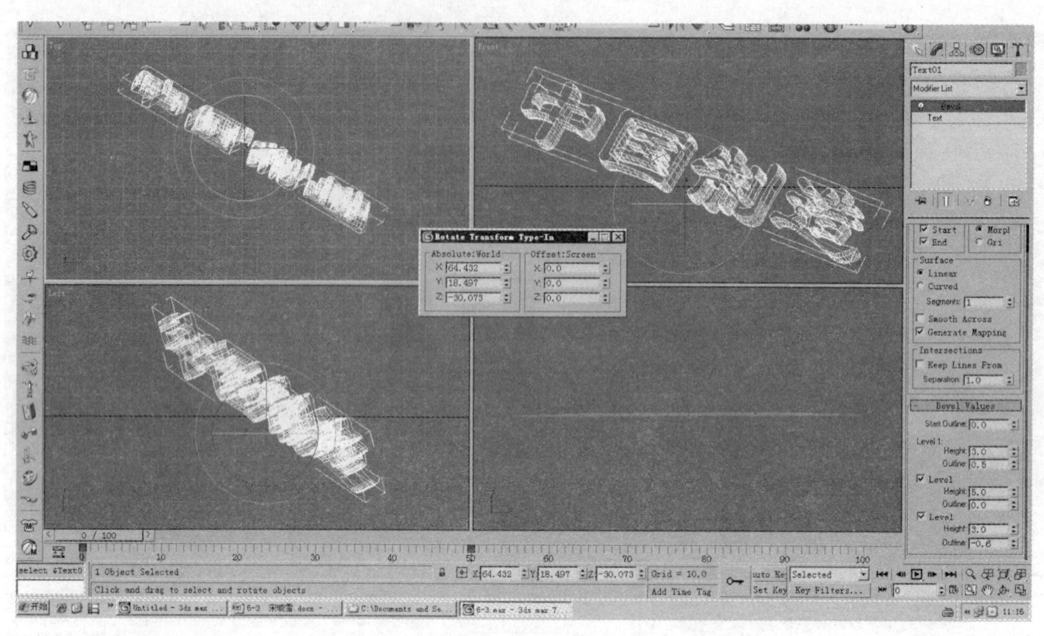

图 6.4.15

（15） 在顶视图沿 X 轴把文字拖到镜头外面（记住原来的位置），在透视图中看不见就可以了，如图 6.4.16 所示。

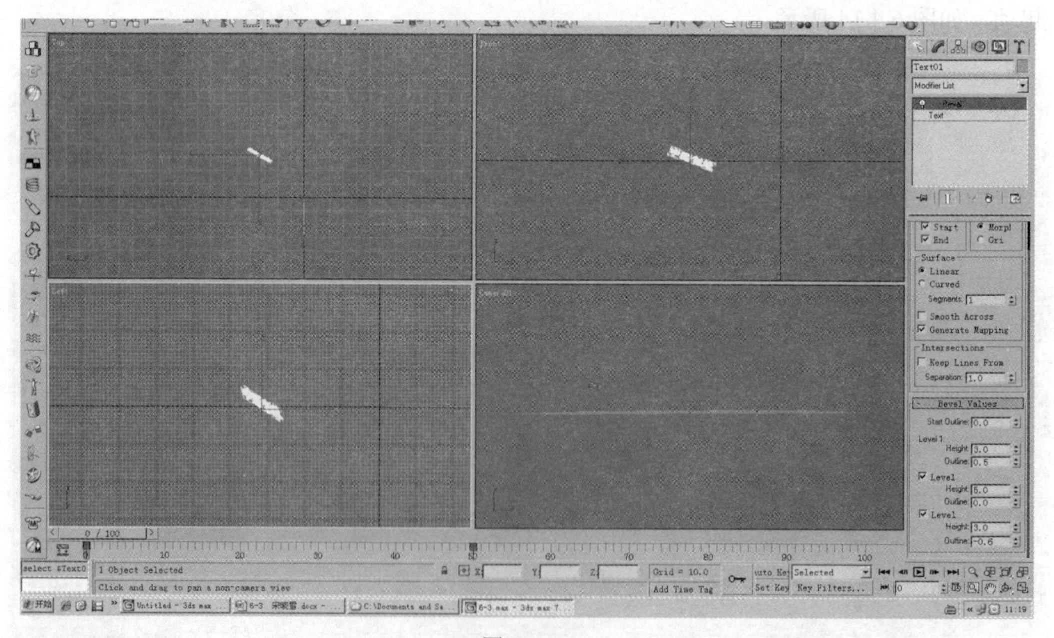

图 6.4.16

（16） 打开 Auto key 按钮，把时间轴拖到第 50 帧，移动文字到原来的位置，旋转工具右键，前视图旋转 X 轴 15°，左视图 X 轴 18°，顶视图 Z 轴 30°（如果位置不是正的可根据图自己调整），如图 6.4.17 所示。

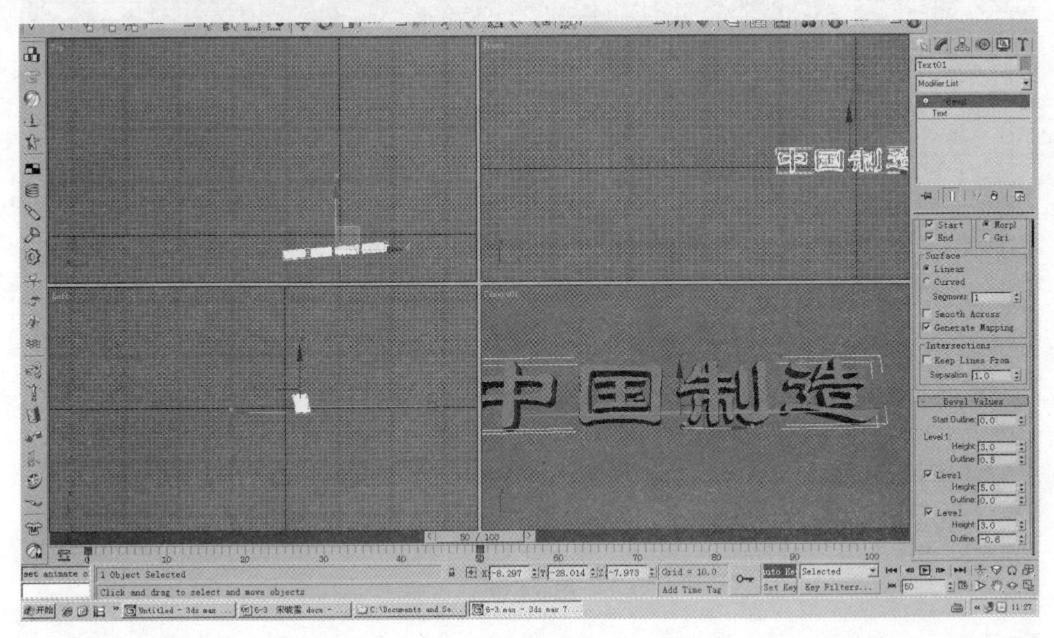

图 6.4.17

（17） 在第 80 帧的时候，选中 Text02，挤出改为 500，然后 50 帧和第 80 帧互换位置，如图 6.4.18 所示。

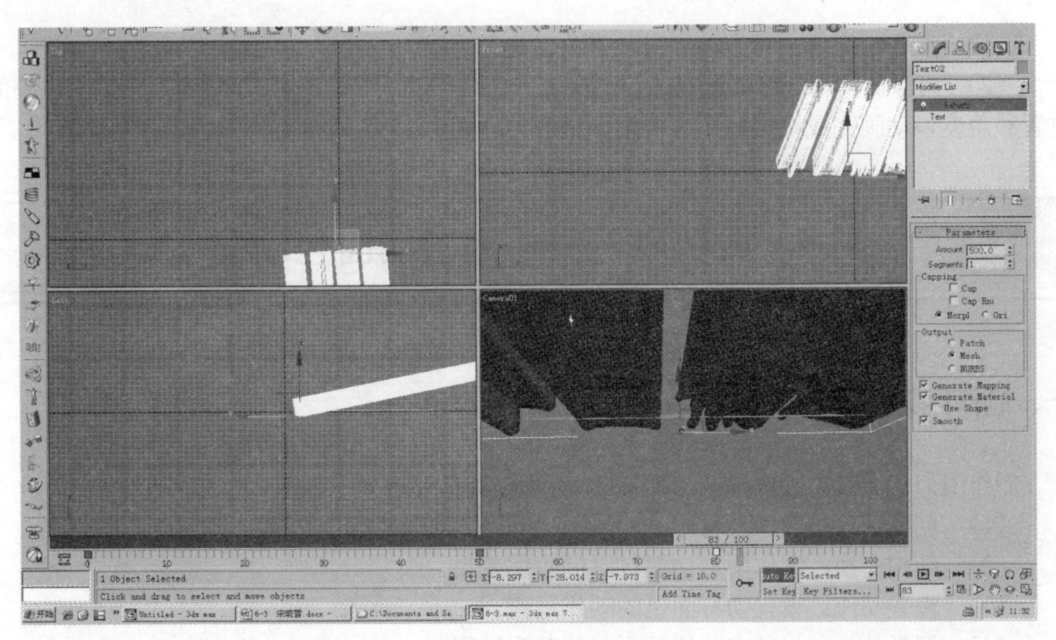

图 6.4.18

（18） 在 100 帧的时候，Text02 的挤出为 1，如图 6.4.19 所示。

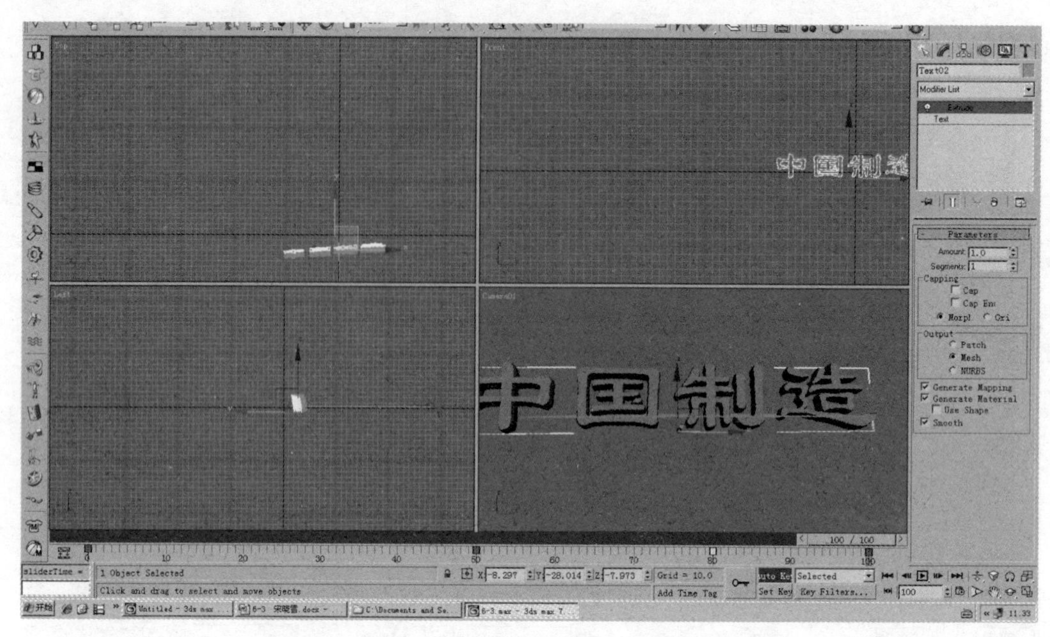

图 6.4.19

（19） 关闭 Auto key，并将最终结果以 X6-3.max 为文件名保存。

三、注意事项

（1） 光芒与字体一起做动画时，字为父光芒为子。

（2） 为保证动画最终位置在摄像机中心，在制作动画时，在第 50 帧确定出镜头以外的位置和角度，动画完成设定后，再将第 50 帧与 0 帧互换。

6.5 典型案例——用刀切面包动画

一、制作用刀切面包动画

制作用刀切面包动画效果图如图 6.5.1 所示，具体要求如下。

（1） 创建场景：载入素材库\A3dmax\Unit6\Y6-4.max 场景文件。

（2） 结构变换：制作用刀切面包时的收缩效果。

（3） 设置动作：设置切开面包的动作过程。

（4） 记录动画：记录在此切开面包的动画过程。

（5） 将最终结果以 X6-4.max 为文件名保存。

图 6.5.1

二、操作步骤

（1） 载入场景素材库\A3dmax\Unit6\Y6-4.max。

（2） 把时间轴调到第 50 帧，打开 Toggle Auto Key Mode，选择刀，点击 Set Keys。如图 6.5.2 所示。

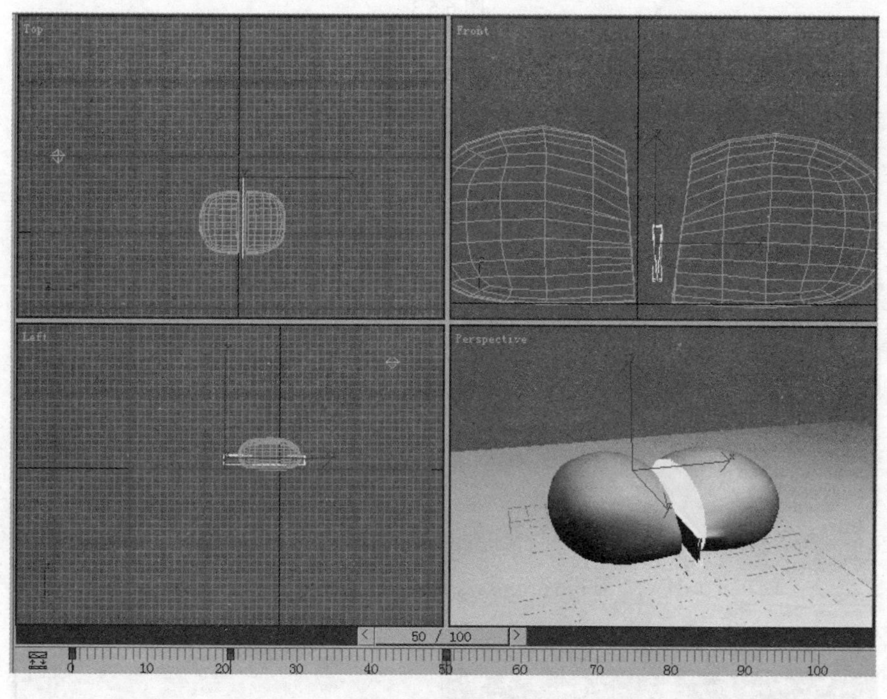

图 6.5.2

（3） 把时间帧调到第 60 帧，把刀调到右上方，如图 6.5.3 所示。

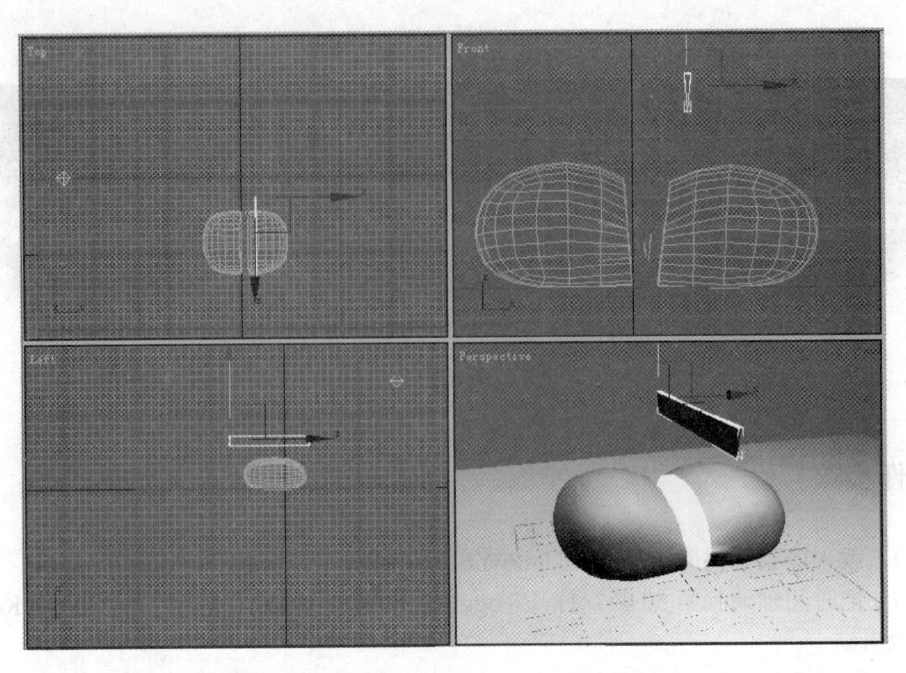

图 6.5.3

（4） 把时间帧移到第 90 帧，把刀向下移，如图 6.5.4 所示。

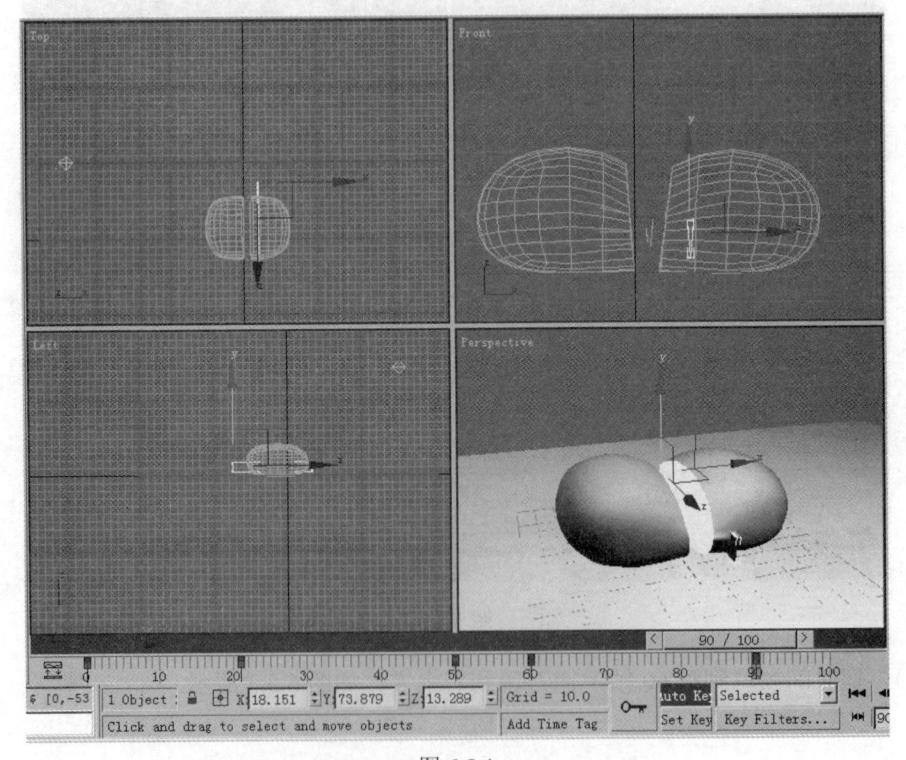

图 6.5.4

（5） 时间帧移到第 60 帧，关闭 Toggle Auto Key Mode，创建 box 修改参数，如图 6.5.5

所示，调整位置与刀对齐。

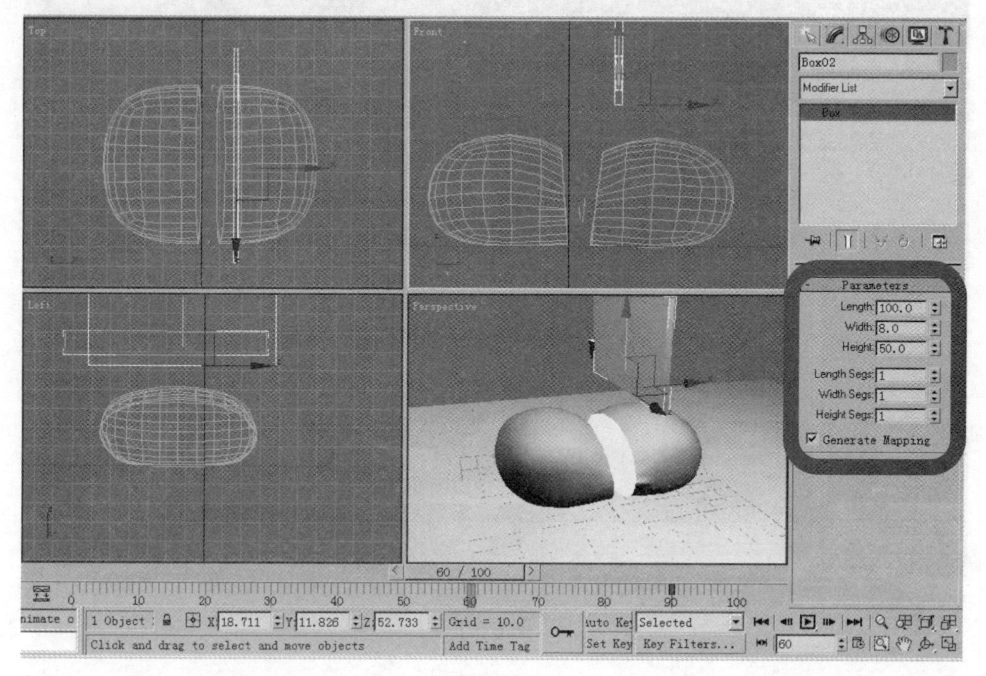

图 6.5.5

（6） 打开 Toggle Auto Key Mode，选择 box，点击 Set Keys，如图 6.5.6 所示。

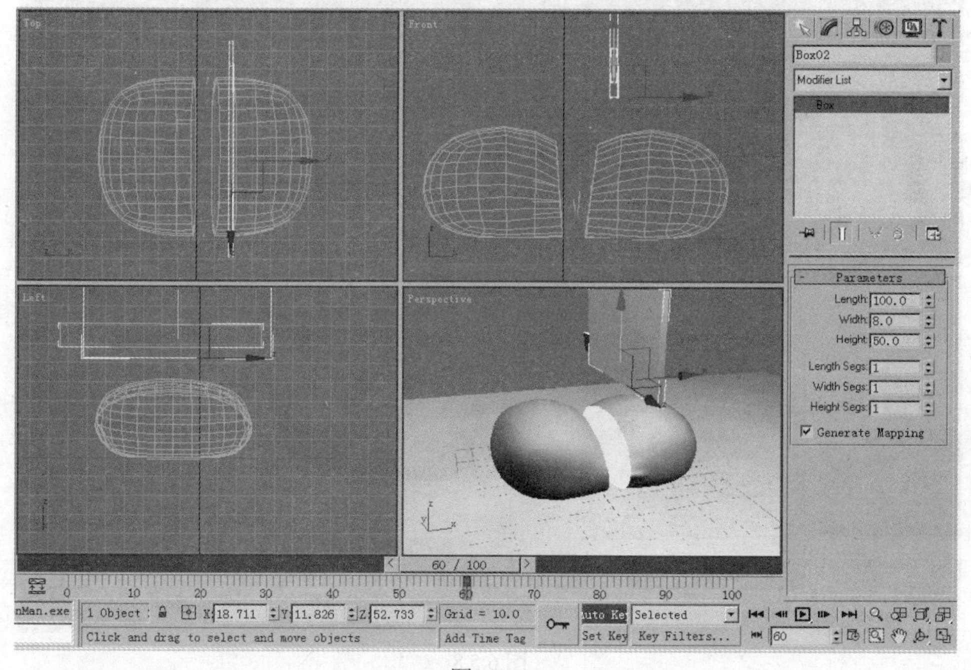

图 6.5.6

（7） 把时间帧移到 90，把 box 向下移，如图 6.5.7 所示。

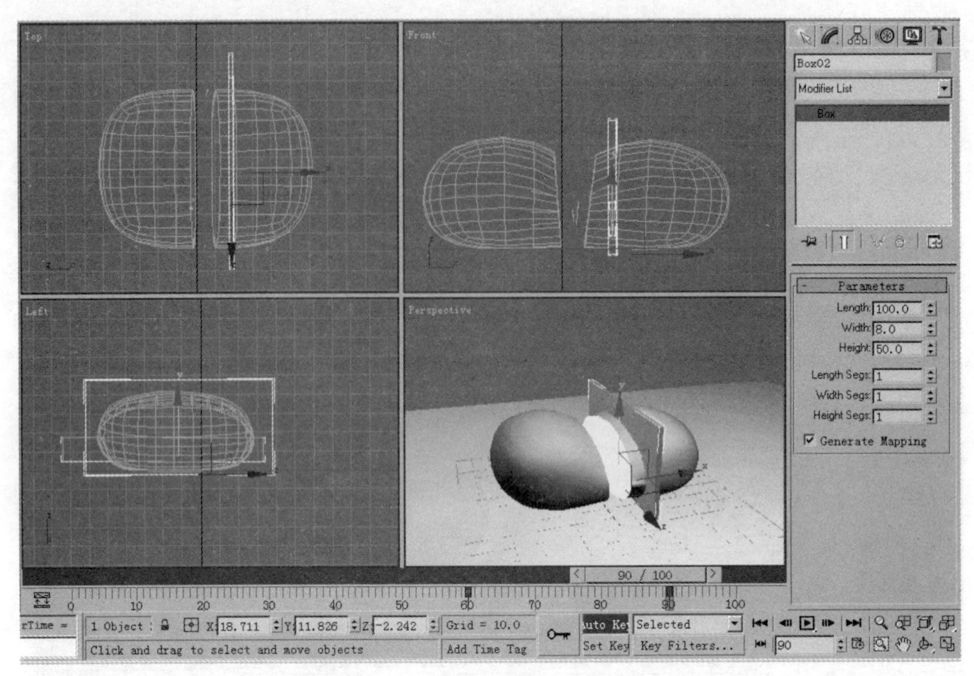

图 6.5.7

（8） 关闭 Toggle Auto Key Mode，选择面包点击 Boolean，点 Pick Operand，选择 box，如图 6.5.8 所示。

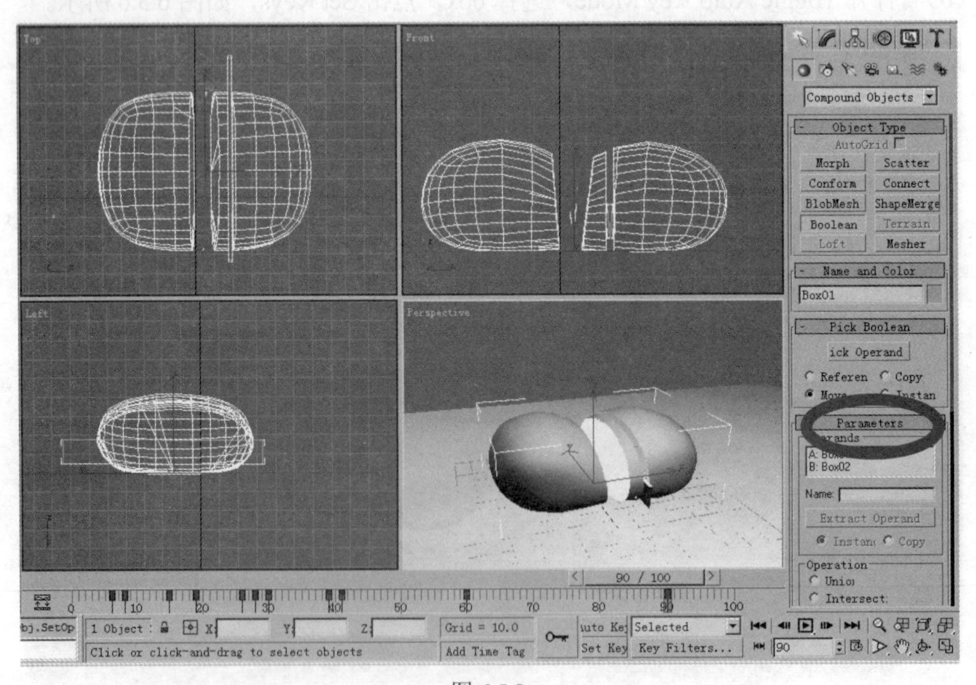

图 6.5.8

（9） 将最终结果以 X6-4.max 为文件名保存。

三、注意事项

（1） 关键帧的设置。
（2） Boolean（布尔）运算的运用。

6.6 典型案例——击打高尔夫球动画

一、制作击打高尔夫球动画

制作击打高尔夫球动画，球被击中、起飞、落地，再向前弹跳、滚动的动画效果图如图6.6.1所示，具体要求如下。

（1） 创建场景：载入素材库\A3dmax\Unit6\Y6-5.max 场景文件。
（2） 结构变换：制作球杆挥起，球被铲起的过程。
（3） 设置动作：设置高尔夫球飞起的动作。
（4） 记录动画：记录落下再弹起的动画过程。
（5） 将最终结果以 X6-5.max 为文件名保存在考试文件夹中。

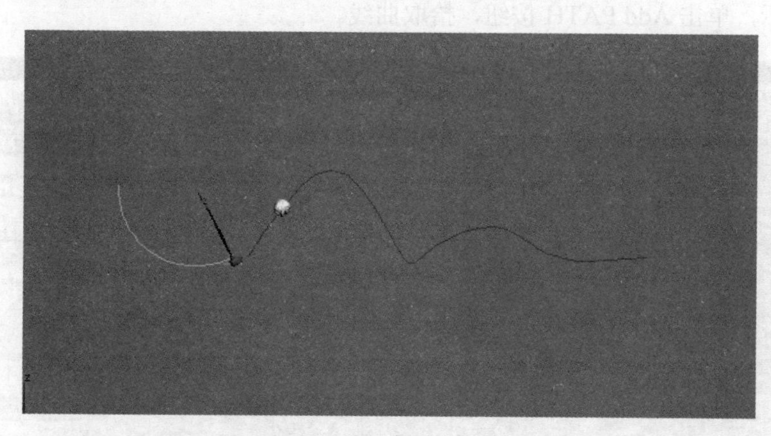

图 6.6.1

二、操作步骤

（1） 载入文件 C：\A3dmax\Unit6\Y6-5.max。
（2） 选中球杆，在修改面板里对 UWW Mapping 右键，选 collapse All 确定。
（3） 修改面板下边选择 Attach List 选前 4 项，即所有球杆部分，确定。
（4） 在各个视图中调整球的位置。
（5） 画曲线为球杆路径，线一头与球杆顶部平行，如图 6.6.2 所示。

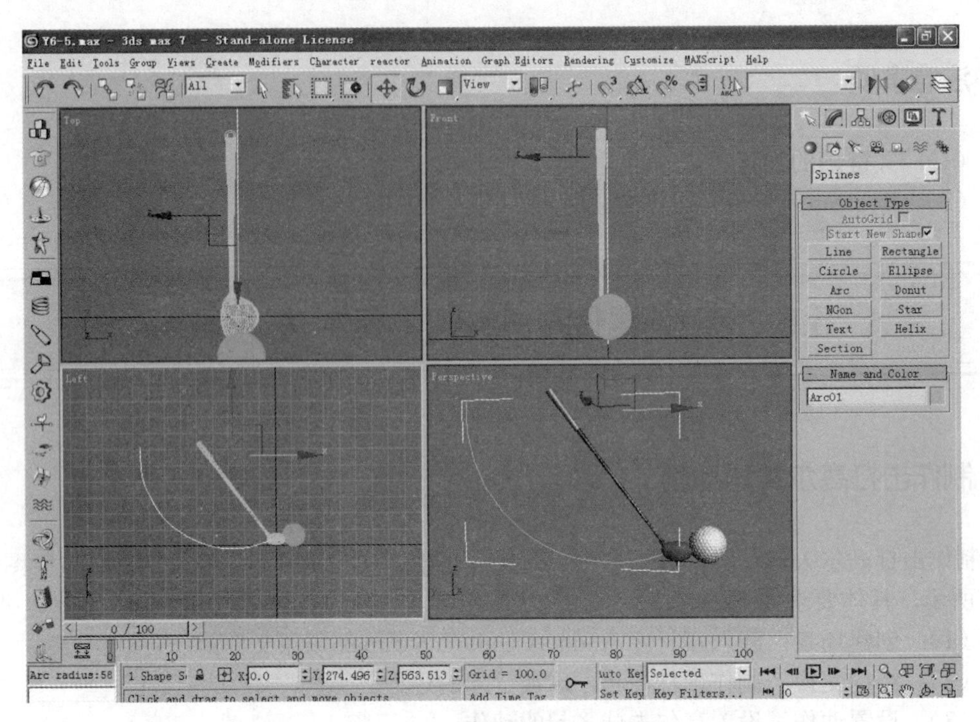

图 6.6.2

（6） 选中球杆，选择 Animation 菜单下的 Constraints 的 PathConstraint 路径跟随命令，如图 6.6.3 所示，单击 Add PATH 按纽，拾取曲线。

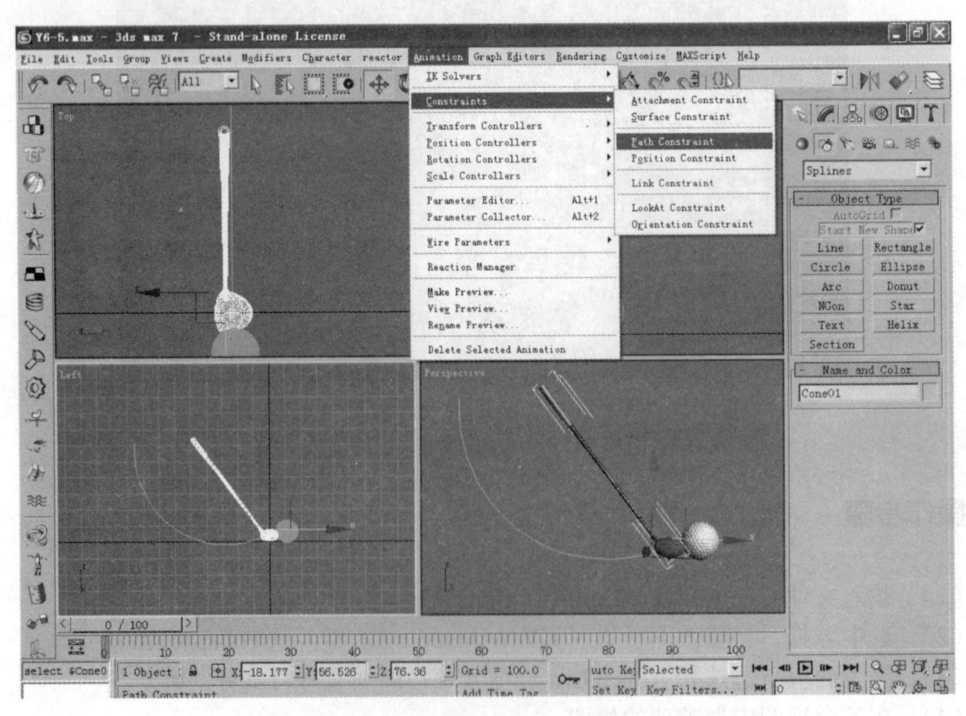

图 6.6.3

（7） 在运动面板勾选上 Follow 跟随和 Allow，使球杆能按照曲线的切线方向运动，并随之旋转侧运动，如图 6.6.4 所示。

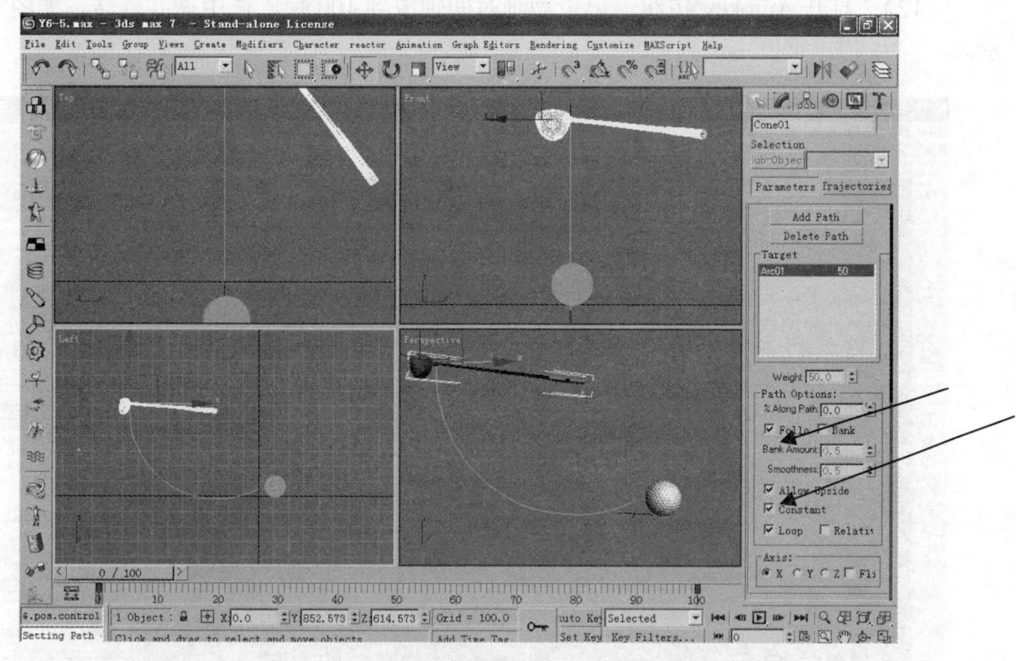

图 6.6.4

（8） 将产生的第 100 帧移至到 20 帧，使球杆的运动在 20 帧之内完成。

（9） 在左视图中，运用线绘制曲线，球的路径如图 6.6.5 所示。

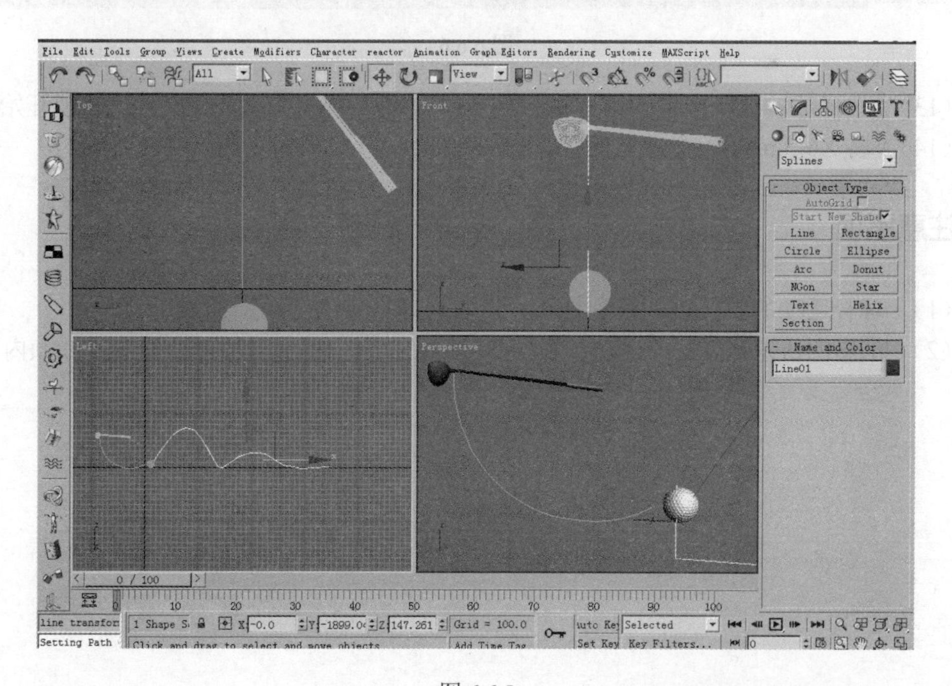

图 6.6.5

（10） 如上述步骤完成球的运动动画.

（11） 选中球把 0 帧放到 20 帧，使球的运动从第 20 帧开始。

（12） 打开 Autokey 按纽，记录动画时间轴放到 100 帧，选中球并旋转，如图 6.6.6 所示。

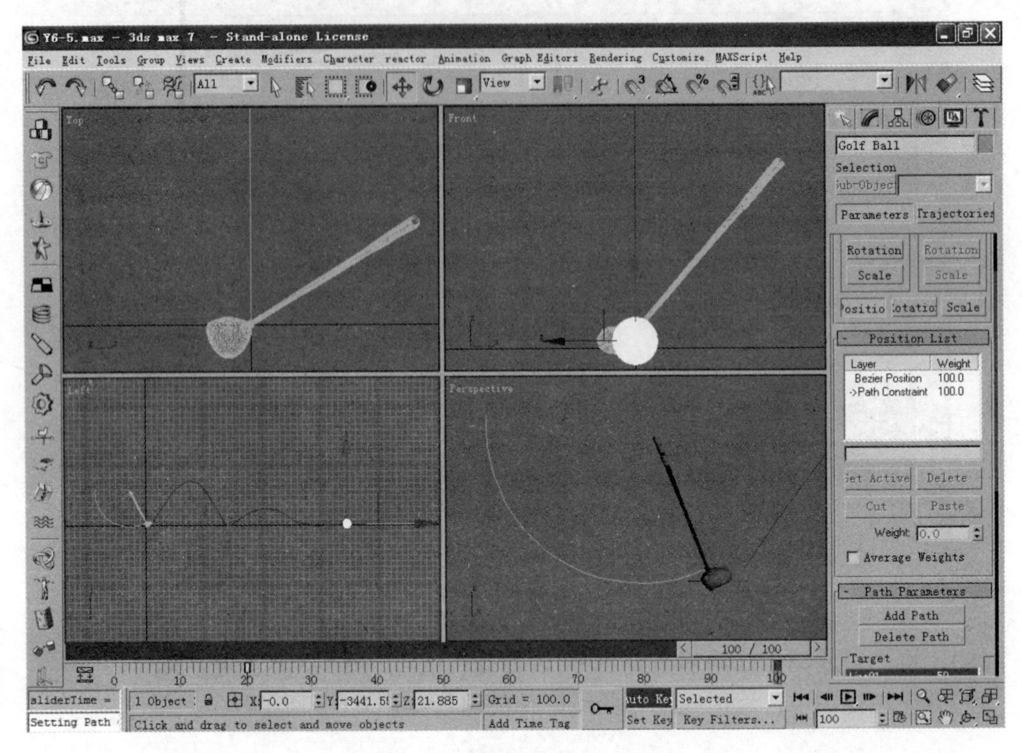

图 6.6.6

（13） 选择球，把新产生的第 0 帧放到 20 帧，使球的旋转动画也从第 20 帧开始。

（14） 将 X6-5.max 为文件名保存。

三、注意事项

（1） 球杆运动的中心要调整到杆头，以实现球杆头的运动沿曲线运动。

（2） 清晰的认识到球杆的运动在 0 到 20 帧内完成，球的运动在 20 帧和 100 帧内完成。

第 7 单元　Reactor 动力学

学习目标

（1） 场景布置：具备建立常用物体和布置基本场景的能力。
（2） 设置属性：正确制作硬体、软体、布料、绳索、水等物体的属性和作用力。
（3） 动作过程：掌握风、运动和破碎等的动作方法。
（4） 物体效果：了解制作凹凸不平物体相互作用。掌握约束运动物体的方法。

7.1　Reactor 基础知识

一、Reactor 动力学

Reactor 动力学系统是从 3ds max4 开始加入的一个物理学模拟插件，它以 Havok 引擎为核心。Havok 引擎是由 Havok 公司所开发的专门模拟真实世界中物理碰撞效果的系统。使用撞击监测功能的 Havok 引擎可以让更多真实世界的情况以最大的拟真度反映在游戏中。

Reactor 是一个工作组，动画师能够用它来控制并模拟 3ds max 中复杂的物理场景。Reactor 支持整合的刚体和软体动力学、布料模拟以及流体模拟。它可以模拟对物体的约束和关节。它还可以模拟诸如风和马达之类的物理行为。

1. 钢体

Rigid Body（钢体）是 Reactor 中的基本模拟对象。钢体是在物理模拟过程中几何外形不发生改变的对象。例如：从山坡上滚下来的石块。

2. Cloth Collection（布料集合）

Cloth 集合是一个 Reactor 辅助对象，用于充当 Cloth 对象的容器。在场景中添加了 Cloth 集合后，可以将场景中的 Cloth 对象添到该集合中。注意：只有先给对象应用 Cloth Modifier

（布料修改器），才能将地对象添加到布料集合中。

Cloth 修改器是 Cloth 系统的核心，应用于 Cloth 模拟组成部分的场景中的所有对象。该修改器用于定义 Cloth 对象和冲突对象、指定属性和执行模拟。其他控件包括创建约束、交互拖动布料和清除模拟组件，如图 7.1.1 所示。

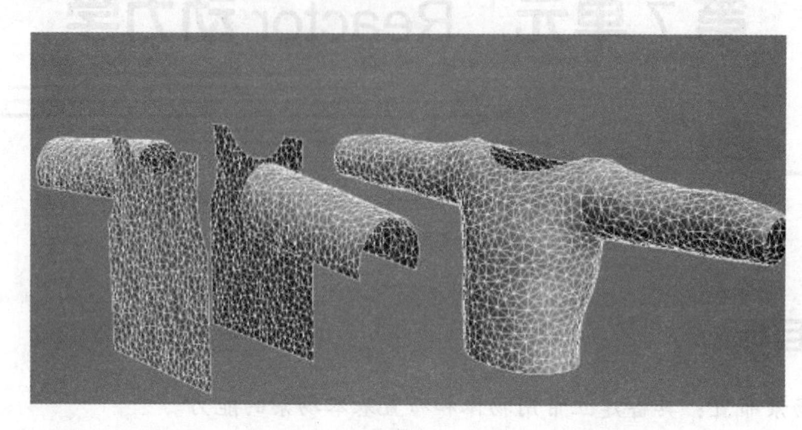

图 7.1.1

3. Cloth Modifier（布料修改器）

Cloth 修改器可用于将任何几何体变成变形网格，从而模拟类似窗帘、衣物、金属片和旗帜等对象的行为，如图 7.1.2 所示。

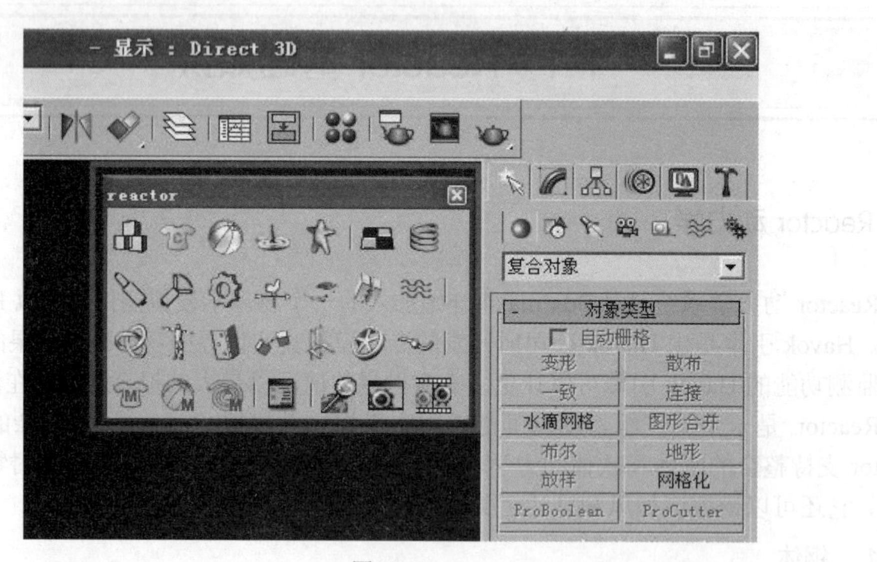

图 7.1.2

4. Cloth 模拟

在 Cloth 模拟中，需要让 Cloth 知道哪些对象将成为模拟的一部分，而哪些对象不是模拟的一部分。在完成上述操作之后，要定义制作的对象。此外还可以指定布料材质，以及什么是固体冲突对象。由于 Cloth 是修改器，因此其实例将指定给每个要包括在 Cloth 模拟中的对象。这其中包括所有 Cloth 对象和冲突对象。注意分别带有单独 Cloth 修改器应用程序的 Cloth

对象彼此将不会交互。我们可以采用多种方式将对象包括在模拟中：

（1） 一次性选择所有对象，然后对其应用 Cloth 修改器。

（2） 对一个或多个对象应用 Cloth，然后使用“添加对象”按钮（在“对象”卷展栏或在“对象属性”对话框）添加对象。

二、Reactor 使用注意事项

3ds max Reactor 工具是动力学模拟的主要控制中心。您可以指定模拟中使用的对象、对象之间的交互以及在场景中的效果。此后，可以对模拟进行“求解”，以便产生关键帧。

对象之间的相互影响（如碰撞）效果取决于对象的速度及其属性，为了让两个对象产生碰撞，每个对象必须拥有为碰撞分配的其他对象。

特殊对象（如弹簧和阻尼器）、控件扭曲力（“重力”和“风”）以及控件扭曲导向板（如 PDynaFlect）都会影响动力学模拟。

7.2　典型案例——布料下滑收缩动画

一、制作布料下滑收缩动画

制作布料下滑收缩动画效果图，如图 7.2.1 所示，具体要求如下。

图 7.2.1

（1） 场景布置：建立墙体、地面、墙角处的圆盘形物体和上面覆盖的布料。

（2） 设置属性：设置布料质地、材质和柔软光滑属性。

（3） 动作过程：制作布料附在墙体的下滑过程。

（4） 物体效果：创建布料以圆盘型物体为约束褶皱收缩效果（硬体和布料材质不做较高要求）。

（5） 将最终结果以 X7-1.max 为文件名保存。

二、解题步骤

（1） 在 TOP（顶视图）创建一个 BOX（长方体），如图 7.2.2 所示。修改参数，如图 7.2.3 所示。

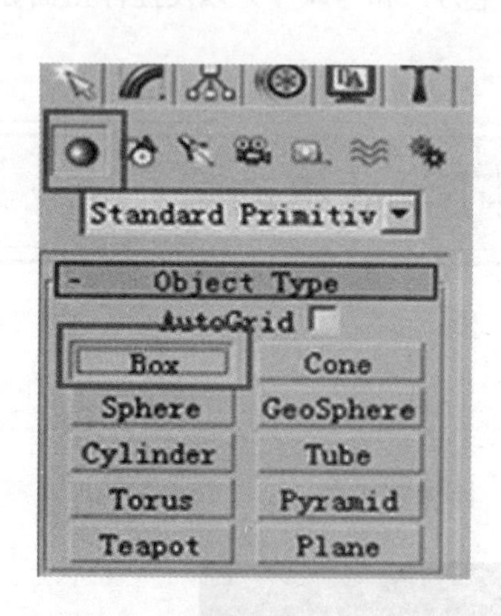

图 7.2.2

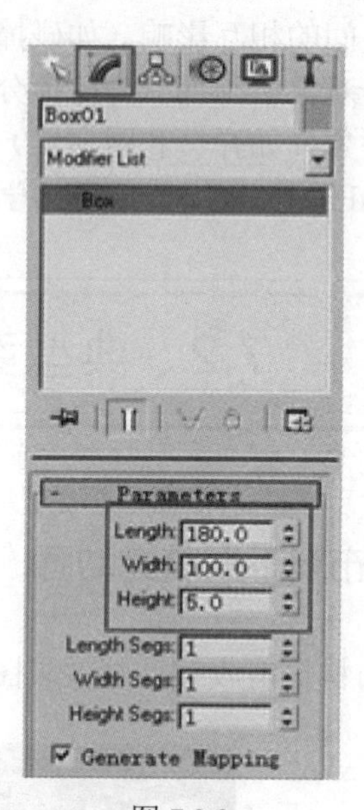

图 7.2.3

（2） 在 TOP 视图创建一个 BOX，修改参数，如图 7.2.4 所示。

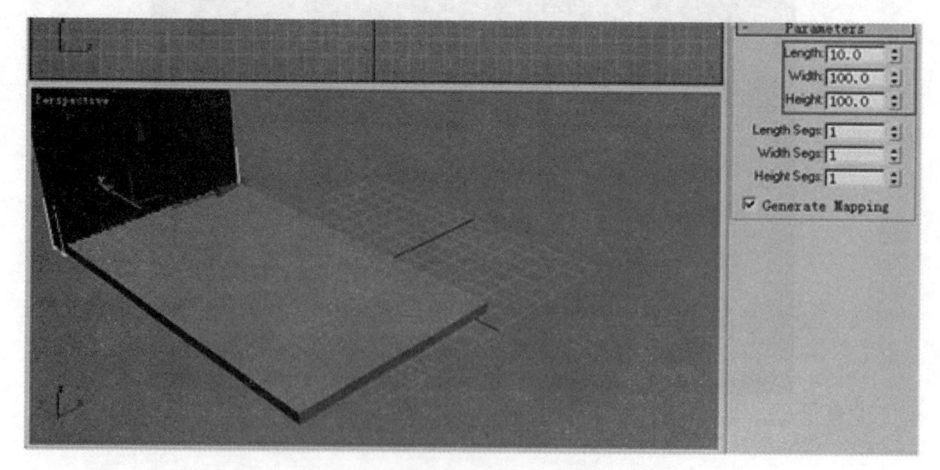

图 7.2.4

（3） 在 TOP 视图创建 Cylinder（圆柱体），修改参数，如图 7.2.5 所示。

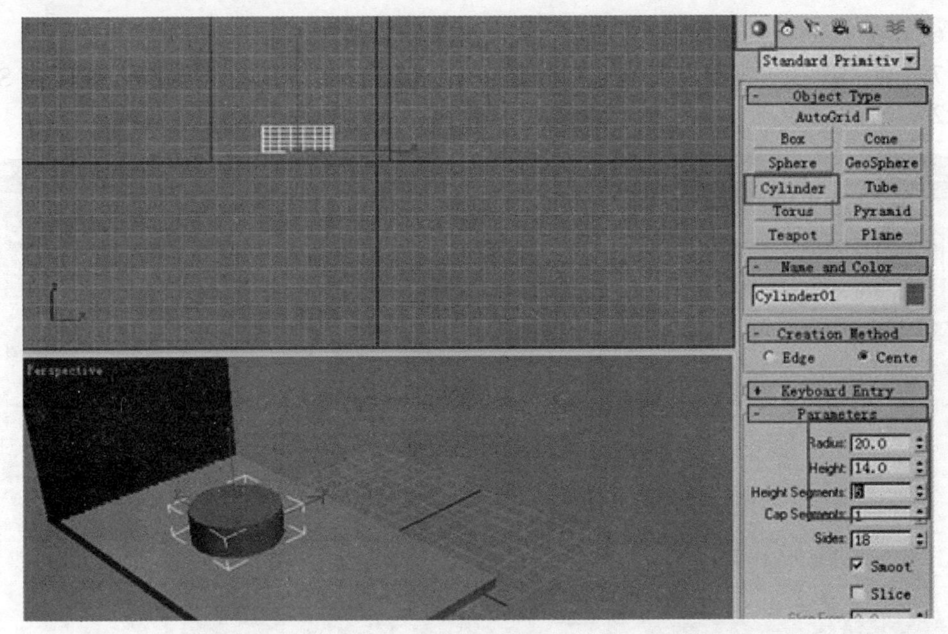

图 7.2.5

（4） 在 TOP 视图创建 plane（面片），修改参数，如图 7.2.6 所示。
（5） 在 TOP 视图创建一个 BOX，修改参数，如图 7.2.7 所示。

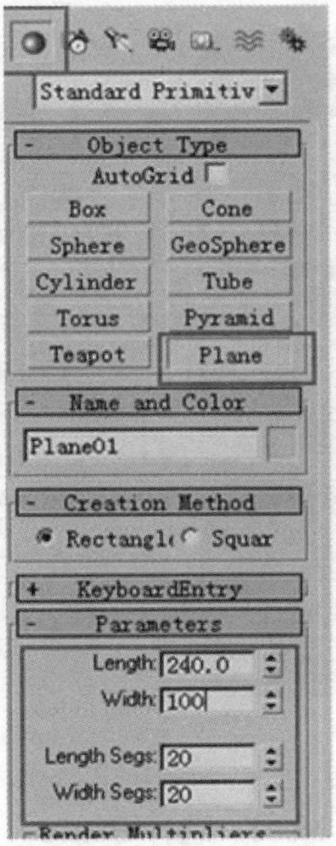

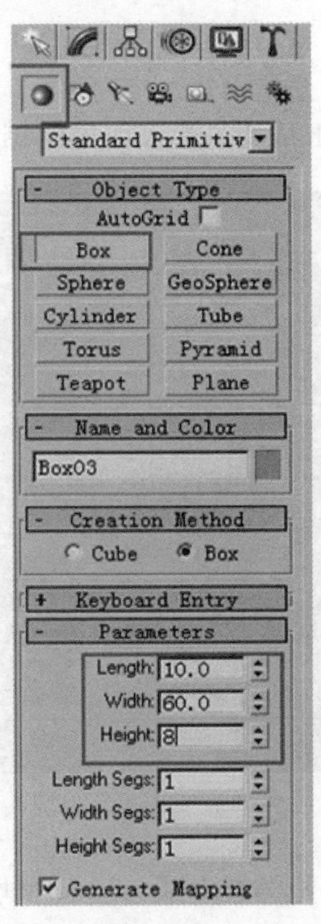

图 7.2.6

图 7.2.7

（6） 在 TOP 视图选择面片，先点，再点，取消任何选定。

（7）点，在透视图点击。点 Add，选择 Box01，Box02，Box03，Cylinder01，点 Select，如图 7.2.8 所示。

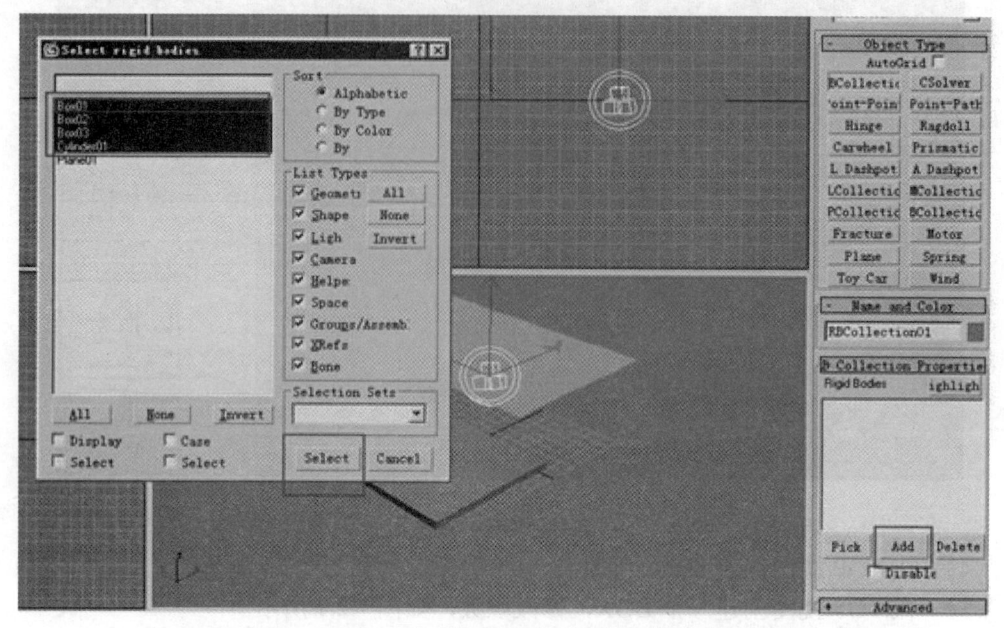

图 7.2.8

（8） 选定面片，修改面板，点开 reactor Cloth 成集下的 Vertex，选择前两排点，回到 reactor Cloth 成集。点 Attach To RigidBody，如图 7.2.9 所示。

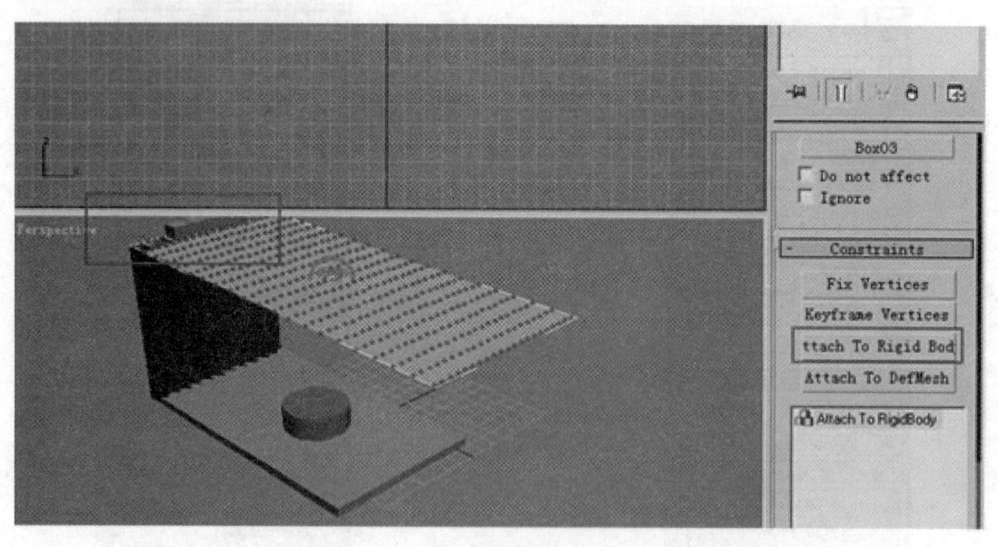

图 7.2.9

（9） 点 Attach To RigidBody，出现上面的 None，点 None，选择 Box03，如图 7.2.10 所示。

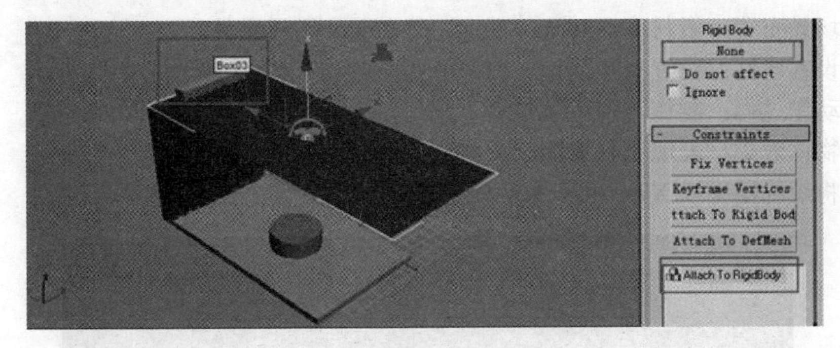

图 7.2.10

（10） 点工具栏里的，出现新的对话框，按 P 键预览，如图 7.2.11 所示。

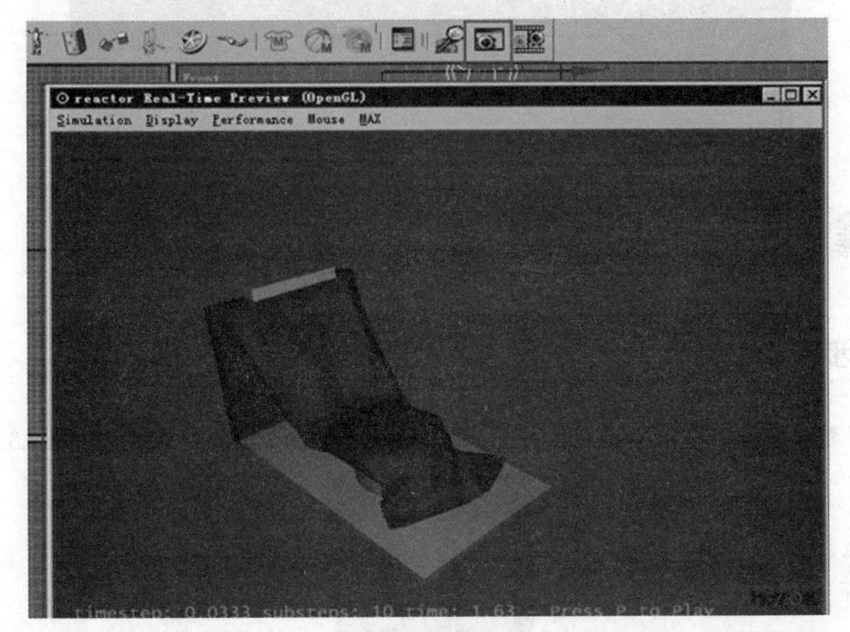

图 7.2.11

（11） 将最终结果以 7-1.max 为文件名保存。

三、注意事项

刚体的添加一定要注意，选择被压物体时看清楚，分清刚性模与柔性模。

7.3 典型案例——布条下坠动画

一、制作布条下坠动画

制作布条下坠动画效果图，如图 7.3.1 所示，具体要求如下。

（1） 场景布置：素材库 A3dmax\Unit7\Y7-2.max 场景文件。
（2） 设置属性：设置布料质地、材质和柔软光滑属性。
（3） 动作过程：制作布料下坠过程。
（4） 物体效果：表现布料像绳索一样卷曲折叠效果。
（5） 将最终结果以 X7-2.max 为文件名保存。

图 7.3.1

二、解题步骤

（1） 建模。在 F 视图创建 Plance 长 300、宽 25、分段 L:40，W:4，如图 7.3.2 所示。

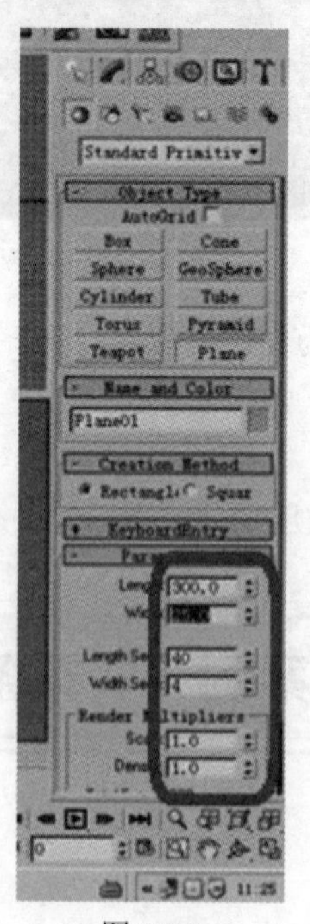

图 7.3.2

（2） 在顶视图创建 BOX，长 200、宽 200、高 20，如图 7.3.3 所示。

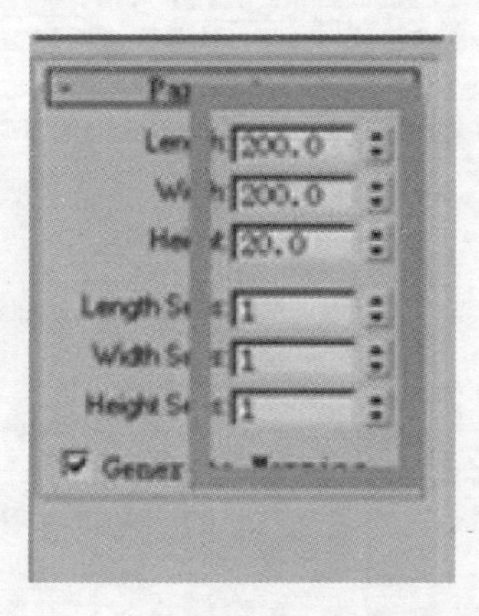

图 7.3.3

（3） 选中 Plane（面片），单击 Apply Cloth Modifier，如图 7.3.4 所示。

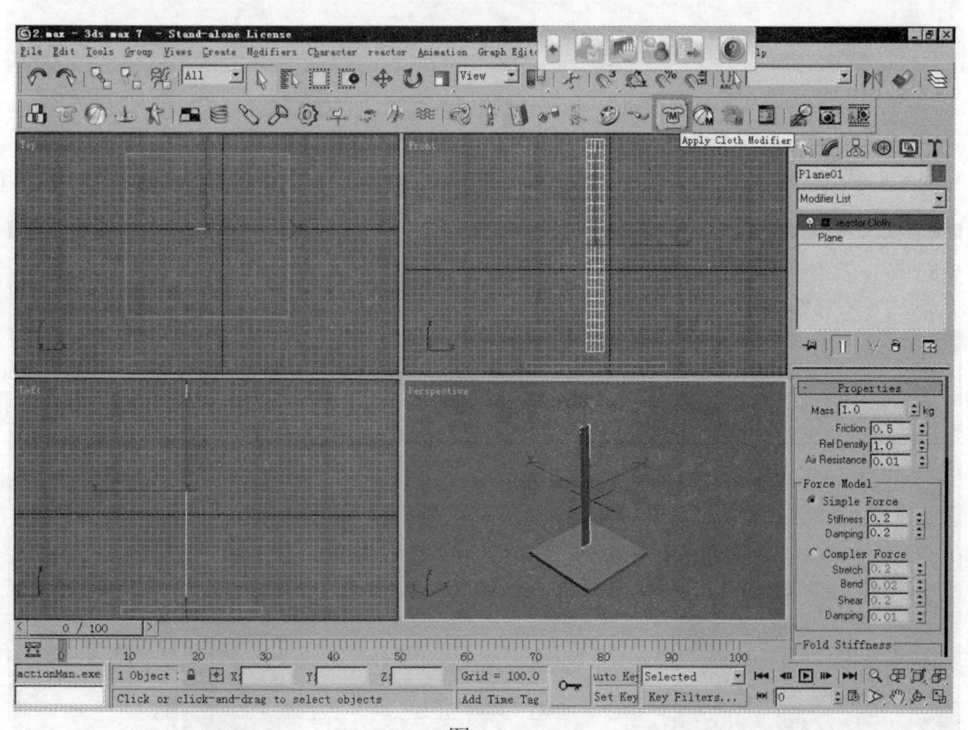

图 7.3.4

（4） 单击 Create Cloth Collection，如图 7.3.5 所示。

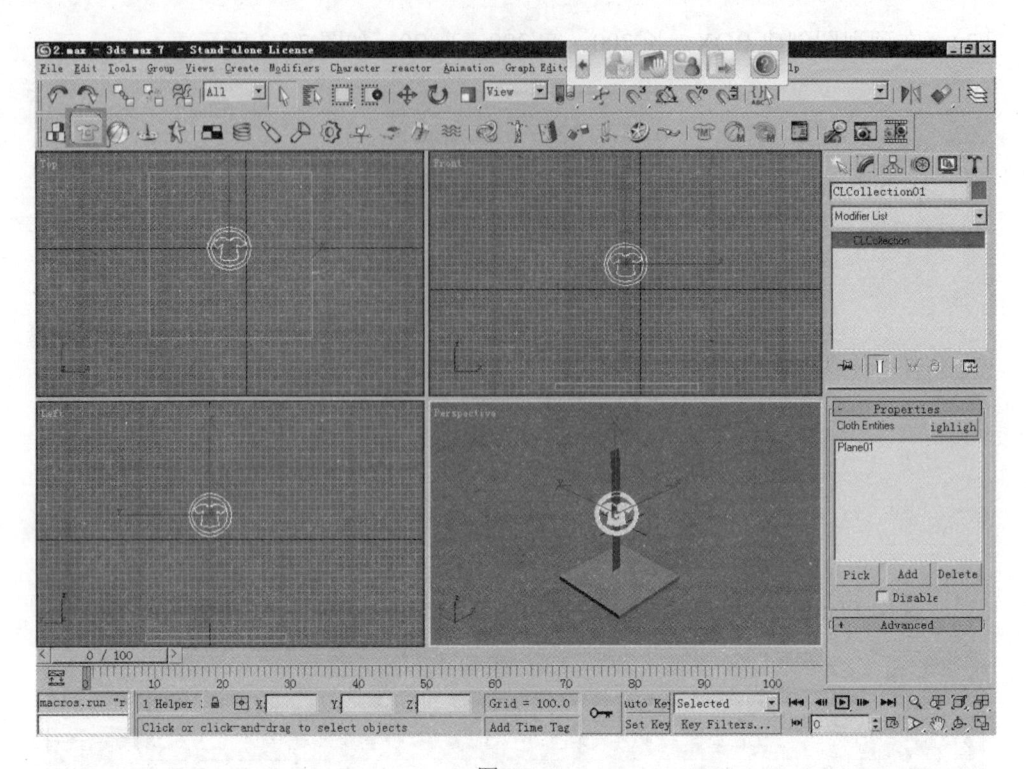

图 7.3.5

（5） 点选空白，Create Rigid Body Collection，add，双击 BOX01，如图 7.3.6 所示。

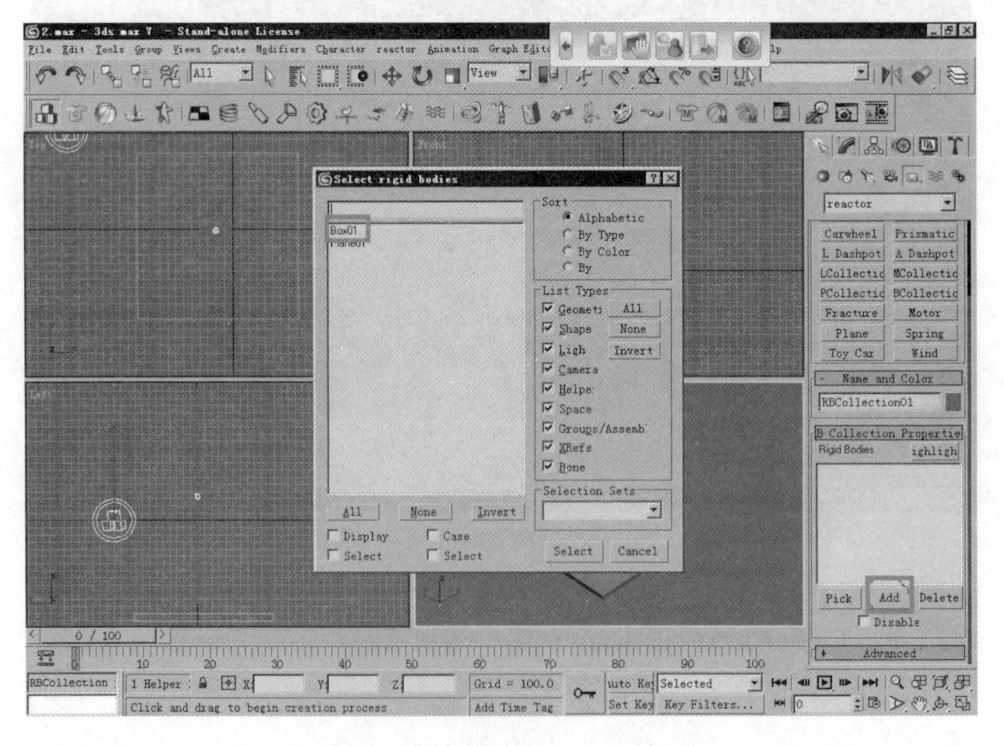

图 7.3.6

（6） 按 P 暂停预览检查一下，如图 7.3.7 所示。

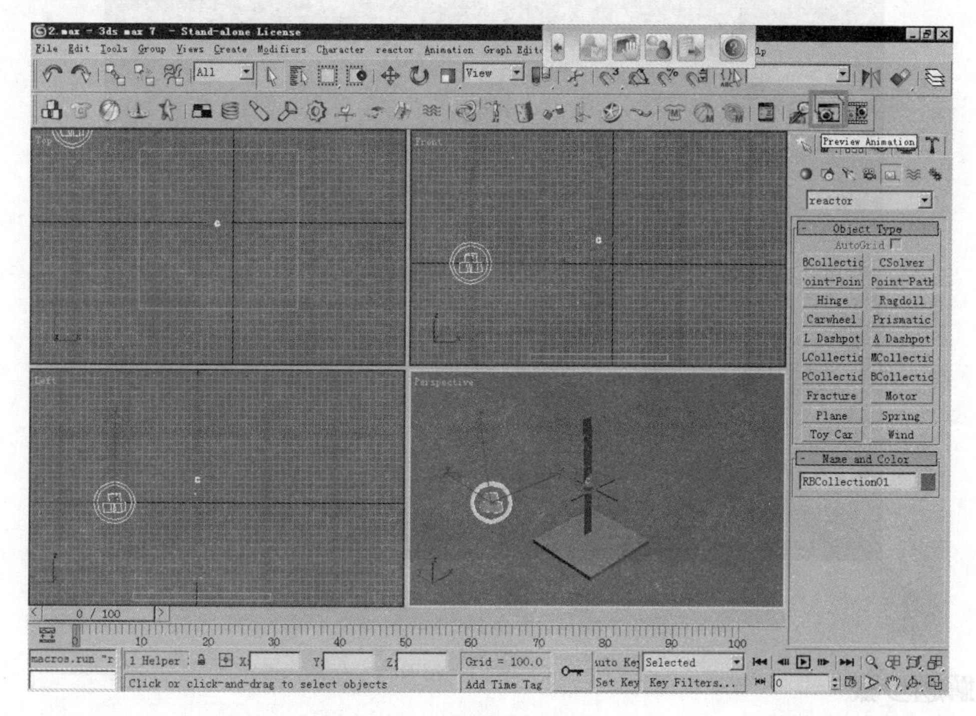

图 7.3.7

（7） 将最终结果以 X7-2.max 为文件名保存。

三、注意事项

注意刚性模与柔性模的区别。

7.4 典型案例——布料覆盖球体动画

一、制作布料覆盖球体动画

制作布料覆盖球体动画效果图，如图 7.4.1 所示，具体要求如下。

（1） 场景布置：建立一个球体。

（2） 设置属性：设置布料质地属性。

（3） 动作过程：制作布料的包裹过程。

（4） 物体效果：表现布料覆盖球体效果。

（5） 将最终结果以 X7-4.max 为文件名保存。

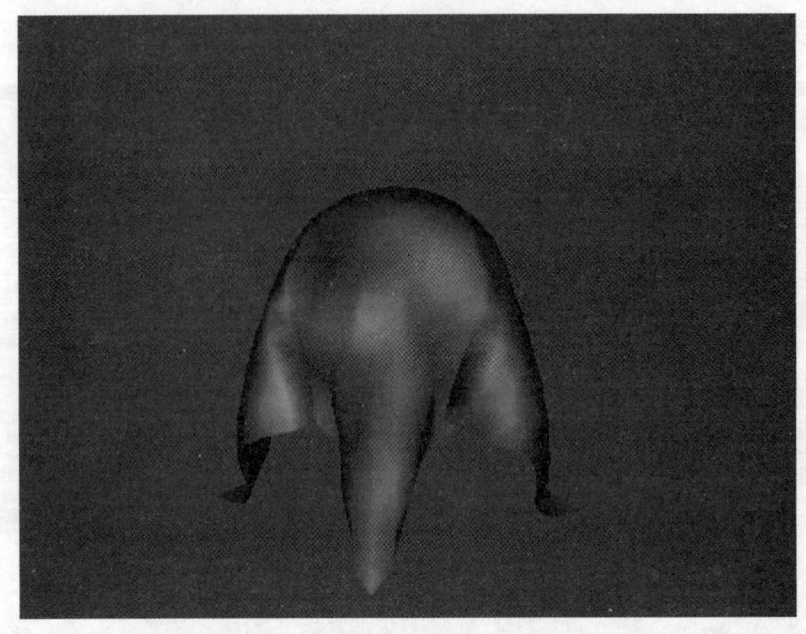

图 7.4.1

二、解题步骤

（1） 在任意视图上，建立一个球体半径为 60，其他为默认，如图 7.4.2 和 7.4.3 所示。

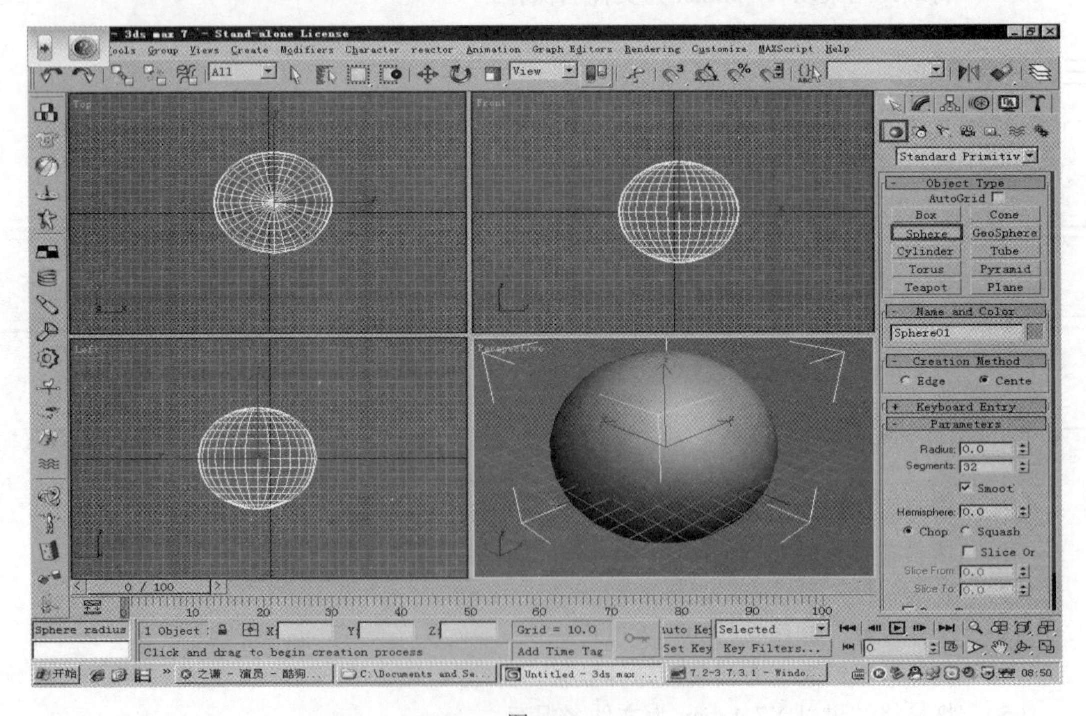

图 7.4.2

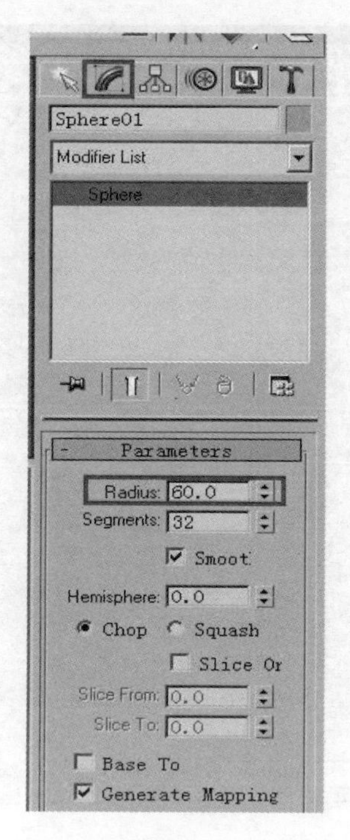

图 7.4.3

（2） 在 T 视图中，创建一个 plane（平面）作为布料，长度为 300，宽度为 300，长度段数和宽度段数各为 20，如图 7.4.4 和图 7.4.5 所示。

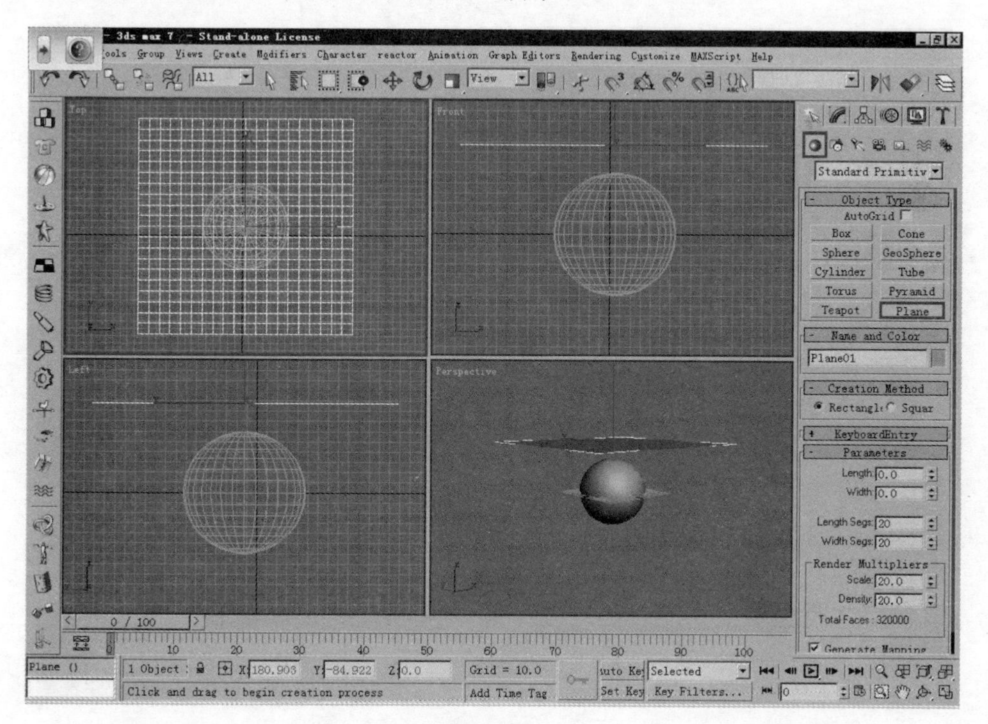

图 7.4.4

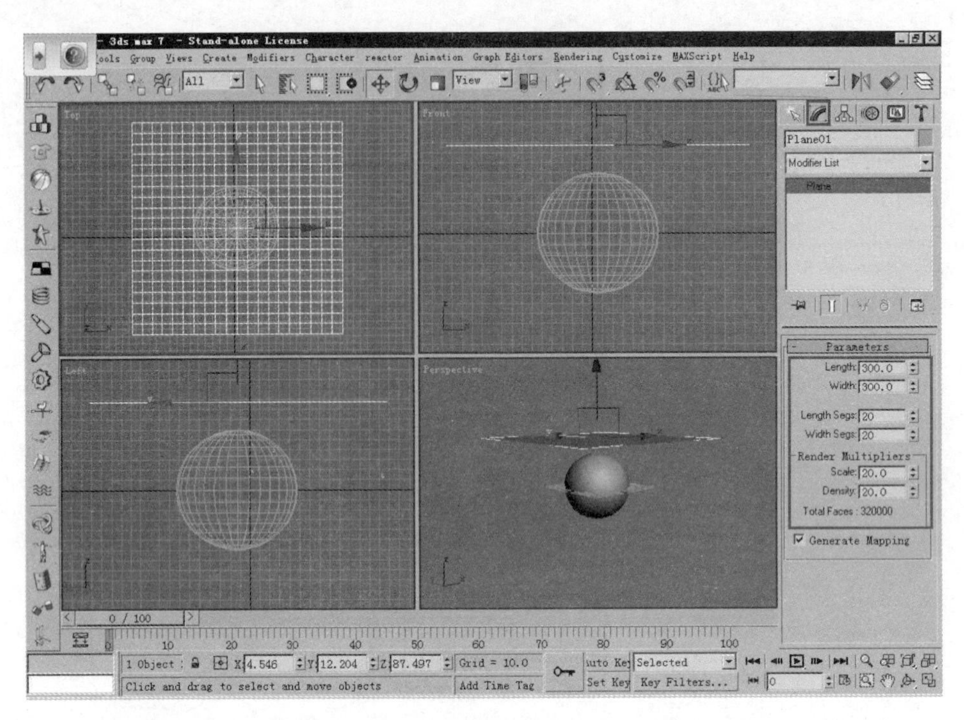

图 7.4.5

（3） 按 M 打开材质编辑器，给面片添加材质。位图位置为素材库\A3dmax\Unit7\CARPTTAN，如图 7.4.6 和图 7.4.7 所示。

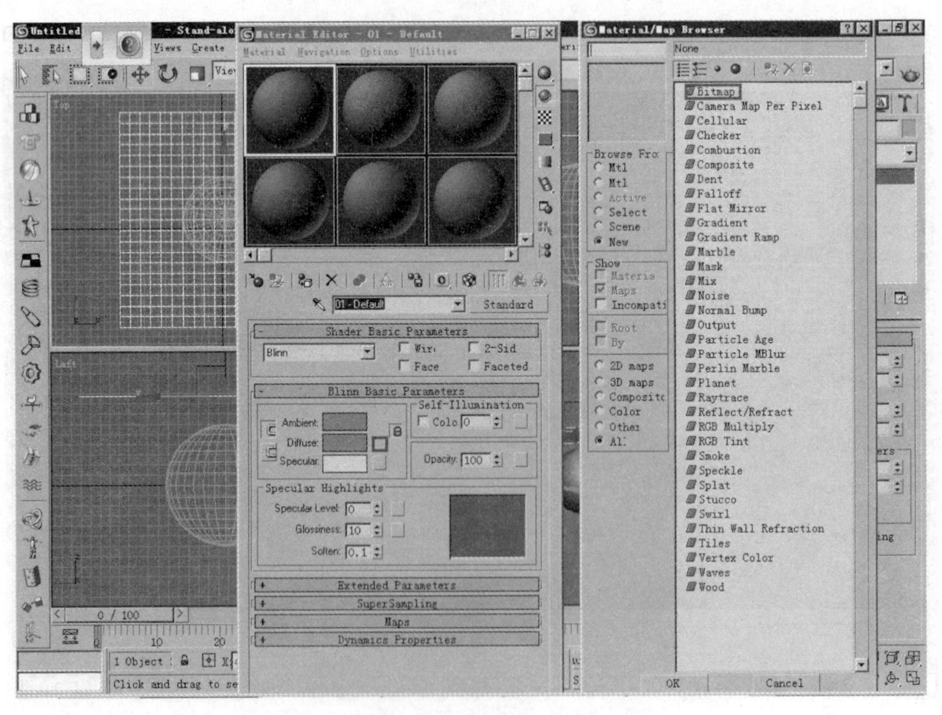

图 7.4.6

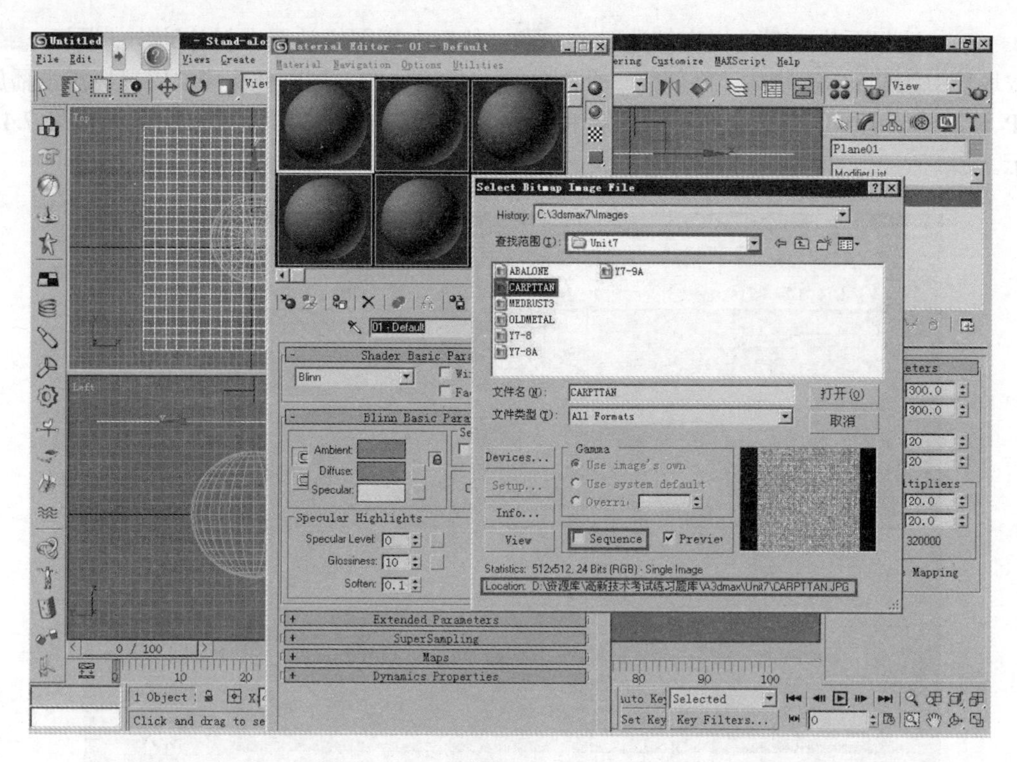

图 7.4.7

（4） 选择面片，赋予材质，如图 7.4.8 所示。

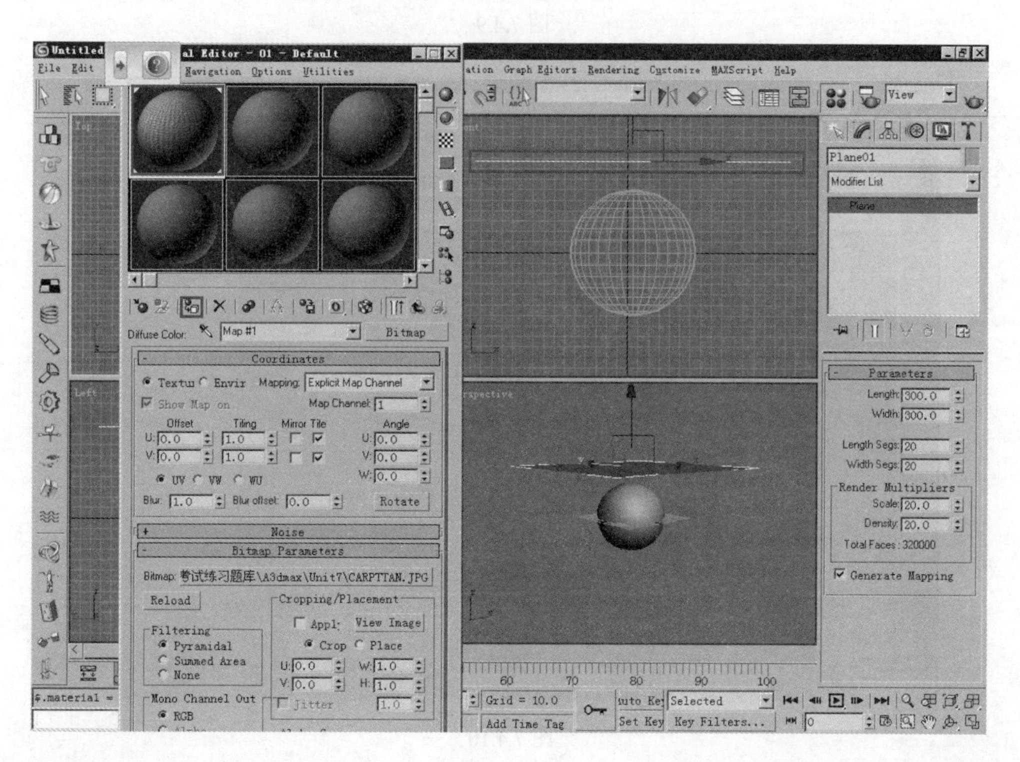

图 7.4.8

（5） 选择面片，工具栏直接选取 m ，然后在视图中放置布料补助物的图标 c，选取场景中的 Planeo1 物体。再创建一个刚体，将球体加入到刚体集中，用鼠标点击播放，按 P 键，播放动画。布料会在重力的影响下，落到球体的覆盖上面。如图 7.4.9 和图 7.4.10 所示。

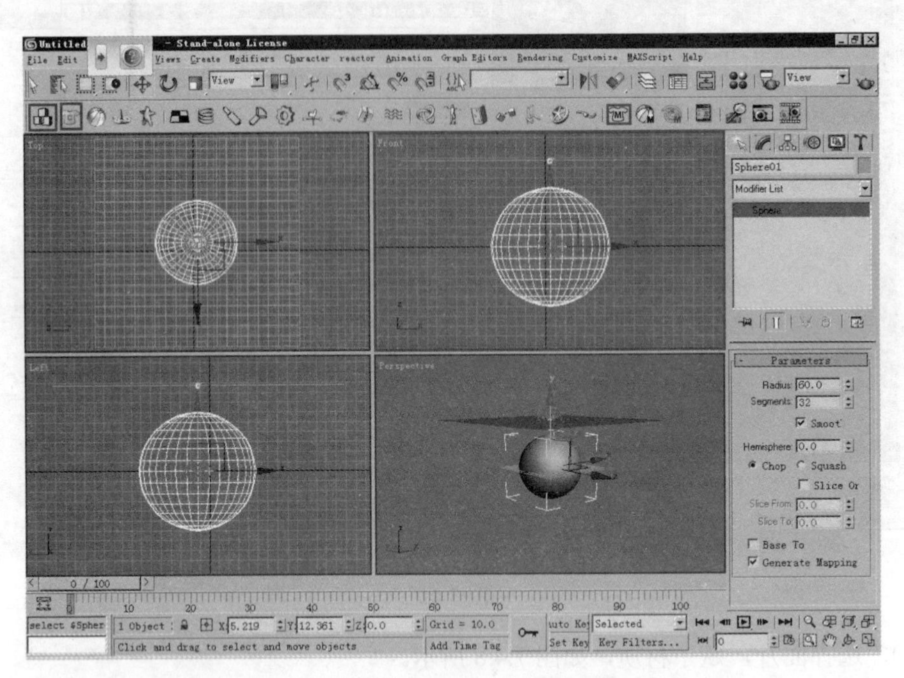

图 7.4.9

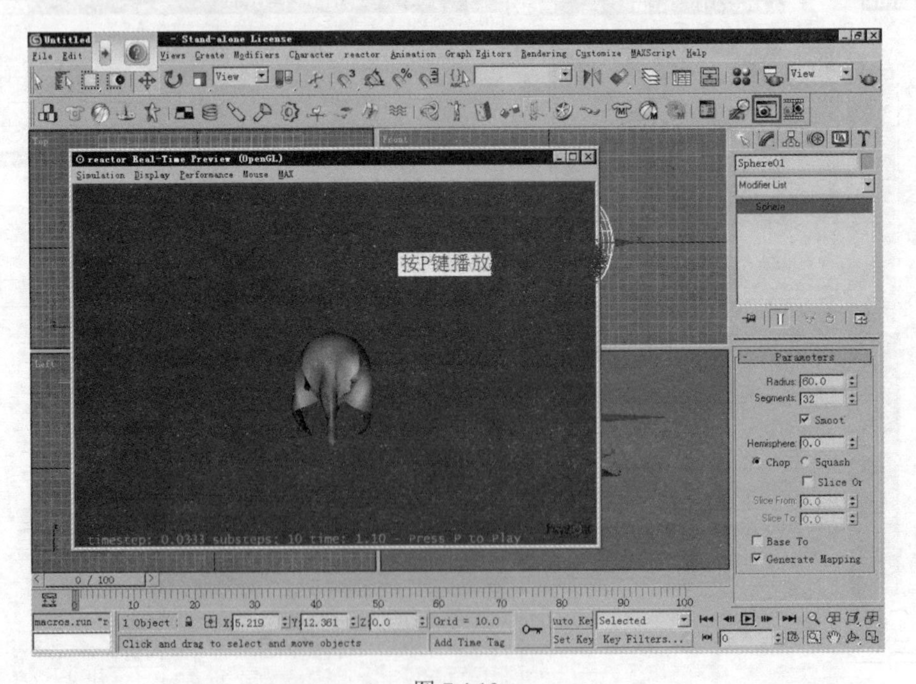

图 7.4.10

（6） 将最终结果以 X7-3.max 为文件名保存。

三、注意事项

布料的建模，注意设置好段数。

7.5　典型案例——桌布下垂动画

一、制作桌布下垂动画

制作桌布下垂动画效果图，如图 7.5.1 所示，具体要求如下。

（1） 场景布置：载入素材库\A3dmax\Unit7\Y7-4.max

（2） 设置属性：设置布料质地，柔软属性。

（3） 动作过程：制作桌布的覆盖下垂过程。

（4） 物体效果：表现桌布在桌面四周下垂过程。

（5） 将最终结果以 X7-4.max 为文件名保存在练习文件夹中。

图 7.5.1

二、操作步骤

（1） 打开 MAX，顶视图（Top）建立一个圆柱体模型（cylinder）并修改数值，半径值为（Radius）60，高度为（Height）10，如图 7.5.2 所示。

（2） 顶视图（Top）建立一个面片（Plane），长度为（Length）：300，宽度为（Width）：300，长度段数以及宽度段数各为 20，如图 7.5.2 所示。

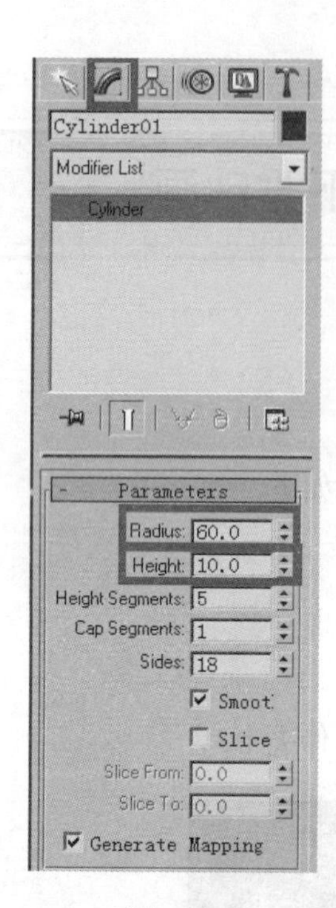

图 7.5.2

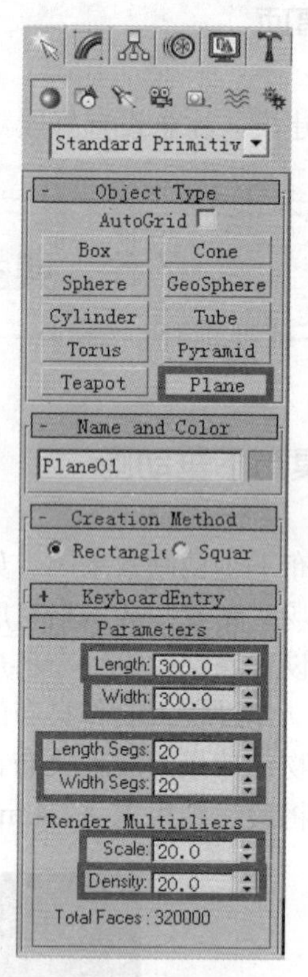

图 7.5.2

（3） 选择移动工具沿 *Z* 轴向上移动调整面片位置，使面片悬空在圆柱正上方，如图 7.5.3 所示。

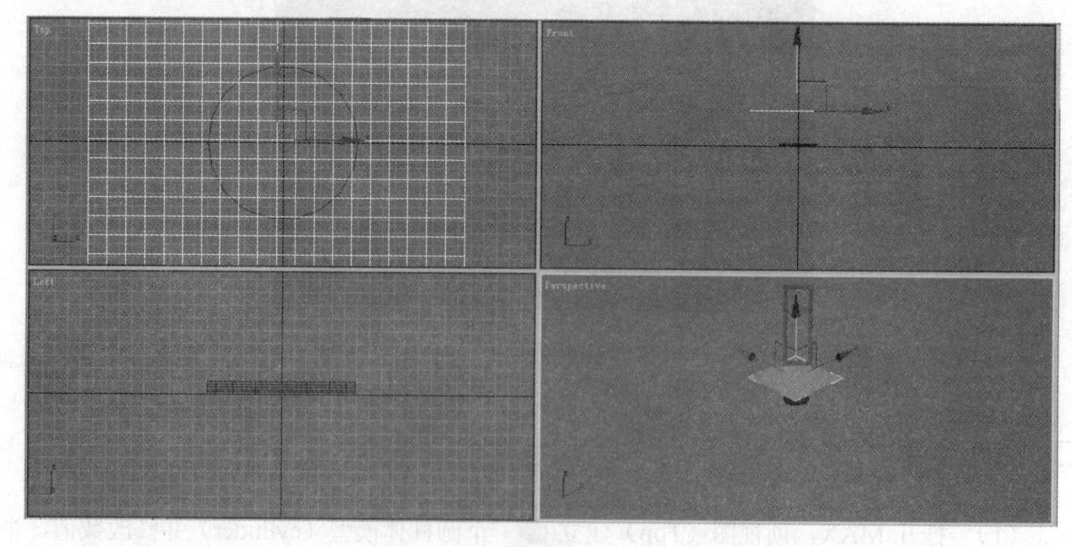

图 7.5.3

（4） 选中面片，点击 Apply Cloth Modifier（M 号衣服），如图 7.5.4 所示。

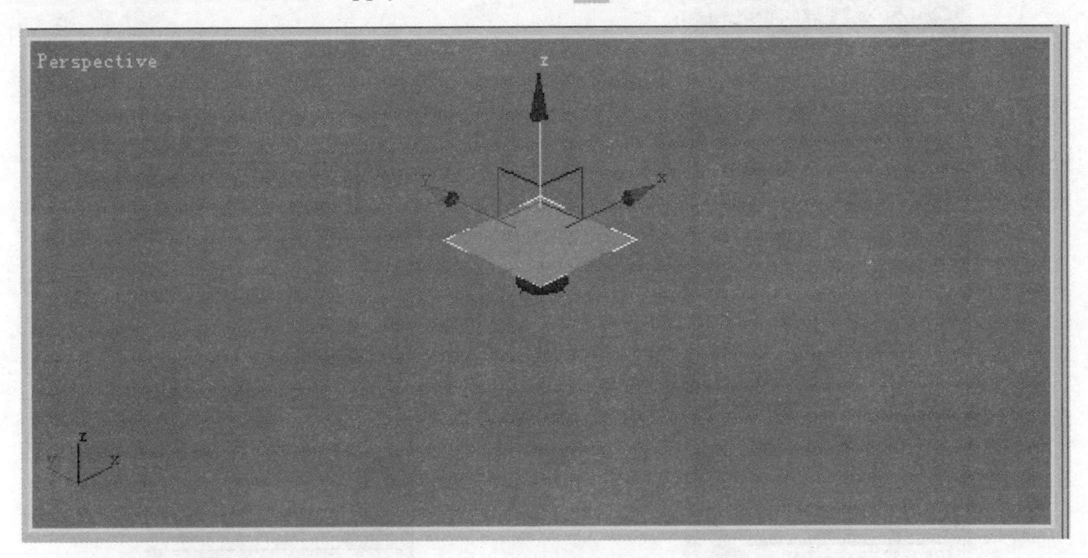

图 7.5.4

（5） 选中面片，点击 Create Cloth Collection（C 号衣服），如图 7.5.5 所示。

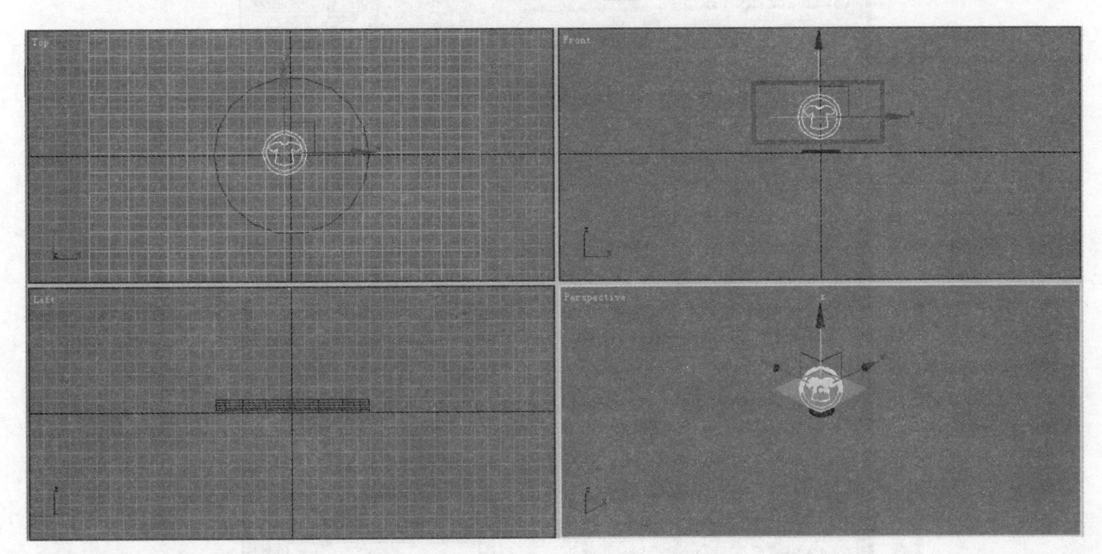

图 7.5.5

（6） 点选空白-Create Rigid Body Collection（刚性材质），如图 7.5.6 所示。

（7） 修改菜单栏，选中刚性材质，双击 ADD 选择 Cylinder01，如图 7.5.7 和图 7.5.8 所示。

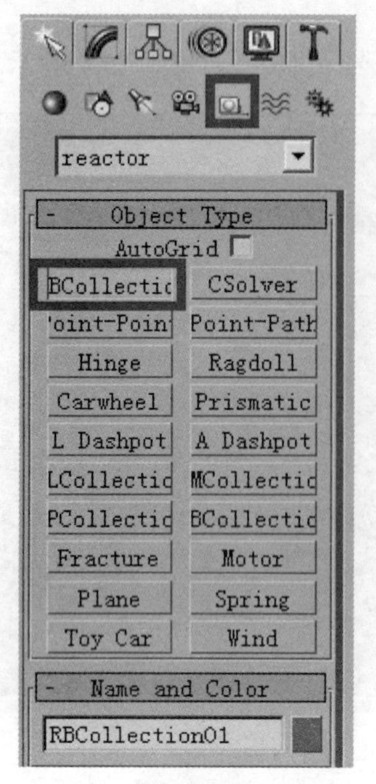

图 7.5.6

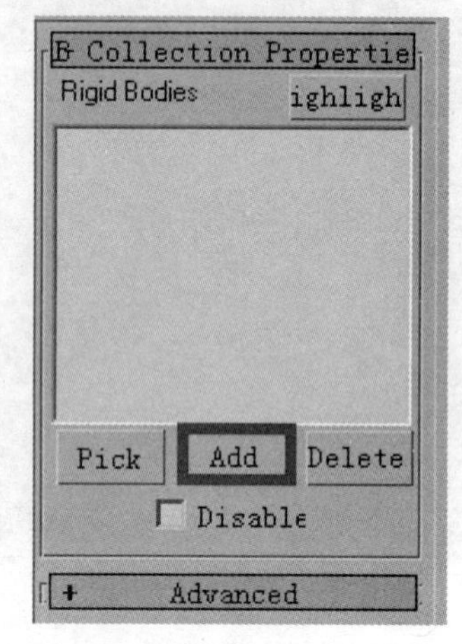

图 7.5.7

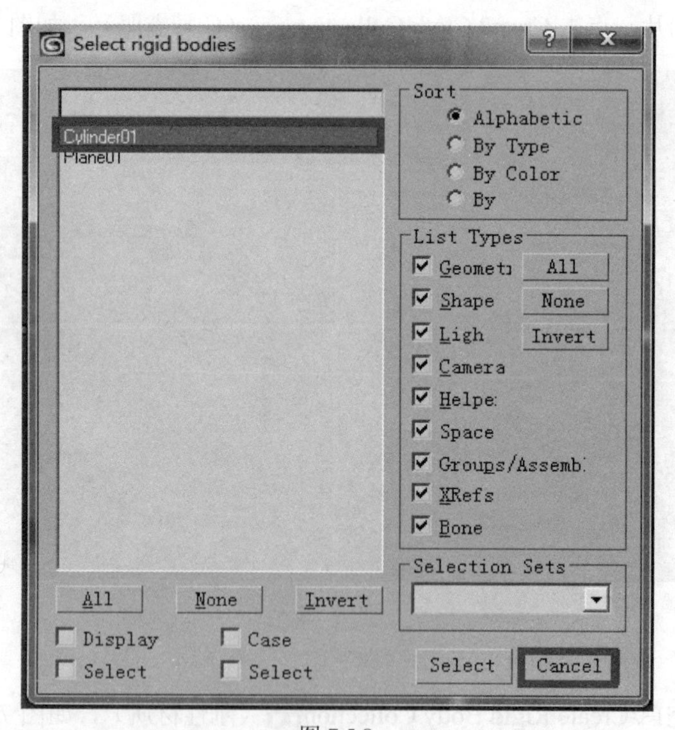

图 7.5.8

（8） 选中 按钮，按 P 开始播放动画，按 p 结束动画，如图 7.5.9 所示。

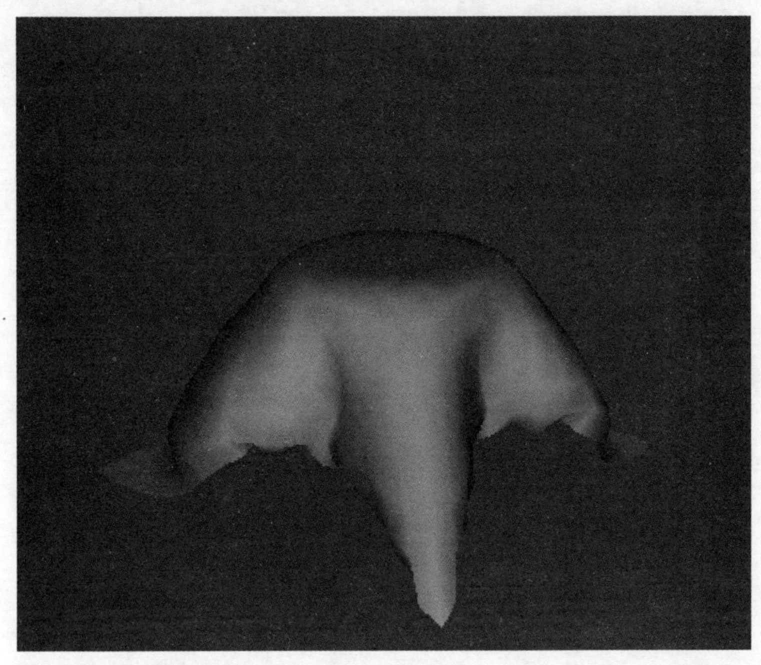

图 7.5.9

（9） 将最终结果以 X7-4.max 为文件名保存。

三、注意事项

注意刚性模与柔性模的区别。

7.6 典型案例——桌布下落动画

一、制作桌布下落动画

制作桌布下落动画效果图如图 7.6.1 所示，具体要求如下。

（1） 场景布置：载入素材库\A3dmax\unit7\Y7-5.max 场景文件。

（2） 设置属性：设置花格布料质地、属性。

（3） 动作过程：制作布料的下落过程。

（4） 物体效果：表现桌布覆盖桌子效果。

（5） 将最终结果以 X7-5.max 为文件名保存。

图 7.6.1

二、解题步骤

（1） 打开 MAX，打开素材库\A3ds max\unit7\Y7-5.max 场景文件。

（2） 在顶视图（Top）创建面片（plane），如图 7.6.2 所示。

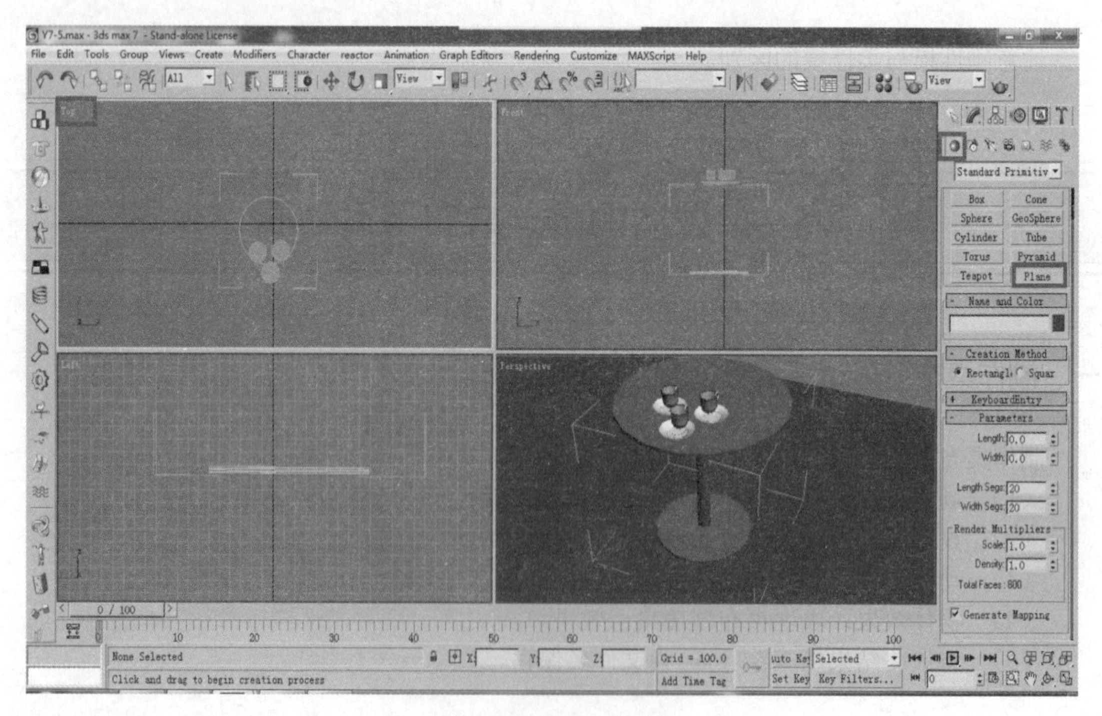

图 7.6.2

（3） 修改面片（plane）参数，L：300、W：300、LS：20、WS：20，如图 7.6.3 所示。

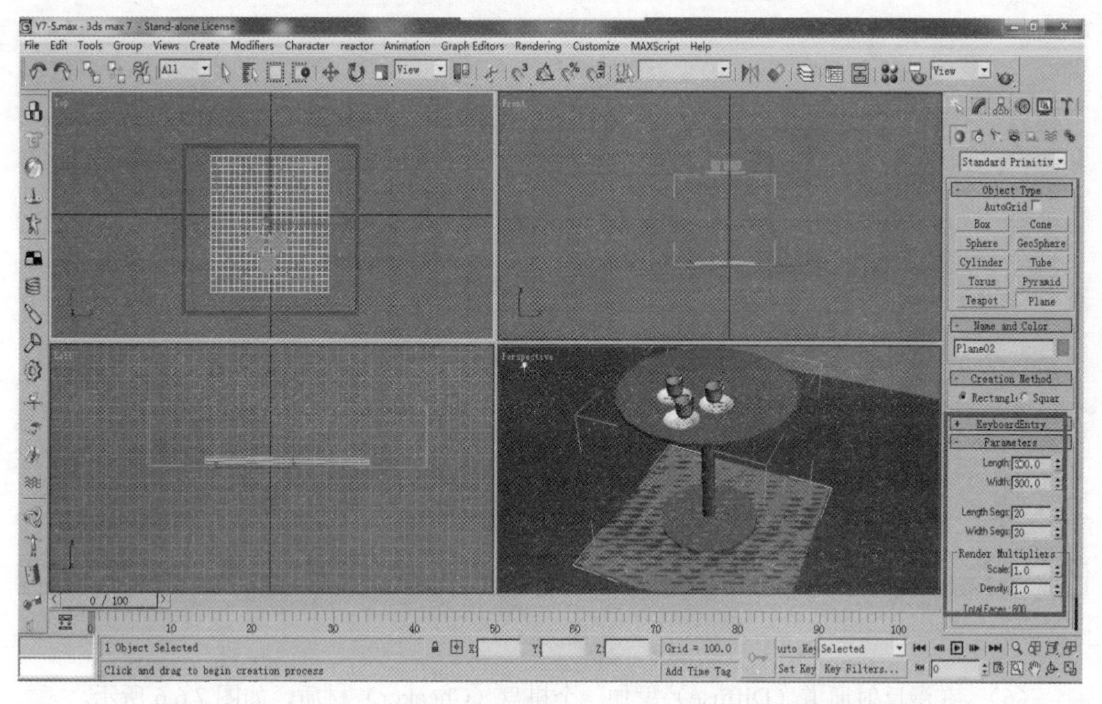

图 7.6.3

（4） 选中前视图（Front），移动面片在桌子上方，如图 7.6.4 所示。

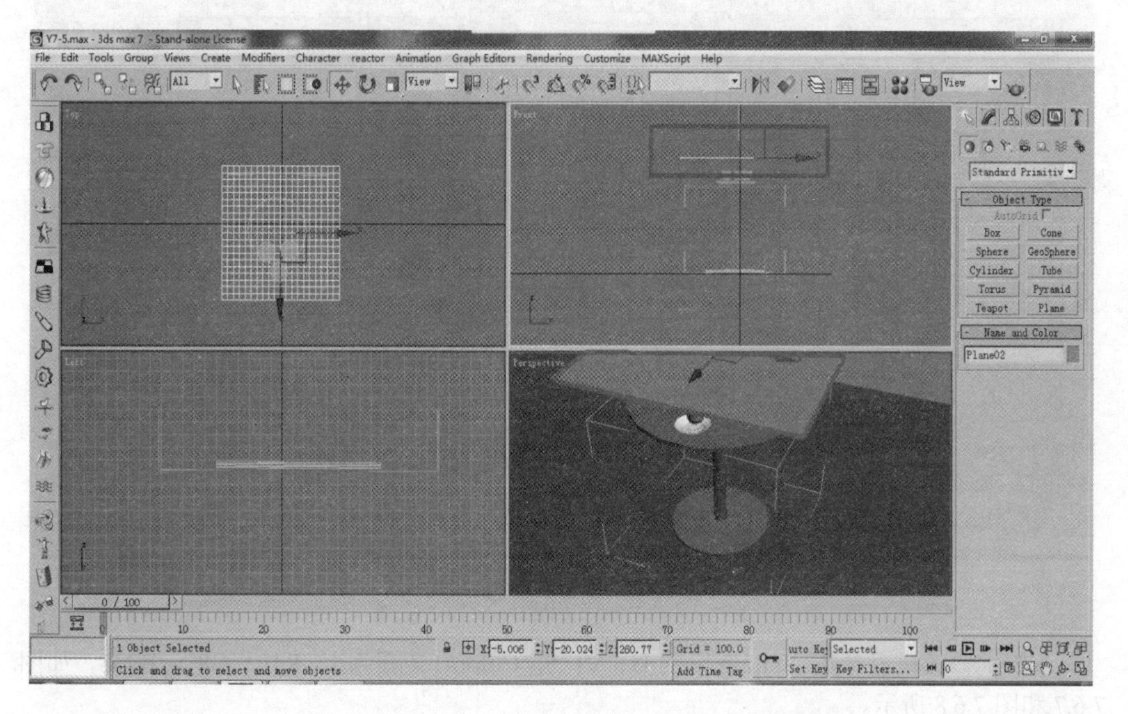

图 7.6.4

（5） 打开材质球（或键盘上的 m）上材质，如图 7.6.5 所示。

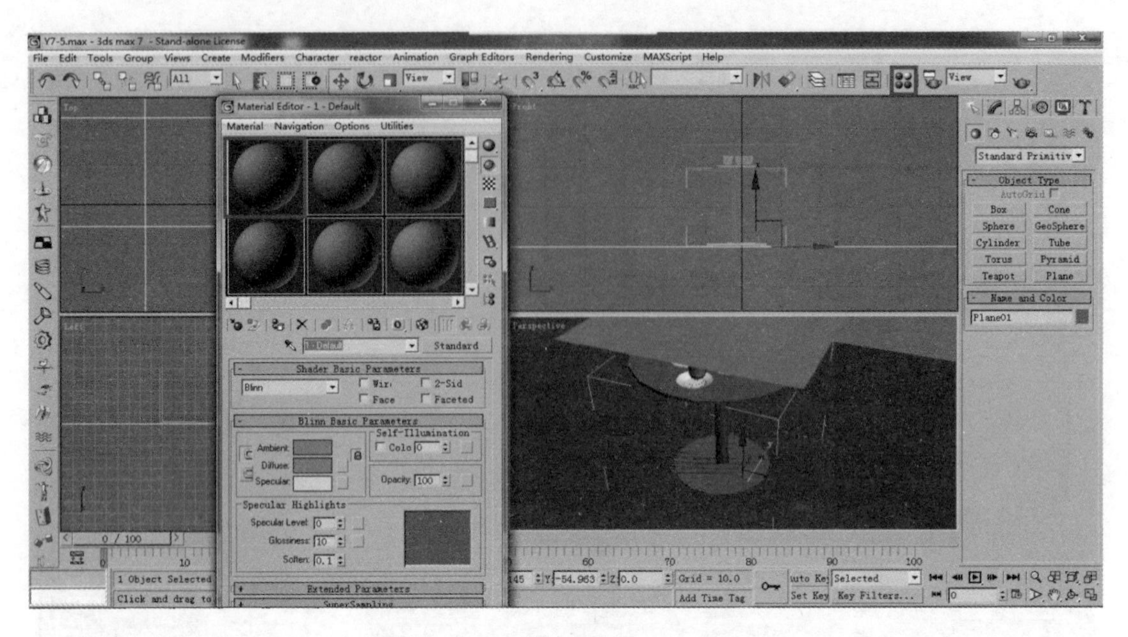

图 7.6.5

（6） 在漫反射通道（Diffuse）里加一个棋盘（Checker）材质，如图 7.6.6 所示。

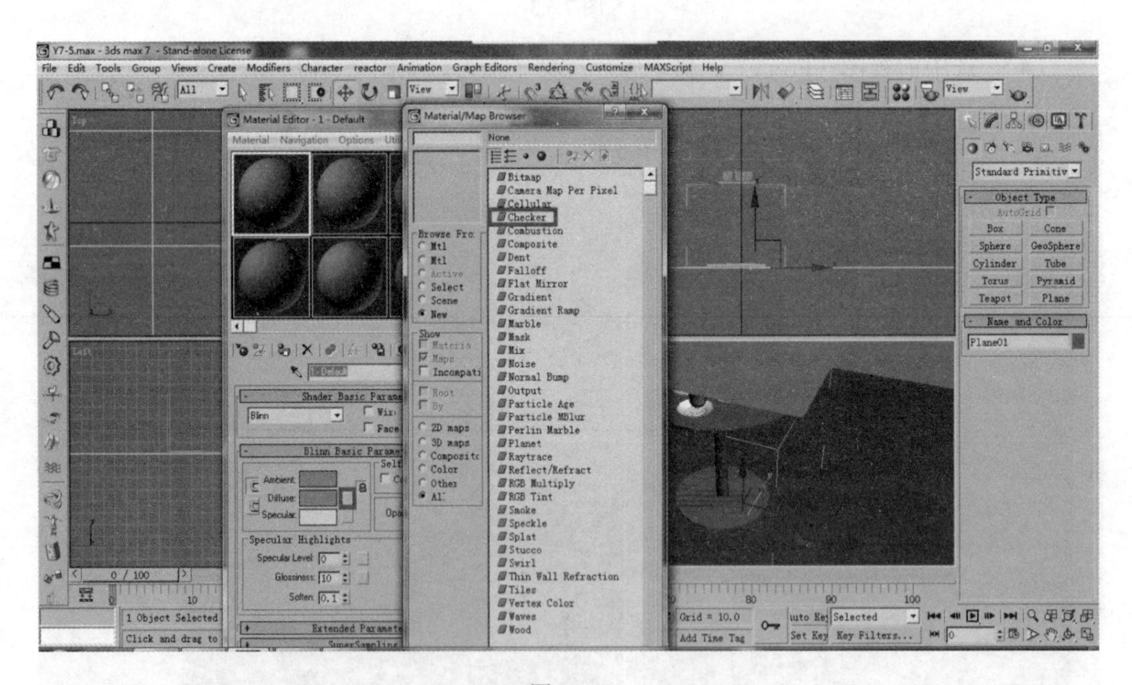

图 7.6.6

（7） 修改棋盘参数。Tiling 下的 U、V：5，Color#1（颜色 1）R12、G87、B238，如图 7.6.7 和图 7.6.8 所示。

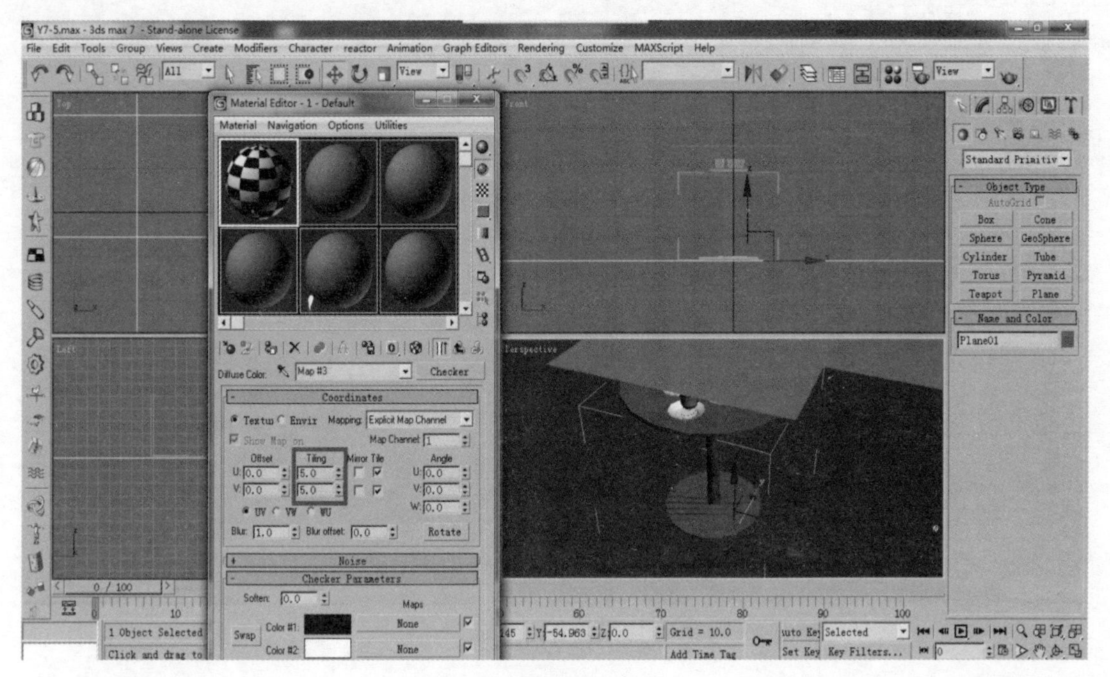
Y7-5.max - 3ds max 7 - Stand-alone License
File Edit Tools Group Views Create Modifiers Character reactor Animation Graph Editors Rendering Customize MAXScript Help
Material Editor - 1 - Default
Material Navigation Options Utilities
Diffuse Color: Map #3 Checker
Coordinates
Mapping: Explicit Map Channel
Map Channel: 1
Offset Tiling Mirror Tile Angle
Blur: 1.0 Blur offset: 0.0 Rotate
Noise
Checker Parameters
Soften: 0.0
Maps
Swap Color #1: None
Color #2: None
Standard Primitiv
Object Type
AutoGrid
Box Cone
Sphere GeoSphere
Cylinder Tube
Torus Pyramid
Teapot Plane
Name and Color
Plane01
1 Object Selected
Click and drag to
Grid = 10.0
Add Time Tag
Selected
Set Key Key Filters...

图 7.6.7

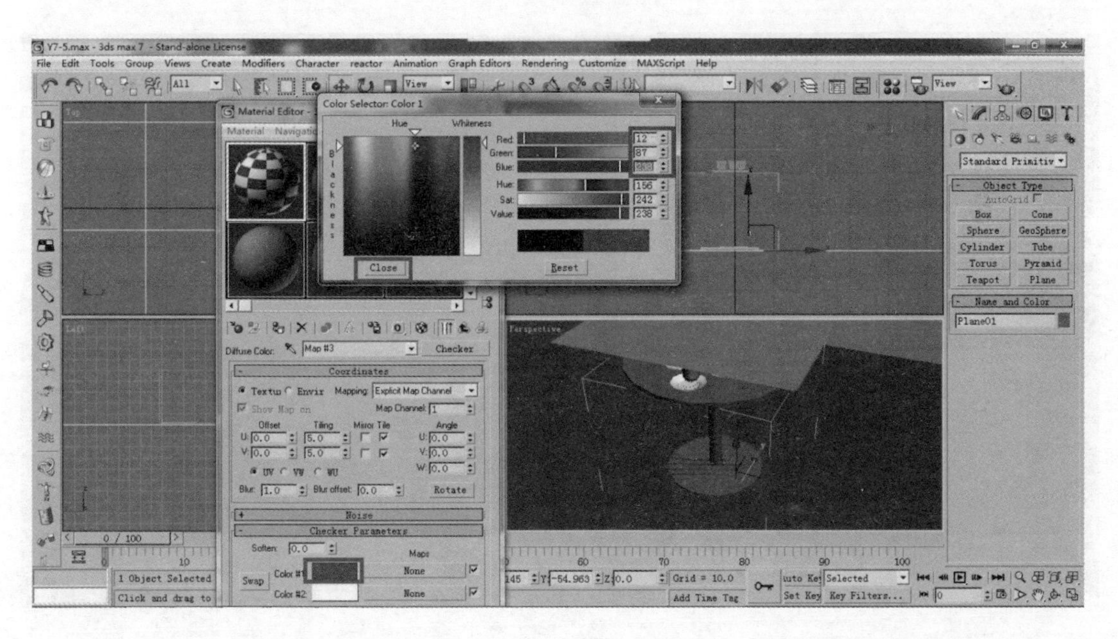
Y7-5.max - 3ds max 7 - Stand-alone License
File Edit Tools Group Views Create Modifiers Character reactor Animation Graph Editors Rendering Customize MAXScript Help
Color Selector: Color 1
Hue Whiteness
Red: 12
Green: 87
Hue: 156
Sat: 242
Value: 238
Close
Reset
Diffuse Color: Map #3 Checker
Coordinates
Mapping: Explicit Map Channel
Checker Parameters
Soften: 0.0
Swap Color #1: None
Color #2: None
Standard Primitiv
Object Type
Box Cone
Sphere GeoSphere
Cylinder Tube
Torus Pyramid
Teapot Plane
Name and Color
Plane01
1 Object Selected
Click and drag to

图 7.6.8

（8） 返回上级，如图 7.6.9 所示。

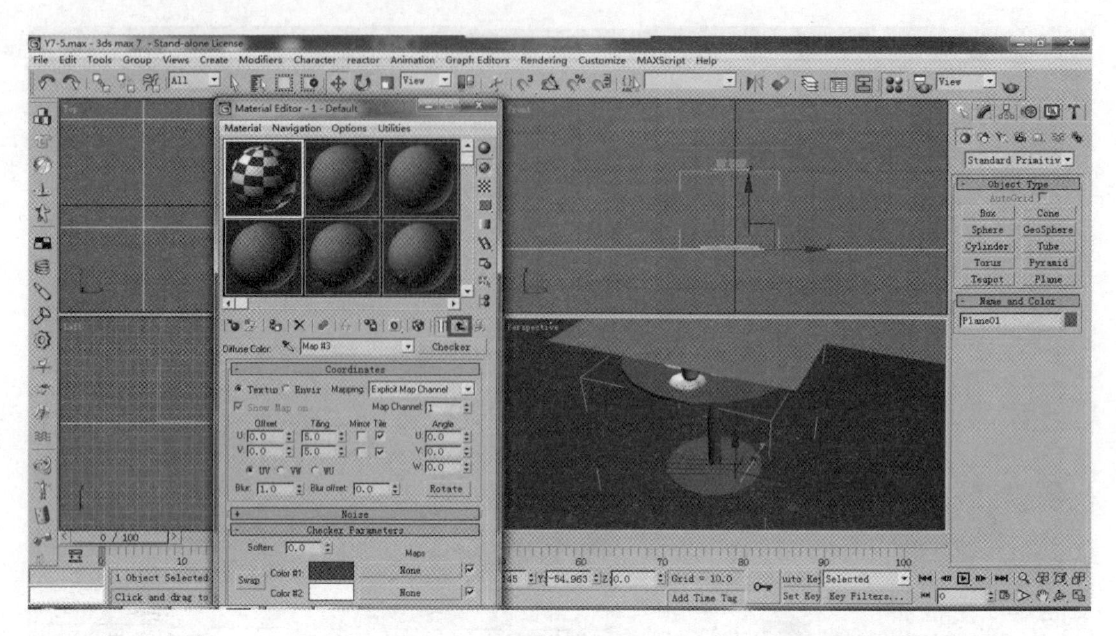

图 7.6.9

（9） 设置高光级别参数。Specular Levet:90、Soften:0.7，如图 7.6.10 所示。

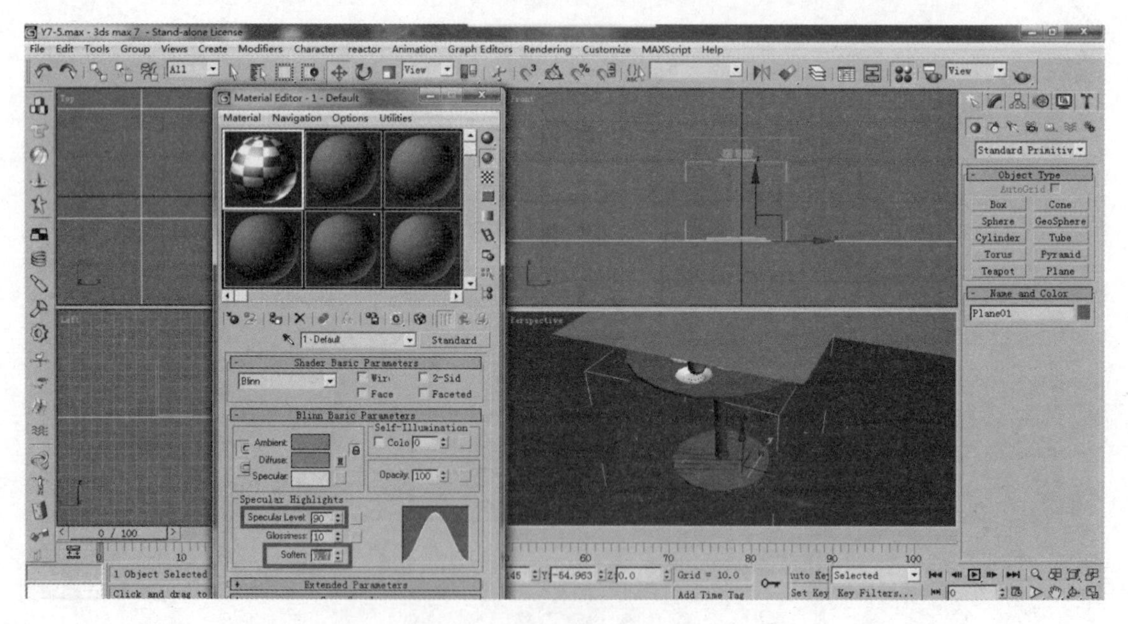

图 7.6.10

（10） 左视图选中面片，将材质赋予，如图 7.6.11 所示。

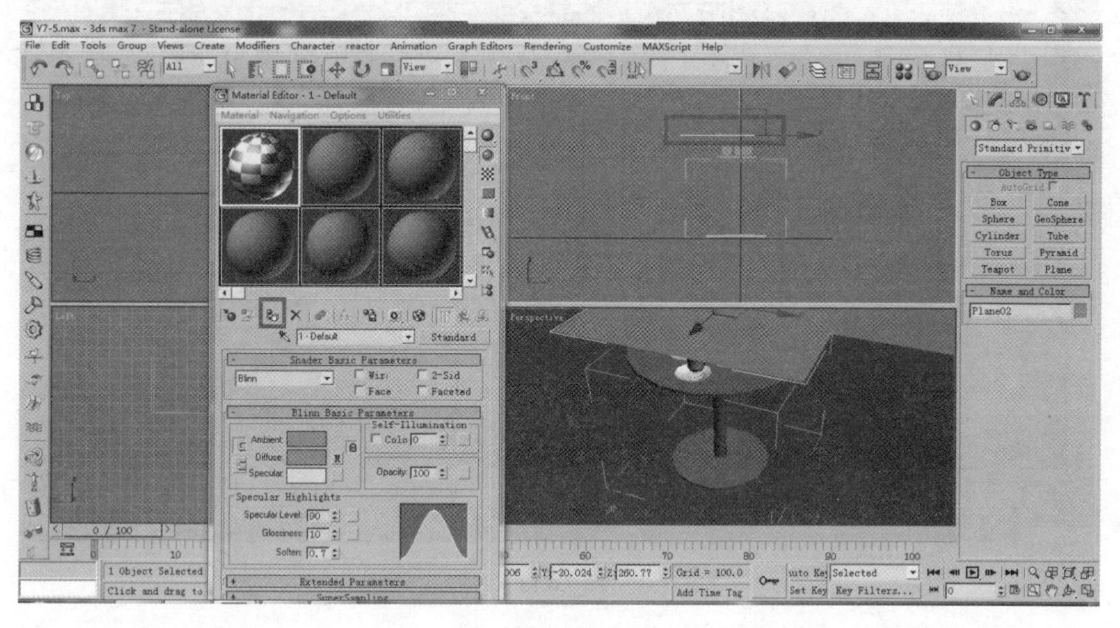

图 7.6.11

（11） 选中前视图（Front）点击左侧工具栏中的 、 ，如图 7.5.12 和图 7.5.13 所示。

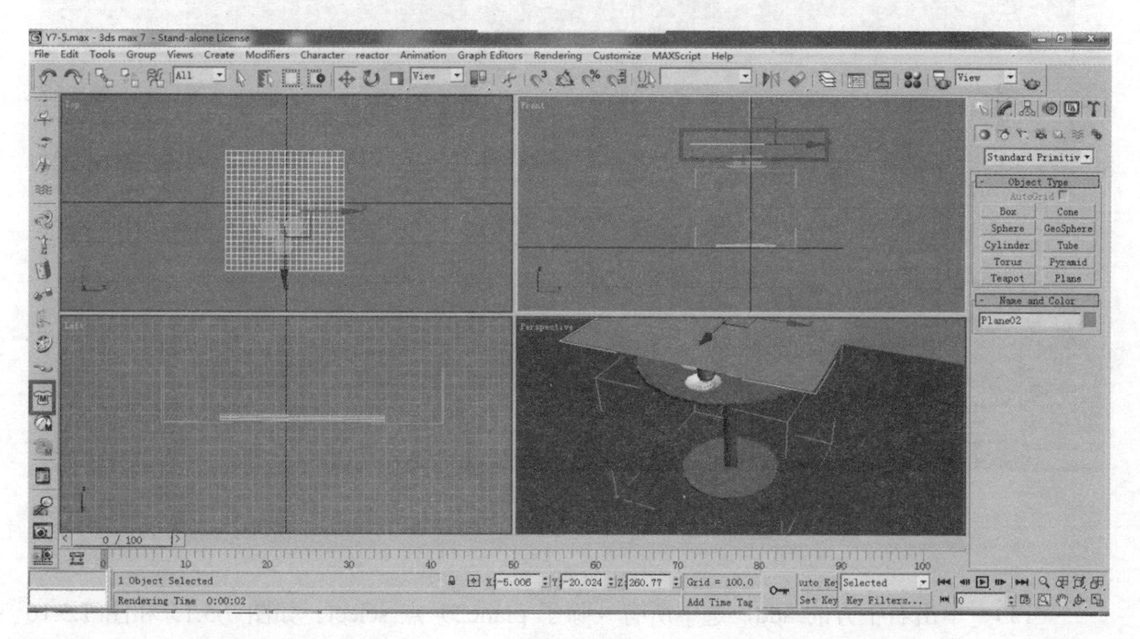

图 7.6.12

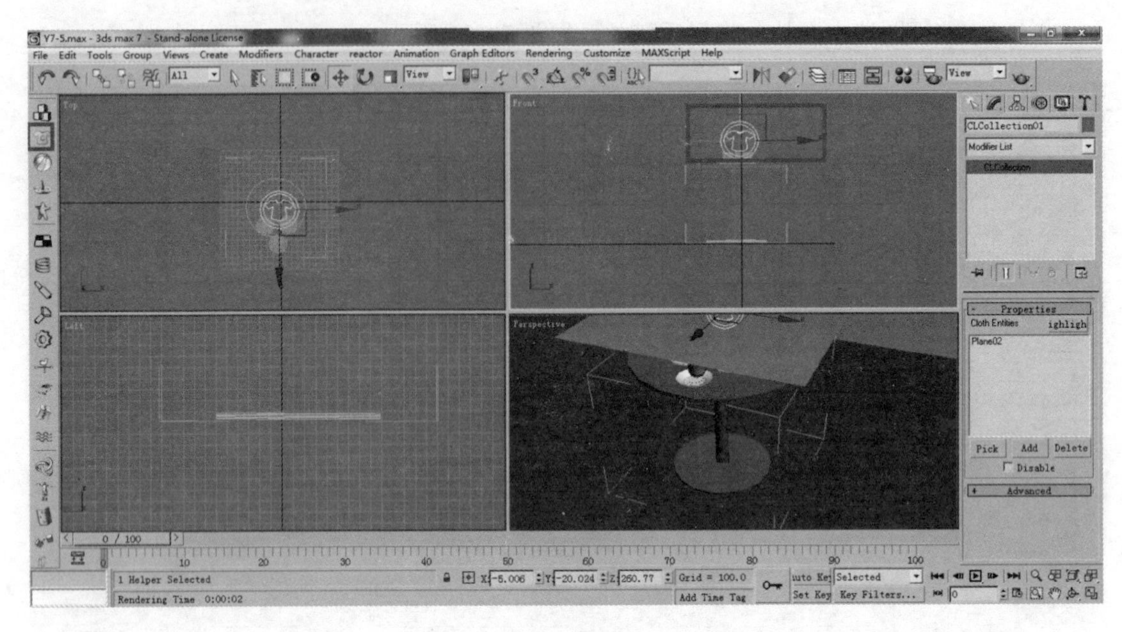

图 7.6.13

（12） 在选中工具栏中的刚体。在前视图单击建立，如图 7.5.14 所示。

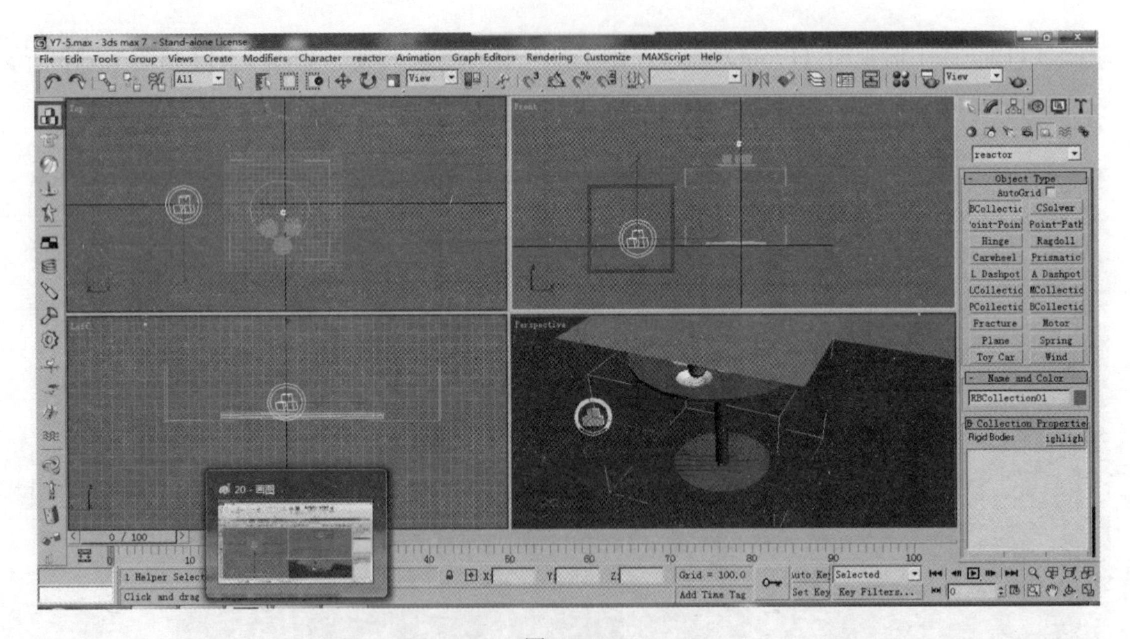

图 7.6.14

（13） 单击右下方的 add，选中所有（除了 plane2）点 select。如图 7.5.15 和图 7.5.16 所示。

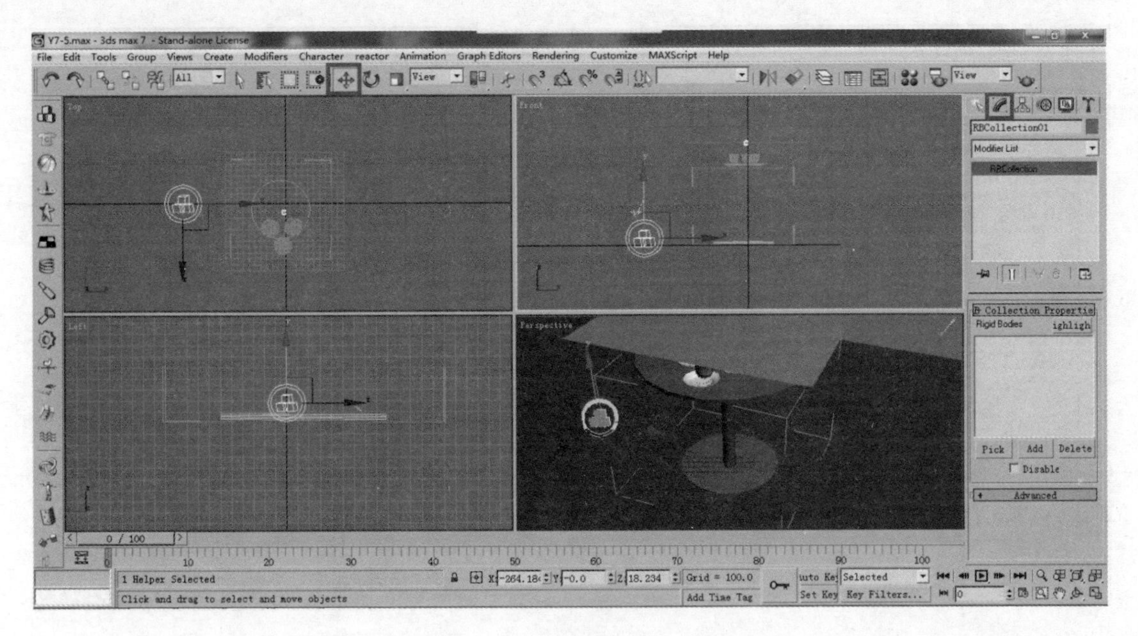

图 7.6.15

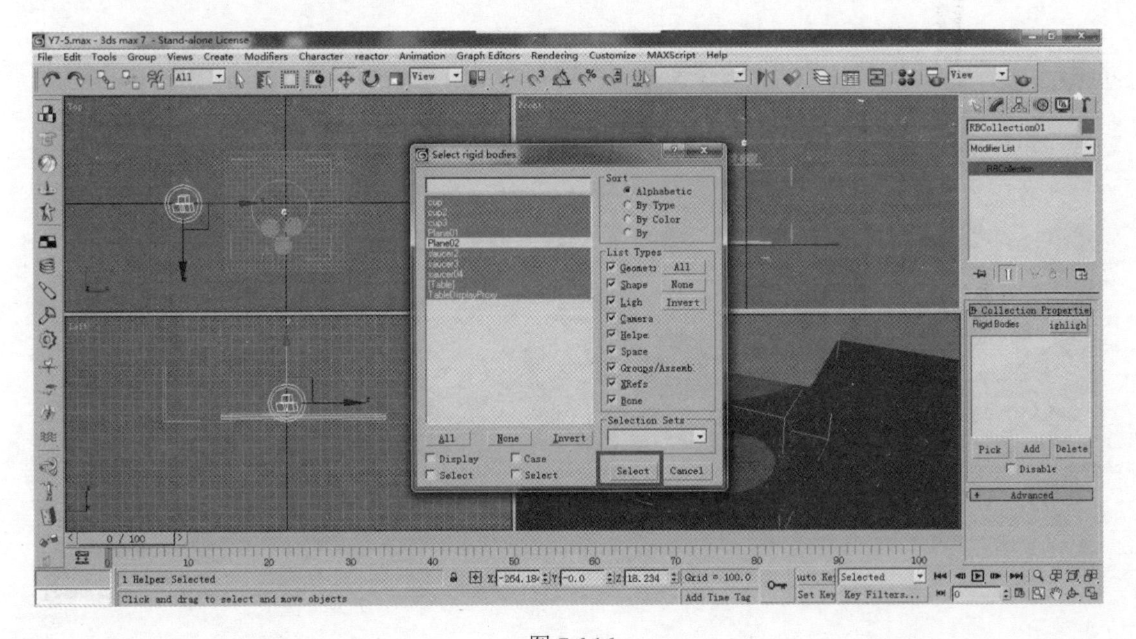

图 7.6.16

（14） 选择透视图（perspective），点左侧工具栏，按 p 开始动画到合适位置再按 p 暂停，如图 7.6.17 所示。

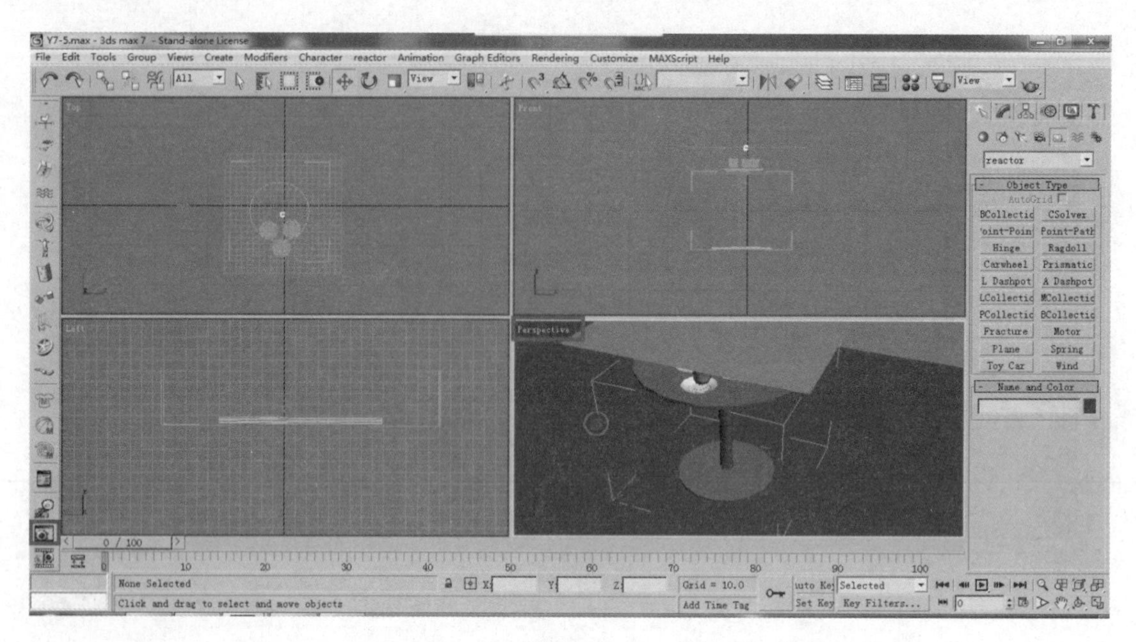

图 7.6.17

（15） 截图，保存源文件及效果图，完成制作，如图 7.6.18 所示。

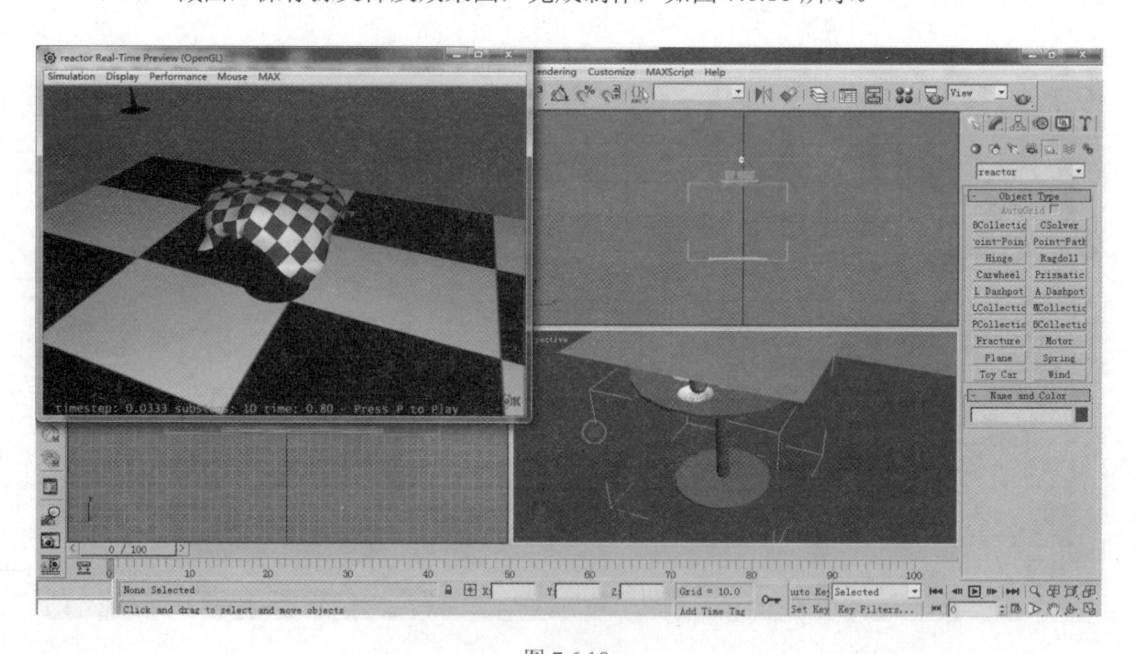

图 7.6.18

三、注意事项

注意刚性模与柔性模的区别。 

第 8 单元 Character Studio

学习目标

（1） 场景布置：具备建立常用物体和布置基本场景的能力。

（2） 两足角色：能够正确建立两足角色；掌握人物体格与体形的建立方法。

（3） 设置动作：具有制作角色自由行走与步态行走的能力；掌握使用角色结构与模型封套组合；具有使用运动轨迹、工作台、混和器和流程的能力。

（4） 制作动画：设计角色与物品相互作用，制作风格独特的动画作品；能够完成群集系统工作。

8.1 Character Studio 基础知识

3ds max 中的 Character Studio 功能集提供设置 3ds max 角色动画的专业工具。这是您能够快速而轻松地构建骨骼（也称为角色装配），然后设置其动画，从而创建运动序列的一种环境。您可以使用动画效果的骨骼来驱动几何的运动，以此创建虚拟的角色。您可以生成这些角色的群组，并使用代理系统和程序行为设置群组运动的动画，使用 character studio 进行动画制作的一组人体模型如图 8.1.1 所示。

图 8.1.1

一、Biped 两足动物

Biped 构建骨骼框架并使之具有动画效果，为制作角色动画作好准备。您可以将不同的动画合并成按序排列或重叠的运动脚本，或将它们分层。也可以使用 Biped 来编辑运动捕获文件。

两足动物模型是具有两条腿的体形：人类、动物或是想象物。每个 Biped 是一个为动画而设计的骨架，它被创建为一个互相连接的层次。Biped 骨骼具有即时动画的特性。就像人类一样，Biped 被特意设计成直立行走，然而也可以使用 Biped 来创建多条腿的生物。为与人类躯体的关节相匹配，Biped 骨骼的关节受到了一些限制。Biped 骨骼同时也特意设计为使用 character studio 来制作动画，这解决了动画中脚锁定到地面的常见问题。Biped 两足动物如图 8.1.2 所示。

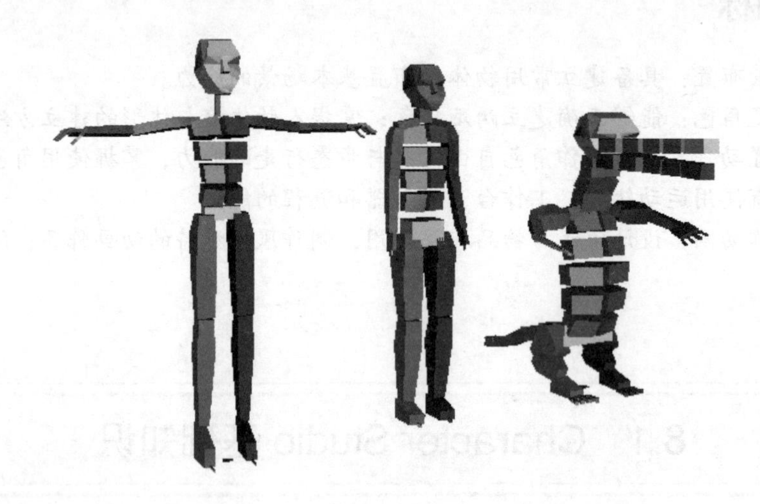

图 8.1.2

Biped 层次的父对象是 Biped 的质心对象，默认情况下，它被命名为 Bip001。

（一）Biped

（1） 创建 Biped 的按钮将出现在系统的“创建”面板中。通过单击此按钮并在活动视口中拖动来创建 Biped。可以在移动光标时以交互方式定义 Biped 的高度。在 Biped 创建期间，可以更改任何用来定义 Biped 基本结构的默认设置。那些手臂、颈部、脊椎链接等默认设置，都是针对人类体形的。如果打开了“最新的 .fig 文件”，所制作的 Biped 就会使用最后加载的 FIG（体形）文件中存储的参数。

（2） 更改 Biped 与其他 3ds max 对象一样，可以在创建的时候，在“创建”面板中更改 Biped 的参数。但是，可以使用“运动”面板中的参数来修改或制作 Biped 动画。选择 Biped。➤“运动”面板 ➤“Biped”卷展栏 ➤ 打开（体形模式）➤“结构”卷展栏，当体形模式处于活动状态时，“结构”卷展栏将变为可用状态。该卷展栏包含用于更改 Biped 的骨骼结构以匹配角色网格（恐龙、机器人和人类等）的参数。也可以添加小道具（最多可以添加三个）来表示工具或武器。在设置适合角色的参数后，使用高度参数将 Biped 缩放以适应表现角色的网格大小。

（二）要使用扭曲链接设置 Biped

（1） 将 Biped 放置在网格之内。

（2） 选择 Biped，并启用 “体形模式”。

（3） 在“结构“卷展栏上，启用“扭曲”选项。这将为所有 Biped 肢体启用输入字段。

注 意

“脚架链接”只在您的 Biped 具有 4 个腿链接时才可用。

（4） 将“前臂”设置为 5。两个前臂具有 5 个扭曲链接。

提示 要获得扭曲链接的最佳视图，您可以选择前臂，并启用“显示”面板上 Alt+x 中的“透明”，如图 8.1.3 所示。

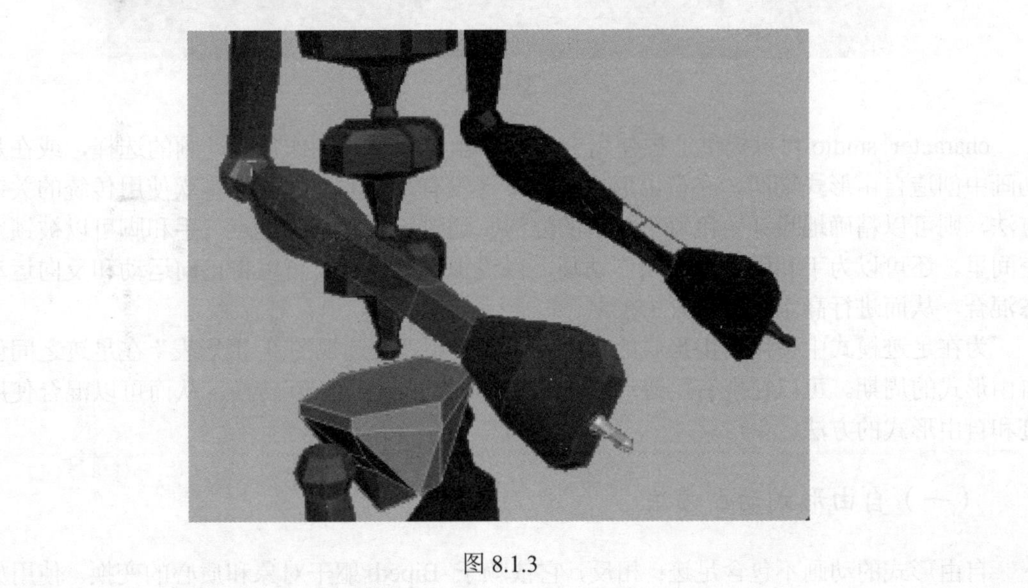

图 8.1.3

（5） 向网格添加“蒙皮”修改器。

（6） 解冻所有 Biped 扭曲骨骼。

（7） 在 “运动”面板 ➤ “参数”卷展栏中，将除前臂以外的所有 Biped 骨骼添加到蒙皮上。

（8） 选择并再次冻结扭曲骨骼。

（9） 在“参数”卷展栏上，打开“编辑封套”。

（10） 选择并调整扭曲骨骼的封套，直到获得想要的行为，移动并旋转手进行测试。

二、自由形式动画

当 character studio 基于足迹驱动技术计算垂直动力和重力时，角色不必始终受到这些严格的控制。您可能让角色飞翔，游泳或者做在现实世界中不可能的事情。对于这些情况，Biped 动画支持一套全面的自由形式动画控件，允许您充分发挥创造性，完全控制角色的姿态、移动和计时。

Biped 游泳的自由形式动画如图 8.1.4 所示。

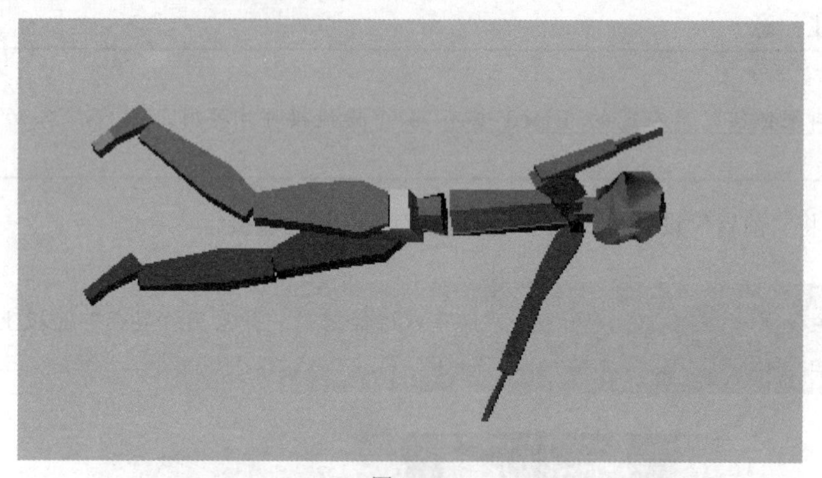

图 8.1.4

character studio 可以提供通过使用专门的自由形式模式制作角色动画的选择，或在足迹动画中创造自由形式期间。在自由形式模式下（没有足迹），如果您喜欢使用传统的关键帧方法，则可以精确地设计角色每个关节的姿势。通过设置踩踏关键点，手和脚可以被锁定在空间里。还可以为手和脚的轴点制作动画，以模拟滚动运动。可以将正向运动和反向运动动态混合，从而进行高水平的设置去控制。

为在足迹模式中使用自由形式的动画，需要使用“轨迹视图 - 摄影表”在足迹之间创建自由形式的周期。可以在现有足迹动画与自由形式动画之间相互转换。从而可以混合使用足迹和自由形式的方法。

（一）自由形式动画方法

自由形式的动画不包含足迹；相反，它依赖于 Biped 躯干对象和质心的变换。使用如游泳或跌倒等运动的自由形式，在这些运动中不需要足迹。如果您熟悉使用手动创建所有关键帧的方法来制作角色的动画效果，那么可能要专门选择使用自由形式的方法。要启动自由形式的动画，请打开“自动关键点”，然后开始对 Biped 进行定位。也可以关闭“自动关键点”，而使用“关键点信息”卷展栏上的红色设置键按钮创建关键帧。也可以通过导入动态捕获数据并选择自由形式而非足迹的方式创建自由形式的动画，后空翻后落地的自由形式动画如图 8.1.5 所示。

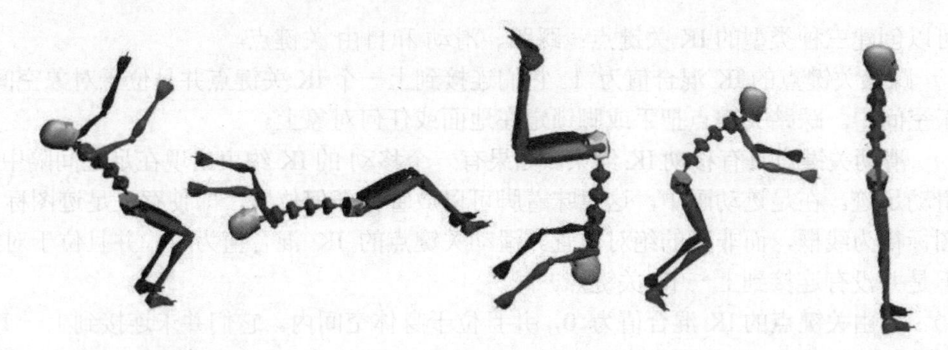

图 8.1.5

提示 通过结合足迹和自由形式动画充分利用这两种方法。您可以为足迹之间的任意悬空周期创建一个自由形式周期。自由形式周期以用户定义的样条线运动替代使用重力加速度值计算的弹道运动。

如果使用动态捕获数据提取足迹，常常需要自由形式的间隔来适应数据中的下落或翻滚运动。“运动捕获转换参数”对话框中的“适应现有情况”允许将这两种方法结合使用。从运动捕获文件中提取足迹消除了脚部滑动，从而解决了动态捕获数据中的一个常见问题。

注 意

向足迹动画添加自由形式周期时，并不能将一个足迹周期添加到自由形式动画中。如果希望将足迹动画添加到现有自由形式中，可以使用运动流编辑器来创建排列使用自由形式足迹的脚本。

（二）反向运动学

足迹和自由形式的动画使用相同的反向运动约束和扩展。这意味着在足迹动画中，现在可以编辑关键点，以改变足迹持续时间。通过定义，足迹为世界空间中 IK 约束的起始和结束序列，并且采用的 IK 混合值大于 0。删除和插入关键点或更改 IK 空间或 IK 混合可改变足迹的持续时间。调整 IK 实现在地面行走一个完步的动画如图 8.1.6 所示。

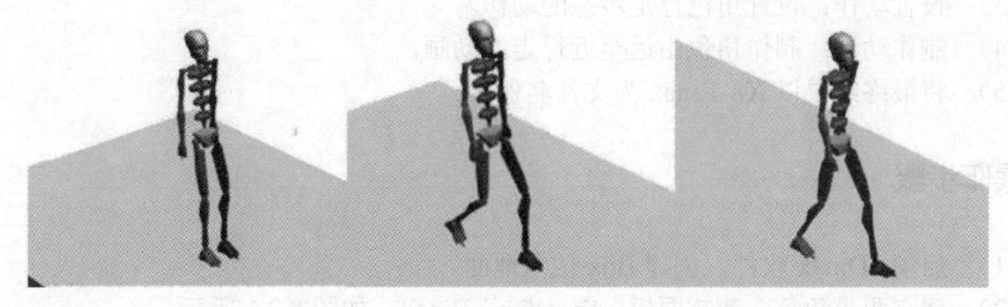

图 8.1.6

您可以创建三种类型的 IK 关键点：踩踏、滑动 和自由 关键点。

（1）踩踏关键点的 IK 混合值为 1。它们连接到上一个 IK 关键点并且位于对象空间中，而非躯干空间中。踩踏关键点把手或脚锁定在地面或任何对象上。

（2） 滑动关键点具有移动 IK 约束。如果有一个移动 的 IK 约束出现在足迹间隔中，则将创建滑动足迹。在足迹动画中，这意味着脚可以放置在任何位置，即使存在足迹图标。可将足迹图标视为线框，而非脚的绝对位置。滑动关键点的 IK 混合值为 1，并且位于对象空间中，但是并没有连接到上一 IK 关键点。

（3） 自由关键点的 IK 混合值为 0，并且位于身体空间内。它们并未连接到上一 IK 关键点。自由关键点没有 IK 约束。

使用基于轴的系统实现 IK 约束。从而允许围绕选定的轴定位于手和脚。例如，在行走运动中，可以在脚后跟上选择一个轴，并围绕该轴旋转，然后可以将轴转换到脚的球形部位。

三、Character Studio 相关中英文对照

Create Character——创建角色
Destroy Character——删除角色
Lock——锁住
Unlock——解锁
Insert Character——插入角色
Save Character——保存角色
Bone Tools——骨骼工具
Set Skin Pose——调整皮肤姿势
Assume Skin Pose——还原姿势
Skin Pose Mode——表面姿势模式

8.2 典型案例——角色行走步态动画

一、制作角色行走步态动画

制作角色行走步态动画的具体要求如下。

（1） 场景布置：布置场景。
（2） 两足角色：建立两足角色。
（3） 设置动作：设置角色行走步态的动作。
（4） 制作动画：制作角色由远至近行走的动画。
（5） 将最终结果以 X8-1.max 为文件名保存。

二、操作步骤

（1） 启动 3Dmax 软件，创建 Box 做为地面。
（2） 建立两足角色，建立面板—Systems—Biped，如图 8.2.1 所示。

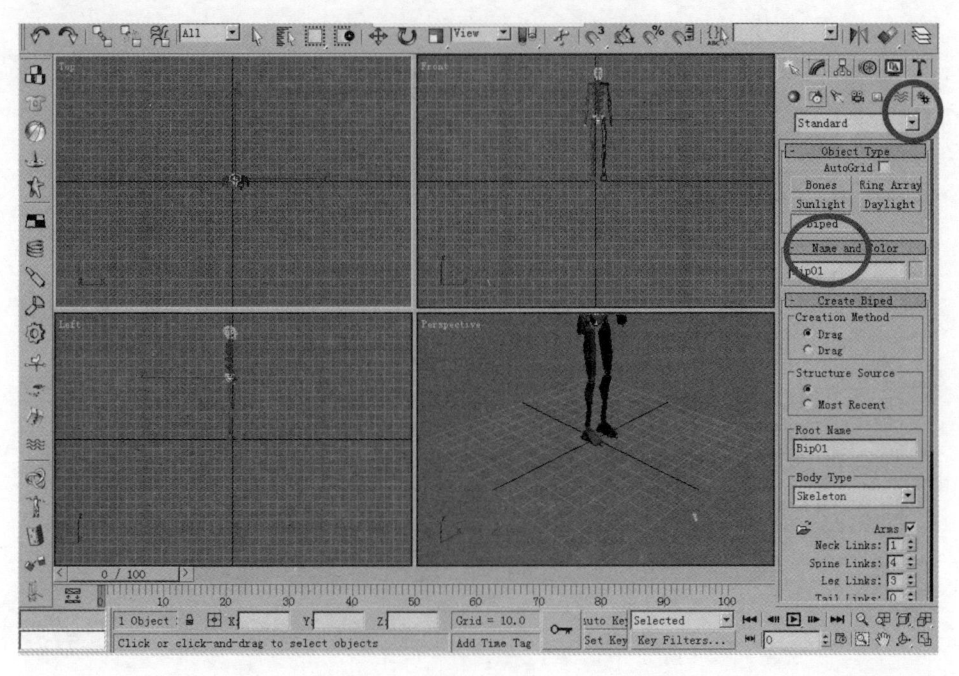

图 8.2.1

（3） 运动面板（Motion）—全选角色—单击脚步模式，然后创建脚步，如图 8.2.2 所示。

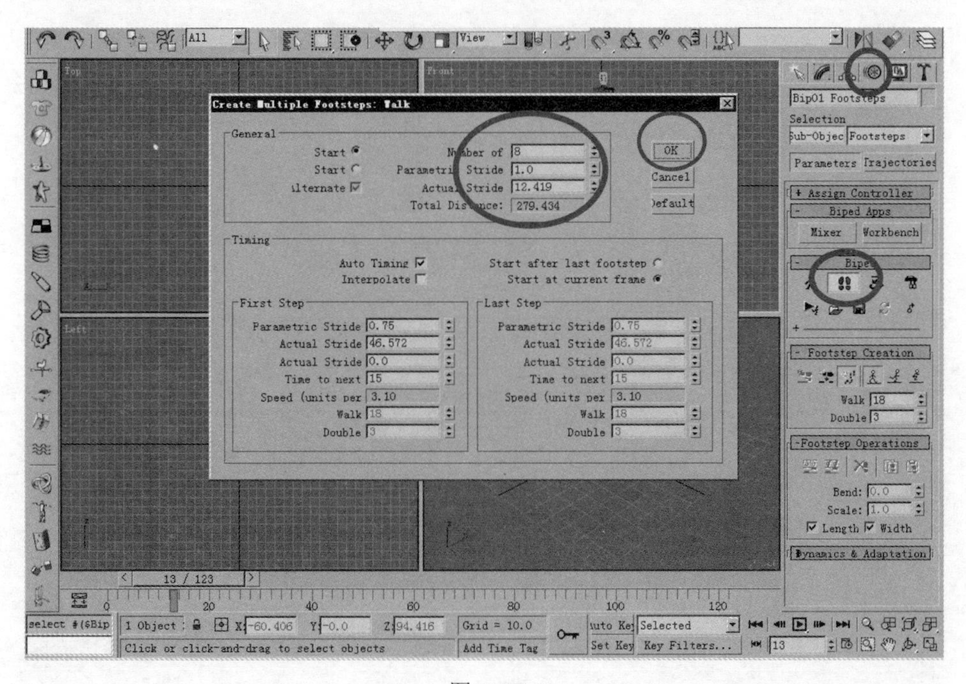

图 8.2.2

（4） 选择 Footsteps Creation 完成，效果如图 8.2.3 所示框选按钮，使步迹形成。

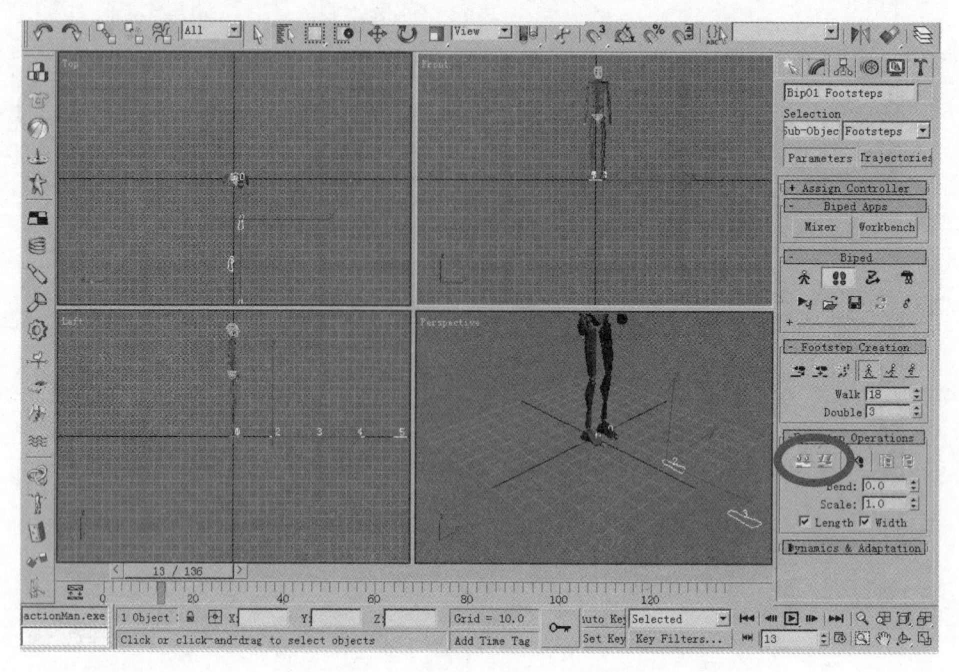

图 8.2.3

（5）最终效果如图 8.2.4 所示，用 X8-1.max 为文件名保存。

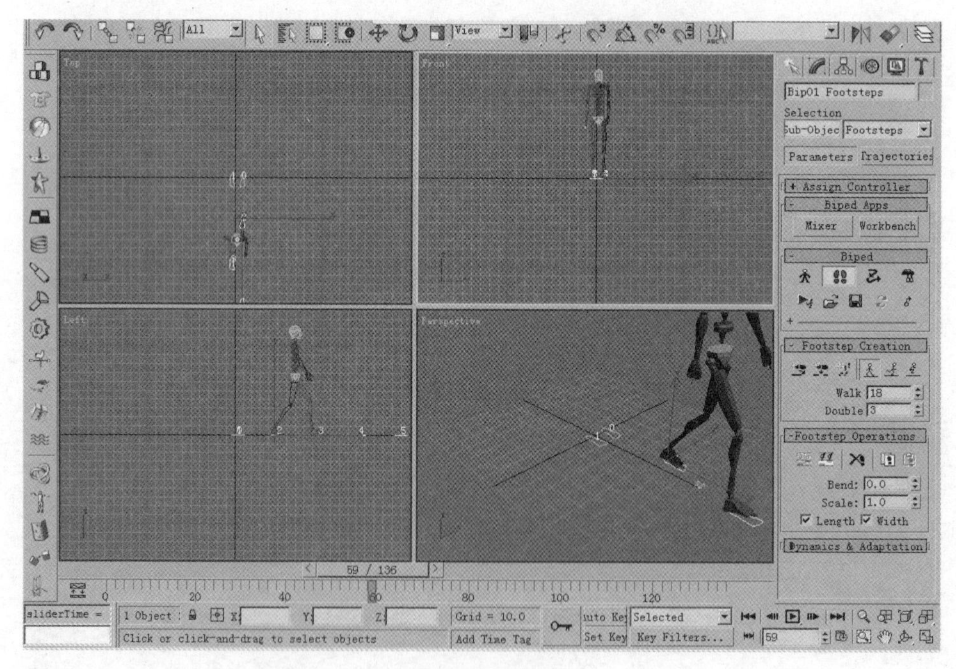

图 8.2.4

三、注意事项

建立骨骼动画的制作流程意识，是制作骨骼动画的基础。

8.3 典型案例——角色自由行走动画

一、制作角色自由行走动画

制作角色自由行走动画效果图，如图 8.3.1 所示，具体要求如下。

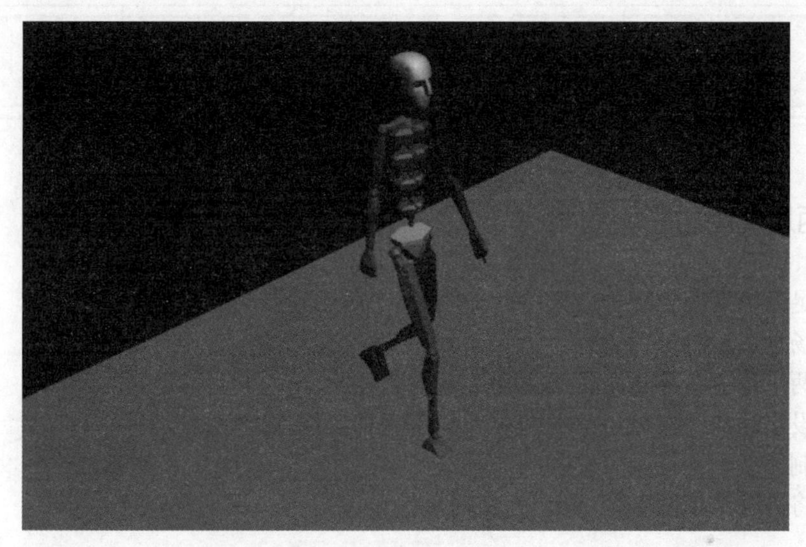

图 8.3.1

（1） 场景布置：布置场景。
（2） 两足角色：建立两足角色。
（3） 设置动作：设置角色行走步态的动作。
（4） 制作动画：制作角色由远至近行走的动画。
（5） 将最终结果以 X8-2.max 为文件名保存。

二、操作步骤

（1） 启动 3ds max 软件，在顶视图创建一个 box 作为地面。

（2） 创建两足角色。从 Systema 的 Standard 面板上选择 Biped，创建一个骨骼。如图 8.3.2 所示。

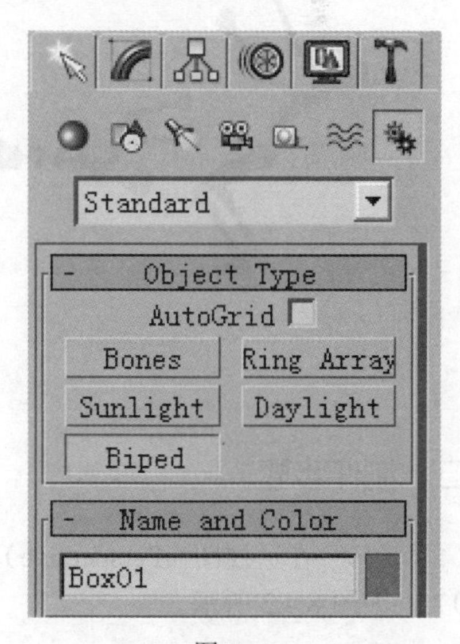

图 8.3.2

（3） 进入运动面板（Motion），点击 Biped 层级下 Footstep Mode，再点击 Create Multiple Footsteps，Number 选项改为 4，OK。

（4） 制作40帧向前行走的四肢摆动的动画。Footsteps Operations 层级下，Create Keys for Inactive Footsteps 选项，再点 Move All Mode 命令（塌陷所有）。最后点 convert… ，选 OK，完成。

（5） 将最终结果以 X8-2.max 为文件名保存。

三、注意事项

记好每一步骤的作用，不能错序。

8.4 典型案例——两足角色后空翻动画

一、制作两足角色后空翻动画

制作两足角色后空翻动画效果图，如图 8.4.1 所示，具体要求如下。

（1） 场景布置：布置场景。

（2） 两足角色：建立两足角色骨架。

（3） 设置动作：指定角色的起跳点和落点脚步位置。

（4） 制作动画：记录后空翻的动画过程。

（5） 将最终结果以 X8-3.max 为文件名保存。

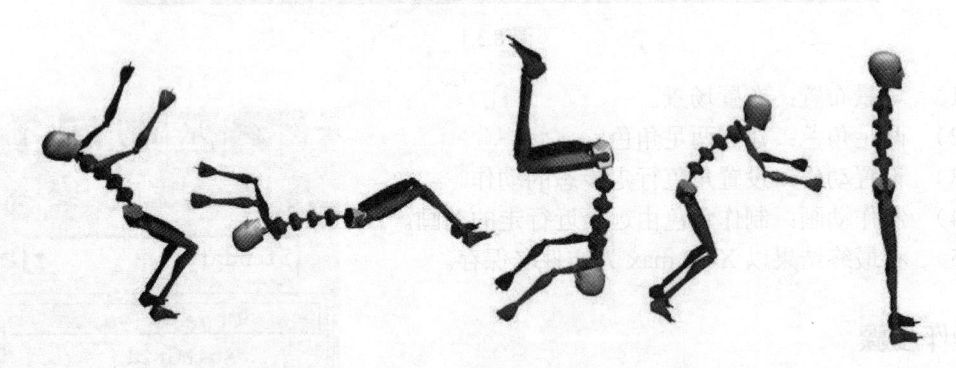

图 8.4.1

二、制作步骤

（1） 在透视图（Perspective）建立一个两足角色骨架，全选角色，调整位置（*X.Y* 轴为 0），如图 8.4.2 所示。

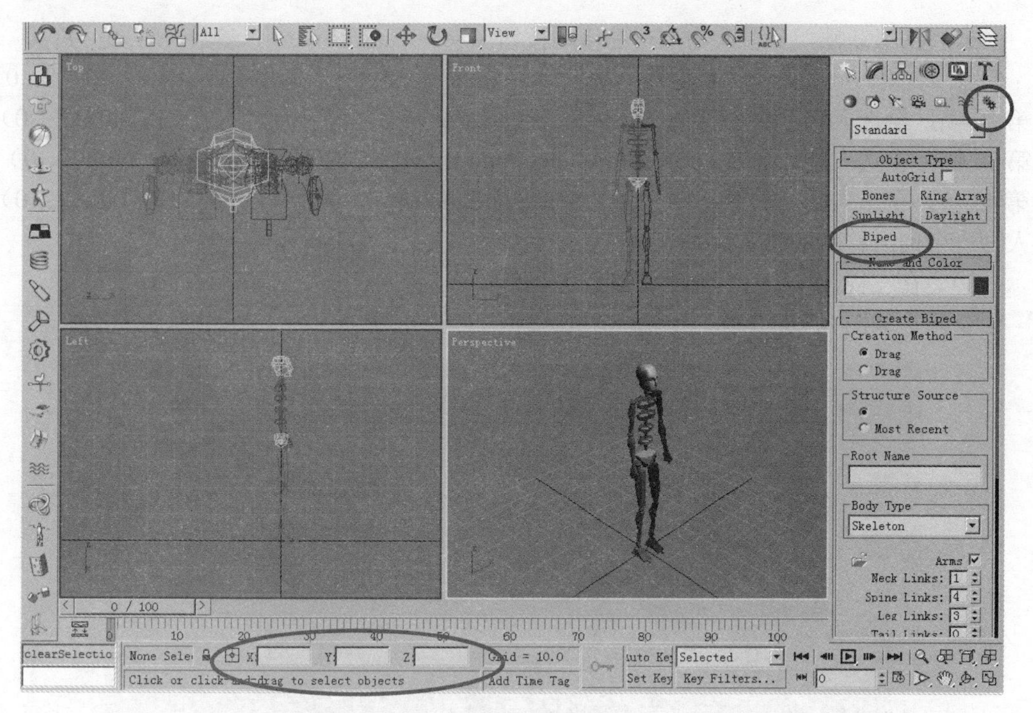

图 8.4.2

（2） 选择角色任意一个位置打开运动面板（Motion），点击 Body Horizontal，再点击记录动画按钮（Auto Key），第 0 帧全选人物，点击 Set key；移到第 10 帧，点击 Set Ket；移到第 30 帧，点击 Set Ket；移到第 40 帧，点击 Set Ket，如图 8.4.3 所示。

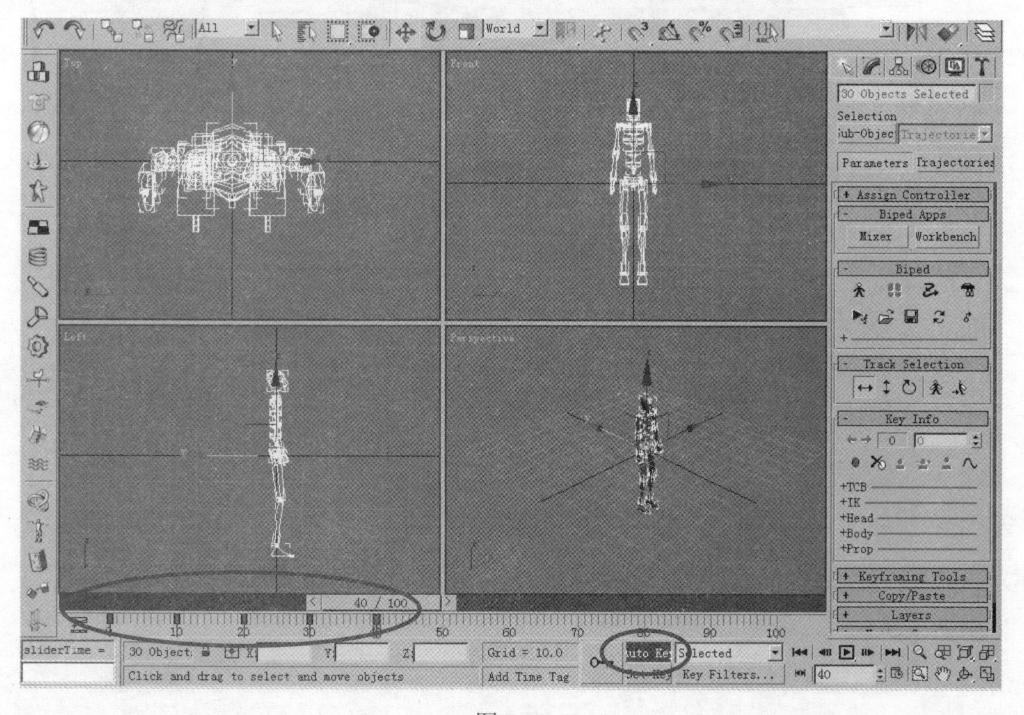

图 8.4.3

（3） 到第0帧，全选人物，右键移动按钮（Select and move），参数（*X*：0 *Y*：0 *Z*：0）；到第10帧，全选人物，右键移动按钮（Select and move），参数（*X*：0 *Y*：20 *Z*：0）；到第20帧，全选人物，右键移动按钮（Select and move），参数（*X*：0 *Y*：40 *Z*：0）；到第30帧，全选人物，右键移动按钮（Select and move），参数（*X*：0 *Y*：60 *Z*：0）；到第40帧，全选人物，右键移动按钮（Select and move），参数（*X*：0 *Y*：65 *Z*：0）。给人物一个向后移动的感觉。

（4） 在左视图（Left）中，调整任务动作如下：

第0帧，如图8.4.4所示。

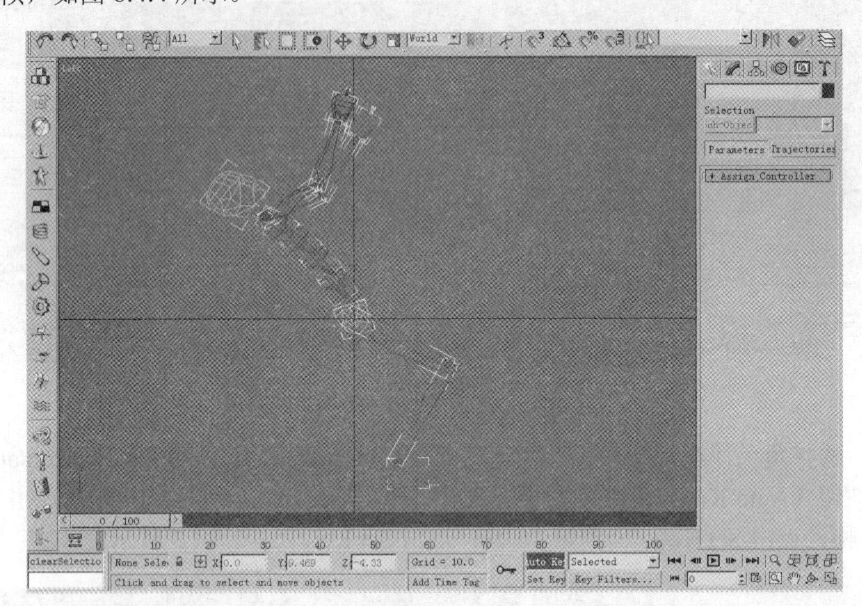

图8.4.4

第10帧，如图8.4.5所示。

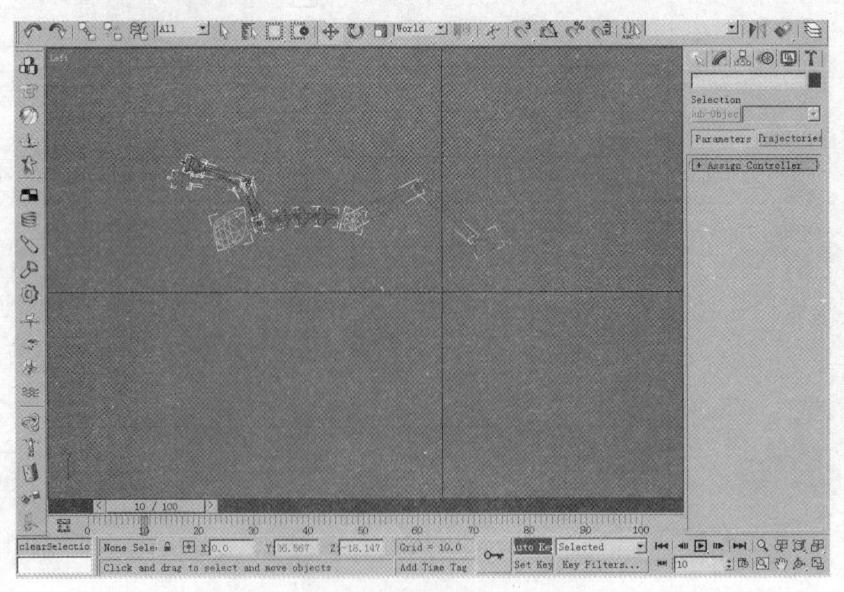

图8.4.5

第 20 帧，如图 8.4.6 所示。

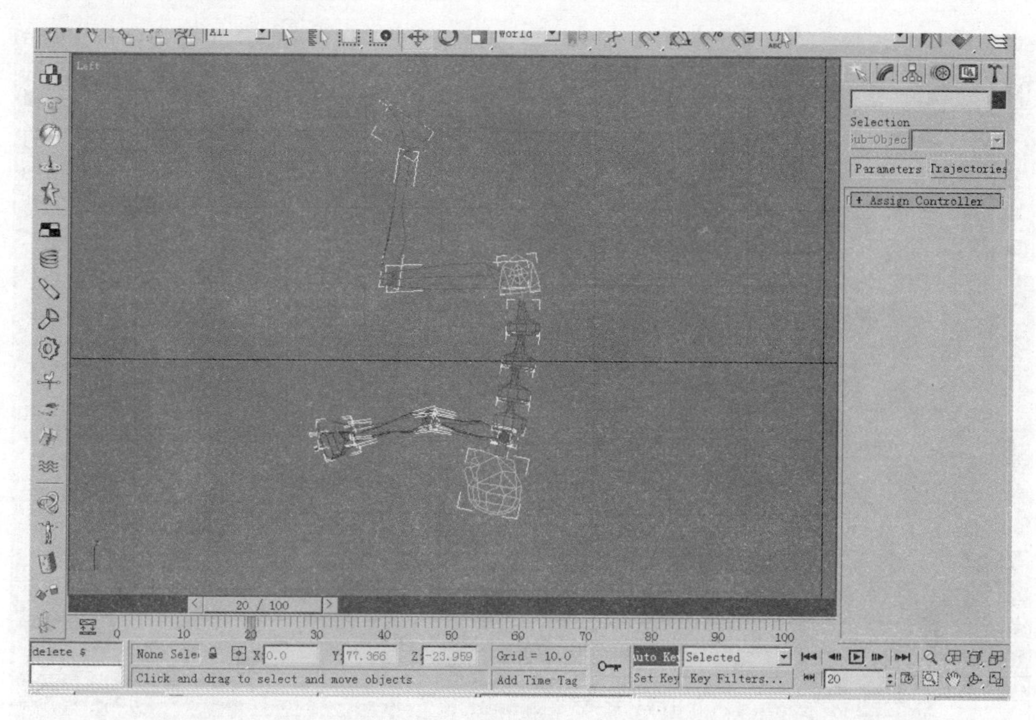

图 8.4.6

第 30 帧，如图 8.4.7 所示。

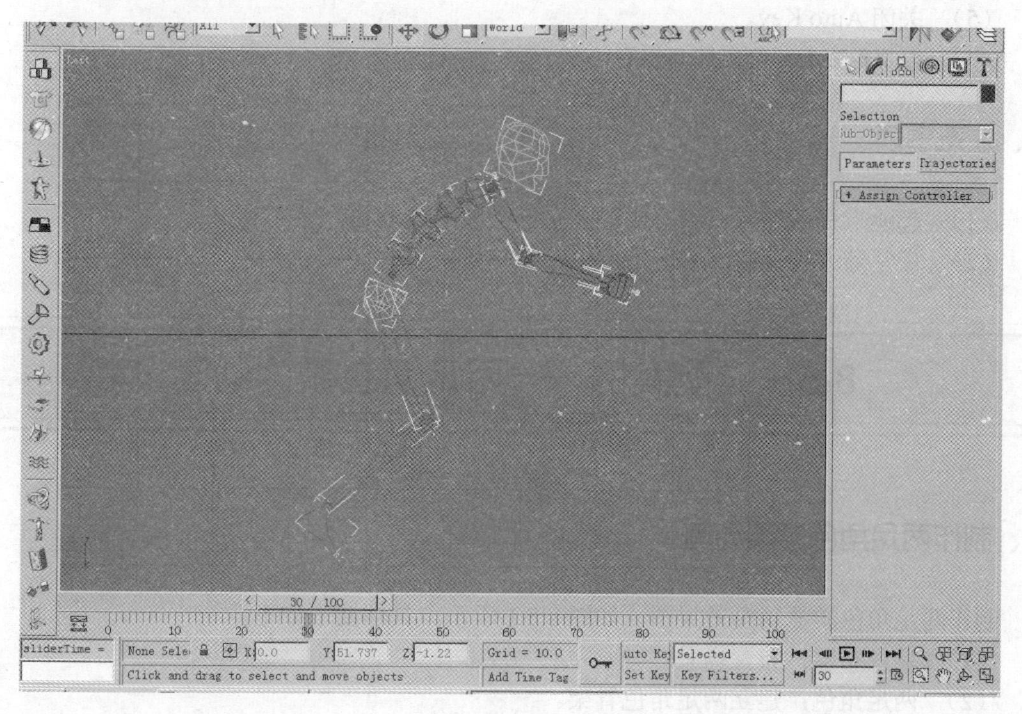

图 8.4.7

第 40 帧，如图 8.4.8 所示。

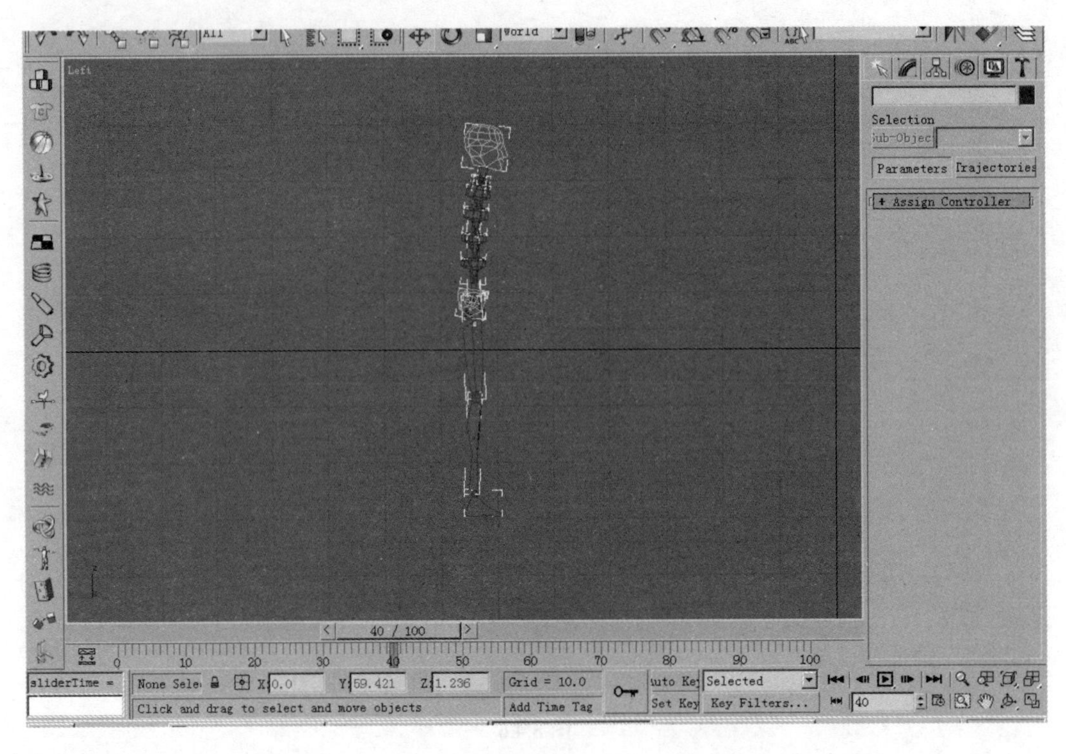

图 8.4.8

（5） 关闭 Auto Key。

（6） 以 X8-3.max 为文件名保存。

三、注意事项

（1） 起跳点和落地点双脚的位置应在一个水平线上。

（2） 后空翻人物每帧高度应是：平→高→低→平→直。

8.5 典型案例——两足角色游泳动画

一、制作两足角色游泳动画

制作两足角色游泳动画效果图，如图 8.5.1 所示，具体要求如下。

（1） 场景布置：布置场景。

（2） 两足角色：建立两足角色骨架。

（3） 设置动作：指定后肢的拍击动作，设置前肢的轮回动作。

（4） 制作动画：制作头和身体摆动的动画。

（5） 将最终效果以 X8-4.Max 为文件名保存。

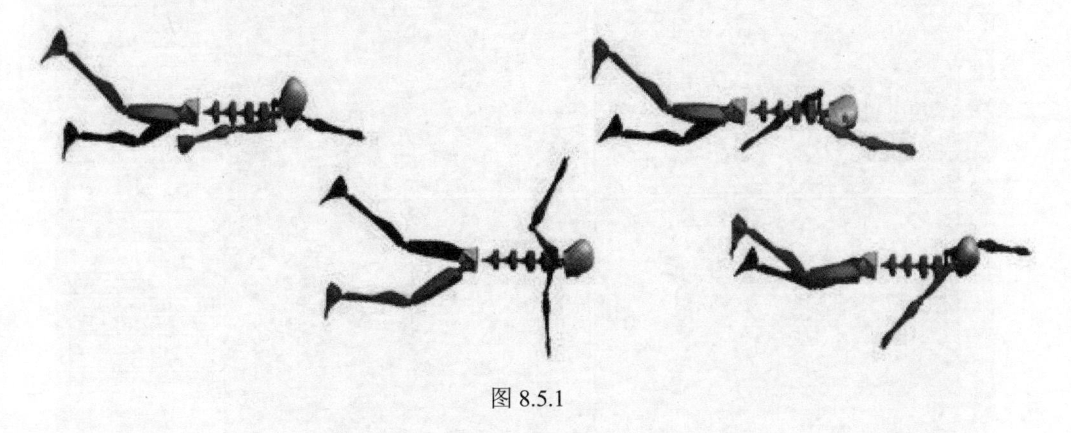

图 8.5.1

二、制作步骤

（1） 在视图中创建一个［Systems/Biped］两足角色，如图 8.5.2 所示。

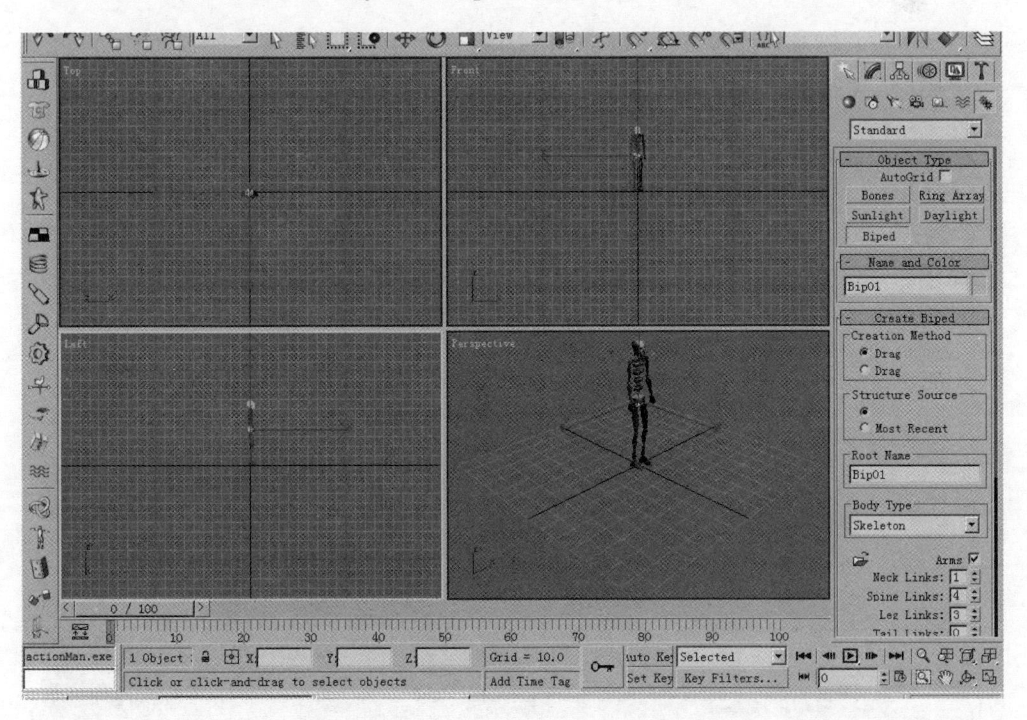

图 8.5.2

（2） 单击 Motion（运动）面板，［Track selection Body Rotation］，如图 8.5.3 所示。

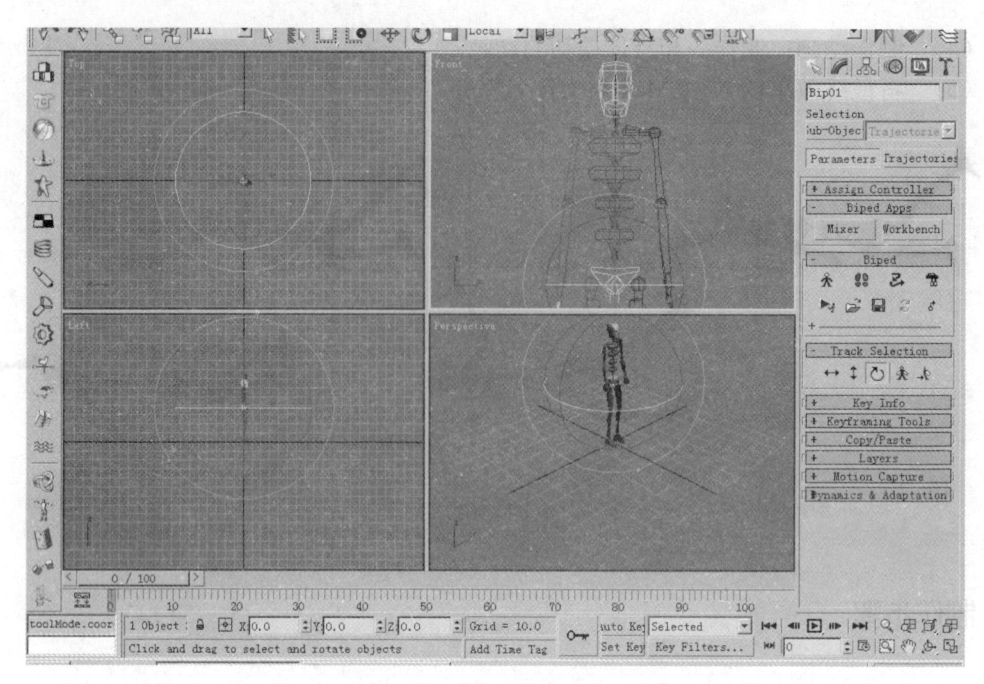

图 8.5.3

（3） 单击右键旋转命令［Select and Rotate］，*Y* 轴旋转 90 度，如图 8.5.4 所示。

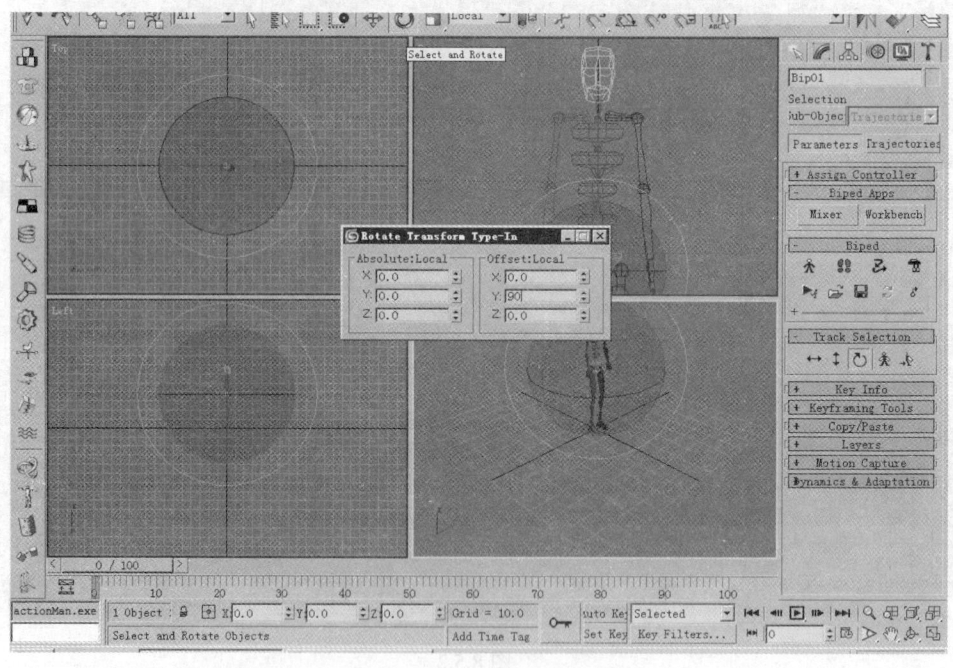

图 8.5.4

（4） 打开记录动画［Auto Key］，单击右腿（绿色的腿），参数面板显示名字为［Bip01 R Thigh］，右键旋转 *Z* 轴-30 度，将腿弯曲，脚底微微旋转，再用移动工具向下拖动，将左腿的小腿旋转，脚底向上，如图 8.5.5 所示。

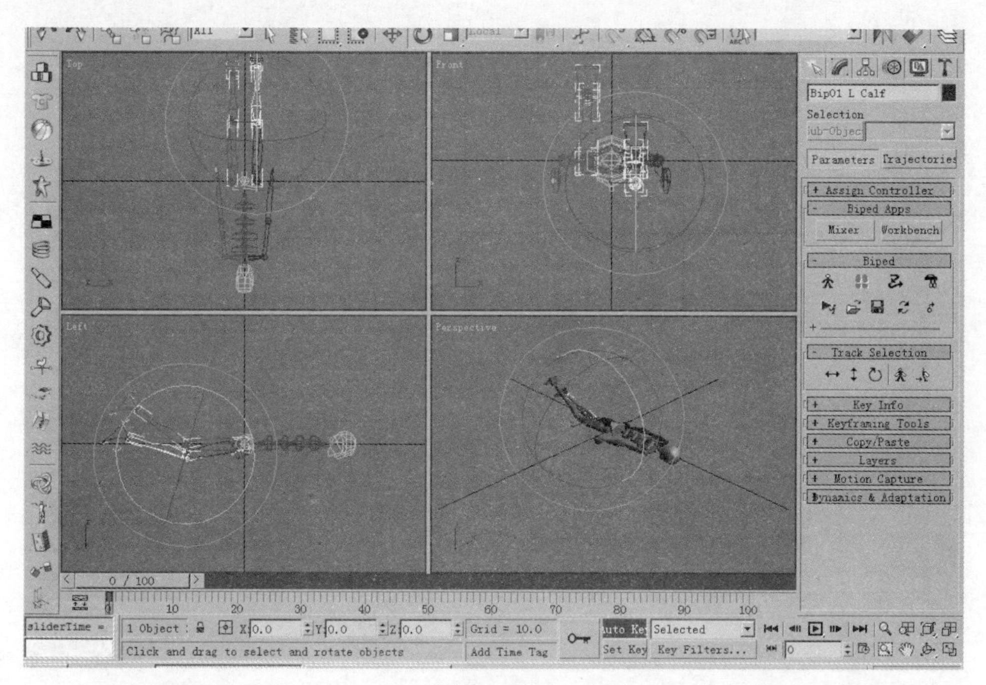

图 8.5.5

（5） 拖到第 10 帧，单击右脚，选择移动工具，向下移动，旋转脚底，如图 8.5.6 所示。

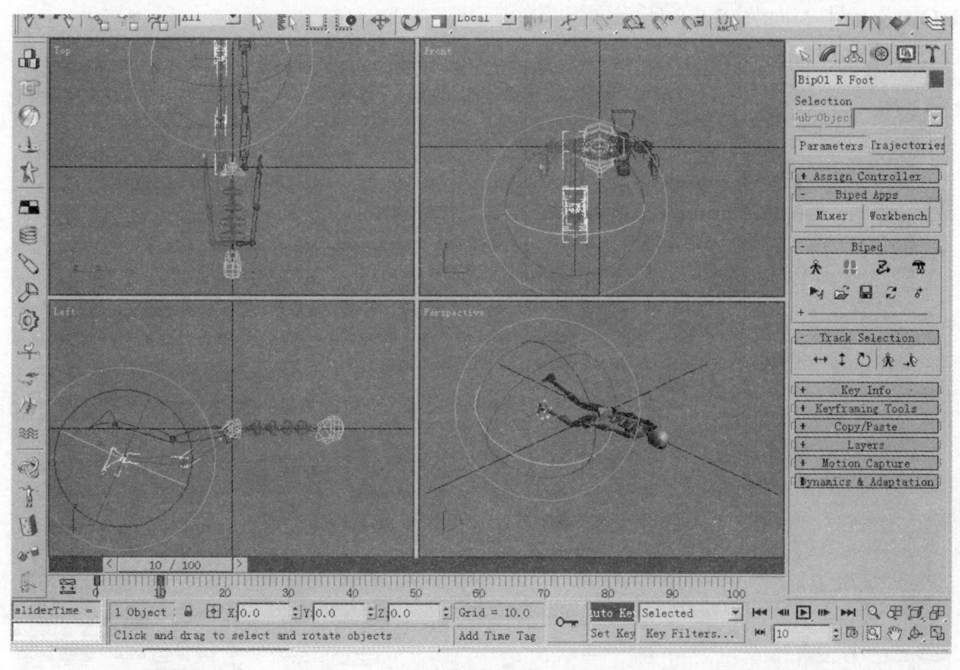

图 8.5.6

（6） 在第 10 帧，双击右腿大腿，点开［Copy/Paste］，选择复制按钮［Copy Posture］复制右腿动作。单击左腿大腿（蓝色的腿），回到第 0 帧，点击［Paste Posture Opposite］，如图 8.5.7 所示。

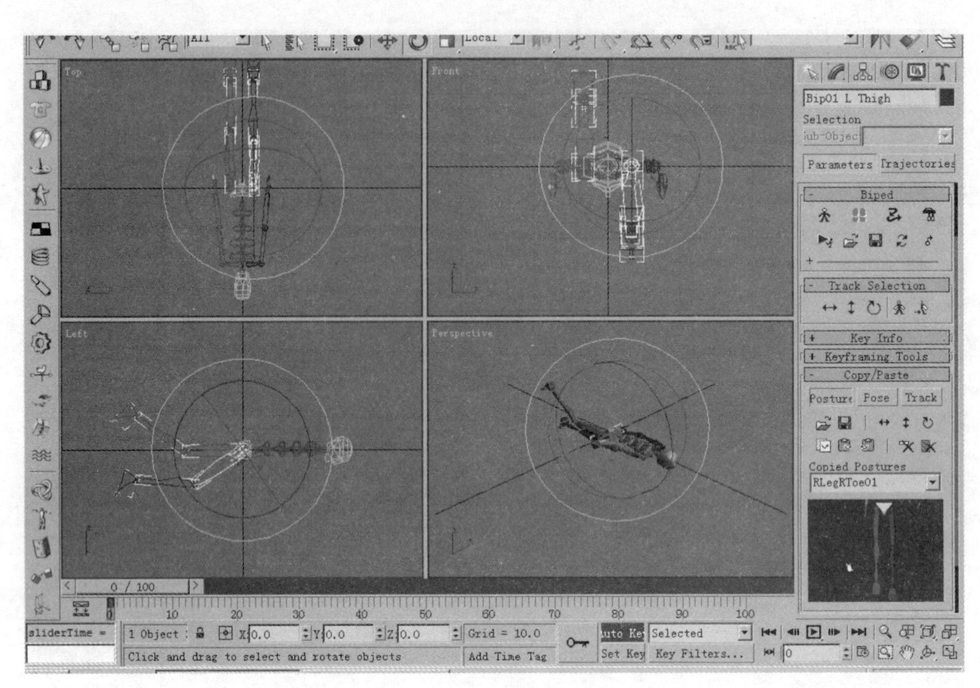

图 8.5.7

（7） 双击右腿大腿，［Copy　Posture］复制右腿姿势，单击左腿，拖到第 10 帧，［Paste Posture Opposite］，如图 8.5.8 所示。

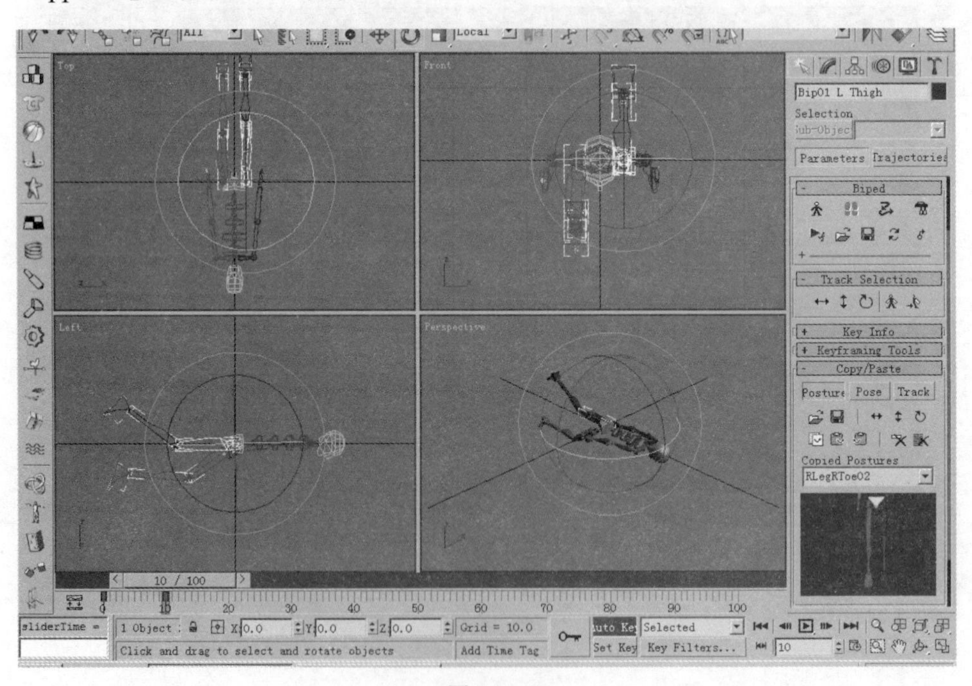

图 8.5.8

（8） 拖回第 0 帧，单击任意一条腿，单击［Track Selection］下的［Symmetrical］，点击［Copy　Posture］，在 20 帧、40 帧分别单击［Paste Posture］，如图 8.5.9 所示。

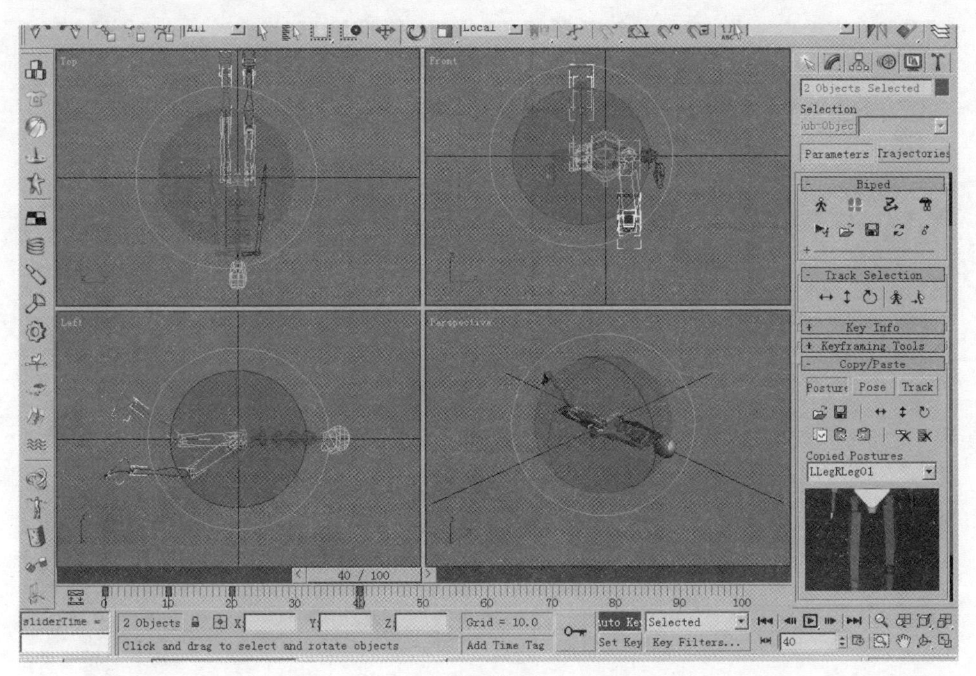

图 8.5.9

（9） 回到第 10 帧，点击［Copy　Posture］，在 30 帧，50 帧分别单击［Paste Posture］，如图 8.5.10 所示。

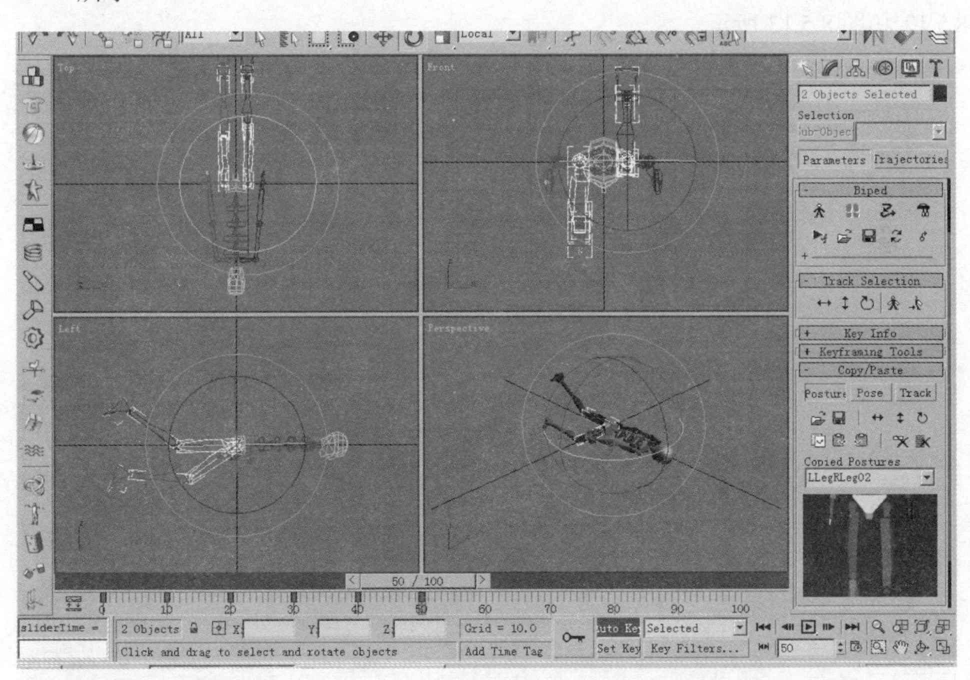

图 8.5.10

（10） 回到第 0 帧，单击［Bip01 L UpperArm］（蓝色胳膊），右键旋转按钮 *Z* 轴旋转 -160 度，如图 8.5.11 所示。

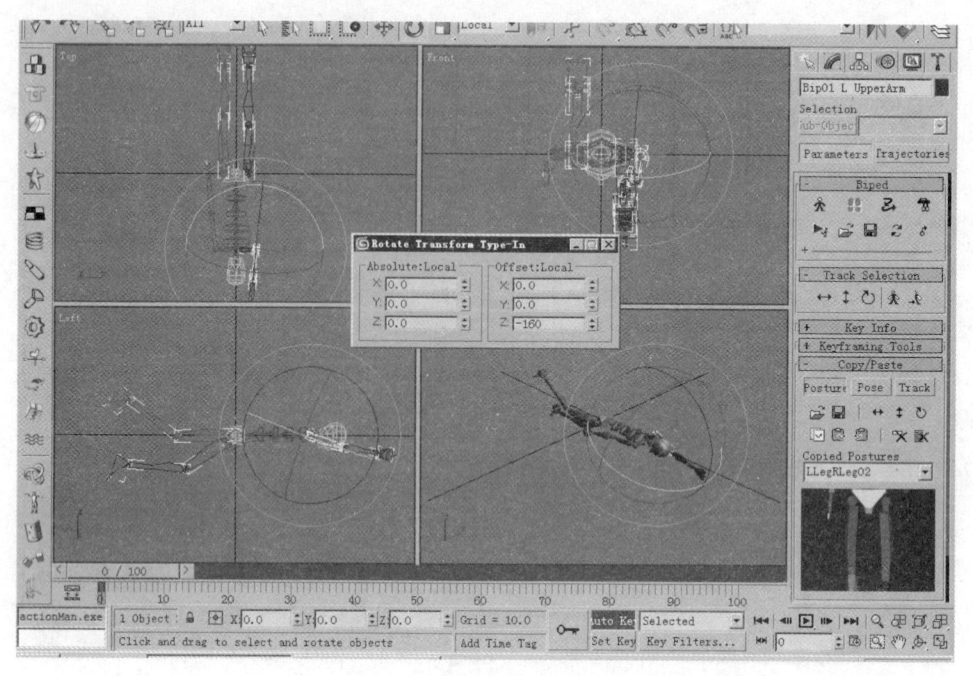

图 8.5.11

（11） 在顶视图单击右臂肩骨，参数面板名为［Bip01 L Clavicle］，右键旋转按钮，*Y* 轴-20 度。在左视图单击右手，参数名称为［Bip01 L Hand］，右键旋转按钮，*X* 轴-90 度，如图 8.5.12 和图 8.5.13 所示。

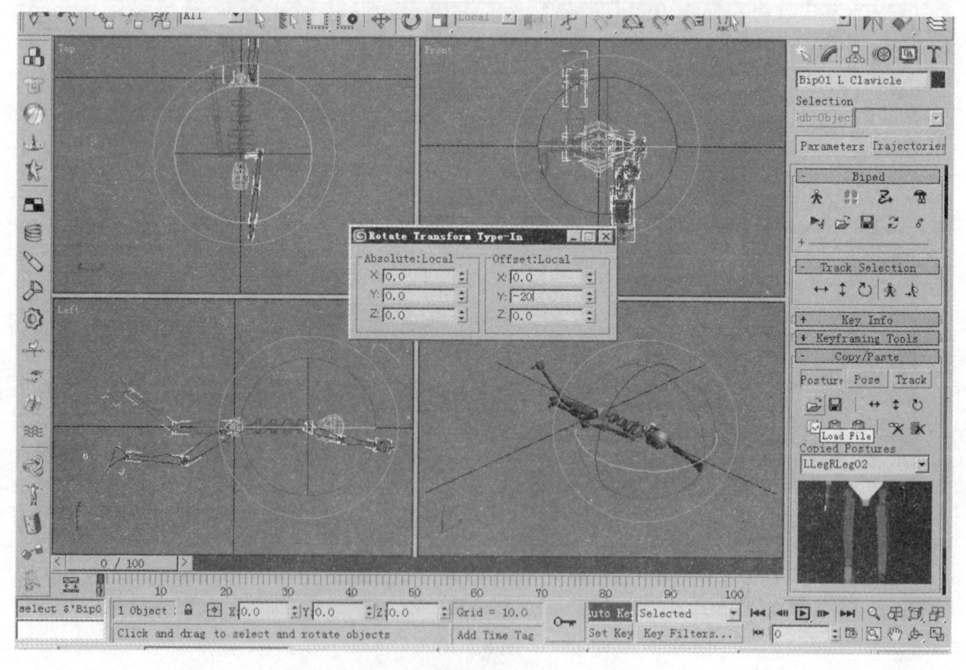

图 8.5.12

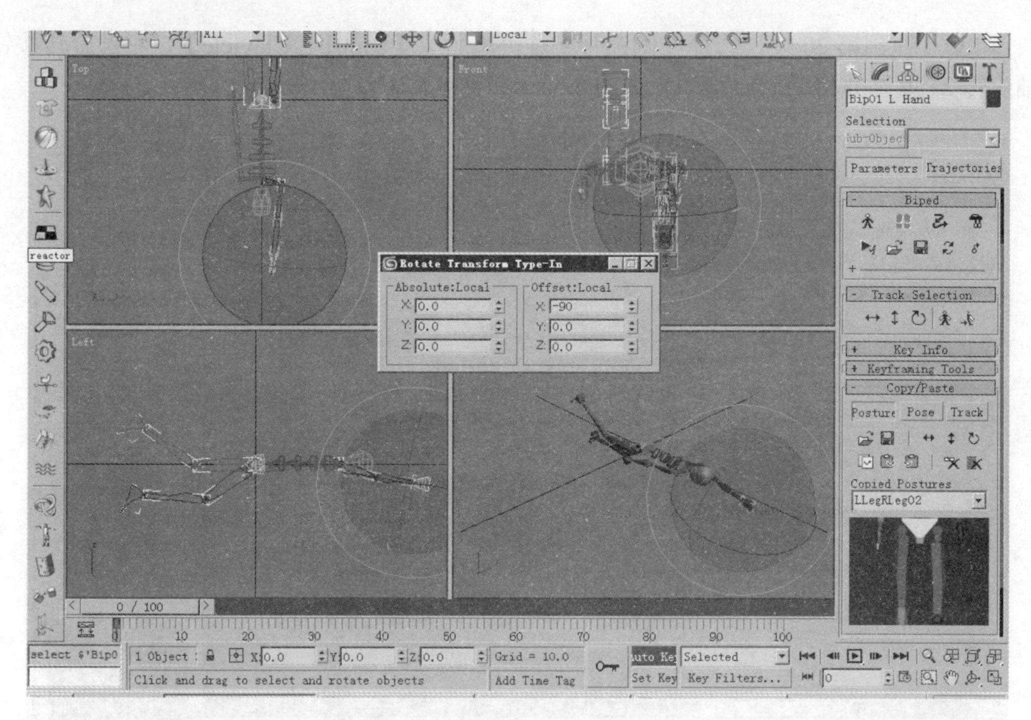

图 8.5.13

（12） 拖到第 10 帧，在左视图选择移动工具，将手向下移动直到垂直，并选择蓝色胳膊肩骨【Bip01 L Clavicle】，*Y* 轴旋转 7 度，如图 8.5.14 所示。

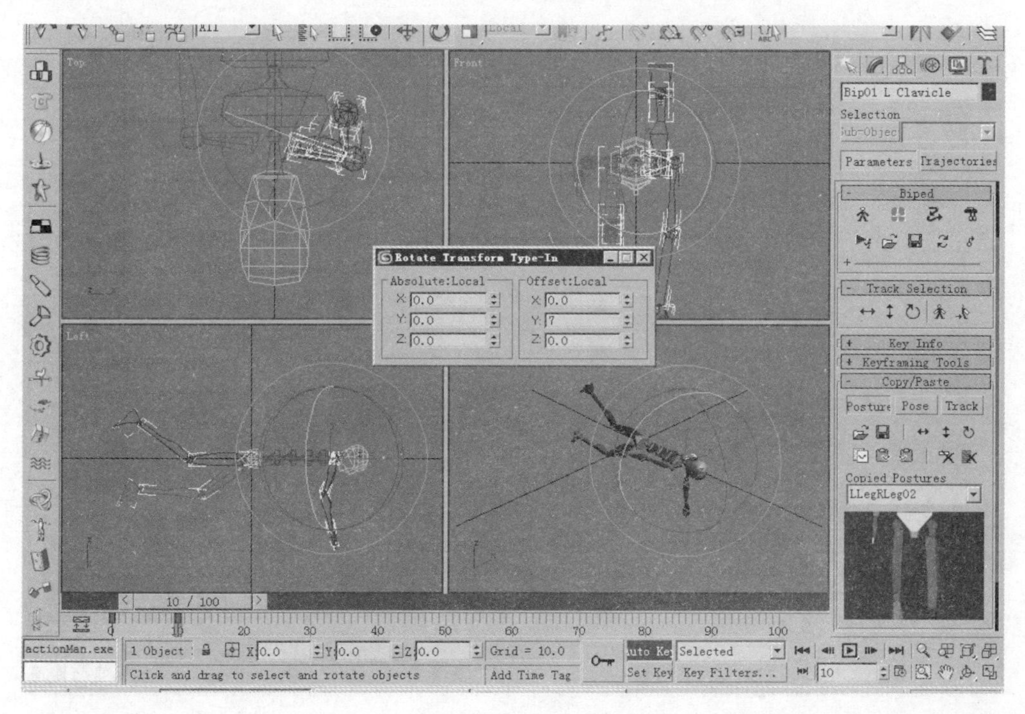

图 8.5.14

（13） 拖到第 20 帧，选择左侧锁骨（蓝色胳膊）【Bip01 L Clavicle】，右键旋转按钮，*Z* 轴旋转 24 度。并将手向后移动。如图 8.5.15 和图 8.5.16 所示。

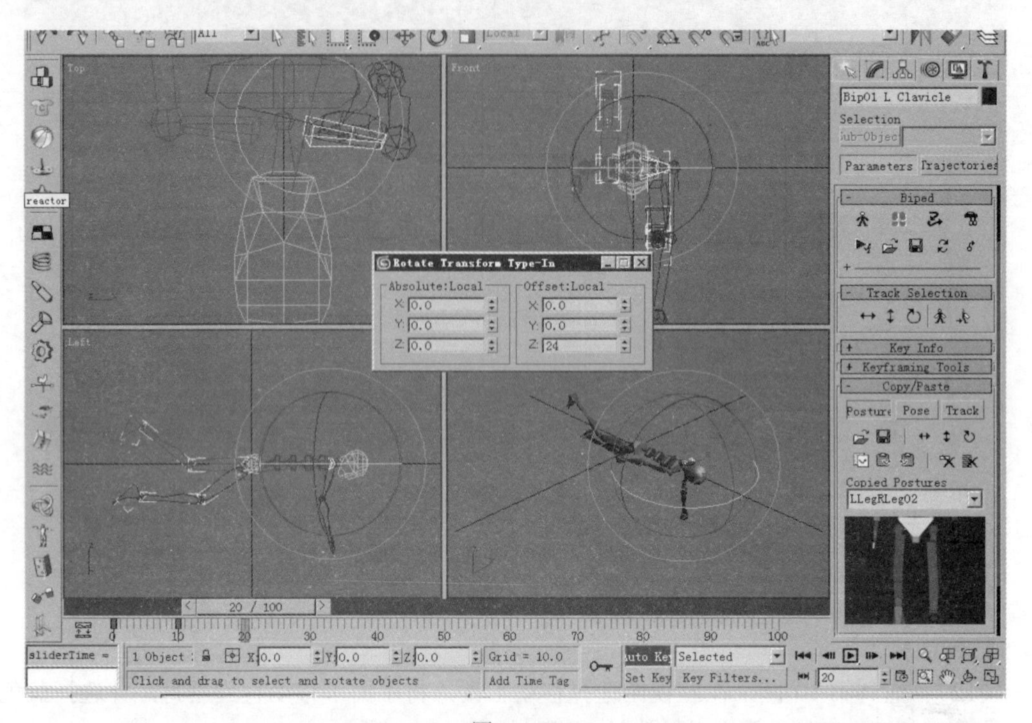

图 8.5.15

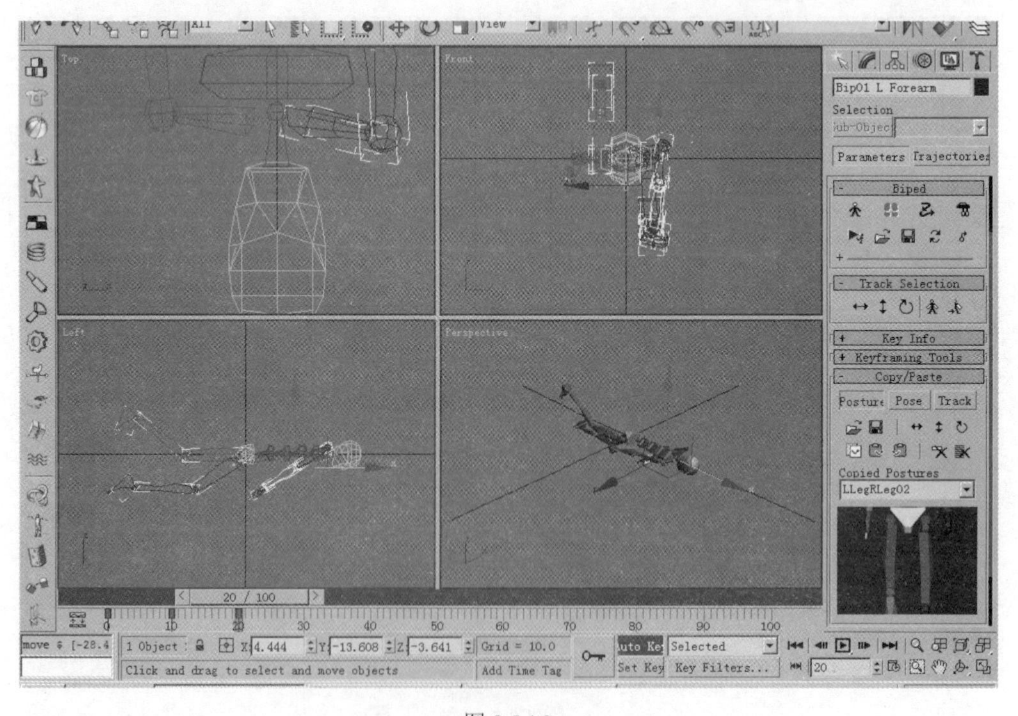

图 8.5.16

（14） 将指针拖到 30 帧，选择上臂，右键旋转按钮，*Z* 轴选择 30 度。在前视图，围绕 *X* 轴旋转手，使手掌放平，在顶视图旋转调整，如图 8.5.17 和图 8.5.18 所示。

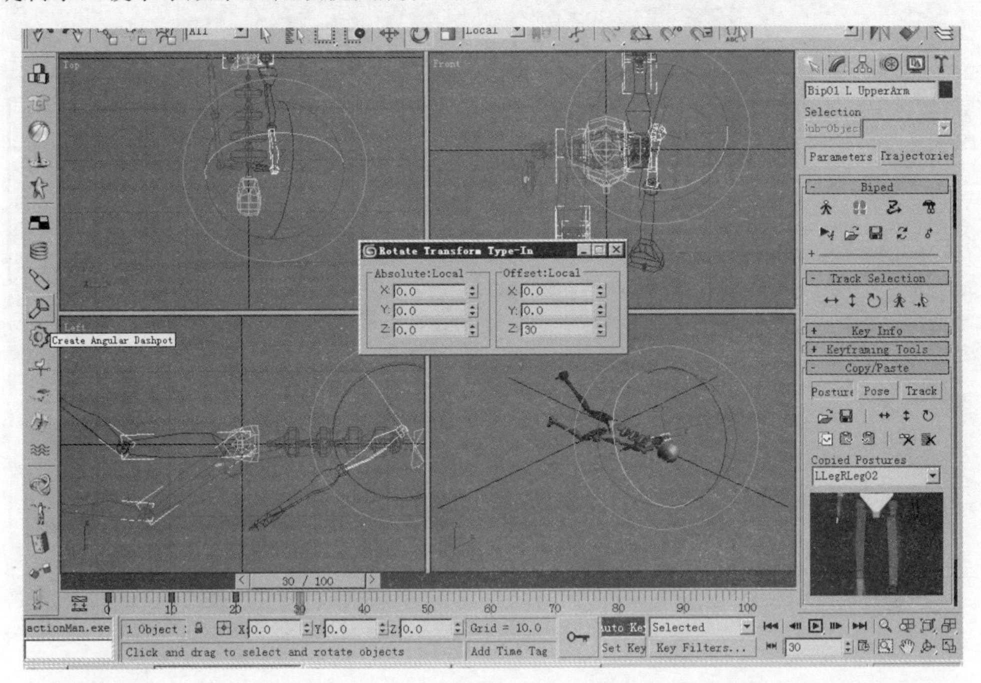

图 8.5.17

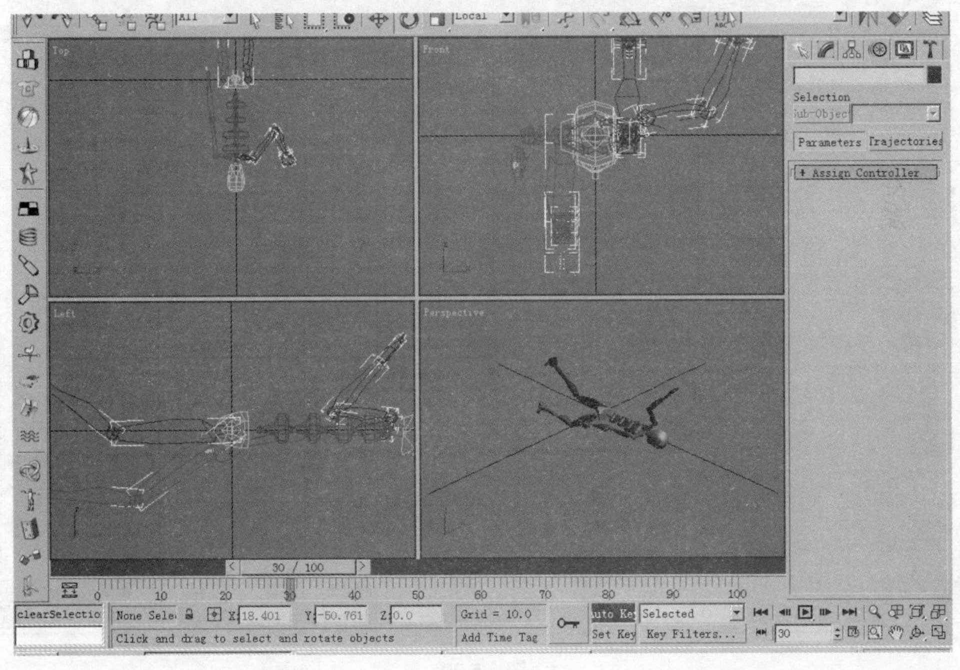

图 8.5.18

（15） 在第 40 帧，将手臂还原到第 0 帧的模样。并选择蓝色锁骨，*Z* 轴旋转-24 度。如图 8.5.19 和图 8.5.20 所示。

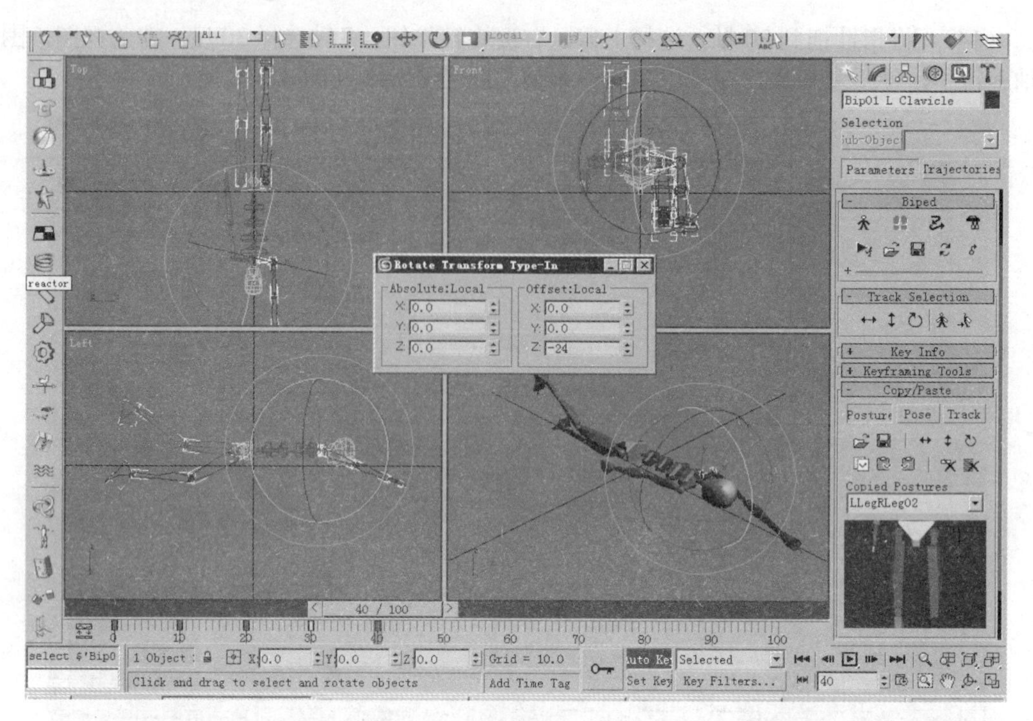

图 8.5.19

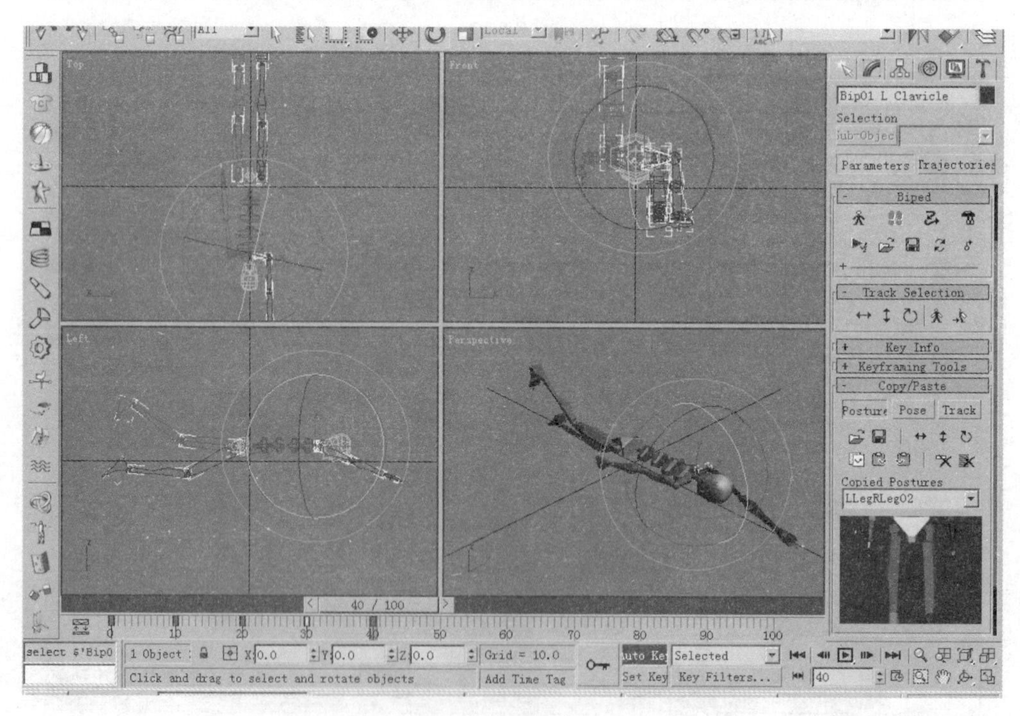

图 8.5.20

（16） 双击绿色肩胛骨处，点击 Key Info 的红色按钮（set key），如图 8.5.21 所示。

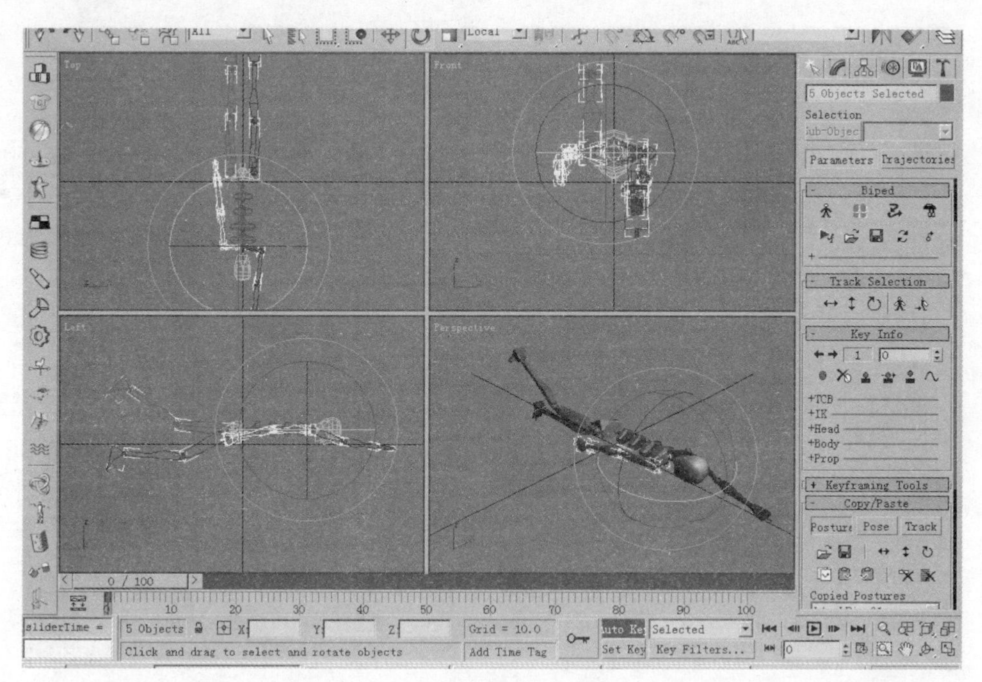

图 8.5.21

（17） 拖到 30 帧，双击蓝色胳膊肩胛骨处，选择复制按钮［Copy Posture］，双击绿色胳膊肩胛骨处，在第 10 帧进行粘贴［Paste Posture］，如图 8.5.22 所示。

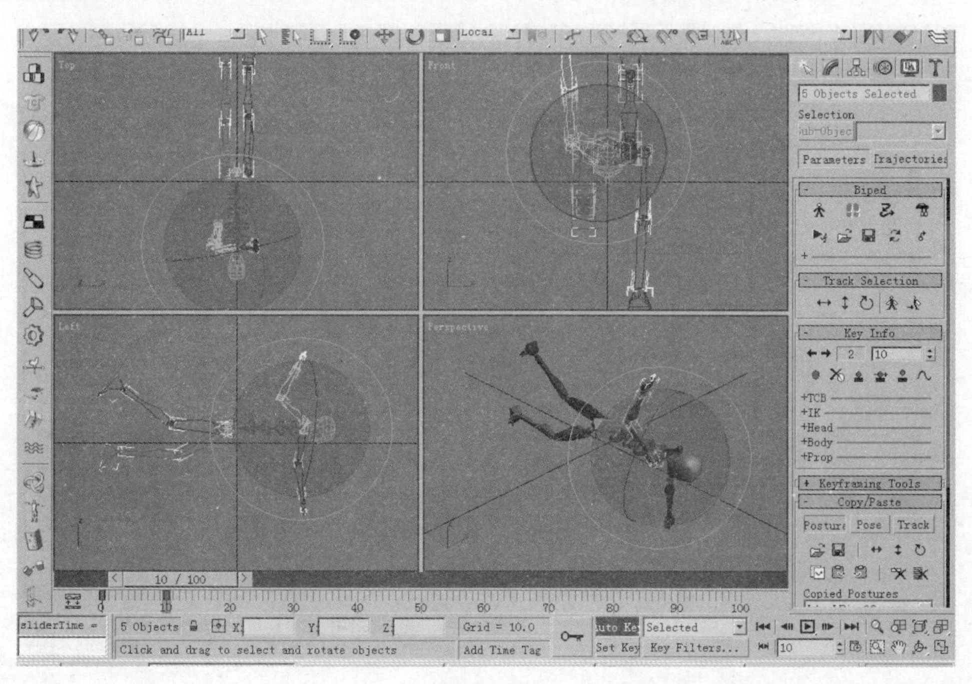

图 8.5.22

（18） 拖到 0 帧，双击蓝色胳膊肩胛骨处，选择复制按钮［Copy Posture］，双击绿色胳膊肩胛骨处，在第 20 帧进行粘贴［Paste Posture Opposite］，如图 8.5.23 所示。

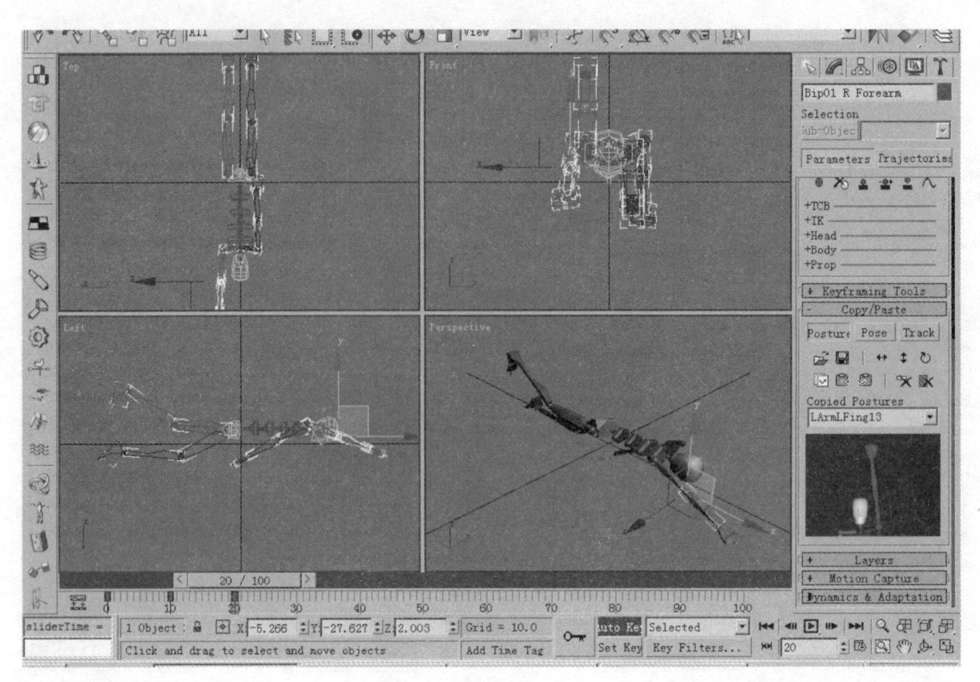

图 8.5.23

（19） 拖到第 10 帧，双击蓝色胳膊肩胛骨处，选择复制按钮［Copy　Posture］，双击绿色胳膊肩胛骨处，在第 30 帧进行粘贴［Paste Posture Opposite］，如 8.5.24 所示。

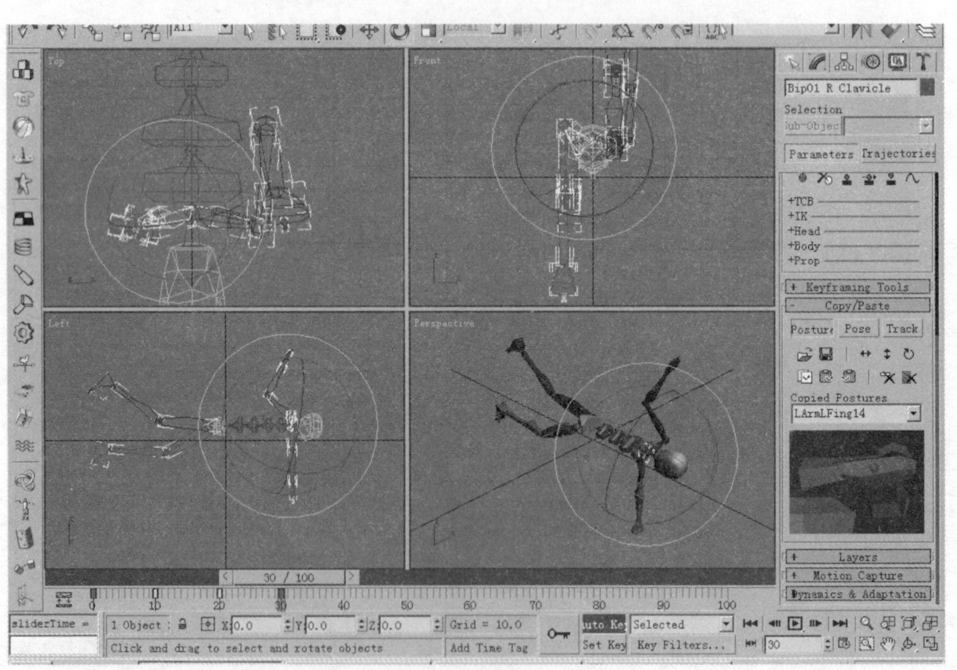

图 8.5.24

（20） 拖到第 20 帧，双击蓝色胳膊肩胛骨处，选择复制按钮［Copy　Posture］，双击绿色胳膊肩胛骨处，在第 40 帧进行粘贴［Paste Posture Opposite］，如图 8.5.25 所示。

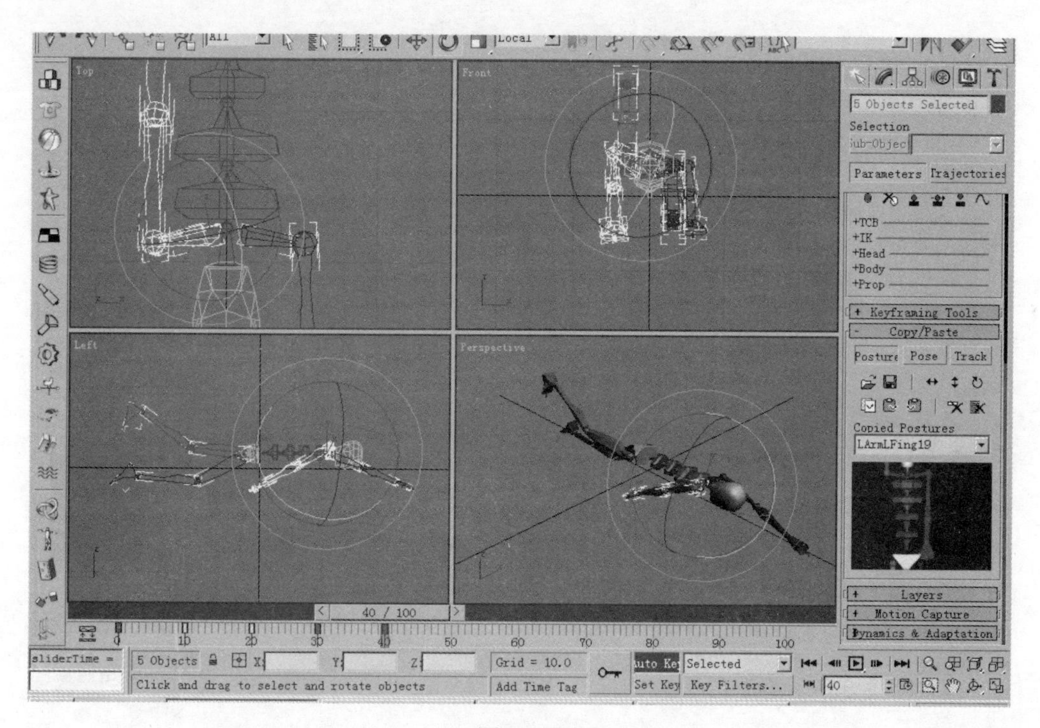

图 8.5.25

（21） 选择头部在第 0 帧将头向上旋转，如图 8.5.26 所示。

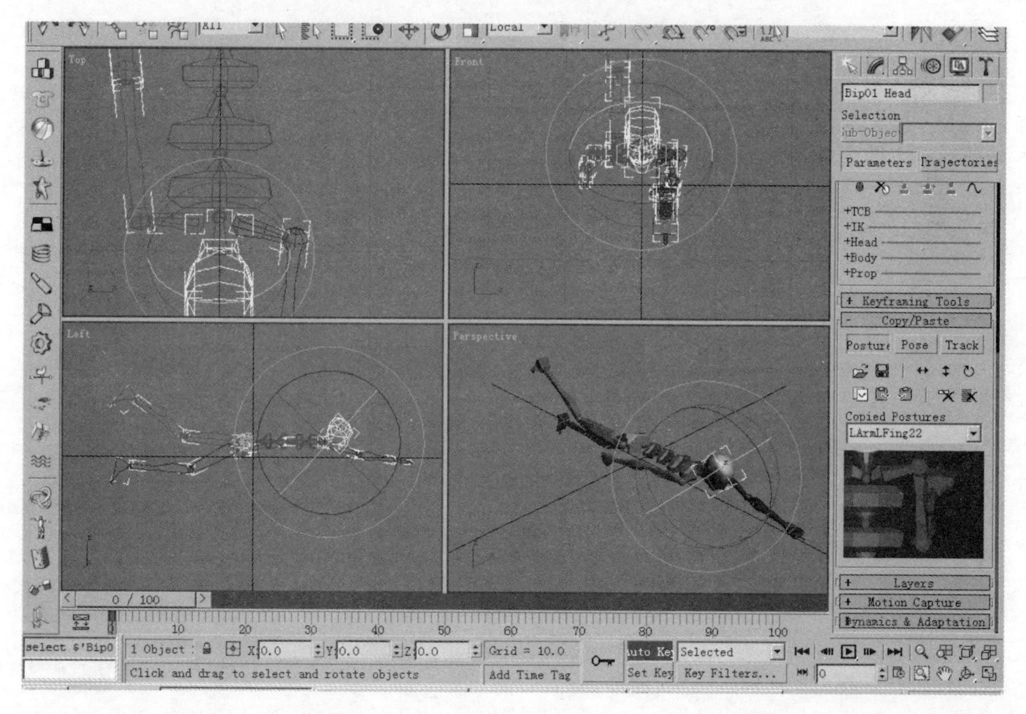

图 8.5.26

（22） 在第 20 帧，将头部旋转至平，如图 8.5.27 所示。

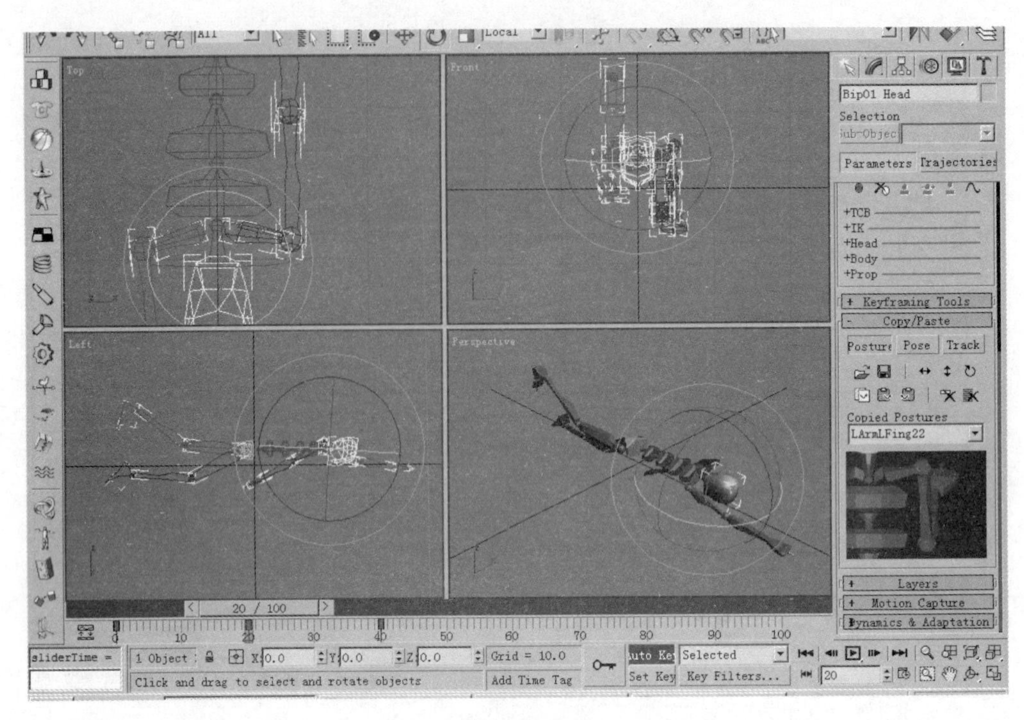

图 8.5.27

（23） 在 40 帧，旋转头部，如图 8.5.28 所示。

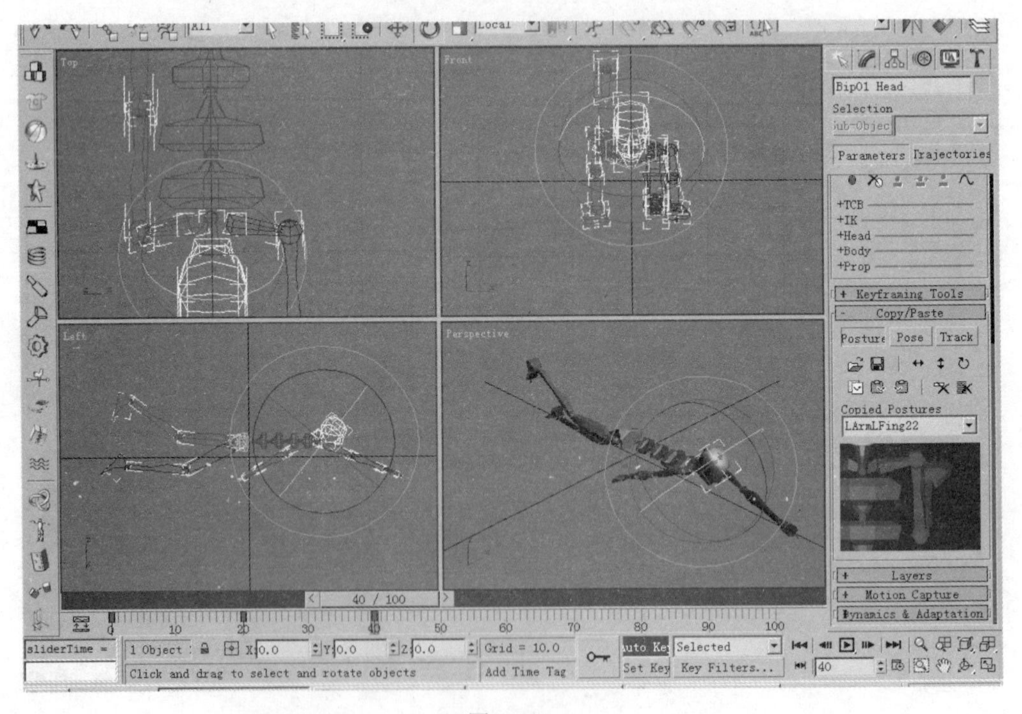

图 8.5.28

（24） 以 X8-4.max 为文件名保存。

三、注意事项

（1） 在复制粘贴姿式时，要注重是否对称粘贴。
（2） 在调整泳姿时，注意要加入头和身体的倾斜。

8.6　典型案例——两足角色递传球体动画

一、制作两足角色递传球体动画

制作两足角色递传球体动画效果图，如图 8.6.1 所示，具体要求如下。
（1） 场景布置：建立一个简易球体和地面。
（2） 两足角色：创建两个两足角色在球体两侧对立而站。
（3） 设置动作：设置左侧角色弯腰捡球并恢复站立后递球给右侧角色的动作。
（4） 制作动画：制作右侧角色丢掉球的动画。
（5） 将最终效果以 X8-5.max 为文件名保存。

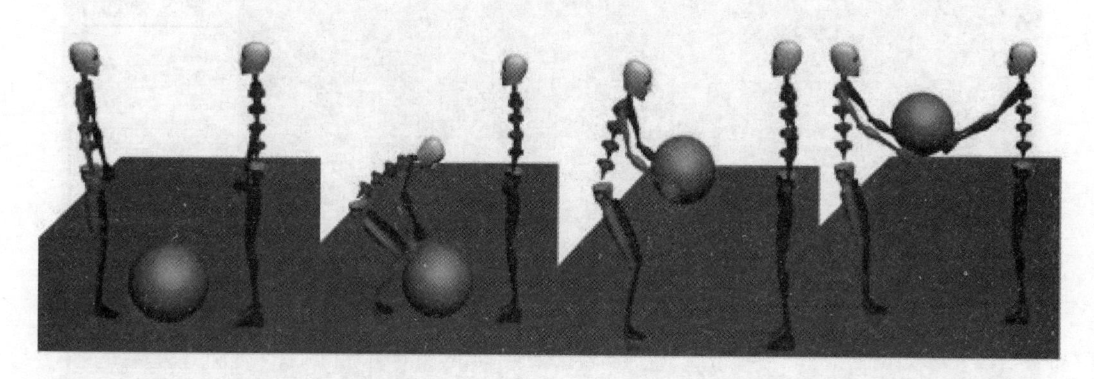

图 8.6.1

二、操作步骤

（1） 顶视图建两个骨骼，对视，再建一个地面和球，如图 8.6.2 所示。

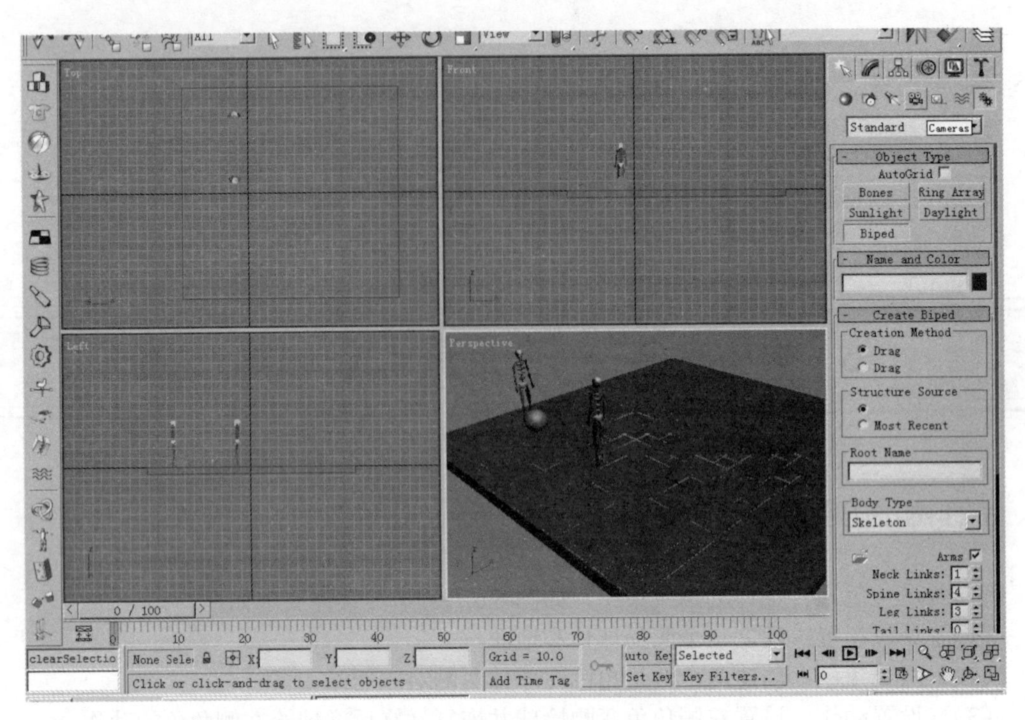

图 8.6.2

（2） 把帧拉到第 40 帧移动骨骼四肢，要保证脚在同一位置和高度，如图 8.6.3 所示。

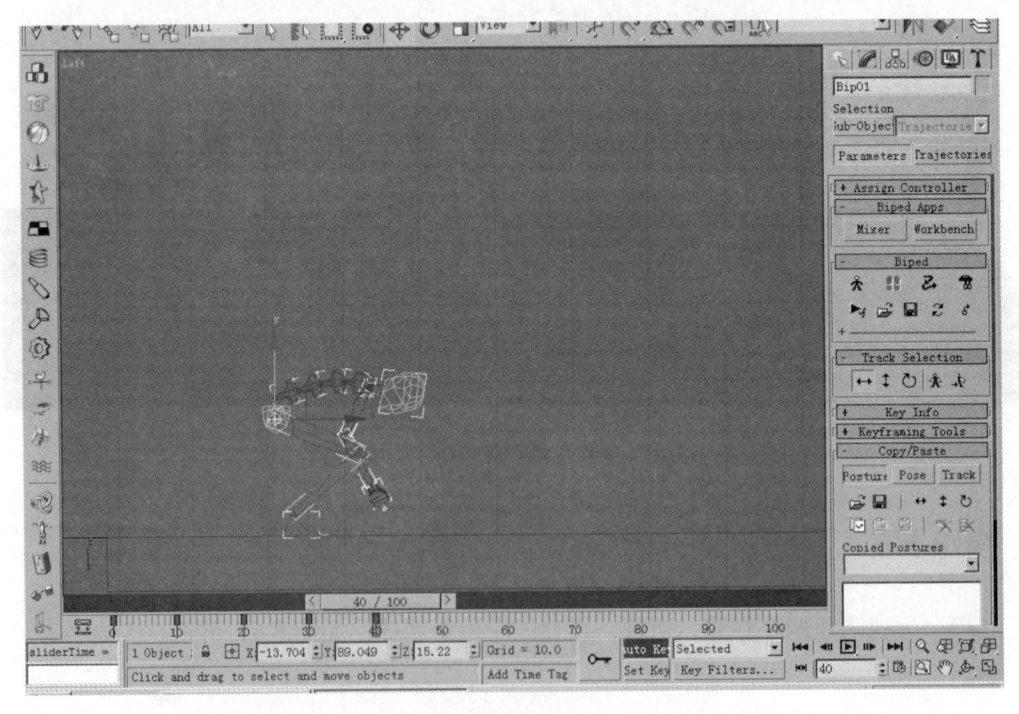

图 8.6.3

（3） 在第 70 帧变成如图 8.6.4 所示。

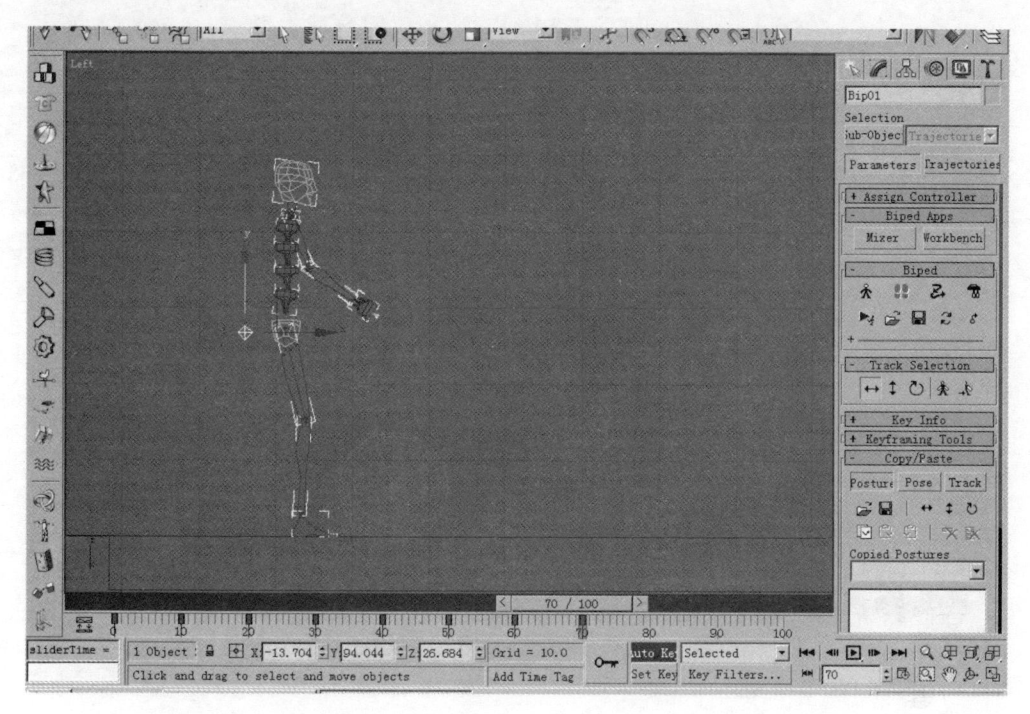

图 8.6.4

（4） 选择球体，点击 Motion 面板，在 Assign controller 中选择 Teansform 后按，选 Link c…，如图 8.6.5 所示。

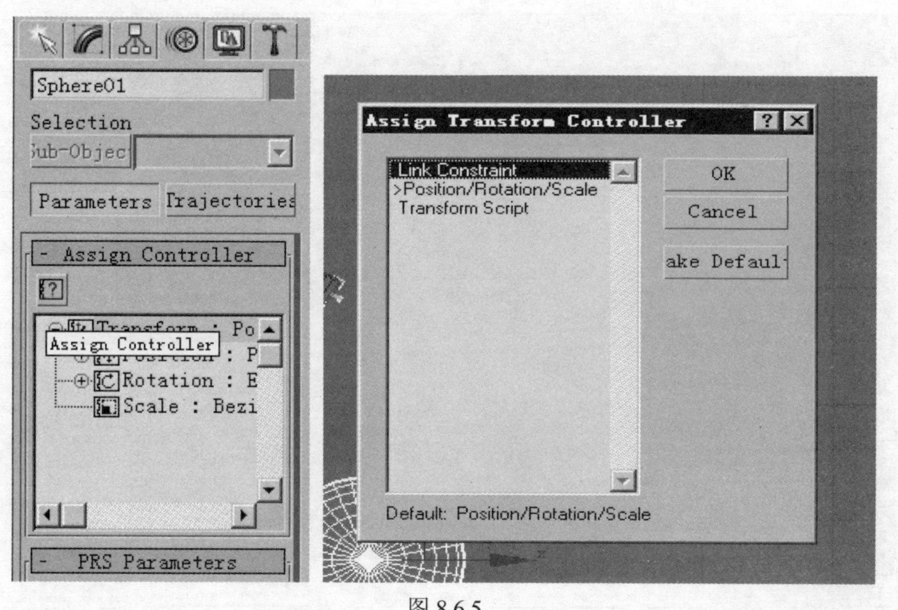

图 8.6.5

把帧滑到第 0 帧，按 Add Link，点地面；再滑到第 40 帧，选择左边的手，再把 Add Link 关掉；再滑到 80 帧，把球给右侧骨骼，如图 8.6.6 所示。

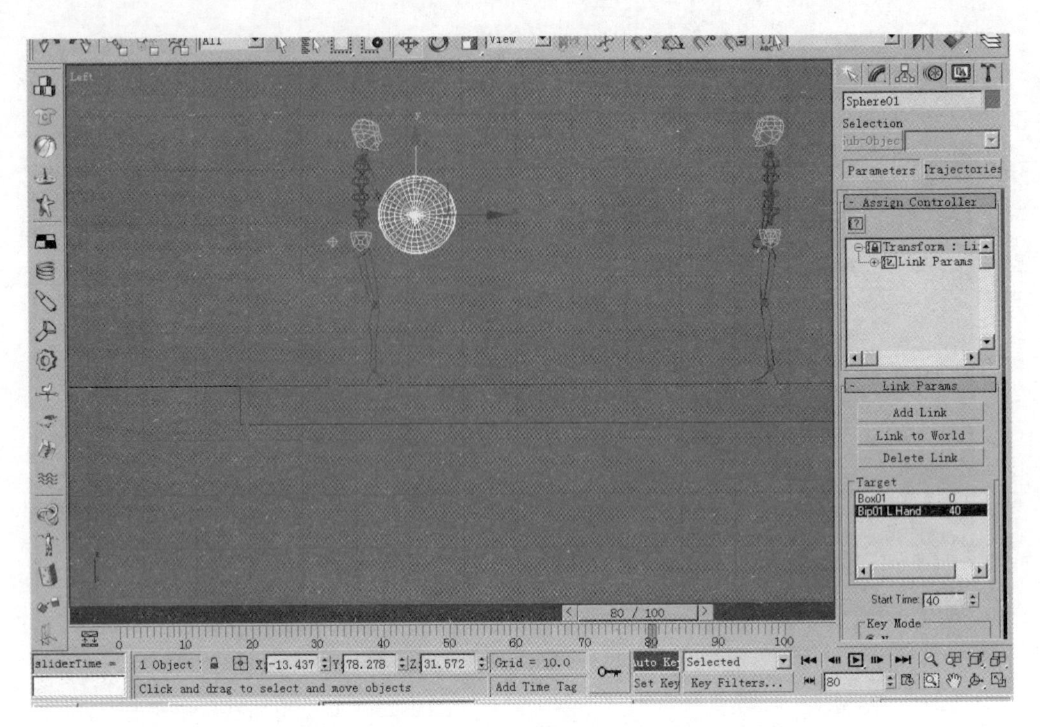

图 8.6.6

（5） 再滑到第 70 帧，选右侧人手臂，掰到如图 8.6.7 所示位置。

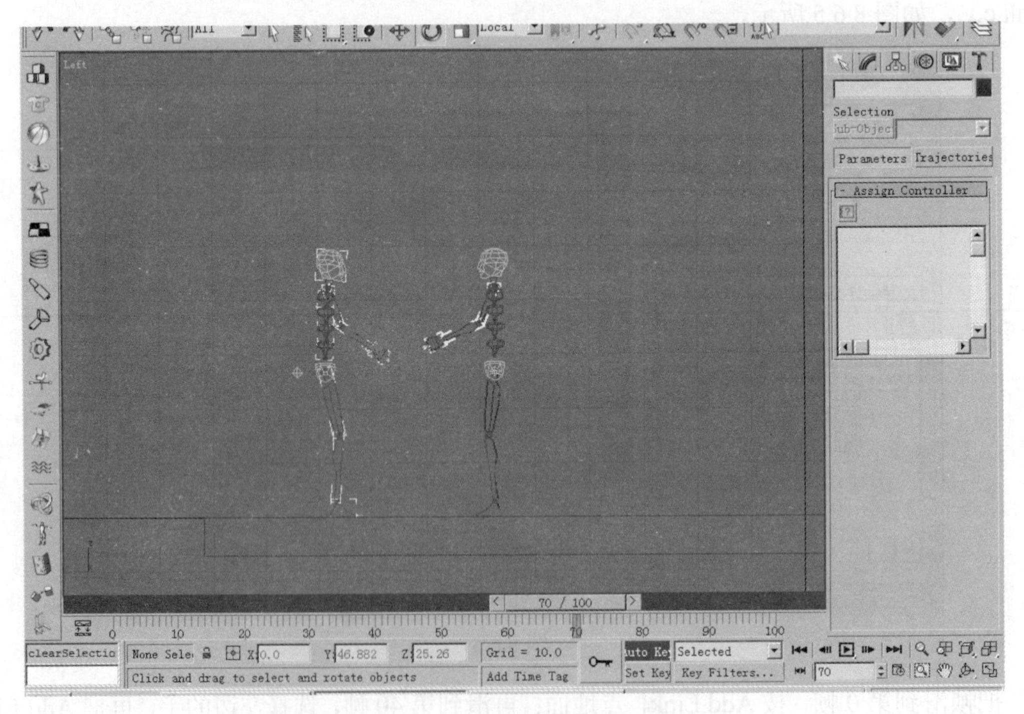

图 8.6.7

（6） 再滑到第 80 帧把左侧的人手抬高，如图 8.6.8 所示。

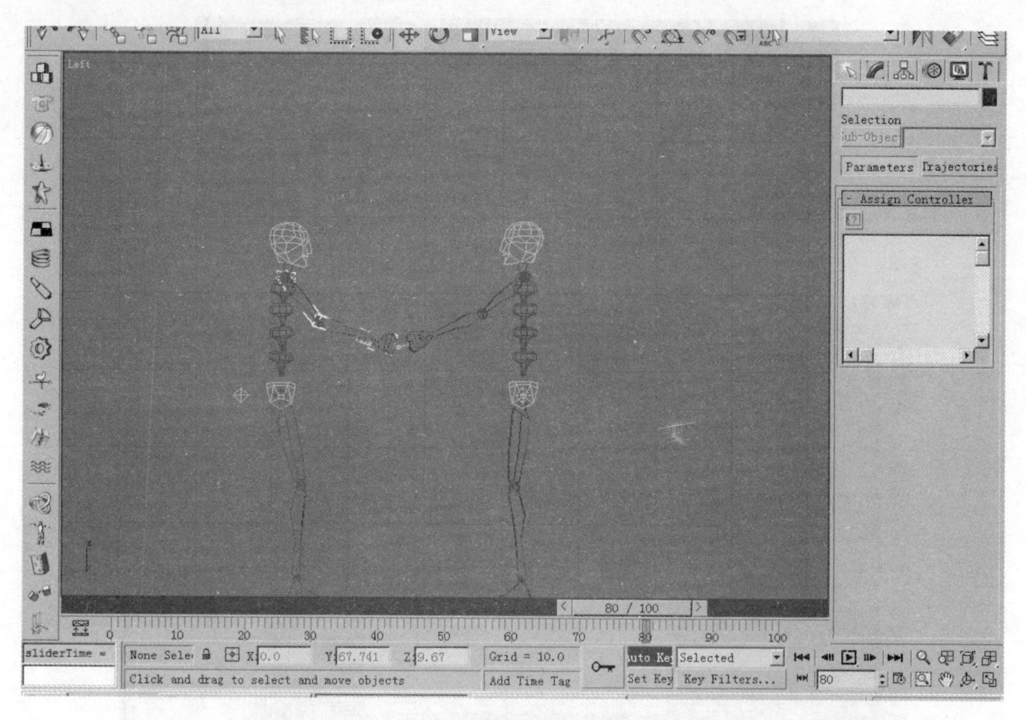

图 8.6.8

（7） 选球，在 Motion 单击 Add Link 后，点右侧人的手，如图 8.6.9 所示。

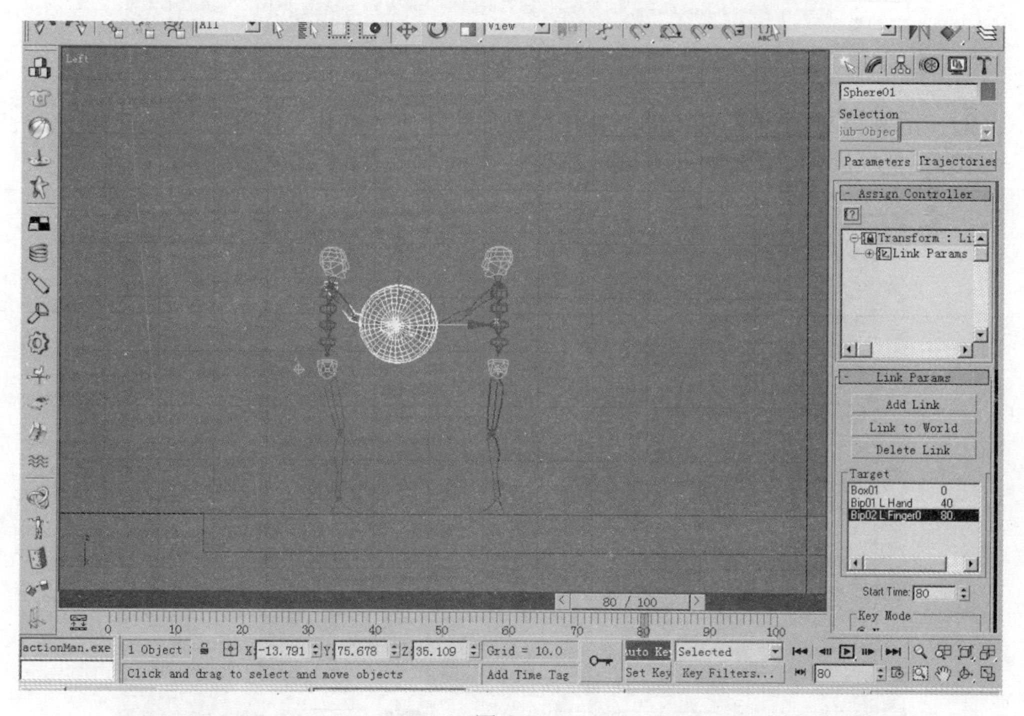

图 8.6.9

（8） 改变动画帧变成第 110 帧，方法如图 8.6.10 和图 8.6.11 所示。

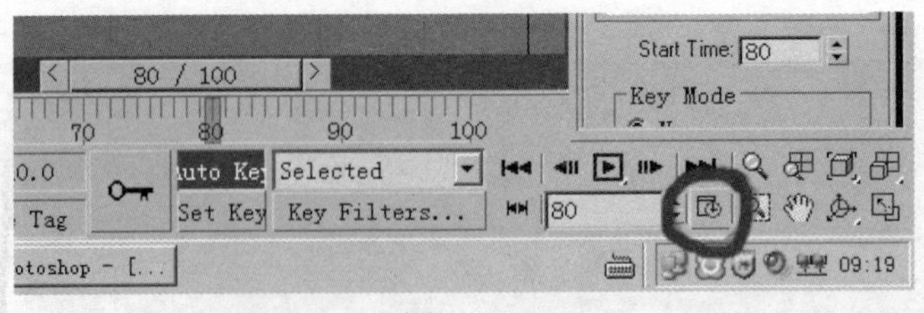

图 8.6.10

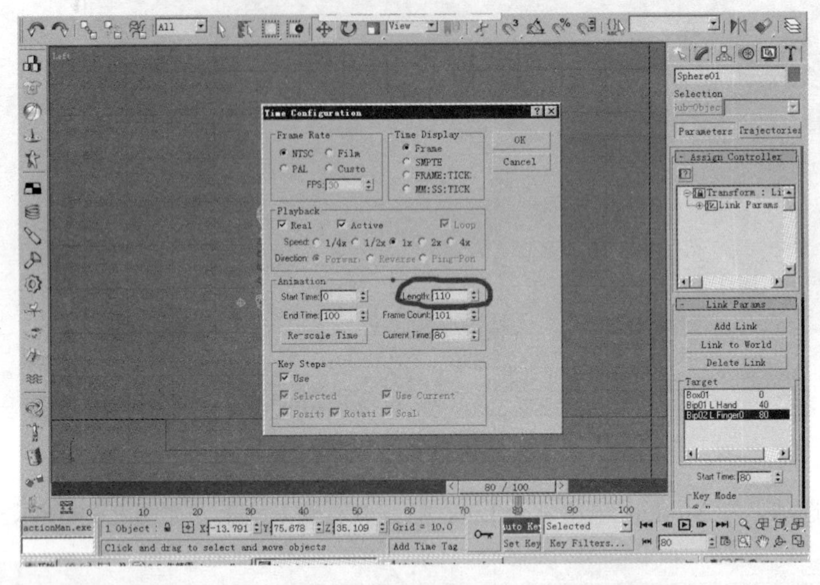

图 8.6.11

（9） 滑到第 90 帧把左侧人的胳臂还原到原来位置。

（10） 把帧滑到第 100 帧把右侧人胳臂往下移，如图 8.6.12 所示。

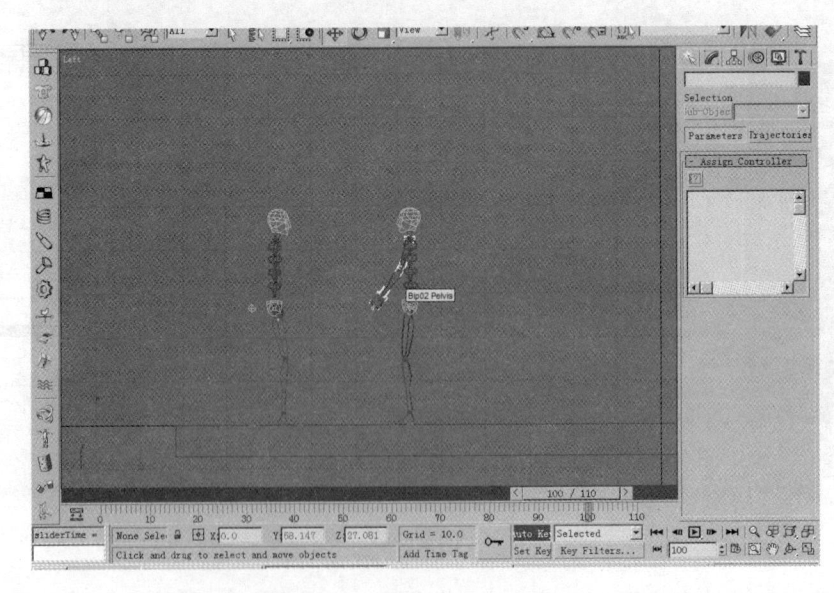

图 8.6.12

（11） 第 110 帧把球扔到地上，选球 Add Link 选地，再按 auto key，把球移到地面就完成。

三、注意事项

（1） 在链接过程中，注意只要选择骨骼的一部分即可。
（2） 最后抛球最好设计一个过程，更能体现出断开链接的作用。

附件 1　3ds max 高级图像制作员能力要求

一、3ds max 高级图像制作员能力要求

1. 一般知识要求

了解平面和立体构图基本知识和计算机彩色模式及基本配色原理；

掌握微机及常用图形图像处理设备（如鼠标器、扫描仪、打印机等）基本连接和简单使用的相关知识；

掌握计算机 DOS 和 Windows 两种操作系统的基本知识和基本命令的使用，特别是文件管理、图形图像文件格式及不同格式的特点和相互间转换的基本知识；

掌握点阵图像和矢量图形的特点；

掌握图层、通道、蒙板、分色、图像分辨率等基本概念；

熟悉动画的基本概念。

2. 技能要求

具有三维动画制作软件基本的使用能力；

具有平面图像处理软件基本的使用能力；

具有平面及三维动画软件结合使用的能力；

具有基本的图像扫描设备和输出设备使用能力；

实际能力要求达到：能结合使用三维动画制作软件和平面图形图像处理软件、图像扫描和输出设备独立地完成平面静态图像或三维静态图像及动画的创意、设计工作。

二、3ds max 高级图像制作员鉴定标准

1. 基础知识

扫描仪、打印机（或其他输出设备）与主机的正确连接，配置和操作；Windows 98/2000 或 Windows XP 基本操作；软件的正确安装和配置。

2. 屏幕操作

屏幕布局、视图布局及其控制；菜单、命令工具栏、视图区、状态提示行、对话框的基本使用方法；命令面板、面板卷展栏和编辑堆栈的操作；选择集和命名选择操作：选择状态、命名选择集的编辑、选择集的锁定等；网格捕捉和角度捕捉；图层的操作使用；内部各种文件格式的意义及转换。

3. 二维造型操作

单一和复合 Spline 样条曲线的创建；图形元素点、线、面以及曲线步数的概念；利用 Edit Spline 编辑器编辑点（Vertex）、线段（Segment）和样条曲线（Spline）；Spline 曲线可渲染性（Renderable）控制；显示方式的设置。

4. 三维放样操作

放样路径（Path）和放样图形（Shape）的概念与操作；放样物体表面参数（Surface Parameters）的控制（包括平滑和放样贴图）和皮肤参数（Skin Parameters）的控制；放样路径参数（Path Parameters）的控制（包括路径步数、同一路径上不同造型的放样）；放样步数设置及其对物体复杂度的影响等；利用放样变形工具（Scale 变形、Twist 变形、Teeter 变形、Bevel 变形和 Fit 适配变形）进行放样；利用 Extrude、Lathe、Bevel 和 Bevel Profile 等编辑器生成三维物体。

5. 三维编辑操作

创建各类基本物体（Standard Primitive）和扩展物体（Extended Primitive）；创建各类复合物体：Morhp、Scatter、Conform、Connect、ShapeMerge、Boolean；创建各类标准门、窗户和墙体；创建各类粒子物体和空间扭曲物体以及使用基于空间扭曲物体的编辑器；利用 Edit Mesh、Bevel、Noise、Taper、Twist、Affect Region、DeleteMesh、Displace、FFD 2×2×2、FFD 3×3×3、FFD 4×4×4、FFD（Box）、FFD（Cyl）、Face Extrude、Lattice、Mirror、Relax、Ripple、Skew、Slice、Teselate、Wave 等编辑器编辑修改三维物体。

6. 灯光、照相机及环境效果控制

环境光效果的控制；泛光灯、聚光灯（有目标和无目标聚光灯）和定向光（有目标和无目标定向灯）的创建；各类灯光效果（如光色、光强、投影形式、排除设置、光线衰减等）控制、聚光灯视图的使用等；摄影机（定向和不定向摄像机）创建及其效果控制，摄影机视图的使用等；背景及场景环境效果设置：水平雾、层雾、体光、体雾、燃烧效果控制等。

7. 材质设定和编辑操作

材质编辑器（Material Editor）和材质浏览器（Material/Map Navigator）的操作；材质库的打开、关闭、合并和重建；材质选择、获取、显示和设定，材质的取入、存储和删除；材质基本属性（Basic Parameters）控制，包括：表面颜色、反射强度、自体发射、透明度、双面、网格、面状贴图等属性；材质扩展属性（Extended Parameters）控制，包括：透明梯度、网格粗度及反射属性；Ambient、Diffuse、Specular、Glossiness、Self-Illumination、Opacity、Bump、Reflection、Refraction 贴图的材质设计；Checker、Cellular、Composite、Gradient、Planet 和 Mask 等程序型贴图的控制与使用；利用 UVW Map、Map Scaler 和 Unwrap UVW 编辑器控制贴图的方式；Multi/Sub-Object（多/子对象材质）的设计和使用。

8. 动画设计操作

动画原理、动画控制按钮及基本动画设计；物体链接与链接运动，虚拟物体的创建及其使用技巧；动画轨迹设计及曲线编辑器（Curve Edite）的使用和关键帧信息控制；位置运动控制器（Position Controller）、比例变化运动控制器（Scale Controller）和旋转运动控制器（Rotate Controller）的使用；物体的变形动画设计；灯光动画设计；摄像机动画设计；动画预演；静态图像和动画渲染：渲染工具、渲染参数设置和输出选项。

9. 影像合成

Video Post 编辑器的使用；静态图像和动画的合成；声音合成；基本图像滤镜事件（Image Filter Event）的使用：Fade、Contrast、Image Alpha、Lens Effects Flare、Lens Effects Focus、Lens Effects Glow、Lens Effects Highlight、Negative、Pseudo Alpha 滤镜事件等。

附件 2　高新技术考试 3ds max 平台高级图像制作员考试大纲

3ds max 高级操作员技术考试共分为 8 个单元的内容，全部为实验操作题；试卷满分为 100 分，60 分及格，通过考试。

第一单元 建模修改（12.5 分）

（1）　建立场景：具备建立常用物体和布置基本场景的能力。

（2）　创建模型：准确掌握二、三维建模的方法；精通各个工具和命令的使用方法。

（3）　修改模型：熟练使用各个编辑命令和相关操作；能够正确理解物体修改变形的内涵和组合操作；掌握建立复杂形状物体的技巧。

（4）　添加效果：能够制作常见物体的效果图。

第二单元 材质贴图（12.5 分）

（1）　建立场景：具备建立常用物体和布置基本场景的能力。

（2）　纹理贴图：具有描绘基本物体贴图的能力，深娴组合贴图纹理的表现方法。

（3）　制作材质：精通各种常用材质的使用技巧；能够仿制物品材质。

（4）　添加效果：正确处理物品材质与环境的协调关系。

第三单元 灯光环境（12.5 分）

（1）　建立场景：具备建立常用物体和布置基本场景的能力。

（2）　设置灯光：熟练使用各种灯光工具；掌握各种灯光的组合技法。

（3）　环境效果：具有增强场景环境的能力。

（4）　渲染合成：精通各种渲染技巧的综合应用；能够根据相应场景设计适宜的氛围。

第四单元 面片曲面（12.5 分）

（1）　建立场景：具备建立常用物体和布置基本场景的能力。

（2）　面片曲面：精通 NURBS 曲面的各种技法；精通面片网格的使用；结合曲面制作各种曲面造型。

（3）　调整修改：准确理解曲面的点、线、面、网络编辑原理；掌握描绘图像轮廓的方法。

（4）　添加效果：具有为曲面材质和灯光环境的能力。

第五单元 粒子特效（12.5 分）

（1） 建立场景：具备建立常用物体和布置基本场景的能力。

（2） 粒子系统：深入理解和使用粒子系统；熟练使用粒子动力学。

（3） 调整修改：精于各种粒子的调整和变换技巧。

（4） 效果修饰：结合空间扭曲制作各种特殊效果。

第六单元 动画角色（12.5 分）

（1） 创建场景：具备建立常用物体和布置基本场景的能力。

（2） 结构变换：了解的关键帧动画的制作方法；掌握骨骼制作的技巧。

（3） 设置动作：结合模型制作骨骼动画；了解运动控制的功能。

（4） 记录动画：掌握轨迹视窗的使用方法。

第七单元 Reactor（12.5 分）

（1） 场景布置：具备建立常用物体和布置基本场景的能力。

（2） 设置属性：正确制作硬体、软体、布料、绳索、水等物体的属性和作用力。

（3） 动作过程：掌握风、运动和破碎等的动作方法。

（4） 物体效果：了解制作凹凸不平物体相互作用。掌握约束运动物体的方法。

第八单元 Character Studio（12.5 分）

（1） 场景布置：具备建立常用物体和布置基本场景的能力。

（2） 两足角色：能够正确建立两足角色；掌握人物体格与体形的建立方法。

（3） 设置动作：具有制作角色自由行走与步态行走的能力；掌握使用角色结构与模型封套组合；具有使用运动轨迹、工作台、混和器和流程的能力。

（4） 制作动画：设计角色与物品相互作用，制作风格独特的动画作品；能够完成群集系统工作。

附件 3　3ds max 常用快捷键

A——角度捕捉开关
B——切换到底视图
C——切换到摄像机视图
D——封闭视窗
E——切换到轨迹视图
F——切换到前视图
G——切换到网格视图
H——显示通过名称选择对话框
I——交互式平移
K——切换到背视图
L——切换到左视图
N——动画模式开关
O——自适应退化开关
P——切换到透视用户视图
R——切换到右视图
S——捕捉开关
T——切换到顶视图
U——切换到等角用户视图
W——最大化视窗开关
X——中心点循环
Z——缩放模式
〖——交互式移近
〗——交互式移远
/——播放动画
F5——约束到 X 轴方向
F6——约束到 Y 轴方向
F7——约束到 Z 轴方向
F8——约束轴面循环
Space——选择集锁定开关

End——进到最后一帧
Home——进到起始帧
Insert——循环子对象层级
PageUp——选择父系
PageDown——选择子系
Grey＋ ——向上轻推网格
Grey－ ——向下轻推网格
Ctrl＋A——重做场景操作
Ctrl＋B——子对象选择开关
Ctrl＋F——循环选择模式
Ctrl＋L——默认灯光开关
Ctrl＋N——新建场景
Ctrl＋O——打开文件
Ctrl＋P——平移视图
Ctrl＋R——旋转视图模式
Ctrl＋S——保存文件
Ctrl＋T——纹理校正
Ctrl＋W——区域缩放模式
Ctrl＋Z——取消场景操作
Ctrl＋Space——创建定位锁定键
Shift＋A——重做视窗操作
Shift＋B——视窗立方体模式开关
Shift＋C——显示摄像机开关
Shift＋E——以前次参数设置进行渲染
Shift＋F——显示安全框开关
Shift＋G——显示网格开关
Shift＋H——显示辅助物体开关
Shift＋I——显示最近渲染生成的图像
Shift＋L——显示灯光开关

Shift＋O——显示几何体开关

Shift＋P——显示粒子系统开关

Shift＋Q——快速渲染

Shift＋R——渲染场景

Shift＋S——显示形状开关

Shift＋W——显示空间扭曲开关

Shift＋Z——取消视窗操作

Shift＋4——切换到聚光灯 / 平行灯光视图

Shift＋\——交换布局

Shift＋Space——创建旋转锁定键

Shift＋Grey＋——移近两倍

Shift＋Grey－——移远两倍

Alt＋S——网格与捕捉设置

Alt＋Space——循环通过捕捉

Alt＋Ctrl＋Z——场景范围充满视窗

Alt＋Ctrl＋Space——偏移捕捉

Shift＋Ctrl＋A——自适应透视网线开关

Shift＋Ctrl＋P——百分比捕捉开关

Shift＋Ctrl＋Z——全部场景范围充满视窗

说　明

Space 键是指空格键；Grey + 键是指右侧数字小键盘上的加号键；Grey - 键是指右侧数字小键盘上的减号键（使用时，NumLock 键要处于非激活状态）。